U0353306

Pingshuo Kuangqu Tedaxing Lujing Xietong Kaicai Moshi yu Shijian

平朔矿区特大型露井协同开采模式与实践

张忠温　刘宪权 ○ 著

中国矿业大学出版社
·徐州·

图书在版编目(CIP)数据

平朔矿区特大型露井协同开采模式与实践 / 张忠温,刘宪权著.
—徐州：中国矿业大学出版社,2016.12
　　ISBN 978 - 7 - 5646 - 2225 - 1

　　Ⅰ.①平… 　Ⅱ.①张…②刘… 　Ⅲ.①煤矿开采－露
天开采－研究－朔州　Ⅳ.①TD824

　　中国版本图书馆 CIP 数据核字(2016)第 311992 号

书　　名	平朔矿区特大型露井协同开采模式与实践
著　　者	张忠温　　刘宪权
责任编辑	马晓彦
出版发行	中国矿业大学出版社有限责任公司
	（江苏省徐州市解放南路　邮编 221008）
营销热线	（0516)83885307　 83884995
出版服务	（0516)83885767　 83884920
网　　址	http://www.cumtp.com　E-mail：cumtpvip@cumtp.com
印　　刷	徐州中矿大印发科技有限公司
开　　本	787×1092　1/16　**印张** 31.75　**字数** 793 千字
版次印次	2016 年 12 月第 1 版　2016 年 12 月第 1 次印刷
定　　价	128.00 元

（图书出现印装质量问题,本社负责调换）

前　　言

　　半个世纪以来,露天矿井生产带来了端帮与矿界压煤等巨大的资源损失和边坡稳定性等安全问题,同时产生了十分严峻的环境问题,采用露井协同模式是破解面临的各种重大技术难题的关键举措。露井协同开采模式起源于非煤矿山,一般情况下,部分矿层由露天开采、部分矿层由井工开采的开采方法统称为露井协同开采。国外采用露井协同开采方法的非煤矿山相对较多,苏联在露井协同开采技术方面的研究较早,如阿巴岗斯基铁矿等,其他一些采矿国家也采用了露井协同开采技术,如瑞典的基鲁纳瓦拉矿、南非的科菲丰坦金刚石矿、加拿大的基德格里克铜矿、芬兰的皮哈萨尔米铁矿、澳大利亚的蒙特莱尔铜矿等。在煤矿领域,美国卡特彼勒公司(CAT)研发的边坡采矿系统与HW300端帮采煤机将井下和露天采矿作业结合起来,能够在露天矿端帮和各种露头煤层回收煤炭资源,具有较好的适用性,尽可能地将资源回收并加以利用,提高了煤炭回采率。

　　在我国,江苏凤凰山铁矿开创了露井协同开采的先河,随后相继有江苏的冶山铁矿、安徽的铜官山铜矿、湖北的红安萤石矿、甘肃的白银折腰铜矿、江西的良山铁矿、浙江的漓渚铁矿和山东的金岭铁矿等。我国煤矿采用露井协同开采的较少,主要有抚顺西露天矿、神东武家塔露天矿、依兰龙化露天矿等。露井协同开采主要以回收露天端帮、排土场和矿界等压煤为主,在露井协同开采模式下,露天与井工开采之间的相互扰动,对露天边帮的破坏程度、破坏范围以及露天边坡下井工大巷的稳定性都具有很大的影响,露井协同开采引发了一些地表塌陷、边坡滑塌、采场矿压显现、巷道变形失稳等新问题。

　　平朔矿区是晋北煤炭基地(国家发展和改革委员会确定的十三个大型煤炭基地之一)的主要矿区,是我国改革开放的一面旗帜,也是中国煤炭工业发展的标杆。平朔矿区作为亿吨级的大型煤炭基地,对于煤炭行业的发展乃至经济建设都起着至关重要的作用。同时,在平朔矿区开发初期与建设过程中,也伴随着矿井建设和开发模式需要与资源禀赋、亿吨级煤炭基地生产规模相适应,矿区煤炭资源开发需要实现安全、高效、高采出率,以及矿区煤炭资源开发需要与生态环境保护相适应。露天开采需要剥离、排弃,在我国,露天开采每万吨煤炭约破坏土地 $0.22\ hm^2$,其中开挖破坏 $0.12\ hm^2$,外排土场占压 $0.1\ hm^2$ 。露天开采时破坏土地面积为露天矿采场本身面积的 $2\sim11$ 倍。目前,仅平朔矿区安太堡矿已挖损和占压土地就已达 $2\,500\ hm^2$ 。同时,平朔矿区开发前期露天开采带来的生态环境恶化及地表植被破坏等社会问题也日益突显,制约着平朔亿吨级矿区的发展建设。

　　近年来,为了稳定亿吨级矿区的开采规模,实现矿区煤炭资源安全、高效、高采出率的开采与生态环境协调发展,中煤平朔集团联合中国矿业大学科研团队,针对单一露天开采不能满足平朔矿区发展的需要,建立了与平朔矿区条件相适应的露天和井工协同开采的绿色发展之路,实现了露天开采与井工开采的优势互补,开发了具有行业特色的露井协同开采模式,指导了平朔矿区露井协同开采的发展方向,对平朔露井协同开采矿区的进一步发展具有重要的科学意义,也对我国露井协同开采的其他矿区提供有益的理论指导与技术借鉴,同时对我国露井协同开采科学发展与政策导向具有十分重要的战略意义。

本书基于平朔矿区煤层赋存特征与露天开采面临的问题,通过系统研究,创新性地提出了平朔矿区露井协同整体建设与生产模式,系统阐述了露井协同开采模式及内涵,深入研究了露井协同开采岩层移动与地表沉陷规律,并结合作者所做的科研工作及典型试验矿井的基本条件,详细分析了露井协同开采模式在现场的应用,总结出较为完整的实践经验。本书主要包括平朔矿区露井协同开采模式的创立、露井协同开采岩层移动与地表沉陷规律、特大型露井协同的矿区建设与生产技术、特大型露井协同矿区的安全生产技术、特大型露井协同矿区生态重构模式与技术以及工程实践等章节构成。

本书全面涵盖了采矿、岩石力学、矿山测量和地质、矿山环境等方面的内容,是由多学科组成的团队人员在长期合作研究基础上取得的成果总结,得到了众多煤矿企业的支持与帮助。

本书出版得到国家自然科学基金创新群体项目“充填采煤的基础理论与应用研究”(项目编号:51421003)、国家重点基础研究发展计划(973计划)项目“西部煤炭高强度开采下地质灾害防治与环境保护基础研究”(项目编号:2013CB227900),以及江苏省高校“青蓝工程”科技创新团队、国家自然科学基金面上项目“煤层为主含水层开采中的防治水方法研究”(项目编号:51674241)的资助。

著　者

2016 年 9 月

目　　录

第1章　绪论 ··· 1

1.1　引言 ··· 1

1.2　露井协同开采技术 ·· 3

1.3　边坡稳定性控制 ·· 4

1.4　露井协同开采矿区生态与环境保护 ······························ 5

本章参考文献 ·· 6

第2章　平朔矿区地质概况 ··· 11

2.1　自然地理与煤炭开发状况 ······································· 11

2.2　地层赋存及结构特征 ··· 12

2.3　煤层赋存及其顶底板特征 ······································· 15

2.4　煤田水文地质特征 ··· 17

2.5　煤田构造特征 ··· 21

本章参考文献 ··· 23

第3章　露井协同开采模式的建立 ······································· 26

3.1　平朔矿区总体规划 ··· 26

3.2　露井协同开采模式及内涵 ······································· 54

3.3　平朔矿区露井协同开采模式 ····································· 60

本章参考文献 ··· 64

第4章　露井协同开采岩层移动与地表沉陷规律 ·························· 68

4.1　露井协同开采岩层移动的基本规律 ······························ 68

4.2　露井协同开采岩层移动力学分析 ································· 86

4.3　露井协同开采岩层移动相似模拟试验 ····························· 89

4.4　露井协同开采岩层移动数值模拟 ································· 110

4.5　露井协同开采地表沉陷规律 ····································· 140

本章参考文献 ·· 157

第5章　露井协同的矿区建设与生产技术 ······························· 162

5.1　露井协同的矿区建设技术 ······································· 162

5.2　露井协同开采的矿区生产系统 ··································· 195

5.3 露井协同开采关键设备配套 ······················· 212

5.4 露井协同开采工艺优化 ·························· 239

5.5 露井协同生产的边角煤炭高效回收技术 ··············· 247

本章参考文献 ······························· 255

第6章 露井协同矿区安全生产技术···················· 260

6.1 露井协同的露天边坡稳定性控制 ················· 260

6.2 露井协同的大巷围岩稳定性控制 ················· 271

6.3 露井协同井工围岩动压灾害控制 ················· 321

6.4 露井协同生产的小煤矿采空煤炭回收技术 ············ 329

本章参考文献 ······························· 356

第7章 特大型露井协同矿区生态重构模式与技术 ··········· 361

7.1 露井开采环境协同模式 ······················ 361

7.2 井工塌陷区的土地复垦与生态重建技术 ············· 363

7.3 露天矿坑区的土地复垦与生态重建技术 ············· 371

7.4 矿区生态环境监测技术平台与评价系统 ············· 385

7.5 矿区重建生态功能区划与生态产业链的构建 ·········· 406

本章参考文献 ······························· 419

第8章 工程实践····························· 423

8.1 平朔矿区露井建设协同实施与效果 ··············· 423

8.2 平朔矿区露井生产协同实施与效果 ··············· 438

8.3 平朔矿区露井安全协同实施与效果 ··············· 449

8.4 平朔矿区露井环境协同实施与效果 ··············· 476

8.5 平朔矿区露井协同的总体效益评价 ··············· 495

本章参考文献 ······························· 497

第 1 章 绪 论

1.1 引言

平朔矿区是晋北煤炭基地(国家发展和改革委员会确定的十三个大型煤炭基地之一)的主要矿区,是我国改革开放的一面旗帜,也是中国煤炭工业发展的标杆。矿区现拥有 7 座主要生产矿井,其中安太堡露天矿是我国第一座中外合作开发的大型现代化露天煤矿。平朔矿区作为亿吨级的大型煤炭基地,对于我国煤炭行业的发展乃至经济建设起着至关重要的作用。同时,在平朔矿区近 30 年的开发与建设过程中,始终伴随着一些问题亟须解决。

(1)矿区煤炭资源开发模式需要与资源禀赋和生产规模相适应。平朔矿区作为晋北煤炭基地主要的生产矿区,其生产能力已由最初的千万吨级发展为亿吨级,为了保证国家对煤炭的需求,必须要保持矿区亿吨级水平稳定发展,这对于平朔矿区而言,既是发展的动力,也是其面临的严峻挑战。

(2)矿区煤炭资源开发需要实现安全、高效、高采出率。露天开采将遗留大量的端帮煤柱、排土场压煤和矿间煤柱。据统计,我国大型露天矿中,80% 的露天矿端帮压煤量都在 1 亿 t 以上。平朔矿区端帮及排土场下压煤量已达数亿吨,大量的压煤无法采出,不仅带来了煤自燃、边坡不稳定等安全问题,而且大大降低了煤炭资源采出率。因此,在保证矿井安全生产的基础上,需进一步探寻提高煤炭资源采出率的开采模式及技术。

(3)矿区煤炭资源开发需要与生态环境保护相适应。露天开采需要剥离、排弃大量土石废弃物,在我国,露天开采每万吨煤炭约破坏土地 $0.22 \ hm^2$($1 \ hm^2 = 10 \ 000 \ m^2$),其中开挖破坏土地 $0.12 \ hm^2$,外排土场占压土地 $0.1 \ hm^2$。露天开采时破坏土地面积为露天矿采场本身面积的 $2 \sim 11$ 倍。目前,仅平朔矿区安太堡露天矿已挖损和占压土地就已达 $2 \ 500 \ hm^2$。同时,由于露天开采而带来的生态环境恶化及地表植被破坏等社会问题也日益突显,严重制约着平朔亿吨级矿区的发展建设。

(4)平朔矿区具备露井协同开采的先决条件。平朔矿区井田主要可采煤层为 $4^\#$、$9^\#$、$11^\#$ 煤层,煤层赋存稳定,地质条件简单,可采煤层总厚度为 34.5 m,总面积为 $176.3 \ km^2$,"近水平、浅埋深、厚度大"是该矿区井田煤层赋存主要、基本的特征,不仅适合于露天大规模开采,也适合于井工平硐或斜井盘区综放开采,具备高机械化程度露井协同开采规模效应的先决条件。

综上所述,为了稳定亿吨级矿区的开采规模,实现矿区煤炭资源安全、高效、高采出率的开采与生态环境协调发展,单一露天开采不能满足平朔矿区发展的需要,必须走与平朔矿区条件相适应的露天和井工协同开采的绿色发展之路,以实现露天开采与井工开采的优势互补,建立具有平朔矿区特色的露井协同开采模式。

经过十多年的研究探索,中煤平朔集团有限公司创立了平朔特大型矿区露井协同生产建设模式及技术体系,突破了露井协同开采过程中的关键技术难题,实现了矿区资源安全高效开发利用、土地复垦与生态重建"三位一体"的发展目标。

本书通过总结分析,全面阐述平朔矿区露井协同开采模式的内涵,凝练露井协同开采的关键技术,总结分析平朔特大型露井联采矿区建设与生产技术的创新点,提出平朔矿区露井联采面临的问题,以及指明平朔矿区露井联采发展方向,这对平朔露井联采矿区的进一步发展具有重要的科学意义,也对我国露井联采的其他矿区提供必要的技术借鉴,同时对我国露井联采科学发展与政策导向具有十分重要的战略意义。

露井联采的关键技术主要包括以下五个方面。

1. 露井协同开拓的矿区快速建设技术

归纳总结平朔各矿井开拓设计方案,按照"露天先行、露井协同、井工收尾"的设计理念,以建设安全绿色亿吨级矿区为目标,提炼出具有平朔特色的露井协同建设模式,分析评价该模式优势及先进性;基于露井协同建设模式,分析井工矿建设生产对露天矿的空间要求、时间约束等,总结露天矿布置系统为井工矿快速建井提供的有利条件,归纳露天开采快速建设技术和边坡平硐、端帮大巷快速掘进与安全支护技术,凝练露井联采快速建井技术体系。

2. 露井协同开采端帮围岩稳定性控制技术

建立井工开采影响下边坡变形破坏的力学模型,分析总结井工开采引起的上覆岩体移动变形和扰动破坏对露天边坡岩体的力学性质、坡体移动变形特征及其稳定性的影响规律;提出露井协同开采模式下"组合边坡"参数设计方法,分析研究井工开采与露天开采的时空协同关系;总结提炼露天回填压坡开采技术,整理归纳采动边坡地表移动与边坡变形监测技术资料及相关数据,形成露井协同开采端帮整体稳定性控制技术体系。

3. 浅埋特厚煤层大型综放开采成套技术

总结露井协同开采区域特厚煤层超长综放面的矿压显现规律与支架适应性,研究边坡下长壁综放开采覆岩活动规律及顶板控制机理,提出特厚煤层千万吨超长综放工作面成套装备方案;基于浅埋特厚煤层超长综放面煤矸冒放特征与规律,提出浅埋特厚综放面顶煤放出与控制理论,优化了综放面回采与放煤工艺,形成边坡下千万吨级超长综放面开采成套技术。

4. 大规模高强度露井联采安全保障技术

分析总结地面勘探、井中勘探与井下勘探相结合的三维、立体、综合地球物理勘探方法与评价技术体系;提出掘进巷道超前富水性快速探测技术及水害源快速识别方法体系;构建"三位一体"的瓦斯防治技术体系及综合防火技术体系;提出小煤窑破坏区域定位和空间定量探测与描述方法,总结大断面巷道安全穿越小煤窑破坏区的支护技术,归纳总结特厚煤层小窑破坏区充填复采技术与工艺体系。

5. 露井联采矿区生态与环境保护技术

分析研究露天矿井"剥离-排弃-造地-复垦"一体化工艺及井工开采塌陷区排土场复垦的矿区生态重构方法,建立平朔矿区大型露井联采矿区土地集约利用内涵、目标和评价系统,构建平朔露井协同开采矿区生态产业开发的技术路径和发展模式;研究平朔矿区人工生态系统,构建矿区生态系统重建现状评价指标体系;归纳总结生态脆弱露井联采矿区破坏土地生态环境再造技术、露天生产区域对周边生态环境影响控制技术、复垦耕地生物培肥与产能快速提高技术、复垦土地生物多样性重组模式与格局优化等技术,形成平朔露井联采矿区环境保护与生态建设技术体系。

1.2　露井协同开采技术

半个世纪以来,露天和井下无法同时开采是世界矿山选矿理论、技术与开采模式等方向的难题,也成为困扰世界矿山企业发展的瓶颈性问题。露井协同开采模式起源于非煤矿山,一般情况下,一部分矿层由露天开采,另一部分矿层由井工开采的开采方法统称为露井协同开采。我国学者已根据露井协同开采的时序关系将露井协同开采分为四类:第一类,先期进行地下井工开采,再进行浅部露天开采(先井后露);第二类,先期进行浅部露天开采,再进行深部井工开采(先露后井);第三类,露天与井工同期开采,即采用两种开采方法同期进行回采(露井同时开采);第四类,露天或者井工开采后,转向其他的开采方式,形成露井复合型开采作业方式。

国外露井协同开采的非煤矿山相对较多,苏联在露井协同开采技术方面的研究较早,如阿巴岗斯基铁矿等,其他一些采矿国家也采用了露井协同开采技术,如瑞典的基鲁纳瓦拉矿、南非的科菲丰坦金刚石矿、加拿大的基德格里克铜矿、芬兰的皮哈萨尔米铁矿、澳大利亚的蒙特莱尔铜矿等。在煤矿领域,美国卡特彼勒公司研发的边坡采矿系统与 HW300 端帮采煤机将井下和露天采矿作业结合起来,能够在露天矿端帮与各种露头煤层回收煤炭资源,具有较好的适用性,尽可能地将煤炭资源回收并加以利用,提高煤炭回采率。

在我国,江苏凤凰山铁矿开露井协同开采的先河,随后相继有江苏的冶山铁矿、安徽的铜官山铜矿、湖北的红安萤石矿、甘肃的白银折腰铜矿、江西的良山铁矿、浙江的漓渚铁矿和山东的金岭铁矿等采用了露井协同开采技术。鞍钢矿业公司及相关合作单位经数十年摸索,形成的"大型铁矿山露天井下协同开采及风险防控关键技术",破解了急倾斜矿体多采场同步规模开采、深凹露天矿高陡边坡风险防控、采空区塌陷涌水重大安全隐患等难题,实现铁矿石自给率从 47% 提高至 82%,增产 1.1 亿 t,3 年创直接经济效益 79.85 亿元,有效提高了资源的开采效率,促进了采掘业的产业转型与技术升级,成为矿山露井协同开采的典范。目前,国内正在或即将进行露天与地下联合开采的矿山,有江西的大新锰矿,河北的建龙铁矿,福建的连城锰矿,河南的银洞坡金矿,安徽的新桥硫铁矿南山铁矿、凤凰山铜矿,新疆的雅满苏铁矿,四川的泸沽铁矿等。

我国煤矿采用露井协同开采的矿山较少,主要有抚顺西露天矿、神东武家塔露天矿、依兰龙化露天矿等。露井协同开采主要以回收露天端帮压煤为主,在露井协同开采模式下,露天与井工开采之间的相互扰动,对露天边帮的破坏程度和破坏范围,以及露天边坡下井工大巷的稳定性都具有很大的影响,露井协同开采引发了一些地表塌陷、边坡滑塌、采场矿压显现、巷道变形失稳等新问题,而露天开采边坡稳定仍然是露井协同开采中需要解决的核心问题,国内外研究均是围绕这一核心问题开展的,但在露井协同快速建井与高效生产技术模式、露井协同生产建设的安全保障技术、露井协同的生态重构模式与技术等方面的研究鲜见。因此,基于平朔矿区煤层赋存特征与露天开采面临的问题,研发平朔矿区露井协同整体建设生产与安全协同保证技术、生态重构模式与技术,对于平朔矿区乃至世界类似条件矿山开采模式与技术具有十分重要的战略意义。

1.3 边坡稳定性控制

边坡工程的稳定性分析始于20世纪50年代,一直是岩土和采矿工程领域的一项重要研究内容。矿山边坡稳定性分析主要通过岩体试验及影响因素分析,对边坡稳定性进行评价,为矿山边坡角设计提供依据。与此同时,我国学者继承和发展了苏联的"地质历史分析"法,并将其应用于我国出现的各种矿山滑坡的分析和研究中,推动了边坡稳定性研究。而且,这一阶段我国学者采用工程地质类比法对边坡稳定性进行评价,研究了包括抚顺西露天煤矿、阜新海州露天煤矿和内蒙古平庄西露天煤矿等矿山经常出现的采场下盘软岩边坡稳定性及边坡治理。这一阶段的边坡稳定性分析,多以材料力学和均质弹性理论为基础进行计算,促进了边坡理论的形成和发展。

从20世纪70年代末到现在,我国相继组织"露天矿边坡工程研究""露天矿边坡优化设计方法研究""高陡边坡工程及计算机管理技术研究""高陡边坡综合治理措施研究""采场深部加陡及露天转地下的边坡稳定性研究""露天矿边坡岩体类型的研究""露天矿边坡稳定性分析综合集成智能研究""高陡边坡破坏机理试验研究"等"六五""七五""八五"国家重点科技攻关研究专题,在解决实际边坡工程难题的同时,提高了边坡工程的研究水平,促进了科技发展与进步。

经过多年发展,边坡稳定性分析已相对成熟,但是上述研究成果一般只针对露天矿采场边坡独立进行稳定性分析,而没有考虑采场附近工程对边坡稳定性的影响。现阶段虽然关于露天矿采场边坡和排土场边坡稳定性的研究很多,但尚未见外排土场与采场边坡稳定性耦合机理的相关研究。

露井协同开采方面,国外很多厂矿、研究机构进行了大量的研究,如澳大利亚布尔加(Bulga)煤矿通过研究发现地下采场顶板距露天爆区最近处只有70余米时,"拉应力波"对顶板安全性构成最大威胁;印度中央采矿研究院P. K. Singh等在类似Bulga煤矿爆破条件下,系统观测后发现当质点震动峰值速度超过一定值时,巷道壁面有裂纹等破坏现象显现。

我国关于露天、井工联合开采的研究起步较晚,对露天、井工两者的联合开采和相互影响问题研究不是很透彻,还没有形成一整套完整的理论。但是许多科研工作者对此做了大量前期工作,相关技术研究也取得了一定的进步。杨洪海以安家岭露天煤矿西排土场下的井工开采为例,认为由于露天开采边帮的逐渐形成,使得原矿井采区上覆岩体的应力重新调整形成"偏压作用",并加载于边帮岩体,对露天矿边帮岩体稳定性产生不利影响;任利明利用数值模拟和相似模拟方法对安家岭 2# 井工矿的倾向长壁综采放顶煤开采进行了分析,认为控制好井工矿采空区上覆土岩的垂直安全高度可对露天矿、井工矿的安全开采起一定保障作用;刘宪权通过分析不同的井工开采部位导致的边坡变形破坏特征,提出井工矿开采顺序为跳采的方式,可降低井工开采对露天矿边坡稳定性的影响;安明亮通过选取安家岭上窑排土场典型断面并利用FLAC(拉格朗日元法)和RFPA(岩石破裂过程分析系统)对开挖过程进行逐步分析,认为井工矿开采形成的沉陷区对露天矿边坡及排土场边坡稳定性有重大影响;蓝航认为,露天煤矿边坡是具有大量节理分布的初始损伤体,而露井协同开采条件下的井工开采将使其上边坡体的初始损伤进一步演化,根据现场节理岩体统计和几何损伤理论建立了节理岩体损伤张量概化模型,研究了露天煤矿台阶状边坡地表有别于一般地表的采动沉陷规律;甘德清等针对程家沟铁矿露天转地下过渡期开采地下采场结构参数和回采顺序问题,通过建立有限元模型,提出 3 种不同方案的地下采场结构参数进行数值模拟,得出了地下开采后的矿房和边帮的应力、应变情况,初步判定其稳定性,选出了最优结构参数,并从采场应力场和位移的角度出发,通过方案对比得出了合理的回采顺序,为确保矿山在地下采场和边帮稳定前提下安全生产提供了理论依据;韩放研究了露天转地下开采时围岩应力分布和工程尺度对地下工程和露天边坡的稳定性影响,模拟了露天边坡内地下开采采场周围和边坡的力学环境,探讨了围岩移动变形、应力分布和破坏机理,分析了边坡稳定性状况,研究结果认为:在扰动边坡下进行地下开采,坡脚处的局部弧形破坏区将进一步恶化,但不会影响边坡的整体稳定性,边坡的卸荷作用导致采场上覆岩层成拱机制减弱,采空区覆岩存在整体垮冒的可能性。

由于露天开采时对岩体的应力场造成扰动,开采结束一段时间后应力达到一个新的平衡;在高边坡存在的基础上进行地下开采,再次对岩体造成扰动,即形成二次扰动,其对上覆岩体稳定性的影响既不同于单一的露天开采,又不同于单一的地下开采。第二次采动影响岩体的应力分布,根据国内外露天转地下开采矿山的经验,边坡稳定性要比单纯露天开采时降低 10%～20%,可诱发上部边坡体的滑移,对矿山安全生产造成危害。

1.4　露井协同开采矿区生态与环境保护

在矿区不同的生产过程中,其生态研究和环境保护在不同阶段有不同的侧重。开采中的矿区主要考虑充分利用有利于保护和恢复矿区生态环境的技术,减少环境污染和破坏。已经开采过的矿区则以恢复当地生态环境为主要任务,消除矿区生产造成的环境污染和破坏,进行土地复垦和生态重建,充分利用当地的土地等自然资源。

1.4.1　土地损毁机理研究

我国采煤沉陷损毁土地复垦技术的研究始于 20 世纪 80 年代,主要侧重于采煤沉陷损毁土地的农业、林业、养殖、建筑等复垦途径、方法和工程的应用研究;进入 21 世纪后才开始从生态修复、农业生态景观构建和区域角度研究沉陷区的土地复垦理论和技术。院雷(2008)以平朔矿区露井协同开采区为研究对象,在实地勘探、理论分析和数值模拟的基础上,分析采区覆岩变形破坏机理研究与地表塌陷预计方法,应用数值模拟理论,提出了露天地下联合采区数值模拟计算模型与计算规则,研究出边坡下采矿对边坡稳定性影响的基本规律。韩静(2010,2011)以平朔安家岭煤矿露井协同开采区的排土场的平台、边坡以及采空塌陷区域为研究对象,使用人工实地调查与全球定位系统(GPS)相结合的方法,统计分析塌陷和受损特征,根据实际情况提出防治对策及建议;并通过实地调查西排土场顶部平台塌陷,利用 CorelDraw 制图软件测算、对比裂缝总面积、裂缝占样地面积比两项指标,并从矿区地质构造、排土场构造、采掘工艺三方面对形成塌陷的原因进行了分析。

1.4.2　土地复垦与生态重建研究

白中科(2005)以平朔露井协同开采矿区为研究对象,该矿区从 1986 年开始,采用多学科交叉融合、多专家联手攻关、科学研究与矿山生产紧密结合的方式,探索土地复垦与生态重建的技术问题,同时在矿区持续进行工程试验,设计了集"矿区主干道路、重点景区绿化、排土场复垦与生态重建、优质苗木生产、优质牧草生产、优质中药材生产、绿色农产品生产、工业旅游与生态旅游"为一体的废弃土地资源再利用方案,以实现资源综合利用。周伟(2009)以黄土高原区平朔露井联采矿区为研究对象,运用实地调绘、遥感解译、统计分析、历史类比与趋势外推相结合的方法,对该区域采区2006—2008年间不同情景下的土地利用/覆盖变化、水土流失变化和生态环境质量状况进行了预测和评价。张文岚(2011)研究了平朔矿区20余年来采矿废弃地的生态恢复状况,对矿区采矿废弃地生态恢复状况进行评价,提出平朔矿区采矿废弃地生态恢复特有的改进对策和具有可操作性的技术方法。张召、白中科等利用遥感(RS)与地理信息系统(GIS)技术,以平朔安太堡露天矿为研究对象,研究了矿区土地复垦与生态重建对陆地生态系统碳素生物地球化学循环的影响,发现采取科学的复垦与生态重建措施,有利于整个矿区生态系统碳汇量的增加。

从我国目前的生态恢复情况来看,还有以下的理论与技术问题需要解决:

(1)结合当地的社会经济、自然景观、气候状况以及废弃地土壤的理化性质,确定废弃地生态恢复目标和过程;采矿废弃地的生态系统自然演替过程与机理的研究。

(2)根据我国国情,开展优质、高产、高效、立体农业研究,综合生态恢复利用与生态环境重建工作。

(3)表土复原技术的研究。

(4)采矿废弃地生态恢复的理论体系与方法的研究。

(5)重建生态系统的动态与稳定性问题的研究。

(6)重建生态系统的安全性问题的研究。

(7)废弃地生态恢复的效益评价体系的构建。

(8)生态恢复示范基地的构建。

本章参考文献

[1] 曹锋.高速公路边坡控制爆破施工技术[J].现代矿业,2011,27(6):21-23.

[2] 柴清恩.大型带清扫装置的滚筒式干燥机在平朔安太堡矿选煤厂的应用[J].煤矿现代化,1997(4):24-27.

[3] 常来山,陈思玮,李绍臣,等.平朔矿区露井联采边坡岩体采动损伤规律研究[J].煤炭工程,2015,47(1):95-97,100.

[4] 常来山,李绍臣,颜廷宇.基于岩体损伤模拟的露井联采边坡稳定性[J].煤炭学报,2014,39(增刊2):359-365.

[5] 陈国庆,黄润秋,石豫川,等.基于动态和整体强度折减法的边坡稳定性分析[J].岩石力学与工程学报,2014,33(2):243-256.

[6] 陈国印,张国营.露井联采下露天边坡的稳定性分析[J].现代矿业,2010,26(9):107-108.

[7] 陈红梅.安家岭矿数字化监控系统实施浅谈[J].煤炭工程,2008,40(1):102-104.

[8] 陈立强,杨风华.边坡控制爆破技术的应用[J].中国矿山工程,2011,40(3):5-9.

[9] 陈士强,秦双喜.安太堡矿火车装车煤漏斗堵塞的爆破处理[J].爆破,1995,12(2):17-19.

[10] 陈相山,胡群.开拓进取 求效创新 把安太堡矿建设成世界一流的煤炭企业[J].中国煤

炭,1996,22(10):32-33.

[11] 丁参军,张林洪,于国荣,等.边坡稳定性分析方法研究现状与趋势[J].水电能源科学, 2011,29(8):112-114,212.

[12] 丁新启,乔兰.安家岭矿高陡边坡滑动破坏机理分析[J].中国矿业,2009,18(12):91-95.

[13] 丁新启,朱新平,尚文凯,等.安家岭矿北端帮滑坡成因分析[J].露天采矿技术,2009,24 (4):40-42.

[14] 丁鑫品,王俊,李伟,等.关键层耦合作用下露井联采边坡滑动深度分析[J].煤炭学报, 2014,39(增刊2):354-358.

[15] 段起超,常永刚.山脊式运输系统在安家岭矿的应用[J].露天采矿技术,2003,18(6): 10-12.

[16] 段起超,董洪亮,常永刚,等.安家岭矿内排土场失稳因素分析及其控制[J].露天采矿技 术,2004,19(6):19-20.

[17] 段起超,王丽萍.安家岭矿矿建工程岩石施工需注意的若干问题[J].煤矿安全,1999,30 (12):56-57.

[18] 段起超.安太堡矿双环运输排土的实现[J].露天采矿技术,2007,22(3):17-19.

[19] 段胜儒,齐文秀,李强.加筋土挡墙技术在安家岭矿煤仓土建工程中的应用[J].露天采 矿技术,2003,18(2):15-23.

[20] 顿耀龙,王军,白中科,等.基于灰色模型预测的矿区生态系统服务价值变化研究:以山 西省平朔露天矿区为例[J].资源科学,2015,37(3):494-502.

[21] 冯两丽,郭青霞,白中科,等.平朔矿区观光农业生态经济系统重建模式[J].山西农业大 学学报,2007,6(增刊2):119-121,124.

[22] 郭维平.安家岭矿铁路专用线穆寨大桥钻孔灌注桩施工工艺[J].露天采煤技术,1998, 13(4):32-33.

[23] 郭著实,王社林.安太堡矿内排土场综合改造[J].露天采矿技术,1994,9(3):39-42.

[24] 韩静,白中科,李晋川.安家岭煤矿露井联采区沉陷状况调查及防治[J].山西农业大学 学报(自然科学版),2010,30(6):572-576.

[25] 郝建斌.地震作用下边坡稳定性研究进展[J].世界地震工程,2014,30(1):145-153.

[26] 郝长胜,郭天中.露井联采条件下边坡移动变形规律分析[J].煤炭技术,2014,33(11): 124-126.

[27] 贺昌斌,刘所林,邓有燃,等."树枝状"运输系统在安家岭矿排土场的应用[J].露天采矿 技术,2012,27(增刊1):25-26.

[28] 贺续文,刘忠,廖彪,等.基于离散元法的节理岩体边坡稳定性分析[J].岩土力学,2011, 32(7):2199-2204.

[29] 贺振伟,尹建平,赵锋,等.坚持国策科学规划 建设绿色矿山企业[J].露天采矿技术, 2007,22(2):55-57.

[30] 黄成林,陈建平,罗学东.蒙库铁矿高陡边坡稳定性影响因素分析与安全控制措施[J]. 安全与环境工程,2011,18(5):111-114.

[31] 解廷塑,崔宏伟.安太堡矿加快排土场跟进速度方案[J].露天采矿技术,2014,29(1):8-9.

[32] 李华,许霞,杨恺.山西平朔矿区 4 号煤中锂、镓资源成矿地质特征研究[J].中国煤炭地

质,2014,26(12):17-19.

[33] 李荣建,郑文,王莉平,等.非饱和土边坡稳定性分析方法研究进展[J].西北地震学报,2011,33(增刊1):2-9.

[34] 李侬,王世奥,王丹,等.基于遥感影像的平朔矿区植被碳库变化分析[J].资源与产业,2015,17(1):84-91.

[35] 梁国钧.安太堡矿信息管理系统探讨与分析[J].露天采矿技术,1994,9(3):27-30.

[36] 廖怡斐,王美柱,黄炳香,等.露井联采区综放开采采动垂直应力分布规律研究[J].煤炭工程,2010,42(9):63-66.

[37] 林振春,杨建斌.安太堡矿排土方案的优化[J].露天采矿技术,2006,21(1):17,58.

[38] 刘帮军,林明月,褚光琛.山西平朔矿区4#煤中镓的分布规律与富集机理[J].中国煤炭,2014,40(11):25-29.

[39] 刘帮军,林明月.宁武煤田平朔矿区9号煤中锂的富集机理[J].地质与勘探,2014,50(6):1070-1075.

[40] 刘峰,邓有燃,刘如成,等.安家岭矿过逆断层和背斜期间开拓运输系统优化研究[J].露天采矿技术,2012,27(增刊1):21-24,26.

[41] 刘峰,许昌,贺昌斌,等.安家岭矿北帮边坡稳定性分析评价与治理[J].露天采矿技术,2012,27(5):12-13,16.

[42] 刘建宇,王振伟.复杂地质条件下安家岭矿北帮边坡稳定性评价[J].煤矿安全,2014,45(7):212-215.

[43] 刘向峰,何峰,王振伟,等.露井联采下岩体变形规律[J].辽宁工程技术大学学报(自然科学版),2010,29(2):187-189.

[44] 刘新德.安家岭矿项目基本建设的管理与创新[J].中国煤炭,2004(9):72-73,77.

[45] 刘源.安太堡矿9#着火煤的处理方案[J].露天采矿技术,2004,19(1):5-7.

[46] 卢坤林,朱大勇.坡面形态对边坡稳定性影响的理论与试验研究[J].岩石力学与工程学报,2014,33(1):35-42.

[47] 陆鹏举.安家岭矿副斜井光爆锚喷掘进技术应用[J].煤矿爆破,2004(4):22-25.

[48] 罗会军.平朔矿区露天采矿企业土地使用模式浅探[J].露天采矿技术,2009,24(6):77-78,80.

[49] 马海渊,林振春.安太堡矿工作帮开采参数调整研究[J].露天采矿技术,2007,22(4):41,69.

[50] 彭洪阁,才庆祥,周伟,等.露井联采条件下采动边坡的变形机理研究[J].金属矿山,2009(11):129-131.

[51] 秦建明,王振伟,郝哲,等.安家岭矿南帮复合边坡稳定分析与评价[J].露天采矿技术,2011,26(4):1-3.

[52] 任德平.平朔矿区太原组沉积相的研究[J].内蒙古煤炭经济,2015(2):211-212.

[53] 任利明.安太堡矿新投入采矿设备作业参数确定[J].露天采矿技术,2007,22(6):31-32.

[54] 任利明.安太堡矿运煤系统改造研究[J].露天采矿技术,2008,23(1):24-25.

[55] 宋宏荣.从中美合作安太堡矿的实践看建立现代企业制度的关键[J].煤炭经济研究,1994,14(10):30-31.

[56] 孙旭光,张国营.露井联采模式下井工开采对边坡稳定影响分析[J].现代矿业,2010,26 (7):58-60.

[57] 王东,曹兰柱,宋子岭.基于 RFPA-SRM 的露井联采边坡稳定性研究[J].合肥工业大学学报(自然科学版),2009,32(10):1562-1565.

[58] 王光进,杨春和,张超,等.超高排土场的粒径分级及其边坡稳定性分析研究[J].岩土力学,2011,32(3):905-913,921.

[59] 王俊,马明.安太堡矿南端帮岩体三维裂隙网络及块体研究[J].煤炭技术,2014,33(7):86-88.

[60] 王利勋,贺宏厚.负压诱导除尘技术在中煤平朔矿区选煤厂的应用[J].内蒙古煤炭经济,2014(12):154-155.

[61] 王云鹏,杨胜利.露井联采边坡稳定性影响因素分析[J].煤炭工程,2009,41(12):76-79.

[62] 王振伟,郝哲,尚文凯,等.安家岭矿北帮滑坡区深部边坡稳定性分析与评价[J].采矿技术,2011,11(3):70-72.

[63] 魏钧.提高露天煤矿电铲效率的途径[J].露天采矿技术,1994,9(3):21-23.

[64] 文正钱,汪海兵,彭志远,等.挖方边坡控制爆破施工技术应用[J].安徽地质,2008,18 (4):311-313.

[65] 吴延栋.长山壕金矿露天边坡控制爆破[J].现代矿业,2013,29(4):69-70.

[66] 夏开宗,陈从新,鲁祖德,等.考虑水力作用的顺层岩质边坡稳定性图解分析[J].岩土力学,2014,35(10):2985-2993,3040.

[67] 肖平.抚顺西露天矿倾斜特厚煤层高边坡控制开采技术[J].露天采矿技术,2008,23 (4):24-26,29.

[68] 徐常平,尚文凯,朱新平,等.安家岭矿北端帮滑坡治理[J].露天采矿技术,2009,24(5):22-23.

[69] 徐奴文,梁正召,唐春安,等.基于微震监测的岩质边坡稳定性三维反馈分析[J].岩石力学与工程学报,2014,33(增刊1):3093-3104.

[70] 薛万海,韩亮,暂喜山.安太堡矿进入背斜时年采剥计划的确定[J].露天采矿技术,2014,29(9):58-61.

[71] 薛万海,尚文凯.双侧内排土工艺在安太堡矿的应用[J].露天采矿技术,2007,22(4):18-19,21.

[72] 晏学功,沈明.平朔矿区煤炭资源综合利用的思考[J].陕西煤炭,2007,26(2):40-41.

[73] 杨靖毅,陈红梅,刘玉.合同管理制在安家岭矿基建期中的应用[J].露天采矿技术,2003,18(2):41-43.

[74] 杨天鸿,张锋春,于庆磊,等.露天矿高陡边坡稳定性研究现状及发展趋势[J].岩土力学,2011,32(5):1437-1451,1472.

[75] 杨秀,王哲,刘晓玲.安太堡矿南帮露井协采边界参数的确定方法研究[J].露天采矿技术,2014,29(1):32-36.

[76] 杨忠义,白中科,张前进,等.矿区生态破坏阶段的土地利用/覆被变化研究:以平朔安家岭矿为例[J].山西农业大学学报(自然科学版),2003,23(4):367-370.

[77] 衣姝,王金喜.安家岭矿9号煤中锂的赋存状态和富集因素分析[J].煤炭与化工,2014,

37(9):7-10.

[78] 佚名.世界特大型选煤厂:平朔安太堡矿选煤厂[J].世界煤炭技术,1994,20(3):39-41.

[79] 殷宗泽,徐彬.反映裂隙影响的膨胀土边坡稳定性分析[J].岩土工程学报,2011,33(3):454-459.

[80] 尹建平,许进池,尹双飞.平朔矿区生态重建及生态产业链构建[J].露天采矿技术,2015,30(3):71-74.

[81] 于子刚,王正书,陈浩,等.安家岭矿选煤厂介质回收工艺设计特点[J].选煤技术,1999(2):26-27.

[82] 袁增卫.露井联采下边坡稳定性分析[J].煤矿现代化,2010(5):57-58.

[83] 张峰玮.平朔矿区露井联采下端帮治理措施研究[J].煤炭工程,2014,46(12):69-71,74.

[84] 张衡,刘秋实,廖信根.露天边坡控制及支护[J].矿业研究与开发,2011,31(4):34-36,40.

[85] 张磊,张璐璐,程演,等.考虑潜蚀影响的降雨入渗边坡稳定性分析[J].岩土工程学报,2014,36(9):1680-1687.

[86] 张顺朝,张志呈,龚成.张坝沟石灰石矿边坡控制爆破的现状[J].四川冶金,2008,30(2):1-6.

[87] 张旺.安太堡矿各层煤洗选脱硫性研究[J].洁净煤技术,1997,3(4):16-19.

[88] 张志平.内排土压脚回填技术在安家岭露井联采中应用[J].煤炭科学技术,2010,38(1):20-23.

[89] 赵建军.浅谈安太堡矿排土场及道路的修筑与养护[J].露天采矿技术,2005,20(5):15-16.

[90] 赵炼恒,曹景源,唐高朋,等.基于双强度折减策略的边坡稳定性分析方法探讨[J].岩土力学,2014,35(10):2977-2984.

[91] 赵帅.平朔安家岭矿项目日元贷款的债务风险管理[J].露天采矿技术,2010,25(6):94-96.

[92] 郑均笛,刘静丽,刘新德.平朔矿区粉煤灰综合利用途径[J].煤炭加工与综合利用,2009(6):43-44,62.

[93] 郑友毅.露井联采边坡稳定性数值模拟[J].辽宁工程技术大学学报(自然科学版),2009,28(4):533-536.

[94] 周建飞,王金喜,白观累,等.山西平朔矿区11#煤中镓的分布特征及富集因素[J].煤炭技术,2014,33(11):82-84.

[95] 周伟,白中科.平朔煤矿露井联采区生态环境演化分析[J].山西农业大学学报(自然科学版),2009,29(6):494-500.

[96] 朱建明,冯锦艳,彭新坡,等.露井联采下采动边坡移动规律及开采参数优化[J].煤炭学报,2010,35(7):1089-1094.

[97] 朱建明,刘宪权,冯锦艳,等.露井联采下边坡稳定性及其边界参数优化研究[J].岩石力学与工程学报,2009,28(增刊2):3971-3977.

[98] 朱建明,张宏涛,周保精,等.井工开采对露井联采边坡稳定影响的塑性极限分析[J].岩土工程学报,2010,32(3):344-350.

第 2 章　平朔矿区地质概况

2.1　自然地理特征与煤炭开发现状

2.1.1　自然地理特征

1. 地形地貌

平朔矿区地处山西省宁武煤田的北端,地跨朔州市平鲁区、朔城区,南北长 23 km,东西宽 22 km,勘探面积为 380 km²,探明地质储量为 127.5 亿 t,并取得了平朔矿区接续区——朔南矿区探矿权证,井田面积为 139 km²,地质储量为 39.8 亿 t。矿区属于山西高原平朔台地之低山丘陵区,全区多为黄土覆盖,形成梁垣卯等黄土高原地貌景观,沟谷发育,呈"V"字形,切割深度为 40~70 m。矿区内地形基本呈北、西高及东、南低之趋势。最高点位于井田中部 B3107 孔处的大西翼,海拔为 1 448.10 m,最低点为井田东部的马关河床 J924 孔,海拔为 1 209.81 m,相对高差为 238.29 m。行政隶属朔州市平鲁区管辖,其地理坐标为东经 112°20′35″~112°25′44″,北纬 39°28′59″~39°30′29″。

2. 矿区水系

矿区位于宁武煤田北部,为低山丘陵地带,大部分为黄土覆盖,植被稀少,地表裸露,降水少且强度集中,不利于大气降水的入渗补给,唯一的地表水体——马关河位于井田东部边界,属马关河上游段,水量较小,同时存在芦子沟背斜分水岭,使地下水补给来源贫乏。石炭-二叠系地层岩石胶结致密,节理裂隙不甚发育,富水性弱,仅宁武向斜轴部水量相对丰富,寒武-奥陶系灰岩岩溶裂隙发育一般,含水性相对较弱,11# 煤层局部位于奥灰水位之下,水文地质类型为Ⅱ类-Ⅰ型与Ⅱ类-Ⅱ型。

本区河流属海河流域,永定河水系。矿区内从西向东有 3 条河流,即七里河、马关河、马营河,水流均自北向南汇入桑干河。其中马关河发源于木瓜界、上梨园等地,流经本区北东部,至赵家口、担水沟汇入桑干河,全长 27 km,为泉水汇集而成,汇水面积为 151 km²,终年径流系数不大,一般流量为 0.08~0.15 m³/m,雨季时流量增大。

2.1.2　煤炭开发现状

国家计委计能源〔1993〕360 号文《关于山西平朔矿区项目建设书的批复》中,将马关河与七里河之间的安太堡合资区、安家岭及安太堡二号勘探区、安太堡后备区(合计勘探面积为 130.3 km²,地质储量为 4 430 Mt)和马关河以东普查区(勘探面积为 46 km²,地质储量 1 710 Mt)划为国家大型露天开采范围。其余勘探面积为 204 km²、地质储量为 6 610 Mt 的区域划为地方及乡镇煤矿开采范围。平朔矿区东、西、北三面均以煤层露头线为界,南以担水沟断层为界,南北长约 21 km,东西宽 22 km,面积约为 380 km²,地质储量为 12 750 Mt。全矿区规划总规模为 93.50 Mt/a,其中:露天矿有 3 个,总规模为 45.00 Mt/a;井工矿有 13 个,总规模为 48.50 Mt/a。

1. 安太堡露天矿开采现状

安太堡露天矿位于平朔矿区中部,东临正在建设的东露天矿田,南与井工二矿矿田和安家岭露天矿田毗邻,北为正在建设的安太堡三号井田,西接双碾合作区井田、井东井田和潘家窑合作区井田,其地理坐标为东经 112°19′03″～112°24′17″,北纬 39°30′29″～39°35′26″,行政区划隶属朔州市平鲁区管辖。

安太堡露天矿是 20 世纪 80 年代我国与美国西方石油公司合资建设的中国第一个煤炭项目,于 1985 年开工建设,1987 年 9 月建成投产。1991 年外方撤出后并经股权收购,成为国有独资子公司,隶属中煤平朔集团有限公司管理。

安太堡露天矿设计规模为 15.33 Mt/a,自 1987 年投产以来,安太堡露天矿产量稳步增长,2007 年原煤产量达到 2 160 万 t,创历史最高水平,2011 年原煤产量为 2 889 万 t,剥采比为 5.54 m³/t。

该矿开采方式为露天分区开采。剥离采用单斗—卡车的间断工艺,采煤采用单斗—卡车—端帮地表半固定破碎站—带式输送机—选煤厂的半连续工艺。开拓方式采用多出入沟和端帮半固定坑线及工作面移动坑线、内排土场半固定道路相结合的方式。该矿主采 4#、9# 和 11# 煤 3 个煤层,开采标高为 1 195～1 500 m。由于内排土场空间不足以容纳所有剥离物,须使用外排土场,目前使用的外排土场主要为"阳圈排土场"和"南寺沟排土场"。

2. 井工二矿开采现状

井工二矿是中煤平朔集团有限公司发展节约型经济、提高资源回收实施的露井联合开采的第二个井工矿,井田位于安太堡、安家岭露天煤矿之间的露天不采区,井田面积为 13.77 km²,保有地质储量为 446.0 Mt。工业场地位于安太堡露天 Ⅰ、Ⅱ 采区东部交界处的采空区内排土场上。矿井设计原煤生产能力为 10.00 Mt/a,2003 年 6 月开工建设,2006 年 2 月 15 日通过国家竣工验收,2006 年 2 月 22 日取得煤炭生产许可证并正式投入生产。井巷采用主、副、回风斜井开拓,大巷东西向布置、单翼开采。主采煤层为 4# 和 9# 煤层,采用综合机械化放顶煤开采,全部垮落法管理顶板,4# 和 9# 煤层工作面近似南北方向并列布置,开切眼位置位于安太堡露天矿南端帮下部,终采线和大巷位置位于安家岭露天矿北端帮下部。

2.2 地层赋存及结构特征

本井田位于宁武煤田北端,宁武煤田的基底为一套古老的变质岩系,地层沉积总厚度达 2 600 m 以上,沉积中心位于煤田中南部宁武-静乐一带,地层厚度在 3 500 m 以上,而北部井坪-朔县一带地层厚度仅几百米,中心出露最新地层为中生界侏罗系,向周围依次为中生界三叠系、古生界二叠系、石炭系、奥陶系、寒武系、太古界,新生界新近系、第四系在南部静乐盆地及北部朔县平原厚度达 200 m 以上,详见表 2-1。

表 2-1　　　　　　　　　　　　　　地层简表

界	系	统	组	简述
新生界	第四系	全新统		自下更新统(Q_p)到全新统(Q_h)均有沉积,厚 0～210 m
		更新统		
	新近系	上新统	静乐组	上新统 N_2,俗称静乐红土,厚 0～120 m
中生界	侏罗系	中统	天池河组	有下统大同组、永定庄组,中统云岗组、天池河组,厚 500 m 以上
			云岗组	
		下统	大同组	
			永定庄组	
	三叠系	中统	铜川组	有下统刘家沟组、和尚沟组,中统二马营组、铜川组,厚 500 m 以上
			二马营组	
		下统	和尚沟组	
			刘家沟组	
古生界	二叠系	乐平统	石千峰组	以紫红色、砖红色富含钙质、铁质的砂、泥岩为主,厚 133～184 m
			上石盒子组	以杏黄、黄绿色砂岩、砂质泥岩和紫红色泥岩为主,厚 224～274 m
		船山统	下石盒子组	以灰黄、黄绿色砂岩、砂质泥岩和紫红色泥岩为主,厚 82～226 m
			山西组	以灰白色石英砂岩、灰色砂质泥岩夹煤层煤线为主,厚 37～70 m
	石炭系	上统	太原组	以灰白色砂岩、灰黑色砂质泥岩含泥质灰岩及主要可采煤层为主,厚 87～118 m
		中统	本溪组	以杂色铝土泥岩、砂质泥岩夹石灰岩及煤线为主,底部为山西式铁矿,厚 21～61 m
	奥陶系	中统	峰峰组	以中统马家沟、峰峰组灰岩和下统亮甲山组、冶里组灰岩为主,厚 600 m 左右
			马家沟组	
		下统	亮甲山组	
			冶里组	
	寒武系	上统	凤山组	有上统凤山组、长山组、崮山组,中统张夏组、徐庄组和下统毛庄组,厚 300 m 以上
			长山组	
			崮山组	
		中统	张夏组	
			徐庄组	
		下统	毛庄组	
元古界				为一套浅变质灰岩,出露于煤田东部边缘,厚 24～46 m
太古界				为一套中～深变质岩系,出露于煤田东部边缘,厚 3 000 m 以上

本井田位于宁武煤田北部,属于黄土半掩盖区,现将井田内出露及钻孔揭露地层按地层层序由老到新分述如下。

2.2.1 奥陶系(O)

中、下奥陶统(O_{1+2}):井田内部分钻孔有揭露。岩性:中奥陶统多为灰色、深灰色厚层状石灰岩,质纯性脆,致密坚硬,中夹棕褐色、具黄色斑点的豹皮状灰岩和灰绿色钙质泥岩,底部为灰褐色同生角砾状灰岩,此层为中、下奥陶统之分界灰岩。下奥陶统为灰黄色、灰白色白云质石灰岩及白云岩,间夹薄层状灰岩及结晶灰岩,总厚度约为 400 m 左右。

2.2.2 石炭系(C)

1. 中统本溪组(C$_2$b)

岩性主要为泥岩、砂质泥岩及粉细砂岩夹灰岩和薄煤层,具水平及缓波状层理。有时含1～2层薄煤层,含1～3层灰岩,多为两层,其中下部一层深灰色灰岩层位稳定,厚2.23～6.40 m,平均厚度为4.08 m,为标志层K$_1$。K$_1$上为深灰色、灰绿色泥岩和砂质泥岩,以及灰褐色中砂岩,K$_1$下为青灰色间红褐色铝土泥岩,底部赋存山西式铁矿,呈鸡窝状分布,发育不普遍。本组地层厚21.40～60.69 m,平均厚度为38.90 m,与下伏奥陶系地层呈平行不整合接触。含腕足类、珊瑚、海百合化石碎片,产蜓科。

2. 上统太原组(C$_3$t)

上统太原组为本井田主要含煤地层,含煤十余层,主要有4$^{-1#}$、4$^{-2#}$、5$^#$、7$^#$、7$^{-1#}$、8$^#$、9$^#$、10$^#$、11$^#$煤层。

本组地层中部发育一砂岩段,岩性为灰白色中粗石英砂岩,有时含砾石,层位稳定,厚度一般在10～20 m,将本组地层分为上、下两个煤岩组。上煤岩组由深灰～灰黑色泥岩、砂质泥岩及4$^#$、5$^#$煤层组成,含黄铁矿及菱铁矿结核。下煤岩组岩性为深灰色砂质泥岩和泥岩、灰褐色中粒砂岩及7$^#$、8$^#$、9$^#$、10$^#$、11$^#$煤层,含较多的黄铁矿结核,11$^#$煤层顶部常为深灰色泥质灰岩,富含腕足类化石残骸,11$^#$煤层下5～7 m为灰白、灰褐色中粒石英砂岩,定为标志层K$_2$,层厚0.60～12.40 m,平均厚度为3.60 m,作为太原组底界。本组地层厚60.64～110.50 m,平均厚度为91.20 m,与下伏本溪组整合接触。

2.2.3 二叠系(P)

1. 船山统山西组(P$_1$s)

船山统山西组上部为灰白、灰黄色中粗粒石英砂岩与深灰色砂质泥岩、粉砂岩互层,中夹蓝灰色泥岩及硬质耐火黏土层,砂岩厚度变化较大。下部为灰、深灰色泥岩、粉砂岩及软质耐火黏土矿层,有时含1～3层薄煤层。底部为灰白色中粗粒砂岩,粒度向下变粗,有时含砾石,常含炭屑,定为标志层K$_3$,层厚1.00～26.30 m,平均厚度为7.62 m。本组地层与下伏地层呈整合接触。

2. 船山统下石盒子组(P$_1$x)

船山统下石盒子组上部为灰色、灰绿色、蓝灰色细砂岩、粉砂岩互层,夹黄绿、紫、灰等杂色黏土岩;中下部以黄褐色、黄绿色粗粒砂岩为主,有时含砾,砾石成分为石英、燧石、斜层理,中部常夹有1～3层耐火黏土。本组地层厚0～95.00 m,平均厚度为67.20 m,一般厚度为60～80 m。

3. 乐平统上石盒子组(P$_3$s)

乐平统上石盒子组主要赋存于井田南部一带,未见顶界,岩性为蓝灰、黄绿、紫红色砂质泥岩、粉砂岩,中夹灰绿色、浅紫色中粗砂岩及其透镜体。下部为厚层状灰白～灰绿色粗粒砂岩,分选差,常含有砾石及泥质团块;上部疏松,易风化;底界标志层K$_6$为灰白、灰绿色含砾粗砂岩,含绿色矿物及红色长石,交错层理极其发育。本组地层厚0～60.00 m,平均厚度为46.30 m,与下伏地层整合接触。

2.2.4　新近系(N)

新近系上新统静乐组(N_2j)：主要出露于井田南部，岩性为棕红色粉砂质亚黏土，内含黑色铁锰质斑点，中下部常夹 3～5 层钙质结核，地层厚 0～65.60 m，平均厚度为 20.10 m。与下伏地层不整合接触。

2.2.5　第四系(Q)

1. 更新统(Q_p)

更新统上部为黄土(即黄色粉砂质亚黏土)，垂直节理发育，底部有厚度为 2～6 m 的砾石层，下部为浅红色砂质黏土。地层厚 0～43.50 m，平均厚度为 21.40 m，与下伏地层不整合接触。

2. 全新统(Q_h)

全新统为现代河床沉积物、河漫滩堆积物，以砾石为主，间夹一些砂土，二级阶地为亚砂土及次生黄土，含较多腐质土，地层厚 0～11.00 m，平均厚度为 6.00 m 左右。

地层对比方法：根据不同年代地层的色相、岩相特征，以标志层法为主，结合古生物特征、地球物理特征、岩相旋回等进行地层对比。

2.3　煤层赋存及其顶底板特征

2.3.1　煤层赋存特征

本井田主要含煤地区为石炭系太原组；二叠系山西组只含有 1～3 层薄煤层，均不可采；石炭系本溪组有时含有 2 层薄煤层，也均不可采。因此，下面只对石炭系太原组地层叙述如下：

石炭系太原组为本井田主要含煤地层，总厚 60.64～110.50 m，平均厚度为 91.20 m，煤层总厚度为 33.54 m，含煤系数为 36.78%，岩性由灰白色碎屑岩、深灰色泥岩、煤层及泥灰岩组成，具缓波状层理及微斜层理，其中碎屑岩比值较大，为一套以海陆交互相为主的含煤岩系，其岩相为滨海相、三角洲相、冲积相及泥炭沼泽相，自下石炭世起华北陆台下降，开始接受沉积，并伴随着小型振荡运动，到上石炭世展现了一个广阔的滨海冲积平原的古地理景观。由于距陆缘侵蚀区较近，地壳的沉降幅度与沉积物补偿大致平衡，保持了泥炭沼泽的聚煤环境，形成了 $4^{\#}$、$9^{\#}$、$11^{\#}$ 等厚煤层。沉积物来源于西北，其海侵规模依次减弱，海岸线向东南方向后撤。

1. 含煤性

本井田含煤地层为石炭系太原组及二叠系山西组，共含煤 12 层。山西组地层厚 0～89 m，平均厚度为 54.30 m，含煤 3 层，编号为 $1^{\#}$、$2^{\#}$、$3^{\#}$，多见 $2^{\#}$、$3^{\#}$ 煤层，$1^{\#}$ 煤层赋存较少，均为厚 0.20～0.50 m 的薄煤层，零星赋存，以下不再叙述。

太原组地层厚 60.64～110.50 m，平均厚度为 91.20 m，含煤 9 层，编号为 $4^{-1\#}$、$4^{-2\#}$、$5^{\#}$、$7^{-1\#}$、$7^{-2\#}$、$8^{\#}$、$9^{\#}$、$10^{\#}$、$11^{\#}$，总厚 29.7 m，含煤系数为 37.2%，$4^{-1\#}$、$4^{-2\#}$、$7^{-1\#}$、$9^{\#}$、$11^{\#}$ 煤为主要局部可采煤层。

2. 可采煤层

(1) $4^{-1\#}$煤层

$4^{-1\#}$煤层多直接位于K_3砂岩下,少有泥岩、砂质泥岩伪顶。煤层厚2.91～16.84 m,平均厚度为9.45 m,结构复杂,多由2～6个煤分层组成。夹矸多为高岭岩及碳质泥岩,井田中东部一带煤层变厚,煤层顶板多为K_3粗砂岩及泥岩,底板为泥岩,为稳定可采煤层。

(2) $4^{-2\#}$煤层

$4^{-2\#}$煤层位于$4^{-1\#}$煤层下0.70～16.10 m,平均为3.72 m。煤厚0.41～6.71 m,平均厚度为3.26 m,为$4^{1-2\#}$号煤层分叉煤层,结构较简单,多由1～4个煤分层组成,除与$4^{-1\#}$煤层合并外,全井田均有分布,除个别点不可采外,其余全部可采。煤层顶板为泥岩或粉细砂岩,底板为泥岩及粉砂岩,为较稳定煤层。

(3) $7^{-1\#}$煤层

$7^{-1\#}$煤层位于$4^{-2\#}$煤层下9.80～33.40 m,平均为19.35 m。煤厚0～1.91 m,平均厚度为0.65 m。煤层结构简单,分布在井田南东部,可采范围较小,为局部可采煤层,煤层顶板多为高岭质泥岩、砂质泥岩,底板为泥岩、粉砂岩,为不稳定煤层。

(4) $9^\#$煤层

$9^\#$煤层位于$7^{-1\#}$煤层下0.80～26.35 m,平均为11.85 m,全井田均有分布,为全井田最厚的煤层。煤厚8.38～18.98 m,平均厚度为14.40 m,煤层结构复杂,由2～10个煤分层组成,一般为4～6个。全井田薄煤带位于井田南东角,由风氧化作用所致。其顶板为泥岩、砂质泥岩,有时为中、粗砂岩,底板为泥岩及粉、细砂岩,为全区可采的稳定煤层。

(5) $11^\#$煤层

$11^\#$煤层位于$10^\#$煤层下0.70～7.92 m,平均为4.18 m。煤厚2.52～9.77 m,平均厚度为4.15 m,煤层结构简单,由2～3个煤分层组成,全井田分布,煤厚变化较小。煤层顶板多为泥灰岩,其次为碳质泥岩和粉砂岩,底板为细砂岩和砂质泥岩,为稳定煤层。

2.3.2 井田可采煤层顶底板条件

1. $4^\#$煤层

伪顶:呈零星分布,岩性主要为泥岩、碳质泥岩、砂质泥岩、细砂岩,厚0.06～0.40 m。

直接顶:岩性为砂质泥岩、粉砂岩,厚0.85～6.95 m,呈零星分布。

基本顶:全井田除局部地段外,均有分布。岩性为粗粒砂岩、中粒砂岩及细粒砂岩,厚2.30～22.96 m。

$4^\#$煤顶板的岩石质量指标(RQD)为36.7%～100%。据岩石力学测试可知,泥岩单向抗压强度为20.7～36.9 MPa,粉砂岩单向抗压强度为17.7 MPa,细砂岩单向抗压强度为30.97 MPa,中砂岩单向抗压强度为19.6～64.41 MPa,粗砂岩单向抗压强度为28.0～49.3 MPa,属软弱～半坚硬岩石。

底板:岩性以泥岩、粉砂岩为主,碳质泥岩、细砂岩次之,厚0.15～7.96 m。泥岩单向抗压强度为12.4 MPa,粉砂岩单向抗压强度为15.2～36.1 MPa,属软弱～半坚硬岩石。

2. $9^\#$煤层

伪顶:呈零星分布,主要为泥岩、碳质泥岩、高岭岩,厚0.07～0.94 m。

直接顶:井田大部分地区有分布,岩性主要为泥岩、粉砂岩、碳质泥岩,厚0.80～8.55 m。

基本顶:局部分布,岩性为灰白色粗粒砂岩、中粒砂岩,厚 3.13～32.50 m,交错层理发育,中厚层～厚层状,属中等坚硬岩石。

底板:岩性以泥岩、粉砂岩、细粒砂岩、泥灰岩为主,中粒砂岩、粉砂岩次之,厚 0.28～5.54 m,属软弱～中等坚硬岩石。

3. 11# 煤层

伪顶:呈零星分布,岩性为泥灰岩、碳质泥岩、砂质泥岩,厚 0.07～0.50 m。

直接顶:全区均有分布,岩性为泥灰岩、泥岩、碳质泥岩、粉砂岩,厚 0.60～3.17 m。

基本顶:局部分布,岩性为中粒砂岩,厚 3.46 m。

据岩石力学测试可知,泥岩单向抗压强度为 29.3～77.2 MPa,粉砂岩单向抗压强度为 15.2 MPa,中粒砂岩单向抗压强度为 53.3～63.5 MPa,属软弱～半坚硬～坚硬岩石。

底板:岩性为细粒砂岩、中粒砂岩、粉砂岩、泥岩等,厚 0.70～7.67 m,RQD 为 0～100%,局部岩芯破碎。细粒砂岩单向抗压强度为 17.3～37.7 MPa,泥岩单向抗压强度为 18.0 MPa,属软弱～半坚硬岩石。

2.4　煤田水文地质特征

2.4.1　区域水文地质概况

宁武煤田以宁武向斜为主体构造,地形总体呈中部高、南北两端低之趋势。以宁武南分水岭为界,将地表水体分为两个不同的地表水系:分水岭以南属汾河流域,为黄河水系;分水岭以北属桑干河流域,为海河水系。以朔州平原南部王万庄区域性大断裂为地下水相对隔水边界,将宁武煤田划分为南北两个独立的水文地质单元。

安家岭井工矿所在区位于宁武煤田北部,属三面环山(东为洪涛山、鹰毛山,北及北西为西石山脉,西为黑驼山)的低山丘陵区——山间盆地,该盆地地形北高南低,自西向东有三条河流——七里河、马关河、马营河,由北向南注入朔州平原。就煤系地层而言,这一山间盆地构成一个向南开口门形结构隔水边界的完整水文地质单元。为了便于开采,以马关河为界,人为地将这一完整水文地质单元划分为东、西两个区。安家岭 2# 井工矿则属于 I-II₂ 亚区。

根据含水介质特征,区域内含水层可划分为奥陶系石灰岩岩溶裂隙含水层,石炭系上统太原组砂岩裂隙含水层,二叠系船山统山西组砂岩裂隙含水层,二叠系船山统下石盒子组砂岩裂隙含水层,二叠系乐平统上石盒子组细砂岩裂隙含水层和第四系全新统冲、洪积孔隙含水层,分述如下:

奥陶系石灰岩岩溶裂隙含水层:奥陶系灰岩在本区的西、北、东中高山广泛出露,地表露头节理裂隙发育,并可见到小溶洞等喀斯特现象。在其出露数千平方千米范围内,地表河谷皆为干谷,地表径流均漏失其中,神头泉出露于本区东南,泉口标高为 1 052～1 065 m,1965—2003 年平均流量为 4.14～5.74 m³/s。随着神头电厂规模不断扩大和平朔露天一矿、二矿建成投产,对岩溶水的开采量愈来愈大,神头泉的流量 2003 年仅为 4.62 m³/s。据钻探揭露灰岩情况,马关河以西揭穿本层厚度为 27.83～284.53 m,岩性为白云质灰岩、青灰色石灰岩。岩溶分段发育明显,多为溶蚀性豆状、串珠状、蜂窝状小溶孔及脉状细裂隙,岩溶发育具有不均一性,钻孔抽水,单位涌水量为 0.12~4.74 L/(s·m),水位标高为 1 065.79~1 093.1 m。马关河以东,揭露本组地层 101.1 m,岩性以浅灰色、灰色巨厚层状石灰岩为主,局部为薄层硅质灰岩及泥灰岩,岩溶发育在奥灰顶面以下 10~42 m 之间,岩溶裂隙面光滑平整,沿裂隙面有时形成串珠状、蜂窝状溶洞,连通性差,岩溶发育不均一,富水一般较弱。

石炭系上统太原组砂岩裂隙含水层:含水层为分布于各煤层之间的砂岩带,岩性以中、粗砂岩为主,有时相变为细砂岩或粉砂岩,厚 5~40 m,一般在 10~20 m 之间,岩石胶结致密,节理裂隙不甚发育,一般富水性较差,但在向斜轴部,水量较为丰富,由抽水试验可知单位涌水量为 0.001 9~0.2 L/(s·m)。

二叠系船山统山西组砂岩裂隙含水层:岩性主要为中、粗砂岩或粉砂岩,底部 K_3 砂岩是本组主要含水层,厚 10~20 m,全区普遍发育。据抽水试验成果可知,钻孔单位涌水量变化为 0.000 2~1.97 L/(s·m),而且大部分地区涌水量小,富水性弱,仅在向斜轴及风化壳单位涌水量大于 1.0 L/(s·m)。

二叠系船山统下石盒子组砂岩裂隙含水层:本组地层在较大的沟谷中有部分出露,构成区内主要风化壳,岩性以黄绿色中、粗砂岩为主,夹粉砂岩、砂质泥岩,风化裂隙发育,透水性较好,区内大部分裂隙下降泉皆出自该地层。

二叠系乐平统上石盒子组细砂岩裂隙含水层:本组地层在区内广泛出露,大部分地区位于侵蚀基准面之上,为透水而不含水岩层,侵蚀基准面以下砂岩含水,含水量很小。

第四系全新统冲、洪积孔隙含水层:主要分布在区内河流的河床附近,岩性为砂砾石夹透镜状黏土,含水丰富,七里河河谷潜水已疏干。

2.4.2 隔水层组

1. 石炭系中统本溪组隔水层

岩性为泥岩、铝土泥岩、砂质泥岩,层位稳定,延续性强,为区内主要隔水层。

2. 新近系上新统隔水层

岩性以棕红色黏土、亚黏土为主,全区广泛分布,隔水性能良好。

2.4.3 地下水补给、径流、排泄特征

区域地下水的补给来源主要是大气降水,其次为地表水,本区东、北、西三面环山,奥陶系灰岩广泛出露,是灰岩含水层的补给区;盆地中基岩之上新近系上新统红土和第四系黄土广泛分布,阻隔了大气降水的入渗,使基岩含水层的补给入渗量极为有限,仅在沟谷及山坡基岩出露处或黄土覆盖薄的地方,方可直接获得大气降水的渗漏补给。马营河切割了山西组、太原组含水层,能顺层侧向补给。在环状陷落和导水断层附近,奥灰水和煤系地下水之间越流补给。地下水的径流是由东、西两侧向向斜轴部汇集,之后由北往南向山前平原径流。

地下水的排泄为以泉的形式点状排泄、河流泄流线状排泄、矿坑排水等。泉水多出于沟谷地带,其含水层多为上、下石盒子组地层,奥灰水在径流过程中向神头泉排泄。马关河为区域地下水主要排泄通道,其河床切割了上、下石盒子组地层,地下水沿河床两侧线状排泄,区内煤矿众多,构成了煤系地下水的主要排泄点。

2.4.4 矿井充水条件

1. 含水层组

井田内含水层组依据地下水的含水介质类型,可划分为石灰岩岩溶裂隙含水层组、碎屑沉积岩裂隙含水层组和松散沉积物孔隙含水层组。下面按地层沉积顺序由老至新分别叙述。

(1) 奥陶系石灰岩岩溶裂隙含水层

本组地层由巨厚的石灰岩组成,其间岩溶分段发育,为本区煤系地层之下的主要含水层组,井田内及周边揭露最厚的灰岩厚 211.44 m,据 1107#、603# 钻孔揭露岩芯的统计结果可知,在灰岩顶面以下 100~180 m 为岩溶发育段,100 m 以上灰岩岩溶相对发育较弱,溶洞连通性较差,井田范围内仅 1107# 钻孔进行过奥灰水抽水试验。B3306# 钻孔观测奥灰水位,地下水位高程为 1 064.73~1 069.62 m,单位涌水量为 0.028 3 L/(s·m),渗透系数为 0.074 1 m/d,富水性相对较弱。

(2) 太原组砂岩裂隙含水层

本组地层为含煤煤系地层,含水砂岩多间夹于泥岩、砂质泥岩和各煤层之间,砂岩多具构造裂隙和层面成岩裂隙。其中在 4# 煤层~9# 煤层之间,有厚 20~30 m 的粗粒、中粒砂岩含水层段,透水性良好,为本组主要含水层段,另外在 11# 煤层底部有厚 10~15 m 的中粒、细粒砂岩含水层段,为本组的次要含水层段。据 1107#、1406# 钻孔抽水试验资料可知,单位涌水量为 0.003 4~0.078 L/(s·m),渗透系数为 0.12~0.721 m/d,富水性弱。本组含水层地下水属承压水,水质类型为 HCO_3-Na 型,矿化度为 0.394 g/L。

(3) 山西组砂岩裂隙含水层

本组砂岩裂隙含水层主要为分布于本组地层底部的含砾粗粒砂岩带,多为厚层状,发育有构造裂隙及层面裂隙,透水性良好,含水相对丰富,为其下伏 4# 煤层及开采井巷的主要充水含水层。据邻区(1#井)以往抽水试验资料分析可知,局部地段单位涌水量可大于 0.84 L/(s·m),一般均小于 0.1 L/(s·m),富水性为中等~弱。本组含水层厚度相对稳定,介于 20~40 m 之间,为全区的主要含水层之一。地下水水质类型为 SO_4·HCO_3-Ca·Mg型,矿化度为 0.916 g/L。本组含水层地下水具承压性。

(4) 石盒子组砂岩裂隙含水层

本组地层上部含水层段为粉砂岩及细、中粗砂岩,具风化裂隙,为风化裂隙含水层段,据安家岭 1# 井工矿主斜井筒揭露情况,涌水量达 74 m³/h。下部含水层段为中、粗粒砂岩带,在白家辛窑向斜轴部附近发育有构造裂隙,据 1107#、1406# 钻孔抽水试验资料可知,单位涌水量为 0.005 1~0.064 L/(s·m),渗透系数为 0.054 9~0.74 m/d。本组含水层地下水多具承压性,水质类型为 HCO_3-Ca·M 型,矿化度小于 0.5 g/L。

2. 隔水层组

井田内隔水层以煤系地层下部的本溪组泥岩地层和基岩上覆的新近系红色黏土层为主,其次各地层中与砂岩含水层互层叠置分布的砂质泥岩、泥岩和煤层,为隔水层或半隔水层。

本溪组地层位于太原组煤系地层之下,而上覆于奥陶系石灰岩,由于其岩性多以泥质岩类为主,具阻隔水作用,阻隔了其上砂岩裂隙水和下部岩溶水的水力联系,为本区主要隔水层,在井工矿井范围内,其厚度介于 21.40~60.69 m 之间,平均厚度为 38.90 m。

2.4.5　构造的水文地质特征

井田内具有控水意义的构造有褶曲(宁武向斜、芦子沟背斜、白家辛窑向斜)、发育于褶曲间的断层与安家岭阻水逆断层,其水文地质意义如下。

1. 褶曲

井田内褶曲主要由宁武向斜、芦子沟背斜、白家辛窑向斜组成,在褶曲轴部,尤其是向斜轴部,由于应力局部集中,节理裂隙比较发育,构成地下水的贮存空间。由于其地势低洼,地下水顺层向轴部汇集,因而成为地下水的集中汇集点,且向斜轴部呈西北高、东南低,使地下水顺轴向东南低凹处流。宁武向斜轴部北端平凡城区有多处泉水出露,为马关河的主要补给源。芦子沟背斜轴部所处地形为地表分水岭,亦为该井田地下分水岭,该部位含水层的富水性极弱(如位于芦子沟背斜轴部的小煤矿,井下多干燥无水),芦子沟背斜为井田东北部与西南部的相对隔水边界。

2. 断裂构造

由于井田内褶曲相间发育,造成应力局部集中,与褶曲相间伴生了多条大小不一的断层,白家辛窑向斜伴生的 3 条正断层,断距为 8~13 m,增加了该向斜的储水、导水性能。芦子沟背斜伴生的断层以逆断层为主,分别为 FB22、FB25 断层,断距为 10~95 m。对于以泥质岩类为主的山西组、太原组岩层导水性变差,为隔水断层。但对于石盒子组的脆性岩石来说,断层面两侧多发育开张性较好的扭张裂隙,仍会形成导水带。FB11、FB26 断层为正断层,断距为 70~125 m,导致本溪组灰岩甚至 11# 煤层局部与奥陶系灰岩直接接触,降低了本溪组地层的隔水性能,对煤层开采造成了一定的威胁。

3. 环状陷落柱

野长坡环状陷落柱位于井田南部边界,姚吉坪环状陷落柱位于井田东南部,为岩溶水与上部含水层沟通的主要通道。1407# 孔打到野长坡环状陷落柱中心,长轴为 250 m,短轴为 222 m,其范围为 1 240 m²。B2302#、B2802# 孔揭露姚吉坪环状陷落柱,长轴为 240 m,短轴为 130 m。揭露钻孔岩芯风化破碎剧烈,岩芯破碎,岩性混杂,多呈角砾状。这充分说明陷落柱与周边地层接触带节理裂隙发育,为沟通岩溶水与太原组基岩水水力联系的通道之一。

2.4.6　地下水补给、径流、排泄条件

1. 地下水的补给条件

区内地下水的补给来源主要有大气降水入渗补给、地表水体的沿途渗漏补给以及各含水层之间通过止水不良的钻孔及导水断层和环状陷落柱相互获得补给。其中大气降水入渗补给为主要补给来源,受地层沉积顺序的控制影响。上部石盒子组和山西组含水层,由于埋藏浅而地表出露面积较广,补给途径短,大气降水入渗补给相对有利;而下部太原组含水层,由于埋藏深而地表出露范围狭窄,大气降水补给极为有限。区内降水入渗补给基岩地下水的范围多集中于西部边缘的基岩露头地带,其次为区内各大小冲沟底部零星分布的基岩出露点,而井田内的广大范围内基岩顶部均上覆上新统湖相红色黏土层,阻隔了降水入渗对基岩地下水的补给。马关河流经本区东部,其沿途不断下渗,河水可就近补给于附近下伏地层含水层。2# 井工矿曾施工的钻孔较多,其封闭不严或止水不良时可沟通上下各含水层的水力联系,其相间在承压水头差作用下可相对获得补给,另外导水断层和环状陷落柱可使各

含水层之间相对获得补给。

2. 地下水的径流条件

评价区属于水文地质分区的 I-II₂ 区,以芦子沟背斜为界,以西属于 II₂ 区,以东属于 I 区。II₂ 区地面分水岭以潘家窑、前安家岭、后安家岭、前芦子沟、西酸茨、细水村、窝窝会村及地层露头为界,地面水文地质分区呈菱形,汇水面积约 120 km²。整体上看,该水文地质单元受白家辛窑向斜构造控制。I 区由煤层露头、锅盖梁、小木瓜界村、西元峁、前安家岭村、姚士坪、朱吉梁、马关河圈定,水文地质分区呈矩形,该水文地质单元受宁武向斜控制。

石盒子组含水层组地下水流向取决于地形地貌,从北东沿向斜向东南流动,基本上是从潜水向承压水类型过渡。山西组、太原组含水层地下水流向从地下分水岭四周向向斜汇集。

3. 地下水的排泄条件

地下水的排泄途径有地下水的侧向径流排泄、以泉的形式的点状排泄以及人为的矿井排水排泄。其中上部基岩风化壳潜水多在地形低洼的冲沟边缘以泉的形式渗流排泄,最后汇集于七里河排向区外。山西组和太原组含水层地下水主要为人为的矿井采煤外排水排泄。而多数地下水终以地下径流的形式自北向南通过南部边界的导水地段外排于区外。另外,区内导水断层和环状陷落柱以及以往施工钻孔(若止水不良),可使水头高的含水层地下水向水头低的含水层渗漏排泄。

2.4.7　矿井水文地质类型

本区位于宁武煤田北部,为低山丘陵地带,大部分为黄土覆盖,植被稀少,地表裸露,降水少且强度集中,不利于大气降水的入渗补给,唯一的地表水体——马关河位于井田东部边界,由于处于上游,水量较小,同时存在芦子沟背斜分水岭,使地下水补给来源贫乏。石炭-二叠系地层岩石胶结致密,节理裂隙不甚发育,富水性弱,仅宁武向斜轴部水量相对丰富,寒武、奥陶系灰岩溶裂隙发育一般,含水性相对较弱,灰岩水位标高为 1 060~1 070 m,11# 煤层局部位于奥灰水位之下,奥灰水位最高处高于 11# 煤层底板 100 m,为局部带压开采煤层,其井田水文地质类型为 II-I 类型与 II-II 类型。

2.5　煤田构造特征

本井田位于宁武煤田的北部,处于马关河西详查区的东部,宁武向斜西部井田受构造控制,地层走向大致为东西向,东部井田受构造影响,地层走向近南北向。井田内地层倾角平缓,为 2°~10°,安家岭逆断层以北东向横贯于井田南部,白家辛窑向斜和芦子沟背斜分布于其两侧,落差大于 5 m 的断层有 8 条,中部东西向两边各有陷落柱一个,井田地质构造简单。

2.5.1　褶曲

1. 白家辛窑向斜

白家辛窑向斜位于本区中西部。轴向 N50°E,于 J711 孔处转为 N45°E,至上窑子延伸出区外。两翼倾角基本一致,倾角为 5°左右。南部东翼倾角略大于西翼。区内延伸长度为 1.9 km。

2.芦子沟背斜

芦子沟背斜为一区域性褶曲,西北端自平凡城区起,以南东40°方向向南延伸,然后经L29孔,大体沿36和38勘探线之间以南西25°方向经过本区,尔后经N201孔进入峙峪区。该背斜虽然在地面不甚明显,但两翼产状不一致,北西翼倾角为3°~5°,南东翼倾角为6°~9°,在区内背斜轴长度约为2 000 m。从区域性看,该背斜为弧形褶曲,弧顶指向南东。

3.计高登向斜

计高登向斜发育于本区东南部的白西沟村及计高登一线、走向北西-南东、向南倾伏的向斜,在煤层底板等高线图上由N3401、B2603及N3404严密控制,幅度不大,向南开阔,在区内延伸约900 m。其余褶曲,幅度甚微,不予赘述。

2.5.2 断层

(1) F1逆断层:走向北东-南西向,倾向南东,倾角为30°,断距为22 m,延伸长度为1 300 m。

(2) FB9正断层:走向北东-南西向,倾向北西,倾角为70°,断距为8 m,延伸长度为220 m。

(3) FB1正断层:走向北东-南西向,倾向北西,断距为8 m,延伸长度为150 m。

(4) FB26正断层:为B3504及N3505两孔控制,两孔相距为170 m,$4^{-1\#}$煤底板标高差异悬殊,推断为正断层,走向N18°E,倾向北西,倾角为75°,最大断距为125 m。$B2411^{\#}$孔$4^{-1\#}$煤下部及$4^{-2\#}$煤断失,亦认为见该断层,断距骤减为8 m。区内推断长度为1 000 m。$B3504^{\#}$及$B3505^{\#}$两孔相距较远,$B3505^{\#}$孔又为仅钻至$4^{-1\#}$煤之半截孔,故该断层控制程度稍差。

(5) FB11正断层:为钻孔所控制,$J913^{\#}$及$B2206^{\#}$两孔相距50 m,煤层标高差异甚大,推断为断层所致。走向N20°E,倾向北西,倾角为75°,最大断距为86 m。$B3203^{\#}$孔亦见该断层,9#煤上部断失,断距变小为9 m。推断延伸长度为800 m。

(6) FB22逆断层:走向近南北向,倾向正东,断距为15 m,由$B3203^{\#}$、$B2105^{\#}$两孔控制,延伸长度为470 m。

(7) FB44逆断层:走向北东—南西向,倾向南北,断距为25 m,倾角为30°。

(8) FB25逆断层:走向近南北向,倾向南东,断距为10~15 m,由$B3501^{\#}$、$N3202^{\#}$钻孔控制,延伸长度均为350 m。

2.5.3 陷落柱

本区内钻孔发现陷落柱2个。

(1) 野长坡陷落柱(XB_1):位于1341及1452两孔之间,1407孔打到中心,全孔岩芯风化,破碎严重,煤层标高明显低于四周,长轴为250 m,短轴为220 m。

(2) 姚吉坪陷落柱(XB_2):$B2302^{\#}$及$N2802^{\#}$孔见到,推定为一个陷落柱。据$B2302^{\#}$孔资料,全孔岩芯破碎严重,岩性混杂,多呈角砾状,岩层倾角急剧增大甚至近直立,全孔未见正常层位煤层,其范围为钻孔外推50 m,形为椭圆,长轴为240 m,短轴为130 m。

本章参考文献

[1] 白志芬,薛立文.安太堡矿电动轮机架轮毂轴承座修复方法[J].露天采矿技术,2003,18 (4):28-29.

[2] 白中科,郧文聚.矿区土地复垦与复垦土地的再利用:以平朔矿区为例[J].资源与产业, 2008,10(5):32-37.

[3] 常来山,李绍臣,颜廷宇.基于岩体损伤模拟的露井联采边坡稳定性[J].煤炭学报,2014, 39(增刊2):359-365.

[4] 常永刚,贺昌斌.分体式电缆桥在安家岭矿的应用[J].露天采矿技术,2006,21(2): 47,50.

[5] 陈建平,赵奎.基于单元安全度的露井联采边坡稳定性分析[J].有色金属科学与工程, 2011,2(5):84-88.

[6] 邓增兵.平朔矿区坐标系统解析[J].露天采矿技术,2008,23(5):36-38.

[7] 丁新启,刘宪权,任利明.分段倾斜分层开采方法在安太堡矿的应用[J].露天采煤技术, 1998,13(1):8-10.

[8] 段起超,段国华.安家岭矿基建期矿建工程的合理规划[J].露天采煤技术,2000(1): 16-17.

[9] 高莲凤,丁惠,张鹏,等.山西平朔矿区石炭系本溪组海参骨片化石的发现[J].微体古生 物学报,2012,29(2):179-194.

[10] 韩静,白中科,李晋川.露井联采区西排土场平台沉陷状况分析[J].山西农业大学学报 (自然科学版),2011,31(5):460-463.

[11] 韩武波,贾薇,孙泰森.基于3S的平朔矿区土地利用及景观格局演变研究[J].中国土地 科学,2012,26(4):60-65.

[12] 何浩宇.ANSYS在露井联采条件下边坡滑移机制研究中的应用[J].现代矿业,2011,27 (2):85-86,99.

[13] 贺振伟,白中科,张召,等.平朔矿区工业-生态产业链的结构设计与实证[J].资源与产 业,2012,14(5):51-56.

[14] 黄键.安太堡矿煤中硫的赋存特征[J].露天采煤技术,2000,15(1):43-44.

[15] 李志强,秦建明,王振伟.安家岭矿北端帮 E8200~E8600 区段滑坡分析[J].露天采矿 技术,2006,21(增刊1):1-2.

[16] 林振春,昝喜山.安太堡矿三坑南部物料排弃位置调整[J].露天采煤技术,2001,16(2): 17-18.

[17] 刘宪权,朱建明,陆游.露井联采下井工开采顺序的优化分析[J].中国矿业,2007, 16(10):63-65.

[18] 刘勇,徐志远."树枝形"开拓运输系统在安太堡矿的应用[J].露天采矿技术,2003, 18(2):8-9.

[19] 卢元清,胡兴定.平朔露天矿区农村居民点分布特征与搬迁模式研究[J].农村经济与科 技,2015,26(8):197-201.

[20] 任利明,徐志远,刘勇.安太堡矿采剥运年计划的制定[J].露天采煤技术,1998,13(4):7-9.

[21] 尚文凯,马海渊,段起超.安太堡矿咽喉区通过能力计算[J].露天采煤技术,2001,16(2):22-23.

[22] 尚文凯,赵建军,刘云,等.安太堡矿4#煤运煤坡道优化[J].露天采矿技术,2012,27(增刊1):27,29.

[23] 尚文凯,赵建军,张家权,等.安太堡矿1345运煤干道优化[J].露天采矿技术,2012,27(增刊1):30,33.

[24] 王东,曹兰柱,朴春德,等.露井联采逆倾边坡破坏模式及稳定性评价方法研究[J].中国地质灾害与防治学报,2011,22(3):33-38.

[25] 王东,浦凤山,曹兰柱,等.平庄西露天矿露井联采高陡长大边坡稳定性监测研究[J].中国安全生产科学技术,2015,11(11):124-130.

[26] 王东,王前领,曹兰柱,等.露井联采逆倾边坡稳定性数值模拟[J].安全与环境学报,2015,15(1):15-20.

[27] 王骞,庞尔宝.谈安家岭矿员工培训教育在企业发展中的作用[J].露天采矿技术,2005,20(增刊1):87-88.

[28] 王振伟,王建国,于永江.露井联采条件下黄土基底排土场变形演化规律[J].辽宁工程技术大学学报(自然科学版),2008,27(2):165-167.

[29] 王振伟,朱新平.SGC地下位移监测系统在安家岭矿北端帮的应用[J].露天采矿技术,2005,20(2):24-25,28.

[30] 王振伟.安太堡露天矿运煤巷道安全性研究[J].露天采矿技术,2008,23(4):17-19.

[31] 吴剑平,朱建明,成新元.露井联采下边界参数优化的相似模拟研究[J].中国矿业,2008,17(9):79-82.

[32] 吴西臣.露井联采边坡位移监测与预报技术研究[J].煤炭工程,2015,47(8):99-102.

[33] 徐志远,李志强.安太堡露天煤矿汽车运输系统[J].露天采煤技术,2000,15(4):22-24.

[34] 徐志远,刘勇,刘宪权.安太堡矿转向期间反向内排方案的实施[J].露天采矿技术,2003,18(2):14-35.

[35] 徐志远.平朔矿区露井联采技术综述[J].煤炭工程,2015,47(7):11-14.

[36] 薛建春,白中科.生态脆弱矿区土地复垦方案实施监测评价研究:以平朔矿区为例[J].水土保持研究,2012,19(1):246-249,276.

[37] 薛建春.基于EMD的平朔矿区生态承载力变化及动力学预测分析[J].内蒙古农业大学学报(自然科学版),2014,35(5):63-68.

[38] 薛万海.安太堡露天矿局部开采参数的优化[J].露天采矿技术,2016,31(1):22-24,28.

[39] 杨秀,王哲,韩莹,等.安太堡矿南寺沟排土场增高扩容稳定性研究[J].露天采矿技术,2016,31(4):21-25.

[40] 于子刚,曹永新,贺振伟.安家岭矿工业用水方案探讨[J].煤矿环境保护,1999,13(2):53.

[41] 昝喜山,林振春.安太堡矿西北帮边坡稳定性及监测系统分析[J].露天采煤技术,2001,16(2):24-25.

［42］ 张耿杰,白中科,乔丽,等.平朔矿区生态系统服务功能价值变化研究[J].资源与产业, 2008,10(6):8-12.

［43］ 张耿杰,白中科,张川,等.平朔矿区典型样地表层土壤理化性质变化研究[J].湖北农业 科学,2015,54(17):4168-4172.

［44］ 张伟,葛勇.露井联采台阶爆破对巷道稳定性影响研究[J].煤炭工程,2015,47(11): 108-110.

第3章　露井协同开采模式的建立

3.1　平朔矿区总体规划

3.1.1　矿区概况与建设条件

3.1.1.1　矿区概况

1. 矿区位置与交通

平朔矿区地处山西省宁武煤田的北端,地跨朔州市平鲁区、朔城区,南北长 23 km,东西宽 22 km,勘探面积为 380 km²,探明地质储量为 127.5 亿 t,并取得了平朔矿区接续区——朔南矿区探矿权证,井田面积为 139 km²,地质储量为 39.8 亿 t。行政隶属朔州市平鲁区管辖,其地理坐标为东经 112°20′35″～112°25′44″,北纬 39°28′59″～39°30′29″,矿区范围由平朔煤炭工业公司平煤办字〔2006〕3 号文圈定(见表 3-1)。

表 3-1　　　　　　　　　　　　　　矿区范围

点号	国家 6 度带坐标	
	X	Y
1	4 374 550	19 622 921
2	4 373 635	19 621 787
3	4 373 384	19 621 241
4	4 373 160	19 620 933
5	4 373 160	19 615 554
6	4 373 780	19 615 544
7	4 374 087	19 615 794
8	4 374 158	19 615 697
9	4 375 275	19 616 610
10	4 375 275	19 620 500
11	4 375 344	19 621 440
12	4 375 964	19 621 943
13	4 374 981	19 622 633
14	4 374 550	19 622 921

(1) 铁路

运煤专线直通北同蒲线上的大新站,直线距离 15 km,可与全国各大城市相接。

(2) 公路

　　朔州—平鲁公路从西南通过,往南东与 208 国道、大运高速公路相通,直线距离分别为 19 km、51 km。矿区的外部交通条件良好,公路、铁路畅通,煤炭外运十分便利。交通位置图见图 3-1。

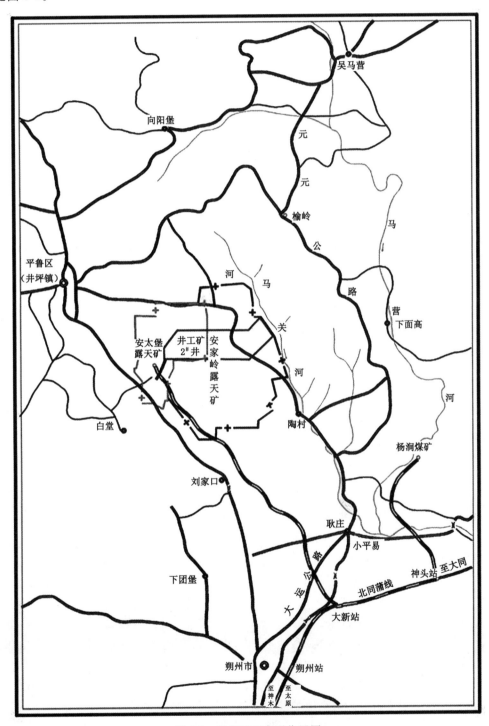

图 3-1　平朔矿区交通位置图

2. 矿区气候

本区之东太行山、五台山海拔皆在 2 800 m 以上，阻隔海洋季风吹入，而其西部与内蒙古相通，使本区一带成为塞外冷气南侵的必经之道。因此，大陆性气候极为典型，干燥寒冷、风沙严重为其特点。

（1）气温

气温一般较低且温差大，年平均气温为 5.41～13.8 ℃，绝对最高温度为 34.5 ℃，绝对最低温度为 -27.4 ℃，温差可达 61.9 ℃，日温差亦较大，一般为 18～25 ℃。

（2）日照期、湿度

年日照期最长为 2 883.4 h，最短为 2 444.5 h，平均为 2 693.3 h；湿度最小为 0，最大为 80%。

（3）降水量及蒸发量

降水量分布极不均匀，多集中在 7～9 月，占全年降水量的 75%～90%，年平均降水量为 426.7 mm。年平均蒸发量为 2 006.7 mm，约是降水量的 5 倍。

（4）冰冻期与无霜期

每年 9 月下旬至次年 4 月为冻冻期，冻结深度一般为 1.11 m；无霜期为 107～175 d。

（5）风

每年有风时间占全年的 70%，平均每年出现 40 d 左右的大风，飓风天在 2 d 左右，扬沙日在 29 d 以上，多集中于冬春季节，风向西北，最大风速可达 21.7 m/s。

3.1.1.2　建设条件

1. 矿区地形地貌

矿区属于山西高原平朔台地之低山丘陵，全区多为黄土覆盖，形成梁垣卯等黄土高原地貌景观，区内沟谷发育，呈"V"字形，地形基本呈北、西高及东、南低之趋势，海拔变化范围在 1 209.81～1 448.10 m 之间，相对高差达 238.20 m。地表主要水系为马关河，一般流量 0.08～0.15 m³/m，属于海河流域，永定河水系。

2. 矿区地层赋存

矿区地层赋存情况如 2.2 节所述。

3. 煤炭资源及赋存

石炭系上统太原组为本井田主要含煤地层，总厚度为 60.64～110.50 m，平均厚度约为 91.20 m，煤层总厚度为 33.54 m，含煤系数为 36.78%，岩性由灰白色碎屑岩、深灰色泥岩、煤层及泥灰岩组成。区域内形成的主要可采煤层为 $4^{-1\#}$、$4^{-2\#}$、$9\#$ 和 $11\#$ 煤层，均为等厚煤层，其中 $4^{-1\#}$ 煤层在井田西及南北角与 $4^{-2\#}$ 煤层合并，中部风氧化严重。平朔矿区主要可采煤层及其顶底板赋存特征见表 3-2。

4. 水文地质条件

宁武煤田以宁武向斜为主体构造，地形总体呈中部高、南北两端低之趋势。以宁武南分水岭为界，将地表水体分为两个不同的地表水系：分水岭以南汾河流域为黄河水系；分水岭以北属桑干河流域，为海河水系。以朔州平原南部王万庄区域性大断裂为地下水相对隔水边界，将宁武煤田划分为南北两个独立的水文地质单元。

矿区位于宁武煤田北部，为低山丘陵地带，大部分为黄土覆盖，植被稀少，地表裸露，降水少且强度集中，不利于大气降水的入渗补给，唯一的地表水体——马关河位于井田东部边界,由于处于上游,水量较小,同时存在芦子沟背斜分水岭,使地下水补给来源贫乏。石炭-二叠系地层岩石胶结致密,节理裂隙不甚发育,富水性弱,仅宁武向斜轴部水量相对丰富,寒武、奥陶系灰岩溶裂隙发育一般,含水性相对较弱,11#煤层局部位于奥灰水位之下,水文地质类型为Ⅱ类-Ⅰ型与Ⅱ类-Ⅱ型。

表 3-2 煤层特征一览表

煤层号	煤层厚度/m $\left(\dfrac{最小\sim最大值}{平均值}\right)$	层间距/m $\left(\dfrac{最小\sim最大值}{平均值}\right)$	煤层结构	顶板岩性	底板岩性	稳定性	分布范围及可采性
4⁻¹	$\dfrac{2.91\sim6.84}{9.45}$	$\dfrac{0.70\sim6.10}{3.72}$	较简单,2～6个分层	多为 K_3 粗砂岩,极少泥岩	泥岩、细砂岩	稳定	井田西及南北角与4⁻²#煤层合并,中部风氧化严重
4⁻²	$\dfrac{0.41\sim6.71}{3.26}$	$\dfrac{9.80\sim3.40}{19.35}$	较简单,1～4个分层	泥岩细砂岩	泥岩、粉砂岩	较稳定	全井田均有分布,基本全区为可采煤层
9	$\dfrac{8.38\sim8.98}{14.40}$	$\dfrac{0.80\sim6.35}{11.85}$ $\dfrac{0.70\sim4.20}{3.10}$	较简单,2～10分层,一般4～6个分层	泥岩、砂质泥岩,中、粗砂岩	泥岩、粉细砂岩	稳定	全井田分布并可采
10	$\dfrac{0\sim1.49}{0.50}$		简单,1～2个分层	粉、细砂岩	细砂岩、中砂岩	不稳定	分布于井田西及东部,不可采
11	$\dfrac{2.52\sim9.77}{4.15}$	$\dfrac{0.70\sim7.92}{4.18}$	简单,1～6个分层,一般2～3个分层	泥灰岩、碳质泥岩、粉砂岩	细砂岩	稳定	全井田分布并可采

5. 外部环境条件

(1) 井田地质环境现状

本区属黄土丘陵区,地表大部分为黄土覆盖,植被稀少,黄土质地疏松,遇水侵蚀后,土体中起胶结作用的矿物质溶解,黄土固结强度降低。由于区内气候属典型的大陆性气候,降雨多集中在夏季,且以暴雨居多,因此使植被本已稀少的井田,水土流失比较严重,地面沟壑纵横,水土流失造成土肥减退,耕地减少,加剧了旱灾,制约了当地农作物经济的发展。

本区属于水资源贫乏地区,矿区周边安太堡安家岭露天矿的开采,致使原已缺乏的浅层地下水资源更为紧张。由于周边崔家岭、潘家窑等小煤窑开采形成"三带",造成基岩中地下水向采空区泄流,加剧了水环境的恶化,从而使饮用水供需矛盾成为社会问题。

目前区内经济以农业为主,种植谷子、玉米、莜麦、马铃薯、胡麻、豆类等,区内及周边地质环境已遭受人为破坏,地质环境质量为中等。

(2) 井田地质环境预测

随着原煤产出量的不断加大,地质环境的人为破坏程度加剧,对地质环境的影响有如下几方面:

① 疏干排水对地质环境的影响。

水均衡系统被破坏:煤层开采势必要对煤系地层及其上部含水层进行长期疏干排水,从而导致地下水水位大幅度下降,破坏了地下水原有的均衡系统,使地下水的动态平衡遭到破坏,原有的经过几百年甚至更多年积聚的地下水静储量(白家辛窑向斜)逐渐被消耗并排出矿井,近地表浅层地下水则大量漏失,造成地面砂化,使土地向干燥化、土壤贫瘠化发展,严重影响植被生长。地表植被由于生存环境的改变将更加稀少,水土流失加速,泉水减少甚至断流,地下水资源大幅度衰减,居民生活用水紧张。因此,矿床疏干将引发排供矛盾的生态平衡问题。

矿井废水的污染:随着煤的开采,要排放大量的废水(包括矿井水、工业废水、煤泥水等),这些废水沿途排放时势必污染所经过的浅层地下水;同时,污浊的废水排放影响地面自然景观。

② 井下开采对地质环境的影响。

煤层开采后形成采空区,顶部岩层失去支撑,在自重及上覆岩层压力的作用下开始弯曲—变形—冒落。因此,采空区上方的岩层,根据破坏和变形情况的不同,自下而上形成冒落带、裂隙带和弯曲带,地面则形成沉降盆地和裂隙。

井田内主采煤层为 $4^{\#}$、$9^{\#}$、$11^{\#}$ 煤层,$4^{-1\#}$ 煤层厚度为 9.45 m,$4^{-2\#}$ 煤层厚度为 3.72 m,$9^{\#}$ 煤层厚度为 11.85 m,$11^{\#}$ 煤层厚度为 4.18 m,3 层煤平均厚度为 29.2 m,上覆岩层为砂岩与泥岩相间沉积,属软弱~半坚硬岩层。矿井开采为放顶煤综采,一次采全高。煤层开采后将形成大范围的采空区。通过对井田内 200 多个钻孔统计资料的计算,当三层煤($4^{\#}$、$9^{\#}$、$11^{\#}$)全部开采后,煤层采深采厚比仅为 3.26~13.52,平均为 6.44。其冒落带部分已达地表,导水裂隙带大部分到达地表,使矿区及其影响范围内地面产生大量的裂缝与塌陷。严重的地表变形将使周围村庄的房屋开裂、倒塌,危及当地居民的人身安全,造成严重的财产损失。

③ 煤矸石堆放对地质环境和道路造成危害。

井下采出的矸石大量堆放,雨季雨水冲蚀煤矸石山,煤灰及杂质随水漂流,汇入七里河,致使河水污浊,影响自然景观,在条件适宜时,大量堆放的矸石成为滑坡泥石流、崩塌等地质灾害的物质来源。煤矸石长期堆放风化后,煤灰随风而起,满天飞扬,严重污染大气;同时,有害元素通过风化、淋滤可释放,再通过迁移、富集造成环境污染。

④ 井下突水造成危害。

底板:本区奥灰岩溶发育不均,相对富水中等,水头压力较高,尤其是白家辛窑向斜轴部,$11^{\#}$ 煤层底板水头压力达 1.02 MPa,且 $11^{\#}$、$9^{\#}$ 煤层在 FB26 断层上盘与奥灰岩直接接触,因此,开采 $11^{\#}$、$9^{\#}$ 煤层(FB26 断层附近)存在奥陶系灰水沿断层破裂带进入井巷的危险,因此,开采 $11^{\#}$、$9^{\#}$、$4^{\#}$ 煤层时需注意断层附近井巷顶、底板突水事故。

顶板:煤层开采后,其导水裂隙带大多已达地表,雨季来临时,地表雨水顺导水裂隙进入矿井,增加井下排水设备负担,一旦超过设备排水能力,易发生淹矿事故,甚至遇到暴雨时,发生顶板突水事故。

井田内地质环境现状中等,自然环境已遭到人为破坏,地质灾害主要为水土流失,地质环境质量中等。煤矿开采后,会导致排供矛盾和生态平衡问题,井下开采导致地表形成地面裂缝和塌陷等地质灾害,易引发突水灾害;煤矸石堆放对环境的危害主要是对大气、水体和土壤的污染,间接地对人体健康产生危害。综合分析认为,矿区地质灾害造成的损失中等~大,因此,只要采取相应的防治措施,是适宜生产的。

6. 其他条件

(1) 瓦斯

原平朔矿区规划本区为露天开采,因此过去与瓦斯相关的测定工作很少。表 3-3 和表 3-4 为近期收集的瓦斯检测资料。周边生产矿井的瓦斯相对涌出量为 $0.69\sim5.8\ \mathrm{m^3/t}$,属于低瓦斯矿井。

表 3-3　　　　　　　　　　　　　小煤矿瓦斯涌出量汇总表

周边矿井	开采煤层	瓦斯含量/%		CH₄ 相对涌出量/(m³/t)	通风方法	备注
		CH₄	CO₂			
西易	4#、9#	0.1~0.3	0.35	0.69	半机械化	朔州市煤炭安全监察局 2005 年度鉴定
施西	4#	0.16~0.36	0.5~0.7	0.8	半机械化	
崔家岭	4#、9#	0.2~0.3	0.25	4.2	机械	
石崖湾联办	9#	0.4~0.67	0.6~0.8	4.1	自然	
黑水沟	9#	0.1~0.15	0.05~0.15	5.8	半机械化	
潘家窑	4#	0.15	0.10	0.7	自然	
南卜洼	9#	0.10	0.10	0.75	自然	
党家沟	9#	0.05	0.05	1.5	自然	
大东沟	4#	0.2	0.2	4.1	自然	
马蹄沟	4#	0.3	0.2	1.4	半机械化	

表 3-4　　　　　　　　　　　钻孔、巷道瓦斯样化验成果表

采样点	深度/m	自然瓦斯成分/%				瓦斯含量/[mL/(g·可燃质)]			
		CH₄	CO₂	C₂—C₈	N₂	CH₄	CO₂	C₂—C₈	N₂
4# 煤巷	282.70	1.57	20.09	1.696	76.66	0.05	0.67	0.049	2.65
9# 煤巷	329.39	0.43	24.10	2.007	73.47	0.02	0.87	0.071	2.61
井检 3# 孔 4# 煤	183.55	17.70	34.47		47.82	0.07	0.13		
井检 6# 孔 4# 煤	147.80	27.24	19.04		53.71	0.16	0.11		
井检 3# 孔 9# 煤	223.30	25.90	20.79		53.31	0.25	0.20		
井检 6# 孔 9# 煤	194.10	11.87	28.51		59.62	0.03	0.06		
井检 3# 孔 11# 煤	242.60	6.72	10.89		82.39	0.07	0.11		
井检 6# 孔 11# 煤	212.80	2.06	25.01		72.93	0.01	0.09		

钻孔取样测定瓦斯含量均小于 $2\ \mathrm{mL/(g·可燃质)}$,瓦斯成分 CH₄ 最高为 27.24%,CO₂ 最高为 34.47%,瓦斯分带划分属氮气-沼气带。

2005 年安家岭井工矿瓦斯年度鉴定结果显示,CH₄ 绝对涌出量为 $0.015\ \mathrm{m^3/min}$,相对涌出量为 $0.002\ 4\ \mathrm{m^3/t}$,二氧化碳绝对涌出量为 $4.58\ \mathrm{m^3/min}$,相对涌出量为 $0.748\ \mathrm{m^3/t}$,鉴定为低瓦斯矿井。

本区测定和鉴定瓦斯结果不高,但平朔矿区曾发生过矿井瓦斯爆炸事故,因此低瓦斯矿井也要做好瓦斯的检测和预防工作,防止瓦斯在局部富集给安全带来隐患。

（2）煤尘爆炸

马关河西详查勘探阶段，在小煤矿对 4#、9#、11# 煤采样鉴定煤尘爆炸危险性，测试火焰长度为 380 mm，抑制煤尘爆炸最低岩粉量为 65%～90%，鉴定结论显示各煤层均有煤尘爆炸危险性。

（3）煤的自燃

据安太堡露天矿扩界区的燃点测定资料可知，各煤层的原煤着火温度为 362～414 ℃，ΔT_{1-3} 为 4～15 ℃，自燃倾向性鉴定结论属于自燃发火。本区煤层中含有黄铁矿也是促使煤具有自燃倾向的因素之一。平朔矿区一些生产矿井也有过井下采空区及地面发生自燃的现象。一般地面露天贮煤堆放 6～12 个月就会发生煤炭自燃现象。

（4）地温

本区无热害正常区。4# 煤层埋深为 134.25～359.05 m，平均为 270.31 m（底板深度），地温为 9.6～13.5 ℃，平均为 12 ℃；9# 煤层埋深为 125.32～403.56 m，平均为 302.12 m（底板深度），地温为 9.5～14.2 ℃，平均为 12.5 ℃；11# 煤层埋深为 136.94～414.04 m，平均为 323.20 m（底板深度），地温为 9.7～14.4 ℃，平均为 12.9 ℃，地温梯度为 1.72 ℃/100 m。井下煤巷测温：4# 煤层垂深为 282.70 m，井温为 10 ℃；9# 煤层垂深为 329.39 m，井温为 13 ℃，与钻孔地温测值相吻合。

3.1.2　矿区布局与开发建设

3.1.2.1　矿区布局

1. 矿区范围

平朔矿区范围东以马营河和 11# 煤层露头线为界，北和西均以 11# 煤层露头线为自然边界，南以担水沟断层为界，南北长 23 km，东西宽 22 km，勘探面积约 382 km²。

2. 布局规划

平朔矿区内有大量的因早期盗采形成的中小煤窑，据不完全统计，区内共有地方小煤窑 95 对，开采区面积达 130.73 km²，小煤窑生产规模仅为 0.09～0.45 Mt/a，大部分矿井采用房柱式开采工艺，斜井开拓，仅少数规模较大的矿井采用带式输送机运输。这些中小煤窑生产工艺落后，矿井分布面积广泛，对于平朔矿区建设生产规模巨大的矿井造成十分严重的影响，对于矿区整体规划也有严重影响。因此，需充分利用现有布局，多种生产方式结合，合理开发矿区，才能建成相对稳定的特大型矿区。

（1）中小煤矿

截至 2002 年底，区内共有地方小煤矿 95 对，开采区面积为 130.73 km²，核定能力为 19.40 Mt/a。其中平鲁区地方小煤矿 72 对，主要位于本区中部及北部，面积为 90.59 km²，到 2002 年底核定能力为 15.38 Mt/a；朔城区地方小煤矿 23 对，主要位于本区南部担水沟断层北侧，面积为 40.15 km²，核定能力为 4.02 Mt/a。矿区内各地方小煤矿规模为 0.09～0.45 Mt/a，大部分矿井采用房柱式开采工艺，斜井开拓，规模较大的矿井采用带式输送机运输，其余采用小箕斗或串车提升。区内核定地方小煤矿保有地质储量为 3 348.47 Mt，其中平鲁区保有地质储量为 2 785.41 Mt，朔城区保有地质储量为 563.06 Mt。原煤销售方式均为汽车外运或就地销售。

平鲁区地方小煤矿特征见表 3-5，朔城区地方小煤矿特征见表 3-7。

表 3-5   平鲁区地方小煤矿特征表

序号	矿井名称	井田面积/km²	2002 年核实能力/(万 t/a)	剩余服务年限/a
1	木瓜界	6.268 7	30	181
2	木瓜界红卫井	1.081	21	71.7
3	二铺一矿	2.670 3	45	76
4	二铺二矿	6.28	35	130
5	芦家窑	8.674 9	45	272
6	大兴一号井	4.6	15	92
7	大兴二号井	4.6	15	92
8	寺儿沟	1.835 1	15	166
9	周花板	0.959 4	26	25
10	韩佐沟	1.139 7	15	46
11	东梁	1.5	30	40
12	井木	0.899 7	45	14.5
13	沟底新井	2.712	21	313.4
14	康家窑	2.408 2	30	45
15	韩村 2#	1.68	10	80
16	韩村 3#	1.2	9	59
17	蒋家坪	1.679	30	95
18	双碾	0.799 4	21	74.2
19	东易一号井	4.385 5	30	110
20	东易四号井	4.385 5	30	46.2
21	西易	2.495 9	30	36
22	马蹄沟	0.851 1	30	35
23	石崖湾	0.743 8	45	4.8
24	潘家窑	5.6	55	74.9
25	党家沟	0.872 2	21	60
26	党家沟新井	2.812 3	30	21
27	井坪	2.32	15	62
28	井南	0.55	9	29
29	下黑水	1.499 6	15	48
30	细水	1.840 1	15	67
31	安太堡联营	1.354	21	20
32	施西	1.529 6	9	62
33	陶卜洼	1.725 5	15	128
34	崔家岭	2.306 7	21	22
35	草沟	1.880 2	21	55
36	凡水沟	0.703 6	15	37.3
37	一半岭	1.299 8	9	56
38	小芦家窑	1.286 3	15	76

续表 3-5

序号	矿井名称	井田面积/km²	2002 年核实能力/(万 t/a)	剩余服务年限/a
39	白土窑	0.332 5	6	14.3
40	白芦	2.206 8	35	47.5
41	芦西	4.139 3	45	80
42	西家寨	2.091 9	15	62
43	歇马关	1.691 3	21	50
44	东应寺	1.228 5	21	59
45	井胜	1.234 1	21	32
46	万平	0.869	21	65
47	窝窝会	1.599 8	30	36
48	井东	3.193 3	45	33
49	井东二号	1.2	15	33
50	韩阳湾	1.139	9	65
51	水窑湾	0.974 7	15	63
52	东山坡	1.012 6	15	77
53	二道梁	0.63	15	32
54	石峰	1.699 5	15	75
55	后泉沟	0.400 3	9	23
56	小西窑煤矿新井	4.32	21	220
57	砖井	1.798 8	15	56
58	榆岭	1.847 3	15	127.3
59	上梨元	1.650 1	21	64
60	抢风岭	1.236 2	18	98
61	三家窑	2.109 5	21	59
62	朱家嘴	0.496 9	15	20
63	洪泉沟	0.507 3	6	22.8
64	洪泉沟新井	1.746 9	21	33.89
65	洪泉沟一号井	0.261 3	9	9
66	小岭	1.486 7	15	66.7
67	杏园	2.02	30	19.74
68	张崖沟	1.137 7	9.29	93
69	冯西	2.057 6	21	117.7
70	冯家岭	1.025 3	18	78
71	北烟墩一号井	0.4	10.6	10.5
72	北烟墩二号井	0.4	10.9	6.8

表 3-6 朔城区地方小煤矿特征表

序号	矿井名称	年底保有可采储量/万 t	本次调查确定能力 /(万 t/a)	备注
1	杨涧煤矿	7 650	50	井下运输系统改供电系统完善
2	刘家口煤矿	1 200	15	

序号	矿井名称	年底保有可采储量/万 t	本次调查确定能力 /(万 t/a)	备注
3	东振煤矿	9 000	30	主提升改造井下运输系统
4	黄石湾煤矿	456	12	
5	峙峪煤矿	1 419	15	
6	金坡煤矿	600	21	
7	李大煤矿	2 640	15	
8	财源盛煤矿	1 230	6	
9	担水沟煤矿	3 958.7	30	主提升改井下运输系统
10	沙涧煤矿	870	15	
11	下窑煤矿	4 406.0	35	
12	金窑坡煤矿	892.69	21	
13	上磨石沟煤矿	312	15	
14	葫芦堂煤矿	5 882	30	
15	西沙河煤矿	4 527	45	
16	泉安联营矿	3 085	15	
17	全武营煤矿	1 230	21	
18	上马石煤矿	3 247	9	
19	陡沟煤矿	1 385	9	
20	安赵煤矿	687	9	
21	暖水泉煤矿	630	15	
22	娄娄沟煤矿	760	6	
23	九户沟煤矿	237	6	

（2）大型煤矿

平朔矿区经过 20 年发展，目前已建成安太堡（设计生产能力为 15.00 Mt/a）和安家岭（设计生产能力为 10.00 Mt/a）两座现代化的大型露天煤矿，此外在区内还有安家岭井工矿（1#井）、露天不采区矿（2#井）两座大型井工矿。安家岭井工矿（1#井）设计生产能力为 5.0 Mt/a，服务年限为 56 a。露天不采区矿（2#井）设计生产能力为 5.0 Mt/a，服务年限为 13 a。

3.1.2.2 矿区开发建设

1. 矿区开发建设概述

按照循环经济的理念，综合开发利用煤炭及与煤共伴生资源，实现上下游产业联营和集聚，把平朔矿区建成煤炭调出基地和资源综合利用基地。通过矿区总体规划，合理确定井田境界、建设规模和相关配套工程，保障煤炭基地资源合理开发利用，促进资源优势转化为经济优势，带动区域经济和社会发展。

2. 井（矿）田划分及开拓方式

（1）露天矿划分及开拓方式

平朔矿区露天矿共 3 个，分别为安太堡露天矿、安家岭露天矿和东露天矿，总面积为 107.6 km²。平朔矿区规划矿井概况见表 3-7。

表 3-7　平朔矿区规划矿井概况表

序号	矿井名称	井田尺寸 长/km	宽/km	面积/km²	主要可采煤层	矿井储量/Mt 地质	可采	设计生产能力/(Mt/a) 近期	远期	服务年限/a	开拓方式
1	安太堡露天矿	3.9~6.4	2.4~6.9	33.3	4#,9#,11#	745.78	708.49	15.0	15.0	42.9	露天
2	安家岭露天矿	6.0~10.0	1.0~3.7	29.5	4#,9#,11#	921.64	875.56	15.0	15.0	53.4	露天
3	东露天矿	5.8~9.6	5.5	44.8	4#,9#,11#	1 870.77	1 777.23	20.0	20.0	81.8	露天
4	安家岭井工矿(1#井)	9.5	0.9~2.5	16.4	4#,9#,11#	559.75	391.83	5.0	5.0	56.4	斜井
5	露天采区矿(2#井)	7.5	2.1~4.5	16.9	4#,9#,11#	419.70	293.79	5.0	5.0	42.4	斜井
6	井木矿(3#井)	9.2	2.6~5.0	29.6	4#,9#,11#	673.75	471.63	3.0	6.0	63.1	斜井
7	井东矿(4#井)	6.5	3.5~7.1	25.04	4#,9#,11#	722.96	361.48	5.0	5.0	51.6	斜井
8	潘家窑合作区矿(5#井)	7.8	4.0~6.4	32.0	4#,9#,11#	867.25	433.63	5.0	5.0	63.5	
9	东易合作区矿(6#井)	1.8~4.3	1.1~3.4	11.4	4#,9#,11#	357.70	178.85	2.0	2.0	63.9	
10	东坡矿(7#井)	7.7	2.3~5.6	25.3	4#,9#,11#	788.82	394.41	5.0	5.0	56.3	斜井
11	双碾合作区矿(8#井)	4.2	3.1	10.9	4#,9#,11#	275.77	137.89	2.0	2.0	49.2	斜井
12	刘家口矿(9#井)	7.5	2.8~4.6	27.3	4#,9#,11#	814.24	407.12	5.0	5.0	58.2	斜井
13	马东矿(10#井)	7.2	3.0~6.0	30.2	4#,9#,11#	906.47	453.24		6.0	54.0	斜井
14	张崖沟矿(11#井)	5.6	1.4~4.1	14.56	9#,11#	370.90	185.45		3.0	44.2	斜井
15	杨涧矿(12#井)	6.5	0.9~2.5	11.8	4#,9#,11#	280.39	140.20		1.5	66.8	斜井
16	韩村矿(13#井)	4.6	1.5~4.1	15.0	4#,9#,11#	445.25	222.63		3.0	53.0	斜井
17	平鲁区城市规划区	3.1	2.4	8.0	4#,9#,11#	200.00					
	合计			382.0		11 221.14	7 433.43	87.0	103.5		

（2）井工矿划分及开拓方式

平朔矿区井工矿共 13 个，分别为安家岭井工矿（1#井）、露天不采区矿（2#井）、井木矿（3#井）、井东矿（4#井）、潘家窑合作区矿（5#井）、东易合作区矿（6#井）、东坡矿（7#井）、双碾合作区矿（8#井）、刘家口矿（9#井）、马东矿（10#井）、张崖沟矿（11#井）、杨涧矿（12#井）和韩村矿（13#井），总面积为 266.4 km²。

3. 矿区建设规模、建设顺序和服务年限

（1）矿区建设规模与建设顺序

矿区规划矿井建设规模方案见表 3-8，建设顺序和产量规划见表 3-9。从表 3-9 中可以看出，矿区自 2020 年开始达到规划规模 10 350 万 t/a。

表 3-8　　　　　　　　　　平朔矿区规划矿井建设规模方案

指标	煤矿名称	规模/(Mt/a)	性质	备　注
现有	安太堡露天矿	15.0	已建	
	安家岭露天矿	10.0	已建	
	安家岭井工矿	5.0	已建	
	露天不采区矿	5.0	已建	
近期(2007—2010 年)	东露天矿	20	新建	
	安家岭露天矿	10.0 扩建至 15.0	扩建	
	井木矿	3.0	新建	
	潘家窑合作区矿	5.0	联合改造	
	东易合作区矿	2.0	联合改造	
	双碾合作区矿	2.0	联合改造	
	井东矿	5.0	联合改造	
	东坡矿	5.0	联合改造	
	刘家口矿	5.0	联合改造	
远期(2010—2020 年)	井木矿	3.0 扩建至 6.0	扩建	
	马东矿	6.0	联合改造	
	张崖沟矿	3.0	联合改造	
	杨涧矿	1.5	联合改造	
	韩村矿	3.0	联合改造	

（2）矿区服务年限

根据矿区总体规划报告，平朔矿区服务年限至 2088 年，均衡生产年限为 50 a；地方小煤矿规模将越来越小，至 2020 年将全部被整合或关闭。

3.1.3　矿区煤炭分选加工

3.1.3.1　煤质特性

1. 物理性质

各煤层颜色均为深黑色，条痕色为黑褐色，以弱玻璃光泽为主，沥青光泽为辅，条带结

表3-9　平朔矿区建设顺序及产量规划

单位:Mt

矿井名称	地质储量	可采储量	生产能力	产量递增计划															
				2006	2007	2008	2009	2010	2011	2012	2013	2014	2015	2016	2017	2018	2019	2020	2021以后
安太堡露天矿	1 209.38	1 148.91	15	15	15	15	15	15	15	15	15	15	15	15	15	15	15	15	15
安家岭露天矿	921.64	875.56	15	10	15	15	15	15	15	15	15	15	15	15	15	15	15	15	15
东露天矿	1 425.23	1 353.97	20			5	15	20	20	20	20	20	20	20	20	20	20	20	20
安家岭井工矿	559.75	391.83	5	5	5	5	5	5	5	5	5	5	5	5	5	5	5	5	5
潘家窑合作区矿	867.25	433.63	3.0~5.0			3	3	5	5	5	5	5	5	5	5	5	5	5	5
东易合作区矿	357.7	178.85	2			2	2	2	2	2	2	2	2	2	2	2	2	2	2
露天采井工矿	129.7	90.79	5	5	5	5	5	5	5	5	5	5	5	5	5	5	5	5	5
东坡矿	788.82	394.41	5	5	5	5	5	5	5	5	5	5	5	5	5	5	5	5	5
井木矿	945.69	661.98	3.0~6.0		3	3	3	3	3	3	3	3	3	3	3	3	3	6	6
双碾合作区矿	275.77	137.89	2			2	2	2	2	2	2	2	2	2	2	2	2	2	2
张崖沟矿	370.9	185.45	3															3	3
井东矿	722.96	361.48	5			5	5	5	5	5	5	5	5	5	5	5	5	5	5
刘家口矿	814.24	407.12	5			5	5	5	5	5	5	5	5	5	5	5	5	5	5
马东矿	906.47	453.24	6										6	6	6	6	6	6	6
杨洞矿	280.39	140.2	1.5												1.5	1.5	1.5	1.5	1.5
韩村矿	445.25	222.63	3														3	3	3
合　计	11 021.14	7 437.94	87.0~103.5	35	43	70	80	87	87	87	87	87	93	93	94.5	94.5	97.5	103.5	103.5

构,水平层理,参差状断口,块状构造,致密性硬强,内生裂隙较发育,碳酸盐类矿物充填,除
$4^\#$煤层外其他煤层都可见黄铁矿的薄膜、颗粒及结核。各煤层的视密度一般在 1.30~1.52
之间,平均为 1.37~1.45,真密度较视密度高 0.1~0.2,一般在 1.45~1.65 之间。

2. 煤岩特征

宏观煤岩特征依据宏观煤岩成分的结构,按平均光泽类型划分,各煤层为半亮型或半暗
型煤。由表 3-10 可知,煤岩有机组分含量:$4^\#$煤层以惰质组含量最高,其他煤层以镜质组含
量最高,$4^\#$、$11^\#$煤层壳质组含量大于 10%,$7^\#$、$9^\#$、$10^\#$煤层壳质组含量低于 10%。无机组
分以黏土类为主,其他组分含量较少。油浸镜质组最大反射率为 0.61%~0.70%。煤化程
度属于Ⅱ阶段,即相当于气煤阶段。

表 3-10　　　　　　　　　　　　煤岩鉴定成果

层名	有机组分/%			无机组分/%			R°_{max} /%
	镜质组	惰质组	壳质组	黏土类	硫化物类	硫酸盐类	
$4^\#$	37.9	47.2	14.9	17.1			0.64
$7^\#$	64.3	27.6	8.1	15.2	2.2		0.61
$9^\#$	48.3	42.2	9.5	11.2	0.2	0.5	0.63
$10^\#$	76.2	14.3	9.5	17.4			0.70
$11^\#$	50.6	38.7	10.7	18.4			0.65

3. 化学性质(表 3-11、表 3-12)

表 3-11　　　　　　　　　　　　原煤化验成果汇总表

层名	M_{ad}/%	A_d/%	V_{daf}/%	$S_{t,d}$/%	ARD
$4^{-1\#}$	4.64~1.73 3.16(21)	31.04~12.21 21.97(21)	41.29~37.28 39.18(8)	1.22~0.30 0.58(20)	1.44~1.30 1.37(15)
$4^{-2\#}$	4.52~0.95 2.87(12)	39.48~12.67 23.87(12)	43.98~40.97 42.05(11)	0.88~0.26 0.55(12)	1.50~1.39 1.44(9)
$7^{-1\#}$	2.78~1.56 2.23(15)	38.14~14.84 23.14(15)	46.88~42.17 44.15(15)	5.71~1.74 3.43(14)	1.52~1.31 1.45(7)
$9^\#$	3.44~1.47 2.25(21)	30.15~15.04 21.49(21)	41.58~38.13 39.81(6)	3.76~0.67 1.87(20)	1.44~1.33 1.39(13)
$10^\#$	3.06~1.45 2.03(9)	35.42~13.59 20.64(9)	51.60~45.22 48.15(9)	6.48~0.53 4.80(8)	1.38~1.35 1.37(3)
$11^\#$	3.09~1.17 2.07(22)	35.40~17.47 27.73(22)	40.04~37.09 38.19(7)	3.41~1.62 2.55(20)	1.49~1.33 1.41(13)

续表 3-11

层名	$Q_{gr,d}$/(MJ/kg)	$T_{ar,ad}$/%	$S_{p,d}$/%	$S_{s,d}$/%	$S_{o,d}$/%
$4^{-1\#}$	29.20~21.79 25.32(18)	13.92~7.22 9.38(11)	0.04(1)	0.01(1)	0.44(1)
$4^{-2\#}$	28.29~19.11 24.52(10)	12.32~3.23 8.54(5)	0.38(1)	0.01(1)	0.38(1)
$7^{-1\#}$	28.35~19.02 25.11(14)	14.71~10.14 12.69(5)	1.35(1)	0.01(1)	0.57(1)
$9^\#$	28.15~21.72 25.40(18)	11.32~7.99 9.99(9)	1.28(1)	0.01(1)	1.65(1)
$10^\#$	28.88~19.77 25.21(8)	14.97~7.60 11.29(2)	2.92(1)	0.01(1)	2.40(1)
$11^\#$	27.09~19.99 23.37(17)	9.40~6.38 8.15(9)	2.83(1)	0.02(1)	0.59(1)

注:M_{ad}—空气干燥基水分;A_d—干燥基灰分;V_{daf}—干燥无灰基挥发分;$S_{t,d}$—干燥基全硫含量;ARD—视相对密度;$Q_{gr,d}$—高位干燥基发热量;$T_{ar,ad}$—煤样空气干燥基焦油产率;$S_{p,d}$—干燥基煤样中硫铁矿硫含量;$S_{s,d}$—干燥基煤样中硫酸盐硫含量;$S_{o,d}$—干燥基煤样中有机硫硫含量。

表 3-12　　　　　　　　1.4 密度级浮煤化验成果汇总表

层名	M_{ad}/%	A_d/%	V_{daf}/%	$Q_{gr,v,d}$/(MJ/kg)	$S_{t,d}$/%	回收率/%
$4^{-1\#}$	4.82~2.25 4.82(21)	11.78~6.35 8.92(21)	41.40~37.59 39.60(21)	29.92~28.80 29.52(3)	0.81~0.50 0.63(12)	53.44~25.34 42.63(6)
$4^{-2\#}$	4.75~1.93 3.08(12)	11.32~6.29 8.53(12)	43.14~39.02 40.64(12)	29.98~29.60 29.79(2)	0.80~0.59 0.66(8)	60.38~37.00 49.91(4)
$7^{-1\#}$	3.17~1.48 2.45(15)	13.44~6.93 10.73(15)	46.54~41.79 44.67(15)	29.51~28.21 28.86(5)	3.53~1.23 2.47(11)	69.39~39.04 54.22(6)
$9^\#$	3.71~1.60 2.54(21)	13.47~7.29 9.45(21)	41.58~37.55 39.72(21)	30.17~29.07 29.58(6)	2.86~0.89 1.99(13)	59.69~34.10 53.30(7)
$10^\#$	3.64~1.28 2.28(9)	11.69~6.72 9.55(9)	50.96~38.15 48.12(9)	31.56~28.97 30.25(4)	6.22~0.71 4.47(8)	80.27~19.20 60.49(5)
$11^\#$	3.48~1.30 2.43(22)	12.94~9.16 10.98(12)	42.10~39.04 40.78(22)	29.55~28.79 29.27(6)	3.44~1.63 2.29(14)	37.79~14.00 30.80(7)

层名	$C_{daf}/\%$	$H_{daf}/\%$	$N_{daf}/\%$	$O_{daf}/\%$	G	Y
$4^{-1\#}$	81.97～80.47 81.17(7)	5.48～5.13 5.32(7)	1.51～1.34 1.42(7)	12.35～9.97 11.36(7)	45.0～35.4 40.2(2)	11.0～5.7 7.9(15)
$4^{-2\#}$	82.11～80.31 81.07(6)	5.61～5.40 5.49(6)	1.47～1.28 1.40(6)	12.06～10.11 11.13(6)	50.7～42.0 46.4(2)	10.0～7.0 7.5(9)
$7^{-1\#}$	80.84～79.60 80.08(6)	5.89～5.59 5.66(6)	1.39～1.19 1.31(6)	11.37～9.93 10.57(6)	75.5～73.8 74.4(3)	16.0～10.5 12.4(7)
$9^{\#}$	82.45～80.67 81.51(7)	5.71～5.29 5.36(7)	1.51～1.22 1.35(7)	12.46～9.39 10.28(7)	65.0～47.3 56.2(2)	10.0～5.1 8.8(15)
$10^{\#}$	79.87～78.47 79.14(3)	5.90～5.87 5.88(3)	1.11～1.01 1.05(3)	13.15～9.18 10.59(3)	98.7～82.0 90.4(2)	19.0～10.0 14.9(5)
$11^{\#}$	81.36～80.63 81.04(7)	5.50～4.87 5.35(7)	1.42～1.06 1.26(7)	12.45～9.60 10.46(7)	63.0～62.0 62.5(2)	14.0～9.0 10.6(15)

注：$Q_{gr,v,d}$—干燥基恒容发热量；C_{daf}—碳元素含量；H_{daf}—氢元素含量；N_{daf}—氮元素含量；Q_{daf}—氧元素含量；G—黏结性指数；Y—焦质层厚度。

(1) 工业分析

空气干燥基水分(M_{ad})：空气干燥基水分原煤平均值在 2.03%～3.16%，各煤层由上到下水分逐渐呈减少趋势。1.4 密度洗选后浮煤水分较原煤水分有所增高。

干燥基灰分(A_d)：原煤灰分产率各煤层平均在 20.64%～27.73%，属中灰分煤[《煤的质量分级 第 1 部分：灰分》(GB/T 15224.1—2010)]，各煤层相比较以 $11^{\#}$ 煤层平均灰分最高，以 $10^{\#}$ 煤层平均灰分最低。1.4 密度洗选后，灰分降至 10% 左右，以 $7^{-1\#}$ 煤层和 $11^{\#}$ 煤层平均灰分较高(大于 10%)，其他煤层平均灰分均小于 10%。

干燥无灰基挥发分(V_{daf})：1.4 密度浮煤挥发分平均在 39.60%～48.12%，属高挥发分煤。

(2) 硫分

原煤干燥基全硫含量($S_{t,d}$)：$4^{-1\#}$、$4^{-2\#}$ 煤层平均值分别为 0.58% 和 0.55%，有个别点大于 1%，两煤层总体属于低硫煤。$9^{\#}$ 煤层硫分在 0.67%～3.76%，平面分布以中硫煤为主，中高硫煤为辅，有个别点大于 3.0%，全层平均值为 1.87%，总体为中高硫煤。$7^{-1\#}$、$10^{\#}$ 煤层平均分别为 3.43%、4.80%，属高硫煤。$11^{\#}$ 煤层硫分在 1.62%～3.41%，平均值为 2.55%，平面分布以中高硫煤为主，有少数为中硫煤。

1.4 密度洗选后，$4^{\#}$ 煤层较原煤全硫有所增高；$7^{-1\#}$ 煤降至 3% 以下，平均为 2.47%；$9^{\#}$ 煤平均为 1.99%，较原煤有所升高但仍为中高硫煤；$10^{\#}$、$11^{\#}$ 煤降幅较小，$10^{\#}$ 煤平均为 4.47%，仍为高硫煤，$11^{\#}$ 煤平均为 2.29%，为中高硫煤。

形态硫测定：$4^{-1\#}$、$4^{-2\#}$、$9^{\#}$ 煤层以有机硫为主，硫铁矿硫次之；$7^{-1\#}$、$10^{\#}$、$11^{\#}$ 煤层以硫铁矿硫为主，有机硫次之；硫酸盐硫各煤层含量在 0.01%～0.02%。

本区各煤层总体除 $4^{-1\#}$、$4^{-2\#}$ 煤层外硫分含量都比较高，1.4 密度洗煤硫分下降不大的主要原因，一方面是有机硫硫含量较高，另一方面是一部分硫铁矿硫呈细小颗粒的分散状分布于煤中,不易脱除。

（3）元素分析

1.4 密度洗煤的碳元素含量在 78.47％～82.45％,氢元素含量在 4.87％～5.90％,氮元素含量在 1.01％～1.51％,氧元素含量在 10％左右。

（4）煤灰成分

煤灰主要以 SiO_2 为主,SiO_2 含量平均为 44.03％～46.58％,Al_2O_3 含量平均为 33.89％～46.99％。Fe_2O_3 在各煤层中的含量平均为 1.97％～18.09％,CaO 含量平均为 0.36％～4.71％,其他灰分含量较少。

（5）有害元素及微量元素

有害元素:本区只有磷、锗含量测定资料,其他元素用安太堡露天扩界区资料评述。

原煤磷含量在 0.001％～0.082％ 之间,各煤层平均磷含量为 0.005％～0.030％,以 $4^{-1\#}$、$7^{-1\#}$ 煤层最高,其次为 9# 煤层,平均为 0.020％,属低磷煤,$4^{-2\#}$、10#、11# 煤层平均磷含量为 0.010％,属于特低磷煤;砷含量为 0.000 3％～0.000 5％,为一级至二级含砷煤;氯含量 0.028％～0.043％,为特低氯煤。

微量元素:锗含量各煤层在 1.0～17.3 ppm（1 ppm＝10^{-6}）之间,镓含量为 13.2～30.1 ppm,均未达工业提取品位。

4. 工艺性能

（1）发热量

各煤层原煤高位干燥基发热量在 19.02～29.20 MJ/kg 之间,平均为 23.37～25.40 MJ/kg,以中热值煤[《煤炭质量分级 第 3 部分:发热量》(GB/T 1522.3—2010)]为主,有少量的低热值煤和高热值煤。影响发热量的主要因素是煤中矿物质含量,1.4 密度洗选后发热量基本能达到 29 MJ/kg 以上。

（2）黏结性和结焦性

各煤层黏结性指数平均在 40.2～90.4,属于中强～强黏结煤,自上而下黏结性呈增强趋势。焦质层厚度为 5.1～19.0 mm,平均为 7.5～14.9 mm,各煤层的结焦性不好。

（3）低温干馏

$7^{-1\#}$ 煤层焦油产率平均大于 12％,为高油煤;其他各煤层平均大于 7％,属富油煤。

（4）煤灰熔融性

1705 钻孔测定各煤层的变形温度大于 1 500 ℃,属较高软化温度灰。

（5）煤对 CO_2 化学反应性

根据《平朔矿区东露天详查地质报告》资料,各煤层的测定值为:在 1 000 ℃时,普遍 $\alpha <$ 60％,反应性较差。

（6）哈氏可磨系数

根据《安太堡露天矿扩界区勘探地质报告》资料,4# 煤哈氏可磨系数平均为 65;9# 煤平均为 66;11# 煤层平均为 67,均为中等可磨煤。

3.1.3.2 煤炭分选加工原则

1. 可选性

根据《安太堡露天矿扩界区地质报告》的简易可选性资料进行评述。

（1）简易筛分试验(见附表《简易筛分试验表》)

破碎前粒级以大于 2″粒级为主,一般占全样的 50％以上。破碎后的 2″～1″粒级占全样的 50％以上,1″～1/2″粒级占全样的 20％左右,其余的随粒级变小产率降低。

(2) 简易浮沉试验

以破碎后 2″～1/2″,1/2″～28M、28M～100M 的三个粒度级,进行 1.4、1.4～1.45、1.45～1.5、1.5～1.55、1.55～1.6、1.6～1.65、1.65～1.7、1.7～1.9、>1.9 密度级的浮沉试验(见表 3-13～表 3-15)。各级产率以 1.4 密度级最高,随洗选密度加大,产率从 1.4～1.7 密度级逐渐降低。各煤层可选性特征见图 3-2～图 3-4,各图的观察曲线 λ 基本表现为平滑斜线下降,说明煤中矿物质含量高的部分与低的部分不易分开。

表 3-13 4# 煤浮沉试验综合成果汇总表

密度级 /(kg/L)	产率 /%	灰分 /%	累计				分选密度±0.1	
			浮物/%		沉物/%		密度 /(kg/L)	产率/%
			产率	灰分	产率	灰分		
					100.00	36.09		
<1.40	28.72	10.58	28.72	10.58	71.28	46.37	1.40	42.28
1.40～1.45	7.42	16.02	36.14	11.70	63.86	49.89	1.50	22.98
1.45～1.50	6.14	20.10	42.28	12.92	57.72	53.06	1.60	18.65
1.50～1.55	5.27	24.18	47.55	14.17	52.45	55.96	1.70	13.65
1.55～1.60	4.15	28.01	51.70	15.28	48.30	58.36	1.80	8.84
1.60～1.65	4.57	31.83	56.27	16.62	43.73	61.14		
1.65～1.70	4.66	36.91	60.93	18.17	39.07	64.04		
1.70～1.90	8.84	43.29	69.77	21.36	30.23	70.09		
>1.90	30.23	70.11	100.00	36.09				
合计	100.00	36.09						

表 3-14 9# 煤浮沉试验综合成果汇总表

密度级 /(kg/L)	产率 /%	灰分 /%	累计				分选密度±0.1	
			浮物/%		沉物/%		密度 /(kg/L)	产率/%
			产率	灰分	产率	灰分		
					100.00	26.14		
<1.40	47.413	9.62	47.41	9.62	52.59	41.03	1.40	61.24
1.40～1.45	8.903	16.00	56.31	10.63	43.69	46.13	1.50	22.45
1.45～1.50	4.935	20.14	61.24	11.39	38.75	49.46	1.60	15.80
1.50～1.55	5.122	24.14	66.36	13.38	33.63	53.30	1.70	10.06
1.55～1.60	3.498	27.73	69.86	13.14	30.14	56.27	1.80	5.76
1.60～1.65	3.742	31.50	73.60	14.08	26.40	59.76		
1.65～1.70	3.439	35.79	77.04	15.04	22.97	63.36		
1.70～1.90	5.760	43.32	82.80	17.01	17.19	70.13		
>1.90	17.19	70.16	100.00	26.14				
合计	100.00	26.14						

表 3-15   11#煤浮沉试验综合成果汇总表

密度级 /(kg/L)	产率 /%	灰分 /%	累计				分选密度±0.1	
			浮物/%		沉物/%		密度 /(kg/L)	产率
			产率	灰分	产率	灰分		
					100.00	33.01		
<1.40	41.15	10.53	41.15	10.53	58.85	48.73	1.40	54.70
1.40~1.45	8.09	16.41	49.24	11.50	50.76	53.88	1.50	21.96
1.45~1.50	5.46	19.97	54.70	15.34	45.30	54.35	1.60	13.83
1.50~1.55	5.21	24.21	59.91	16.11	40.09	58.27	1.70	8.08
1.55~1.60	3.20	27.49	63.11	16.69	36.89	61.96	1.80	5.32
1.60~1.65	2.90	31.33	66.01	17.33	33.99	63.46		
1.65~1.70	2.52	35.54	68.53	17.99	31.47	65.71		
1.70~1.90	5.32	42.84	73.85	19.79	26.15	70.34		
>1.90	26.15	70.37	100.00	33.01				
合计	100.00	33.01						

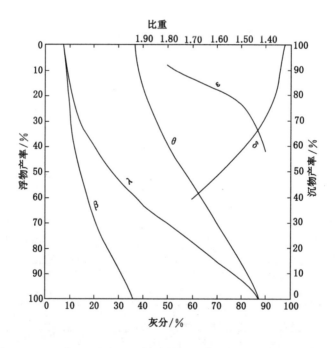

图 3-2 4#煤可选性曲线图

按《煤炭可选性评定方法》(GB/T 16417—2011)采用"分选密度±0.1 含量法"进行评定:

若指定精煤灰分为 11.00%:4#煤分选密度为 1.42,±0.1 含量为 35.0%,扣除沉矸后±0.1 含量为 50.2%,浮煤回收率为 32.50%,可选性等级为极难选;9#煤分选密度为 1.47,±0.1 含量为 26.7%,扣除沉矸后±0.1 含量为 32.3%,浮煤回收率为 58.20%,可选性等级为难选;11#煤分选密度为 1.44,±0.1 含量为 30.5%,扣除沉矸后±0.1 含量为 41.3%,浮煤回收率为 48.30%,可选性等级为极难选。

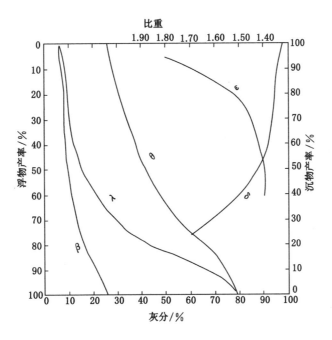

图 3-3　9#煤可选性曲线图

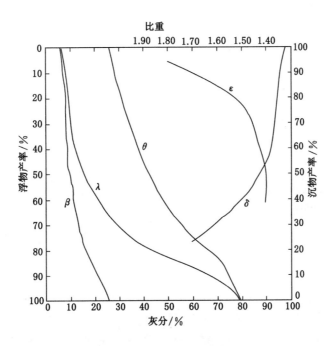

图 3-4　11#煤可选性曲线图

若指定精煤灰分为 15.00％：4#煤分选密度为 1.59，±0.1 含量为 19.0％，扣除沉矸后±0.1 含量为 27.0％，浮煤回收率为 51.50％，可选性等级为较难选；9#煤分选密度为 1.70，±0.1 含量为 10.0％，扣除低密度物的±0.1 含量为 25.8％，浮煤回收率为 77.00％，可选性等级为较难选；11#煤分选密度为 1.50，±0.1 含量为 22.0%，扣除沉矸后±0.1 含量为 29.8%，浮煤回收率为 54.70%，可选性等级为较难选。

9#、11#煤层入洗后硫分有一定的下降，但洗煤硫分仍然有部分甚至全部含量大于 1.00%，原因是煤中含有机硫较高以及部分硫铁矿硫为细颗粒和浸染状不易脱除所致。平朔露天矿多年来采用配入低硫煤的方式来降低商品煤的硫含量。用低硫分的 4#煤配入硫含量较高的 9#煤或 11#煤，如要求本区商品煤的 1.6 密度级浮煤硫分小于 1.0%，理论计算每百吨 4#煤可最大配入 9#煤 45 t 或 11#煤 30 t。

2. 煤的风、氧化

(1) 风、氧化煤的范围及其特征

本区 4#、9#煤层受到不同程度的风化侵蚀，风化煤严重者已经成为黏土，为土状光泽，风化程度不同，颜色深浅不同（有棕褐色、灰黑色、黑色），湿润色重，结构疏松，干燥时有碎粒状或粉末状，粉末状微具塑性，手感松软，遇水成泥状，风化煤部分或完全失去燃烧性能。氧化煤肉眼较难与未受氧化的好煤区别，一般光泽暗淡，疏松易碎，外生裂隙发育，化验结果与好煤差别较大，其水分、灰分、挥发分、氧元素含量明显增高，黏结性指数极低，腐殖酸含量明显增高，发热量显著下降。风、氧化煤与正常煤的划分见表 3-16。

表 3-16　　　　　　　　　　风、氧化煤与正常煤的划分表

名称	肉眼鉴定	M_{ad} /%	A_d /%	$Q_{gr,d}$ /(MJ/kg)	$G_{R,I}$	焦渣特征	腐殖酸 /%
正常煤	深黑色，弱玻璃光泽，胶结紧密，有一定的抗破碎强度	<5.0	<40.0	>20	>10	4~5	<2.0
氧化煤	介于正常煤与风化煤之间	3.0~8.0	<40.0	<20	<10	1~4	>2.0
风化煤	土状光泽，结构疏松	>5.0	>40.0	<10	0	1	>2.0

(2) 风、氧化煤的煤质及其用途

表 3-17 为本区风、氧化煤的化验成果汇总表。风化成黏土的煤在平朔矿区早已被民间开采利用，当地俗称"紫矸"，用于烧制砖瓦和民用陶瓷。氧化煤中的腐殖酸含量若大于 20%，可作为提取腐殖酸的原料，对于灰分小于 50%、低位发热量为 12 MJ/kg 以上的氧化煤，仍可与正常煤掺和作为动力用煤和民用煤燃烧使用，但本区的氧化煤高位发热量平均为 11.08 MJ/kg，灰分平均达 46.84%，不能作为动力用煤和民用煤燃烧使用。

表 3-17　　　　　　　　　　风、氧化煤化验成果汇总表

层名	M_{ad} /%	A_d /%	V_d /%	$Q_{gr,d}$ /(MJ/kg)	$S_{t,d}$ /%	$G_{R,I}$	焦渣特征	腐殖酸 /%
氧化煤	7.39~25.12 11.60(15)	27.27~62.58 46.84(15)	14.64~35.55 28.83(9)	5.36~18.11 11.08(15)	0.00~0.34 0.19(12)	0(2)	1~2	16.86(1)
风化煤	1.17~9.45 4.83(14)	38.3~83.29 67.45(13)	7.92~37.62 23.57(7)	6.52~8.81 7.67(2)	0.02~0.029 0.10(1)		1	

3.1.3.3　煤炭分选加工工程

1. 煤炭分选加工原则

(1) 充分利用现有安太堡和安家岭选煤厂精选系统的生产能力,生产优质动力煤作出口煤。凡规划扩建、新建的选煤厂均以排矸降灰生产排矸煤为主。凡原料煤中不包括 11# 煤,且 9# 煤硫分又偏低的选煤厂,可根据投产后的市场情况,留有全部或部分改造成生产优质动力煤选煤厂的可能。

(2) 为保证产品质量,满足用户要求,所有选煤厂的洗选深度均达到 0.5 mm。

(3) 根据电煤市场需求、用户要求及矿区多年销售经验,优质动力煤的灰分不超过 14%,硫分不超过 1.0%,发热量不低于 28.43 MJ/kg(6 800 kcal/kg),新建和扩建选煤厂排矸煤产品的硫分不超过 1.0%,发热量不低于 23.40 MJ/kg(5 600 kcal/kg)。

(4) 为满足环保要求,要采取各种措施保证出口煤和排矸煤产品的硫分不超过 1.0%,包括地面高低硫原料煤的配煤、洗选后高低硫产品煤的配煤,以及暂时不采硫分高的 11# 煤的个别块段等措施,甚至还可以采取平朔、朔南两区产品煤港口配煤的措施。

(5) 根据原煤煤质和产品质量定位,应尽量简化洗选加工工艺,降低投资和生产费用。鉴于矿区现行加工工艺技术成熟,分选精度高,已经积累了丰富的运营管理经验,故除了现有精选系统仍保持块煤浅槽主再选、末煤重介旋流器主再选洗选工艺外,其他在初期或近期新建、扩建的选煤厂均采用块煤重介浅槽排矸、末煤重介旋流器排矸工艺,后期宜根据选煤技术发展状况,力求采用先进可靠、完善灵活的选煤新工艺。

(6) 选煤厂的产品结构:精选系统生产出口煤、中煤和煤泥,排矸系统生产排矸煤和煤泥。出口煤和排矸煤既可单独又能级配成不同发热量的动力煤供应国内外电煤市场。中煤和煤泥硫分较高,发热量较低,供给矿区综合利用电厂作为发电燃料。

2. 规划选煤厂概况

矿区规划选煤厂情况见表 3-18。规划选煤厂供煤来源详细情况见表 3-19。

表 3-18　　规划选煤厂情况表

指标	选煤厂名称	规模/(Mt/a)	性质	备　　注
现有	安太堡选煤厂	20.0	已建	目前矿区选煤厂洗选能力达 40.0 Mt/a
	安家岭选煤厂	15.0	已建	
	刘家口选煤厂	5.0	已建	
近期(2007—2010 年)	安家岭选煤厂	15.0 扩建至 27.0	扩建	2007—2010 年新增洗选能力 54.0 Mt/a,至 2010 年矿区选煤厂洗选能力达 94.0 Mt/a
	安太堡选煤厂	20.0 扩建至 25.0	扩建	
	东坡矿选煤厂	5.0	新建	
	木瓜界选煤厂	6.0	新建	
	东露天选煤厂	20.0	新建	
	刘家口选煤厂	5.0 扩建至 11.0	扩建	
远期(2011—2020 年)	东露天矿选煤厂	20.0 扩建至 26.0	扩建	2011—2020 年新增洗选能力 17.5 Mt/a,至 2020 年矿区选煤厂洗选能力达 111.5 Mt/a
	木瓜界选煤厂	6.0 扩建至 8.0	扩建	
	刘家口选煤厂	11.0 扩建至 13.0	扩建	
	陶村选煤厂	6.0	新建	
	杨涧矿选煤厂	1.5	新建	

表 3-19 规划选煤厂供煤来源一览表

选煤厂名称	供煤矿井	入选原煤量/(万 t/a)	
		近期	远期
安太堡选煤厂	安太堡露天矿	1 500.00	1 500.00
	露天不采区井工矿	500.00	500.00
	井东矿	500.00	500.00
	合计	2 500.00	2 500.00
安家岭选煤厂	安家岭露天矿	1 500.00	1 500.00
	潘家窑矿	500.00	500.00
	安家岭井工矿	500.00	500.00
	东易矿	200.00	200.00
	合计	2 700.00	2 700.00
东露天选煤厂	东露天矿	2 000.00	2 000.00
	张崖沟矿	0.00	300.00
	韩村矿	0.00	300.00
	合计	2 000.00	2 600.00
东坡矿选煤厂	东坡矿	500.00	500.00
	合计	500.00	500.00
木瓜界选煤厂	井木矿	300.00	600.00
	双碾矿	200.00	200.00
	地方煤	100.00	0.00
	合计	600.00	800.00
刘家口选煤厂	刘家口矿	500.00	500.00
	孙家嘴矿	600.00	800.00
	合计	1 100.00	1 300.00
陶村选煤厂	马东矿	0.00	600.00
	合计	0.00	600.00
杨涧矿选煤厂	杨涧矿	0.00	150.00
	合计	0.00	150.00
全矿区选煤厂总规模		9 400.00	11 150.00

3. 平朔矿区产品平衡情况

平朔矿区产品平衡情况见表 3-20。

3.1.4 矿区运输规划

3.1.4.1 运输条件概况

矿区煤炭外运主要是通过由铁路专用线、北同蒲铁路和大秦铁路组成的铁路网外运,主要通路为北同蒲线、大秦线、丰沙大线及朔黄线。煤泥和中煤规划供应神头一电厂、二电厂

表 3-20　　　　　　　　　　　　　平朔矿区产品平衡情况

矿区名称	产品名称	近期		远期	
		产率/%	产量/(万 t/a)	产率/%	产量/(万 t/a)
平朔矿区	出口煤	15.00	1 410.06	12.82	1 429.14
	中煤	6.45	606.16	5.40	602.41
	排矸煤	48.95	46 00.84	52.45	5 848.00
	煤泥	10.25	963.20	10.16	1 132.95
	矸石	19.35	1 819.74	19.17	2 137.50
	总计	100.00	9 400.00	100.00	11 150.00

注:出口煤 A_d≤14.00%,S_t≤1.00%,$Q_{net,ar}$≥6 800 kcal/kg;中煤 A_d 在 36.00%左右,S_t 在 1.50%左右,$Q_{net,ar}$ 在 4 000 kcal/kg 左右;排矸煤 A_d 在 17.00%左右,S_t≤1.00%,$Q_{net,ar}$≥5 600 kcal/kg;煤泥 A_d≤25.00%,S_t≤1.20%,$Q_{net,ar}$ 在 4 000 kcal/kg 左右。其中:A_d—干燥基灰分;S_t—全硫;$Q_{net,ar}$—收到基低位发热量。

及平朔综合利用电厂。神头一电厂、二电厂用煤通过现有公路、铁路和拟建铁路专用线运输;平朔综合利用电厂用煤初期考虑公路运输,后期采用胶带运输。规划方案中充分考虑了现有铁路、公路的运输能力,提出矿区铁路、公路规划方案如下。

1. 外部铁路改造

与矿区铁路接轨的北同蒲铁路朔州至韩家岭段目前设计输送能力为 70.0 Mt/a,2003 年实际运量达 51.09 Mt/a,改造后 2010 年达 1.15 亿 t/a,2020 年达 1.65 亿 t/a。大秦铁路为 I 级复线电气化铁路,设计输送能力为 1 亿 t/a,2003 年实际运量达 1.22 亿 t/a,为满足晋北蒙西煤炭外运要求,该线扩能改造于 2005 年完成,输送能力可达 2 亿 t/a。两条铁路的改造为平朔矿区建设提供了先决条件。

矿区新建铁路专用线及装车站:平朔矿区已建成的铁路专用线有安太堡露天煤矿铁路专用线、安家岭铁路专用线、木瓜界铁路专用线、刘家口铁路专用线、陶村铁路专用线和杨涧煤矿铁路专用线。规划新建铁路专用线及装车站如下:

① 东露天铁路专用线:该专用线主要承担东露天矿的煤炭外运,拟由矿区专用线店坪站西侧咽喉区接轨,向东跨陶村铁路专用线,然后沿马关河东岸向北行至陶村煤矿,折向东北沿东露天东侧井田边缘外侧进东露天工业场地,全长 22.5 km。

② 东露天铁路装车站:为新建站场,设 11 股道,1 道为材料线,2、3、4 道(兼机车走行线)为重车发车线,5 道(正线)和 6、7 道为空车到达线,8 道为机车整备线,9、10 道为装车线,11 道为预留线。

③ 张崖沟、韩村煤矿铁路装车站:该两矿原煤经铁路装车站后进东露天选煤厂入选,后由东露天铁路专用线外运。

④ 东坡煤矿铁路装车站:该站从属于东露天铁路专用线,产品煤在该站装车后由东露天铁路专用线外运。

2. 矿区公路运输

大(同)运(城)二级公路和大运高速公路为矿区与外部联络的主通道,平朔公路可联络生活区与两个露天矿,该公路正在进行一级公路改造,木瓜界、刘家口集运站均有二级公路连接,构成了矿区西部公路运输主干。

矿区东部元(子河)—西(梁)二级公路从东露天工业场地边缘通过,沿马关河北上的陶村乡至王高登村的三级公路从杨涧、陶村选煤厂工业场地边缘通过,该公路 2005 年改造完成通车。上述矿区公路运输网络可满足需要,不需新建公路。

3.1.4.2 煤炭运输系统

根据矿区开发建设规划,生产原煤全部进安太堡矿、安家岭矿、木瓜界矿、刘家口矿及陶村矿选煤厂入选,洗选后产品煤均通过铁路外运。煤炭的流向将通过矿区铁路专用线、北同蒲线和大秦线外运。

3.1.5 矿区环境保护与节能减排

3.1.5.1 矿区开发建设对环境与生态的影响

平朔矿区地处黄土高原东部低山丘陵区,山西省北部的朔州市平鲁区和朔城区境内,主要位于平鲁区。矿区属典型的温带半干旱大陆性季风气候区,冬春干旱少雨、寒冷、多风,夏秋降水集中、温凉少风。年平均风速为 2.5～4.2 m/s,年平均 8 级以上大风日数在 35 d 以上,最多可达 47 d,易风蚀,风沙日数为 29 d。

平朔矿区地表水系属海河流域的永定河水系,主要河流有七里河、源子河、恢河和黄水河等支流。矿区地表水资源不丰富,地下水主要存在于各地层的岩溶裂隙中,地下水资源不丰富,矿坑涌水量不大,无须专门设计疏干水工程。矿区地带性植被类型属干草原,由于开发历史悠久,耕垦指数高,天然次生林已毁坏殆尽,亦很少见到大片草原群落,而呈零星分布,植被覆盖率低。生产区内黄土广布,植被稀少,水蚀、风蚀严重,冲刷剧烈,形成典型的黄土高原地貌景观。水蚀以面蚀和沟蚀为主,水蚀模数一般可达 6 000 t/(km² · a),风蚀模数达 2 000～6 000 t/(km² · a),与水蚀模数大致相同。

本区地带性土壤为栗钙土与栗褐土的过渡带,存在于黄土丘陵区的崾梁、倾斜平地及河谷沟地上的土壤,绝大多数为农耕地,少数为林地、荒地。本区是一个农、林、牧结合的农业生态体系,以一年一熟制农田种植业为主的农业结构,主要栽植的农作物有谷子、玉米、莜麦、糜子、马铃薯、胡麻、春麦、豆类等。由于土地贫瘠,缺乏水源,加之气候干燥,单位面积产量不高,多年平均产量一般在 1 000～1 288 kg/hm²。林业所占比重小,农、林业之间物质能量转化关系极不协调,以至影响整个系统的生产潜力发挥。本区煤炭资源丰富,乡镇煤矿发展迅速,对自然环境破坏严重。

由于水土流失未得到根本性的控制,是一个对环境改变反应敏感、维持自身稳定的可塑性较小的脆弱生态环境系统,属黄土丘陵强烈侵蚀生态脆弱系统。依据《山西省生态功能区划》,本评价区属于山西省晋北山地丘陵盆地温带半干旱草原生态区,大同盆地农牧业生态亚区,朔州平鲁台地煤炭开发与农牧业生态功能区。该区生态环境条件较差,平鲁县列为国家级生态示范区建设试点县。区内西部整体为丘陵地貌,地面较左云、右玉缓坡丘陵显得破碎些,东部较平坦。目前存在的主要生态环境问题如下:

1. 生态系统较脆弱

煤炭开发引起塌陷,破坏地表,造成环境污染、采空区生态环境差。台地水土流失较严重、土壤中度侵蚀,水资源胁迫性强,高度敏感。由于煤炭开采向地层的广度和深度掘进发展,评价区井水干枯、泉水断流、地面径流逐渐减少,旱地增加,打井见水的深度也比往年加深,水系统被破坏的现象已经出现。目前水资源的动态变化呈下降趋势,每 10 年流量减少 $1 \text{ m}^3/\text{s}$,地下水位每年下降 0.5 m,最严重时每年下降可达 1 m。

2. 水土流失

朔州市目前尚有 $3\ 498 \text{ km}^2$ 水土流失面积未治理,占流失总面积的 40%,治理难度大,所需投资多,80%的自然条件差,属于不毛之地。另外,已治理的 $3\ 037 \text{ km}^2$ 仍然有 30%的标准低、质量差,仍需提高标准进行改造。另外,水保工程管护跟不上,边治理、边破坏和因人为活动造成新的水土流失的现象仍然存在。

3. 土地沙化

晋西北地处沙漠化扩展前沿,土地沙漠化日趋严重,属于沙尘暴高发区,素有"一年一场风,从春刮到冬,无风三尺土,风起土满天"的说法。风沙已经成为当地人们最大的敌人。由于气候恶劣,植被稀少,从西伯利亚吹过来的强劲季风,经朔州地区把当地粒碎质轻的栗钙土卷向高空吹向河北平原、京津地区。

3.1.5.2　生态环境保护措施

近年来,朔州市以天然林保护、三北防护林、退耕还林等生态工程建设为契机,大力整治生态环境,呈现出区域布局、规模治理、混交栽植、民营管理四大特点。

1. 退耕还林、还草工程

平鲁县环北京地区防沙治沙工程在国家的支持下采取了一系列措施。一是聘请专业队集中治理,保证了造林成活率与保存率;二是采取了拍卖"四荒"、家庭承包、股份制合作等多种方式,改变了以前只种不管的局面;三是保护现有植被,结合天然林保护工程,广泛开展植树造林退耕还草工作,停止毁林开垦过度放牧,让牛羊下山改为圈养,有效保护了植被;四是大面积封沙育林育草,在植被较差的地区利用雨季进行飞播和人工散播。总之,应加强对天然林资源保护、退耕还林、京津风沙源治理、晋陕大峡谷生态治理、煤炭采空塌陷区植被恢复工程等国家级绿化工程的建设。5 年完成重点工程造林 13.3 万 hm^2,退耕还林每年不低于 2 万 hm^2(其中荒山造林 1 万 hm^2),国家保护的生态公益林 12 万 hm^2,森林覆盖率达到 23%。

2. 水土保持工程

加快水土保持治理步伐。以小流域为单元,重点流域为骨干,工程和生物措施相结合,推进"四荒"资源使用权的租赁、拍卖。截至 2004 年底,全市已建成水库 54 座,其中中型水库 6 座,总库容达 2.41 亿 m^3。修建堤防 148.65 km,保护耕地 76.5 万 km^2,保护人口 29.5 万人。初步治理水土流失面积 30.373 万 hm^2,治理度为 46%。实现部分水土流失严重地区的生态状况恶化趋势得到有效控制,局部地区生态治理取得突破性进展,主河流的源头及两岸的水土流失和主要风沙区沙漠化有所缓解。

3. "蓝天碧水"工程

以环境保护为主要目标,朔州市被列为山西省"蓝天碧水"工程的 11 个市之一,具体目标为:建成区环境空气质量二级以上的天数平均达到 280 d 以上,城市生活污水集中处理率达到 70% 以上,市区绿化覆盖率达到 35% 以上,水土流失治理度达到 60% 以上。

4. 矿山生态恢复工程

开展煤炭资源开发区、电厂储灰场的生态破坏状况调查与评估,全面掌握朔州市煤炭资源开发造成的生态破坏程度和发展趋势;制订并实施生态恢复行动计划。采取工程措施与生物措施相结合的方式,对矿山采空区及塌陷变形区、露天矿排土场、煤矸石处置场、电厂储灰场及时进行复垦,恢复改良生态环境。

5. 废弃物排放与环境保护

平朔煤炭工业公司目前有 2 个露天矿、2 个井工矿、3 个选煤厂和 1 个综合利用电厂,其工业固体废弃物主要有土岩剥离物、煤矸石和锅炉灰渣。根据收集到的资料和现状调查,平朔煤炭工业公司土岩剥离物产生量约 16 970.89 万 m³/a,煤矸石产生量约 683.55 万 t/a,锅炉灰渣产生量 383 479.80 t/a,其中综合利用电厂一期灰渣产生量为 334 800 t/a。

土岩剥离物与煤矸石一起排入排土场,这些固体废物的堆存带来的主要环境问题除占用大量土地资源、对农业生产和生态环境造成一定破坏外,还有就是扬尘对环境空气的影响。目前平朔煤炭工业公司已有 6 个排土场,其中安太堡露天矿有 4 个排土场,分别为二铺排土场(27.5 hm²)、南排土场(174.79 hm²)、西排土场(236.05 hm²)和内排土场(161.77 hm²)。根据现场调查,二铺排土场和南排土场已复垦完毕,西排土场正在复垦,内排土场正在使用,根据《山西平朔安太堡露天煤矿土地复垦规划(2000—2010 年)》,这 4 个排土场占地 600.11 hm²,截至 1999 年底,已复垦成林草用地 522.08 hm²,耕地 8.09 hm²,未复垦地有 73.55 hm²。安家岭露天矿有 2 个排土场,分别为外排土场和内排土场,根据《山西平朔安家岭露天煤炭有限公司土地复垦工程规划》,安家岭露天矿外排土场占地面积 452.0 hm²,其中占用旱地 173.3 hm²、林地 19.0 hm²,内排土场采用安家岭露天矿开采后形成的采掘坑为首采区,占地面积 1 200.0 hm²,其中占用旱地 701.0 hm²、林地 60.0 hm²。这 6 个排土场占地总面积高达 2 252.11 hm²,对农业生产和生态环境造成较大影响。

根据《平朔煤炭工业公司工业污染源全面达标验收监测报告》,安太堡露天矿的内排土场和安家岭露天矿的内排土场无组织排放监测结果见表 3-21 和表 3-22。

表 3-21　　　　　　　　　安太堡露天矿内排土场无组织排放监测结果

点位	测点名称	项目名称	2006 年 3 月 12 日			2006 年 3 月 13 日			标准
0#	对照点	颗粒物 /(mg/m³)	0.227	0.624	0.296	0.372	0.238	0.221	5.0
1#	监控点		2.653	2.751	2.157	1.685	2.301	2.751	5.0
2#	监控点		3.024	3.624	3.157	3.245	3.210	3.578	5.0
3#	监控点		2.986	3.324	3.258	3.147	3.165	2.589	5.0
4#	监控点		2.485	2.354	2.851	2.725	2.541	2.035	5.0

注:监控点数据为扣除对照点的值。

表 3-22　　　　　　　　　　安家岭露天矿内排土场无组织排放监测结果

点位	测点名称	项目名称	2006 年 3 月 14 日			2006 年 3 月 15 日			标准
0#	对照点	颗粒物 /(mg/m³)	0.568	0.627	0.438	0.725	0.968	0.785	5.0
1#	监控点		1.968	2.051	1.735	2.214	2.168	2.205	5.0
2#	监控点		2.124	2.524	2.624	2.731	2.857	2.435	5.0
3#	监控点		2.168	2.854	2.637	2.712	2.541	2.632	5.0
4#	监控点		1.906	2.301	1.698	2.047	1.867	2.304	5.0

注:监控点数据为扣除对照点的值。

从表 3-21 和表 3-22 的监测结果看,安太堡露天矿和安家岭露天矿内排土场监控点颗粒物浓度均小于《大气污染物综合排放标准》(GB 16297—1996)表 1 中 5 mg/m³ 的标准值,无组织排放浓度达标。

平朔煤炭工业公司锅炉灰渣产生量约 383 479.80 t/a,主要来自平朔综合利用电厂一期工程(2×50 MW),电厂锅炉灰渣排入位于电厂北侧约 6 km 处的灰场,灰渣堆存环境问题主要就是扬尘和地下水污染,从目前我国电厂灰场运行管理来看,比较容易得到控制,平朔综合利用电厂一期工程灰场采取了防渗措施,并配置推土机、喷洒设备、碾压设备、工具车、测量仪器等,因此灰渣堆存污染目前在平朔区表现得并不明显。其余锅炉灰渣产生量较少,主要用于铺路和建筑。

3.1.5.3　水土保持

矿区位于黄土高原低山丘陵区,属于山西省水土流失重点防治区。由于属于大陆性半干旱气候,降雨量少,蒸发量大,植被稀疏,自然环境条件恶劣,生态脆弱,有潜在荒漠化危险,因此矿区在发展过程中,应高度重视环境保护和水土保持工作,在煤炭生产建设过程中积极防治水土流失,重点防治新的水土流失,防止土地荒漠化,保护和改善生态环境。

(1)视工业和生活地面建筑选址条件,采取护坡、挡墙、截水沟、排洪沟、场地硬化等工程措施以减少因水蚀、风蚀造成的水土流失。

(2)在项目建设施工期要合理调配土方,减少土方的排弃量;合理规划取土场和弃土场,在使用完后对其采取一定的工程措施(修筑排水沟、截水沟等)和植物恢复措施;并应避开雨季,以减少地表破坏造成的水土流失。

(3)严禁施工中的"滥伐""滥烧"现象,并应固定施工便道,减少对植物的破坏。

(4)搞好工业场地和排矸沟的绿化工作,减少裸露地面。

(5)排矸场和贮灰场应根据具体情况修筑拦渣坝和采取其他防洪措施,减少矸石和粉煤灰的流失。当排至最终排放高度停止使用时应覆土复垦,同时在覆土高程的外侧周围边坡营造水土保持防护林。

(6)排土场的边坡要做好边坡砌护、压实等防止水土流失的措施,且最终应进行复垦。

(7)结合区域规划进行综合治理,针对矿区特点采取植物措施和工程措施相结合、灌草乔木相结合的办法种植防风林、护坡林、护路林、护岸林、农田防护林等。水土保持防护林带所需的树种要因地制宜,选择适合本地生长的树种。

3.1.5.4 土地复垦

平朔矿区露天矿是我国最大的露天煤矿,也是我国目前机械化程度最高的露天煤矿。安太堡露天矿经过近 20 年的开采,在由山西省生物所、山西农业大学、山西省农科院畜牧研究所、山西省环境保护局和安太堡露天煤矿进行的国家"八五"重点科技攻关课题对安太堡露天煤矿的土地复垦进行全面、系统研究的基础上,在露天矿的土地复垦方面积累了大量宝贵经验,并取得了很好的成效,排土场复垦后植被比开采前自然原始植被好,植被覆盖率高,生物量大,生态环境大为改善。平朔露天矿区采煤废弃地复垦与生态重建的技术框架包括土地重塑、土壤重构和植被重建。

因此,平朔矿区露天矿开采后的土地复垦可借鉴安太堡露天矿土地复垦经验进行。平朔露天矿区采煤废弃地生态重建分为三个阶段:第一阶段为零效益或负效益为主的生态系统破损阶段。此阶段采矿可获得效益,但对土地、环境、生态会产生破坏,因此只能要求减少破坏、"清洁"生产。第二阶段为生态效益为主的生态系统雏形建立阶段。此阶段包括排土场的建设以及水土保持、地面整理、土壤熟化、树草种植等,需大量投资,建成可利用的土地。此阶段主要是投资,而不是获得效益。第三阶段为生态效益、经济效益和社会效益高度统一的生态系统动态平衡阶段。此阶段上地已建成,树草已生长,农田已可种植农作物,此时才可真正地获得稳定的效益。

3.1.5.5 节能

近年来矿区先后在安太堡矿区排土场开展了牛、羊、鸡、猪养殖,土豆、胡萝卜、大棚蔬菜种植及食用菌栽培、中药材种植等试验,首期生态产业示范工程投资近 2 000 万元,已于 2008 年建成投入使用,建成日光节能温室 32 座、年出栏 4 000 余只肉羔羊的羊场 1 座、存栏肉牛 200 余头的养殖 1 座、1.2 万只蛋鸡养殖 1 座,形成年生产蔬菜 200 余万斤、蛋 40 余万斤、牛羊肉 30 余万斤的生产能力,所生产的绿色食品全部用于职工福利。2011 年,平朔矿区拟投入 1.3 亿元建设日光节能温室 500 座,首期 130 座暖棚已建成。已建成 1.6 万 m^2 智能温室、储水量 8 万 m^2 的水体建筑和 1 000 亩(1 亩 ≈ 667 m^2)黄芪种植试验基地,使平朔矿区形成以土地为核心的循环产业链。

3.2 露井协同开采模式及内涵

3.2.1 平朔矿区规划的评价

3.2.1.1 露井协同建设和生产模式的优点

结合矿区开发建设的技术要求,以建设环境友好矿区、促进区域经济和环境协调发展为目标,充分考虑平朔矿区总体规划可能涉及的环境问题,在整个矿区现有开采情况下,考虑到大多数小煤窑开采对该煤田的破坏影响,基于提高资源采出率、保证矿井生产安全、稳定矿区生产能力和创造更大经济社会效益,经过多年探索创建的露井建设和生产协同模式及技术体系,相对于单一井工开采或者单一露天开采方式具有明显的优点。

1. 增加煤炭资源回收率

矿区煤田赋存特别适用于露天开采,而露天开采具有资源利用充分、回采率高、贫化率低等优点,适于用大型机械施工,建矿快,产量大,劳动生产率高,成本低,劳动条件好,生产安全。因此,在平朔矿区以露天开采矿井为主。但是,由于露天开采边坡控制等问题,必将造成大量的煤炭资源被遗弃,为了尽可能地保证煤炭资源采出率,联合井工开采可以实现露天和井工开采方式优势互补,将不适合露天开采的边角块段、排土场压煤和露天矿矿界端帮煤柱等资源应用井工开采方式回收,回收率可进一步提高。

2. 露天矿坑边近距离排土

露井联采井工矿井田地表可作露天矿的外排土场,靠近露天矿矿坑,可以实现露天矿近距离排土;露天矿的排土增加了井工矿综放工作面上覆岩层的重量,煤层垂直应力增大,有利于提高综放工作面顶煤的冒放性,提高顶煤回收率。

3. 提高煤质,增加配煤灵活性

为了多回收煤炭资源,露天矿必须 $4^\#$、$9^\#$、$11^\#$ 煤三层同采,露天矿产量大,高硫煤占的比例多,销售面临困难,井工矿可根据煤炭市场需求在一段时期内专生产特低硫 $4^\#$ 煤,与露天矿生产的高硫煤掺配,改变煤质结构,提高煤质,实现经济效益最大化。

4. 实现土地整体恢复治理

浅埋深、多煤层、厚煤层综放开采后地表多次塌陷,而且塌陷深度达几米到几十米,需要大量土岩来治理塌陷区,而露天矿剥离物有充足的土岩可用于回填塌陷区,而且运输距离很近,确保了井下开采安全和土地的彻底恢复,同时增加了露天矿的排土空间。

平朔矿区地处丘陵地带,土地贫瘠,耕地较少,露天和井工采后的土地复垦将坡地改为平地,进行绿化和种植,形成开采、复垦和种植养殖的良性循环,使生态环境得到保护。

5. 降低综合成本

露天开挖后,为井工建井,尤其是建平硐和斜井提供了条件,降低了建矿成本,缩短了建矿时间,减少了矿井生产期运输成本,再加上露井联采存在上述资源回收、配煤、近距离排土、环境等优势,露井联采的综合成本优势较为明显。

3.2.1.2　平朔矿区露井协同建设与生产模式发展的制约点

平朔矿区地形属中低山缓坡丘陵区,黄土广布,植被稀少,区内沟谷大致呈南北向和北东向树枝状分布,切割剧烈,切割深度一般为 30～50 m,水土流失严重,形成典型的黄土高原地貌景观;气候属典型的温带半干旱大陆性季风气候,冬春干旱少雨、寒冷、多风,夏秋降水集中、温凉少风,是典型的生态环境脆弱区,对外界环境的改变十分敏感。地区生态环境的脆弱是制约该区划内工程项目开发的最主要因素,而项目的开发又将对生态环境产生一定影响。露井协同开采时两者间的相互影响以及所面临的协同开采技术难题、矿区内地方煤矿对煤炭资源的破坏等都成为制约矿区发展的因素。

1. 矿区煤炭资源开发需要与生态环境保护相适应

矿区在开发建设生产过程中对周围环境产生一系列影响,主要表现为对环境的污染和破坏。露天开采需要剥离、排弃大量土石废弃物,在我国,露天开采每万吨煤炭约破坏土地 0.22 hm²,其中开挖破坏 0.12 hm²,外排土场占压 0.1 hm²。露天开采时破坏土地面积为露天矿采场本身面积的 2～11 倍。目前,仅平朔矿区安太堡矿已挖损和占压土地就已达 2 500 hm²。同时,由于露天开采而带来的生态环境恶化及地表植被破坏等社会问题也日益突显,严重制约着平朔亿吨级矿区的发展建设。

2. 环境工程费用提高造成原煤成本不断上升

社会对于环境保护的要求越来越高,对于环境脆弱区煤矿开采而带来的环境问题也越来越重视,因此平朔矿区复垦费用及用于环境工程的费用逐年加大,也造成原煤成本不断上升。

3. 矿区地方煤矿问题

由于历史的原因,矿区范围内地方煤矿星罗棋布,资源瓜分破坏严重,除矿区北部及东北部的安太堡扩大区、东露天区资源保留相对完整外,其余范围的资源形成了条块分割的格局,多系统、多部门管理。根据两大露天矿面临的煤质(如硫分)问题,需要低硫煤(4#煤)与中硫煤(9#煤)、高硫煤(11#煤)配采来控制硫分在1%以下。随着国内外市场优质动力煤需求量的加大,平朔矿区急需将国有煤矿与地方煤矿协调发展,统一规划、联合改造,尽快实现平朔矿区当前效益和可持续发展的统一。

4. 露井协同矿区安全问题

露天与井工协同开采在空间上会产生重叠,必然会造成相互干扰,对彼此的开采安全问题造成影响,主要表现在:露天与井工联合开采引发的地表塌陷、边坡滑塌、采场矿压显现、巷道变形失稳等灾害事故频繁发生,不仅扰乱了矿山的正常生产秩序,致使国家的经济财产蒙受了巨大的损失,而且对作业人员的生命安全也构成了严重的威胁。

露天爆破产生的地震波在岩石介质中传播会引起岩石介质产生颠簸和摇晃,这种现象称为爆破地震效应。爆破地震效应会引起岩体不同程度的损伤甚至破坏,当爆破震动达到一定程度时,会造成井下巷道的局部破坏,如片帮、冒顶、开裂、坍塌、底鼓、冒水等,严重时可能引起地质灾害和整体坍塌,从而使整个矿山的地压和围岩稳定受到影响。在露井协同开采时,露天的爆破无论是规模还是强度都要远远大于地下,二者距离越近,矛盾就变得越突出。若不采取一定的控制爆破措施,并合理布置井工矿巷道与露天矿的空间位置关系,必然会对井下安全生产造成威胁。

井工矿在露天边坡下及一定范围内采煤时,地下开采会对露天矿井边坡台阶的稳定性造成影响,会出现台阶道路下沉、塌陷,甚至局部台阶垮落、坍塌等现象,对露天矿的安全生产和道路运输影响很大。

因此,平朔矿区在采用露井协同开采模式时,如何科学合理地确定露天矿与井工矿巷道的空间位置关系与开采顺序,以及露井协同开采下边界参数和工艺指标以保证矿区的安全生产,成为制约矿区发展的又一重要因素。

5. 露井协同技术难题

在露井协同开采模式中,井工开采的大巷需要布置在露天边坡下,井工矿的大巷围岩处在露天开采和井工开采相互影响的复杂应力场环境中,大巷变形严重,稳定性差,现有的巷道支护技术难以解决露井协同边坡下采动巷道支护困难的问题;而井工开采会对露天矿边坡造成破坏,如何确定井工开采巷道位置、工作面开切眼和停采线位置等边界参数以避免或减小井工开采对露天矿边坡的影响,以及如何对受采动影响的边坡进行有效的治理是制约露井协同开采模式得以顺利实施的主要技术难题。

3.2.1.3　需突破的关键问题

1.建立平朔开采模式

为了稳定平朔亿吨级矿区的开采规模,实现矿区煤炭资源安全高效开采与生态环境协调发展,单一露天开采不能满足平朔矿区发展的需要,必须走与平朔矿区条件相适应的露天和井工协同开采的绿色发展之路,以创新性的"露采先行、露井协同、井工收尾"矿区整体规划布局,形成具有平朔特色的"边坡平硐开拓—端帮大巷部署—无盘区工作面布置"单一超亿吨级矿区的露井协同开采模式,以实现露天开采与井工开采的优势互补,建立具有平朔矿区特色的露井协同开采模式,完成露井建设协同、露井生产协同、安全与环境协同、效率与效益协同,实现高度集中化矿区煤炭资源安全高效开发与生态环境保护协调发展。

2.形成基于平朔矿区建设的环境治理方法与体系

平朔煤矿地处黄土高原脆弱生态区,由于采矿剧烈扰动,原地形地貌、地层结构、生物种群已不复存在。对于如此极度退化的生态系统,要想恢复重建一个结构合理、稳定健康的人工生态系统,须在遵循自然规律的基础上,通过人工措施,按照技术上适当、经济上可行、社会能接受的原则,研究露天矿及井工开采塌陷区排土场复垦的矿区生态重构方法和平朔矿区人工生态系统,构建矿区生态系统重建现状评价指标体系,形成平朔露井协同矿区环境保护与生态建设技术体系,使受害系统重新恢复。

3.突破关键开采技术屏障

在露井协同开采中需要研究井工开采对露天边坡的影响,以及露天开采对井工大巷稳定性的影响,主要需突破露井协同条件下边坡下井工开采遇到的边界参数设计、采动边坡治理、边坡下采动巷道支护等关键技术屏障。分析上述露井协同的两个关键开采技术问题,主要是需要研究露井协同过程中岩层的移动规律,即井工开采对边坡岩体稳定以及露天开采对井工大巷稳定的影响及其破坏规律,进一步确定井工矿开切眼位置和停采线位置。

3.2.2　露井协同开采模式

露井协同开采是指根据矿区生产地质条件,以"露采先行、无井开拓、露井协同、井工收尾"的矿区整体规划全新布局,形成"露井建设协同、露井生产协同、露井安全协同与露井环境协同"的创新模式,实现露天开采与井工开采技术与经济上的优势互补,保证露井协同矿区安全高效生产,对露井协同矿区露天矿坑、井工塌陷区进行土地复垦,重构露天协同矿区生态系统,促进煤炭资源安全绿色高效开采技术的发展。露井协同建设和生产模式主要有露井建设协同、露井生产协同、露井安全协同和露井环境协同四部分构成。

1.露井建设协同

露天开挖先行形成露天平盘,在平盘上设置井工工业广场,沿端帮掘进大巷,大巷侧直接布置工作面,省略了传统井工建井过程中的工业广场、井筒、井底车场等主要工程,独创了露井协同矿区快速高效建设技术。

2.露井生产协同

统一规划露井协同开采的矿区生产系统,露井联采煤炭通过同一运输系统直接到选煤厂;露天和井工优势互补,利用井工开采塌陷区作为露天外排土场,实现就近排土,大大缩短了露天剥离物的外排距离;利用井工开采回收露天端帮、排土场和露天矿矿界的压煤,显著提高矿区煤炭采出率;井工矿可根据市场需求在一段时期内专门开采优质煤种,实现科学配煤。

3. 露井安全协同

统一规划露天矿与井工矿的开采参数,确保露井协同开采下端帮围岩的稳定;利用露天剥离物覆盖了井工塌陷与贯通裂隙,确保井工开采安全;利用露天开采剥离小煤窑破坏区,解决了井工开采存在的突水与发火隐患;露井协同开采解放永久煤柱,解决了遗留煤炭自燃问题。

4. 露井环境协同

构建露天剥离—排弃—造地—复垦一体化工艺及井工开采塌陷区排土场复垦的矿区生态重构模式,建立大型露井联采矿区土地集约利用的内涵与评价系统,形成露井协同开采矿区生态产业开发的技术体系,实现矿区土地复垦、生态重建与资源高效利用三位一体的发展目标。

3.2.3 露井协同开采模式的内涵

3.2.3.1 露井建设协同内涵

以"露采先行、无井开拓、露井协同、井工收尾"的矿区整体建设原则,首先对规划露天开采区域的地表进行剥离物外排,随着露天矿坑的推进,形成露天平盘,该区域煤层边帮出露,在煤层底板所在平盘上布置井工工业广场,垂直边坡沿煤壁掘进井工矿主、副及回风平硐,不设井底车场及硐室,达到设计边界参数后,沿端帮掘进运输、辅助运输及回风大巷,并在大巷侧直接布置工作面,工作面运输巷胶带直接与运输大巷胶带搭接,如图 3-5、图 3-6 所示。

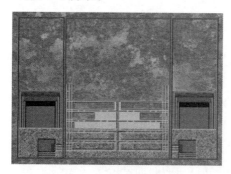

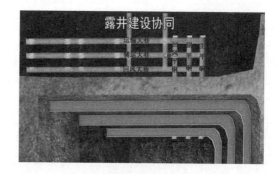

图 3-5　露井建设协同原理　　　　　　　图 3-6　露井建设协同巷道布置

3.2.3.2 露井生产协同内涵

(1)井下工作面来煤由工作面运输巷胶带转载至主平硐,通过主平硐带式输送机运输至露天矿坑内,露天开采的煤炭经露天破碎站破碎后进入露天运煤胶带,最后与露天矿坑内井下采煤合并至集中运煤胶带直接运输至选煤厂。

（2）利用井工开采形成的塌陷区作为内排土场，露天开采产生的露天剥离物直接通过自卸卡车运输至该塌陷区，实现就近排土，大大缩短了露天剥离物的外排距离。

（3）露天开采将遗留下大量的端帮煤柱、排土场压煤和矿间煤柱。据统计，我国大型露天矿中，80%的露天矿端帮压煤量都在 1 亿 t 以上。平朔矿区端帮及排土场下压煤量已达数亿万吨，大量的压煤无法采出，不仅带来了煤炭自燃、边坡稳定等安全问题，而且大大降低了煤炭资源采出率。因此，在保证矿井安全生产的基础上，利用井工开采回收露天端帮、排土场和露天矿矿界的压煤，显著提高矿区煤炭采出率。

（4）采用露井协同开采模式可根据市场需要，灵活调整露天开采和井工开采的产量，并根据对煤质的要求利用井工矿在一段时期内专门开采优质煤种，实现科学配煤，满足市场要求，从而获得更大的经济效益。

3.2.3.3　露井安全协同内涵

露井协同开采时边坡的稳定将受到很大威胁，而露天矿边坡的稳定是实现安全高效露井协同开采的前提，如果过多地留设边界煤柱，不仅使实施露井协同的意义受到很大影响，同时这部分煤柱由于受到露天内排土计划的影响将变成永久煤柱损失，因此要统一规划露天矿与井工矿的开采参数，确保露井协同开采下端帮围岩的稳定。

利用露天剥离物覆盖井工矿开采产生的塌陷区与贯通裂隙，不仅可以充填裂隙，提高覆岩完整性，封堵地表水通往采场的通道，确保井工开采安全，而且利用露天剥离物将临近井工矿塌陷区填平可以减少地表积水，同时就近外排露天矿剥离物，大大缩短剥离物运输距离，减小占地面积，如图 3-7 所示。

利用露天开采剥离小煤窑破坏区，解决井工开采存在的突水与发火隐患，同时露井协同开采解放永久煤柱，解决了遗留煤炭自燃问题，如图 3-8 所示。

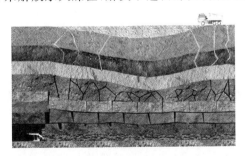

图 3-7　露天剥离物覆盖井工矿塌陷区　　　　图 3-8　露天剥离老窑煤柱
与充填贯通裂隙图

3.2.3.4　露井环境协同内涵

分析研究露天矿井剥离—排弃—造地—复垦一体化工艺及井工开采塌陷区排土场复垦的矿区生态重构方法，在黄土高原生态脆弱区煤炭资源的开采过程中，排土场的复垦首先恢复为林草地，后期一部分林草地复垦为旱地，建立平朔矿区大型露井协同煤矿区土地集约利用内涵、目标和评价系统，构建平朔露井协同开采矿区生态产业开发的技术路径和发展模式；研究平朔矿区人工生态系统，构建矿区生态系统重建现状评价指标体系;归纳总结生态脆弱露井协同区破坏土地生态环境再造技术、露天生产区域对周边生态环境影响控制技术、复垦耕地生物培肥与产能快速提高技术、复垦土地生物多样性重组模式与格局优化等技术,形成如图 3-9 所示的平朔露井协同开采矿区环境保护与生态建设技术体系。

图 3-9　露井协同开采环境保护与生态建设技术体系

3.3　平朔矿区露井协同开采模式

3.3.1　平朔矿区露井协同开采区域划分

中煤平朔煤业有限责任公司是我国第二大煤炭企业中煤能源集团旗下最大的煤炭生产基地,也是全国重点建设的 14 个大型煤炭基地之一。平朔矿区的建设目标为亿吨级煤炭基地,为此,规划建设以露天开采为主题的生产模式,但基于平朔矿区生产建设条件,单一露天开采伴随着许多问题需要解决:

（1）单一露天开采将遗留大量的端帮煤柱、排土场压煤和矿间煤柱等呆滞资源,不仅造成严重的资源浪费,而且影响矿区的生产效率;

（2）露天开采每万吨煤炭约破坏土地 0.22 hm^2,其破坏土地面积达露天矿本身面积的 2～11 倍,由于露天开采带来的生态恶化及地表植被破坏等环境问题将日益凸显;

（3）平朔矿区主采 $4^\#$、$9^\#$ 和 $11^\#$ 煤层,分别为低硫、中硫和高硫煤,单一露天开采将形成原煤硫分逐年增高的局面,导致原煤售价下跌,其硫分每升高 0.1％ 而售价将降低 2 元/t;

（4）露天开采还需解决边坡稳定和平朔矿区周边小煤窑等安全问题。因此,单一露天开采将产生煤炭资源浪费、环境破坏严重、综合煤质较差、吨煤生产成本高和矿区生产安全性差等问题。

为此,提出采用露井协同联合开采多组煤层,利用露天开采和井工开采的优势互补,实现平朔矿区的安全高效开采和环境协调发展。结合平朔矿区的基本条件及小煤窑分布特征,规划建设以安太堡矿、安家岭矿和东露天矿三大露天煤矿为核心,井工一矿、井工二矿、井工三矿和井工四矿等 13 个井工煤矿并存的格局,其中主要形成"安太堡矿-井工二矿""安太堡矿-井工四矿""安家岭矿-井工一矿""安家岭矿-井工二矿"四个典型露井协同建设与生产模式。平朔矿区露井协同开采煤矿分布如图 3-10 所示。平朔矿区主要煤矿露井协同概况见表 3-23。

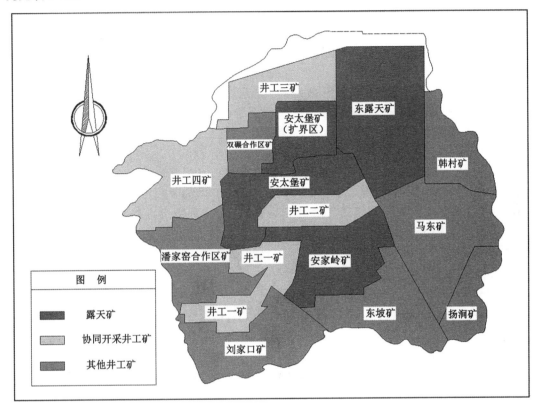

图 3-10　平朔矿区露井协同开采煤矿分布示意图

表 3-23　　　　　　　　　平朔矿区主要煤矿露井协同概况

序号	露天矿井	井工矿井	露井协同开采关系	压煤类型
1	安太堡矿	井工二矿	安太堡矿南帮与井工二矿 安太堡矿东南帮与井工二矿	端帮和排土场
2	安太堡矿	井工四矿	安太堡矿东帮与井工四矿	矿界
3	安家岭矿	井工一矿	安家岭矿南帮与井工一矿	排土场与矿界
4	安家岭矿	井工二矿	安家岭矿北帮与井工二矿	端帮和排土场

3.3.2　平朔矿区露井建设协同

露井建设协同体现在露井协同开拓的矿区快速建设和基于提高煤质的多组煤联合开发建设两个方面,其中,"安太堡矿-井工二矿""安家岭矿-井工一矿"之间的协同是平朔矿区露井建设协同中矿区快速建设和多组煤联合开发的典型表现,井工二矿开拓系统利用了安太堡矿的平盘,安家岭矿与井工一矿在越层开采中实现了合理配煤,平朔矿区具体的露井协同建设模式体现在以下方面:

（1）工业广场布置：井工二矿建设直接利用了安太堡 4# 煤底板平盘，将工业广场直接布置在安太堡 4# 煤底板平盘上，简化了工业广场相关系统，大大缩减了与常规井工矿工业广场建设相关的工程量，显著提高了井工矿建设速度。

（2）矿井开拓：巧妙地利用了无井开拓方式，即直接进入 4# 煤层进行平硐开拓，运输平硐、回风平硐和辅助运输平硐均沿安家岭矿北端帮布置，垂直于平硐直接布置综采工作面进行回采，省略了井筒、岩石巷道等主体开拓工程，缩短了井工矿建井周期，降低了矿井建设与生产成本。

（3）开拓系统延伸：为了开采 9# 煤层和 11# 煤层，在主要生产系统形成后，可从 4# 煤层底板开拓，沿安家岭北端帮布置三条斜井，直接延伸至 9# 煤层，进入 9# 煤层后，沿安家岭露天矿北端帮布置三条大巷，即回风大巷、运输大巷和辅助运输大巷，然后单翼布置工作面进行回采。

（4）基于提高煤质的多组煤联合开发建设：井工二矿 4# 煤层为低硫煤，9# 煤层为中硫煤，11# 煤层为高硫煤，三层煤通过系统联合布置联合开发的方式，井工矿 4# 煤采出后可进入安太堡矿原煤运输系统，也可由汽车运输到安家岭矿破碎站进入露天矿原煤系统，井工二矿生产的 4# 煤通过带式输送机运至选煤厂，可与露天矿生产的 9#、11# 原煤进行配煤入选，从而提高了整个矿区的煤质。

3.3.3 平朔矿区露井生产协同

平朔矿区露井生产协同主要体现在矿区运输、端帮压煤安全回收和边角煤高效回收三个方面。

矿区运输：露井生产协同的矿区运输实现了部分露天和井工运输系统共用，管理人员少，事故少，效率高，容易实现集中控制和自动控制，具有连续运输的优越性，能够充分发挥机械化设备的生产能力，确保矿井稳产高产。矿区运输协同的典型代表为安太堡矿与井工四矿，由于安太堡矿破碎站邻近井工四矿，将井工四矿开采的煤炭直接运输到安太堡矿破碎站，并利用同一煤炭运输系统将煤炭运输至安太堡矿选煤厂，可大大降低煤炭运输过程中的生产运行成本。

端帮压煤安全回收：露井生产协同的端帮压煤安全回收主要体现在安家岭、安太堡和东露天三个露天煤矿开采形成的端帮压煤开采上。采用井工法开采露天端帮压煤，需要根据煤层的实际开采情况考虑井工工作面开采对露天边坡的影响，因此，主要对工作面的布置、工作面开采工艺和工作面开采装备进行设计，以及对工作面参数、停采线位置等进行优化设计，并对对应的矿压与岩层移动进行观测。

边角煤高效回收：由于露天开采边坡控制等问题，在平朔矿区也形成了大量的边角煤柱，为了进一步提高平朔矿区煤炭资源的采出率，需考虑露井生产协同的边角煤高效回收的问题。平朔安家岭二号井工矿为实施边角煤高效回收技术的典型矿井，多个工作面采用了短壁机械化开采技术回收边角煤炭。其中，24206 工作面位于平朔安家岭二号井工矿 24206综放工作面停采线与 4# 煤开拓大巷之间，工作面形状为一不规则多边形，在该区域实施短壁机械化开采技术，成功回收了遗留的边角煤柱，提高了煤炭资源采出率。

3.3.4 平朔矿区露井安全协同

平朔矿区露井安全协同主要表现为露天边坡稳定性控制、大巷围岩稳定性控制、井工围岩动压灾害控制和老采空区复采四个方面,这四个方面在平朔矿区协同生产中得到充分实践。

1. 露井协同的露天边坡稳定性控制

露天边坡稳定性控制是露井安全协同实现的关键,只要利用井工矿开采露天矿端帮压煤,就必然存在露天边坡稳定性控制的问题。井工二矿开采对安家岭矿北端帮和安太堡矿南端帮造成的影响,即露井协同中露天边坡稳定性控制的典型体现。安家岭矿北端帮受到井工二矿 4# 和 9# 煤的复合开采,导致其北端帮地表下沉和开裂,安家岭矿北端帮边坡的稳定性一方面受到井工开采地表沉陷的影响,另一方面也受到露天矿矿坑临空面的影响,导致其受到采动影响的边坡稳定控制更加复杂。安家岭矿北端帮采动边坡的治理主要使用了削顶、加固和压脚等方法,削减边坡上部的负荷,在边坡的中下部采用合适的手段进行加固,在边坡的下部排放岩土压住坡脚,这是综合治理边坡避免滑塌最有效的措施与方法,在治理边坡中上述三种方法可单独或联合使用。

2. 露井协同的大巷围岩稳定性控制

由于井工矿大巷一般沿露天矿端帮布置,露天矿开采往往会影响到井工矿大巷围岩的稳定性,这也是保证井工矿安全生产的前提,因此,通过分析露天矿开采对大巷变形的影响规律,提出大巷围岩稳定性控制的方案,并结合相关矿压监测手段,保证大巷正常安全使用。井工二矿大巷分别沿 4# 和 9# 煤层布置在安家岭矿北端帮边坡下,大巷与工作面之间的空间层位关系如图 3-11 所示,这是露井协同下大巷围岩稳定性控制的典型实例。结合露井协同开采大巷的变形规律及破坏特征,对动压影响下大巷支护方案进行了研究,对于受 B401 和 B903 工作面开采扰动的大巷,采用架梯形棚加固;在 B402 和 B904 工作面开采时,由于大巷受到的是二次扰动,架棚支护难以满足支护要求,采用鸟巢锚索＋锚梁网的支护方式加固。

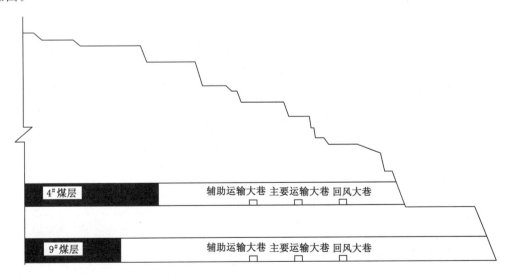

图 3-11　大巷与工作面之间的空间层位关系

3. 露井协同井工围岩动压灾害控制

露天开采和井工开采在同时进行时,露天矿爆破无论是规模还是强度都要远大于井工矿,当二者距离越近,矛盾就变得越突出。若不采取一定的控制爆破措施,必然会对井工矿安全生产造成威胁,因此,井工围岩动压灾害控制是露井协同后产生的新的技术难题。井工二矿大巷受安家岭矿露天开采爆破的影响就是井工围岩动压灾害控制的典型表现,需通过实施监测爆破源,并结合大巷矿压监测和围岩控制等技术措施实现井工矿大巷安全使用。

4. 露井协同老采空区复采

早期小煤窑乱采形成的老采空区广泛分布是平朔矿区的特点,老采空区对平朔矿区的生产安全造成十分严重的影响,主要表现在小煤窑揭露中的瓦斯、水害和顶板控制等安全问题上。根据现场勘察,井工二矿东侧形成大量的小煤窑开采破坏区域,由于受到早期小煤矿开采的影响,导致该区域煤层破坏严重,通过露井协同的方式,实现小煤窑破坏区域煤炭资源的安全开采。

3.3.5 平朔矿区露井环境协同

井工矿开采过程中地表多次塌陷,而且塌陷深度达几米到几十米,需要大量岩土来治理塌陷区,而露天矿剥离物有充足的岩土可用于回填塌陷区,而且运输距离较近,实现了井工矿地表沉陷区治理和土地的彻底恢复,同时增加了露天矿的排土空间。对于平朔矿区,井工二矿开采中地表塌陷治理较好地利用了安太堡矿和安家岭矿排放的矿渣,井工二矿地表可作露天矿的外排土场,靠近露天矿矿坑,可以实现露天矿近距离排土,在较好地解决了安太堡和安家岭露天矿排土问题的基础上,实现了井工二矿的地表沉陷治理与土地复垦(见图 3-12),两个露天矿也可以利用内排空间达到完全内排和及时复垦的目的。

图 3-12 平朔矿区露井协同地表沉陷治理与土地复垦

本章参考文献

[1] 白向飞,王越.平朔矿区煤中矿物分布及赋存特征研究[J].煤炭科学技术,2013,41(7):118-122.

[2] 边勇,李建民.大型露井联采矿井设备国产化工作浅析[J].露天采矿技术,2016,31(4):18-20,25.

[3] 卞明明,李嘉健,郭秀萍.平朔矿区清水供水系统信息化改造设计方案探讨[J].露天采矿技术,2016,31(6):59-62.

[4] 蔡忠超,李伟,李慧智.露井联采不同边坡保护煤柱宽度的影响分析[J].露天采矿技术,2012,27(4):12-14.

[5] 陈庆丰,陈忠辉,李辉,等.平朔矿区综放开采顶煤放出规律试验研究[J].煤炭工程,2014,46(1):90-93.

[6] 费鹏程,宋子岭,王东,等.基于 Ansys 露井联采条件下采空区覆岩合理厚度的确定[J].现代矿业,2012,27(1):8-10,17.

[7] 冯两丽,郭青霞,白中科,等.平朔矿区观光农业生态经济系统重建模式[J].山西农业大学学报,2007,6(增刊2):119-121,124.

[8] 冯少杰,权建源,伏永贵,等.露井联采下边坡体变形机制的研究[J].科学技术与工程,2016,16(25):224-228.

[9] 高建军,张忠温.平朔矿区近距离煤层采空区下巷道支护技术研究[J].煤炭科学技术,2014,42(5):1-4,8.

[10] 郭青霞,白中科,吕春娟,等.平朔矿区生态经济重建的意义及其内容[J].资源开发与市场,2005,21(4):309-311.

[11] 何彪太.平朔矿区井工三矿"角砾岩"的特征及其成因研究[J].内蒙古煤炭经济,2013(4):133-134,142.

[12] 何仕.山西宁武煤田平朔矿区煤层赋存规律[J].山西煤炭管理干部学院学报,2006,19(3):123-124.

[13] 贺振伟,尹建平,赵锋,等.坚持国策科学规划 建设绿色矿山企业[J].露天采矿技术,2007,22(2):55-57.

[14] 贺振伟,赵峰,尹建平,等.农业物联网技术在平朔矿区的应用研究[J].露天采矿技术,2016,31(1):71-74.

[15] 侯诚达.半连续工艺在平朔矿区应用前景展望[J].露天采煤技术,1998,13(3):14-16.

[16] 黄显华.平朔矿区 9# 煤程序升温氧化过程中指标气体变化规律研究[J].中国煤炭,2010,36(2):95-96,100.

[17] 解廷堃,崔宏伟.露井联采条件下井工矿对露天矿边坡影响的范围[J].露天采矿技术,2013,28(11):8-10.

[18] 李保玉,尹建平,何绪文,等.平朔矿区生态文明建设的实践与思考[J].中国煤炭,2013,39(10):113-116.

[19] 李昊,张秦玥,李正.平朔矿区煤质对原煤开采经济性影响研究[J].煤炭经济研究,2014,34(7):55-58.

[20] 李明安.平朔矿区和安太堡露天煤矿[J].中国煤炭,1996(10):30-32.

[21] 李强,卞明明.平朔矿区污水综合治理利用体系的研究与实践[J].露天采矿技术,2013,28(12):81-83.

[22] 李文明.露井联采合理边坡保护煤柱宽度确定[J].露天采矿技术,2014,29(10):20-24.

[23] 刘先新.平朔矿区某矿瓦斯地质规律研究[J].山东煤炭科技,2016(3):91-92,95.

[24] 刘孝阳,周伟,白中科,等.平朔矿区露天煤矿排土场复垦类型及微地形对土壤养分的

影响[J].水土保持研究,2016,23(3):6-12.

[25] 吕春娟,白中科,秦俊梅,等.黄土区大型排土场岩土侵蚀特征研究:以平朔矿区排土场为例[J].水土保持研究,2006,13(4):233-236.

[26] 乔丽,白中科,张耿杰,等.矿区生态系统服务价值变化驱动因素分析:以平朔矿区为例[J].中国矿业,2009,18(10):51-53,73.

[27] 秦俊梅,白中科,李俊杰,等.矿区复垦土壤环境质量剖面变化特征研究:以平朔露天矿区为例[J].山西农业大学学报(自然科学版),2006,26(1):101-105.

[28] 秦勇,王文峰,宋党育,等.山西平朔矿区上石炭统太原组11号煤层沉积地球化学特征及成煤微环境[J].古地理学报,2005,7(2):249-260.

[29] 宋立平,李玉莲,雷凯,等.MSTP网络在平朔矿区的应用[J].露天采矿技术,2014,29(7):50-52.

[30] 宋子岭,祁文辉,范军富,等.基于FLAC3D的露井联采下采空区顶板安全厚度研究[J].世界科技研究与发展,2016,38(3):532-535.

[31] 苏建军,苏志伟,苗成文.平朔矿区地方小窑开采工艺及采空区分布规律[J].科技与创新,2014(9):26,30.

[32] 孙玉红,王胜,聂立武.露井联采耦合作用下输煤巷道稳定性评价及控制技术[J].煤矿安全,2014,45(2):41-43.

[33] 田金泽,郑亮,李志军,等.平朔矿区两硬特厚煤层综放工作面快速回撤工艺[J].煤炭科学技术,2006,34(12):50-52.

[34] 王纪山,李克民.平朔矿区总体发展新模式探讨[J].中国煤炭,2006,32(10):4,14-16.

[35] 王金满,白中科,丁涛.黄土高原脆弱生态采煤区生态产业开发水资源优化利用方案研究:以平朔矿区为例[J].资源与产业,2009,11(5):70-73.

[36] 王景萍,白中科,郭青霞,等.平朔矿区工业旅游及生态旅游资源开发[J].露天采矿技术,2006,21(3):47-49.

[37] 王菊平,贺沛芳,石保明,等.平朔矿区复垦林地蛾类调查及多样性分析[J].山西农业科学,2011,39(11):1179-1182.

[38] 薛建春,蔡松.生态脆弱矿区土地利用动态变化研究:以平朔矿区为例[J].水土保持研究,2011,18(6):204-207.

[39] 薛建春.基于EMD的平朔矿区生态足迹变化及动力学预测分析[J].水土保持研究,2013,20(6):267-270.

[40] 晏学功,沈明.平朔矿区煤炭资源综合利用的思考[J].陕西煤炭,2007,26(2):40-41.

[41] 杨洪海,尚文凯.露井联采作用下边坡变形破坏机理浅析[J].露天采矿技术,2006,21(3):8-10.

[42] 殷海善,白中科.大型煤炭企业征地安置研究:以平朔矿区2008年征地搬迁为例[J].资源与产业,2015,17(6):44-50.

[43] 袁卓,张雷,赵辉.平朔矿区井工二矿小窑采空区充填技术的应用[J].中州煤炭,2012(12):55-57.

[44] 张耿杰,白中科,乔丽,等.平朔矿区生态系统服务功能价值情景模拟研究[J].资源与产业,2009,11(1):1-4.

[45] 张前进,白中科,郝晋珉,等.黄土区大型露天煤矿排土场景观格局分析:以平朔矿区为例[J].山西农业大学学报(自然科学版),2006,26(4):317-320,404.

[46] 张银洲,陆伦,董万江.平朔矿区主要环境岩土工程问题及对策[J].露天采矿技术,2010,25(6):76-78.

[47] 张永成,王长友.平朔矿区高产高效矿井设计经验浅析[J].煤炭工程,2006,38(8):5-7.

[48] 张忠温,吴吉南,杨宏民.平朔安家岭高产高效露井联采通风系统及其优化[J].煤矿安全,2006,37(9):18-20.

[49] 张忠温.平朔矿区两柱掩护式放顶煤支架适应性研究[J].煤炭科学技术,2011,39(11):31-35.

[50] 赵康杰.矿区生态环境治理与农民利益保护:以山西平朔矿区为例[J].农业现代化研究,2013,34(4):435-439.

[51] 赵雪,许闯,王胜.露井联采耦合作用下黄土高台阶边坡稳定性研究[J].煤矿安全,2013,44(7):57-59.

[52] 赵宇.哈尔乌素露天煤矿复合煤层开采技术[J].露天采矿技术,2014,29(2):30-33,36.

[53] 郑均笛,林斯平.平朔矿区发展循环经济的总体构思[J].选煤技术,2009(4):88-90.

[54] 周杰,李绍臣,马丕梁.基于 RFPA 的露井联采下边坡破坏机理分析[J].煤矿开采,2012,17(2):92,106-108.

第4章 露井协同开采岩层移动与地表沉陷规律

4.1 露井协同开采岩层移动的基本规律

在井工开采的岩层移动稳定方面存在关键层问题,露井协同开采边坡中同样存在着关键层。在实施露井协同开采的边坡中,其关键层对井工开采形成的采空区上覆岩层及露天边坡部分的岩层起控制作用,关键层的变形和受力将影响到露天矿边坡的稳定。本章通过数值分析的方法研究了关键层对边坡变形破坏的影响、关键层对采空区垮落角大小的影响,以及关键层对边坡应力分布规律的影响。

4.1.1 岩层移动的关键层理论

4.1.1.1 关键层的定义及特征

由于煤系地层的分层特征差异,各岩层在岩体活动中的作用是不同的:有些较为坚硬的厚岩层在活动中起控制作用,即起承载主体与骨架作用;有些较为软弱的薄岩层在活动中只起加载作用,其自重大部分由坚硬的厚岩层承担。因而,钱鸣高院士等提出了"关键层理论",将对采场上覆岩层局部或直至地表的全部岩层活动起控制作用的岩层称为关键层。关键层的断裂将导致全部或相当部分的上覆岩层产生整体运动,覆岩中的亚关键层可能不止一层,而主关键层只有一层。采场上覆岩层中的关键层一般为相对厚而坚硬的岩层。

关键层理论认为:在采场覆岩层中存在多个岩层时,对岩体活动全部或局部起控制作用的岩层称为关键层。关键层判别的主要依据是其变形和破断特征,在关键层破断时,其上部岩层的下沉变形是相互协调一致的。

一般来说,关键层即为主承载层,在破断前可以以"板"(或简化为"梁")结构的形式承受上部岩层的部分重量,断裂后则形成砌体梁结构,其结构形态即是岩层移动的形态。采动岩体中的关键层有如下特征:

(1)几何特征:相对于其他相同岩层而言厚度较大。

(2)岩性特征:相对于其他岩层而言较为坚硬,即弹性模量较大,强度较高。

(3)变形特征:在关键层下沉变形时,其上部全部或局部岩层的下沉量是同步协调的。

(4)破断特征:关键层的破断将导致全部或局部岩层的破断,从而引起较大范围的岩层移动。

(5)支撑特征:关键层破坏前以"板"(或简化为"梁")结构的形式作为全部岩层或局部岩层的承载主体,断裂后则称为砌体梁结构,继续作为承载主体。

4.1.1.2 关键层的判据

直接顶初次垮落后,随着采煤工作面继续推进,将引起覆岩关键层的破断与运动。为了研究具体条件下覆岩关键层的破断运动规律,首先应对覆岩中的关键层位置进行判断。

根据关键层的定义和变形特征,在关键层变形过程中,其所控制上覆岩层随之同步变形,而其下部岩层不与之协调变形。若有 n 层岩层同步协调变形,则其最下部岩层为关键层。再由关键层的支撑特征可知:

$$q_{1|n} > q_{1|i} \quad (i=2,3,\cdots,n) \tag{4-1}$$

其中,$q_{1|i} = \dfrac{Eh_1^3(\sum\limits_2^i h_i + h_1)\gamma}{\sum\limits_2^i E_i h_i^3 + Eh_1^3}$。

以上计算可以根据组合梁原理计算得出。式(4-1)为关键层的刚度(变形)判别条件。其几何意义为:上一层岩层的挠度小于下一层岩层的挠度。

同时作为关键层还必须满足强度条件,即上一层的破断距应小于下一层的破断距:

$$l_i > l_{i+1}(i=2,3,\cdots,n-1) \tag{4-2}$$

4.1.1.3 关键层的挠度

煤层长壁采煤工作面关键层,其力学模型如图 4-1 所示。

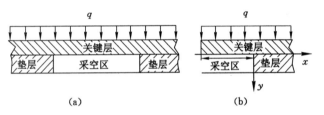

(a)   (b)

图 4-1 弹性地基梁力学模型

模型为弹性基础(符合 Winkler 地基假设)支撑的上表面作用有均布载荷 q 的厚度为 h 的梁。根据梁的对称性,取梁的一半作为研究体,取采空区边界为坐标原点,建立坐标系如图 4-1(b)所示。

梁上载荷 q 由三部分组成:

(1) 松散载荷层的重量 q_0;

(2) 上部位于关键层之上,先行滑移破坏的若干岩层分层重量 $q_n = \sum\limits_k r_i h_i$;

(3) 关键层自身重量 q_g。

即:

$$q = q_0 + q_n + q_g \tag{4-3}$$

由平衡原理可得梁的挠度微分方程为:

$$\left.\begin{array}{ll} EIy^{(4)} = q & (-1 \leqslant x \leqslant 0) \\ EIy^{(4)} = q - ky & (0 < x < \infty) \end{array}\right\} \tag{4-4}$$

解上面的方程组,并代入有关边界条件和连续条件可得:

$$y = \frac{q_1}{E_1 I_1} \left[\frac{1}{24} x^4 + \frac{1}{6} l x^3 + \frac{1}{4} l^2 (1-2\alpha) x^2 + \frac{1}{6} l^3 (1-6\alpha) x + \left(\frac{\sqrt{2}}{\omega l} + \frac{1}{2} - \alpha \right) \frac{l^2}{\omega^2} \right] \quad (-l \leqslant x \leqslant 0)$$

$$y = \frac{q_1 l^2}{E_1 I_1 \omega^2} \mathrm{e}^{-\frac{\omega}{\sqrt{2}} x} \left[\left(\frac{\sqrt{2}}{\omega l} + \frac{1}{2} - \alpha \right) \cos\left(\frac{\omega}{\sqrt{2}} x \right) + \left(\alpha - \frac{1}{2} \right) \sin\left(\frac{\omega}{\sqrt{2}} x \right) \right] \quad (0 < x < \infty)$$

$$(4\text{-}5)$$

式中，$\omega = \sqrt[4]{\dfrac{k}{E_1 I_1}}$；$\alpha = \dfrac{\sqrt{2}\,\omega^2 l^2 + 6\omega\alpha + 6\sqrt{2}}{6\omega l(2+\sqrt{2}\,\omega l)}$；$E$，$I$ 分别为梁的弹性模量和惯性矩。

4.1.1.4 关键层的初次破断距

基岩关键层内的剪力 Q_1、弯矩 M_1 分别为：

$$Q_1 = EIy''' \tag{4-6}$$

$$M_1 = EIy'' \tag{4-7}$$

梁的中部 $x=-l$ 处的弯矩 M_a 为：

$$M_a = EIy''_{x=-l} = \alpha q l^2 \tag{4-8}$$

令 $y'''=0$，得：

$$x_\beta = \frac{\sqrt{2}}{\omega} \arctan \frac{\sqrt{2}}{\sqrt{2} + \omega l - 2\alpha\omega l} \tag{4-9}$$

此处弯矩取极值：

$$M_\beta = -q l^2 \mathrm{e}^{-\frac{\omega}{\sqrt{2}} x_\beta} \left[\left(\frac{\sqrt{2}}{\omega l} + \frac{1}{2} - \alpha \right) \sin\left(\frac{\omega}{\sqrt{2}} x_\beta \right) + \left(\frac{1}{2} - \alpha \right) s \cos\left(\frac{\omega}{\sqrt{2}} x_\beta \right) \right] = -\beta q l^2$$

$$(4\text{-}10)$$

式中：

$$\beta = \mathrm{e}^{-\frac{\omega}{\sqrt{2}} x_\beta} \left[\left(\frac{\sqrt{2}}{\omega l} + \frac{1}{2} - \alpha \right) \sin\left(\frac{\omega}{\sqrt{2}} x_\beta \right) + \left(\frac{1}{2} - \alpha \right) s \cos\left(\frac{\omega}{\sqrt{2}} x_\beta \right) \right] \tag{4-11}$$

设关键层抗拉强度 $\sigma_t = \dfrac{1}{10}\sigma_c$，截面抗弯模量 $W = \dfrac{1}{6} h^2$，当 $\alpha > \beta$ 时，$M_a = M_{max}$，令：

$$\sigma_{max} = \frac{M_{max}}{W} = \frac{6\alpha q l^2}{h^2} = \frac{1}{10}\sigma_c \tag{4-12}$$

将 $\alpha = \dfrac{\sqrt{2}\,\omega^2 l^2 + 6\omega x + 6\sqrt{2}}{6\omega l(2+\sqrt{2}\,\omega l)}$ 代入式（4-12）得：

$$10\sqrt{2}\,\omega^2 q l^3 + 60\omega q l^2 + (60\sqrt{2}\,q - \sqrt{2}\,h^2 \sigma_c \omega^2) l - 2h^2 \sigma_c \omega = 0 \tag{4-13}$$

从式（4-13）解得 $l = I_m$，则关键层的初次破断距 L_c 为：

$$L_c = 2I_m + 2x_\beta \tag{4-14}$$

若 $\alpha < \beta$，则 $M_\beta = M_{max}$，令：

$$\sigma_{max} = \frac{M_{max}}{W} = \frac{6\beta q l^2}{h^2} = \frac{1}{10}\sigma_c \tag{4-15}$$

将 β 的表达式代入式（4-15）得：

$$15 q l^2 \mathrm{e}^{-\frac{\omega}{\sqrt{2}} x_\beta} \left[\left(\frac{\sqrt{2}}{\omega l} + \frac{1}{2} - \alpha \right) \sin\left(\frac{\omega}{\sqrt{2}} x_\beta \right) + \left(\frac{1}{2} - \alpha \right) s \cos\left(\frac{\omega}{\sqrt{2}} x_\beta \right) \right] - h^2 \sigma_c = 0 \tag{4-16}$$

由式(4-16)解得 $I = I_m$ 后,代入式(4-14),即可求得关键层初次破断距。

4.1.1.5　关键层的周期破断距

令 $M_a = 0$,则图 4-1(b)即转化为悬臂梁,其力学模型如图 4-2 所示。

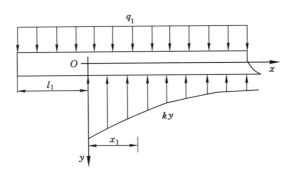

图 4-2　周期破断模型

在 $x = 0$ 处的剪力 Q_0、弯矩 M_0 分别为:

$$\begin{cases} Q_0 = ql \\ M_0 = \dfrac{1}{2}ql^2 \end{cases} \tag{4-17}$$

此时,弹性地基上的悬臂梁挠度为:

$$y = e^{-\frac{\omega}{\sqrt{2}}x}\left[\left(\frac{\sqrt{2}\,Q_0 + \omega M_0}{EI\omega^3}\right)\cos\left(\frac{\omega}{\sqrt{2}}x\right) + \left(\frac{M_0}{EI\omega^3}\right)\sin\left(\frac{\omega}{\sqrt{2}}x\right)\right] \tag{4-18}$$

令 $y''' = 0$,得 $x_1 = \dfrac{\sqrt{2}}{\omega}\arctan\dfrac{Q_0}{Q_0 + \sqrt{2}\,\omega M_0}$

$M_{x1} = M_{\max}$,令 $\sigma = \dfrac{M_{\max}}{\omega} = \dfrac{\sigma_c}{10}$

得:

$$3ql\,e^{-\frac{\omega}{\sqrt{2}}x_1}\left[\frac{2\sqrt{2} + \omega l}{\omega}\sin\left(\frac{\omega}{\sqrt{2}}x_1\right) + l\cos\left(\frac{\omega}{\sqrt{2}}x_1\right)\right] - h^2\sigma_c = 0 \tag{4-19}$$

由式(4-19)解出 $I = I_n$,则周期破断距为:

$$L_z = I_n + x_1 \tag{4-20}$$

关键层破断距的分析表明,基岩层初次破断距较大,周期破断距较小,针对具体煤层工作面,则可依据煤岩构成及其力学性质参数确定出基岩的初次破断距与周期破断距,为分析预测工作面初次来压及周期来压特征提供理论分析依据。

4.1.2　井工开采岩层破坏特征

采场上覆岩层变形破坏的垂直分带特征就是指采场上覆岩层破坏影响的范围。煤层采出后,在采空区周围岩体发生了较为复杂的移动和变形,移动稳定后的上覆岩层按其破坏的程度,大致分为 3 个不同的开采影响带,即垮落带、裂缝带和弯曲带,如图 4-3 所示。

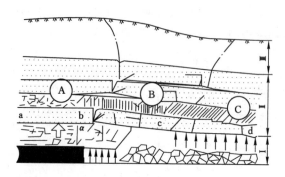

图 4-3 采空区上覆岩层内移动分带示意图

A——煤壁支撑影响区(a—b);B——离层区(b—c);C——重新压实区(c—d);

α——支撑影响角;Ⅰ——垮落带;Ⅱ——裂缝带;Ⅲ——弯曲带

4.1.2.1 垮落带

垮落带是指工作面回采后引起的煤层上覆岩体完全垮落的那部分岩层,如图 4-3 中Ⅰ所示。垮落带内岩块主要的破坏特征包括不规则性、碎胀性和密实性。

1. 不规则性

除了极坚硬的顶板会发生大面积巨块冒落以外,在一般能随采随冒的顶板条件下,冒落岩块的块度大小不一,无一定规则。岩性坚硬、岩层厚度较大时,冒落岩块块度大;岩性软弱,岩层厚度较小时,冒落岩块块度小。

2. 碎胀性

煤层上覆岩体冒落到采空区后,其体积较冒落前增大,可以用碎胀系数来表征其体积增大的程度,一般情况下,碎胀系数的值为 1.1～1.4。碎胀系数取决于岩石的性质,坚硬岩石碎胀系数大,软弱岩石碎胀系数小。垮落带的高度主要取决于煤层采厚和上覆岩层的碎胀系数,其计算公式见式(4-21),通常其厚度为采厚的 3～5 倍。

$$H_{\mathrm{m}} = \frac{M}{(K-1)\cos\alpha} \tag{4-21}$$

式中:H_{m} 为垮落带高度,m;M 为煤层采厚,m;K 为岩石碎胀系数;α 为煤层倾角,(°)。在自由堆积状态下,冒落岩块的碎胀系数是影响垮落带高度和冒落现象能够自行停止的根本原因,也是垮落带中规则垮落带产生的原因。当岩层移动稳定后,垮落带岩石的碎胀系数减小,密实度增加。

3. 密实性

密实性是衡量垮落带透水、透砂能力的重要指标。密实性与冒落岩块的块度、开裂、离层岩石的张开度、岩性及时间长短有密切关系。

4.1.2.2 裂缝带

裂缝带是采空区上覆岩层中产生裂隙、离层及断裂,但仍能保持层状结构的那部分岩层。裂缝带位于垮落带和弯曲带之间。裂缝带内岩石破坏状况与垮落带内岩石破坏状况显著不同,其裂缝形式和分布有一定的规律性。无论是在缓倾斜煤层还是急倾斜煤层的条件下,一般都发育垂直或近于垂直层面的裂缝,即断裂(岩层全部断开)和开裂(岩层不全部断开)。岩层断裂和开裂的发生与否及断开程度除取决于岩层所承受的变形性质和大小外,还与岩性、层厚、空间位置以及构造发育有密切关系。靠近垮落带的岩层,断裂严重;远离垮落带的岩层,断裂轻微。除了垂直或近于垂直层面的裂隙外,裂缝带还产生顺层面脱开的离层裂缝。离层裂缝的产生,说明了覆岩由下而上的扩展式破坏发展过程。裂缝带内岩层破坏状况与垮落带不同的另一显著特点是它具有明显的分带性。根据岩层的断裂、开裂及离层的发育程度和导水能力,裂缝带在垂向上可分为三个部分:① 严重开裂,大部分岩层为全厚度断开,但仍保持原有的沉积层次,裂缝间的连通性好,漏水严重,钻孔观测时,冲洗液漏失量大于 $1.0\ \mathrm{L/(s \cdot m)}$;② 一般开裂,岩层在其全厚度内未断开或很少断开,层次完整,裂缝间的连通性较好,漏水程度一般,钻孔观测时,冲洗液漏失量为 $0.1 \sim 1.0\ \mathrm{L/(s \cdot m)}$;③ 微小开裂,部分岩层有微小裂缝,基本上不断开,裂缝间的连通性不太好,漏水程度一般,钻孔观测时,冲洗液漏失量小于 $0.1\ \mathrm{L/(s \cdot m)}$。

垮落带和裂缝带在岩层与地表移动学科中称为"两带",即导水裂缝带,两带之间没有明显界限,均属于破坏性影响区。为了揭露垮落带和裂缝带高度,许多矿区采用钻探方法,通过冲洗液消耗量来确定。我国根据许多煤矿钻孔观测资料,总结出坚硬、中硬、软弱、极软弱岩层或其互层时,厚煤层分层开采的垮落带和导水裂缝带的最大高度经验公式,见表 4-1。

表 4-1　　　　　　　　　　我国垮落带、导水裂缝带最大高度经验公式

岩性	垮落带计算公式/m	导水裂缝带计算公式之一/m	导水裂缝带计算公式之二/m
坚硬	$H_{\mathrm{m}} = \dfrac{100 \sum M}{2.1 \sum M + 16} \pm 8.9$	$H_{\mathrm{li}} = \dfrac{100 \sum M}{2.1 \sum M + 2.0} \pm 8.9$	$H_{\mathrm{li}} = 30 \sqrt{\sum M} + 10$
中硬	$H_{\mathrm{m}} = \dfrac{100 \sum M}{4.7 \sum M + 19} \pm 2.2$	$H_{\mathrm{li}} = \dfrac{100 \sum M}{1.6 \sum M + 3.6} \pm 5.6$	$H_{\mathrm{li}} = 20 \sqrt{\sum M} + 10$
软弱	$H_{\mathrm{m}} = \dfrac{100 \sum M}{6.2 \sum M + 32} \pm 1.5$	$H_{\mathrm{li}} = \dfrac{100 \sum M}{3.1 \sum M + 5.0} \pm 4.0$	$H_{\mathrm{li}} = 10 \sqrt{\sum M} + 5$
极软弱	$H_{\mathrm{m}} = \dfrac{100 \sum M}{7.0 \sum M + 63} \pm 1.2$	$H_{\mathrm{li}} = \dfrac{100 \sum M}{5.0 \sum M + 8.0} \pm 3.0$	

注: $\sum M$ —— 累计采厚;公式应用范围为单层采度 $1 \sim 3\ \mathrm{m}$,累计采厚不超过 $15\ \mathrm{m}$;计算公式中"±"号项为中误差。

4.1.2.3　弯曲带

弯曲带又称整体移动带,是指自裂缝带顶界到地表的整个岩系。弯曲带的一个显著特点就是岩层移动的整体性,特别是软弱岩层及松散土层移动的整体性更为显著。所谓整体性,就是导水裂缝带顶界以上至地表的岩层移动是成层地、整体性地发生的,在垂直剖面上,其上下各部分的下沉值很小。根据采深、采厚、岩性、地层结构、采煤方法和顶板管理方法等的不同,裂缝带以上的岩层,如以坚硬、中硬和坚硬、中硬、软弱岩层相间为主时,会表现为由

下而上的逐层弯曲变形;如以软弱岩层为主时,则表现为整体的断裂变形,其断裂面为压密型断裂面。不管是哪一类变形类型,采空区上方弯曲带内的岩层,基本上处于水平方向双向受压缩状态,使得其密实性和塑性变形的能力得到提高。特别是当岩层为页岩、泥岩等软弱岩层和土层时,其塑性变形能力更会得到提高。因此,弯曲带内的岩层,在一般情况下具有较好的完整性。

现场观测结果证明,弯曲带内的岩层有时也产生裂缝,但是裂缝微小,数量较少,裂缝间的连通性不好。而且随着移动过程的发展,岩层受压程度愈来愈高,受到破坏的岩层逐步压密,岩体强度提高。

井工开采覆岩"三带"在水平或缓倾斜矿层开采时表现比较明显,由于地质采矿条件的不同,覆岩中的"三带"不一定同时存在。

4.1.3　露井协同开采边坡变形机制

依据采区的空间对应关系,两种采动影响域中的一部分相互重叠,致使采动效应相互作用和相互叠加,表现为一种采动效应对另一个平衡体系的干扰或破坏作用,使得两种开挖体系之间相互诱发或相互扰动,从而组成一个复合动态变化系统。在该系统内的岩体应力状态与变化过程完全不同于单一露天开采条件下的边坡岩体变形问题。

地下煤、岩体未采动以前,由于自重作用在其内部引起的应力,通常称为原岩应力,这种应力在地下处于相对平衡状态。露天矿开挖破坏了原地质体的应力平衡状态,导致应力的重新分布,当边坡轮廓形成后,形成了新的应力分布场,边坡体处于稳定状态。假定原岩应力状态为 σ_0,由露天开采引起的应力变化为 $\Delta\sigma_L$,当岩体达到稳定后,应力场变为 $\sigma_1 = \sigma_0 + \Delta\sigma_L$。当转入地下开采后,由于地下开采所引起的应力变化为 $\Delta\sigma_D$,则在两者共同作用下,两采动影响域内边坡岩体的应力场变为 $\sigma_2 = \sigma_1 + \Delta\sigma_D$。由于采矿过程是一个动态过程,边坡岩体不断受到扰动,其应力平衡系统不断地受到破坏,同时进行自组织调整,因此实际上 $\Delta\sigma_L$ 和 $\Delta\sigma_D$ 都是变化的,从而形成一个复合动态叠加体系。

由于两种采动效应的相互作用和叠加,影响域内不同空间单元同时受到两种采动效应的影响,其合成矢量的大小和方向在不同空间位置上是不一致的,一般情况下合成矢量更多地表现出"强势采动效应"的属性。设边坡岩体因受露天开采效应引起的位移矢量为 u_i,由地下采动引起的位移矢量为 w_i,两者叠加后的位移矢量为 v_i(见图 4-4)。边坡体内位移矢量具有如下特点:从矿井采区下山方向岩移边界线 GD 至上山方向岩移边界线 EB,u_i 和 w_i 之间的夹角逐渐增大,经过走向主断面 FC 后,在某一位置上两矢量之间的夹角将大于 90°,此时两矢量合成后开始相互抵消一部分,且随着其夹角的增大,相互抵消越多,合成矢量逐渐变小。两种采动影响域内岩体下沉具有如下规律:从 EB 至 FC 间区域,下沉值呈递增规律,其变形结果使边坡角减小,有利于边坡稳定,EC 至 GD 间区域下沉值呈递减规律,变形结果使得该区域坡角增大,不利于边坡稳定。在地下采区下山方向的最大拉裂缝极易构成滑坡体的后缘,同时沿着地下采区倾向边界线附近的拉裂缝,构成滑体的侧边缘,使得滑体与滑床分离,减少侧阻力,特别是地下采区沿走向长度不大时可能构成滑坡内因,导致滑坡。

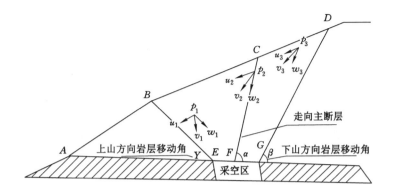

图 4-4　井工采动影响下边坡岩体变形机制示意图

另外,两种采动效应的影响随着单元体的空间位置改变而改变,随着深度的增加,露天采动影响逐渐减弱直至消失,岩体变形将表现为地下采动特性。因此对于边坡稳定而言,露天矿坑越浅,地下采区位置越深越有利于边坡稳定。

4.1.4　关键层对采动边坡破坏的影响规律

为研究关键层对上覆岩层移动的控制作用,以 ATB-NB-P1 剖面为研究对象,设计两套模拟方案:方案一为有两个关键层,分别位于 4# 煤和 9# 煤之间以及 4# 煤上部;方案二为上部地层中没有关键层。

本次模拟分别在边坡 +1 405 m 平盘、+1 375 m 平盘、+1 360 m 平盘中点处各布置一个监测点,监测工作面回采过程中各平盘中点位置岩体的位移情况,监测点位置如图 4-5 所示。

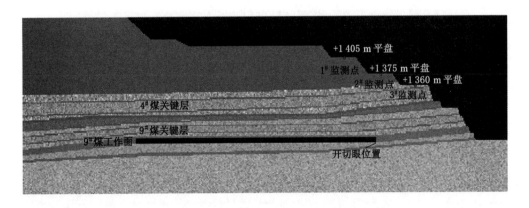

图 4-5　关键层作用模拟试验模型

4.1.4.1　方案一:边坡变形破坏过程分析

根据实际情况模拟开采 9# 煤。工作面推进 60 m 时,9# 煤直接顶初次垮落,随着开采的推进,垮落范围逐渐扩大。推进到 100 m 时,9# 煤上部关键层破断,引起 4# 煤及其下部岩层向采空区垮落,且 4# 煤上部关键层开始出现离层。在地下采动的影响下,+1 375 m台阶坡脚处产生压剪破坏,有可能出现圆弧形滑坡,且+1 405 m 台阶上部平盘也产生拉伸破坏,有可能出现张拉裂缝。方案一工作面逆坡推进 100 m 时边坡岩体破坏情况如图 4-6所示。

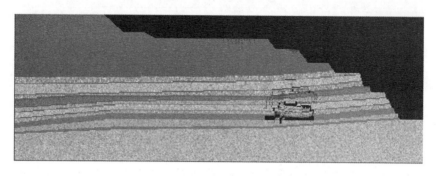

(a)

(b)

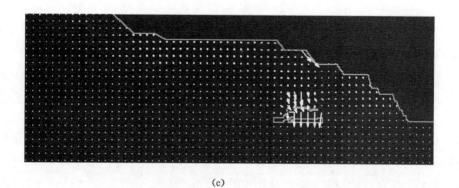

(c)

图 4-6　方案一工作面逆坡推进 100 m 时边坡岩体破坏情况

(a) 岩体垮落图;(b) 岩体破坏场图;(c) 变形矢量图

9# 煤工作面推进 110 m 时,4# 煤上部关键层破断,覆岩垮落发展至地表,地表岩土体产生严重的张拉破坏和压剪破坏,地下采动影响范围达+1 360 m 台阶,+1 360 m 台阶及其上部台阶在地下采动的影响下均出现向临空面滑移的趋势,+1 360 m 平盘以下岩体处于比较稳定的状态。方案一工作面逆坡推进 110 m 时边坡岩体垮落情况如图 4-7 所示。

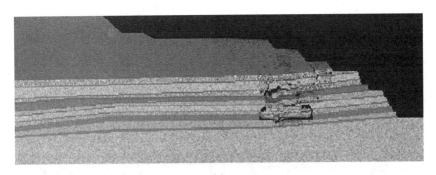

(a)

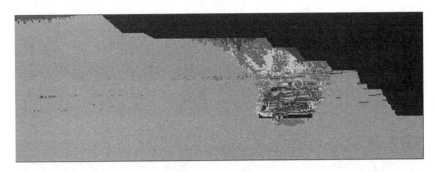

(b)

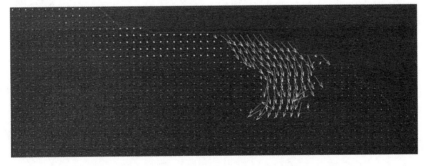

(c)

图 4-7　方案一工作面逆坡推进 110 m 时边坡岩体垮落情况
(a) 岩体垮落图；(b) 岩体破坏场图；(c) 变形矢量图

随着井工开采工作面的推进，上覆岩层周期性破断，其中关键层周期垮落步距约为 60 m。受井工采动影响，地表塌陷区域不断扩大，并逐渐向边坡后方发展。边坡岩体逐渐向采空区移动，+1 360 m 台阶至 +1 405 m 台阶处岩土体位移矢量由指向临空面逐渐偏转为指向采空区，且 +1 405 m 台阶上部土体的位移矢量指向临空面并向采空区滑移。方案一工作面逆坡推进 220 m、420 m 时边坡岩体垮落情况分别如图 4-8 和图 4-9 所示。

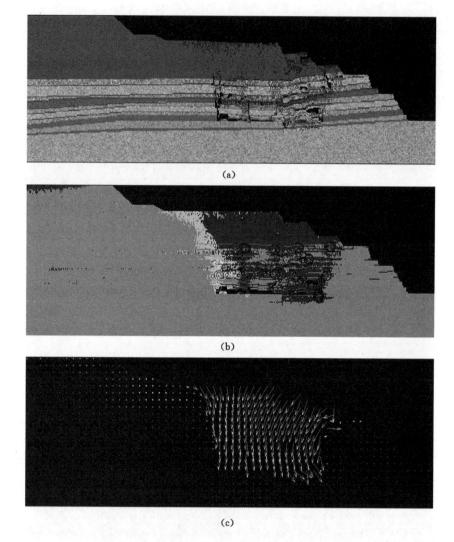

图 4-8　方案一工作面逆坡推进 220 m 时边坡岩体垮落情况

（a）岩体垮落图；（b）岩体破坏场图；（c）变形矢量图

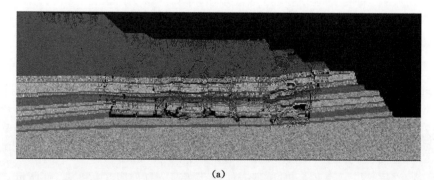

图 4-9　方案一工作面逆坡推进 420 m 时边坡岩体垮落情况

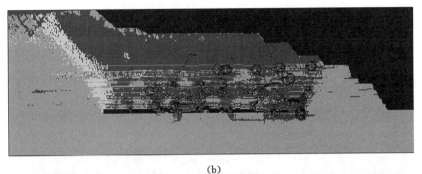

(b)

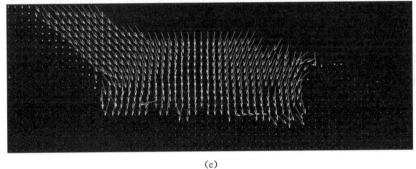

(c)

图 4-9(续)

(a) 岩体垮落图;(b) 岩体破坏场图;(c) 变形矢量图

4.1.4.2　方案二:边坡变形破坏过程分析

无关键层时,方案二工作面逆坡推进 90 m、140 m 时边坡岩体垮落情况分别见图 4-10 和图 4-11。工作面推进至 60 m 时,9# 煤顶板开始垮落,随着工作面的推进,垮落范围逐渐扩大,且上部岩体开始出现离层。当工作面推进至 90 m 时,采空区上部岩土体产生大量的拉伸和压缩破坏并向下垮落,覆岩垮落发展至地表,+1 360 m 台阶及其上部岩体受到垮落的影响较为严重,+1 375 m 台阶及其上部松散层有发生滑坡的趋势,+1 360 m 台阶处岩土体向采空区移动。

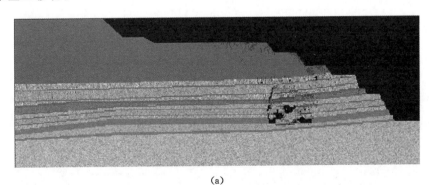

(a)

图 4-10　方案二工作面逆坡推进 90 m 时边坡岩体垮落情况

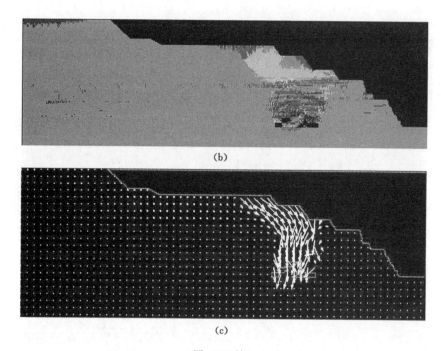

(b)

(c)

图 4-10(续)

(a) 岩体垮落图;(b) 岩体破坏场图;(c) 变形矢量图

　　随着工作面的推进,采空区上部岩体的垮落范围在不断扩大,垮落形式表现为整体切落,周期垮落步距约为 60 m,如图 4-11～图 4-13 所示。至模拟开采结束,井工开采影响至 +1 360 m台阶坡脚处。

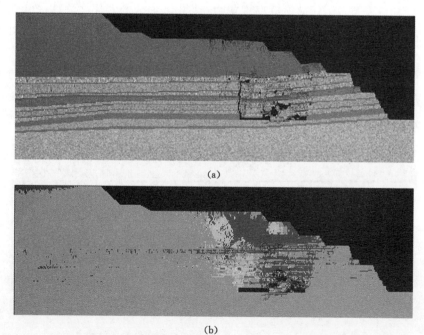

(a)

(b)

图 4-11　方案二工作面逆坡推进 140 m 时边坡岩体垮落情况

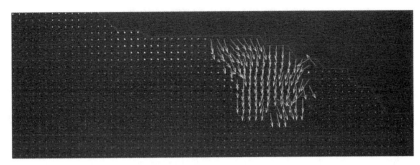

(c)

图 4-11(续)

(a) 岩体垮落图；(b) 岩体破坏场图；(c) 变形矢量图

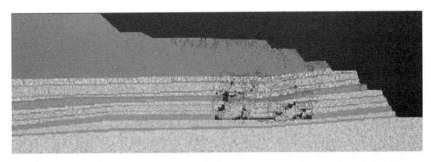

(a)

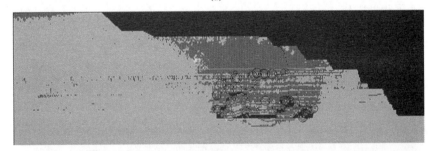

(b)

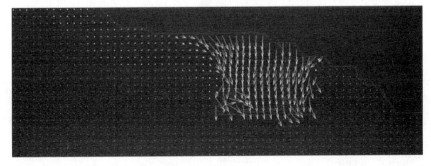

(c)

图 4-12　方案二工作面逆坡推进 200 m 时边坡岩体垮落情况

(a) 岩体垮落图；(b) 岩体破坏场图；(c) 变形矢量图

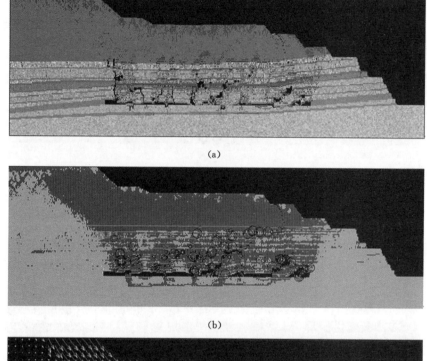

(a)

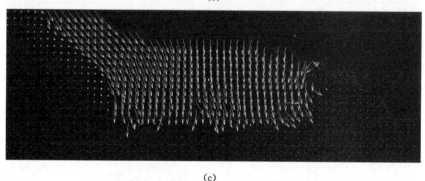

(b)

(c)

图 4-13　方案二逆坡推进 420 m 时边坡岩体垮落情况

(a) 岩体垮落图；(b) 岩体破坏场图；(c) 变形矢量图

4.1.4.3　边坡变形破坏对比分析

通过对方案一和方案二的边坡变形破坏特征进行对比分析可以发现，关键层在井工开采过程中对边坡围岩变形破坏影响明显，主要体现在以下几个方面：

(1) 相对于无关键层时，有关键层时井工开采对上覆岩土体的影响范围更广，而采空区上部岩土体沉陷破坏相对较弱。在方案一中，9# 煤的开采不仅扰动了 4# 煤上部的风氧化煤弱层，而且造成工作面前方地表附近土体发生剪切破坏，有向采空区滑移的趋势；在方案二中，以上特征相对不太明显。在方案二中，9# 煤开采的影响范围内，岩土体的垮落及破碎情况要比方案一严重许多。

(2) 从井工开采对边坡附近岩土体的影响速度来看，无关键层时的影响速度要明显快于有关键层时的相应情况。

4.1.4.4　覆岩移动特征分析

图 4-14 给出了在有关键层和无关键层情况下边坡岩体的监测点的位移数据。从图中可以看出至模拟开采结束,受井工开采塌陷影响,两种方案在＋1 405 m 台阶上部平盘中点至边坡后方的岩土体的水平位移指向临空面,且有关键层时要比没有关键层时的水平位移量要小;＋1 405 m 台阶上部平盘中点至＋1 360 m 平盘中点处岩土体的水平位移均背向临空面,且方案一的水平位移量较大。由水平位移情况可以看出,方案一中边坡岩土体受井工开采的影响至＋1 360 m 平盘中点,而方案二中边坡岩土体受井工开采影响至＋1 360 m 台阶坡脚处。

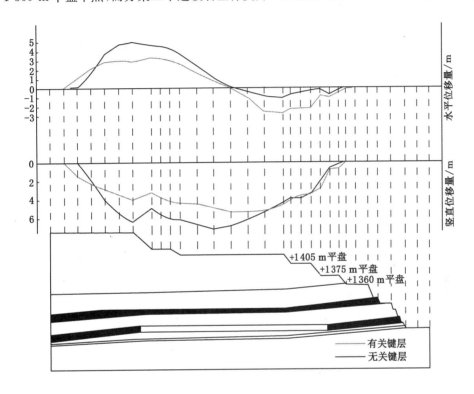

图 4-14　模拟开采结束时边坡位移情况对比

由竖直位移情况可以看出,在＋1 405 m 台阶坡肩处至边坡后方,方案一受井工开采影响产生的沉降量小于方案二的,两个方案在＋1 405 m 台阶坡肩至＋1 375 m 台阶坡肩处岩土体的沉降量相差无几,方案一在＋1 375 m 台阶坡肩至＋1 360 m 台阶坡脚处岩土体的沉降量较方案二的大。

有关键层和无关键层开采条件下＋1 360～＋1 405 m 各平盘覆岩位移特征见图 4-15～图 4-17。

当存在关键层时,随着 9# 煤层的推进,上覆岩体向采空区方向发生剧烈剪切沉陷移动变形,随后覆岩体进入应力调整阶段,并随煤层开采推进,岩体缓慢向采空区移动。

当有关键层时,覆岩变形破坏传递至地表时间较长,但变形破坏出现二次明显分级破坏。两次分级破坏期间,覆岩处于应力调整状态。3# 监测点(＋1 360 m 平盘)处岩体受井工开采采动的影响产生向采空区的水平移动,但位移量较小,而无关键层时该位置处岩土体未受井工开采采动影响。

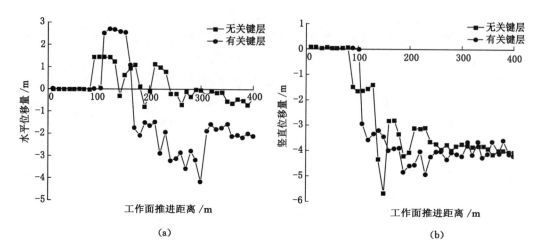

图 4-15　1# 监测点(+1 405 m)随工作面推进位移变化曲线
(a) 水平位移；(b) 竖直位移

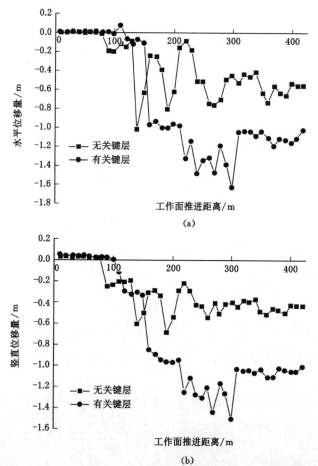

图 4-16　2# 监测点(+1 375 m)随工作面推进位移变化曲线
(a) 水平位移；(b) 竖直位移

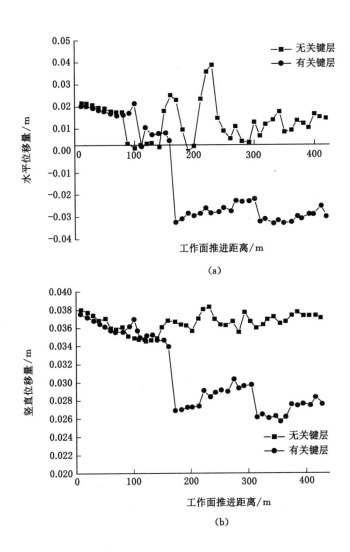

图 4-17　$3^#$ 监测点(+1 360 m)随工作面推进位移变化曲线

(a) 水平位移；(b) 竖直位移

综合以上边坡岩体变形破坏特征的分析可以看出,在有、无关键层的情况下,井工采动对边坡的影响不同:

(1) 在有关键层的情况下,边坡岩体受井工开采影响的范围较大,影响至+1 360 m 平盘中点,而在没有关键层的情况下,边坡岩体受井工开采影响至+1 360 m 台阶坡脚处。

(2) 在有关键层的情况下,井工开采工作面推进 110 m 时覆岩垮落发展至地表,而在无关键层的情况下,井工开采工作面推进 90 m 时覆岩垮落就发展至地表,故在无关键层的情况下,井工开采塌陷更快,发展至地表。

(3) 总体来说,在两种方案共同受井工开采影响范围内,无关键层时,在井工开采影响下边坡变形破坏情况更严重。

4.2 露井协同开采岩层移动力学分析

4.2.1 关键层判别

安家岭井工二矿露井复合开采下的 4# 煤三条大巷布置在安家岭露天矿北帮边坡下,受 4# 煤 B401 工作面采动的影响,三条大巷均出现不同程度的破坏,其中辅助运输大巷边帮破坏尤为严重,表明在采动的影响下,露天矿边坡下大巷煤柱的稳定直接影响到大巷的稳定性(见图 4-18)。

关键层理论是在研究采场岩层移动规律的基础上提出的,有的学者将关键层理论应用到井工开采的沿空留巷研究中,也有的学者将关键层理论应用到承压水上开采等方面,可以说地下开采导致的岩层移动一般均存在关键层问题。

基于上述研究思路,结合露井联采的实际背景,可以认为安家岭井工二矿井工开采导致边坡和巷道破坏受到了边坡下关键岩层控制,如图 4-18 所示。

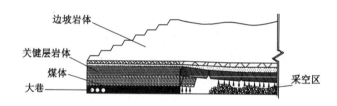

图 4-18　露井联采关键岩层移动模型(关键层模型)

该关键岩层处在露天边坡和井工采空区之间,一侧为露天边坡,一侧为采空区,井工开采将导致该关键层不稳定。当井工开采逐渐向露天边坡侧推进时,采空区岩层的断裂将对该关键层产生扰动。具体表现在露天边坡沉降、失稳,边坡下巷道围岩变形破坏。因此,研究露井联采下关键层的确定,关键层与工作面采动影响之间以及关键层扰动对巷道围岩和边坡稳定之间的关系,对露井联采的理论研究十分重要。

对井工二矿工作面附近的钻孔柱状进行关键层位置判别结果见图 4-19,判别过程中岩层移动角取 59°,松散层载荷传递系数取 0.6。

由图 4-19 可知:应用关键层判别原理,工作面附近的覆岩主关键层为 16.3 m 的粉砂岩,亚关键层为 11 m 的粗砂岩。

4.2.2 露井协同开采岩层移动分析模型

根据剖面图岩体参数以及关键层判定泥砂岩互层岩体都是关键层,$h = 35$ m,$E = 150$ GPa。开采 9# 煤关键层模型图如图 4-20 所示。

9# 煤的开采对边坡稳定性的影响主要表现在对 4# 煤停采线以外的实体煤产生扰动,停采线以外煤体的稳定性受到影响,势必对边坡产生影响。泥砂岩互层是关键层,泥砂岩互层受到扰动将直接反映到露天矿边坡受到扰动,因此选择泥砂岩互层作为研究对象。

在开采 9# 煤的过程中,4# 煤上部垮落岩体与 4# 煤及 9# 煤之间的垮落区逐渐形成统一垮落区。由于垮落的岩体在关键层上堆积,因此垮落区可以把垮落岩体的自重作为关键层

地层单位			柱状 1:200	标志层煤层编号	层厚/m $\frac{最小\sim最大}{平均}$	累计深度/m	岩 性 描 述
系	统	组					
Q+N₂b			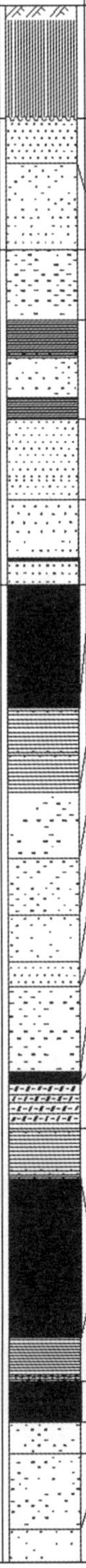		$\frac{9.22\sim43.23}{16.53}$	16.53	表土层：粉砂土、亚黏土，棕红、棕黄色，质均一，含云母细片及植物根痕，局部显示有孔隙结构，含钙质结核，夹紫红色黏土条带。
二 叠 系 P	下 统 P₁	山西组 P₁x			$\frac{2.43\sim5.38}{3.62}$	20.13	粗砂岩：黄色～灰黄色，成分以石英、斜长石、黑色矿物为主，粒度均匀，风化疏松，胶结不良，局部为中细砂岩。
					$\frac{4.42\sim9.32}{7.22}$	27.35	中粗砂岩：灰～深灰色，分选差，底部颗粒较粗，泥质胶结，含有少许肉红色钾长石和暗色矿物，局部上部为中砂岩。
					$\frac{8.6\sim13.64}{11.29}$	38.64	粉砂岩：灰黄～灰黑色，薄层状构造，沿层面有少量白云母片，局部夹中砂岩。
					$\frac{11.42\sim16.92}{14.81}$	53.45	泥岩及砂质泥岩：深灰色，致密，团块状断口，见滑面，斜节理较发育，局部中央 2.5～8.23 m 中细砂岩，中细砂岩结构致密。
					$\frac{10.42\sim16.6}{13.79}$	67.24	粗砂岩：浅灰色，接触式胶结，分选和滚圆均差，中部夹灰色细砾岩，成分多为燧石、石英岩屑，砾径为4 mm左右，均为半棱角状。
		P₁s		K₃	$\frac{6.37\sim17.52}{12.97}$	80.21	中粗砂岩：灰色，厚层状，分选较差，次棱角状，致密坚硬，节理裂隙发育，成分以石英为主，底部常有砂砾岩，局部含其他暗色矿物。局部地段上部为灰色中砂岩，致密坚硬。
石 炭 系 C	上 统 C₃	太 原 组 C₃t		4#	$\frac{8.16\sim14.15}{12.24}$	92.45	风化煤：黄褐色，接近黏土质，遇水黏接性较好，强度低。
					$\frac{4.52\sim8.91}{6.85}$	99.30	砂质泥岩：棕灰色，上部含植物化石，下部具薄片状构造，局部中为褐色泥岩或粉砂岩。
							粉砂岩：灰黑色，含少量碳质，有较多的植物化石，中厚层状，成分以石英为主，长石次之，结构致密。
					$\frac{4.72\sim7.96}{5.47}$	104.77	细砂岩：褐灰色，矿物成分主要为高岭石，含少量白云母片、碳质，结构致密、具垂直节理。
					$\frac{3.72\sim6.96}{4.54}$	109.31	中砂岩：浅灰色，成分以石英为主，含燧石和泥质包体，分选极差，底部颗粒较粗。
					$\frac{3.5\sim4.15}{3.77}$	113.08	细砂岩：灰黑色，致密，具水平节理。
					$\frac{1.37\sim3.43}{2.07}$	115.15	粗砂岩：灰色，见有星点黄铁矿，为接触式胶结，成分以石英为主。
					$\frac{4.64\sim8.25}{6.96}$	122.11	粉砂岩：灰黑色，上部较硬，有少量植物化石碎屑，含云母片，节理发育，局部为细砂岩。
					$\frac{0.12\sim0.98}{0.65}$	122.76	煤：暗淡型，内生裂隙两组，但不发育，局部中夹1～2层0.1～0.45 m 厚夹矸，岩性为灰黑色碳质泥岩。
					$\frac{1.78\sim4.56}{2.86}$	125.62	碳质泥岩：灰黑色，中有较多植物根化石，局部中夹一层0.35～0.57 m 厚薄煤层。
					$\frac{2.36\sim5.83}{4.16}$	129.78	砂质泥岩：深灰色，局部夹碳质泥岩及薄煤层，致密，较坚硬，含化石碎片，局部地段有0.07～0.94 m 的灰黑色碳质泥岩伪顶，赋存不稳定，薄层状结构，裂隙较发育，可见垂直节理，节理面有黄铁矿斑点。
				9#	$\frac{11.75\sim14.04}{13.14}$	142.92	煤：为半亮～半暗型煤，油脂光泽，条带状结构，局部地段节理发育，性脆，见黄铁矿结核，厚度无规律可循，9#煤顶多与8#煤合并，底部多与10#煤合并（在本区10#煤平均厚度为0.72 m），夹石岩性多为粉砂岩，夹石厚0.04～0.35 m，局部有高岭石2～3层。
					$\frac{2.91\sim5.13}{3.97}$	146.89	泥岩：棕灰色，含植物化石碎屑，岩性均一，水平层理，半坚硬，明显接触。顶部有时为碳质泥岩；局部地段下部有0.37～0.68 m 厚的黑灰色泥灰岩。
				11#	$\frac{1.83\sim4.21}{3.25}$	150.14	煤：黑色，结构简单，一般含夹矸2层，厚0.11～0.45 m，岩性为砂质泥岩。
					$\frac{2.17\sim3.82}{2.64}$	152.78	中、细砂岩：深灰色，含黄铁矿及植物化石；局部为砂质泥岩。
					$\frac{2.44\sim8.17}{6.35}$	159.13	细砂岩：棕灰色，局部为泥岩及砂质泥岩，致密，含植物化石及黄铁矿结核。
				K₂	$\frac{2.32\sim4.17}{2.76}$	161.89	中、粗砂岩：灰黑～灰黑色，薄层之中夹有少量植物化石碎屑；局部中夹薄层粉砂岩。

图 4-19　钻孔柱状图

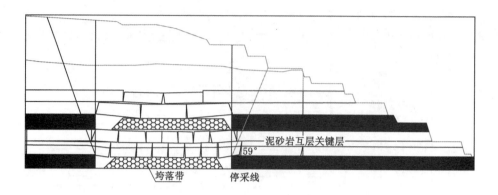

图 4-20　开采 9# 煤关键层模型图

上部的荷载,而在非垮落区,可以把 4# 煤上部关键层的地基反力作为上部传来的荷载。为了简化计算,把上部荷载看成三角形荷载,分析模型如图 4-21 所示。

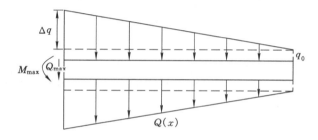

图 4-21　弹性关键层岩梁模型

取梁内任一微段考虑,根据平衡条件有:

$$V - (V - \mathrm{d}V) + p(x)\mathrm{d}x - Q(x)\mathrm{d}x = 0 \tag{4-22}$$

得到:

$$\mathrm{d}V/\mathrm{d}x = p(x) - Q(x) \tag{4-23}$$

梁的挠曲线微分方程为:

$$EI \frac{\mathrm{d}^2\omega}{\mathrm{d}x^2} = -M \tag{4-24}$$

对式(4-24)两端求两次微分得:

$$EI \frac{\mathrm{d}^4\omega}{\mathrm{d}\omega^4} = -\frac{\mathrm{d}^2M}{\mathrm{d}x^2} = -\frac{\mathrm{d}V}{\mathrm{d}x} = -p(x) + Q(x) \tag{4-25}$$

根据变形协调条件,某点处的地基沉降 S 应与该点梁处的挠度 ω 相等,于是由 k 为地基基床系数可得:

$$EI \frac{\mathrm{d}^4\omega}{\mathrm{d}x^4} = -k\omega + Q(x) \tag{4-26}$$

根据上式,可得梁的挠度方程为:

$$y = \mathrm{e}^{ax}[A\cos(ax) + B\sin(ax)] + \mathrm{e}^{-ax}[C\cos(ax) + D\sin(ax)] + \frac{q_0}{k} + \frac{\Delta q(1 - x/l)}{k}$$

$$\tag{4-27}$$

在 $x \rightarrow l$ 处，$y_1 = \dfrac{q_0}{k}$，则：

$$y = e^{ax}[A\cos(ax) + B\sin(ax)] + e^{-ax}[C\cos(ax) + D\sin(ax)] + \frac{q_0}{k} = \frac{q_0}{k} \quad (4\text{-}28)$$

当 $x \rightarrow l$ 时，$e^{ax} \rightarrow \infty$，$e^{-ax} \rightarrow 0$，所以只有在 $A = B = 0$ 时成立，因此：

$$y = e^{-ax}[C\cos(ax) + D\sin(ax)] + \frac{q_0}{k} + \frac{\Delta q(1-x)/l}{k} \quad (4\text{-}29)$$

在 $x = 0$ 处，梁端部的弯矩和剪力为 M_{max} 和 Q_{max}，可得：

$$M_{max} = 2EIDa^2 ; Q_{max} = -EI(2Da^3 + 2Ca^3) \quad (4\text{-}30)$$

可解得：

$$C = \frac{-aM_{max} - Q_{max}}{2EIa^3} ; D = \frac{M_{amx}}{2EIa^2} \quad (4\text{-}31)$$

故可求得：

$$y = e^{-ax}\left[\frac{-aM_{max} - Q_{max}}{2EIa^3}\cos(ax) + \frac{M_{max}}{2EIa^2}\sin(ax)\right] + \frac{q_0}{k} + \frac{\Delta q(1-x/l)}{k} \quad (4\text{-}32)$$

相应的弯矩和地基反力为：

$$M = e^{-ax}\left[\frac{aM_{max} + Q_{max}}{a}\sin(ax) + M_{max}\cos(ax)\right] \quad (4\text{-}33)$$

$$Q = ke^{-ax}\left[\frac{-aM_{max} - Q_{max}}{2EIa^3}\cos(ax) + \frac{M_{max}}{2EIa^2}\sin(ax)\right] + \frac{q_0}{k} + \frac{\Delta q(1-x/l)}{k} \quad (4\text{-}34)$$

$$\sigma = \frac{6}{49}e^{-ax}\left[\frac{aM_{max} + Q_{max}}{a}\sin(ax) + M_{max}\cos(ax)\right] \quad (4\text{-}35)$$

其中，各项参数为：$k = 1 \times 10^8$ N/m；$a = \sqrt[4]{\dfrac{k}{4EI}} = 0.142$；$\Delta q = 2\,958.7$ KN/m^2；$q_0 = 756$ KN/m^2。

荷载按三角形分布：

$$q = \frac{2\,958.7}{294.24}l = 10.055\,4l\,(\text{kN})$$

其周期破断距按悬臂梁计算为：

$$L = h\sqrt{2R_T/q}$$

相应的最大弯矩及剪力为：

$$M_{max} = -\frac{qL^2}{2} ; Q_{max} = -qL$$

因此，由岩梁运动规律和关键层判别原理可得亚关键层的破断距为 38.9 m，即初次来压步距为 38.9 m，周期来压步距为 19.4 m。主关键层的破断距为 71.2 m，即主关键层初次来压步距为 71.2 m，周期来压步距为 19.6 m。

4.3　露井协同开采岩层移动相似模拟试验

随着露井协同开采技术的发展，井工开采引起的地表沉陷以及对边坡稳定性的影响规律已经成为矿山开采过程中的重要研究课题。露井协同开采条件下，由于露采边坡与井工开采产生的岩层塌陷移动存在相向交叉,导致井工和露天两种采矿方法的采动效应相互叠加、相互影响,最终形成了一个动态的空间形态多元化的复合系统,从而使露采边坡稳定性受到严重影响。在露井协同开采条件下,井工开采将破坏围岩原有应力平衡状态,从而引起上覆岩层、底板岩层和采空区围岩发生移动、变形和破坏,这将对露天矿采场、排土场边坡的稳定性产生较大的影响,边坡岩层移动及地表下沉将转变为一个复杂的物理、力学变化过程,移动下沉规律和变形破坏机理与单一露采的情况存在明显差异。

4.3.1 相似模拟试验原理

物理模拟主要用于研究各类岩土工程在载荷作用下的变形、位移与破坏规律,相似材料模拟、离心模拟等均属于这类方法,其中以相似材料模拟为主。相似材料模拟试验就是在实验室内按照一定相似比制作与研究对象相似的模型,然后在模型上进行各种开挖试验,观测位移、应力和应变等力学现象和规律。对于露井协同开采过程模拟来说,主要用来再现井工开采工作面推进过程中,边坡附近岩体的变形破坏特征和应力分布规律。相似材料模拟试验是以相似理论、因次分析为依据的实验室研究方法,具有试验效果清楚直接、试验周期短、见效快等特点。该方法所遵循的原理非常复杂,而且非常严格,作为研究采矿工程的手段,其所遵循的原理因研究目的不同而不同。由于是定性模拟,所以不要求严格遵守各种相似关系,只需满足主要的相似常数就可以达到试验目的。

相似理论实际上就是试验模型与试验原型之间需要满足的相似性质和规律,包括三个相似定律。

1. 相似第一定律

研究两个研究对象所发生的现象,若在其所有对应的点上均满足以下两个条件,称此两现象为相似现象。

条件1:相似现象对应的各物理量之比是常数,称为"相似常数"。

条件2:凡属相似现象,都可以用同一个基本方程式描述,即模型与原型之间各对应量所组成的数学物理方程相同。

2. 相似第二定律

认为约束两相似现象的基本物理方程通过量纲分析的方法可以转换成相同的 π 方程。该定律更加广泛地概括了两个相似系统相似的条件。

3. 相似第三定律

若单值条件和主导相似判据完全相同,则两现象才互相相似。主导相似判据是指在系统中具有重要意义的物理常数和几何性质所组成的判据。该定律解答了怎样才能使两现象互相相似。单值条件为:① 试验原型与试验模型空间条件相似;② 具有重要研究意义的物理常数(介质条件)相似;③ 两个系统的初始条件相似;④ 边界条件相似。

依据相似理论,可以利用相似材料进行相似材料模拟试验研究。相似材料模型法的实质是:用与原型力学性质相似的材料按照几何相似常数缩制成模型。相似材料模型依其相似程度的不同分为两种:一种是定性模型(也称为原理模拟或机制模拟),主要目的是通过模型定性地判断原型中发生某种现象的本质或机理;另一种是定量模型,要求主要的物理量都尽量满足相似常数与相似判据。

4.3.2　相似模型的建立

4.3.2.1　相似参数的确定

根据相似理论,欲使模型与实体原型相似,必须满足各对应量成一定比例关系及各对应量所组成的数学物理方程相同,具体保证模型与实体在以下三个方面相似。

1. 几何相似

要求模型与实体几何形状相似。为此满足长度比为常数,根据现场实际条件和试验目的需要,选择几何相似比为1:200,即:

$$a_L = \frac{L_P}{L_M} = 200 \tag{4-36}$$

式中　L_P——实体原型长度;

　　　L_M——模型长度。

2. 运动相似

要求模型与实体原型所有对应的运动情况相似,即要求各对应点的速度、加速度、运动时间等都成一定比例。因此,要求时间比为常数,即:

$$a_t = \frac{t_P}{t_M} = \sqrt{a_L} = 14.14 \tag{4-37}$$

式中　t_P——实体原型的时间;

　　　t_M——模型的时间。

现场按三八工作制计算,每日两个采煤班、一个检修班,生产时间为16 h,则模型上的工作时间为:

$$t_M = \frac{16}{14.14} \approx 1.13 \ (h) = 67.8 \ (min) \tag{4-38}$$

3. 动力相似

要求模型和实体原型的所有作用力相似。矿山压力要求容重比为常数,即:

$$a_\gamma = \frac{\gamma_P}{\gamma_M} \tag{4-39}$$

式中　γ_P——实体原型的容重;

　　　γ_M——模型的容重。

在重力和内部应力的作用下,岩石的变形和破坏过程中的主导相似准则为:

$$\frac{\sigma_M}{\gamma_M L_M} = \frac{\sigma_P}{\gamma_P L_P} \tag{4-40}$$

各相似常数间满足下列关系:

$$a_\sigma = a_\gamma a_L \tag{3-41}$$

式中　σ_P, σ_M——实体原型和模型的单向抗压强度;

　　　a_σ——应力(强度)相似常数。

$$\sigma_M = \frac{\gamma_M}{\gamma_P a_L} \sigma_P = 0.003 \ \sigma_P \tag{3-42}$$

4.3.2.2　相似材料模型的配比

构建试验模型的相似材料是模拟实体原型的,其物理力学性质应满足的基本要求有:

（1）主要力学性质与模拟的岩层或结构相似。如模拟破坏过程时，应使相似材料的单轴抗压与抗拉强度与原型材料相似；

（2）试验过程中材料的力学性能稳定，不易受外界条件的影响；

（3）改变材料比，可调整材料的某些性质以适应相似条件的需要；

（4）制作方便，凝固时间短，材料来源广泛。

相似模拟材料通常由几种材料配制而成，组成相似材料的原材料可分为骨料和胶结材料两种。骨料在相似材料中所占的比重较大，其物理力学性质对相似材料的性质有重要的影响。骨料主要有砂、尾砂、黏土、铁粉、锯末、硅藻土等，本试验中骨料采用洁净细砂。胶结料是决定相似材料性质的主导成分，其力学性质在很大程度上决定了相似材料的力学性质，常用的胶结材料主要有石膏、水泥、石灰、水玻璃、碳酸钙、树脂等。根据试验及地质成分，本试验中胶结料采用石灰和石膏。模拟试验中选择密度和单轴抗压强度作为原型和模型的相似条件指标，间接考虑弹性模量、黏聚力、泊松比等指标。

本次试验中岩体材料参数见表4-2，相似材料配比见表4-3。

表4-2　　　　　　　　　　　岩体材料参数

岩性	抗压强度/MPa	密度/(g/cm³)	黏聚力/kPa	内摩擦角/(°)	弹性模量/MPa	泊松比
表土	1.8	1.95	130	24	8.6	0.31
基岩	80	2.52	400	35	5 425	0.2
风化砂岩	56	2.3	250	33	2 000	0.36
4#煤	14.3	1.44	300	26.5	385	0.28
风氧化煤弱层	20	1.46	160	10	90	0.36
中粗砂岩	79.16	2.37	3 780	36	4 100	0.14
细砂岩	92.34	2.65	4 130	38	4 500	0.16
泥岩	25.12	2.39	730	27	1 800	0.35
9#煤	16.32	1.49	310	26.5	385	0.28
11#煤	16.32	1.49	310	26.5	385	0.28
煤矸石	62.84	2.58	1 040	21	32.6	0.31

表4-3　　　　　　　　　　　相似材料配比表

层号	岩性	厚度/cm	密度/(g/cm³)	抗压强度/MPa 原型	抗压强度/MPa 模型	配比号	骨胶比	灰膏比
13	松散层	55	1.95	1.8	0.005	13:1:0	13:1	1:0
12	风化砂岩	6.5	2.30	56	0.168	8:7:3	8:1	7:3
11	泥岩	8	2.39	25.12	0.075	9:7:3	9:1	7:3
10	砂岩	6	2.37	79.16	0.237	7:5:5	7:1	5:5
9	风氧化煤弱层	2	1.46	20	0.060	10:1:0	10:1	1:0
8	4#煤	5	1.44	14.3	0.043	9:8:2	9:1	8:2
7	煤矸石	4.5	2.58	62.84	0.189	8:6:4	8:1	6:4
6	关键层	7	2.65	92.34	0.277	6:6:4	6:1	6:4

层号	岩性	厚度 /cm	密度 /(g/cm³)	抗压强度/MPa		配比号	骨胶比	灰膏比
				原型	模型			
5	煤矸石	3.5	2.58	62.84	0.189	8:6:4	8:1	6:4
4	9#煤	7	1.49	16.32	0.049	9:8:2	9:1	8:2
3	砂岩	3	2.37	79.16	0.237	7:5:5	7:1	5:5
2	11#煤	2	1.49	16.32	0.049	9:8:2	9:1	8:2
1	砂岩	10	2.37	79.16	0.237	7:5:5	7:1	5:5

注:水重＝总重×7%。

4.3.3　试验目的与内容

本试验主要解决的问题是露井平面协同开采下井工开采沉陷对露天矿边坡变形破坏的影响规律,以及井工开采工作面顺坡开采、逆坡开采、复合开采条件下边坡变形破坏的差异性。主要内容包括:

(1) 井工开采工作面顺坡和逆坡开采条件下采动边坡上覆岩层变形破坏特征的差异性;

(2) 关键层对上覆岩层变形破坏的控制作用;

(3) 复合开采条件下采动边坡的变形破坏特征。

需要监测和收集的数据主要为覆岩变形破坏规律(初次来压步距、周期来压步距)、各平盘位移变化特征、边坡附近岩体应力变化特征、开切眼和工作面煤壁位置的垮落角、地面沉陷特征、关键层对上覆岩层变形破坏的控制作用等。

模型选择安太堡露天矿南帮简化后典型研究剖面如图 4-22 所示,试验采用一次采全高采煤法,自然垮落法管理顶板,4#煤开采厚度为 8 m,9#煤开采厚度为 12 m,4#煤层和 9#煤层间距约为 40 m,含煤地层近水平。试验过程中每次开挖 5 cm,相当于实际工程中开采 10 m,近似于现场 1 d 的进尺。

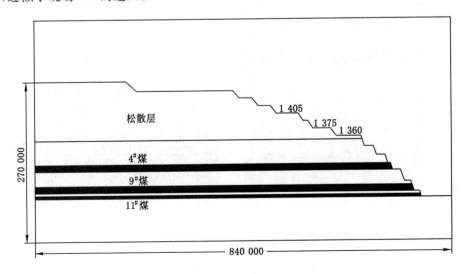

图 4-22　相似材料模型剖面

本试验采用二维模拟试验台,试验台尺寸为:长×宽×高＝4 200 mm×250 mm× 1 600 mm。数据采集采用 7V14 数据采集系统,通过应力应变片的变形来分析顶板周期来压情况[图 4-23(a)];通过数码照相机拍摄试验过程中岩体变形破坏的关键阶段;通过电子经纬仪测量模型中各位移测点的水平和竖直移动情况[图 4-23(b)]。所需其他设备和材料:磅秤、高灵敏应变片(若干)、标签纸和大头针(若干)、卷尺、粉笔等。

(a)　　　　　　　　　　　　　　(b)

图 4-23　试验数据采集设备

以现场实际地质条件和采矿条件为基础,根据研究目的和任务要求,经过调整和优化,共设计试验 3 架次,试验顺序和每架试验内容分别为:

第一架:9#煤顺坡开采;

第二架:9#煤背逆坡开采;

第三架:先 4#煤逆坡开采,随后 9#煤逆坡开采。

模型四周和底部为全约束,上部为自由面,左右两侧封闭,前后两侧用若干宽 150 mm 的可拆卸槽钢护板进行加固。模型前部 9#煤层顶板以上均匀布置位移监测线,位移监测网格按照 200 mm×150 mm 布设,在边坡各平盘坡顶和坡脚位置加设位移监测点[图 4-24(a)]。沿水平方向共布设 3 条应力应变监测线,分别位于 9#煤层和 4#煤层之间的关键层内部、4#煤层上部以及松散层底部,监测线中的应力应变片间隔 200 mm,靠近边坡临空面位置区域逐渐加密成 100 mm 间隔[图 4-24(b)]。

(a)　　　　　　　　　　　　　　(b)

图 4-24　模型位移测点和应力测点布置图

4.3.4　试验结果分析

本次 3 架模型试验研究的主要内容是：露天矿坑形成后，在端帮下部进行井工开采，即先露天后井工开采，分析井工开采沉陷引起露天矿边坡的移动变形规律。露天开采前模型布置如图 4-25(a)所示，井工开采前模型布置如图 4-25(b)所示。

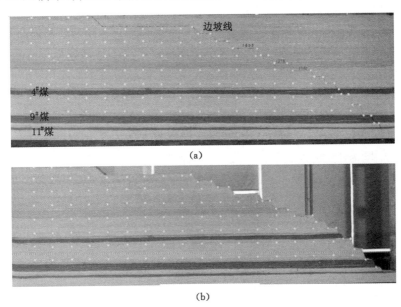

图 4-25　模型布置图

(a) 露天开采前；(b) 井工开采前

4.3.4.1　9#煤顺坡开采

本架模型试验的主要目的：模拟 9#煤层 B906 工作面顺坡开采过程中，覆岩的沉陷破坏和边坡的变形移动特征，探寻 9#煤层顺坡开采情况下井工开采工作面的极限位置，为随后的逆坡开采奠定基础，同时为边坡变形破坏机理研究提供数据支撑。9#煤顺坡开采相似材料模拟模型示意图如图 4-26 所示。

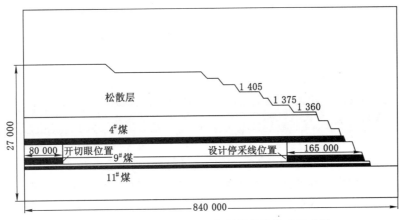

图 4-26　9#煤顺坡开采相似材料模拟模型示意图

为排除边界效应,在距离模型左侧边界 40 cm(80 m)的位置开切眼,开采厚度为 12 m,每次推进 5 cm(10 m),当工作面推进至 90 m 时,直接顶初次垮落,垮落高度为 8 m[图 4-27(a)];当推进至 140 m 时,9#煤上部基本顶(关键层)断裂,垮落范围为 120 m[图 4-27(b)],继续向前推进,工作面煤壁上方岩体形成悬臂梁结构,该结构上部岩体在煤壁侧和开切眼侧之间形成固支梁结构,悬臂梁结构超过极限垮距后发生破断,悬臂梁结构破断后,其上部的固支梁承受载荷超过极限值,随即发生破断,两种结构的交替破断,致使围岩破坏范围逐渐向前和向上扩展[图 4-27(c)～图 4-27(e)]。悬臂梁结构的周期性破断形成了基本顶的周期性垮落,4#煤和 9#煤之间的关键层决定了基本顶周期性垮落步距的大小,模拟结果显示基本顶的周期性垮落步距约为 50 m,当工作面推进至 300 m 时,9#煤上部岩体沉陷范围发展至地表,固支梁结构完全消失,覆岩土层中形成较大范围的贯通裂隙,采空区前后两侧分别形成一条从开采边界直达地表的裂缝,开切眼侧的充分采动角已经形成,大小约为 64°[图 4-27(f)],由于固支梁结构破断时,上部岩土体发生充分垮落,致使涉及该结构破坏的区域岩体破碎严重,地表下沉量较大。工作面继续向前推进,煤壁上方关键层不断形成悬臂梁结构,又不断失稳,基本顶以相同步距发生周期性垮落,从上覆岩层破碎和铰接特征不难看出,采空区垮落带高度约为 40 m,裂缝带直达地表。

悬臂梁结构破断机制决定了工作面煤壁上方的垮落角小于开切眼位置的垮落角,前者大小约为 55°。这种情况下,随着工作面的不断向前推进,前方悬顶范围逐渐增大,另外露天边坡的形成使工作面煤壁到边坡临空面的法向距离较小,当工作面推进至 380 m 时,由于拉应力集中,在工作面煤壁上方到+1 405 m 台阶坡底位置之间产生贯通拉裂隙,此时根据变形破坏差异,采动边坡岩体可以划分为三个区,分别为采空区上方因失去支撑而发生垮落的 C 区(位移向下),以煤壁上方某点为中心发生整体性翻转的 B 区(位移指向采空区),以及拉裂隙前方暂时未受到开采影响的 A 区[图 4-27(g)]。

工作面继续向前推进至 530 m,上部各平盘变形破坏情况没有明显变化[图 4-27(k)和图 4-27(l)]。继续向前推进至 545 m,此时在+1 375 m 台阶坡底处形成新的拉张裂隙,上部岩体再次形成 A_1、B_1 和 C_1 三个分区,各区岩体移动破坏情况和之前相同。+1 405 m 平盘、+1 390 m 平盘和+1 375 m 平盘属于 B_1 区,+1 360 m 平盘属于 A_1 区,B_1 区朝向采空区的整体性翻转引起该区各平盘首先发生远离临空面的移动,随后发生回转破坏,在上部岩体中形成"砌体梁"结构,推动各平盘朝向临空面方向移动,+1 360 m、+1 375 m 和+1 390 m平盘的水平移动量分别为 0.4 m、1.6 m 和 1.4 m,综上所述,模拟试验结果显示9#煤顺坡开采条件下,工作面可以推进至 540 m,即边界参数(工作面煤壁到临空面的水平距离)可以从原设计的 185 m 优化至 145 m,比设计值缩小 40 m。

当工作面继续推进至 560 m,上部岩体发生垮落,+1 405 m 平盘、+1 390 m 平盘和+1 375 m平盘受到破坏,垮落裂隙贯通至+1 375 m 台阶坡底处[图 4-27(n)]。

4.3.4.2 9#煤逆坡开采

本架模型试验的主要目的:模拟 9#煤层 B906 工作面逆坡开采过程中,覆岩的沉陷破坏和边坡的变形移动特征,与顺坡开采的相应情况进行对照,综合分析顺坡开采和逆坡开采条件下边坡附近岩体变形破坏的差异性。通过第一架模型试验对边界参数的优化调整,顺坡开采条件下井工开采工作面的停采线位置到边坡临空面的水平距离缩小至 145 m(比实际情况小 40 m),这个参数将作为本架试验中井工开采工作面开切眼位置到边坡临空面的水

(a)

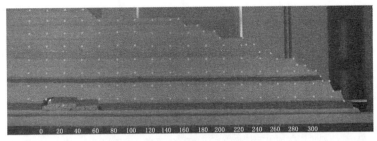

(b)

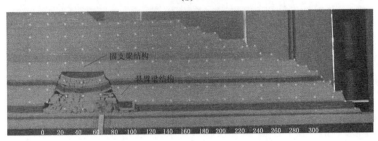

(c)

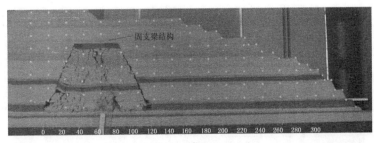

(d)

(e)

图 4-27　9#煤顺坡开采围岩变形

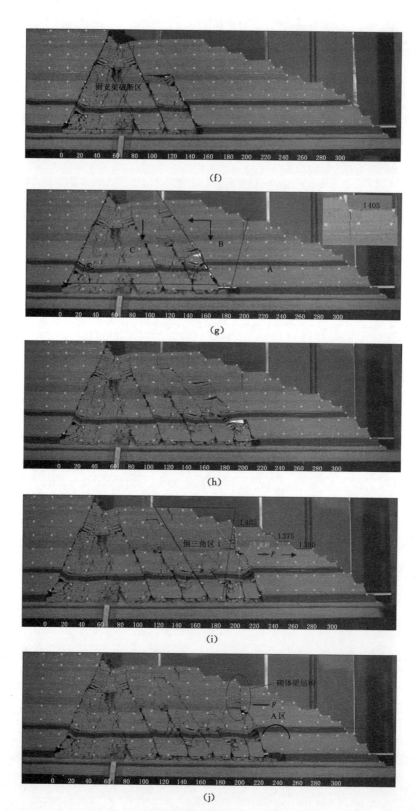

图 4-27（续）

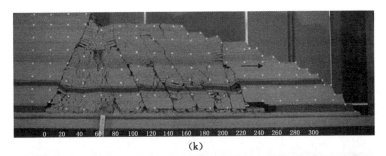

(k)

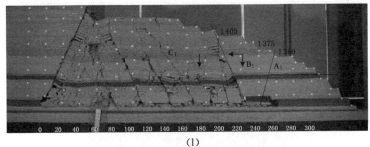

(l)

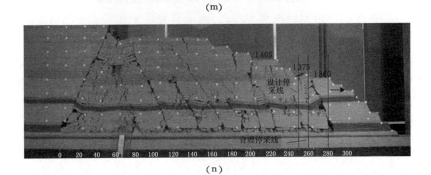

(m)

(n)

图 4-27(续)

(a) 9#煤顺坡开采推进至 90 m;(b) 9#煤顺坡开采推进至 140 m;(c) 9#煤顺坡开采推进至 220 m;
(d) 9#煤顺坡开采推进至 240 m;(e) 9#煤顺坡开采推进至 280 m;(f) 9#煤顺坡开采推进至 300 m;
(g) 9#煤顺坡开采推进至 380 m;(h) 9#煤顺坡开采推进至 440 m;(i) 9#煤顺坡开采推进至 460 m;
(j) 9#煤顺坡开采推进至 500 m(设计停采线);(k) 9#煤顺坡开采推进至 520 m;(l) 9#煤顺坡开采推进至 530 m;
(m) 9#煤顺坡开采过程中+1 375 m 台阶朝向临空面移动;(n) 9#煤顺坡开采推进至 560 m

平距离,具体如图 4-28 所示。

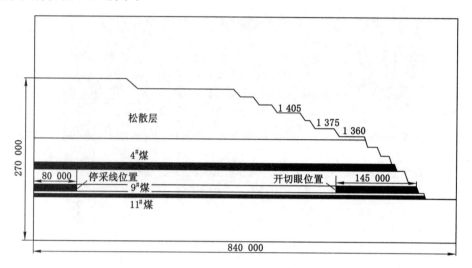

图 4-28 9#煤逆坡开采相似材料模拟模型示意图

与第一架试验相同,9#煤开采厚度为 12 m,推进步距为 5 cm(10 m)。当工作面推进至 80 m 时,直接顶初次垮落,垮落高度为 8 m[图 4-29(a)];当推进至 130 m 时,基本顶初次断裂,垮落范围为 120 m[图 4-29(b)],随着工作面的不断推进,上部岩体逐渐出现离层并垮落;当推进至 260 m 时,覆岩垮落范围发展至地表,开切眼一侧形成一条直达地表的贯通裂缝,右侧垮落角已经形成,大小约为 63°,处于固支梁结构破断区的 +1 405 m 平盘发生严重的沉降破坏,表现为朝向采空区一侧的旋转,平盘各点水平方向位移量为负值,该平盘虽然破碎严重,但发生朝向临空面方向滑动的可能性很小,此时由于岩梁铰接结构的存在,失去支撑而发生下沉的岩土体对临空面附近的岩体施加水平推力 F,促使 +1 330 m 台阶以上各平盘沿层理面发生朝向临空面的水平移动,由于自身重力和承受上部荷载的不同,各平盘抗滑力不同,水平移动量从 +1 375 m 平盘往下逐渐减小[图 4-29(c)]。

工作面继续向前推进,上部关键层的存在致使基本顶不断形成悬臂梁结构又发生破断失稳,周期性垮落步距约为 50 m。由于早期边坡的形成,导致井工开采过程中覆岩应力移动和重分布特征与单纯井工开采条件下的相应情况明显不同,尤其在台阶坡底处容易形成拉应力和剪应力集中区,这种情况下扩展到地表的拉裂缝或剪裂缝多集中在台阶坡底处,最终导致上覆岩体的剪切破断裂缝杂乱无序,与单纯井工开采相比缺乏规律性。同样,悬臂梁结构的破断机制决定了工作面煤壁上方的垮落角小于开切眼位置的垮落角,前者大小约为 56°[图 4-29(d)和图 4-29(e)]。

工作面推进至 330 m 时,由于基本顶内部关键层的存在,煤壁上方悬顶范围增至最大,上部岩体拉应力达到极限,在煤壁前方岩土体中产生了贯通至地表的拉裂缝,拉裂缝一端在 +1 425 m 台阶坡底处,另一端在工作面煤壁正上方[图 4-29(f)],裂缝呈圆弧状,此时在拉裂缝和煤壁上方垮落裂缝之间形成一个朝向采空区旋转下沉且完整性较好的三角区域,因此根据岩土体的变形破坏情况,也可以将围岩划分成三个区域,即工作面煤壁前方未受井工开采扰动的 A 区,工作面煤壁上方完整性较好且发生整体性旋转下沉的 B 区,以及工作面

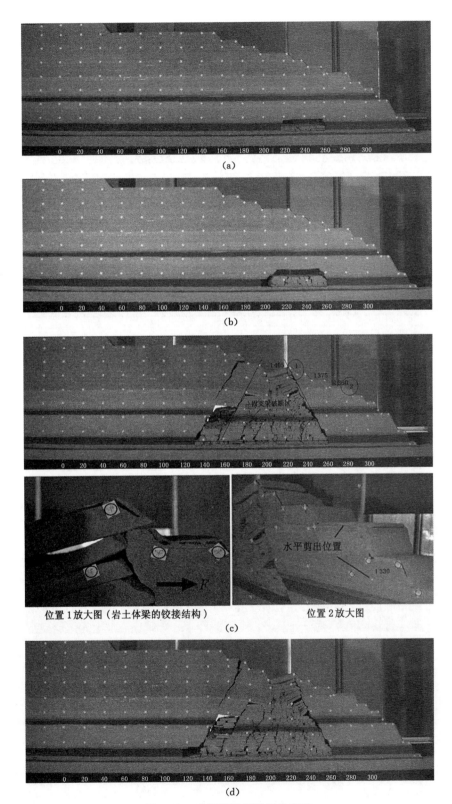

图 4-29　9#煤逆坡开采围岩变形

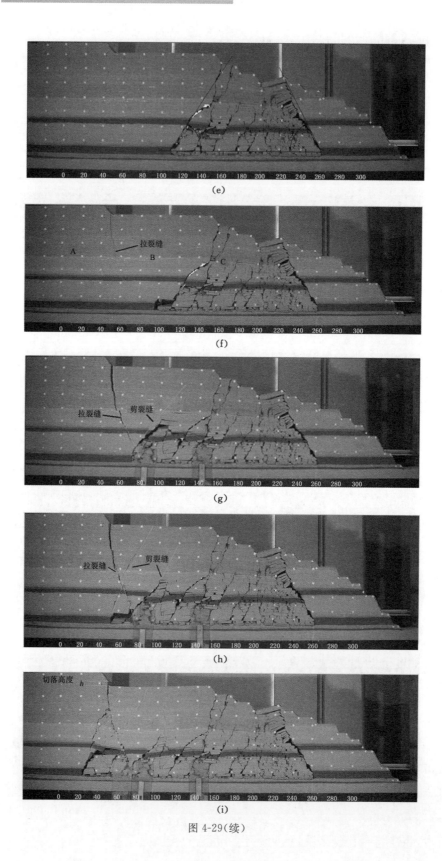

图 4-29(续)

边坡部分台阶放大图　　　　　　　位置 1 放大图

(j)

图 4-29(续)

(a) 9#煤逆坡开采推进至 80 m;(b) 9#煤逆坡开采推进至 130 m;(c) 9#煤逆坡开采推进至 260 m;

(d) 9#煤逆坡开采推进至 280 m;(e) 9#煤逆坡开采推进至 300 m;(f) 9#煤逆坡开采推进至 330 m;

(g) 9#煤逆坡开采推进至 380 m;(h) 9#煤逆坡开采推进至 420 m;(i) 9#煤逆坡开采推进至 470 m;

(j) 9#煤逆坡开采推进至 560 m

煤壁后方失去支撑而发生沉降破坏的 C 区。工作面继续推进至 380 m 时,9#煤上部关键层再次发生破断,上部岩土体因失去支撑而发生垮落,在三角区内形成与拉裂缝呈约 60°角的剪裂缝,并逐渐发展至地表,此时在 B 区岩土体中形成了"X"形拉剪破断[图 4-29(g)],工作面前方拉裂缝继续增大。

　　工作面推进至 420 m 时,9#煤上部关键层再次破断,同样在三角区内形成与拉裂缝呈约 60°角的剪裂缝,并逐渐发展至地表,在上部岩土体中再一次形成"X"形拉剪破断[图 4-29(h)],B 区岩土体的完整性逐渐被破坏,工作面前方拉裂缝继续增大。

　　工作面推进至 470 m 时,9#煤上部关键层再次发生破断,关键层上部岩体随即破碎并垮落,此时工作面后方岩体因失去支撑而发生整体切落,切落高度 h 约为 5 m[图 4-29(i)]。

　　工作面继续推进,上部岩土体继续发生垮落,当工作面推进至 560 m 时,+1 440 m 平盘发生破坏,此时采动边坡各平盘水平和竖直位移量均达到最大值,受井工开采沉陷影响破坏最严重的平盘为+1 405 m 平盘,破坏模式主要为沉降破坏。受岩梁铰接结构产生的水平推力 F 作用,采动沉陷垮落角范围之外的+1 390 m 平盘、+1 375 m 平盘、+1 360 m 平盘均产生了朝向临空面的水平错动,水平移动量分别为 1.6 m、1.8 m 和 2 m;其他平盘水平移动量均在 0.4 m 以下,由于下部垮落带岩体与围岩没有形成铰接结构,所以与垮落边界范围之外的岩体没有力的相互作用,边坡下部各台阶基本没有发生移动,通过测量可知,工作面煤壁位置的垮落角约为 56°,开切眼位置的垮落角约为 63°[图 4-29(j)]。

4.3.4.3　4#煤和 9#煤逆坡复合开采

　　本架模型试验的主要目的为:

（1）模拟安太堡露天矿南端帮 ATB-NB-P2 剖面位置区域 4#煤层 B404 工作面逆坡开采过程中,覆岩的沉陷破坏和边坡的变形移动特征,与 9#煤层逆坡开采下的相应情况进行对比,综合分析逆坡单采 4#煤层或单采 9#煤层条件下边坡各平盘变形破坏的差异性。

（2）模拟 ATB-NB-P2 剖面位置区域 4#煤层和 9#煤层逆坡复合开采过程中覆岩的沉陷破坏和边坡的变形移动特征,对先采 4#煤层后采 9#煤层条件下覆岩和边坡各平盘的变形破坏程度和强度进行综合对比分析。4#煤和 9#煤逆坡复合开采相似材料模拟模型示意图如图 4-30 所示。

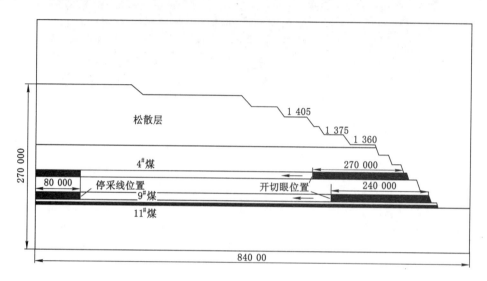

图 3-30 4#煤和 9#煤逆坡复合开采相似材料模拟模型示意图

根据现场实际情况,先逆坡开采 4#煤层,开切眼位置距边坡临空面的水平距离为 270 m[图 4-31(a)],开采厚度为 8 m,4#煤回采到停采线位置后接着逆坡开采下部 9#煤层,9#煤层开切眼位置距边坡临空面的水平距离为 240 m,开采厚度为 12 m,4#煤和 9#煤推进步距均为 5 cm(10 m),为消除边界效应,停采线距离模型左侧边界 80 m。

先开采 4#煤层,当工作面推进至 80 m 时,直接顶初次垮落,垮落高度为 6 m[图 4-31(b)];当推进至 100 m 时,4#煤上部基本顶发生断裂,垮落高度为 12 m[图 4-31(c)];工作面继续向前推进,煤壁上方形成悬臂梁结构,该结构上部岩体在煤壁侧和开切眼侧之间形成固支梁结构,悬臂梁结构超过极限垮距后发生破断,悬臂梁结构破断后,其上部的固支梁垮距和承受载荷超过极限值,随即发生离层并破断,两种结构的交替破断致使围岩破坏范围逐渐向前和向上扩展[图 4-31(d)～图 4-31(f)]。悬臂梁结构的周期性破断导致基本顶周期性垮落,但由于 4#煤上覆基岩较薄且没有能够承受上部岩层载荷的关键层存在,所以基本顶周期性垮落特征并不明显。当工作面推进至 230 m 时,采空区裂隙发展至地表,固支梁结构完全消失,采空区前后两侧分别形成一条从开采边界直达地表的裂缝,开切眼侧的充分采动角已经确定,大小约为 64°[图 4-31(g)],与逆坡单采 9#煤层的情况基本相同,由于固支梁结构破断时,上部岩土体发生充分垮落,致使涉及该结构破坏的区域岩体破碎严重,地表下沉量较大。从上覆岩层破碎和铰接特征不难看出,采空区垮落带高度约为 30 m,导水裂缝带直达地表。

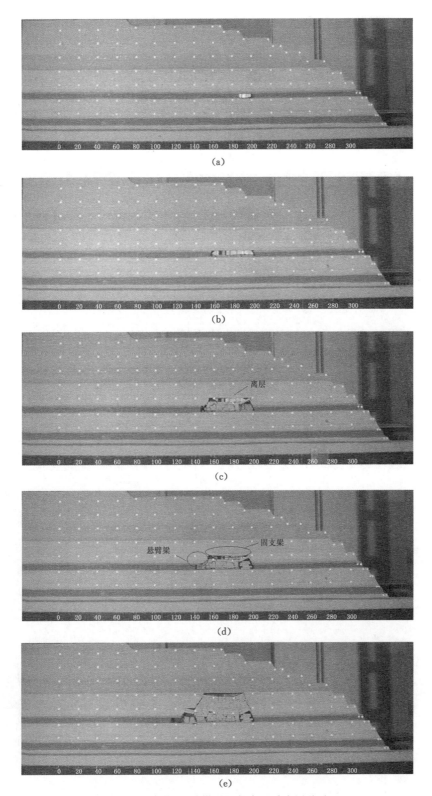

图 4-31　$4^\#$ 煤和 $9^\#$ 煤逆坡复合开采岩层移动

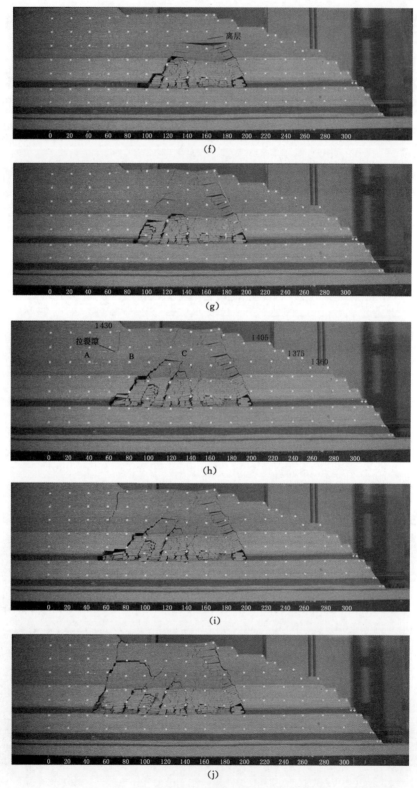

图 4-31(续)

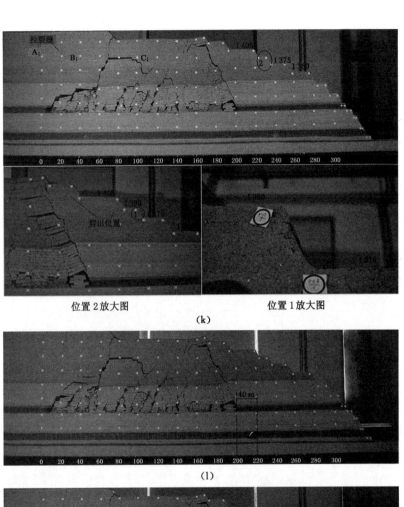

位置 2 放大图　　　　　　　位置 1 放大图

(k)

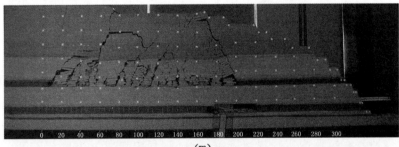

(l)

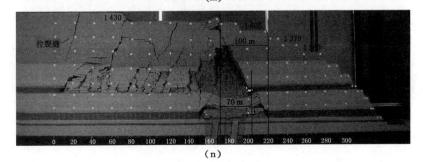

(m)

(n)

图 4-31(续)

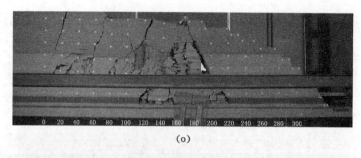

(o)

(p)

图 4-31(续)

(a) 4# 煤逆坡开采推进至 10 m;(b) 4# 煤逆坡开采推进至 80 m;(c) 4# 煤逆坡开采推进至 100 m;

(d) 4# 煤逆坡开采推进至 120 m;(e) 4# 煤逆坡开采推进至 160 m;(f) 4# 煤逆坡开采推进至 220 m;

(g) 4# 煤逆坡开采推进至 230 m;(h) 4# 煤逆坡开采推进至 280 m;(i) 4# 煤逆坡开采推进至 300 m;

(j) 4# 煤逆坡开采推进至 320 m;(k) 4# 煤逆坡开采推进至 380 m;(l) 9# 煤逆坡开采推进至 20 m;

(m) 9# 煤逆坡开采推进至 100 m;(n) 9# 煤逆坡开采推进至 140 m;(o) 9# 煤逆坡开采推进至 210 m;

(p) 9# 煤逆坡开采推进至 360 m

当工作面推进至 280 m 时,煤壁上方悬顶范围达到最大,拉应力在 +1 430 m 台阶坡底处集中并达到强度极限,在煤壁前方岩土体中产生了贯通至地表的拉裂缝,在拉裂缝和煤壁上方垮落裂缝之间形成一个朝向采空区旋转下沉且完整性较好的三角区域,根据岩土体的变形破坏情况,此时可将围岩划分成三个区域,即工作面煤壁前方未受井工开采扰动的 A 区,工作面煤壁上方完整性较好且发生整体性旋转下沉的 B 区,以及工作面煤壁后方失去支撑而发生沉降破坏的 C 区[图 4-31(h)]。

工作面继续向前推进,4# 煤基本顶由于失去下部支撑再次发生破断,B 岩土体发生整体切落,地表在短期内实现快速下沉,下沉过程中岩梁发生剪切破断,该区岩土体完整性遭到破坏[图 4-31(i)~图 4-31(j)]。工作面推进至 380 m 时,在上覆岩体中再次形成之前提到的三个区域,预计在试验模型足够长的情况下,上覆岩层的变形破坏始终会重复 A、B、C 三区形成→B 区转变为 C 区→新的 A、B、C 三区形成整个过程[图 4-31(k)]。

工作面继续向前推进至停采线位置,覆岩的变形破坏情况与推进至 280 m 时相比没有明显变化,由于井工开采工作面开切眼位置距离边坡临空面较远,边坡各平盘基本都在 C 区范围之外,故 4# 煤回采对边坡稳定影响较小,但存在岩土体梁铰接结构推动边坡上部个别台阶朝向边坡临空面方向移动的现象,其中 +1 390 m 平盘水平移动量较大,约为 0.8 m。

4#煤回采到界后接着开采 9#煤层,9#煤层开切眼位置到 4#煤层开切眼位置的水平距离为 40 m[图 4-31(l)];当工作面推进至 100 m 时,直接顶初次垮落,垮落高度为 6 m[图 4-31(m)];工作面继续向前推进,由于 4#煤开采对上覆岩层应力分布的扰动影响,9#煤推进至 135 m 时上部关键层仍未出现断裂迹象,当推进至 140 m 时,承受载荷和悬顶范围达到极限,关键层岩梁破断失稳,4#煤采空区上部已垮落岩土体因失去下部支撑随即发生二次垮落[图 4-31(n)],4#煤开采时上部岩梁形成的铰接结构迅速破坏,岩梁与边坡附近岩体之间的作用力 F 随即消失;工作面继续推进,随着关键层的周期破断,上覆岩层随采随垮,地表出现台阶下沉现象,沉降量较大,垮落边界内部岩体朝向先采空区中部翻转移动,直达地表的垮落裂缝逐渐增大,垮落角大小基本没有改变[图 4-31(m)~图 4-31(p)],也就是说,在模拟条件下,9#煤开采对露天矿端帮外侧地表造成了严重的沉降和破坏影响,对边坡各平盘的稳定性影响较小。由于 9#煤开采后造成工作面开切眼侧上覆岩层悬顶范围增大,在运输、爆破等外部载荷的影响下容易在坡表个别台阶坡脚位置产生拉裂隙,但由于受到采空区垮落岩体的支撑,破坏程度有限[图 4-31(n)]。

为了深入分析 4#煤和 9#煤工作面推进过程中地表和边坡各平盘的变形移动规律,对比研究 4#煤和 9#煤工作面回采对地表和边坡各平盘沉陷变形影响程度的差异,特选取 4#煤和 9#煤逆坡复合开采过程中围岩关键变形破坏阶段的部分照片,对照片中地表和边坡的瞬时轮廓线进行素描,如图 4-32 所示。

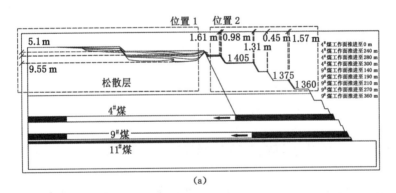

(a)

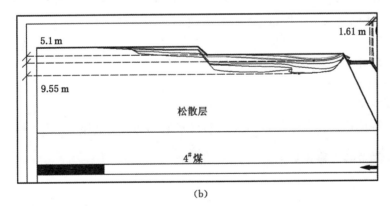

(b)

图 4-32　4#煤和 9#煤逆坡复合开采岩层

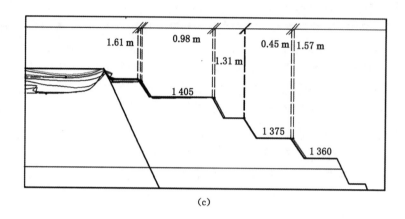

(c)

图 4-32(续)

(a) 4#煤和 9#煤逆坡复合开采过程中边坡地表轮廓线演化图;(b) 位置 1 放大图;(c) 位置 2 放大图

从图中不难看出,4#煤和 9#煤逆坡复合开采过程中上覆岩层变形破坏具有两个明显特征:

(1) 4#煤和 9#煤开采总厚为 20 m,地表最大下沉值为 14.65 m,复合开采下沉系数为 0.73(4#煤单层开采下沉系数为 0.64),9#煤开采对地表的变形破坏影响程度较大,地表出现台阶下沉现象;

(2) 复合开采结束后,+1 420 m 平盘、+1 405 m 平盘、+1 390 m 平盘和+1 375 m 平盘的水平位移量分别为 2.59 m、1.31 m、0.45 m 和 1.57 m。除+1 420 m 平盘外,4#煤开采结束时,各平盘水平移动量已经达到最大,+1 405 m 平盘、+1 390 m 平盘、+1 375 m 平盘和+1 360 m 平盘水平移动量与 9#煤开采基本无关。

4.4 露井协同开采岩层移动数值模拟

为了深入揭示安太堡露天矿地质条件和采矿条件下井工开采扰动对边坡变形破坏的影响规律,为露井协同开采下边界参数的确定方法和井工开采影响下边坡稳定的评价方法研究奠定基础,采用数值模拟方法对安太堡露天矿南端帮露井协同开采下边坡的变形破坏规律进行了深入研究。数值模拟分析主要利用三维快速拉格朗日法(FLAC3D)、岩石破裂过程分析系统(RFPA)和通用离散元程序(UDEC)等有限元和离散元分析软件,充分发挥各软件优势捕捉井工开采工作面顺坡和逆坡开采过程中边坡岩体的破坏特征、位移变化特征以及应力移动特征,深入剖析井工开采对边坡变形破坏的影响规律。

4.4.1 模型的建立与方案设计

4.4.1.1 UDEC 分析

UDEC 分析对象为安太堡露天矿南端帮 ATB-NB-P1 剖面和 ATB-NB-P2 剖面。现场实际情况是 ATB-NB-P1 剖面没有开采 4#煤层,但为了形象地说明 4#煤开采对边坡变形破坏的影响,模型中进行 4#煤层开采分析。分析方案(表 4-4)均考虑顺坡开采和逆坡开采两

种状态,全程跟踪井工开采工作面回采过程中 ATB-NB-P1 剖面边坡+1 405 m 平盘、
+1 375 m平盘、+1 360 m平盘和+1 320 m平盘以及 ATB-NB-P2 剖面+1405 m平盘、
+1375 m平盘、+1360 m平盘和+1330 m平盘的水平和垂直位移变化情况。UDEC 数值
模拟模型如图 4-33 所示。

表 4-4　　　　　　　　　　单层或复合开采对边坡位移影响差异分析方案

	单采 4# 煤	单采 9# 煤	复合开采
顺坡开采	ATB-NB-P1 剖面 ATB-NB-P2 剖面	ATB-NB-P1 剖面	ATB-NB-P1 剖面 ATB-NB-P2 剖面
逆坡开采	ATB-NB-P1 剖面 ATB-NB-P2 剖面	ATB-NB-P1 剖面	ATB-NB-P1 剖面 ATB-NB-P2 剖面

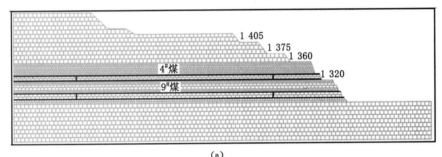

(a)

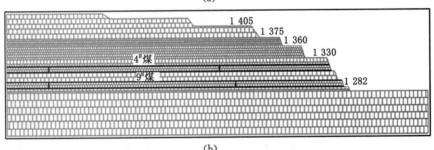

(b)

图 4-33　UDEC 数值模拟模型图

(a) ATB-NB-P1 剖面;(b) ATB-NB-P2 剖面

在 ATB-NB-P1 剖面中,4# 煤采空区距离模型左侧边界 150 m,距离模型右侧边界 115 m
(假设);9# 煤采空区距离模型左侧边界 150 m,距离模型右侧边界 185 m。在 ATB-NB-P2 剖
面中,4# 煤采空区距离模型左侧边界 100 m,距离模型右侧边界 265 m;9# 煤采空区距离模型
左侧边界 100 m,距离模型右侧边界 256 m。

4.4.1.2　RFPA 分析

RFPA 数值分析中基元的弹性模量、单轴抗压强度等参数按韦布尔(Weibull)函数随机
分布,来模拟岩石材料的非均质性和各向异性。模型边界条件为底部固定,顶部自由,左右
两侧水平方向位移约束。在数值计算中,各岩层采用莫尔-库仑(Mohr-Coulomb)强度准则。
为了简化计算,应用平面应变假设。

模型中,4#煤单层开采和4#煤、9#煤复合开采基于ATB-NB-P2剖面,沿水平方向取850 m,垂直方向取250 m,基元大小为2 m×2 m,总基元数为53 125个。数值模拟4#煤开切眼位置距离边坡坡脚270 m,9#煤开切眼位置距离边坡坡脚240 m,两个煤层均为逆坡开采。参考实际开采条件进行分步开挖,每步开挖10 m,近似等于每天的进尺,4#煤开挖347 m,9#煤开挖393 m。为真实模拟井工开采引起的岩层垮落,加入弱层将不同岩层分开,RFPA数值模拟模型如图4-34(a)所示。

9#煤单层开采基于ATB-NB-P1剖面,沿水平方向取850 m,竖直方向取300 m,基元大小为2 m×2 m,总基元数为63 750个。在逆坡开采中,9#煤开切眼位置到边坡临空面水平距离为185 m,数值模拟9#煤开采420 m。数值模拟参考实际开采条件进行分步开挖,每步开挖10 m,为真实模拟井工开采引起的岩层垮落,加入弱层将不同岩层分开,RFPA数值模拟模型如图4-34(b)所示。

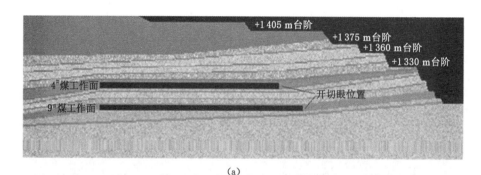

(a)

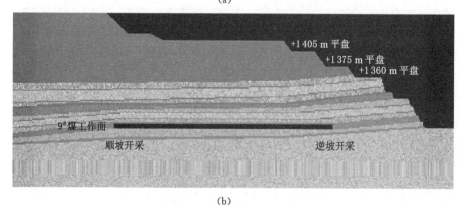

(b)

图4-34 RFPA数值模拟模型

(a) 4#煤和9#煤复合开采;(b) 9#煤单层开采

4.4.1.3 FLAC3D分析

FLAC3D分析对象为安太堡露天矿南端帮ATB-NB-P1剖面。模型沿水平方向取800 m,由2 195个单元体和4 656个节点组成,主要模拟9#煤层顺坡和逆坡开采过程中边坡岩体应力分布和移动特征,以及水平和垂直位移动态变化特征,同时对工作面在相同推进距离时顺坡和逆坡开采引起的应力和位移特征进行对比和分析。FLAC3D数值模拟模型如图4-35所示。

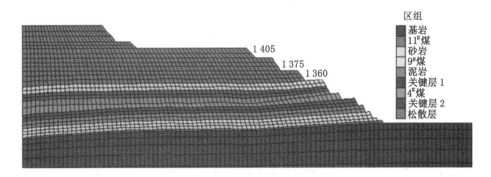

图 4-35　FLAC3D 数值模拟模型

4.4.2　4#煤层开采岩层移动规律

4.4.2.1　围岩破坏特征

在 4# 煤开采过程中,当工作面推进到 60 m 时,直接顶垮落;推进到 110 m 时,4# 煤上部关键层出现离层断裂,此时关键层断裂后,其上部岩土体失去下部支撑,产生大量拉伸和压剪破坏,并向下沉降,影响范围达＋1 405 m 平盘,如图 4-36 所示。

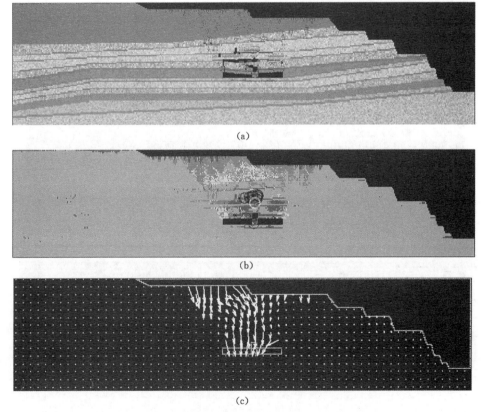

图 4-36　4#煤工作面逆坡推进 110 m 时边坡岩体破坏情况

（a）岩体垮落图；（b）岩体破坏场图；（c）变形矢量图

注:图 4-36(b)中白色代表发生压剪破坏的单元,深灰色代表发生拉破坏单元,圆圈大小代表破坏时释放能量的多少,下同。

　　随着工作面继续推进，4#煤上部关键层产生周期性断裂，周期垮落步距在 80 m 左右，上部岩土体随着关键层周期性的垮落，在自重应力的作用下产生压剪破坏，向采空区方向垮落，在地表产生漏斗形沉降，沉降范围随着工作面的逆坡推进不断扩大，并逐渐向边坡临空面后方发展，对边坡面附近岩土体并无明显影响。4#煤工作面逆坡推进 240 m、347 m 时的边坡岩体破坏情况分别见图 4-37 和图 4-38。

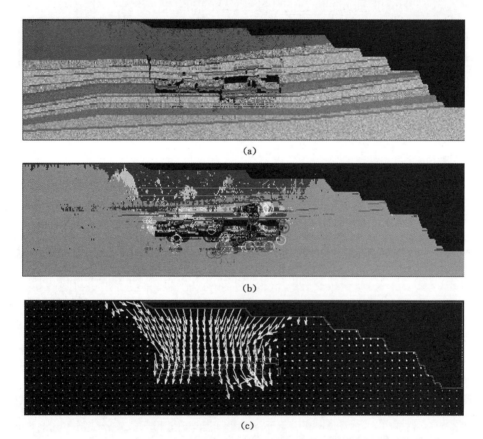

(a)

(b)

(c)

图 4-37　4#煤工作面逆坡推进 240 m 时边坡岩体破坏情况

(a) 岩体垮落图；(b) 岩体破坏场图；(c) 变形矢量图

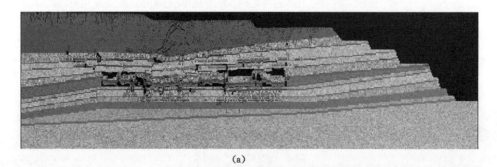

(a)

图 4-38　4#煤工作面逆坡推进 347 m 时边坡岩体破坏情况

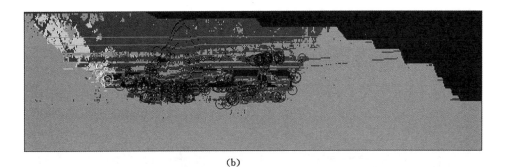

(b)

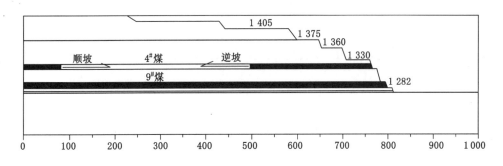

(c)

图 4-38（续）

（a）岩体垮落图；（b）岩体破坏场图；（c）变形矢量图

4.4.2.2 位移变化特征

4#煤单层开采条件下，边坡各平盘的变形破坏特征研究基于 ATB-NB-P1 剖面和 ATB-NB-P2 剖面，首先针对 ATB-NB-P2 剖面进行分析，单采 4#煤示意图见图 4-39 所示，单采 4#煤各平盘位移图号对照见表 4-5。

图 4-39　单采 4#煤层示意图（ATB-NB-P2 剖面）

表 4-5　　　　　　　单采 4#煤各平盘位移图号对照表（ATB-NB-P2 剖面）

位移	+1 405 m 平盘	+1 375 m 平盘	+1 360 m 平盘	+1 330 m 平盘
垂直位移	图 4-40(a)	图 4-41(a)	图 4-42(a)	图 4-43(a)
水平位移	图 4-40(b)	图 4-41(b)	图 4-42(b)	图 4-43(b)

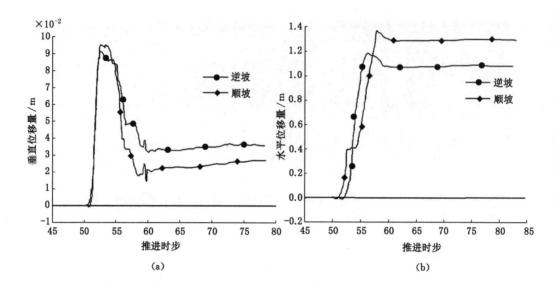

图 4-40 4#煤开采＋1 405 m 平盘位移量（ATB-NB-P2 剖面）
(a) 垂直位移量；(b) 水平位移量

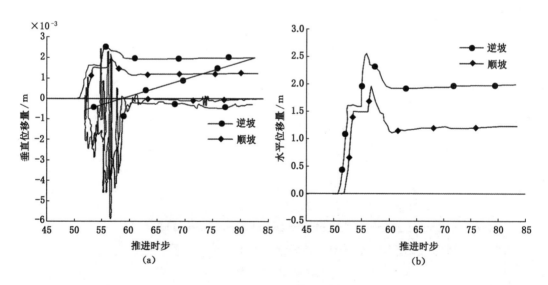

图 4-41 4#煤开采＋1 375 m 平盘位移量（ATB-NB-P2 剖面）
(a) 垂直位移量；(b) 水平位移量

通过对比分析，可得如下结论：

(1) 由于 ATB-NB-P2 剖面中 4#煤开切眼（逆坡）或停采线位置（顺坡）到边坡临空面的距离较远，因此除＋1 404 m 平盘外，井工开采对各平盘扰动较小。

(2) 对于＋1 405 m 平盘，逆坡开采时垂直位移量较顺坡开采时大，但由于其下部没有完全形成采空区，所以两种情况下垂直位移量均较小。顺坡开采时的水平位移量与逆坡开采时的相应值均较大，分别为 1.3 m 和 1.1 m。

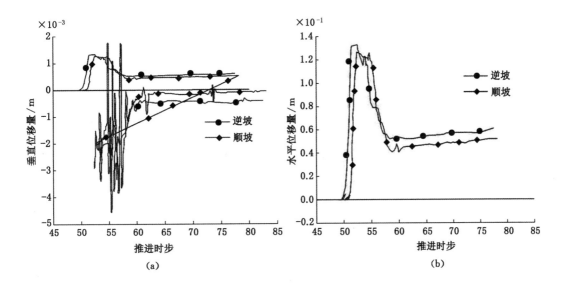

图 4-42　4#煤开采＋1 360 m 平盘位移量（ATB-NB-P2 剖面）
(a) 垂直位移量；(b) 水平位移量

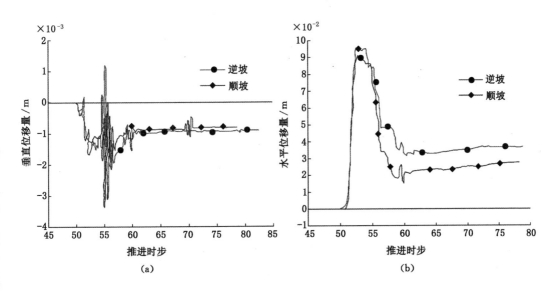

图 4-43　4#煤开采＋1 330 m 平盘位移量（ATB-NB-P2 剖面）
(a) 垂直位移量；(b) 水平位移量

（3）对比各平盘水平移动特征，不难发现逆坡开采时，边坡受扰动范围和程度较逆坡开采时大。

然后针对 ATB-NB-P1 剖面进行分析，单采 4#煤示意图见图 4-44，单采 4#煤各平盘位移图号对照见表 4-6。

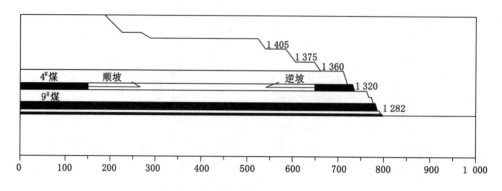

图 4-44　单采 4$^#$ 煤层示意图（ATB-NB-P1 剖面）

表 4-6　　　　　　　　　单采 4$^#$ 煤各平盘位移图号对照表（ATB-NB-P1 剖面）

位移	＋1 405 m 平盘	＋1 375 m 平盘	＋1 360 m 平盘	＋1 320 m 平盘
垂直位移	图 4-45(a)	图 4-46(a)	图 4-47(a)	图 4-48(a)
水平位移	图 4-45(b)	图 4-46(b)	图 4-47(b)	图 4-48(b)

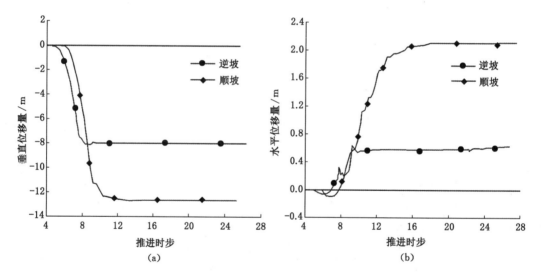

图 4-45　4$^#$ 煤开采＋1 405 m 平盘位移量（ATB-NB-P1 剖面）

（a）垂直位移量；（b）水平位移量

通过对比分析,可得如下结论:

(1) 顺坡开采水平位移变化特征

① 4$^#$ 煤顺坡开采到停采线位置的整个过程中,各平盘最终水平位移量均指向边坡临空面,其中以＋1 405 m 平盘最大,其下部平盘的水平位移量逐渐减小,与主采煤层在同一水平的＋1 320 m 平盘水平位移量很小,可以忽略不计。

② 在工作面推进过程中,工作面煤壁后方各平盘(＋1 405 m 平盘和＋1 375 m 平盘)均经历了先向远离临空面方向移动转而向临空面方向移动的变化过程。

③ ＋1 375 m 平盘水平位移量变化曲线出现在负值范围内连续波动的情况,而且最终

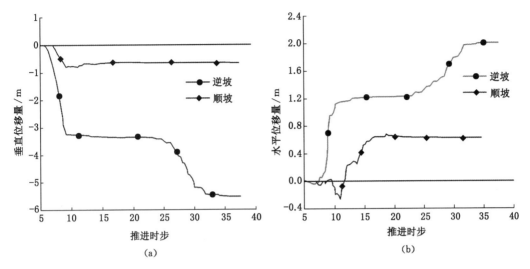

图 4-46　4[#]煤开采＋1 375 m 平盘位移量（ATB-NB-P1 剖面）

（a）垂直位移量；（b）水平位移量

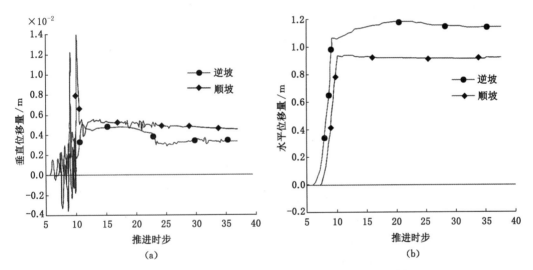

图 4-47　4[#]煤开采＋1 360 m 平盘位移量（ATB-NB-P1 剖面）

（a）垂直位移量；（b）水平位移量

向临空面方向移动量反而小于＋1 360 m 平盘的,分析其原因为垮落边界和移动边界之间
（B 区）岩体整体向采空区翻转所致。

（2）顺坡开采垂直位移变化特征

① 4[#]煤顺坡开采停采线位置的整个过程中,由于下部岩体垮落失去支撑,处于垮落区
（C 区）的＋1 405 m 平盘垂直位移量达到最大,大小为充分采动条件下地表的最大下沉值,
其下部平盘的垂直位移量逐渐减小。

② B 区岩体整体向采空区翻转的反作用致使＋1 360 m 平盘在垂直方向上有向上移动
的趋势,但位移量很小,＋1 320 m 平盘垂直位移量几乎为零。

（3）逆坡开采水平位移变化特征

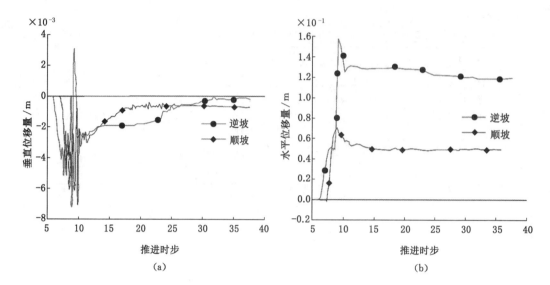

图 4-48 4#煤开采＋1 320 m平盘位移量(ATB-NB-P1 剖面)

(a) 垂直位移量;(b) 水平位移量

① 4#煤逆坡开采至停采线位置的整个过程中,各平盘最终水平位移量均指向边坡临空面。

② 对比 4#煤逆坡开采和顺坡开采过程中各平盘的水平位移变化情况不难看出,除＋1 405 m平盘外,逆坡开采引起上部各平盘的水平位移量均大于顺坡开采下的相应值,尤其以＋1 375 m平盘最为明显。

(4) 逆坡开采垂直位移变化特征

① 逆坡开采引起的＋1 405 m平盘水平位移量和垂直位移量均明显小于顺坡开采条件下的相应值。

② 受井工开采扰动的影响,＋1 360 m平盘和＋1 320 m平盘垂直位移量上下波动比较强烈,但总体上＋1 360 m平盘垂直位移向上,最终＋1 320 m平盘垂直位移向下,表明该平盘基本不受井工开采扰动影响。

综上所述,通过对比 4#煤顺坡和逆坡回采过程中各平盘的位移变化情况可知,在边界参数一定的条件下,相对逆坡开采而言,顺坡开采对上部边坡变形破坏影响范围较小,影响程度较低。对于＋1 405 m平盘而言,逆坡开采条件下的水平位移量和垂直位移量均明显小于顺坡开采条件下的相应值。对于＋1 375 m平盘而言,由于顺坡开采条件下 B 区岩体的整体性侧翻较逆坡开采明显,其位移量大小情况与＋1 405 m平盘恰恰相反。另外,井工开采扰动导致井工开采工作面同一水平及以上平盘均有向边坡临空面方向移动的趋势。

4.4.2.3 应力分布特征

图 4-49 为 ATB-NB-P1 剖面和 ATB-NB-P2 剖面位置在 4#煤逆坡开采和 4#煤顺坡开采过程中边坡岩体水平应力等值线,从图中不难看出,井工开采工作面回采过程中,边坡岩体在两个位置区域产生了应力集中,分别为开切眼位置正上方和工作面煤壁位置正上方,是由于在这两个位置存在破断岩梁的铰接结构所致。无论是顺坡开采还是逆坡开采,在远离边坡面的采空区煤壁正上方应力集中程度明显,边坡面正下方的应力集中是导致边坡上部平盘发生水平错动的根本原因。

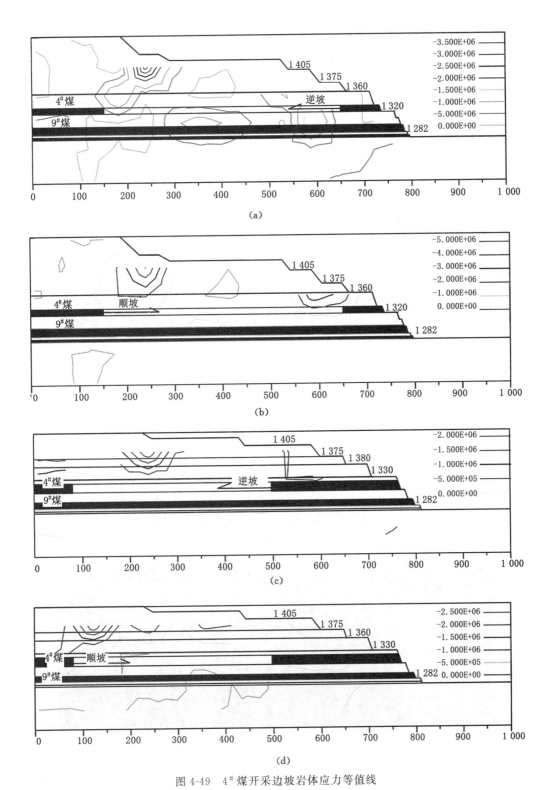

图 4-49 4#煤开采边坡岩体应力等值线

(a) 4#煤逆坡开采边坡岩体应力等值线(ATB-NB-P1 剖面);(b) 4#煤顺坡开采边坡岩体应力等值线(ATB-NB-P1 剖面);

(c) 4#煤逆坡开采边坡岩体应力等值线(ATB-NB-P2 剖面);(d) 4#煤顺坡开采边坡岩体应力等值线(ATB-NB-P2 剖面)

4.4.3 9#煤层开采岩层移动规律

4.4.3.1 围岩破坏特征

首先对 9# 煤逆坡开采的情况进行模拟,工作面推进 60 m 时,9# 煤直接顶初次垮落,随着开采的推进,垮落范围逐渐扩大。推进到 100 m 时,9# 煤上部关键层破断,引起 4# 煤及其下部岩层向采空区垮落,且 4# 煤上部关键层开始出现离层。在地下采动的影响下,+1 375 m 台阶坡脚处产生压剪破坏,从破坏场图和变形矢量图中可以看出有可能出现圆弧形滑坡,且+1 405 m 台阶也产生拉伸破坏,有可能出现张拉裂缝。9# 煤工作面逆坡推进 100 m 时边坡岩体破坏情况如图 4-50 所示。

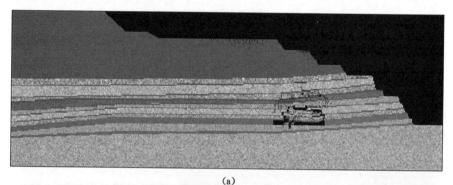

(a)

(b)

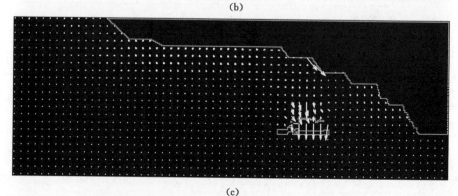

(c)

图 4-50　9# 煤工作面逆坡推进 100 m 时边坡岩体破坏情况

(a) 岩体垮落图;(b) 岩体破坏场图;(c) 变形矢量图

　　9#煤工作面推进 110 m 时,4#煤上部关键层破断,覆岩垮落发展至地表,地表岩土体产生严重的张拉破坏和压剪破坏,地下采动影响范围达+1 360 m 台阶,+1 360 m 台阶及其上部台阶在地下采动的影响下均出现向临空面滑移的趋势。+1 360 m 平盘以下岩体处于比较稳定的状态。9#煤工作面逆坡推进 110 m 时边坡岩体垮落情况如图 4-51 所示。

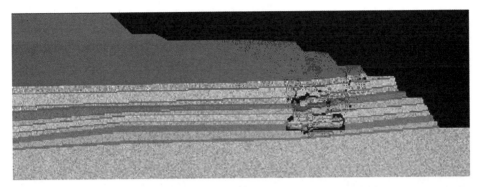

(a)

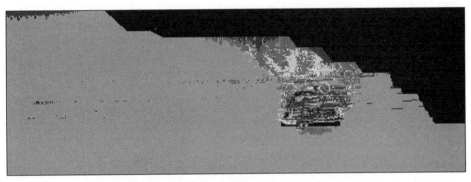

(b)

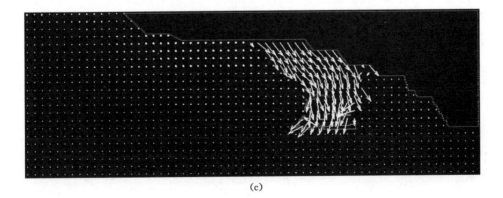

(c)

图 4-51　9#煤工作面逆坡推进 110 m 时边坡岩体垮落情况

(a) 岩体垮落图;(b) 岩体破坏场图;(c) 变形矢量图

　　随着井工开采工作面的推进,上覆岩层周期性破断,其中关键层周期垮落步距约为 60 m。受井工采动影响,地表塌陷区域不断扩大,并逐渐向边坡后方发展。边坡岩体逐渐向采空区移动,+1 360 m 台阶至+1 405 m 台阶处岩土体位移矢量由指向临空面逐渐偏转为指向采空区,且+1 405 m 台阶上部土体的位移矢量指向临空面并向采空区滑移,9# 煤工作面逆坡推进 220 m、420 m 时边坡岩体垮落情况如图 4-52 和图 4-53 所示。

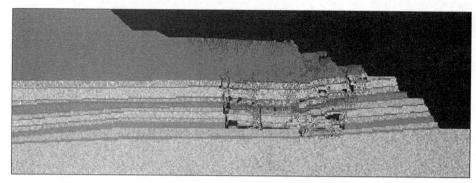

(a)

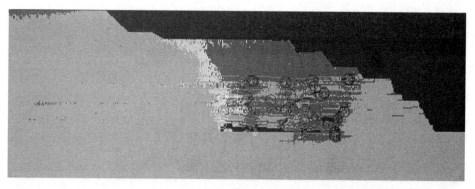

(b)

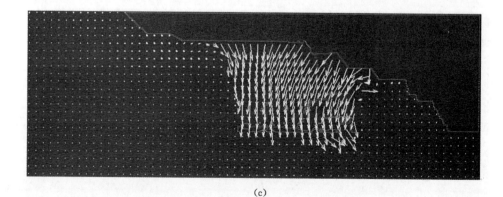

(c)

图 4-52　9# 煤工作面逆坡推进 220 m 时边坡岩体垮落情况
(a) 岩体垮落图;(b) 岩体破坏场图;(c) 变形矢量图

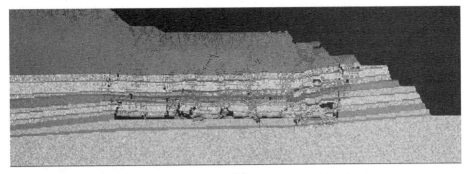

(a)

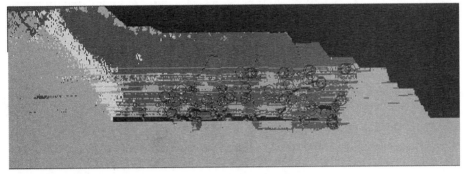

(b)

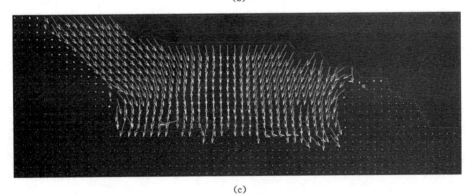

(c)

图 4-53　9[#] 煤工作面逆坡推进 420 m 时边坡岩体垮落情况

（a）岩体垮落图；（b）岩体破坏场图；（c）变形矢量图

采用与逆坡开采相同的地层条件和岩土物理力学参数，工作面推进方向改用顺坡推进，对顺坡开采下边坡围岩破坏情况进行分析。

9[#] 煤工作面推进至 60 m 时，上部开始垮落，随着工作面的推进，垮落带的范围和高度不断发展。当工作面推进至 100 m 时，9[#] 煤关键层发生破断，垮落带发展至 4[#] 煤上部砂岩，4[#] 煤上部关键层由于下部岩体的垮落而成为固支梁，在上部岩土体的重力作用下也发生破断，上部岩土体产生严重的拉伸和压剪破坏，并向采空区移动，9[#] 煤工作面顺坡推进100 m 时边坡岩体垮落情况如图 4-54 所示。

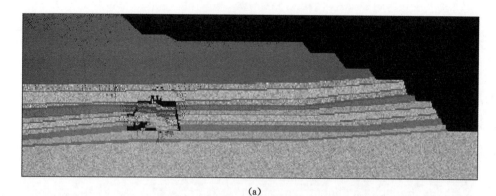

(a)

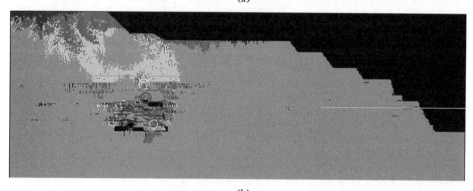

(b)

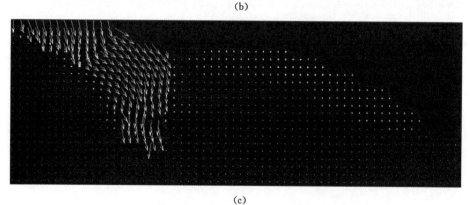

(c)

图 4-54　9#煤工作面顺坡推进 100 m 时边坡岩体垮落情况

（a）岩体垮落图；（b）岩体破坏场图；（c）变形矢量图

随着工作面向着坡面方向推进，边坡岩体破坏范围不断扩大，井工开采引起的沉降范围逐渐向临空面移动，此后 9#煤上部岩层产生周期性垮落，周期垮落步距约为 40 m，9#煤工作面顺坡推进 220 m 时边坡岩体垮落情况如图4-55所示。

工作面推进 420 m 时，+1 375 m 平盘及其上部平盘处的岩体产生了向采空区的位移，+1 375 m 平盘靠近临空面处部分岩体有着向临空面移动的趋势，+1 375 m 平盘下部岩体只产生了轻微的变形破坏，稳定性良好，9#煤工作面顺坡推进 420 m 时边坡岩体垮落情况见图 4-56。

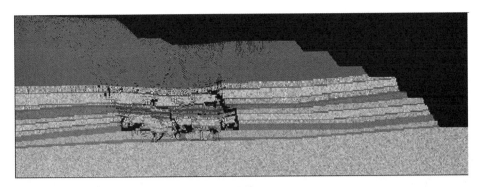

(a)

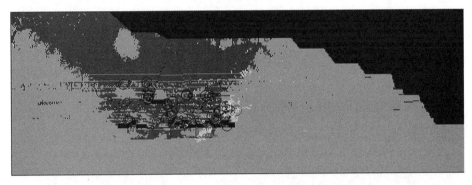

(b)

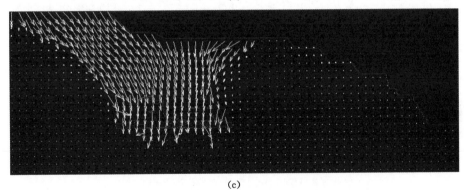

(c)

图 4-55　9#煤工作面顺坡推进 220 m 时边坡岩体垮落情况
(a)岩体垮落图;(b)岩体破坏场图;(c)变形矢量图

4.4.3.2　位移变化特征

9#煤单层开采条件下,边坡各平盘的变形破坏特征研究基于 ATB-NB-P1 剖面,单采 9#煤示意图见图 4-57,单采 9#煤各平盘位移图号对照见表 4-7。

表 4-7　　　　　　单采 9#煤各平盘位移图号对照表(ATB-NB-P1 剖面)

位移	+1 405 m 平盘	+1 375 m 平盘	+1 360 m 平盘	+1 320 m 平盘
垂直位移	图 4-58(a)	图 4-59(a)	图 4-60(a)	图 4-61(a)
水平位移	图 4-58(b)	图 4-59(b)	图 4-60(b)	图 4-61(b)

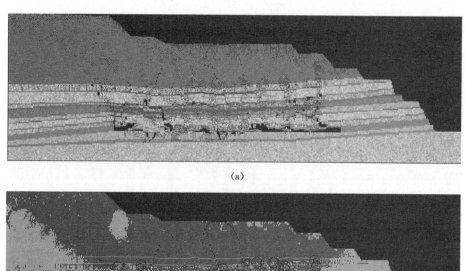

(a)

(b)

(c)

图 4-56 9$^{\#}$煤工作面顺坡推进 310 m 时边坡岩体垮落情况

(a) 岩体垮落图;(b) 岩体破坏场图;(c) 变形矢量图

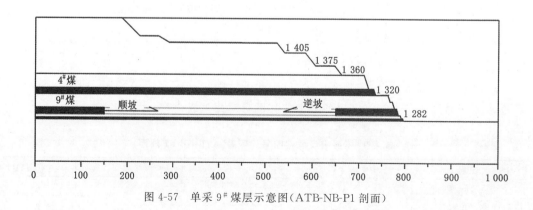

图 4-57 单采 9$^{\#}$煤层示意图(ATB-NB-P1 剖面)

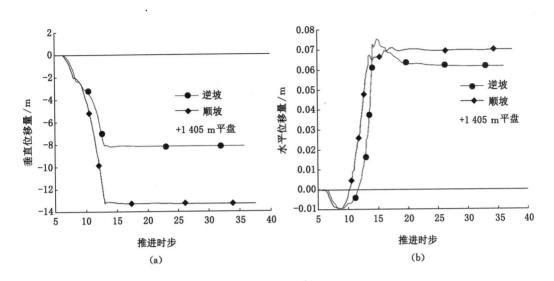

图 4-58 9#煤开采+1 405 m 平盘位移量(ATB-NB-P1 剖面)

(a) 垂直位移量;(b) 水平位移量

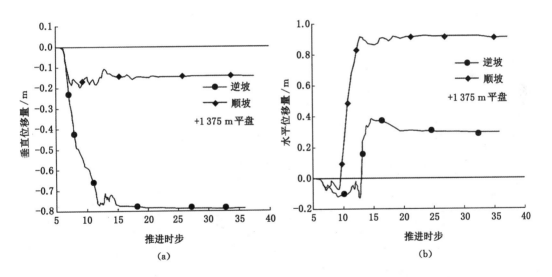

图 4-59 9#煤开采+1 375 m 平盘位移量(ATB-NB-P1 剖面)

(a) 垂直位移量;(b) 水平位移量

综合对比 9#煤顺坡和逆坡回采过程中各平盘位移变化情况,可得如下结论:

单采 9#煤各平盘位移变化规律基本与单采 4#煤层情况一致,同样可以得到逆坡开采对上部边坡变形破坏影响范围大的结论。另外,由于埋深和采出厚度等不同,9#煤层开采引起边坡各平盘的垂直移动量和水平移动量均明显小于 4#煤开采过程中的相应值。同样,由于朝向采空区方向的倒三角形翻转强烈,出现了+1 375 m 平盘顺坡开采下的垂直位移量和水平位移量要远小于逆坡开采下相应值的变化情况。

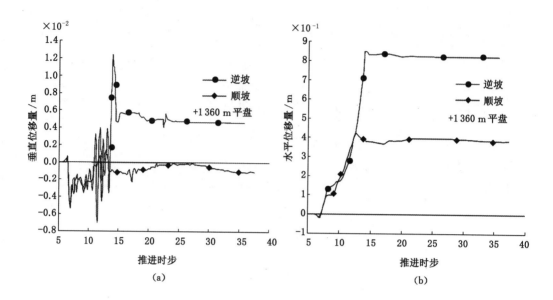

图 4-60 9#煤开采＋1 360 m平盘位移量（ATB-NB-P1 剖面）

（a）垂直位移量；（b）水平位移量

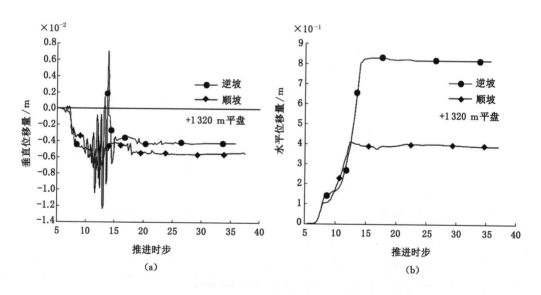

图 4-61 9#煤开采＋1 320 m平盘位移量（ATB-NB-P1 剖面）

（a）垂直位移量；（b）水平位移量

4.4.3.3 应力分布特征

图 4-62 为 ATB-NB-P1 剖面位置在 9#煤逆坡开采和 9#煤顺坡开采过程中边坡岩体水平应力等值线，图中显示的结果与 4#煤单层开采基本相同，不同的是边坡面正下方的水平应力集中位置较深，集中程度较大。

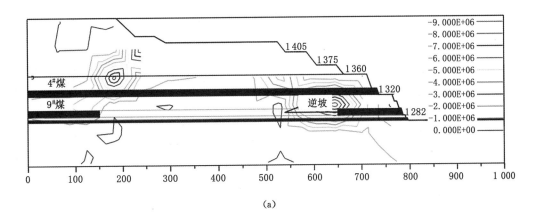

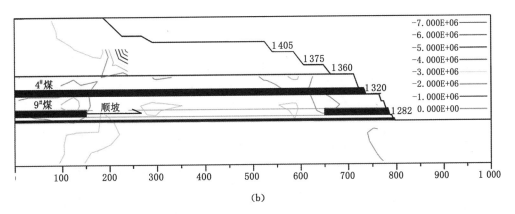

图 4-62　9#煤开采边坡岩体应力等值线（ATB-NB-P1 剖面）

(a) 9#煤逆坡开采边坡岩体应力等值线（ATB-NB-P1 剖面）；
(b) 9#煤顺坡开采边坡岩体应力等值线（ATB-NB-P1 剖面）

4.4.4　4#和9#煤层复合开采岩层移动规律

4.4.4.1　围岩破坏特征

利用 RFPA 分析软件对 4#煤和 9#煤逆坡复合开采条件下围岩的破坏特征进行了模拟,4#煤开采结束后开采 9#煤,9#煤工作面推进 90 m 时,其上部关键层发生破断,裂隙发展至 4#煤采空区,与 4#煤采空区贯通,处于垮落裂隙范围内的+1 405 m 平盘沉降破坏加剧,模拟结果表明,9#煤的开采对垮落裂缝范围之外各平盘的影响程度明显较小。9#煤工作面逆坡推进 90 m、120 m、393 m 时边坡岩体破坏情况如图 4-63~图 4-65 所示。

4.4.4.2　位移变化特征

4#煤和 9#煤复合开采条件下,边坡各平盘的变形破坏特征研究基于 2 个剖面,分别为 ATB-NB-P1 剖面和 ATB-NB-P2 剖面,首先针对 ATB-NB-P1 剖面进行分析。4#煤和 9#煤复合开采模型示意图如图 4-66 所示,复合开采各平盘位移图号对照如表 4-8 所列。

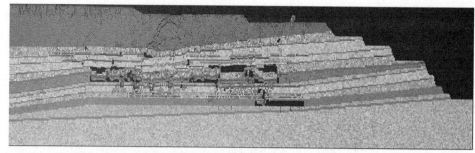

(a)

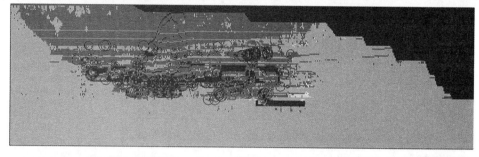

(b)

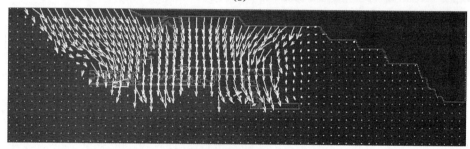

(c)

图 4-63　9$^\#$ 煤工作面逆坡推进 90 m 时边坡岩体破坏情况

(a) 岩体垮落图；(b) 岩体破坏场图；(c) 变形矢量图

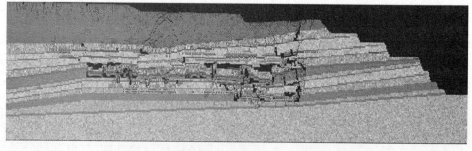

(a)

图 4-64　9$^\#$ 煤工作面逆坡推进 120 m 时边坡岩体破坏情况

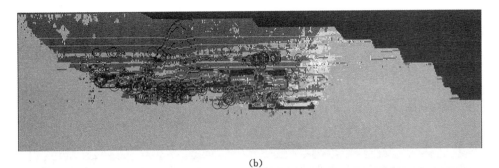

(b)

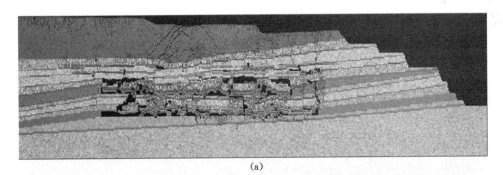

(c)

图 4-64(续)

(a) 岩体垮落图；(b) 岩体破坏场图；(c) 变形矢量图

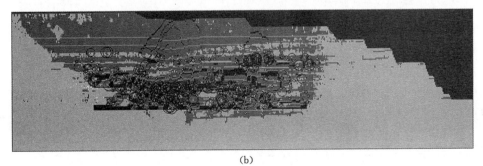

(a)

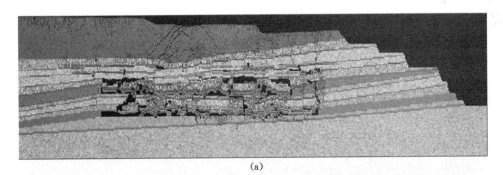

(b)

图 4-65　9#煤工作面逆坡推进 393 m 时边坡岩体破坏情况

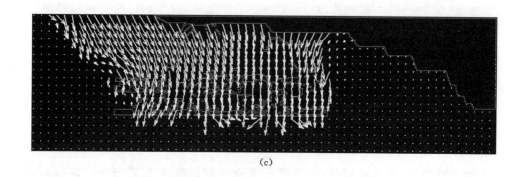

(c)

图 4-65(续)

(a)岩体垮落图;(b)岩体破坏场图;(c)变形矢量图

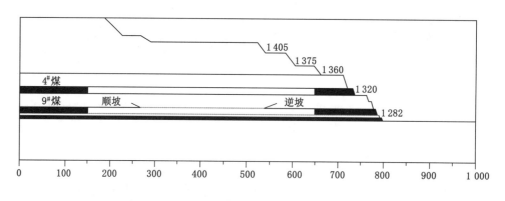

图 4-66 4#煤和9#煤复合开采模型示意图(ATB-NB-P1剖面)

表 4-8　　　　　　　复合开采各平盘位移图号对照表(ATB-NB-P1剖面)

位移	+1 405 m 平盘	+1 375 m 平盘	+1 360 m 平盘	+1 320 m 平盘
垂直位移	图 4-67(a)	图 4-68(a)	图 4-69(a)	图 4-70(a)
水平位移	图 4-67(b)	图 4-68(b)	图 4-69(b)	图 4-70(b)

复合开采条件下边坡各平盘位移变化情况不仅为单采 4#煤层和单采 9#煤层位移变化量的叠加,而且还具有新的特征。

1. 顺坡开采垂直位移变化特征

先顺坡开采 4#煤层,垂直位移变化特征和变化量与单采 4#煤层情况相同,4#煤层回采到界后顺坡开采 9#煤层,各平盘继续下沉,垂直位移曲线呈现台阶状分布,+1 375 m 平盘和+1 405 m 平盘表现最为明显,但总位移量大于单层开采位移量之和,分析其原因与下沉系数有关。

2. 顺坡开采水平位移变化特征

复合开采条件下,各平盘水平位移出现明显的波动特征,就+1 405 m 平盘而言,4#煤层顺坡开采后,该平盘出现朝向边坡临空面方向的位移最大值,随后顺坡开采 9#煤层,

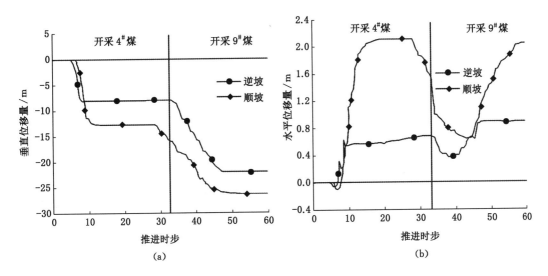

图 4-67　复合开采+1 405 m 平盘位移量(ATB-NB-P1 剖面)
(a) 垂直位移量;(b) 水平位移量

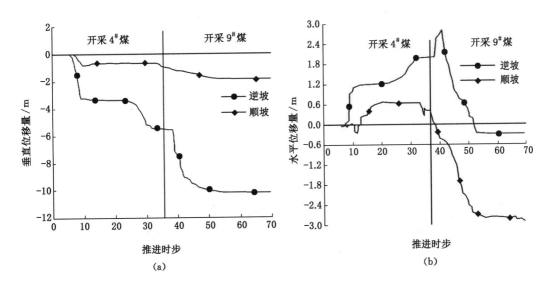

图 4-68　复合开采+1 375 m 平盘位移量(ATB-NB-P1 剖面)
(a) 垂直位移量;(b) 水平位移量

二次采动效应致使该平盘在原位置基础上先朝向采空区方向移动,随后又向边坡临空面方向移动,在位移图中表现为位移曲线随着推进时步的增加下降又上升的过程。复合开采条件下各平盘的水平位移量与单采 4# 煤层相应数值基本相当。另外,二次采动加剧了+1 375 m 平盘朝向采空区方向的侧翻,致使该平盘最终水平位移量为负值,尤以顺坡开采最为明显。

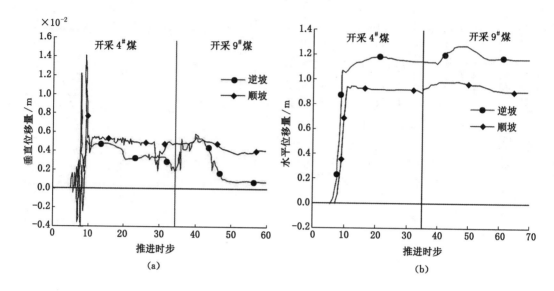

图 4-69 复合开采＋1 360 m 平盘位移量（ATB-NB-P1 剖面）
(a) 垂直位移量；(b) 水平位移量

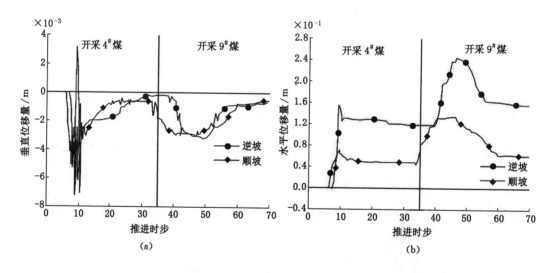

图 4-70 复合开采＋1 320 m 平盘位移量（ATB-NB-P1 剖面）
(a) 垂直位移量；(b) 水平位移量

3. 逆坡开采水平位移变化特征

逆坡复合开采条件下的水平位移特征遵循以上各条规律，不再赘述。对比各平盘水平位移曲线不难看出，复合开采下各平盘最终水平位移量基本是由 $4^\#$ 煤开采造成的，$9^\#$ 煤的开采造成了水平位移曲线的波动，但对最终位移值基本没有影响。

4. 逆坡开采垂直位移变化特征

先逆坡开采 $4^\#$ 煤层，$4^\#$ 煤层回采到界后逆坡开采 $9^\#$ 煤层，各平盘垂直位移变化特征也遵循以上规律，但总位移量要远大于单层开采垂直位移量之和，这与地表的偏态下沉规律有关。同时,由于+1 375 m平盘朝向采空区的翻转,导致顺坡复合开采下的垂直总位移量远小于逆坡复合开采相应值的变化情况。

对 ATB-NB-P2 剖面进行分析,4#煤和9#煤复合开采模型示意图如图 4-71 所示,复合开采各平盘位移图号对照如表 4-9 所列。

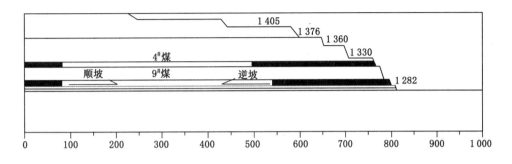

图 4-71　4#煤和9#煤复合开采模型示意图(ATB-NB-P2 剖面)

表 4-9　　　　　　　复合开采各平盘位移图号对照表(ATB-NB-P2 剖面)

	+1 405 m平盘	+1 375 m平盘	+1 360 m平盘	+1 320 m平盘
垂直位移	图 4-72(a)	图 4-73(a)	图 4-74(a)	图 4-75(a)
水平位移	图 4-72(b)	图 4-73(b)	图 4-74(b)	图 4-75(b)

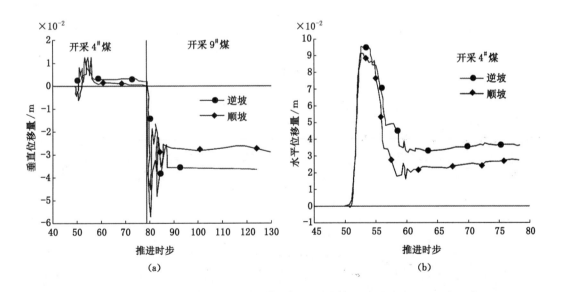

图 4-72　复合开采+1 405 m平盘位移量(ATB-NB-P2 剖面)

(a) 垂直位移量;(b) 水平位移量

由于4#煤和9#煤到边坡临空面距离较近,复合开采条件下各平盘的移动量尤其是垂直位移量较小,水平位移特征与 ATB-NB-P1 剖面分析所得结论基本相符,井工开采复合扰动后,逆坡开采条件下各平盘的水平移动量较顺坡开采的大,同样反映出在其他条件相同的

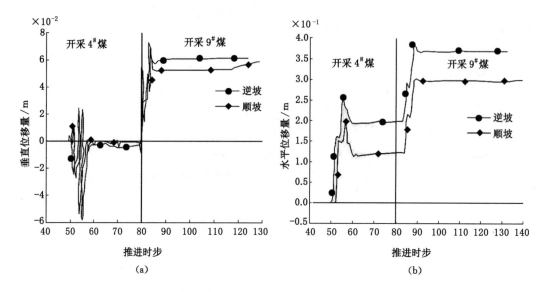

图 4-73 复合开采＋1 375 m 平盘位移量（ATB-NB-P2 剖面）

（a）垂直位移量；（b）水平位移量

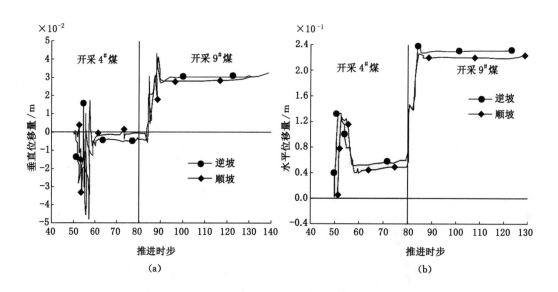

图 4-74 复合开采＋1 360 m 平盘位移量（ATB-NB-P2 剖面）

（a）垂直位移量；（b）水平位移量

情况下，逆坡开采对边坡的影响范围和影响程度较顺坡开采大的特点。

4.4.4.3 应力分布特征

图 4-76 为 ATB-NB-P1 剖面和 ATB-NB-P2 剖面位置在 4# 煤和 9# 煤逆坡顺坡复合开采过程中边坡岩体应力等值线图，从图中不难看出，复合开采条件下，边坡岩体同样主要在两个位置区域产生了应力集中，但由于煤层采出厚度较大，上覆岩层的铰接结构基本被破坏，应力集中位置顺坡体深处转移，最大水平应力位置分布在 4# 煤层和 9# 煤层之间。

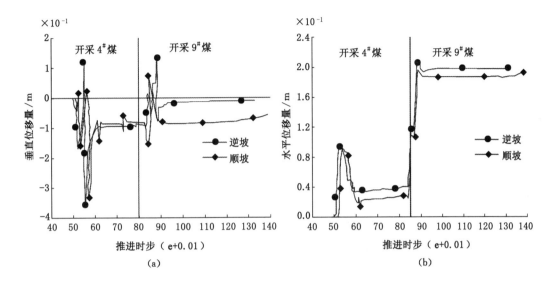

图 4-75　复合开采+1 320 m 平盘位移量(ATB-NB-P2 剖面)
(a) 垂直位移量；(b) 水平位移量

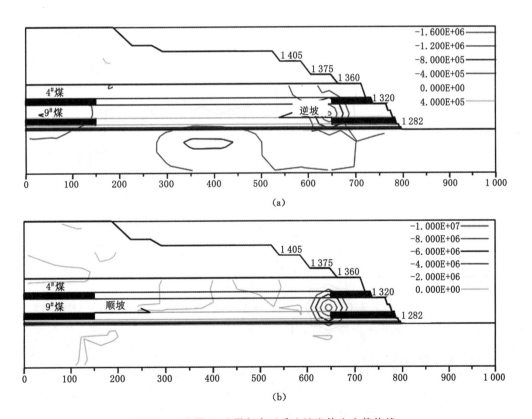

图 4-76　4#煤和 9#煤复合开采边坡岩体应力等值线

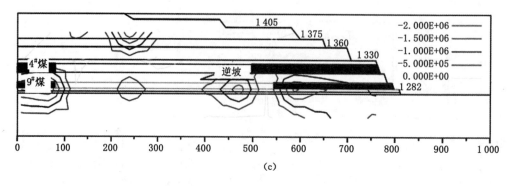

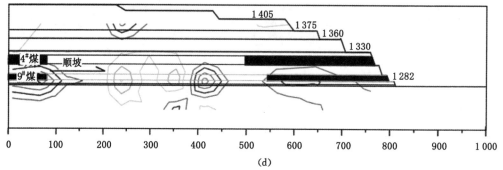

图 4-76(续)

(a) 4#煤和 9#煤逆坡复合开采边坡岩体应力等值线(ATB-NB-P1 剖面);

(b) 4#煤和 9#煤顺坡复合开采边坡岩体应力等值线(ATB-NB-P1 剖面);

(c) 4#煤和 9#煤逆坡复合开采边坡岩体应力等值线(ATB-NB-P2 剖面);

(d) 4#煤和 9#煤顺坡复合开采边坡岩体应力等值线(ATB-NB-P2 剖面)

4.5 露井协同开采地表沉陷规律

地表移动变形预测的方法很多,结合我国煤矿的实际情况,可以采用的方法有典型曲线法、概率积分法、负指数函数法、数值计算方法等,其中以概率积分法的应用最为广泛。概率积分法是以正态分布函数为影响函数,用积分式表示地表下沉盆地的方法,适用于常规的地表移动与变形计算,由于这种预测方法预计参数容易确定,简单易行,又是从实测资料中总结出来的,因而在相似地质采矿条件下有较好的预计精度,误差较小。因此,本次研究选用概率积分法来预测井工开采条件下地表移动变形。

4.5.1 概率积分法基本原理

从统计观点出发,可以把整个开采区域分解为无限个微小单元的开采,整个开采对岩层及地表的影响等于各单元开采对岩层及地表影响之和。按随机介质理论,单元开采引起的地表单元下沉盆地呈正态分布,且与概率密度的分布一致。因此,整个开采引起的下沉剖面方程可以表示为概率密度函数的积分公式。地表单元下沉盆地的表达式为:

$$W_e(x) = \frac{1}{r} e^{-\pi \frac{x^2}{r^2}} \qquad (4\text{-}43)$$

式中,r 为主要影响半径,主要与单元采深和主要影响角有关。通过表达式可以看出,在单元开采时,地表产生的下沉盆地,其函数形式与正态分布概率密度函数相同。

根据下沉盆地的表达式可以推导出地表移动盆地内任意点、任意方向的水平移动和变形的表达式。

1. 地表任意点移动与变形计算公式

设过采空区倾斜主断面内下山计算边界且与走向平行的线为 X 轴,过采空区走向主断面左计算边界且与倾斜方向平行的线为 Y 轴,任意剖面(与煤层走向成 Φ 角)上点 A 的坐标为 x 和 y,则点 A 的移动和变形计算公式如下:

概率积分法的数学模型如下:

地表任意点 $A(x,y)$ 的下沉值 $W(x,y)$ 见式(4-44):

$$W(x,y) = W_{cm} C'_x C'_y \qquad (4\text{-}44)$$

式中 W_{cm}——充分采动条件下地表最大下沉值,$W_{cm} = H_z q \cos \alpha$;

H——采出煤层厚度;

q——地表下沉系数;

α——煤层倾角;

C'_x, C'_y——待求点在走向和倾向主断面上投影点处的下沉分布系数;

x, y——待求点坐标。

地表任意点 $A(x,y)$ 沿 β 方向倾斜变形值 $T(x,y)_j$ 见式(4-45):

$$T(x,y)_j = T_x C'_y \cos \beta + T_y C'_x \sin \beta \qquad (4\text{-}45)$$

式中 T_x, T_y——待求点沿走向和倾向主断面上投影点处叠加后的倾斜变形值。

地表任意点 $A(x,y)$ 沿 β 方向的曲率变形 $K(x,y)_j$ 见式(4-46):

$$K(x,y)_j = K_x C'_y \cos^2 \beta + K_y C'_x \sin^2 \beta + (T_x T_y / W_{cm}) \sin 2\beta \qquad (4\text{-}46)$$

式中 K_x, K_y——待求点沿走向及倾向在主断面投影处叠加后的曲率值。

地表任意点 $A(x,y)$ 沿 β 方向的水平移动值 $U(x,y)_j$ 见式(4-47):

$$U(x,y)_j = U_x C'_y \cos \beta + U_y C'_x \sin \beta \qquad (4\text{-}47)$$

式中 U_x, U_y——待求点沿走向和倾向在主断面投影点处的水平移动值,对于倾斜方向需加 $C'_y W_{cm} \cot \theta$。

地表任意点 $A(x,y)$ 沿 φ 方向的水平变形值 $\varepsilon(x,y)_j$ 见式(4-48):

$$\varepsilon(x,y)_j = \varepsilon_x C'_y \cos 2\beta + \varepsilon_y C'_x \sin 2\beta + [(U_x T_y + U_y T_x)/W_{cm}] \sin \beta \cos \beta \qquad (4\text{-}48)$$

式中,$\varepsilon_x, \varepsilon_y$——待求点沿走向及倾向在主断面投影处叠加后的水平变形值。

4.5.2 参数选取

对开采沉陷进行预测,预测的精度取决于预测参数的选取,概率积分法进行煤层开采地表移动变形预测主要用的参数有 5 个,分别为下沉系数、水平移动系数、主要影响角正切、开采影响传播角及拐点偏移距。以井工二矿 4101 工作面地表移动观测站实测概率积分法预计参数为基础,结合该区域的覆岩岩性(中硬类型),同时参考阳泉矿区的地表移动参数,选取概率积分法预计参数:

下沉系数:$\eta=0.7$(重复采动取 0.8);

主要影响角正切:$\tan\beta=1.6$(重复采动取 1.8);

水平移动系数:$b=0.51$;

拐点偏移距:$S_4=16$ m,$S_9=20$ m;

主要影响半径:$r=103\sim152$ m;

开采影响传播角:$\theta=86°$。

在计算中,除涉及以上参数外,还需要以下参数:

4#煤层平均采厚为 8 m(煤厚的 85%),平均采深为 160 m,倾角为 5°;9#煤层平均采厚为 10.53 m(煤厚的 85%),平均采深为 200 m,倾角为 5°。4#煤层和 9#煤层均为充分开采。

4.5.3 地表沉陷预计

本书在分析地表移动变形预测理论及方法的基础上,以概率积分法为依据运用 VB 语言编制的计算矩形工作面地表移动变形的预计程序,综合利用 SURFER、AUTOCAD 软件得出地表移动变形值与图形结果。

本次计算设计了 3 个方案:① 4#煤单层开采;② 9#煤单层开采;③ 4#煤和 9#煤复合开采。

4.5.3.1 4#煤单层开采

4#煤开采工作面之间距离一般为 15~20 m,在平均采高达到 8 m 时,沉陷过程中,工作面之间的煤柱会被压垮,故本次计算不考虑工作面之间的煤柱对沉陷造成的影响,本次主要研究靠近安太堡矿南帮的采空区沉陷对南帮边坡稳定的影响,预计结果见表 4-10 和图 4-77。通过对比分析可以看出,本次概率积分法计算结果与《建筑物、水体、铁路及主要井巷煤柱留设与压煤开采规程》(以下简称"三下"采煤规程)和实际监测数据基本吻合。

表 4-10　　　　　　　　　　4#煤开采后地表变形参数最大值对比

项目类别	最大下沉值 W_{cm}/mm	最大倾斜 T_{cm}/(mm/m)		最大曲率 K_{cm}/(10⁻³/m)		最大水平移动 U_{cm}/mm		最大水平变形 ε_{cm}/(mm/m)
		走向	倾向	走向	倾向	走向	倾向	走向
概率积分法计算值	5 580	37.7	52.5	0.39	0.72	2 449	3 148	25.7
"三下"采煤规程计算值	5 579	37.2		0.38		2 789		28.3
实际监测数据	5 438					2 831		

从图 4-77(a)可以看出,4#煤层开采在 B404 和 B405 工作面位置对安太堡露天矿南端帮边坡影响较大,4#煤层采出后,地表最大下沉值为 5 580 mm,10 mm 沉降等值线影响到 +1 375 m 平盘坡顶线处,500 mm 沉降等值线影响到 +1 405 m 平盘内侧。倾斜和水平变形影响范围均在 +1 405 m 主要运输平盘之外地表,对南端帮边坡变形破坏基本没有影响[图 4-77(b)~图 4-77(e)]。

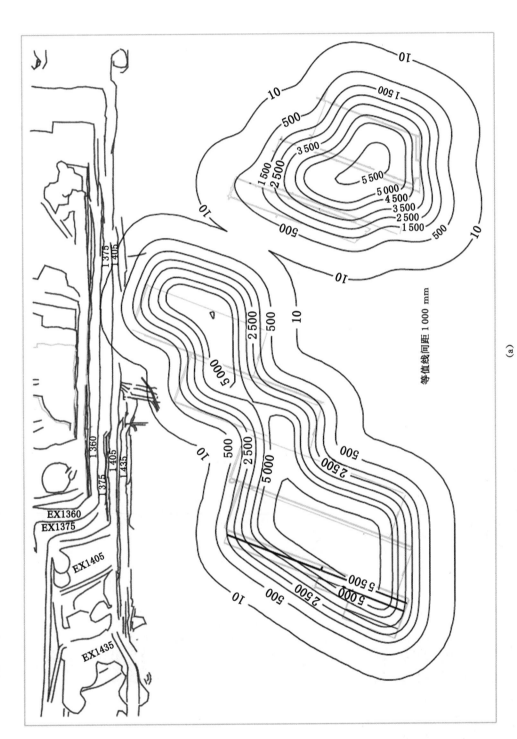

等值线间距 1 000 mm

(a)

图 4-77　开采 4# 煤工作面变形等值线图

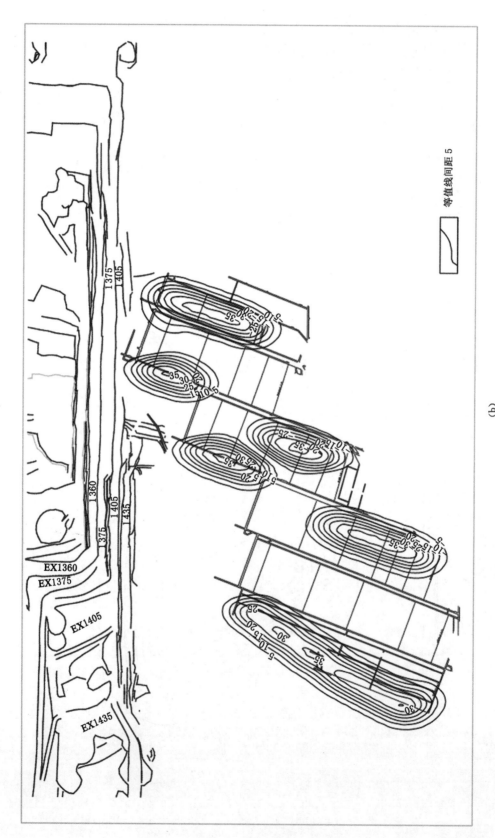

图 4-77（续）

(b)

图 4-77（续）

图 4-77（续）

(e)

图 4-77（续）

(a) 地表下沉等值线图；(b) 走向倾斜等值线图；(c) 倾向倾斜等值线图；(d) 走向水平变形等值线图；(e) 倾向水平变形等值线图

4.5.3.2　9#煤单层开采

根据图 4-78 确定计算范围。由于 9#煤开采工作面之间除 B907 工作面和 B908 工作面之外,保护煤柱尺寸一般为 15~20 m,在平均采高达到 12 m 时,沉陷覆岩下沉过程中,工作面之间的煤柱将被压垮,B907 工作面和 B908 工作面间保护煤柱达到 80 m,故本次计算只考虑 B907 和 B908 工作面之间的煤柱对沉陷造成的影响,预计结果见表 4-11 和图 4-79。通过对比分析可以看出,本次概率积分法计算结果与"三下"采煤规程和实际监测数据基本吻合。

表 4-11　9#煤开采后地表变形参数最大值对比

项目类别	最大下沉值 W_{cm}/mm	最大倾斜 T_{cm}/(mm/m)		最大曲率 K_{cm}/(10^{-3}/m)		最大水平移动 U_{cm}/mm		最大水平变形 ε_{cm}/(mm/m)
		走向	倾向	走向	倾向	走向	倾向	走向
概率积分法计算值	8 387	41.9	63.1	0.32	0.77	3 775	4 983	29.1
"三下"采煤规程计算值	8 367	41.8		0.32		4 183		31.8

由图 4-79 可知,9#煤层采出后,地表最大下沉值为 8 387 mm,B906 工作面到 B910 工作面区域的 10 mm 地表下沉等值线已扩展至+1 360 m 平盘底部,500 mm 地表下沉等值线已扩展至+1 360 m 平盘内侧,1 000 mm 地表下沉等值线已扩展至+1 375 m 平盘破顶处,地表沉降破坏将对边坡稳定产生较大影响。倾向倾斜和倾向水平变形影响范围已扩展至南端帮边坡底部,倾向倾斜值在-10~-20 mm/m 之间。通过 9#煤倾向水平变形等值线图[图 4-80(b)]可以看出,+1 360 m 平盘以下区域水平变形值为负,表明此处坡体处于拉张状态,将会在地表产生拉裂缝,应防止雨季降水沿采动裂缝渗入下部岩体,最终导致边坡失稳,+1 360 m 平盘上部区域水平变形值为正,表明该区域岩体处于压缩状态,应防止上部平盘破碎岩体的推动作用沿软弱岩层发生朝向临空面的滑动。

4.5.3.3　4#煤和 9#煤复合开采

从图 4-80 和图 4-82 可知,安太堡露天矿南端帮附近区域仅在 B906 和 B907 工作面位置存在 4#煤和 9#煤复合开采现象,9#煤工作面开切眼位置较 4#煤工作面开切眼位置靠近边坡临空面约 140 m,B906 工作面的沉陷深度达到最大,模拟计算复合开采范围内最大沉陷值为 14 971.7 mm。与单层开采相比,复合开采条件下边坡受影响程度达到最大,10 mm 地表下沉等值线已扩展至端帮底部,500 mm 地表下沉等值线扩展至+1 360 m 平盘下部。开切眼附近的最大倾斜值约为 89.22 mm/m,最大曲率值约为 0.88×10^{-3}/m,最大水平移动值约为 3 800 mm,各数值与预测值非常接近。4#煤和 9#煤复合开采条件下,B906 工作面附近边坡受井工开采影响程度最大,将造成该区域边坡局部失稳,现场应采取相应的边坡失稳防治对策。

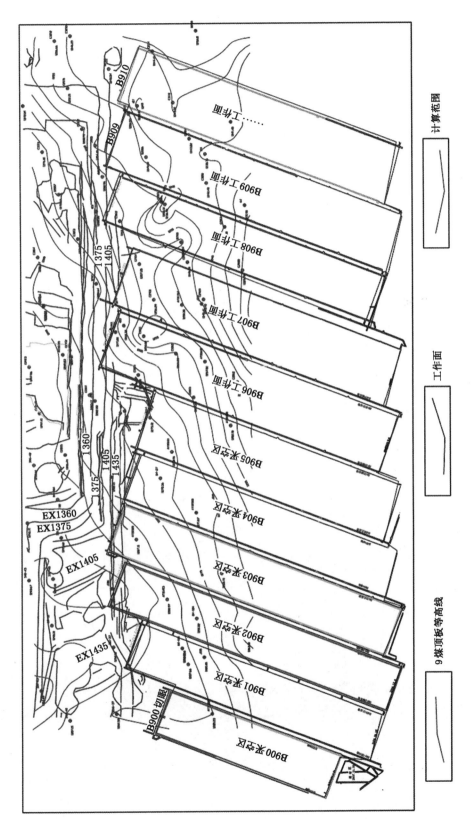

图4-78　9#煤层工作面地表移动变形计算范围

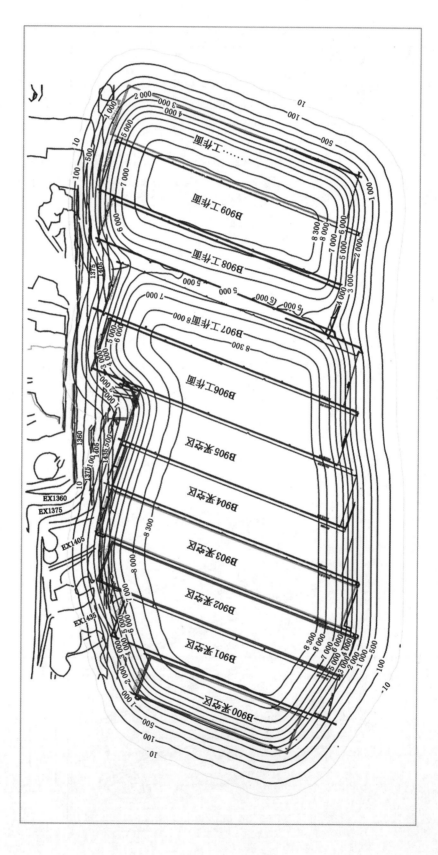

图 4-79 开采 9#煤工作面变形等值线图

(a)

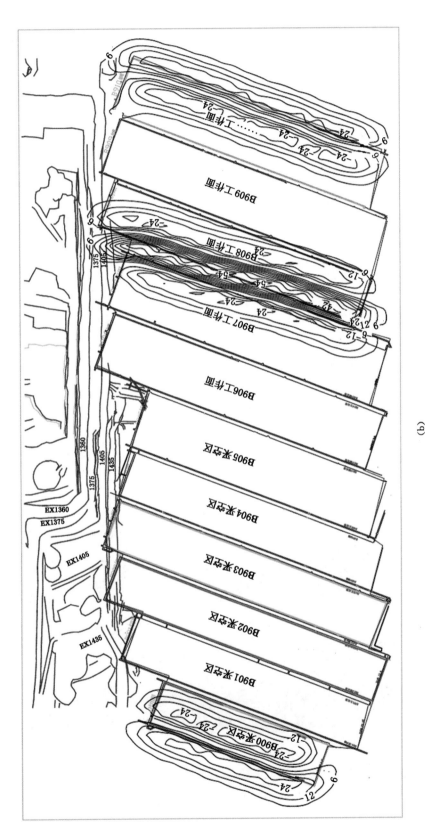

(b)

图 4-79（续）

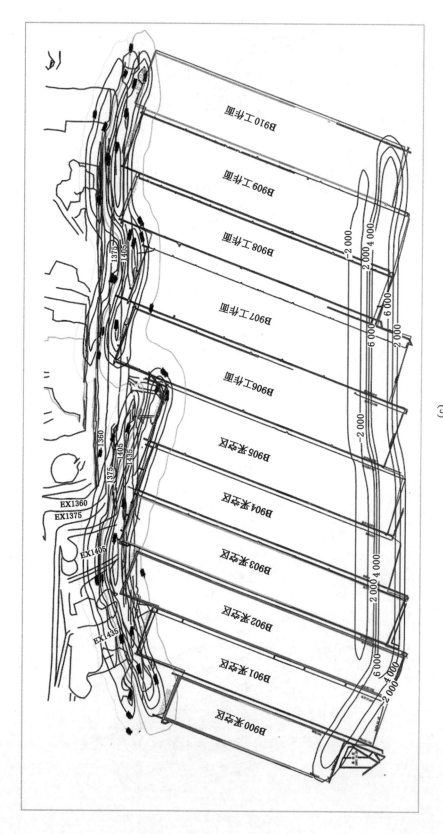

图 4-79（续）

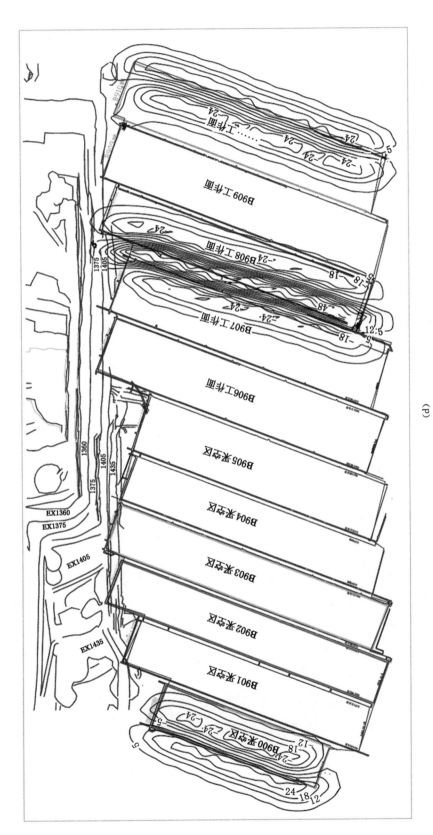

图 4-79（续）

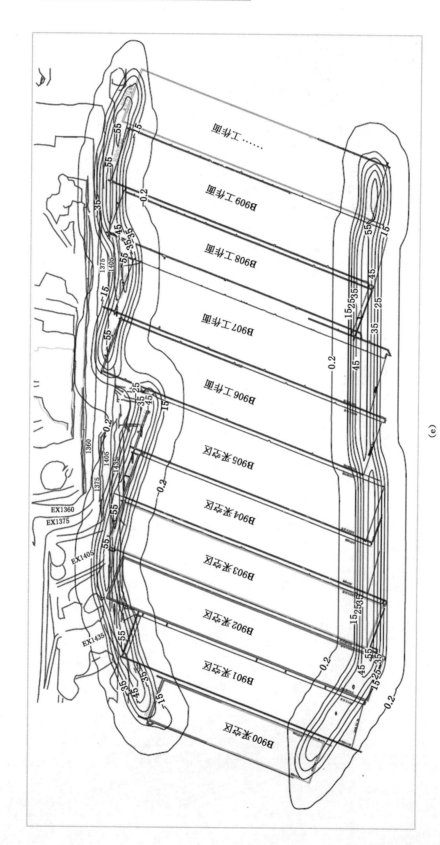

图 4-79（续）

(a) 地表下沉等值线图；(b) 走向水平变形等值线图；(c) 倾向水平变形等值线图；(d) 走向倾斜等值线图；(e) 倾向倾斜等值线图

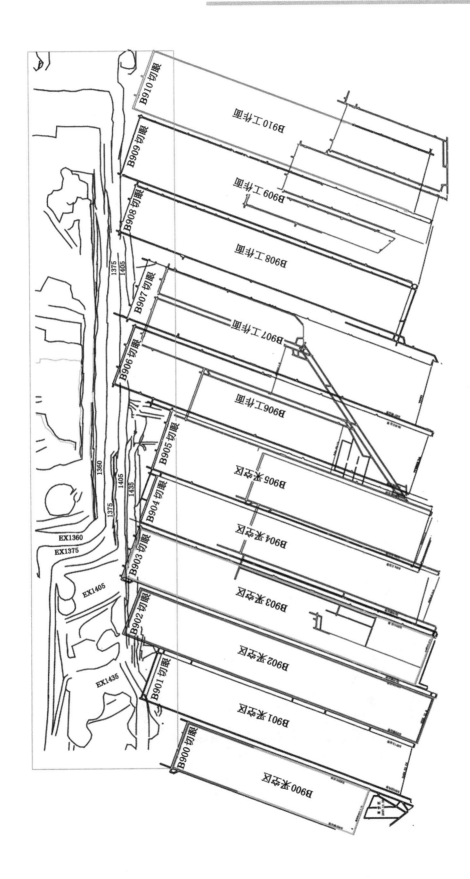

图 4-80　4#煤和9#煤复合开采地表移动变形计算范围

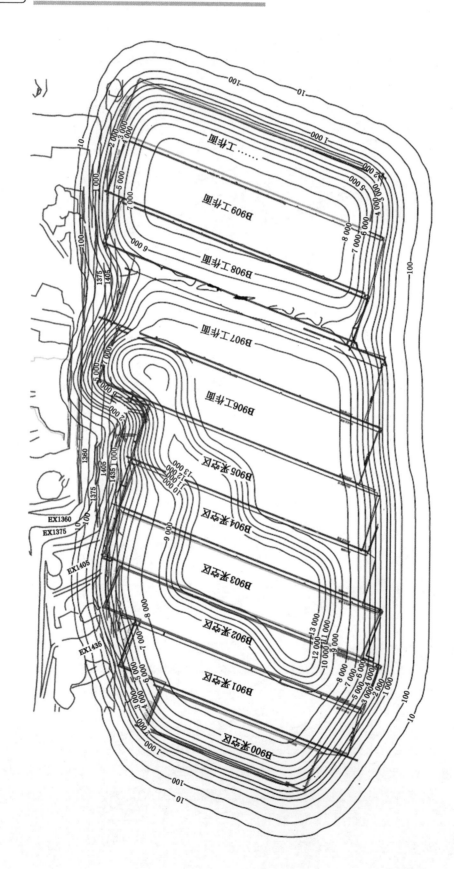

图4-81 4#煤和9#煤复合开采地表下沉等值线图

本章参考文献

[1] 曹安业,朱亮亮,李付臣,等.厚硬岩层下孤岛工作面开采"T"型覆岩结构与动压演化特征[J].煤炭学报,2014,39(2):328-335.

[2] 柴华彬,张子月,刘瑞斌,等.基于空间关系的岩层移动角推算[J].河南理工大学学报(自然科学版),2012,31(5):551-554.

[3] 柴敬,赵文华,李毅,等.采场上覆岩层沉降变形的光纤检测实验[J].煤炭学报,2013,38(1):55-60.

[4] 常庆粮,周华强,柏建彪,等.膏体充填开采覆岩稳定性研究与实践[J].采矿与安全工程学报,2011,28(2):279-282.

[5] 陈建宏,邬书良,杨珊.基于 PCA 与 Elman 网络的地下矿山岩层移动[J].科技导报,2012,30(17):43-49.

[6] 程关文,陈从新,沈强,等.程潮铁矿地下开采引起岩层移动机制初探[J].岩土力学,2014,35(5):1421-1429,1437.

[7] 戴华阳,郭俊廷,易四海,等.特厚急倾斜煤层水平分层开采岩层及地表移动机理[J].煤炭学报,2013,38(7):1109-1115.

[8] 丁德民,马凤山,张亚民,等.急倾斜矿体分步充填开采对地表沉陷的影响[J].采矿与安全工程学报,2010,27(2):249-254.

[9] 冯国瑞,任亚峰,王鲜霞,等.采空区上覆煤层开采层间岩层移动变形实验研究[J].采矿与安全工程学报,2011,28(3):430-435.

[10] 傅京昱.煤矿支护设备与岩层控制技术标准体系研究[J].煤炭工程,2016,48(5):1-3,7.

[11] 高栗,李夕兵,张楚璇.地下金属矿山岩层移动角选取的进化支持向量机模型及工程应用[J].采矿与安全工程学报,2014,31(5):795-802.

[12] 管俊才,鞠金峰.元堡煤矿浅埋特厚煤层开采地表沉陷规律研究[J].中国煤炭,2013,39(5):37-40,125.

[13] 郭晓强,窦林名,陆菜平,等.覆岩主关键层断裂规律研究[J].矿业安全与环保,2011,38(1):23-26.

[14] 郭延辉,侯克鹏,孙华芬.金属矿山岩层移动角选取的BP神经网络模型及工程应用[J].矿冶,2011,20(4):9-14,19.

[15] 贺凌城,栗继祖,袁博.长治矿区综放工作面上覆岩层移动规律[J].煤矿安全,2014,45(9):40-42.

[16] 侯忠杰.厚风积砂下开采顶板岩层控制初探[J].煤矿开采,1996,1(2):50-53.

[17] 胡炳南.岩层移动理论在煤层气抽采技术中的应用研究[J].煤矿开采,2013,18(2):3-6.

[18] 胡新付,唐礼忠,汪令辉.冬瓜山铜矿岩层破坏的地质因素及控制措施[J].矿业研究与开发,2011,31(3):23-26,34.

[19] 黄艳利,张吉雄,张强,等.充填体压实率对综合机械化固体充填采煤岩层移动控制作用分析[J].采矿与安全工程学报,2012,29(2):162-167.

[20] 江文武,丁铭,张耀平,等.龙桥铁矿采空区顶板岩层移动及冒落规律研究[J].矿业研究

与开发,2011,31(3):17-19,39.

[21] 姜华.煤矿绿色开采技术研究的理论新平台:评《岩层控制的关键层理论》[J].中国矿业大学学报,2004,33(5):610.

[22] 蒋建平,陈功奇,章杨松.偏最小二乘回归在地表沉陷预测中的应用[J].重庆大学学报,2010,33(9):92-97.

[23] 蒋金泉,代进,王普,等.上覆硬厚岩层破断运动及断顶控制[J].岩土力学,2014,35(增刊1):264-270.

[24] 金之钧.中国海相碳酸盐岩层系油气形成与富集规律[J].中国科学:地球科学,2011,41(7):910-926.

[25] 鞠金峰,许家林,王庆雄.大采高采场关键层"悬臂梁"结构运动型式及对矿压的影响[J].煤炭学报,2011,36(12):2115-2120.

[26] 鞠金峰,许家林,朱卫兵,等.7.0 m支架综采面矿压显现规律研究[J].采矿与安全工程学报,2012,29(3):344-350,356.

[27] 鞠金峰,许家林,朱卫兵,等.浅埋近距离一侧采空煤柱下切眼位置对推出煤柱压架灾害的影响规律[J].岩石力学与工程学报,2014,33(10):2018-2029.

[28] 鞠金峰,许家林,朱卫兵,等.神东矿区近距离煤层出一侧采空煤柱压架机制[J].岩石力学与工程学报,2013,32(7):1321-1330.

[29] 鞠金峰,许家林,朱卫兵.浅埋特大采高综采工作面关键层"悬臂梁"结构运动对端面漏冒的影响[J].煤炭学报,2014,39(7):1197-1204.

[30] 鞠金峰,许家林.倾向煤柱边界超前失稳对工作面出煤柱动载矿压的影响[J].煤炭学报,2012,37(7):1080-1087.

[31] 李猛,张吉雄,缪协兴,等.固体充填体压实特征下岩层移动规律研究[J].中国矿业大学学报,2014,43(6):969-973,980.

[32] 李青锋,王卫军,朱川曲,等.基于隔水关键层原理的断层突水机理分析[J].采矿与安全工程学报,2009,26(1):87-90.

[33] 李松.缓倾斜中厚矿体开采条件下地表变形规律及岩层控制技术研究[J].化工矿物与加工,2013,42(7):28-29.

[34] 李杨.固体废弃物胶结充填开采上覆岩层移动影响分析[J].煤炭学报,2011,36(增刊2):370-374.

[35] 李永明,刘长友,黄炳香.急斜煤层覆岩关键层对防水煤柱尺寸的影响[J].采矿与安全工程学报,2012,29(2):226-231.

[36] 梁运培.采场覆岩移动的组合岩梁理论[J].地下空间,2001(增刊1):341-345,584.

[37] 刘飞,马华,丁言露.矿山压力及岩层控制原理[J].煤矿现代化,2011(1):98-100.

[38] 刘辉,邓喀中,何春桂,等.超高水材料跳采充填采煤法地表沉陷规律[J].煤炭学报,2013,38(增刊2):272-276.

[39] 刘辉,何春桂,邓喀中,等.开采引起地表塌陷型裂缝的形成机理分析[J].采矿与安全工程学报,2013,30(3):380-384.

[40] 刘玲,张敏,贺伟.浅谈矿山岩层控制研究方法[J].山东煤炭科技,2012(3):119,121.

[41] 刘钦,刘志祥,李地元,等.金属矿开采岩层移动角预测知识库模型及其工程应用[J].中

南大学学报(自然科学版),2011,42(8):2446-2452.

[42] 刘玉成,曹树刚,刘延保.可描述地表沉陷动态过程的时间函数模型探讨[J].岩土力学,
2010,31(3):925-931.

[43] 刘玉成,曹树刚.基于关键层理论的地表下沉盆地模型初探[J].岩土力学,2012,33(3):
719-724.

[44] 刘玉成.基于 Weibull 时间序列函数的动态沉陷曲线模型[J].岩土力学,2013,34(8):
2409-2413.

[45] 刘振国,卞正富,吕福祥,等.时序 DInSAR 在重复采动地表沉陷监测中的应用[J].采矿
与安全工程学报,2013,30(3):390-395.

[46] 马春艳,张予东,马玉宽.煤矿采空区地表沉陷可视化仿真[J].辽宁工程技术大学学报
(自然科学版),2013,32(1):64-67.

[47] 孟中华.MAPGIS 在金属矿山地表岩层移动监测分析中的应用[J].矿业研究与开发,
2011,31(2):18-20,62.

[48] 缪协兴,黄艳利,巨峰,等.密实充填采煤的岩层移动理论研究[J].中国矿业大学学报,
2012,41(6):863-867.

[49] 缪协兴.综合机械化固体充填采煤技术研究进展[J].煤炭学报,2012,37(8):1247-1255.

[50] 潘红宇,李树刚,张涛伟,等.Winkler 地基上复合关键层模型及其力学特性[J].中南大
学学报(自然科学版),2012,43(10):4050-4056.

[51] 钱志,郭广礼,查剑锋.固体充填采煤岩层移动特征及应力分布规律[J].煤矿开采,
2013,18(2):71-74.

[52] 瞿群迪,姚强岭,李学华,等.充填开采控制地表沉陷的关键因素分析[J].采矿与安全工
程学报,2010,27(4):458-462.

[53] 瞿群迪,姚强岭,李学华.充填开采控制地表沉陷的空隙量守恒理论及应用研究[J].湖
南科技大学学报(自然科学版),2010,25(1):8-12.

[54] 施式亮,罗文柯,李润求,等.基于灰色 Compertz 模型的煤矿地表沉陷灾害特征值预
测[J].中国安全科学学报,2013,23(9):9-14.

[55] 史元伟.回采工作面顶承力原理和岩层控制[J].煤炭科学技术,1997,25(2):44-48,62.

[56] 孙建,王连国,侯化强.底板复合隔水关键层的隔水性能研究[J].中国矿业大学学报,
2013,42(4):560-566.

[57] 孙万明,刘鹏亮,崔锋,等.高水材料条带充填开采地表沉陷主控因素分析[J].煤炭科学
技术,2013,41(12):11-14.

[58] 唐礼忠,彭续承,钟时猷,等.康家湾矿区水体下开采岩层活动及控制研究[J].矿冶工
程,1996,16(2):1-6.

[59] 田秀国,戴华阳.急倾斜煤层深部开采岩层移动数值模拟研究[J].矿山测量,2011(2):
28-32.

[60] 涂敏,付宝杰.关键层结构对保护层卸压开采效应影响分析[J].采矿与安全工程学报,
2011,28(4):536-541.

[61] 王宏图,范晓刚,贾剑青,等.关键层对急斜下保护层开采保护作用的影响[J].中国矿业
大学学报,2011,40(1):23-28.

[62] 王继林,袁永,屠世浩,等.大采高综采采场顶板结构特征与支架合理承载[J].采矿与安全工程学报,2014,31(4):512-518.

[63] 王家臣,杨胜利,杨宝贵,等.长壁矸石充填开采上覆岩层移动特征模拟实验[J].煤炭学报,2012,37(8):1256-1262.

[64] 王磊,张鲜妮,郭广礼,等.固体密实充填开采地表沉陷预计模型研究[J].岩土力学,2014,35(7):1973-1978.

[65] 王磊,张鲜妮,郭广礼,等.基于结构关键层的固体密实充填采煤岩层移动模型[J].煤矿安全,2014,45(3):16-20.

[66] 王磊,张鲜妮,郭广礼,等.综合机械化固体充填质量控制的体系框架[J].煤炭学报,2013,38(9):1568-1575.

[67] 王平,朱永建,余伟健.软岩岩层厚度、刚度和水平应力对关键层应力的影响[J].矿业工程研究,2012,27(2):5-9.

[68] 王晓军,方胜勇,刘绩勋.充填井下关键隔离层控制地表沉陷的数值模拟[J].金属矿山,2010(10):13-16,87.

[69] 王晓振,许家林,朱卫兵,等.松散承压含水层水位变化与顶板来压的联动效应及其应用研究[J].岩石力学与工程学报,2011,30(9):1872-1881.

[70] 王晓振,许家林,朱卫兵.主关键层结构稳定性对导水裂隙演化的影响研究[J].煤炭学报,2012,37(4):606-612.

[71] 王延国,郑国廷,孙祥鑫.充填综采岩层移动特征数值模拟研究[J].煤,2013,22(9):3-6.

[72] 王志强,赵景礼,李泽荃.错层位内错式采场"三带"高度的确定方法[J].采矿与安全工程学报,2013,30(2):231-236.

[73] 吴仁伦.关键层对煤层群开采瓦斯卸压运移"三带"范围的影响[J].煤炭学报,2013,38(6):924-929.

[74] 夏小刚,黄庆享.基于"四带"划分的弯曲下沉带岩层移动预计模型[J].岩土力学,2015,36(8):2255-2260.

[75] 肖武,胡振琪,李太启,等.采区地表动态沉陷模拟与复垦耕地率分析[J].煤炭科学技术,2013,41(8):126-128.

[76] 徐学锋,窦林名,曹安业,等.覆岩结构对冲击矿压的影响及其微震监测[J].采矿与安全工程学报,2011,28(1):11-15.

[77] 许家林,鞠金峰.特大采高综采面关键层结构形态及其对矿压显现的影响[J].岩石力学与工程学报,2011,30(8):1547-1556.

[78] 许家林,钱鸣高.岩层控制关键层理论的应用研究与实践[J].中国矿业,2001,10(6):54-56.

[79] 许家林,朱卫兵,鞠金峰.浅埋煤层开采压架类型[J].煤炭学报,2014,39(8):1625-1634.

[80] 许家林,朱卫兵,王晓振.基于关键层位置的导水裂隙带高度预计方法[J].煤炭学报,2012,37(5):762-769.

[81] 许凯.固体充填综采地表沉陷规律研究[J].煤矿安全,2013,44(4):55-57.

[82] 阎跃观,戴华阳,王忠武,等.急倾斜多煤层开采地表沉陷分区与围岩破坏机理:以木城涧煤矿大台井为例[J].中国矿业大学学报,2013,42(4):547-553.

[83] 阎跃观,郭思聪,刘吉波,等.基于"采-充-留"技术的岩层控制效果和机理研究[J].煤矿开采,2016,21(2):64-68,21.

[84] 杨治林.煤层地下开采地表沉陷预测的边值方法[J].岩土力学,2010,31(增刊1):232-236.

[85] 杨治林.浅埋煤层长壁开采顶板岩层灾害控制研究[J].岩土力学,2011,32(增刊1):459-463.

[86] 余伟健,王卫军.不同压实矸石充填体置换"三下"煤柱的岩层移动规律[J].力学与实践,2011,33(2):39-45,70.

[87] 余伟健,王卫军.矸石充填整体置换"三下"煤柱引起的岩层移动与二次稳定理论[J].岩石力学与工程学报,2011,30(1):105-112.

[88] 余伟健,王卫军.矸石整体置换"三下"煤柱后关键层移动与等价采高的关系及其移动特征[J].矿冶工程,2011,31(4):25-29,33.

[89] 张安兵,高井祥,张兆江,等.老采空区地表沉陷混沌特征及时变规律研究[J].中国矿业大学学报,2009,38(2):170-174.

[90] 张顶立,何佐德.综放采场上覆岩层运动模式及其控制[J].煤,2000,9(5):1-4.

[91] 张飞,王滨,田睿,等.书记沟铁矿地下开采岩层移动界线的圈定[J].金属矿山,2011(3):38-41.

[92] 张宏伟,朱志洁,霍利杰,等.特厚煤层综放开采覆岩破坏高度[J].煤炭学报,2014,39(5):816-821.

[93] 张建全,于友江.岩层移动动态过程的离散单元法分析[J].水文地质工程地质,2004,31(2):9-13.

[94] 张连贵.兖州矿区综放开采地表沉陷规律[J].煤炭科学技术,2010,38(2):89-92.

[95] 周海丰.神东矿区大采高综采工作面过空巷期间的岩层控制研究[J].神华科技,2009,7(4):22-25.

[96] 朱家胜.综采工作面末采期间回撤通道矿压显现规律及岩层控制研究[J].山西煤炭,2011,31(9):27-28,34.

[97] 朱卫兵,许家林,施喜书,等.覆岩主关键层运动对地表沉陷影响的钻孔原位测试研究[J].岩石力学与工程学报,2009,28(2):403-409.

[98] 朱卫兵.浅埋近距离煤层重复采动关键层结构失稳机理研究[J].煤炭学报,2011,36(6):1065-1066.

第5章　露井协同的矿区建设与生产技术

5.1　露井协同的矿区建设技术

基于露井协同生产建设模式及内涵的阐述,露井建设协同体现在露井协同开拓的矿区快速建设和基于提高煤质的多组煤联合开发建设两个方面,井工矿开拓系统利用了露天矿的平盘,实现矿井快速建设;露天矿与井工矿在越层开采中实现了合理配煤,提高煤质。具体的露井协同建设模式体现在以下方面:

(1)工业广场布置:井工矿建设直接利用了露天矿煤层底板平盘,将工业广场直接布置在露天矿煤层底板平盘上,简化了工业广场相关系统,大大缩减了与常规井工矿工业广场建设相关的工程量,显著提高了井工矿建设速度。

(2)矿井开拓:巧妙地利用了无井开拓方式,即从露天矿煤层底板平盘直接向煤层进行平硐开拓,运输平硐、回风平硐和辅助运输平硐均沿露天矿端帮布置,垂直于平硐直接布置综采工作面进行回采,省略了井筒、岩石巷道等主体开拓工程,缩短了井工矿建井周期,降低了矿井建设与生产成本。

(3)开拓系统延伸:为了开采多层煤,在主要生产系统形成后,可从上部煤层底板开拓,沿露天矿端帮布置三条斜井,直接延伸至下部,进入下部煤层后,沿露天矿端帮布置三条大巷,即回风大巷、运输大巷和辅助运输大巷,然后单翼布置工作面进行回采。

(4)基于提高煤质的多组煤联合开发建设:井工开采各个煤层煤质不同时,可通过系统联合布置联合开发的方式,井工矿低硫煤、高硫煤采出后均进入露天矿原煤运输系统,通过带式输送机运至洗煤厂,可与露天矿生产的原煤进行配煤入洗,从而提高了整个矿区的煤质。

5.1.1　单一露天矿区建设技术

露天矿区建设主要包括以下 5 个方面:① 首采区及初始拉沟位置选择;② 采区划分及开采顺序;③ 露天煤矿移交标准、矿建工程量及建设工期;④ 剥采比及开采进度计划;⑤ 排土场及排弃计划。

5.1.1.1　首采区及初始拉沟位置选择

1. 首采区及初始拉沟位置选择原则

(1)遵照先易后难、突出初期经济效益的原则,首采区及初始拉沟位置应选择在煤层埋藏浅、剥采比小的地段,尽可能减少基建工程量;

(2)勘探程度高,资源可靠,高级储量比例较高;

(3)靠近矿田边界,外排土及煤炭运输条件方便,初期距工业场地近;

(4)易于划分采区,便于采区的衔接;

（5）拉沟地段覆盖层薄，基建工程量小；

（6）便于工业场地选择，初期距工业场地近；

（7）初期地面防洪工程较少。

2．露天矿首采区及初始拉沟位置方案

以平朔矿区东露天矿为例，根据东露天矿的地形地貌、煤层赋存条件，可供选择的拉沟位置有以下 5 个。

（1）方案一：东部（南北向）拉沟位置

该方案位于东露天矿田东边界的中部，利用乔二家沟南北向拉沟，避开拉沟区内 5-02、J5-02 两个陷落柱，拉沟长度 900 m，拉至 4# 煤层移交，工作线向西推进。该拉沟位置位于探明的内蕴经济资源量（331）内，资源可靠性高，该位置煤层平均总厚度为 35.86 m，其中 4# 号煤层平均厚度为 15.97 m，9# 煤层平均厚度为 13.38 m，11# 煤层平均厚度为 6.51 m。

（2）方案二：东部（东西向）拉沟位置

该方案位于东露天矿田东边界的中部，利用乔二家沟东西向拉沟，避开拉沟区内 5-02、J5-02 两个陷落柱，4# 煤顶板拉沟长度为 1 200 m，延深至 4# 煤层移交，工作线向南推进。该拉沟位置位于探明的内蕴经济资源量（331）内，资源可靠性高，该位置煤层平均总厚度为 35.25 m，其中 4# 煤层平均厚度为 15.84 m，9# 煤层平均厚度为 13.25 m，11# 煤层平均厚度为 6.15 m。

（3）方案三：李西沟拉沟位置

该方案位于东露天矿田的东南角，利用李西沟东西向拉沟，避开李西沟断层，4# 煤顶板拉沟长度为 1 200 m，延深至 4# 煤层移交，工作线向北推进。该拉沟位置位于推断的内蕴经济资源量（333）内，资源可靠性差，该位置煤层平均总厚度为 33.74 m，其中 4# 煤层平均厚度为 12.07 m，9# 煤层平均厚度为 15.56 m，11# 煤层平均厚度为 6.11 m。

（4）方案四：马关河拉沟位置

该方案位于东露天矿田的西南角，计高登村以西，王高登村以北，沿马关河河床南北向拉沟，充分利用马关河河床降低基建工程量，4# 煤顶板拉沟长度为 1 200 m，延深至 4# 煤层移交，工作线向东推进。该拉沟位置位于推断的内蕴经济资源量（333）内，资源可靠性差，该位置煤层平均总厚度为 39.01 m，其中 4# 煤层平均厚度为 14.77 m，9# 煤层平均厚度为 18.24 m，11# 煤层平均厚度为 5.99 m。拉沟位置，下部煤层的开采受奥灰水的威胁。

（5）方案五：西部拉沟位置

该方案位于北岭上村以南，沿马关河南北向拉沟，充分利用马关河河床降低基建工程量，4# 煤顶板拉沟长度为 1 200 m，延深至 4# 煤层移交，工作线向东推进。该拉沟位置位于控制的内蕴经济资源量（332）内，资源较为可靠，该位置煤层平均总厚度为 34.55 m，其中 4# 煤层平均厚度为 14.24 m，9# 煤层平均厚度为 16.20 m，11# 煤层平均厚度为 4.11 m。

结合上述 5 个拉沟方案及本矿的具体情况，提出如下 3 个首采区位置：

（1）首采区方案 Ⅰ：首采区东西向横跨矿田的中部，其拉沟位置有两个，分别为东部（南北向）拉沟位置工作线向西推进、西部拉沟位置工作线向东推进，该区为地质报告推荐的先期采区，勘探程度最高，精查阶段的 45 个钻孔全部布置在该区，探明的蕴藏经济储量占该区储量的 64%，探明的和控制的蕴藏经济储量占该区储量的 85%。该区煤层厚度大，覆盖层薄，各层煤的硫分较小。首采区方案 Ⅰ 及拉沟位置见图 5-1。

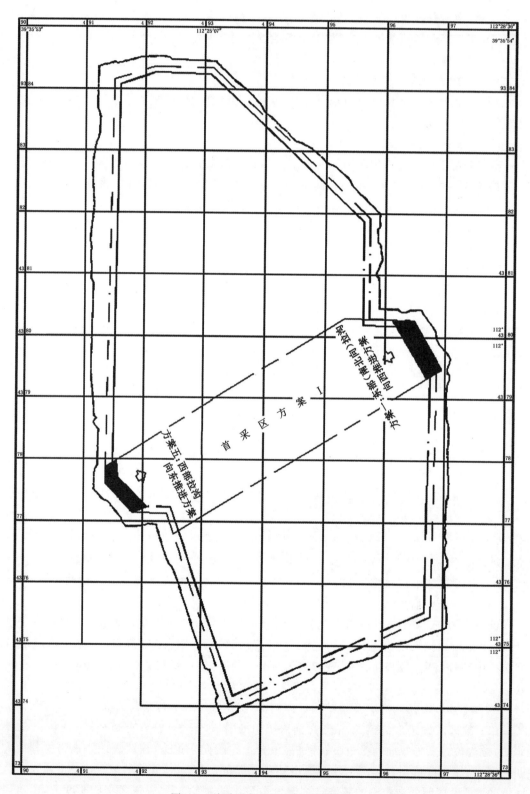

图 5-1　首采区方案 I 及拉沟位置图

（2）首采区方案Ⅱ：首采区位于矿田的东部，紧靠东部勘探边界线，其拉沟位置有两个，分别为东部（东西向）拉沟工作线向南推进和李西沟拉沟工作线向北推进，该区北部位于地质报告推荐的先期开采区内，勘探程度较高，中南部勘探程度较低。此方案首采区搬迁工程量小，整个露天矿田的开采程序以及各采区的过渡较为顺畅，但首采区的煤质相对较差。首采区方案Ⅱ及拉沟位置见图 5-2。

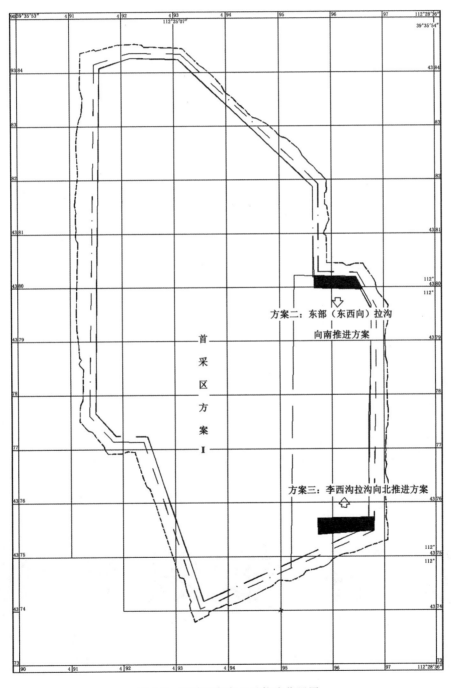

图 5-2　首采区方案Ⅱ及拉沟位置图

（3）首采区方案Ⅲ：该方案首采区位于矿田的南部，仅靠南部勘探边界线，其拉沟位置有一个，为马关河拉沟位置工作线向东推进，该区勘探程度最差，而且煤质最差，11#煤硫分普遍接近3%，甚至超过3%，并且该处的开采受到奥灰水的威胁。但是本方案铁路专用线的投资较少。首采区方案Ⅲ及拉沟位置见图5-3。

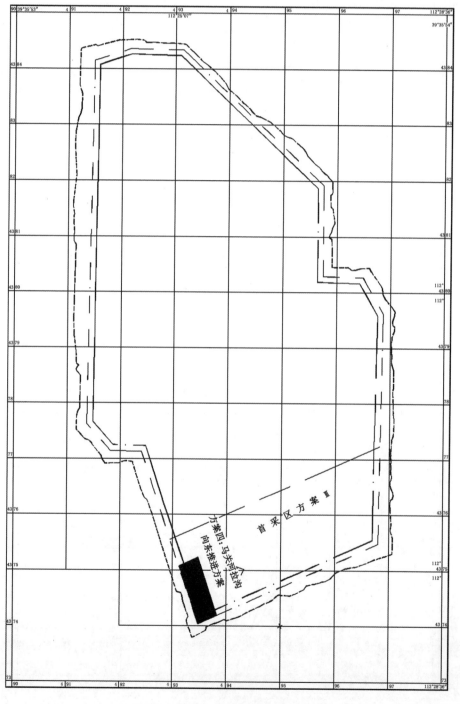

图5-3　首采区方案Ⅲ及拉沟位置图

3. 首采区及初始拉沟位置的主要技术特征

首采区及初始拉沟位置方案主要技术特征见表5-1。

综合分析 3 个首采区位置和 5 个拉沟位置方案的各项技术指标,设计推荐首采区方案Ⅰ、拉沟位置方案一,即:矿田中部首采区、东部(南北向)拉沟工作线向西推进方案。理由如下:

(1) 该区为地质报告推荐的先期采区,勘探程度最高,精查阶段的 45 个钻孔全部布置在该区,探明的蕴藏经济储量占该区储量的 64%,探明的和控制的蕴藏经济储量占该区储量的 85%。首采区内原煤量为 385.24 Mt,按照设计规模 20.0 Mt/a 计算,可服务近 20 a。

(2) 除在拉沟区内发现两个陷落柱(5-02、J5-02)外,首采区内煤层稳定,地质构造简单,煤层可采厚度大,煤质好,硫分低。

(3) 该方案拉沟位置位于东部矿田边界,可利用乔二家沟降低基建工程量,外排土场选择的余地大。

(4) 工业场地布置在韩村以北,靠近拉沟位置,距离较近,并且位于矿田的中部,能够兼顾后期的开采、运输。

(5) 虽然在首采区内,有榆岭乡政府、榆岭村、砖井村的动迁和安置问题,同时还有砖井煤矿、榆岭煤矿、沟底新井煤矿需要收购,相应地增加了初期投资,从近几年国内矿山建设的经验来看,对动迁和征地问题宜早不宜晚。

5.1.1.2 采区划分及开采顺序

以平朔矿区东露天煤矿开采范围东西长 1.99～5.95 km,南北宽 4.90～10.63 km,$4^\#$ 煤层的开采面积为 40.02 km²,属特大型近水平煤田,矿田几何形状不甚规整,覆盖层厚度及煤层厚度也不甚稳定。为经济合理地开发矿田,需实行分区开采,合理划分采区,优化开采顺序。

1. 采区划分

(1) 条区宽度(采区长度)确定的依据

① 经济工作线长度。根据近水平煤田工作线长度的优化理论,在完成相同煤炭产量的条件下,随着工作线长度的加大,剥采比相对变小,年剥离量相对减少,使年采剥费用相对减少;同时随着工作线长度的加大,剥离运输距离加大,使运输费用相应增加,因此存在一个最优工作线长度使露天煤矿的年生产费用最低。

经济合理工作线长度应满足下式:

$$X = \sqrt{\frac{\left\{ H\cot\beta + \dfrac{a}{2}\left[\cot(\beta-\theta)+\cot(\beta+\theta)\right]\cos\theta \right\}(c_1+c_2b)}{1\,000c_2a}} \tag{5-1}$$

式中 X——经济合理工作线长度,km;

   H——剥离层厚度,m;

   β——端帮帮坡角,(°);

   θ——煤层倾角,(°);

   c_1——穿孔爆破、采装、排土费,元/m³;

   c_2——综合运输费,元/(m³·km);

   a——排弃线路系数,取双环时 $a=0.5$;

   b——排弃影响距离,取决于端帮运距,$b=\dfrac{H+h}{2\,000}(\cot\omega+\cot\alpha+\cot\beta)+m$,km;

表 5-1   首采区及初始拉沟位置方案主要技术特征表

序号	比较项目	方案一：东部拉沟（南北向）方案	方案二：东部拉沟（东西向）方案	方案三：李西沟拉沟方案	方案四：马关河拉沟方案	方案五：西部拉沟方案
1	拉沟位置	位于矿田东部边界的中部，沿乔二家沟南北向拉沟，工作线向西推进。	位于矿田东部边界的中部，沿乔二家沟东向拉沟，工作线向南推进。	位于矿田的东南角，沿李西沟西向拉沟，工作线向南推进。	位于矿田的西南角，沿马关河河床南北向拉沟，工作线向东推进。	位于矿田的西南角，沿马关河河床南北向拉沟，工作线向东推进。
2	拉沟的沟底长度	拉至 4# 煤层，拉沟长度为 900 m，并逐步过渡到 1 600 m。（喇叭开口向外推）。	拉至 4# 煤层，拉沟长度为 1 200 m，并逐步过渡到 1 600 m。	拉至 4# 煤层，拉沟长度为 1 200 m，并逐步过渡到 1 600 m。	拉至 4# 煤层，拉沟长度为 1 200 m，并逐步过渡到 1 600 m。	拉至 4 号煤层，拉沟长度为 1 200 m，并逐步过渡到 1 600 m。
3	基建工程量/万 m³	11 084.36	11 690	10 449.11	13 495.04	13 650
	其中：黄土量/万 m³	5 910.25	6 100.38	3 009.54	3 886.36	3 930.98
4	搬迁村庄	砖井村、榆岭乡政府、榆岭村、南洼村、乔二家村	砖井村、南洼村、乔二家村	薛高登、李西沟、北烟墩、杏园村	薛高登、王高登、刘高登、杨井沟、李西沟	北岭上村
5	搬迁煤矿	砖井煤矿、榆岭煤矿、沟底新井煤矿	沟底新井、小西窑新井	小西窑新井	无	北岭煤矿
6	首采区生产剥采比/(m³/t)	4.84	5.0	5.14	4.92	4.92
7	首采区加权平均硫分/%	1.54	1.67	1.68	1.70	1.54

续表 5-1

序号	比较项目	方案一：东部拉沟（南北向）方案	方案二：东部拉沟（东西向）方案	方案三：李西沟拉沟方案	方案四：马关河拉沟方案	方案五：西部拉沟方案
8	一期均衡生产剥采比/(m³/t)	4.96	5.20	5.19	5.0	5.0
9	首采区服务年限/a	16.6	14.6	16.5	12.7	16.6
10	优点	①首采区勘探程度高(331)，煤质好；②生产剥采比小，工业场地布设容易。	①拉沟位置勘探程度高(331)，煤质好；②搬迁村庄少，开采程序简单，不需要重新拉沟。	①村庄搬迁量小；②搬迁2个井；③工作线向北推进，转向次数少，不需多次重复拉沟。	①村庄搬迁量小；②初期不需要搬迁矿井；③外运铁路沿马关村陶村铁路专用线布设，可部分利用陶村铁路专用线改造；④不需改移公路。	①勘探程度高(332)，煤质好；②生产采小比小。
11	缺点	①条区划分多，转向次数多，需重新拉沟；②外运铁路长，工程量大。	①向南推进，首采区勘探程度低，很快进入332区；②外运铁路长，工程量大；③初期外排外运距离大。	①勘探程度低(333)，煤质差；②外运铁路经过多处小窑采空区，处理困难；③铁路压煤量大。	①勘探程度低(333)；②切断马关河，需做防洪工程；③拉沟位置受奥陶水威胁；④基建工程量大；⑤外运铁路布设困难，且压煤量较大、煤质差。	①条区划分多，转向次数多，需重新拉沟；②工业场地布设困难；③无外排土场，外排土场大量压煤；④铁路布设困难，且压煤量大。

ω——工作帮坡角,(°);

α——内排土场帮坡角,(°);

m——坑底安全距离,km;

h——煤层厚度,m。

根据平朔矿区安太堡、安家岭两露天煤矿的实际采运排费用,结合东露天煤矿的煤层及覆盖层条件,计算出东露天煤矿不同工作线长度时的剥离费用见表 5-2,剥离费用随工作线长度变化的曲线见图 5-4,从表 5-2 和图 5-4 可以看出年剥离费用随着工作线长度变化而发生变化,对于特定的矿床,理论上存在最经济的工作线长度,在年剥离费用增量不大时(增加2%～3%),经济工作线长度可适当地缩短和加长,且更适宜加长。根据以上分析,东露天煤矿首采区合理的工作线长度为 1.2～1.6 km,经济工作线长度为 1.40 km。

表 5-2 不同工作线长度时的剥离费用

工作线长度/km	0.5	1.0	1.2	1.4	1.6	1.8	2.0	2.5	3.0
剥离费用/千万元	69.50	66.50	63.88	63.75	64.50	65.63	66.75	69.75	73.63

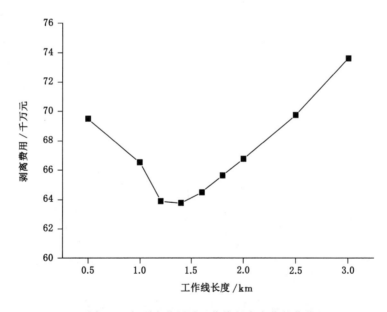

图 5-4　年剥离费用随工作线长度变化的曲线

② 影响条区划分的因素。影响条区划分的因素较多,不同的开采工艺其经济合理的工作线长度也不同,不同的矿山规模及煤岩赋存条件,其经济合理的工作线长度也不尽相同。本次初步设计推荐 4# 煤以上的岩石台阶采用单斗挖掘机—移动式破碎站—带式输送机—排土机的半连续开采工艺,下部台阶采用单斗挖掘机—卡车开采工艺,该工艺的工作线长度涉及带式输送机的投资和移设次数、新采掘带开切口的作业量和工作面的运距。工作线越长,带式输送机也越长,带式输送机投资增大,工作面运距加大,运输费用也加大;但生产剥采比减少,带式输送机移设次数和费用也减少,由于本矿煤层厚度大,煤层平均总厚度为34 m,工作线长度约为 1 400 m,年推进度仅为 260 m/a 左右,采掘带宽度为 40 m,工作面

带式输送机两采一移,带式输送机年移设 3～4 次,实现较容易。

③ 技术上分析采区工作线长度。首先,东露天矿田几何形状不甚规整,覆盖层厚度变化较大,主要是在露天矿田开采范围内分布多条冲沟。为经济合理地开发本矿田,需将矿田划分为若干采区,实行分区开采,初期条区宽度为 1.4 km,与矿田尺寸基本相适应。其次,根据安太堡、安家岭露天煤矿的经验以及国外使用相类似工艺露天煤矿经验,单斗挖掘机—卡车开采工艺年推进度为 350～520 m,轮斗—带式输送机连续开采工艺年推进度可达 300 m,东露天煤矿首采区工作线长度为 1.4 km 时,工作帮年推进度仅为 260 m 左右,给矿山扩大生产能力留有余地。再次,结合东露天煤矿的实际情况,每两个台阶作为一组,布置一套半连续工艺设备,可以充分发挥大型单斗挖掘机、移动式破碎站的效率,减少工作面带式输送机移设次数。

④ 从经济合理性分析工作线长度。工作线长度的经济性可以分两个时期:一是基建及过渡时期:工作线越长要求基建工程越大,投资也会相应增大;而工作线过小,则影响矿山的生产能力,使生产剥采比增大,同时也带来了生产设备投资的增加。工作线越长,工作面运输距离会加大,工作面的运输设备也会增加,但开切口的作业量减少。二是内排时期:工作线长度对剥离运距的影响更大,工作线短,由于端帮量的比重增加将使生产剥采比增大,剥采比随工作线长度变化的曲线见图 5-5。相比之下,生产比基建时间长得多也重要得多。

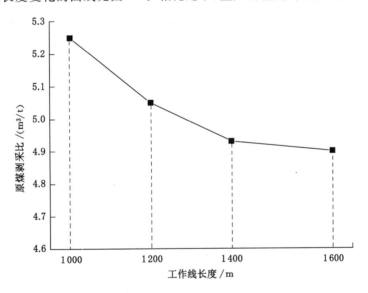

图 5-5　剥采比随工作线长度变化的曲线

综合上述各方面因素,在东露天煤矿首采区推荐的工作线长度即条区宽度为 1 400 m,一方面满足了最佳的经济效益,另一方面又满足采运设备高效的要求。

(2) 采区划分的依据

① 首采区及拉沟位置已经确定,即首采区选择在矿田的中部;拉沟位置选择在首采区的东部。

② 各采区实行内排压帮开采,其相邻的下一条区开采时压帮部分需二次重复剥离。

③ 为了减少条区间重复剥离和生产剥采比,采区间适当留有煤柱。考虑 4# 煤煤质较好,9#、11# 煤煤质较差,各分区开采时以 4# 煤层为界,确保 4# 煤煤量不减少。

④ 首采区条区宽度按照 1 400 m 划分,后期条区宽度结合矿田的形状可大于 1 400 m。

根据上述条件,结合矿田的几何形状、地质条件、开采工艺和开采接续等因素,提出两个采区划分方案,见图 5-6 和图 5-7。

方案一:除首采区沿倾向外,其余采区均为沿走向划分,将全矿田划分为 5 个采区,首采区以北西侧为二采区、东侧为三采区,首采区以南东侧为四采区、西侧为五采区。

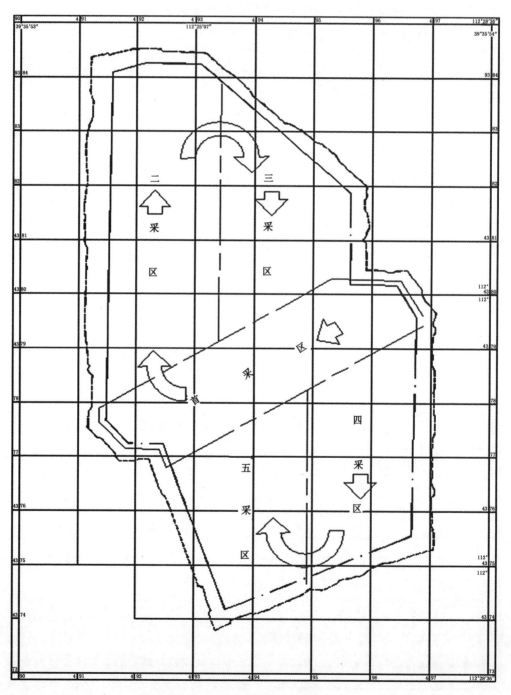

图 5-6　采区划分及开采程序示意图(方案一)

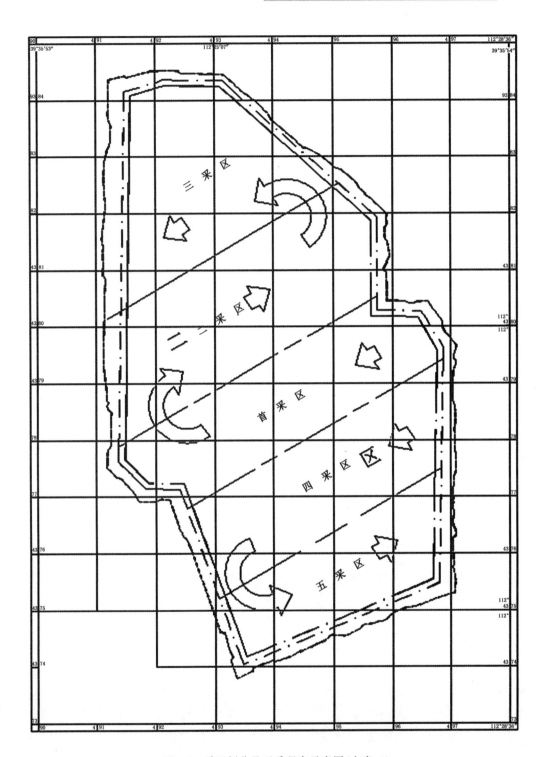

图 5-7　采区划分及开采程序示意图(方案二)

　　方案二:各采区均为沿倾向划分,将全矿田划分为 5 个采区,首采区向北依次为二采区、三采区,向南依次为四采区、五采区。

　　两方案均划分为 5 个采区,方案一需重新拉沟 1 次,90°转向 1 次,180°转向 2 次;方案二需重新拉沟 1 次,180°转向 3 次。两方案在技术上都可行,方案一中二采区煤质好,各个采区过渡容易,特别是三采区的采空区距四采区的拉沟位置近,可就近排土,因此推荐方案一。

　　(3) 各采(条)区的技术特征

　　各采区煤岩量及平均剥采比见表 5-3。

表 5-3　　　　　　　　　　　　　　　各采区煤岩量及平均剥采比

采区名称		首采区	二采区	三采区	四采区	五采区	全矿
采区平均宽度/m		1 400	1 877	2 222	2 096	1 830	
采区平均长度/m		5 150	5 436	3 245	3 146	3 650	
煤量 /万 t	毛煤	44 751.80	49 382.64	31 076.93	31 072.23	30 328.05	186 611.65
	原煤	40 039.22	46 399.35	25 166.38	27 315.57	25 347.62	164 268.14
剥离 /万 m³	黄土	48 007.79	49 559.01	28 953.48	32 996.19	24 157.29	183 673.76
	岩石	139 529.11	227 593.03	88 926.11	117 657.59	101 172.51	674 878.35
	二次剥离			20 400	7 830	18 020	46 250.00
	内剥离	2 412.97	3 455.97	1 947.72	1 741.96	1 556.85	11 115.47
	合计	189 949.87	280 608.01	140 227.31	160 225.74	144 906.65	915 917.58
剥采比 /(m³/t)	毛煤	4.24	5.68	4.51	5.16	4.78	4.91
	原煤	4.74	6.05	5.57	5.87	5.72	5.58

　　2. 开采顺序

　　(1) 开采顺序的确定

　　依据采区划分结果确定的开采顺序是首采区→二采区→三采区→四采区→五采区。即在首采区东部南北向拉沟,工作线向西推进至西部境界,经 90°转向进入二采区,工作线向北推进至北部境界,经 180°转向进入三采区直至结束;然后在四采区的北部重新拉沟,工作线向南推进至南部境界,经 180°转向进入五采区,工作线向北推进直至露天开采结束。该开采程序重新拉沟 1 次,90°转向 1 次,180°转向 2 次。

　　(2) 条区间的接续与过渡

　　根据确定的采区划分和开采顺序,各采区内及各采区间存在转向接续开采问题。由于本矿划分为 5 个采区,采区间会产生压帮问题,会发生重复剥离量,即条区之间的三角量在开采前一条区时已经剥离,后经内排掩埋,在开采相邻条区时,又要再一次剥离。为了减少条区间重复剥离和生产剥采比,采区间适当留有煤柱。考虑 4# 煤煤质较好,9#、11# 煤煤质较差,各分区开采时以 4# 煤层为界,确保 4# 煤煤量不减少。

　　东露天煤矿推荐半连续综合开采工艺,为适应工艺系统的要求,采区接续的过渡方式为扇形推进,该过渡方式可避免直角转向内排留沟而引起的外排占地,同时在转向时期剥、采、排工程可同步发展,对下部的汽车运输工艺而言,可采用双环内排运输方式,运输距离基本不变,有利于设备数量的稳定。

由于采区之间采用扇形过渡方式,在采区过渡期间,采运排工程同步发展,各工艺之间影响甚小,采煤工作基本不受影响,根据安太堡露天煤矿两次转向经验,只要生产组织得当,完全可以保证均衡生产和满足产量发展的要求。

(3)首采区土地类型、村庄以及道路情况

首采区位于整个矿田的中部,根据平朔东露天煤矿项目部提供的资料,首采区土地以耕地、其他农用地为主,有少部分建设用地,另外有一部分未利用地。

首采区的村庄主要有南洼村、乔二家村、榆岭乡、榆岭村、砖井村、北岭村、北水村、南水村等村庄。在拉沟区和排土区有影响的村还有梨园、西梁、南窑、东梁、南洼、乔前、乔后、榆岭村、砖井、北水、南水、梨阳坡、北岭、薛高登、李西沟、王高登、阳井沟等村镇。根据山西省城乡规划设计研究院 2006 年 7 月编制的《平朔煤炭工业公司东露天煤矿选址论证报告》,初期受煤炭开采和排土场占压影响的村庄有 17 个,1 611 户,7 206 人。

矿田东部有元(子河)~元(堡子)二级公路从设计的矿工业场地西边通过;陶村至王高登三级公路沿马关河北上,从杨涧、陶村洗煤厂工业场地西侧通过;其他各乡镇间均有简易公路相通。

5.1.1.3　露天煤矿移交标准、矿建工程量及建设工期

1. 露天煤矿移交标准

露天煤矿移交标准如下:

(1)采、运、排主要生产设备,即单斗挖掘机、移动式破碎站、带式输送机、排土机、推土机等组装完毕且完成试运转。

(2)露天煤矿采、运、排的道路运输系统已完成。

(3)矿建剥离工程完成 110.84 Mm³,并形成正常的剥采工作面,且备采煤量满足规定(2 个月以上),形成正常的采剥关系。

(4)移交时仅开采 4# 煤层,移交当年产量为 10.0 Mt/a。

(5)地面生产系统配套设施、运煤巷道系统及选煤厂已建成并且可以投入运行。

(6)配套的工业设施,如加油站、机修车间、地面站、调度室等均已建成。

2. 矿建剥离工程量

根据露天煤矿边坡稳定及设备作业的要求,露天煤矿基建拉沟地段的端帮为 35°,非工作帮由于不布设运输道路,仅从边坡稳定考虑,取 38°。由上述约束条件确定的矿建剥离量为 11 319.02 万 m³,其中黄土为 6 070.72 万 m³,岩石为 11 319.02 万 m³。具体基建工程量计算结果见表 5-4。

3. 建设工期

依据本矿实际生产状况,矿建剥离工程量以及设备订货、制造、安装等因素确定露天煤矿的建设工期为 24 个月,即建设时间从 2006 年 1 月 1 日开始,至 2007 年 12 月末为止,2008 年 1 月 1 日正式移交生产(包括 3 个月试生产期),移交生产能力为 10.00 Mt/a。矿建剥离工程的建设方式以外包为主,外包与自营相结合。

表 5-4   具体基建工程量计算结果

序号	台阶标高	剥离量/(万 m³)			煤量/(万 t)	备 注
		土	岩	合计		
1	1 420 m 以上	160.07		160.07		
2	1 410～1 420 m	434.57		434.57		
3	1 400～1 410 m	728.42		728.42		
4	1 390～1 400 m	809.85		809.85		
5	1 380～1 390 m	919.12		919.12		
6	1 370～1 380 m	960.17		960.17		
7	1 350～1 370 m	1 901.85	211.32	2 113.17		
8	1 340～1 350 m	156.69	887.88	1 044.57		① 产量移交标准为 50%。
9	1 320～1 340 m		1 715.14	1 715.14		② 回采煤量 121.83 万 t,可采 1.46 个月。
10	1 310～1 320 m		676.38	676.38		
11	1 290～1 310 m		952.90	952.90		
12	1 280～1 290 m		360.13	360.13		
13	1 260～1 280 m		375.49	375.49		
14	煤层顶～1 260 m		69.06	69.06		
15	4# 煤				21.46	
	小计	6 070.72	5 248.30	11 319.02		
	总计	11 319.02	21.46			

4. 移交当年工程量及主要设备

(1) 移交当年工程量

根据移交标准,按照生产剥采比均衡计算的原则,确定移交当年工程量为:土 32.69 Mm³,岩 47.10 Mm³,煤 10.00 Mt。移交当年剥采工程量具体见表 5-5。

表 5-5   移交当年剥采工程量表

项目名称		工程量
剥离量/Mm³	土	32.69
	岩	47.10
	合计	79.79
煤量/Mt		10.00
生产剥采比/(m³/t)		7.98

(2) 移交当年主要设备

根据移交工程量,移交当年采、运、排及主要辅助设备数量见表 5-6。

表 5-6　　　　　　　　　　移交当年采、运、排及主要辅助设备数量表

序号	设备名称	型号或其他参数	单位	数量	备　注
1	牙轮钻机	ϕ310 mm	台	5	岩层
2	牙轮钻机	ϕ150 mm	台	1	煤层
3	挖掘设备	55 m³ 级单斗挖掘机	台	4	剥离,引进
4	挖掘设备	25 m³ 级液压挖掘机	台	1	采煤、辅助,引进
5	自卸卡车	300 t 级	台	18	剥离,引进
6	自卸卡车	200 t 级	台	6	运煤,引进
7	移动式破碎站	Q=4 000 m³/h(5 600 m³/h)	台	2	剥离,引进
8	它移式破碎站	Q=3 000 t/h	台	1	煤层,引进
9	转载机	Q=6 000 m³/h	台	2	剥离,引进
10	带漏斗的受料车	Q=6 000 m³/h	套	2	剥离,引进
11	卸料车	Q=6 000 m³/h	台	2	剥离,引进
12	排土机	Q=6 000 m³/h	台	2	剥离,引进
13	带式输送机	B=1 800 mm	km	11.262	运岩石
14	带式输送机	B=1 600 mm	km	1.043	运煤
15	移设机	功率 320 hp	台	4	移胶带
16	履带运输车	T=300 t(130 kW)	台	1	破碎站移设,引进
17	前装机	斗容 17 m³	台	1	辅助采煤,引进
18	履带推土机	功率 860 hp	台	4	辅助采装,引进
19	履带推土机	功率 860 hp	台	2	排土,引进
20	轮式推土机	功率 330 kW	台	4	辅助,引进
21	铵油炸药车	载重 15 t	台	3	爆破
22	炮孔填塞机	功率 41 kW	台	2	爆破
23	洒水车	载重 80 t	台	2	辅助
24	静力式压路机	Y212/15(58.8 kW)	台	1	道路
25	震动式压路机	YZJ-10(73.5 kW)	台	1	道路
26	平路机	功率 285 hp	台	2	道路
27	爆破材料车	2 t	台	2	爆破
28	移动式液压碎石机	YSJ-1(110.3 kW)	台	1	二次破碎
29	电缆车		台	2	辅助,引进

注:1 hp=745.7 W。

5.1.1.4　剥采比及开采进度计划

1. 剥采比

(1) 自然剥采比

设计在已建立的矿床地质开采模型基础上,利用计算机对首采区、二采区的煤、岩量按采掘发展关系进行了分阶段计算,阶段步长为 200 m,其计算结果见表 5-7 和表 5-8。根据表中的煤、岩量关系绘制的自然剥采比曲线见图 5-8。

表5-7　首采区煤岩量关系汇总表

阶段	纯煤/Mt	毛煤/Mt	原煤/Mt	土/Mm³	岩/Mm³	剥离总量/Mm³	阶段剥采比/(m³/t)	累计原煤/Mt	累计剥离量/Mm³	累计剥采比/(m³/t)
1	1.64	2.00	1.75	59.1	51.75	110.85	63.34	1.75	110.85	63.34
2	30.23	36.40	32.39	108.91	96.09	205.00	6.33	34.14	315.85	9.25
3	19.88	24.23	21.28	39.77	59.47	99.24	4.66	55.42	415.09	7.49
4	15.62	19.07	16.70	24.86	55.84	80.70	4.83	72.12	495.79	6.87
5	15.89	19.83	16.99	20.55	73.01	93.56	5.51	89.11	589.35	6.61
6	17.93	22.72	19.19	20.42	73.84	94.26	4.91	108.30	683.61	6.31
7	20.26	25.24	21.68	33.23	69.75	102.98	4.75	129.98	786.59	6.05
8	24.93	31.02	26.68	31.46	85.68	117.14	4.39	156.66	903.73	5.77
9	27.00	32.83	28.89	26.63	93.38	120.01	4.15	185.54	1 023.74	5.52
10	26.25	31.87	28.10	20.11	83.94	104.05	3.70	213.64	1 127.79	5.28
11	24.01	30.07	25.67	27.86	84.86	112.72	4.39	239.31	1 240.51	5.18
12	19.19	24.36	20.49	24.79	90.64	115.43	5.63	259.80	1 355.94	5.22
13	22.39	27.73	23.92	25.44	114.14	139.58	5.84	283.72	1 495.52	5.27
14	21.81	25.93	23.28	17.96	87.75	105.71	4.54	307.00	1 601.23	5.22
15	19.21	22.66	20.51	11.20	81.95	93.15	4.54	327.51	1 694.38	5.17
16	19.75	23.74	21.11	6.10	84.86	90.96	4.31	348.62	1 785.34	5.12
17	17.10	20.96	18.26	4.21	63.67	67.88	3.72	366.88	1 853.22	5.05
18	13.69	16.56	14.60	0	36.29	36.29	2.49	381.48	1 889.51	4.95
19	11.07	13.54	11.81	0	13.57	13.57	1.15	393.29	1 903.08	4.84

表 5-8　　　　　　　　　　　　　　　　　煤岩量关系表

块段	块段原煤/万 t	块段剥离/万 m³				块段剥采比/(m³/t)	累计煤量/万 t	累计剥离量/万 m³	累计剥采比/(m³/t)
		松散层	岩石	内剥离	合计				
1-1	2 801.19	14 449.56	12 176.74	145.50	26 771.80	9.56	2 801.19	26 771.80	9.56
1-2	1 373.12	3 150.17	3 532.25	76.91	6 759.33	4.92	4 174.31	33 531.13	8.03
1-3	1 264.21	2 342.81	3 498.50	74.63	5 915.94	4.68	5 438.52	39 447.07	7.25
1-4	1 141.92	1 940.94	3 661.02	69.02	5 670.98	4.97	6 580.44	45 118.05	6.86
1-5	1 205.40	1 873.79	4 501.01	80.49	6 455.29	5.36	7 785.84	51 573.34	6.62
1-6	1 334.44	1 627.09	5 070.18	88.96	6 786.23	5.09	9 120.28	58 359.57	6.40
1-7	1 233.62	1 493.91	5 018.67	78.05	6 590.63	5.34	10 353.90	64 950.20	6.27
1-8	1 340.11	1 851.80	4 898.25	81.60	6 831.65	5.10	11 694.01	71 781.85	6.14
1-9	1 676.70	2 319.69	5 636.85	96.97	8 053.51	4.80	13 370.71	79 835.36	5.97
1-10	1 773.42	1 828.71	5 785.93	108.32	7 722.96	4.35	15 144.13	87 558.32	5.78
1-11	1 869.84	1 775.13	6 111.98	120.67	8 007.78	4.28	17 013.97	95 566.10	5.62
1-12	2 048.50	1 570.37	6 297.88	140.18	8 008.43	3.91	19 062.47	103 574.53	5.43
1-13	1 784.05	1 226.25	5 567.70	121.42	6 915.37	3.88	20 846.52	110 489.90	5.30
1-14	1 879.23	1 614.39	6 113.01	131.75	7 859.15	4.18	22 725.75	118 349.05	5.21
1-15	1 619.94	1 617.96	5 717.72	124.12	7 459.80	4.60	24 345.69	125 808.85	5.17
1-16	1 640.72	1 597.55	6 697.92	120.40	8 415.87	5.13	25 986.41	134 224.72	5.17
1-17	1 798.06	1 676.87	7 073.46	120.86	8 871.19	4.93	27 784.47	143 095.91	5.15
1-18	1 795.58	1 329.36	6 744.79	101.05	8 175.20	4.55	29 580.05	151 271.11	5.11
1-19	1 510.13	1 018.78	5 924.52	72.97	7 016.27	4.65	31 090.18	158 287.38	5.09
1-20	1 467.78	738.24	6 118.85	64.23	6 921.32	4.72	32 557.96	165 208.70	5.07
1-21	1 469.66	397.40	6 001.68	66.67	6 465.75	4.40	34 027.62	171 674.45	5.05
1-22	1 472.41	236.83	5 730.40	71.76	6 038.99	4.10	35 500.03	177 713.44	5.01
1-23	1 321.42	214.48	4 628.93	70.48	4 913.89	3.72	36 821.45	182 627.33	4.96
1-24	3 217.77	115.71	7 020.87	185.96	7 322.54	2.28	40 039.22	189 949.87	4.74
2-1	4 042.34	12 077.31	33 018.94	264.13	45 360.38	11.22	44 081.56	235 310.25	5.34
2-2	2 328.34	1 384.62	9 811.89	172.89	11 369.40	4.88	46 409.90	246 679.65	5.32
2-3	1 729.54	1 123.13	9 097.45	140.82	10 361.40	5.99	48 139.44	257 041.05	5.34
2-4	2 122.31	1 193.91	10 314.35	175.35	11 683.61	5.51	50 261.75	268 724.66	5.35
2-5	1 827.32	1 587.46	10 297.62	156.87	12 041.95	6.59	52 089.07	280 766.61	5.39
2-6	2 121.56	2 664.41	12 618.34	180.77	15 463.52	7.29	54 210.63	296 230.13	5.46
2-7	2 062.13	2 362.63	11 853.11	175.78	14 391.52	6.98	56 272.76	310 621.65	5.52
2-8	2 115.11	2 658.31	11 435.73	178.68	14 272.72	6.75	58 387.87	324 894.37	5.56
2-9	1 995.34	2 633.29	10 092.87	165.07	12 891.23	6.46	60 383.21	337785.60	5.59
2-10	2 092.82	3 162.13	10 340.82	175.99	13 678.94	6.54	62 476.03	351 464.54	5.63
2-11	2 077.09	3 069.35	10 371.01	177.65	13 618.01	6.56	64 553.12	365 082.55	5.66
2-12	2 105.07	3 178.41	11 145.33	166.51	14 490.25	6.88	66 658.19	379 572.80	5.69
2-13	2 249.89	3 346.25	11 529.01	161.09	15 036.35	6.68	68 908.08	394 609.15	5.73
2-14	2 103.09	3 191.47	10 782.05	139.15	14 112.67	6.71	71 011.17	408 721.82	5.76
2-15	2 062.43	2 743.60	10 354.78	133.73	13 232.11	6.42	73 073.60	421 953.93	5.77
2-16	1 991.97	1 895.54	10 073.49	126.27	12 095.30	6.07	75 065.57	434 049.23	5.78
2-17	2 090.50	973.87	10 529.71	149.25	11 652.83	5.57	77 156.07	445 702.06	5.78
2-18	2 193.78	259.38	10 136.99	164.52	10 560.89	4.81	79 349.85	456 262.95	5.75
2-19	1 866.97	53.94	7 967.78	152.83	8 174.55	4.38	81 216.82	464 437.50	5.72
2-20	3 420.01	0.00	5 821.76	298.62	6 120.38	1.79	84 636.83	470 557.88	5.56
合计	84 636.87	97 566.80	367 122.14	5 868.94	470 557.90	5.56			

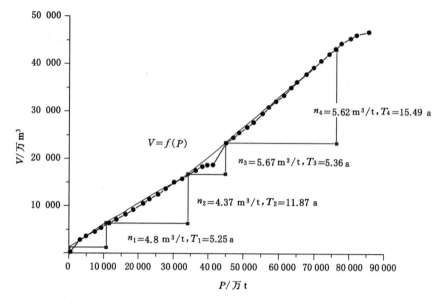

图 5-8 自然剥采比曲线

（2）生产剥采比

① 生产剥采比均衡原则。均衡后的剥采比尽量接近自然剥采比曲线，以减少超前剥离量。每段均衡剥采比应确保一定的服务年限，相邻两期剥采比之间不发生大的跳动，以保持采、运、排设备的相对稳定。

② 生产剥采比。根据上述生产剥采比均衡原则，根据计算的自然剥采比变化趋势，为提高初期效益，对首采区、二采区剥采比进行了均衡，均衡结果如下：

第一期生产剥采比为 $4.83\ m^3/t$，均衡生产 5.25 a；

第二期生产剥采比为 $4.37\ m^3/t$，均衡生产 11.87 a；

第三期生产剥采比为 $5.67\ m^3/t$，均衡生产 5.36 a；

第四期生产剥采比为 $5.62\ m^3/t$，均衡生产 15.49 a。

2. 开采进度计划

（1）开采进度计划编制的依据和原则

① 设计规模为 20.0 Mt/a；

② 为减少投资、加快进度，矿建剥离工程以外包为主；

③ 充分利用设计确定的开采工艺各工艺环节的生产能力；

④ 均衡后的生产剥采比；

⑤ 本开采进度计划，以年度为编制单元，自达产之日起共计 20 年。

（2）开采进度计划

开采进度计划详见表 5-9。

（3）土地使用计划

根据开采进度计划，用地计划见表 5-10。

表 5-9　开采进度计划表

项目	单位	基建期			过渡期		达产一期					过渡期		达产二期							过渡期	达产三期				
		0.5	1.5~2.5	小计	1	2	1	2	3	4	5	6	7	8	9	10	11	12	13	14	15	16	17	18	19	20
原煤量	Mt/a		0.21	0.21	10.00	15.00	20.00	20.00	20.00	20.00	20.00	20.00	20.00	20.00	20.00	20.00	20.00	20.00	20.00	20.00	20.00	20.00	20.00	20.00	20.00	20.00
原煤累计量	Mt		0.21	0.21	10.21	25.21	45.21	65.21	85.21	105.21	125.21	145.21	165.21	185.21	205.21	225.21	245.21	265.21	285.21	305.21	325.21	345.21	365.21	385.21	405.21	425.21
松散层 外包量	Mm³/a	18.79	20.59	39.38	26.89	36.47	29.84	37.60	32.50	26.08	23.68	22.84	19.34	17.90	17.52	16.53	17.28	17.00	17.29	17.57	14.38	27.91	22.70	20.30	20.30	20.30
松散层 自营量	Mm³/a	21.33	0.00	21.33	5.80	4.66	9.68	2.10													14.00					
松散层 合计	Mm³/a	40.12	20.59	60.71	32.69	41.13	39.52	39.70	32.50	26.08	23.68	22.84	19.34	17.90	17.52	16.53	17.28	17.00	17.29	17.57	28.38	27.91	22.70	20.30	20.30	20.30
岩石 外包量	Mm³/a	24.12	22.93	47.05	20.21	14.71	29.16	21.40	26.50	32.92	35.32	36.16	39.66	41.10	41.48	42.47	41.72	42.00	41.71	41.43	58.62	45.09	50.30	52.70	52.70	52.70
岩石 自营量	Mm³/a	0.00	5.43	5.43	26.89	45.47	27.92	35.50	37.60	37.60	37.60	37.60	31.88	29.20	29.20	29.20	29.20	29.20	29.20	29.20	22.88	43.00	43.00	43.00	43.00	43.00
岩石 合计	Mm³/a	24.12	28.36	52.48	47.10	60.18	57.08	56.90	64.10	70.52	72.92	73.76	71.54	70.30	70.68	71.67	70.92	71.20	70.91	70.63	81.50	88.09	93.30	95.70	95.70	95.70
剥离合计 外包量	Mm³/a	42.91	43.52	86.43	47.10	51.18	59.00	59.00	59.00	59.00	59.00	59.00	59.00	59.00	59.00	59.00	59.00	59.00	59.00	59.00	73.00	73.00	73.00	73.00	73.00	73.00
剥离合计 自营量	Mm³/a	21.33	5.43	26.76	32.69	50.13	37.60	37.60	37.60	37.60	37.60	37.60	31.88	29.20	29.20	29.20	29.20	29.20	29.20	29.20	36.88	43.00	43.00	43.00	43.00	43.00
剥离合计 合计	Mm³/a	64.24	48.95	113.19	79.79	101.31	96.60	96.60	96.60	96.60	96.60	96.60	90.88	88.20	88.20	88.20	88.20	88.20	88.20	88.20	109.88	116.00	116.00	116.00	116.00	116.00
剥离量累计	Mm³/a	64.24	113.19	113.19	192.98	294.29	390.89	487.49	584.09	680.69	777.29	873.89	964.77	1 052.97	1 141.17	1 229.37	1 317.57	1 405.77	1 493.97	1 582.17	1 692.05	1 808.05	1 924.05	2 040.05	2 156.05	2 272.05
原煤生产剥采比	m³/t				7.98	6.75	4.83	4.83	4.83	4.83	4.83	4.83	4.54	4.41	4.41	4.41	4.41	4.41	4.41	4.41	5.49	5.80	5.80	5.80	5.80	5.80
松散层比例	%	62.45	42.06	53.6	40.97	40.60	40.91	41.10	33.64	27.00	24.51	23.64	21.28	20.29	19.86	18.74	19.59	19.27	19.60	19.92	25.83	24.06	19.57	17.50	17.50	17.50
单斗汽车剥离松散层	Mm³/a							18.40	11.20	4.78	2.38	1.54	3.76	5.00	4.62	3.63	4.38	4.10	4.39	3.67	3.88	1.61	0.00	0.00		
自卸卡车运松散层运距	km					2.30	2.40	2.30	2.40	2.40	2.40	2.40	2.40	2.40	2.40	2.40	2.40	2.40	2.40	2.40	2.40	2.60	2.80	2.90	2.90	2.70
单斗汽车工艺剥离岩石	Mm³/a	20.61	25.13		28.00	20.18	10.40	17.60	24.02	26.42	27.26	25.04	23.80	24.18	25.17	24.42	24.70	24.41	25.13		35.00	41.59	43.20	43.20	43.20	43.20

续表 5-9

项目	单位	基建期 0.5	基建期 0.5~1.5	基建期 1.5~2.5	基建期 小计	过渡期 1	过渡期 2	生产期 达产一期 1	2	3	达产一期 4	5	过渡期 6	7	达产二期 8	9	10	11	12	13	14	过渡期 15	达产三期 16	17	18	19	20
自卸卡车运距	km					4.33	4.67	2.60	2.40	2.20	2.10	2.10	2.10	2.10	2.10	2.10	2.10	2.10	2.10	2.10	2.10	2.10	2.20	2.40	2.40	2.50	2.40
间断工艺剥离量	Mm³/a					20.61	20.18	28.00	28.00	28.00	28.00	28.00	28.00	28.00	28.00	28.00	28.00	28.00	28.00	28.00	28.00	42.00	42.00	42.00	42.00	42.00	42.00
半连续工艺剥离岩石	Mm³/a					20.69	26.34	21.32	31.00	31.00	31.00	31.00	31.00	31.00	31.00	31.00	31.00	31.00	31.00	31.00	31.00	31.00	31.00	31.00	31.00	31.00	31.00
半连续工艺剥离量	Mm³/a			5.43	5.43	26.49	31.00	31.00	31.00	31.00	31.00	31.00	31.00	31.00	31.00	31.00	31.00	31.00	31.00	31.00	31.00	31.00	31.00	31.00	31.00	31.00	31.00
自营剥离量合计	Mm³/a				5.43	47.10	51.18	59.00	59.00	59.00	59.00	59.00	59.00	59.00	59.00	59.00	59.00	59.00	59.00	59.00	59.00	73.00	73.00	73.00	73.00	73.00	73.00
单斗自卸卡车工艺套数	套			2		2	2	2	2	2	2	2	2	2	2	2	2	2	2	2	2	3	3	3	3	3	3
半连续工艺套数	套					2	2	2	2	2	2	2	2	2	2	2	2	2	2	2	2	2	2	2	2	2	2
运剥离 300t级卡车	台					18	18	18	18	18	18	18	18	18	18	18	18	18	18	18	18	25	25	25	25	25	25
运煤 200t级卡车	台					6	12	12	12	12	12	12	12	12	12	12	12	12	12	12	12	12	12	12	12	12	12

表 5-10　　　　　　　　　　　　　用地计划表

序号		用地面积/hm²				备注
		采掘场	外排土场	其他	合计	
1	达产年末	473.04	790.81	195.99	1 459.84	
2	达产年末至达产第 5 年末	359.92			359.92	新增
3	达产第 6 年末至达产第 10 年末	300.56			300.56	新增
4	达产第 11 年末至达产第 15 年末	280.62			280.62	新增
5	达产第 16 年末至首采区开采结束	291.25			291.25	新增
6	二采区开采结束	1 366.02			1 366.02	新增
7	三采区开采结束	527.35			527.35	新增
8	四采区开采结束	861.66			861.66	新增
9	五采区开采结束	216.84			216.84	新增
10	合计	4 677.26	790.81	195.99	5 664.06	

5.1.1.5　排土场及排弃计划

1. 外排土场位置及用途

(1) 外排土场位置选择的原则

外部排土场的选择必须考虑排土运距、排土场容量以及对采场、工业场地、居民区的影响等多方面因素。外部排土场位置确定后,它的建立与发展受地形、排土工艺等因素的制约。在外排土场范围确定后,排土场的地形起伏变化特征决定着排土场的容量,而不同的排土工艺又决定着不同的合理的排土段高、排土工作面平盘宽度以及排土场的建立和发展。

外排土场位置的选择遵循如下原则:

① 在不妨碍露天煤矿生产发展、尽量不占有露天已探明的储量,同时在保证边坡稳定的条件下,要尽量靠近采场,使外排运距较短,坡度适宜。

② 要避免大范围动迁村庄和尽量少占耕地、良田。

③ 据现有资料选择基础较稳定的地区,确保排土作业及周围设施安全。

④ 选择的外排土场位置应充分利用天然冲沟,尽量减少对周围环境的破坏。

⑤ 选择的位置应能容纳所有外排土量,并有一定的富裕。

⑥ 要符合环保要求,便于覆土造田。

(2) 外排土场位置选择

采掘场与排土场之间必须有运输道路相通,而且这些道路的位置还要随着采场推进不断变动。在保证生产安全和地面设施布置合理的情况下,排土场安排在尽可能靠近露天矿采掘场的位置上,其两者距离为 200～250 m,除考虑安全因素外,同时也应考虑地表联络道路、排水管路、供电线路等设施的布置要求。

根据上述排土场选择原则及外排总量要求(全部实现内排前总外排量 395.02 Mm³、需外排空间 414.77 Mm³),并结合推荐的拉沟位置、开采工艺、采区划分及开采程序,外排土场选择在首采区拉沟位置东北部(称为北排土场)和首采区南部沿帮排土场,作为东露天煤矿的外部排土场,并得到了中煤能源集团有限公司批复以及中投咨询有限公司肯定。

通过对外排土场进行更为详细的现场调查后发现,由于所选择的南排土场占地一大部分为农田,同时地形较高,而南排土场位于元元公路西南侧,基建期露天矿的外排要跨过元元公路,必然带来露天矿排土车辆与元元公路运输车流的交叉,存在着安全隐患。排土场地形高就意味着露天矿排土需要克服更大的高差。同时调查还发现在东露天矿工业场地的东侧的麻地沟是一条荒沟,对麻地沟进行回填,一方面可以作为露天矿的排土场,另一方面可以对麻地沟覆土造田。虽然麻地沟覆土造田排土场较南排土场运距远,但是与采场的高差小,到麻地沟覆土造田排土场当量运输功小,此项优化减少了外排土场所占用的农田,对麻地沟覆土造田 179.64 hm²,从而带来巨大的经济效益和社会效益。麻地沟覆土造田范围拐点坐标见表 5-11。

表 5-11　　　　　　　　　　　麻地沟覆土造田范围拐点坐标表

拐点号	X(N)	Y(E)
FT1	497 715.53	4 380 243.59
FT2	498 234.95	4 379 994.80
FT3	498 370.63	4 380 312.37
FT4	498 638.10	4 380 179.73
FT5	498 757.30	4 380 071.29
FT6	498 481.97	4 379 841.73
FT7	498 458.76	4 379 559.23
FT8	498 169.38	4 378 990.58
FT9	498 086.35	4 378 565.15
FT10	498 173.41	4 378 269.46
FT11	497 815.54	4 377 435.51
FT12	497 799.75	4 377 192.22
FT13	497 759.76	4 377 191.29
FT14	497 754.76	4 377 460.00
FT15	497 639.78	4 377 506.32
FT16	497 044.27	4 378 019.08
FT17	497 189.12	4 378 599.99
FT18	497 755.97	4 378 599.99
FT19	497 755.97	4 378 972.99
FT20	497 559.12	4 378 972.99
FT21	497 559.12	4 379 100.67
FT22	497 835.58	4 379 100.67
FT23	497 835.58	4 379 491.15
FT24	497 759.76	4 379 491.15
FT25	497 759.76	497 759.76
FT26	497 561.69	4 380 069.91

　　为了计算外排土场容量和自卸卡车与排土机排土量的方便,北排土场分为东部的排土机排土场和西部的卡车排土场。而实际上东部的排土机排土场 1 400 m 水平以下采用卡车推土机排土。确定的北排土场境界拐点坐标见表 5-12。

表 5-12　　　　　　　　　　　北排土场境界拐点坐标表

拐点号	X(N)	Y(E)
WB1	494 591.99	4 382 000.00
WB2	494 591.99	4 381 006.65
WB3	495 197.32	4 380 742.91
WB4	496 259.23	4 380 725.67
WB5	496 815.65	4 380 589.67
WB6	497 006.69	4 380 247.23
WB7	497 465.30	4 380 722.27
WB8	497 636.53	4 380 670.64
WB9	498 100.54	4 381 741.87
WB10	498 192.30	4 381 702.12
WB11	498 527.61	4 382 476.24
WB12	497 750.45	4 382 812.86
WB13	497 306.25	4 382 861.51
WB14	496 462.43	4 382 664.31
WB15	495 902.60	4 382 188.93
WB16	495 902.60	4 382 000.00

　　北排土场选择在首采区拉沟位置的东北部,距采掘场较近,可以利用天然冲沟,能满足外排量的要求。北排土场部分排土场布置在露天矿田境界内,初期能够降低露天矿剥离物的运输距离,降低露天矿投资和生产费用,但是后期需要进行二次剥离。排土场布置在露天矿田境界外,与布置在露天矿田内正好相反,其经济效益比较见表 5-13,从表 5-13 中可以看出露天矿排土场选择在露天矿田境界之内,初期的经济效益明显优于选择在露天矿田之外,虽然排土场布置在露天矿田境界内需要进行二次剥离,但是二次剥离发生的时间在 40 a 以后,40 a 后发生的费用贴现到开工年仅为当前费用的 2% 左右。排土场布置在露天矿田境界之内在能够取得经济效益的同时,另一方面减少了永久占地,节约了土地资源。因此设计推荐排土场布置在露天矿田境界内方案。

表 5-13　　　　　　排土场选择露天矿田境界内外经济效益比较表

比较指标	排土场布置在境界内方案	排土场布置在境界外方案
排土量/Mm³	9 600	9 600
占地面积/hm²	160	128
运输距离/km	2.58	4.77
购地费用/万元	19 392	15 513

表 5-13（续）

比较指标	排土场布置在境界内方案	排土场布置在境界外方案
初期运输设备投资/万元	41 716	62 574
生产费用现值/万元	36 354	67 213
重复剥离费用现值/万元	2 144.14	0
费用现值合计/万元	99 606.14	145 300

外排土场位置及用途分述如下：

① 北排土机排土场：位于露天矿首采区的东北部，北卡车排土场东，仅靠露天矿最终地表境界布置。该排土场主要用于排土机排土，但排土机排土线的建设以及乔二家沟 1 400 m 水平以下需由卡车排弃完成。

② 北卡车排土场：位于露天矿首采区的北部，仅靠首采区北部地表境界布置，主要用于全内排前自营剥离物的卡车排弃。

③ 麻地沟覆土造田排土场：位于露天矿首采区的东部，紧靠工业场地东侧，主要用于覆土造田，减少外排占地。

2. 外排土场范围内土地类型及村庄情况

（1）北排土场

北排土场位于拉沟区的北侧，主要沿乔二家沟布设。北排土场主要占用平鲁区下面高乡南洼村、榆岭乡乔前村、乔后村、西石湖村、薛家港村、榆岭村和砖井村等村的土地。根据平朔煤炭工业公司东露天煤矿建设项目土地预审资料，北排土场内主要土地类型为农用地（包括耕地和其他农用地）、建设用地和未利用土地。

北排土场范围内现有乔二家村、薛家江村须搬迁。

（2）麻地沟覆土造田排土场

麻地沟覆土造田排土场位于工业场地的东侧，主要是填平麻地沟进行覆土造田。麻地沟覆土造田排土场主要占用平鲁区榆岭乡韩家港村、薛家港村、砖井村、上面高村、红崖沟村和枪风岭村等村的土地。麻地沟覆土造田排土场主要土地类型为未利用土地和农用地。

麻地沟覆土造田排土场范围位于麻地沟内，没有村庄搬迁问题。

3. 外排土场技术参数和排弃参数

（1）外排土场技术参数

① 北排土机排土场。在首采区东北部，发现了两个陷落柱以及 4# 煤层风氧化严重，初步设计将此位置划入露天开采境界外。故此处也作为外排土场的一部分。北排土机排土场位于采场东北部，距采场地表境界不小于 200 m，选定的北排土机排土场东西长约 2.5 km，南北宽约 2.10 km，占地面积为 311.11 hm²。场地内沟谷纵横，最大冲沟乔二家沟由西向东横穿排土场，被排土场截断后，需做疏水处理。排土场内地表西北高、东北低，地形坡度除沟谷边缘外，一般为 4°～5°。

② 北卡车排土场。北卡车排土场仅临北排土机排土场，距首采区地表境界不小于 180 m，北排土机排土场东西长约 2.9 km，南北宽约 1.3 km，占地面积为 300.06 hm²。场地内有一些小型冲沟，主要是乔二家沟的沟头及其冲沟。排土场内西高、东低，地形坡度较缓。排土场范围内现有南洼村须搬迁。麻地沟覆土造田在露天煤矿建设时期，为了减少卡车的

运输距离,降低运输成本,在首采区东部境界以外,选择有麻地沟覆土造田排土场。覆土造田范围宽约 1.0 km,南北长约 2.8 km,占地面积为 179.64 hm²。

(2) 外排土场排弃参数

根据设计选定的开采工艺,露天矿的排弃方式分为两种:排土机排土场和推土机排土场。排土机排土场承担剥离半连续工艺剥离物的排弃,位置在北排土场东侧;推土机排土场承担单斗挖掘机-自卸卡车工艺系统剥离物的排弃,位置在北排土场西部和南排土场。

考虑本矿田的水文地质、气候条件、岩土物理力学性质、运输及排弃方式、外排土场地形、地貌等因素确定外排土场排弃参数(见表 5-14)。卡车推土机排土参数见图 5-9。排土机排土参数见图 5-10。

表 5-14   外排土场排弃参数

项目	单位	北排土机排土场	北卡车排土场	麻地沟覆土造田排土场
占地面积	hm²	311.11	300.06	179.64
最终排弃标高	m	1 490	1 490	1 390
总排弃高度	m	120	80	50
台阶高度	m	30	20	20~30
最终稳定边坡角	(°)	22	22	22
排土场容量	Mm³	252.32	156.87	25.25
最大排土台阶数	个	4	4	2
排土台阶标高	m	1 430	1 430	1 365
		1 445	1 450	1 390
		1 475	1 470	
		1 490	1 490	

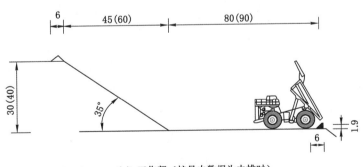

(a) 工作帮(扩号内数据为内排时)

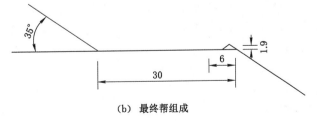

(b) 最终帮组成

图 5-9 卡车推土机排土参数图(单位:m)

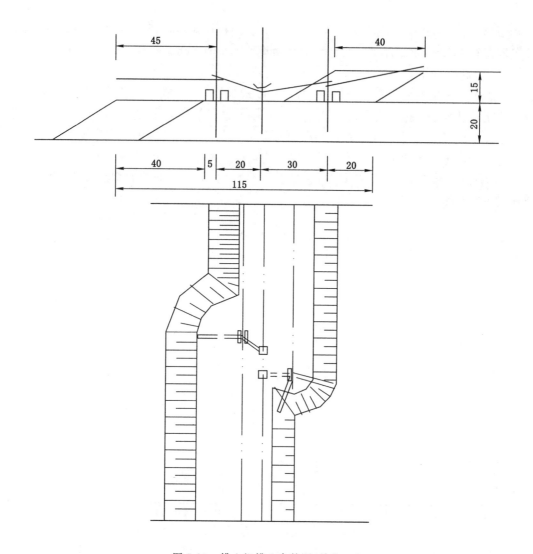

图 5-10　排土机排土参数图(单位:m)

4. 排弃进度计划

本矿外排土场有北排土场和麻地沟覆土造田排土场两个,其中麻地沟覆土造田排土场可安排 25.25 Mm³ 的排弃量,主要承担基建期采掘场南部的外包剥离,移交前将全部排满。北排土场主要承担基建期以及全内排前,外包、自营单斗卡车工艺以及半连续工艺的剥离物。基建时期主要采用卡车-推土机排土方式,在具体年度计划安排时应考虑为以后投入剥离半连续工艺创造条件,将 2 套排土机及排土线的初始路堤修筑好,以便于胶带-排土机系统的投入。

本矿于达产当年开始内排,首先安排用最深部的岩石剥离物在采掘场底部建立卡车—推土机排土台阶,由下而上逐一发展。单斗—卡车部分的剥离物首先安排内排,接着安排剥离半连续工艺系统内排,最后安排外包剥离的剥离物内排,最终实现全部内排。实现全部内排时间拟定在达产第四年年末。外排结束时,外排土场总排弃量为 395.02 Mm³(实方),外排土场尚富余少量容量为 19.67 Mm³(松方),且主要为北卡车排土场富余容量。

5.1.2　单一井工矿区建设技术

单一井工矿区建设主要包括以下 5 个方面:① 工业广场建设;② 井筒开拓方案;③ 井底车场布置;④ 大巷开拓;⑤ 采区布置。

5.1.2.1　工业广场建设

安家岭露天矿 1998 年开工建设,2001 年 6 月试生产,为充分利用安家岭露天矿已建成的公用设施和已征土地,井工矿工业场地宜采用与安家岭露天矿工业广场联合布置。根据露天矿地面建筑布置特点,结合矿井开拓总体部署,工业场地位置有三处选择:第一处是安太堡车站南侧、安家岭露天矿选煤厂西边,即已拆迁的上窑村(上窑村场地);第二处是安太堡车站北侧、安家岭露天矿选煤厂北边,为露天矿采矿部的平台(采矿部场地);第三处是选煤厂北侧平台(装车站场地)。三处场地均能满足井工矿地面设施布置要求,其中上窑村场地和采矿部场地也可满足副井工业场地设施布置要求,但各具优缺点。

1. 上窑村场地

上窑村场地位于七里河河床北、安家岭露天矿工业场地西北边已拆迁的上窑村一带,场地长 400 m、宽 120 m,面积为 4.8 hm²,场地标高为 1 253~1 270 m。

上窑村场地主要优点是:① 主、副井可以集中布置,工业场地距离露天矿办公楼近,便于集中管理;② 场地标高低,同一倾角时主、副、风井总长度 605 m;③ 井工矿与露天矿直接干扰小;④ 矿井储煤场可以兼顾地方煤收购。

上窑村场地主要缺点是:① 井工矿工业场地位于露天矿工业场地的上风向,对露天矿工业场地尤其是选煤厂污染大;② 虽然矿井距离露天矿办公楼近,但露天矿办公楼北 100 m 就是储煤堆,周围污染大、环境差;③ 矿井新建原煤储运系统需增加投资约 3 000 万元,同时需改造洗煤厂低硫煤仓和中硫煤仓的仓顶结构,对选煤厂影响大;④ 矿井原煤只能进入选煤厂的配煤仓,不利于选煤厂的生产管理,造成配煤环节复杂。

2. 采矿部场地

采矿部场地位于安太堡铁路专用线北侧,为安家岭露天矿采矿部的平台。场地标高为 1 271~1 287 m,场地长 200 m、宽 200 m,面积为 4.0 hm²,仅建有采矿部浴室和任务交代室办公楼一座。

采矿部场地的主要优点是:① 矿井工业场地位于安太堡铁路专用线北侧,对露天矿主要场地尤其是选煤厂污染小,新建的露天矿办公楼周围无污染,环境好;② 主、辅井筒可以集中布置,便于矿井集中管理,同时可以充分利用露天矿的储煤系统,减少投资;③ 利用露天矿既有的原煤储运系统,配煤环节简单,便于生产管理;④ 井下有利于矿井向东西两翼发展,地面有利于矿井规模的扩大。

采矿部场地主要缺点是:① 场地标高比上窑村高 25~35 m,比主斜井井底低 30 m,主、副斜井和回风井井筒增长;② 要对露天矿既有储煤系统进行改造,对露天矿生产影响大。

3. 装车站场地

位于安家岭选煤厂铁路环线装车站的北侧,场地标高为 1 250~1 255 m,其东边冲沟回填标高在 1 248 m 左右。场地南北长 200 m,东西宽 100~200 m,面积为 3 hm² 左右。可布置主斜井井口及地面生产系统。

装车站场地主要优点是在露天矿既有储煤堆南侧,井工可独立建设第四个储煤堆,共用选煤厂 1# 转载点至中硫煤分配仓胶带栈桥,选煤厂无须任何改造。有利于选煤厂配煤自动化管理,有利于露天矿工业场地和选煤厂的环境保护,对安家岭露天矿的正常生产和管理干扰最小。其缺点是井工矿建设第四个储煤堆增大投资约 810 万元。

综合上述三处工业场地的优缺点分析比较,认为工业场地布置有四种组合:第一种是主、副井集中布置在铁路北侧采矿部场地,风井布置在铁路南侧篮球场平台上;第二种组合是主、副井集中布置在铁路南侧上窑村场地;第三种组合是采矿部场地和上窑村场地联合布置,将主斜井布置在采矿部场地,副斜井布置在上窑村场地,风井布置在铁路南侧篮球场平台上;第四种组合是装车站场地和上窑村两个场地联合布置,将主斜井布置在装车站场地,副斜井布置在上窑村场地,风井布置在篮球场平台东边。

5.1.2.2 井筒开拓方案

上窑(太西)采区,4# 煤层在工业场地处埋深为 105～165 m,9# 煤层埋深为 150～200 m,故上窑(太西)采区采用斜井开拓方式。根据矿井设计生产能力和井田(采区)范围,井田开拓方式采用主斜井、副斜井和回风斜井。

上窑(太西)采区,根据地面场地特点,主、副、风井有集中布置与分散布置方案,因主井位置不同,设计提出了Ⅲ类四个方案:方案Ⅰ是主井位于采矿部场地;方案Ⅱ是主井位于上窑村场地;方案Ⅲ是主井位于装车站场地。对于副井位置,方案Ⅱ和方案Ⅲ均位于上窑村场地,方案Ⅰ有上窑村场地的方案Ⅰa和采矿部场地的方案Ⅰb两个亚方案。对于风井均位于既有职工生活区北侧的篮球场平台及其东边空地上。

1. 矿井开拓方案特征

(1) 方案Ⅰa

主斜井井口标高为 +1 284.5 m、井底标高为 +1 120.0 m、倾角为 14°,斜长为 680 m,井筒断面净宽为 5 000 mm,铺设带宽 1 600 mm 带式输送机。副斜井井口布置在上窑村场地的东端,标高为 +1 255.0 m、井底标高为 +1 150.0 m,倾角为 5.5°,斜长为 1 154 m,井筒断面净宽为 5 000 mm,采用无轨胶轮车辅助运输;副斜井井筒在铁路车站路基下 25 m 由西南向东北垂直穿过,约 270 m 转向西北平行于主斜井开拓到标高 +1 150.0 m 井底。回风斜井井口标高为 +1 261.0 m,井底标高为 +1 120.0 m,倾角为 22°,斜长为 376 m,井筒断面净宽为 1 600 mm,用于回风兼作安全出口。

井田内 4−1#、4−2#、5# 煤层为低硫煤,9#、11# 煤层为中高硫煤,两层煤平均间距为 40 m 左右。矿井初期为露天矿配煤,只采低硫煤,故设计将低硫煤组与中高硫煤组分别划分水平,一水平开采 4−1#、4−2#、5# 煤层,二水平开采 9#、11# 煤层;为了简化矿井开拓系统,同时预留发展余地,设计取消井底煤仓,一、二水平分别布置主斜井提升系统,初期建设一水平主斜井,预留二水平主斜井。二水平副斜井和回风斜井均在一水平的副斜井与回风斜井井底采用暗斜井延伸。

一水平大巷沿 4# 煤层布置,二水平大巷沿 9# 煤层布置。每组大巷由胶带运输巷、辅助运输巷和回风巷三条组成。大巷布置形式为:上窑采区沿 X = 1 369 000 m 纬线东西布置,太西采区沿 A71 钻孔与 532 钻孔连线和 X = 1 367 100 m 纬线南北布置。

(2) 方案Ⅰb

主斜井、回风斜井布置特征与方案Ⅰa相同。副斜井布置在铁路北侧采矿部场地与主斜井集中布置,副斜井井口标高为 +1 287.0 m、井底标高为 +1 150.0 m、倾角为 6°、斜长为

1 361 m,井筒断面净宽为 5 000 mm,采用无轨胶轮车辅助运输。

方案Ⅰb 的水平划分方式、大巷层位、大巷布置形式等均与方案Ⅰa 相同。

（3）方案Ⅱ

主斜井、副斜井和回风斜井均布置在上窑村场地的西、东两端,主斜井井口标高为 +1 260 m、井底标高为 +1 150 m,倾角为 14°,斜长为 455 m,井筒断面净宽为 5 000 mm, 铺设带宽为 1 600 mm 的带式输送机。副斜井与方案Ⅰa 相同,即井口标高为 +1 255.0 m、 井底标高为 +1 150.0 m、倾角为 6°、斜长为 1 063 m,井筒断面净宽为 5 000 mm,采用无轨 胶轮车辅助运输。回风斜井井口标高为 +1 260 m、井底标高为 +1 150 m、倾角为 22°、斜长 为 294 m,井筒断面净宽为 4 600 mm,用于回风兼作安全出口。

方案Ⅱ的水平划分方式、大巷层位与方案Ⅰa 相同,大巷布置形式:上窑采区沿 $Y=$ 37 487 000 m 经线南北布置,太西采区沿 A71 钻孔与 532 钻孔连线和 $Y=37\ 486\ 000$ m 经 线南北布置。为了简化矿井开拓系统,同时预留发展余地,设计同样取消井底煤仓,一、二水 平分别布置主斜井提升系统,初期建设一水平主斜井,预留二水平主斜井。二水平副斜井和 回风斜井均在一水平的副斜井与回风斜井井底采用暗斜井延伸。

（4）方案Ⅲ

主斜井位于装车站北侧,井口标高为 +1 255 m,井底标高为 +1 120 m,倾角为 12°,斜 长为 649 m,井筒断面净宽为 5 000 mm,铺设带宽为 1 600 mm 的带式输送机;副斜井布置 方式与方案Ⅰa 相同;回风斜井布置在既有职工生活区的东北角,紧邻露天矿进矿道路,进 口标高为 +1 258 m,井底标高为 +1 120 m,倾角为 22°,斜长为 368 m,井筒断面净宽为 46 000 mm,用于回风兼作安全出口。

方案Ⅲ的水平划分方式、大巷层位、大巷布置形式均与方案Ⅰa 相同。

2. 矿井开拓方案比选

矿井开拓方案比选,主要是上窑(太西)采区四个开拓方案的比选,比较如下:

方案Ⅰa 与方案Ⅰb 的主要区别是副斜井位置不同,方案Ⅰa 的主要优点是:

① 副斜井位于铁路南侧,靠近露天矿既有职工生活区和办公区,便于集中管理;

② 副斜井井口标高低,比方案Ⅰb 低 32 m,副斜井井筒可减短 298 m;

③ 矿井的材料库可利用露天矿即有部分库厢,机电修理和设备库房集中建在铁路南侧 的上窑村场地,与露天矿的既有辅助生产设施交叉干扰小。

方案Ⅰa 的主要缺点是:

① 矿井的辅助生产设施要独立建设,不利于今后对露天矿的既有生产设施合理充分利 用和集中管理;

② 副井工业场地土方工程量挖方比方案Ⅰb 多 55 622 m³。

方案Ⅰb 的主要优点是:主、副斜井集中布置便于管理,同时又便于今后充分利用安家 岭露天矿既有建筑设施,工业场地土方工程量小;

方案Ⅰb 的主要缺点是:副斜井井筒增长 298 m,同时对安家岭露天矿的既有辅助生产 设施有交叉干扰。

随着矿区矿井的生产规模加大,相应的矿井辅助生产设施也要求随之完善,即使将安家 岭露天矿既有辅助生产设施区改造成矿区的矿井辅助生产服务中心,已有建筑设施不足,尚 需增建,设计在尽量避免井工矿与露天矿之间的交叉干扰前提下,考虑新建的矿井辅助生产设施今后仍然可充分利用,故综合分析设计仍为方案Ⅰa相对优于方案Ⅰb。

方案Ⅱ与方案Ⅰa的主要区别是主斜井位置不同和井下大巷布置不同。方案Ⅰa相对于方案Ⅱ的主要优点是:

① 可充分利用露天矿的原煤储运系统,减少投资2 200万元;

② 洗煤厂除零号转载站和原煤储煤场下配煤系统需要局部改造外,其他无须任何改造。

③ 井工矿和露天矿共用一个原煤储煤场的配煤系统,配煤环节简单,便于生产管理,人员少、效率高;

④ 对露天矿工业场地尤其是选煤厂污染小,新建的露天矿办公楼周围无污染,环境好;

⑤ 地面生产系统有利于矿井规模的扩大,井下大巷布置有利于矿井向东西两翼发展。

方案Ⅰa相对于方案Ⅱ的主要缺点是:

① 主、副井筒分散布置,不如方案Ⅱ管理集中;主斜井和回风斜井增长307 m;

② 地方煤受煤系统需新增溜井(直径4 m、深115 m、容量1 300 t)系统,需投资300万元。

方案Ⅱ相对于方案Ⅰa的主要优点是:

① 矿井工业场地布置集中,便于管理;

② 矿井原煤储煤系统可兼顾地方煤的收购;

③ 主斜井和回风斜井比方案Ⅰa短307 m,其中主斜井短225 m,回风斜井短82 m。

方案Ⅱ相对于方案Ⅰa的主要缺点是:

① 矿井需新建原煤储煤系统,比方案Ⅰa增加2 200万元投资;

② 需改造选煤厂配仓施工难度大并且影响生产,质量控制不如方案Ⅰa效果好,同时需增加原煤储煤系统管理人员;

③ 对露天矿工业场地尤其是选煤厂污染大,新建的露天矿办公楼周围污染大,环境差;

④ 井下大巷布置不利于矿井向东西两翼发展,西翼大巷南北向布置,对太西采区西边煤层(倾角大于12°)布置俯斜工作面开采困难。

由上述分析比较可见井田开拓方式方案Ⅰa优于方案Ⅱ。

方案Ⅲ与方案Ⅰa的主要区别同样是主斜井的位置不同。方案Ⅲ相对于方案Ⅰa的主要优点是:

① 井工矿可独立建设第四个储煤堆,露天矿储煤场下不需改造,对露天矿干扰最小。

② 井工矿与露天矿共用1#转载点至中硫煤分配仓胶带,有利于选煤厂的自动化管理及其产品结构的调整。

③ 露天矿储煤场容量加大,有利于露天井生产规模扩大。

方案Ⅲ相对于方案Ⅰa的主要缺点是:

① 主斜井要穿越1#转载点至中硫煤分配仓胶带走廊,施工难度大;

② 新增井工矿储煤堆,增加投资810万元。

方案Ⅰa相对于方案Ⅲ的主要优点是:

① 井工矿可以利用露天矿既有储煤系统,减少基建投资810万元;

② 主斜井不穿越胶带走廊,施工相对容易。

方案Ⅰa相对于方案Ⅲ的主要缺点是:露天矿既有储煤场地下暗道改造工程量大,难度大,对生产影响大。

综合上述设计对四个方案的分析比较,方案Ⅲ地面生产系统虽然投资增大,但既不影响露天矿的正常生产,又为今后发展创造了条件,故推荐方案Ⅲ。

5.1.2.3　井底车场布置

1. 井底车场

本矿井采用斜井两水平开拓方式,主运输采用带式输送机运煤,辅助运输采用无轨胶轮车自地面直达工作面运输,系统简单,环节少,副斜井井底无存、调车线及硐室。

2. 井下硐室

井下主要硐室有中央水泵房及水仓、中央变电所、消防材料库,各硐室均布置在大巷之间。初期开采的上窑采区距井底较近,故上窑采区不设采区变电所。考虑 4# 煤东翼辅助运输大巷的中部为全矿井最低点,上窑采区及井底水均可自流至此,因此中央水泵房及水仓设在该处。中央水泵房及水仓容量按容纳 8 h 正常涌水量设计,水仓容量为 1 500 m³。

本矿井按高产高效模式设计,井下运输系统均选用大功率、高可靠性的带式输送机。为减少环节,简化系统,主斜井与 4# 煤中央胶带运输机大巷铺设一条带式输送机,4# 煤东翼胶带运输大巷带式输送机与 4# 煤中央胶带运输大巷带式输送机直接搭接,井下不设煤仓。

井下硐室均采用混凝土砌碹支护。不采区主平硐、胶带巷断面如图 5-11 所示。

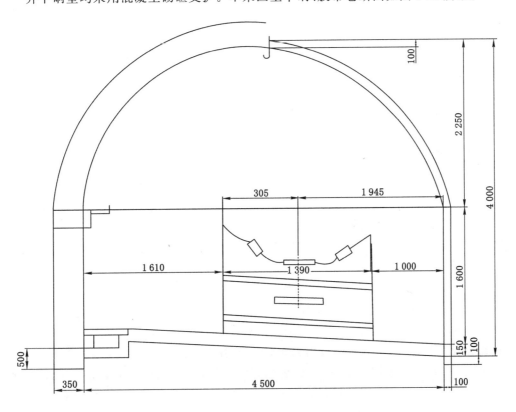

图 5-11　不采区主平硐、胶带巷断面图

5.1.2.4　大巷开拓

矿井有可采与局部可采煤层 3～5 层,自然形成上、下两组。上组煤 4# (4⁻¹#)、4⁻²#、

$5^\#$煤层,各煤层平均间距为$2\sim8$ m;下组$9^\#$、$11^\#$煤层,平均间距为$4\sim8$ m。两组煤平均间距为$34\sim40$ m,具有分组大联合集中开拓布置的条件。但从煤质条件看,上组煤为低硫煤,下组煤为中、高硫煤,矿井初期只采低硫煤为露天矿配煤,上、下组煤不能同采,故上、下组煤采用大联合集中开拓布置没有意义。因此,设计按上、下煤组划分为一、二两个开采水平,各水平单独布置其水平大巷。

一水平开采的$4^\#$($4^{-1\#}$)、$4^{-2\#}$、$5^\#$煤层中,$5^\#$煤层为局部可采煤层,仅分布在太西采区的西北角;$4^{-2\#}$煤层是$4^\#$煤层的分岔层,平均厚度为$2\sim2.5$ m;$4^\#$($4^{-1\#}$)煤层复合区平均厚度为12 m,分岔区平均厚度为$6\sim8$ m。$4^\#$($4^{-1\#}$)煤层的硬度系数$f=2\sim4$,为中硬以上,煤层顶板为中粗砂岩,底板为泥岩和粉砂岩,岩性较好、完整,硬度系数$f=4\sim6$,是布置水平大巷的良好层位。故一水平大巷沿$4^\#$($4^{-1\#}$)煤层布置,每组3条,其中胶带运输大巷和辅助运输大巷沿煤层底板布置,回风大巷沿煤层顶板布置。

二水平开采的$9^\#$、$11^\#$煤层中,$11^\#$煤层平均厚度为$2.5\sim3.5$ m,煤层的硬度系数$f<2$,为中高灰高硫层,煤层顶板为泥灰岩,底板为泥岩和中细粒砂岩;煤层平均厚度为12.8 m,煤层的硬度系数$f>2$,顶板为砂、泥岩,底板为砂质泥岩和泥岩,硬度系数$f=3\sim6$。显然,$9^\#$煤层是布置二水平大巷的良好层位。故二水平大巷沿$9^\#$煤层布置,每组3条,其中胶带运输大巷和辅助运输大巷沿煤层底板布置,回风大巷沿煤层顶板布置。一、二两个水平大巷呈上下重叠式布置。

5.1.2.5 采区布置

1. 采区划分

矿井按"高产高效"模式设计与建设,根据"高产高效"综采设备的特点,采区尺寸一般按工作面推进时间为1 a左右考虑,不小于3 km。

受井田范围所限,结合水平划分、煤层特点、构造形态以及巷道布置等因素,设计将全井田一、二两个水平平均划分为五个采区。露天不采区为独立采区外,将井田中部、井筒及中央大巷以北划分为上窑采区;井田南部、中央大巷与西翼大巷之间划分为太西一采区;井田西南部、西翼大巷以南划分为太西二采区;井田西段煤层倾角大于12°部分划分为太西三采区。采区工作面采用大巷条带式布置方式,井田东翼大巷服务于上窑采区,中央大巷服务于太西一采区,西翼大巷服务于太西二采区,太西三采区需布置采区上山。

上窑采区:面积为5.0 km²,地质储量为197.91 Mt,工业储量为193.42 Mt,可采储量为91.73 Mt。其中一水平可采储量为30.66 Mt,生产能力为3.5 Mt/a,服务年限为6.7 a;二水平可采储量为61.07 Mt,生产能力为3.5 Mt/a,服务年限为13.4 a。

太西一采区:面积为4.33 km²,地质储量为148.77 Mt,工业储量为127.77 Mt,可采储量为48.44 Mt。其中一水平可采储量为21.06 Mt,生产能力为3.5 Mt/a,服务年限为4.6 a;二水平可采储量为27.38 Mt,生产能力为3.5 Mt/a,服务年限为6 a。

太西二采区:面积为4.71 km²,地质储量为212.73 Mt,工业储量为179.63 Mt,可采储量为130.92 Mt。其中一水平可采储量为40.03 Mt,生产能力为3.5 Mt/a,服务年限为9.4 a;二水平可采储量为87.89 Mt,生产能力为3.5～5 Mt/a,服务年限为14.5 a。

太西三采区:面积为2.32 km²,地质储量为70.79 Mt,工业储量为58.93 Mt,可采储量为41.48 Mt。其中一水平可采储量为15.74 Mt,生产能力为5 Mt/a,服务年限为2.4 a;二水平可采储量为25.74 Mt,生产能力为5 Mt/a,服务年限为4 a。

2. 采区开采顺序

设计根据开拓巷道布置,结合采区煤层层位关系,采区开采顺序接续如下:

矿井一水平上窑采区 $4^{\#}$($4^{-1\#}$)煤层→上窑采区 $4^{-2\#}$ 煤层→太西一采区 $4^{-1\#}$ 煤层→太西一采区 $4^{-2\#}$ 煤层→太西二采区 $4^{-1\#}$ 煤层→太西二采区 $4^{-2\#}$($5^{\#}$)煤层→太西三采区 $4^{-1\#}$ 煤层→太西三采区 $4^{-2\#}$($5^{\#}$)煤层。

矿井二水平上窑采区 $9^{\#}$ 煤层→上窑采区 $11^{\#}$ 煤层→太西一采区 $9^{\#}$ 煤层→太西一采区 $11^{\#}$ 煤层→太西二采区 $9^{\#}$ 煤层→太西二采区 $11^{\#}$ 煤层→太西三采区 $9^{\#}$ 煤层→太西三采区 $11^{\#}$ 煤层。

5.1.3　露井协同矿区建设技术

露井协同开拓,首先需对规划露天开采区域的地表进行剥离物外排,随着露天矿坑的推进形成露天平盘,该区域煤层边帮出露,在煤层底板所在平盘上布置井工工业广场,垂直边坡沿煤壁掘进井工矿主、副及回风平硐,不设井底车场及硐室,达到设计边界参数后,沿端帮掘进运输、辅助运输及回风大巷,并在大巷侧直接布置工作面,工作面运输巷胶带直接与运输大巷胶带搭接。

在 $4^{\#}$ 煤层底板所在平台上在布置井工工业场地,井口沿煤壁布置。考虑到露天内排的要求,$4^{\#}$ 煤层采用平硐开拓,沿 $4^{\#}$ 煤层煤壁布置主要运输平硐、辅助运输平硐、回风平硐,硐长为110 m,断面净宽为 5 m。$9^{\#}$ 煤层低于 $4^{\#}$ 煤层 50 m 左右,采用斜井开拓,主、副斜井进口与 $4^{\#}$ 煤平硐集中布置,回风斜井与 $4^{\#}$ 煤层平硐联合布置。

主要可采煤层为 3 层:$4^{\#}$ 煤层平均厚度为 8.46 m;$9^{\#}$ 煤层平均厚度为 12.49 m,上距 $4^{\#}$ 煤平均厚度为 38 m;$11^{\#}$ 煤层平均厚度为 3.5 m,上距 $9^{\#}$ 煤平均厚度 4.5 m。根据井田内可采煤层特征及煤质特点,矿井开采水平应按煤组划分为一水平和二水平,一水平开采低硫煤组的 $4^{\#}$ 煤层,二水平开采中、高硫煤组的 $9^{\#}$、$11^{\#}$ 煤层。一水平工业储量为 30.69 Mt,可采储量为 21.44 Mt,二水平工业储量为 99.01 Mt,可采储量为 70.8 Mt。

露井协同开采下,井下不设井底车场及硐室,工作面运输巷胶带直接与大巷胶带搭接。

5.2　露井协同开采的矿区生产系统

5.2.1　露天开采矿区生产系统

5.2.1.1　露天开采参数

东露天煤矿采用综合开采工艺,其上部的松散层大部分采用外包的方式完成,少部分采用单斗卡车工艺完成;松散层以下到 $4^{\#}$ 煤之上的基岩,几乎全部采用半连续工艺完成,$4^{\#}$ 煤层以下的剥离物全部采用单斗卡车工艺完成,各主要可采煤层采用半连续工艺完成,各工艺的开采参数不同。

1. 台阶高度

台阶高度是露天矿主要开采参数之一,它对露天矿的生产能力和各个工艺环节都有很大影响。台阶高度的主要影响因素有矿岩性质、埋藏条件、采掘设备技术性能、是否进行穿孔爆破作业、运输方式、运输设备的性能以及对煤质的要求等。

（1）黄土层台阶高度。东露天煤矿上覆一层黄土层，其厚度一般为 40～50 m，采用外包剥离的方式，采装和运输设备较小。根据平朔矿区安太堡、安家岭两露天煤矿的生产经验，黄土层的台阶高度不宜过高，否则在雨季容易发生局部台阶滑塌现象。同时，外包小型设备的单次挖掘高度一般为 3～4 m，在端帮可以 3～4 个挖掘台阶合并成一个台阶，故本次初步设计确定黄土层的台阶高度为 10 m。

（2）4#煤以上基岩台阶高度。4#煤以上基岩厚度一般为 80～120 m，采用 2 套半连续工艺。挖掘设备为 55 m³ 级的大型单斗挖掘机，其最大挖掘高度为 18.06 m，工作面运输采用带式输送机。4#煤以上基岩一般为砂岩、泥岩、石灰岩，硬度较大，需要穿孔爆破。

根据国内外使用电铲的生产实践经验可知，台阶高度愈大，设备效率和露天矿效益也愈高，投资和生产费用愈低。综合考虑上述各因素，本次初步设计确定 2 套半连续工艺采用组合台阶开采，其主台阶高度为 20 m，其下分台阶高度为 10～12 m。

（3）夹层岩石台阶高度。东露天煤矿在首采区内 4#～9#煤层间的岩石层厚度为 20～54 m，平均厚度为 37.7 m，东南部薄，西北部厚。4#～9#煤层间的岩石层采用 55 m³ 级的大型单斗挖掘机采装，300 t 级运输卡车运输。综合考虑分析各因素后确定 4#～9#煤层间的岩石层采用倾斜分层，台阶最大高度为 20 m。

东露天煤矿 9#～11#煤层层间的岩石层厚度为 2.95～11.77 m，平均厚度为 6.19 m，不再单独分层，与 11#煤合并为一个台阶，其最大高度为 15 m。

（4）采煤台阶高度。东露天煤矿共赋存有 9 层煤，可采煤层 7 层，主采煤层 3 层，局部可采煤层 4 层。主采煤层分别为 4#、9#、11#煤。4#煤全区分布，煤层厚度为 4.44～20.58 m，平均厚度为 14.46 m；9#煤层厚度为 6.02～19.72 m，平均厚度为 14.31 m；11#煤层厚度为 0.71～9.39 m，平均厚度为 5.29 m。

为保证煤炭的资源回收率和煤炭质量，主采煤层 4#、9#煤单独划分台阶。由于选择的液压挖掘机最大挖掘高度为 15 m，其 4#、9#煤层绝大部分煤层厚度小于液压挖掘机最大挖掘高度，对于部分大于液压挖掘机高度的煤层，采用分层开采。本露天煤矿 4#煤最大台阶高度为 20.58 m，9#煤最大台阶高度为 21.1 m，当煤层厚度小于 15 m 时其采煤台阶高度为煤层厚度，当煤层厚度大于 15 m 时，划分 2 个台阶进行开采，最大采煤台阶高度为 15 m，以保证采煤液压挖掘机的作业安全。5#、6#、7#、8#煤层由于分布无规律，仅局部可采，不单独划分台阶，与岩石混爆混采，设计中选用前装机、小型自卸卡车等辅助设备对薄煤层进行选择性开采。

由于露天矿主要岩石剥离台阶高度大于挖掘机的最大挖掘高度，因此在露天爆破作业后，应该根据露天矿爆破效果，对于可能出现大于挖掘机最大挖掘高度作业位置，采取必要的安全措施（如采用推土机辅助作业）以降低爆破后岩石台阶高度，使其小于挖掘机的最大挖掘高度，以保证挖掘机的作业安全。

2. 采掘带宽度

平朔矿区主导工艺为半连续工艺，根据工艺特点，采掘带宽度越宽，在年推进度相同情况下，年工作面胶带移设次数就越少，系统效率越高。但采掘带宽度增加会导致工作帮坡角变缓，从而使剥离工程量增加，同时要求组合台阶中转载设备的线性尺寸加大，增加设备投资。

设计综合考虑上述几种因素，特别是转载设备的线性尺寸因素，确定本矿采掘带宽度为

40 m。

3．最小工作平盘宽度

平盘宽度的选取主要考虑以下因素：采掘带宽度，爆堆伸出宽度，运输通道宽度，带式输送机占用宽度，带式输送机离下一台阶坡顶线的安全距离等。

（1）外包剥离黄土层最小工作平盘宽度。东露天煤矿黄土层采用社会力量来剥离，挖掘设备一般是斗容小于 1.5 m³ 的液压挖掘机，运输设备为载重 20 t 左右的卡车，为保证作业完全，初步设计建议外包剥离黄土层的最小工作平盘宽度不小于 60 m。

（2）半连续工艺最小工作平盘宽度。半连续系统主台阶最小平盘宽度为 80 m，下分台阶最小平盘宽度为 80 m。半连续工艺最小工作平盘组成要素见图 5-12。

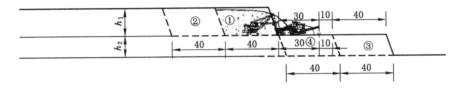

图 5-12　半连续工艺最小工作平盘组成要素图（单位：m）

为增加系统的可靠性，每套系统之间均留有一个富余采掘带宽度 40 m。

（3）单斗卡车工艺最小工作平盘宽度。单斗卡车工艺装车作业工作平盘宽度为 90 m，非装车作业平盘宽度为 50 m，单斗卡车工艺最小工作平盘组成要素见图 5-13。

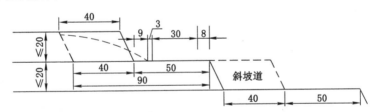

图 5-13　单斗卡车工艺最小工作平盘组成要素图（单位：m）

（4）采煤最小工作平盘宽度。采煤采用半连续工艺，用 25 m³ 级的液压挖掘机采装，工作面用 200 t 级自卸卡车运输，初步设计推荐采煤最小工作平盘宽度为 80 m。采煤工作平盘组成要素见图 5-14。

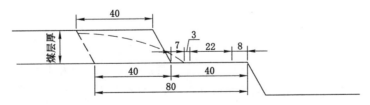

图 5-14　采煤工作平盘组成要素图（单位：m）

（5）端帮平台宽度。根据端帮帮坡角，运输设备规格以及台阶高度，端帮带式输送机平台宽度为 25 m，自卸卡车（300 t 级）运输平台宽度为 40 m，黄土台阶保安平台宽度为 5 m，岩石台阶保安平台宽度为 6 m。

4. 台阶坡面角

工作帮松散层台阶坡面角为 60°，岩石台阶坡面角为 65°，煤台阶坡面角为 65°。

5. 台阶划分

根据各工艺的特点和半连续工艺年完成工程量的要求，4#煤以上采用水平分层，4#煤以下采用倾斜分层。4#煤和 9#煤独立为一个台阶（当煤层厚度大于 15 m 时，划分为 2 个台阶开采），11#煤及其之上的夹层岩石为一个台阶。松散层的台阶高度为 10 m，半连续工艺分主台阶和下分台阶，主台阶高度为 20 m，下分台阶高度最大不超过 12 m。其他剥离台阶最大高度为 20 m。

上述台阶划分可以最大限度地发挥各工艺的能力和特点，并且各工艺之间可以很好地协调，保证矿山空间的发展关系。

6. 帮坡角

（1）工作帮坡角。根据上述开采参数以及煤层赋存条件，正常生产时，东露天煤矿的工作帮坡角约为 10°。

（2）端帮帮坡角。端帮帮坡角均为 35°左右。端帮组成见图 5-15。

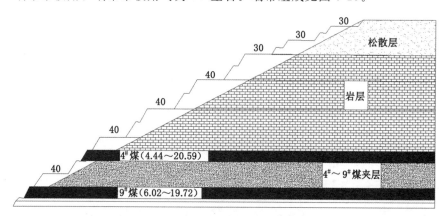

图 5-15　端帮组成示意图（单位：m）

5.2.1.2　采掘场降深方式

东露天煤矿的降深方式为：沿东部境界 4#煤垂直降深，沿走向布置工作线，平行走向单侧推进，组合台阶作业或单台阶作业。

东露天煤矿在 4#煤顶板移交，至 11#煤底板，尚有 4#煤至 11#煤需要延深降段。其延深降段方式为：首先上部剥离台阶（或采煤台阶）推进到位，要延深降段的台阶有足够宽度时，用钻机穿孔进行松动爆破。然后用单斗挖掘机挖掘一个底宽为 40 m、最大高度为要延深台阶高度的斜坡道，接着进行水平挖掘开段沟，开段沟底宽为 40 m。开段沟作业方式见图 5-16。

5.2.1.3　破碎站系统及作业方式

1. 剥离移动式破碎站

（1）移动式破碎站系统组成。东露天煤矿采掘场 4#煤以上岩石剥离系统采用移动式破碎机。移动式破碎机在工作面可灵活调动，剥离物破碎后可直接进入带式输送机运到指

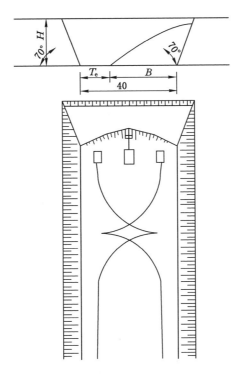

图 5-16 开段沟作业方式图(单位:m)

定位置。设计选用的移动式破碎机由受料漏斗、给料机、双齿辊破碎机、胶带排料臂、支撑平台和履带走行机构组成,胶带排料臂可回转。目前,国内还没有生产厂家制造大吨位的移动破碎机,其使用经验也较少。内蒙古伊敏河露天煤矿也引进了德国克虏伯公司的移动破碎机,其生产能力为 3 000 t/h,目前也已经组装完毕,正在试生产。国际上有英国的 MMD 公司和德国的 Krupp 等公司有制造大型移动式破碎站的经验。

(2)单斗挖掘机和移动破碎站的配合。半连续工艺系统中,移动破碎站与挖掘设备布置在同一工作水平上,带式输送机布置在主台阶水平,根据移动破碎站与带式输送机的远近而考虑是否需要转载机。半连续工艺采用组合台阶开采,主台阶最大高度为 20 m,下分台阶根据半连续工艺服务位置的工作线长度及其能力,高度为 10~15 m。先采掘上部主台阶第一个采掘带,此时,移动式破碎机与工作面带式输送机距离较近,不需要转载机,移动破碎机直接向带式输送机卸料。主台阶挖掘第一个采掘带时,挖掘机从一端帮开始向另一端帮推进,主台阶第一个采掘带采掘完成后,挖掘机转向相反方向继续挖掘主台阶第二个采掘带。主台阶第二个采掘带挖掘将要结束时,单斗挖掘机和移动破碎站空程走行到南端帮挖掘主台阶新的斜坡道。半连续工艺系统挖掘完主台阶新的斜坡道后,把旧斜坡道挖除。主台阶旧斜坡道挖除后,单斗挖掘机和移动破碎站可以做一些日常的维修和保养任务,等待带式输送机的移设。带式输送机移设后,单斗挖掘机和移动破碎站绕过工作面带式输送机机尾,开挖下分台阶第一个采掘带的斜坡道到达下分台阶。开采一定距离后(斜坡道后形成60~80 m 长的挖掘位置),单斗挖掘机和移动破碎站返回挖掘第一个采掘带下分台阶斜坡道。台阶斜坡道挖掘结束后,开始挖掘下分台阶第一个采掘带。此时挖掘机需要两台转载机向带式输送机卸料。下分台阶第一个采掘带挖掘结束后,单斗挖掘机和移动破碎站转向开始挖掘下分台阶第二个采掘带。在开采下分台阶第二幅采掘带到端帮时,单斗挖掘机和移动破碎站要挖掘形成新的斜坡道。下分台阶新的斜坡道形成后,挖除旧斜坡道。下分台阶旧斜坡道挖掘完毕后,单斗挖掘机和移动破碎站通过下分台阶新的斜坡道到达主台阶,然后挖掘主台阶形成主台阶新的斜坡道。新的斜坡道形成后,挖除主台阶旧斜坡道,开始下一个挖掘循环。

2. 采煤它移式破碎站

(1) 它移式破碎站系统组成。东露天煤矿采煤半连续工艺中的破碎站选择它移式破碎站。破碎站由受料斗、板式给料机、破碎机、排料带式输送机、电气控制设备、支撑结构等组成。

(2) 它移式破碎站位置。根据开采程序和工艺要求,采煤它移式破碎站布置在南端帮。在 4# 煤层底板布置一套,在 9# 煤层底板布置一套。

(3) 它移式破碎站站场。采煤它移式破碎站站场尺寸和破碎机尺寸、运输卡车规格以及卡车向破碎系统卸载方式等密切相关。破碎站尺寸与设备能力和制造厂家有关系,因此,暂参考 MMD 公司提供它移破碎站进行布置,详细的布置需要待作施工图时,业主确定破碎站设备制造厂家并订货后确定。运煤卡车采用 200 t 级卡车,其最小转弯半径参考 730E 为 14.2 m。卡车向破碎站受料漏斗卸料,采用重型板式给破碎机给料方式。

(4) 它移式破碎站配车方式及卡车调车方式。根据它移式破碎站的能力、运煤卡车箱斗容积,确定它移式破碎站卸车台位为一个。自卸卡车从工作面装满煤后,沿采煤工作面移动道路到达端帮它移式破碎站卸载平台,卡车通过它移式破碎站卸载平台到达卸载位置,将原煤卸载到它移式破碎站受料漏斗,卡车卸载后沿采煤工作面移动道路到采装工作面继续装煤。

(5) 它移式破碎站布置方式。它移式破碎站主要由 3 部分组成,即受料、给料部分,破碎站主体部分以及排料输送机部分。破碎站卸载平台布置在煤层底板水平,受料漏斗、破碎站主体布设在煤层底板以下开挖 -5 m 水平。

(6) 它移式破碎站移设方式与移设步距。

① 它移式破碎站移设方式与移设时间。它移式破碎站支撑结构采用钢结构,为便于移设,将破碎站分解为 3 个部分(即受料、给料部分,破碎站主体部分以及排料输送机部分),每一部分采用履带运输车驮运至新位置后,重新进行组装,调试后就可以进行正常生产。根据它移式破碎机生产厂家提供的资料,其移设工作可在 24 h 内完成。

② 它移式破碎站移设步距。它移式破碎站的移设是半连续开采工艺的关键问题之一,移设步距的大小直接影响半连续开采工艺的使用效果。破碎站移设的目的是减少卡车运距,降低运输成本以及减少破碎站对内排的影响。对东露天煤矿而言,它移式破碎站的移设涉及它移式破碎站的移设费用、移设时间、卡车运距、对内排土场的影响、端帮联络带式输送机的移设等一系列问题。

5.2.1.4 剥离方式和采煤方法

1. 剥离方式

(1) 黄土层剥离方式

根据推荐的开采工艺,黄土层外包剥离,一般采用小型挖掘机或前装机挖掘,用自卸卡车运输,采用端工作面装车,台阶水平分层。其常见的作业方式见图 5-17 和图 5-18。

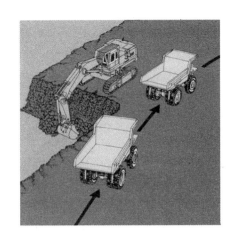

图 5-17　外包剥离作业方式一　　　　　　图 5-18　外包剥离作业方式二

（2）4#煤以上岩石剥离方式

4#煤层以上岩石剥离主要采用半连续工艺，选用 61.2 m³ 的大型单斗挖掘机，采掘能力为 15.50 Mm³/a。根据工作线长度及年推进度，一套半连续工艺服务的台阶高度为 30～32 m，岩石的剥离必须采用组合台阶开采，经优化确定主台阶高度为 20 m，下分台阶高度为 10～12 m，工作面带式输送机布置在主台阶开采水平，同时服务于主台阶和下分台阶，台阶全部水平分层。

剥离半连续工艺作业程序：首先对主台阶第一个采掘带松动爆破，爆破后的剥离物由单斗挖掘机采掘并装入工作面移动破碎站，破碎后经破碎站卸料臂（或经过转载机）卸入工作面带式输送机，然后经端帮带式输送机、排土场工作面带式输送机运到排土场，最后用排土机进行排弃。在主台阶第一个采掘带开采的过程中，主台阶第二个采掘带进行穿孔爆破。第一个采掘带采完后，单斗挖掘机、移动破碎站、转载机从反方向进行第二个采掘带的采掘。当第二个采掘带采完后，将单斗挖掘机、移动破碎站、转载机通过设置在工作面的坡道调动至下分台阶。在主台阶第二个采掘带开采过程中，主台阶下一个循环的第一个采掘带从北向南进行穿孔爆破。在单斗挖掘机、移动破碎站、转载机调动过程中，主台阶下一个循环的第一个采掘带穿孔爆破结束，开始移设工作面带式输送机，移设距离为 80 m。带式输送机移设过程中，对下分台阶第一个采掘带进行穿孔爆破。带式输送机移设到位后，开始下分台阶第一个采掘带的开采。在下分台阶第一个采掘带挖掘过程中，下分台阶第二个采掘带从南向北进行穿孔爆破。下分台阶第一个采掘带采完后，紧接着进行下分台阶第二个采掘带的采掘。下分台阶第二个采掘带采完后，将单斗挖掘机、移动破碎站、转载机调动至主台阶，完成一个循环。

剥离工作线年平均推进度为 240～270 m，剥离工作面带式输送机两采一移，移设步距为 80 m，每年移设 3～4 次，工作面带式输送机的移设利用履带车和移设机完成。

4#煤层以上靠近煤层的岩石剥离采用单斗挖掘机—卡车间断工艺进行剥离，台阶水平分层，标准台阶高度为 20 m，采掘方式为单斗挖掘机采装，自卸卡车运输，采用端工作面平装车，挖掘机之字形采掘。单斗—卡车剥离方式见图 5-19。

（3）4#煤以下岩石剥离方式

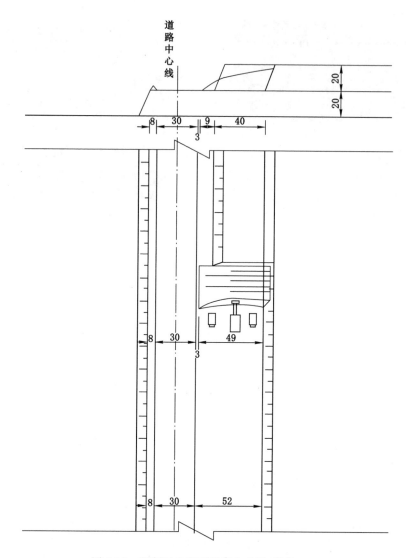

图 5-19 间断工艺岩石剥离方式图(单位:m)

4#煤以下岩石选用单斗挖掘机—卡车间断开采工艺,台阶倾斜分层,标准台阶高度20 m。采掘方式为单斗挖掘机采装,自卸卡车运输,采用端工作面平装车,挖掘机之字形采掘。

(4) 9#~11#煤层间岩石的剥离

9#~11#煤层间岩石与11#煤层划分为一个台阶,混合爆破,爆破后上部的岩石,用大功率推土机将岩石倒入采空区,然后用液压挖掘机将11#煤采出。9#~11#煤层间岩石的剥离方式详见图 5-20。

(5) 新水平延深

新水平延深工程均由单斗—卡车开采工艺完成,一般情况下,可全段面一次采全高;遇煤岩混合台阶时,分层降段。卡车跟随在单斗挖掘机后面边推进边降深。降至设计深度(即一个台阶高度)时,即可继续向前开挖开段沟。其沟底宽为 40 m。

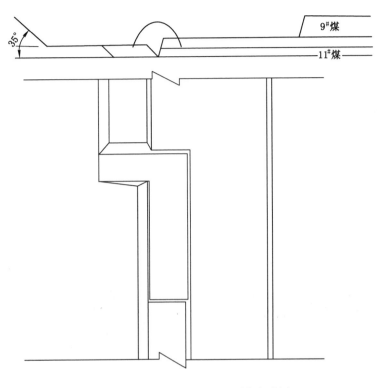

图 5-20　9#～11#煤夹层剥离方式图

2. 采煤方法

根据煤层的赋存条件、工作面推进方向以及选择的开采工艺,设计确定采煤方法如下:正常煤台阶采用端工作面采装,煤岩混合台阶采用分层采装。采煤台阶平盘宽度在有条件时可以加大,以利于分层开采及顶板露煤时直接装车。

对于 4#、9#、11# 三个主采煤层,采用顶板露煤,单独划分采煤台阶,单爆单采,在开采过程中视具体情况,采用液压挖掘机或者前装机采装。4# 煤装入运煤卡车后,运至 4# 煤南端帮半移动破碎站,毛煤经过破碎后,进入端帮带式输送机,经过平巷带式输送机、主斜井带式输送机运往选煤厂原煤仓;9#、11# 煤装入运煤卡车后,运至 9# 煤南端帮半移动破碎站,毛煤经破碎后,进入端帮带式输送机,经过平巷带式输送机、主斜井带式输送机运往选煤厂原煤仓。当需要配煤时,可用不同比例的 4#、9#、11# 煤在它移式破碎站处进行,以生产不同煤质的原煤。

5#、6#、7#、8# 煤层由于分布无规律,仅局部可采,不单独划分台阶,与岩石混爆混采。生产中用前装机、小型自卸卡车等辅助设备对上述薄煤层进行选择性开采,集中后装入运煤卡车,根据距离的远近和配煤的需要,运至 4# 或 9# 煤南端帮半移动破碎站,与 4# 或 9# 煤一同进入选煤厂原煤仓。

3. 装车方式

无论是单斗挖掘机—卡车剥离,还是单斗挖掘机—卡车采煤,为了提高单斗挖掘机利用效率,其装车方式一般均采用双面装车,只有在工作面工作平盘宽度较小时采用单面装车。

单侧装载卡车入换方式见图 5-21,单侧装载卡车出车方式见图 5-22;双侧装载卡车入换方式见图5-23。

图 5-21　单侧装载卡车入换方式

图 5-22　单侧装载卡车出车方式

图 5-23　双侧装载卡车入换方式

5.2.1.5　开拓运输系统

平朔矿区以单斗—移动式破碎站—带式输送机—排土机为主的综合开采工艺,运输方式为卡车运输和带式输送机运输。各时期的开采工艺略有不同,开拓运输系统也不一样。各时期开拓运输系统分述如下。

1. 移交生产时开拓运输系统

从基建到移交基本上采用以外包剥离为主,自营半连续工艺仅完成很少的剥离工程,剥离物运输方式大部分为小型卡车运输,少部分为带式输送机运输。移交生产时,共有两套半连续工艺系统,一套已经使用半年,一套准备试运转。移交时运输系统如下:

(1) 剥离物运输系统。确定东露天煤矿在 $4^{\#}$ 煤顶板移交,移交时 $4^{\#}$ 煤以上有 14 个剥离台阶,标高分别为 1 420 m、1 410 m、1 400 m、1 390 m、1 380 m、1 370 m、1 350 m、1 340 m、1 320 m、1 310 m、1 290 m、1 280 m、1 260 m 和 $4^{\#}$ 煤层以上半台阶。1 340 m 水平以上为外包剥离台阶,1 320 m 和 1 310 m 水平为第一套半连续工艺剥离台阶,1 290 m和 1 280 m 为第二套半连续工艺剥离台阶,1 260 m 水平以及 $4^{\#}$ 煤层以上半台阶和 $4^{\#}$ 煤以下的延深工作为自营单斗卡车工艺剥离台阶。

外包剥离卡车从工作帮移动坑线经北帮出入沟到北排土场排弃。

自营单斗卡车工艺剥离台阶 1 260 m 以及 4# 煤层以上半台阶的剥离物用 300 t 级自卸卡车从工作面经工作帮移动坑线至北帮的 1 380 m 运输平台,去北卡车排土场 1 430 m 水平排弃。4# 煤以下延深剥离台阶通过工作面移动坑线到达设置在北端帮东侧的固定坑线到北排土场 1 400 m 水平东侧排弃,部分剥离物用来为带式输送机排土线涨道。

第一套半连续工艺由单斗挖掘机将剥离物装入移动式破碎站,破碎站将剥离物破碎到 400 mm 以下,然后经工作面带式输送机(B101)—北端帮带式输送机(1 350 m 水平)—北端帮出入沟带式输送机(B104)—排土场带式输送机(B105),最后用排土机排弃到北胶带排土场 1 475 m 水平和 1 490 m 水平。

第二套半连续工艺由单斗挖掘机将剥离物装入移动破碎站,破碎站将剥离物破碎到 400 mm 以下,然后经工作面带式输送机(B201)—北端帮带式输送机(1 320 m 水平)—北端帮出入沟带式输送机(B204)—排土场带式输送机(B205),最后用排土机排弃到北胶带排土场 1 445 m 水平和 1 430 m 水平。

(2) 煤的运输系统。移交时,4# 煤出入沟挖掘完毕,4# 煤端帮运煤联络平巷已经开凿完毕,可以投入使用。移交时仅开采 4 号煤层,采煤台阶标高为 1 230 m～1 260 m,运煤卡车从工作面通过工作帮的移动坑线到设置在南端帮的它移式破碎站,煤破碎到 300 mm 以下,通过端帮运煤联络平巷带式输送机—运输大巷带式输送机—斜井带式输送机,把煤运到设置在驱动机房的煤二次破碎系统,煤再次破碎后进入地面生产系统。

2. 过渡第一年(移交年)年末时开拓运输系统

移交后,采掘工作面向西推进,为延深 4# 煤以下台阶做准备。过渡第一年年末时,第一套半连续工艺已经运行 1.5 a,第二套已经运行 1.0 a。本年度,半连续工艺完成的剥离量为 26.49 Mm³,其中第一套半连续工艺完成 12.87 Mm³(含 5.8 Mm³ 的松散层),第二套半连续工艺完成 13.62 Mm³。单斗卡车工艺完成岩石 20.61 Mm³(其中 4# 煤以下延深量为 6.39 Mm³,4# 煤以上延深量为 14.22 Mm³)。外包剥离完成松散层 26.89 Mm³、岩石 5.8 Mm³。过渡第一年年末时开拓运输系统如下:

(1) 剥离物运输系统。本年度安排 1 340 m 水平以上黄土层外包剥离。由于移交时,麻地沟覆土造田区已经排弃结束,外包剥离卡车到北排土场排弃。外包剥离卡车从工作面经工作帮移动坑线至北帮出入沟到北排土场排弃。

自营单斗卡车工艺主要完成 4# 煤顶板～1 280 m 水平的剥离(剥离量为 14.22 Mm³)以及 4# 煤以下的延深工作(延深量为 6.39 Mm³)。4# 煤顶板～1 280 m 水平的剥离物和 4# 煤以下的剥离物用单斗挖掘机采装,300 t 级卡车运输,自卸卡车经设在工作帮北侧的移动坑线到 1 290 m 台阶,然后经北帮的 1 290 m 运输平台及北帮东侧的固定坑线到北排土场东侧排弃,4# 煤以上剥离平均运距为 3.8 km。4# 煤以下剥离平均运距为 3.8 km。

1 320 m、1 310 m、1 290 m 和 1 280 m 水平剥离由半连续工艺完成。带式输送机运输系统与移交生产时一致。由单斗挖掘机将剥离物装入移动破碎站,破碎站将剥离物破碎到 400 mm 以下,然后经工作面带式输送机—北端帮带式输送机—北端帮出入沟带式输送机—排土场带式输送机,最后用排土机排弃到北胶带排土场 1 430 m、1 445 m、1 475 m 和 1 490 m水平。

(2)煤的运输系统。本年度 4# 煤向西推进约 360 m,并且下半年形成 9# 煤的采煤工作面。因此,在本年度上半年 9# 煤端帮运煤联络平巷已经开凿完毕,可以投入使用。本年度开采 4# 煤和少量的 9# 煤层(4# 煤为 8.91 Mt,9# 煤为 1.09 Mt),运煤卡车分别从 4# 煤和 9# 煤工作面通过工作帮的移动坑线到设置在南端帮的它移式破碎站,煤破碎到 300 mm 以下,通过端帮运煤联络平巷带式输送机—运输大巷带式输送机—斜井带式输送机,把煤运到设置在驱动机房的煤二次破碎系统,煤再次破碎后进入地面生产系统。

3. 过渡第二年年末(达产年年初)时开拓运输系统

本年度需完成的剥离量为 101.31 Mm³,其中半连续工艺完成的剥离量为 31.00 Mm³(第一套半连续工艺完成 15.50 Mm³(含 4.66 Mm³ 的松散层),第二套半连续工艺完成 15.50 Mm³),单斗卡车工艺完成剥离量 20.18 Mm³(其中 4# 煤以下剥离量为 9.35 Mm³,4# 煤以上剥离量为 10.83 Mm³)。外包剥离量为 50.13 Mm³(其中松散层 36.47 Mm³、岩石 13.66 Mm³)。过渡期第二年年末时开拓运输系统如下:

(1)剥离物运输系统。本年度安排 1 340 m 水平以上全部剥离以及 1 340 m 水平部分剥离采用外包,外包剥离卡车从工作面经工作帮移动坑线至北帮出入沟到北排土场排弃。1 320 m 台阶、1 310 m 台阶、1 290 m 台阶和 1 280 m 台阶由半连续开采工艺完成。其余的剥离由自营单斗—卡车工艺完成。

本年度自营单斗—卡车工艺主要服务于 1 280 m 水平以下剥离量,其中 4# 煤以上至 1 260 m台阶的剥离物运输卡车经过工作帮北侧的移动坑线到北帮的 1 290 m 运输平台,然后经北帮东侧的固定坑线到北排土场东侧排弃,平均运输距离为 4.3 km。4# 煤以下的剥离物在外排时卡车经北帮的 1 290 m 运输平台及设置在北帮东侧的固定坑线到北排土场东侧排弃,平均运输距离为 4.8 km。本年度第 4 季度最下部剥离可以实现内排,因此最下部的剥离采用单斗—卡车工艺,实现同水平内排,内排时平均运输距离为 1.1 km。

1 280 m 和 1 290 m、1 310 m 和 1 320 m 水平的剥离工作仍由半连续工艺完成。剥离物用单斗挖掘机采装后卸载到移动破碎站,把物料破碎到 400 mm 以下,然后经过工作面带式输送机—北端帮带式输送机—北端帮出入沟带式输送机—排土场带式输送机,最后用排土机排弃到北胶带排土场 1 430 m、1 445 m、1 475 m 和 1 490 m 水平。

(2)煤的运输系统。本年度 4# 煤向西推进约 320～360 m,并且下半年形成 11# 煤的采煤工作面。本年度开采 4# 煤 9.90 Mt、9# 煤 3.71 Mt、11# 煤 1.39 Mt。运煤卡车分别从 4# 煤、9# 煤和 11# 煤工作面通过工作帮的移动坑线到设置在南端帮的它移式破碎站,煤破碎到 300 mm 以下,通过端帮运煤联络平巷带式输送机—运输大巷带式输送机—斜井带式输送机,把煤运到设置在驱动机房的煤二次破碎系统,煤再次破碎后进入地面生产系统。

4. 达产年末时开拓运输系统

达产当年完成的剥离量为 96.60 Mm³,其中半连续工艺系统完成 31.0 Mm³ 的剥离量(其中松散层为 9.68 Mm³),外包剥离 37.60 Mm³(其中岩石 7.76 Mm³),其余为自营单斗—卡车工艺完成的剥离量。由于达产年年初时已经形成 4# 煤以下一个内排台阶,到达产年年末时形成三个内排台阶,新增加的内排台阶全部采用单斗—卡车工艺,此时半连续开采工艺仍然进行外排,其系统与过渡期第二年年末时开拓运输系统一致,不再详述。

(1)剥离运输系统。达产当年,剥离物的排弃位置有两处:北排土场和内排土场。运输方式仍然为卡车运输和带式输送机运输。

达产时共有 11 个剥离台阶,分别为 1 380 m、1 370 m、1 350 m、1 340 m、1 320 m、1 310 m、1 290 m、1 280 m、1 260 m 和 4# 煤与 9# 煤之间的夹层两个剥离台阶。1 340 m 水

平以上采用外包剥离,1 320 m 和 1 310 m 水平为第一套半连续工艺剥离台阶,1 290 m 和 1 280 m 水平为第二套半连续工艺剥离台阶,1 280 m 以下以及 4# 煤与 9# 煤之间的夹层两个剥离台阶采用自营单斗卡车工艺剥离(其中 7.76 Mm³ 由外包完成)。

1 340 m 水平以上剥离物,外包剥离卡车经工作帮移动坑线至北帮出入沟到北排土场排弃。4# 煤以上半台阶剥离物,外包剥离卡车经南北两端帮运输平台到内排土场排弃,内排时平均运输距离为 1.5 km。

自营单斗卡车工艺剥离台阶剥离物用 300 t 级自卸卡车从工作面经工作帮移动坑线至北帮(或南帮)的运输平台,去内排土场排弃时平均运输距离为 1.3 km。

半连续工艺剥离台阶的剥离物用单斗挖掘机采装后卸载到移动破碎站,把物料破碎到 400 mm 以下,然后经过工作面带式输送机—北端帮带式输送机—北端帮出入沟带式输送机—排土场带式输送机,最后用排土机排弃到北胶带排土场 1 430 m、1 445 m、1 47 5 m 和 1 490 m 水平。

(2)煤的运输系统。达产当年,三个主采煤层已形成三个采煤工作面。

① 4# 煤和 9# 煤运输系统。运煤卡车从工作面通过工作面道路把煤运到设置在南端帮的它移式破碎站,煤破碎到 300 mm 以下,通过端帮运煤联络平巷带式输送机—运输大巷带式输送机—斜井带式输送机,把煤运到设置在驱动机房的煤二次破碎系统,煤再次破碎后进入地面生产系统。

② 11# 煤运输系统。运煤卡车从工作面通过工作面道路、工作面移动坑线把煤运到设置在南端帮的它移式破碎站,煤破碎到 300 mm 以下,通过端帮运煤联络平巷带式输送机—运输大巷带式输送机—斜井带式输送机,把煤运到设置在驱动机房的煤二次破碎系统,煤再次破碎后进入地面生产系统。

5. 全内排时开拓运输系统

东露天煤矿具有内排条件,可以实现全部内排。从开始内排到全内排需要 21 个月。内排首先安排下部的自营单斗—卡车工艺,然后安排两套半连续工艺内排,最后安排外包剥离物内排。全内排时运输系统如下:

(1)剥离物运输系统。全内排时,剥离物全部排弃到内排土场。运输方式仍然为卡车运输和带式输送机运输。全内排时共有十二个剥离台阶,标高分别为 1 380 m、1 370 m、1 360 m、1 350 m、1 340 m、1 320 m、1 310 m、1 290 m、1 280 m、1 260 m 和 4# 煤与 9# 煤之间的夹层两个剥离台阶。1 340 m 水平以上采用外包剥离,1 320 m 和 1 310 m 水平为第一套半连续工艺剥离,1 290 m 和 1 280 m 水平为第二套半连续工艺剥离,1 280 m 以下以及 4# 煤与 9# 煤之间的夹层两个剥离台阶采用自营单斗卡车工艺剥离。1 340 m 水平以上外包剥离台阶,外包剥离卡车从工作面经工作帮移动坑线,经南北端帮运输通道到内排土场 1 350 m、1 380 m 和 1 400 m 内排土水平排弃。半连续工艺剥离岩石由单斗挖掘机采装,卸载到移动破碎站,经破碎后通过工作面带式输送机—北端帮带式输送机—排土场带式输送机,最后用排土机排弃到内排土场 1 320 m 水平、1 290 m 水平。

1 280 m、1 360 m 和 1 240 m 剥离台阶三个 4# 煤以上的半台阶以及 4# 和 9# 煤之间的夹层两个剥离台阶,采用单斗—卡车工艺。剥离物用 300 t 级自卸卡车从工作面经工作帮移动坑线,经南、北端帮运输通道到内排土场 1 260 m 和 1 240 m 水平排弃。

(2)煤的运输系统。全内排时有三个采煤工作面,分别为 4#、9# 和 11# 煤采煤工作面。

全内排时运煤系统与达产时运煤系统一致。

5.2.2 井工开采矿区生产系统

5.2.2.1 运输方式的选择

本矿井上窑区采用斜井多水平开拓方式,煤层大巷条带式开采系统,矿井共开凿三条井筒,即主斜井、副斜井和回风斜井,主斜井提煤,副斜井运送人员、材料和设备。露天不采区一水平采用平硐开拓,二水平采用斜井开拓,主平硐提煤,副平硐运送人员、材料和设备。本矿井为现代化高产高效矿井,因此大巷运输方式选择的原则是技术可行、经济合理、安全可靠。

1. 煤炭运输方式

本矿井煤层赋存平缓(倾角为 $0°\sim5°$)厚度大,埋藏浅,为减少岩石工程量,节省投资,提前出煤,设计选用了煤层巷道布置方式,按照目前国内外辅助运输设备发展状况,能适应煤层巷道的辅助运输方式有单轨吊、卡轨车、齿轨机车和无轨胶轮车等,在高产高效矿井中,应用较多的是齿轨机车和无轨胶轮车。

(1) 齿轨机车

齿轨机车有柴油机齿轨机车和蓄电池齿轨机车之分。其优点是:适应性强,可实现地面到井下一条龙运输。缺点是:齿轨造价高,铺设质量要求高,且要经常维修,载重量一般不超过 20 t;运行不灵活,所到之处必须铺设齿轨;运行速度慢;齿轨机车要求转弯半径大,随着技术的进步又出现了胶套轮齿轨车,尽管加上胶套轮后可减少齿轨铺设工程量,但胶套轮磨损较快,更换频繁,运营成本高。

(2) 无轨胶轮车

无轨胶轮车按使用动力的不同分为蓄电池和内燃机车式两种,其特点是:行走灵活、机动性和适应性强,且不受行走距离的限制,可实现自地面到井下连续运输;载重量大,国外设备最大可载重 30 t,能实现液压支架的整体下运,虽然柴油机噪声大,对空气有一定的污染,但它比蓄电池机车更灵活,力量均衡。

通过上述分析和比较,考虑到支架整体下井和从地面到井下的连续运输,设计选用柴油无轨胶轮车。

2. 运输系统

(1) 煤炭运输

投产时上窑采区工作面煤炭经过工作面运输巷到达 4# 煤东翼带式输送机运输大巷,再转载到 4# 煤中央带式输送机大巷,最后经主斜井提至地面。

露天不采区工作面煤炭经过工作面运输巷到达 4# 煤带式输送机大巷、主平硐到达地面。

掘进工作面来煤,经其配套带式输送机,到达 4# 煤东翼带式输送机大巷,进入主煤流系统。

(2) 井下矸石运输

由于大巷均沿煤层布置,井下基本上没有矸石,仅在工作面运输巷、回风巷与大巷立交处开凿风桥而产生少量矸石,可由铲车将其排至井下废弃巷道内,不出井。

(3) 材料运输

井下所需材料设备,在地面装车后,由无轨胶轮车通过副井直接运送至各使用地点,无须转载。

(4) 人员运输

井下人员可乘坐中型客货无轨胶轮车或厢式运人无轨胶轮车入井或升井。

3. 主要运输大巷断面及支护形式

根据井田开拓方式,结合煤层赋存条件,井下主要大巷均沿煤层布置,考虑排水的需要,辅助运输大巷底板标高略低于带式输送机运输大巷,本区煤层较硬,出于连续采煤机掘进工艺的要求,主要大巷均采用矩形断面,净宽为 5 000 mm,净面积均为 17.5 m²,树脂锚杆喷射混凝土支护,围岩破碎时,可增挂钢筋网。

5.2.2.2　煤炭运输设备选型

井工矿大巷运输采用带式输送机运输方式。井下工作面来煤由东翼大巷胶带输送机转载至中央大巷,通过主斜井胶带输送机提升至地面。中央大巷带式输送机和主斜井输送机“合二为一”联合布置为一条带式输送机,减少井下主运输系统的生产环节。设计选用带宽为 1 600 mm 的带式输送机,长 1 680 m。设计带速为 4 m/s,运量为 3 000 t/h,电机功率为 3×710 kW;具体的设备选型见第六章第一节提升设备。

1. 东翼大巷带式输送机主要技术参数

带宽 $B=1 400$ mm,运量 $Q=2 500$ t/h,带速 $V=4$ m/s,倾角 $\alpha=0°$,长度 $L=650$ m;

减速系统:型号 CST630K(防爆),$i=19.25$,一台;

电动机:型号 YB560S2-4,功率 $N=560$ kW,一台;

输送带:带强 ST1000,采用阻燃型钢绳芯胶带;

胶带张紧装置采用一套液压自动拉紧装置,型号 DYL-01-2/8,设置在输送机尾部。

2. 露天不采区大巷带式输送机主要技术参数

露天不采区大巷运输采用带式输送机运输方式,井下工作面来煤由 4 号带式输送机转载到主平硐,通过主平硐带式输送机运输至露天矿坑内。胶带运输巷带式输送机和主平硐带式输送机“合二为一”联合布置为一条胶带输送机,减少主运输系统的生产环节。

5.2.2.3　辅助运输设备

本矿井由上窑(太西)采区和露天不采区组成,两个采区采用独立的辅助运输系统。本矿井是一个现代化大型矿井,辅助运输系统采用无轨胶轮车,可实现地面到井下的一条龙运输,大大减少了辅助运输人员,有利于提高矿井的经济效益。辅助运输车辆分别选用国产设备和进口设备,设备特征及选型如下。

1. 无轨胶轮车用于煤矿的主要设备特征

澳大利亚诺依斯公司 MPV-MK11 型多功能胶轮车和煤科总院太原分院 TY6/20FB 型井下防爆低污染中型客货胶轮车,主要用于运送人员、材料及中小型设备(砂石、水泥除外)。一台机车可配置多个车厢,可把运货车厢卸于工作面后,再换装其他车厢进行作业。

(1) 澳大利亚诺依斯公司 MPV-MK11 型多功能胶轮车主要技术参数如下:

防爆柴油机:Cat3304 型;

功率:75 kW;

乘坐人员:21 人;

最大承载力:5 000 kg;

最大速度:7.2～28.2 km/h;

最大爬坡能力:30°;

外形尺寸(长×宽×高):7 100 mm×2 360 mm×1 350 mm。

(2)煤科总院太原分院 TY6/20FB 型井下防爆低污染中型客货胶轮车主要技术参数如下:

防爆柴油机(德国):MWMD916-6 低污染型;

功率:74 kW;

乘坐人员:20 人;

额定装载质量:6 000 kg;

整车装备质量:9 985 kg;

最大总质量:17 400 kg;

满载车速:Ⅰ挡 0～5 km/h,Ⅱ挡 5～13 km/h,Ⅲ挡 13～25 km/h;

最大爬坡能力:15°;

外形尺寸(长×宽×高):8 725 mm×2 452 mm×1 780 mm。

煤科总院太原分院 TY12FB 型井下 12 座厢式运人胶轮车,用于运送管理人员或其他零星人员下井或运送小型设备。煤科总院太原分院 TY12FB 型井下 12 座厢式运人胶轮车主要技术参数如下:

柴油机功率:42 kW;

乘坐人员:12 人;

整车装备质量:2 600 kg;

最大总质量:4 600 kg;

最大车速:40～48 km/h;

最大爬坡能力:15°;

外形尺寸(长×宽×高):5 300 mm×1 950 mm×2 100 mm。

煤科总院太原分院 TY12FB 型井下 7 t 级自卸胶轮车,主要给大巷连采掘工作进面运送砂石和水泥。

TY7FB 型井下 7 t 级自卸胶轮车主要技术参数如下:

防爆柴油机(德国):MWMD916-6 低污染型;

功率:74 kW;

乘坐人员:20 人;

额定装载质量:7 000 kg;

整车装备质量:10 500 kg;

最大总质量:17 500 kg;

满载车速:Ⅰ挡 0～5 km/h,Ⅱ挡 5～13 km/h,Ⅲ挡 13～25 km/h;

最大爬坡能力:14°;

外形尺寸(长×宽×高):8 000 mm×2 300 mm×1 800 mm。

英国艾姆科公司 FS912D 型铲斗胶轮车用于巷道及水仓清理。FS912D 型铲斗胶轮车主要技术参数如下:

柴油机功率:75 kW;

最大载重量:3 t;

最大车速:10 km/h;

最大爬坡能力:16°;

车的质量:11.9 t;

外形尺寸(长×宽×高):8 380 mm×1 884 mm×1 716 mm。

澳大利亚诺依斯公司 Model1280 型支架搬运胶轮车,用于工作面搬家时搬运综采支架和大型设备。Model1280 型支架搬运胶轮车主要技术参数如下:

柴油机功率:112 kW;

最大载重量:27 t;

最大车速:6.8 km/h(满载上坡 4.5 km/h);

最大爬坡能力:11°20′;

车的质量:16.9 t;

外形尺寸(长×宽×高):9 060 mm×3 300 mm×1 560 mm。

2. 上窑采区辅助运输设备选型

(1) 设计依据

上窑采区在 4# 煤布置一个综采工作面,两个连续采煤机掘进工作面,综采支架质量为26 t。

(2) 最大班作业时间

按投产时的工作面运输距离计算,重车速度取 13 km/h,空车速度为 15 km/h,运行时间为:综采工作面每次运输循环时间为 48 min;运输巷连采掘进工作面每次循环时间为50.4 min;大巷连采掘进工作面每次运输循环时间为 34.3 min;最大班工人下井时,综采工作面和两个掘进工作面,需三台机车运送人员一次。运送材料时可根据需要换装车厢,每班综采工作面和两个连采工作面各运送两次,每个工作面各按一台机车计算运输时间为 1.14 h。最大班辅助运输时间为:综采工作面 2.4 h,运输巷连采掘进工作面 2.52 h,大巷连采掘进工作面1.72 h。运送材料时现场按工作面需要调配机车,设备台数如下:

① 运送人员和材料选用一台澳大利亚诺依斯公司 MPV-MK11 型多功能胶轮车,选用一台煤科总院太原分院 TY6/20FB 型中型客货胶轮车。

② 运送零星人员下井选用两台煤科总院太原分院 TY12FB 型井下 12 座厢式运人胶轮车。

③ 巷道及水仓清理选用两台英国艾姆科公司 FS912D 型铲斗胶轮车,两台机车为上窑采区和露天不采区共用。

④ 支架搬运选用两台澳大利亚诺依斯公司 Model1280 型支架搬运车,两台机车为上窑采区和露天不采区共用,可供选择的机车还有:963M3 型,柴油机功率 112 kW,载重 32 t;350P 型,柴油机功率 112 kW,载重 32 t。

进口机车可通过国际招标形式订货,对招标公司机车的性能、价格等进行全面考察后确定。

3. 露天不采区辅助运输设备选型

(1) 设计依据

露天不采区在井下 4# 煤布置一个综采放顶煤工作面,两个综掘工作面,辅助运输系统为井上下无轨胶轮车一条龙运输系统,由 4# 煤副平硐工作面辅助运输巷组成。4# 煤辅助大巷最大坡度为 3°,工作面辅助运输巷最大坡度为 5°。井下辅助运输主要工作内容:运送人员、锚杆、坑木、波纹钢带、水泥砂石、综采支架及其他材料等,其中最大部件质量为 27 t。

矿井移交时辅助运输由 4# 煤副平硐至大巷综掘工作面距离约 1.7 km;由 4# 煤副平硐口至 B401 综放工作面距离约为 2.84 km。由 4# 煤副平硐口至平巷综掘工作面距离约为1.7 km。

(2)无轨胶轮车作业时间

按运距计算,矿井移交时平硐口至各作业点运人每往返一次的循环时间:由 4# 煤副平硐口至大巷综掘工作面约 20 min;由 4# 煤副平硐口至 B401 综放工作面约 29 min;由 4# 煤副平硐口至平巷综掘工作面约 20 min。最大班运人总时间约为 68 min。

平硐口至各作业点运材料每往返一次的循环时间:由 4# 煤副平硐口至大巷综掘工作面约 38 min;由 4# 煤副平硐口至 B401 综放工作面约 47 min;由 4# 煤副平硐口至平巷综掘工作面约 38 min。

每天平硐口至各作业点运料时间:由 4# 煤副平硐口至大巷综掘工作面运送锚杆和波纹钢带 1 次,运送其他材料 2 次,共约 1.88 h;由 4# 煤副平硐口至 B401 综放工作面运送坑木一次,运送其他材料 2 次,共约 2.34 h;由 4# 煤副平硐口至平巷综掘工作面运送锚杆和波纹钢带 1 次,运送其他材料 2 次,共约 1.88 h。矿井移交时每天运送材料总时间约 6.1 h。

用 TY7FB 型井下 7 t 级自卸胶轮车运水泥砂石,每天运送 8 次,矿井移交时总时间约 5.02 h。

(3)无轨胶轮车台数

根据以上运行时间,设计确定设备 TY6/20FB 型井下防爆低污染型客货胶轮车 2 台;配备 TY12FB 型机构下防爆低污染 12 座厢式运人胶轮车 2 台;配备 TY7FB 型井下 7 吨级自卸胶轮车一台。Model1280 型支架搬运车和 FS912D 型铲斗胶轮车与上窑采区统一配备,两采区共用。

5.2.3 露井协同开采矿区生产系统

一水平采用平硐开拓,二水平采用斜井开拓,主平硐提煤,副平硐运送人员、材料和设备。大巷运输采用带式输送机运输方式,井下工作面来煤由 4# 煤带式输送机转载到主平硐,通过主平硐带式输送机运至露天矿坑内,进入露天矿的运输系统。

5.3 露井协同开采关键设备配套

5.3.1 露天开采关键装备

露采设备是露天开采工艺的重要组成部分,包括准备作业(主要是岩石松碎)、采装作业、移运作业、排土(卸载)作业以及辅助作业所用的设备。本节将就上述设备在推荐设备型号的基础上进行更详细的分析论述,确定最终设备型号。然后根据确定的设备型号,计算单台设备能力、各生产环节的设备能力,以及与环节之间相互匹配的系统能力,并在此基础上计算东露天煤矿工艺系统的总体能力、东露天煤矿移交时主要设备数量和达产时主要设备数量。

5.3.1.1　设备选型遵循的原则

① 设备型号尽量与安太堡、安家岭矿设备型号一致,便于矿区统一维修和备品备件的使用;

② 设备必须是成熟的设备,设备性能优越;

③ 设备规格尽量统一,便于生产管理;

④ 大型主要设备采用进口设备,其他国内能生产并且质量过关的设备采用国产设备;

⑤ 设备型号及其规格尺寸必须兼顾采矿参数,做到物尽其用。

5.3.1.2　设备选型

1. 钻机

穿孔工作是露天矿矿岩采剥的第一个工序,穿孔工作的好坏对其后的爆破、采装等工作都有很大影响,特别是煤岩比较硬的东露天煤矿。因此,选择合理的穿孔设备和正确的爆破方法是东露天煤矿生产过程中提高工作效率的保障。

(1)剥离钻机的选型。牙轮钻机是目前大型露天矿使用最普遍的钻机类型,初步设计结合本矿剥离岩石的性质和穿爆参数以及本矿区已生产矿山安太堡、安家岭露天煤矿几年来使用国产牙轮钻机的经验,设计确定剥离钻机选用效率高、穿孔成本低的国产 ϕ310 mm 的牙轮钻机,参考型号为 KY-310 和 YZ35B,但需进行技术改造,使最大钻深能满足 20 m 台阶的爆破要求。剥离钻机的主要技术参数见表 5-15。

表 5-15　　　　　　　　　　　　　钻机主要技术参数表

牙轮钻机		剥离钻机		煤层钻机
主要参数	单位	KY-310	YZ35B	KY-150
钻孔直径	mm	250～310	170～270	120～150
钻孔深度	m	17.5	16.5	18～20
钻孔方向	(°)	90	90	70～90
最大轴压	kN	500	350	130
推进一次行程	m	9.4		7.5
推进速度	m/min	0.09～0.98	1.2	0.17～0.34
钻具转速	r/min	0～100	0～90	45,60,90
提升速度	m/min	0～11.87～20	36.7	0.79～15.72
回转扭矩	kN·m	7.2	6.5	4.77,4.06,3.03
回转传动方式		直流电机	直流电机	直流电机
主空压能力	m³/min	40	27.8	25
孔底推进轴压	kN	0～12	0～7	0～10
排渣方式		干、湿式	干、湿式	干、湿式
行走机构型式		履带式	履带式	履带式
爬坡角度	(°)	12	8	14
钻杆直径	mm	219,273	140,219	104,114,168

牙轮钻机			剥离钻机	煤层钻机
钻杆数量	根	2	1	2
钻杆长度	m	9.4	16.5	7.5
风压	MPa	0.35	0.28	0.4~0.7
行走驱动方式		直流电机	直流电机	交流电机
行走速度	km/h	0.63	0—1.3	0.85
电机总功率	kW	388.3	257	304.1
其中回转电机	kW	54	30	30
推压电机	kW	7.5		
提升行走电机	kW	54	50	
油泵电机	kW	22	22	
除尘电机	kW	13		
主空压机	kW	225	135	
作业尺寸	长度	m	13.835	13.3	7.8
	宽度	m	5.71	5.9	3.2
	高度	m	18	24.517	14.55
立架放倒尺寸	长度	m	18.25		13.6
	宽度	m	5.71	5.9	3.2
	高度	m	7.42		5.68
钻机重量	t	118.5	85	35
制造厂		洛阳矿山	衡阳冶金	江西采矿

（2）煤层钻机的选型。根据本矿煤层的性质和穿爆参数，采煤穿孔设备根据安太堡、安家岭露天的经验，选用 $\phi150$ mm 的牙轮钻机，参考型号为 YZ12 或 KY-150。KY-150 型煤层钻机的主要技术参数见表 5-15。

根据东露天煤矿地质模型显示，在首采区钻孔 J5-09 附近 4# 煤层较厚，达 25.7 m；钻孔 J4-10 附近 9# 煤层较厚，达 21.1 m，这时采煤台阶划分为 2 个台阶进行开采，最大台阶高度为 15 m，因此所选煤层牙轮钻机的最大钻深应能满足最大 15 m 采煤台阶穿孔的需要。

2. 单斗挖掘机

要充分发挥露天矿采、装、运工艺设备的效率，就需要各工艺环节设备之间彼此相适应，同时采、装、运设备又要和确定的开采参数相适应，做到生产设备之间合理匹配，生产设备与开采参数合理配合。因此，单斗挖掘机的选型不能孤立地进行，必须与其后续设备（移动式破碎站和自卸卡车）一并考虑，选择出合理的采、装、运工艺设备。

（1）剥离单斗挖掘机。根据设备选型的原则，结合目前世界上各单斗挖掘机制造厂的能力以及在矿山使用的具体情况，可供大型露天矿剥离选择的单斗挖掘机主要有单斗机械挖掘机和单斗液压挖掘机。

单斗机械挖掘机主要有 P&H4100XPB（标准斗容 55.8 m³）、P&H2800XPC（标准斗容

$35.7\ m^3$)、BE495HR(标准斗容 $55.6\ m^3$)等。

单斗机械挖掘机的主要技术参数见表 5-16。

表 5-16 单斗机械挖掘机的主要技术参数

序号	项目	单位	P&H4100XPB	P&H2800XPC	BE495HR
1	标准斗容	m^3	55.8	35.7	55.6
2	斗容变化范围	m^3	35.9～76.5	25.2～53.5	30.6～61.2
3	最大挖掘高度	m	18.06	16.15	18.02
4	最大卸载半径时卸载高度	m	10.44	9.45	10.05
5	装机功率	kV·A	3 750	2 500	4 000
6	工作重量	t	1 423	1 017	1 305
	其中:配重	t	192	227	318.2
7	每立方米标准斗容平均设备质量	t/m^3	25.5	28.9	23.47
8	每立方米标准斗容平均功率	kV·A/m^3	67.2	71.02	71.94

单斗液压挖掘机有 KOMATSUPC8000(标准斗容 $55\ m^3$)、DEMAGH740(标准斗容 $40\ m^3$)、LIEBHERR996(标准斗容 $30\ m^3$)和 RH400(标准斗容 $40\ m^3$)等。

对单斗机械挖掘机和单斗液压挖掘机主要指标进行了比较,见表 5-17。

表 5-17 单斗机械挖掘机和单斗液压挖掘机主要指标比较表

设备名称	每立方米斗容设备质量/kg	每立方米斗容的总功率/kW	每千瓦的设备质量/kg	每立方米斗容设备价格/美元	服务寿命/h
单斗机械挖掘机	32 022	40	790	143 880	75 000
单斗液压挖掘机	17 800	70.2	258	111 180	30 000

由表 5-16 可以看出,从标准斗容、斗容变化范围、线性参数、每立方米标准斗容平均功率以及每立方米标准斗容平均设备质量可知,P&H4100XPB 和 BE495HR 单斗挖掘机较优。目前,在国内的露天矿山,$25～35\ m^3$ 的单斗挖掘机占有主导地位,该系列设备在国内露天矿使用较为成功。

上述单斗机械挖掘机和单斗液压挖掘机都可以在东露天煤矿使用,但单斗液压挖掘机虽然使用灵活、选采能力强,由于其挖掘硬岩能力相对弱、运营和维修成本高和服务寿命短等缺点,本次设计不推荐单斗液压挖掘机用于岩石的剥离工作。

开采设备大型化是资源集中化开采的必然要求,也是简化剥采工程并降低开采成本、提高经济效益的重要途径,近几年来,国外现代化的特大型矿山多采用 $55\ m^3$ 级的单斗挖掘机,配 300 t 级大型自卸卡车,使矿山设备的数量大大减少。由于设备的减少,更加有利于设备的维修和保养,增加设备的工作时间,单斗挖掘机年工作时间可达 6 000 h 以上,设备数量少,操作工人减少,工资额度降低,提高了生产效率,降低了故障率和成本。从国外的调查资料来看,$55\ m^3$ 级的单斗挖掘机目前已经成为主流采矿设备,使用数量已超过 100 台,而且其性价比也远远大于 $35\ m^3$ 级的单斗挖掘机,近期国内新建和改造的露天矿山中,大多数选用 55 m³ 级的单斗挖掘机。如本矿区的安太堡和安家岭露天矿近几年购置了九台 P&H4100 挖掘机,斗容 58 m³;2006 年准格尔哈尔乌素露天煤矿也对斗容为 55～60 m³ 的电铲进行了招标。因此,由于东露天煤矿爆破后岩石容重相对较小,本设计初步推荐东露天煤矿选用 55 m³ 级的单斗挖掘机(斗容 61 m³)作为剥离设备,参考型号为 P&H4100XPB。

(2)采煤单斗挖掘机。依据本矿生产规模大,三个主要可采煤层厚度不一,煤层中夹矸厚度不同的煤层赋存特征,采煤可供选用的设备主要有:P&H2800、BE395B 单斗挖掘机;R995、PC4000、EX3600 和 RH170B 等液压挖掘机。由于液压挖掘机选采性能好,生产效率高,设备重量轻,其投资较电铲低 30%～40%。随着近几年液压技术的飞速发展,液压挖掘机的勺斗容积已达 35～50 m³,在大中型露天矿山得到广泛的应用。根据本矿的年采煤工程量,推荐采煤选用斗容为 25～28 m³ 的液压挖掘机,参考型号为 RH200 或 PC5500 液压挖掘机。

RH200 液压挖掘机主要技术参数见表 5-18。

表 5-18 RH200 液压挖掘机主要技术参数表

项目	单位	RH200 正铲
斗容	m³	26
可匹配卡车规格	t	100～220
视平线高度	mm	7 600
电动机额定功率/电压	kW/V	1 600/6 600
最大挖掘高度	mm	15 300
最大卸载高度	mm	11 800
最大挖掘深度	mm	2 500
最大挖掘半径	mm	16 200
水平掘进行程	mm	5 700
最大牵引力	kN	2 520
最大爬坡能力	(°)/%	50
堆积力	kN	1 890
掘起力	kN	1 500
工作质量	Mt	522
履带板宽度	mm	1 400
接地比压	kPa	256
上部回转速度	r/min	3.9
工作循环时间	s	28
行走速度	km/h	1.6～2.3

单斗挖掘机的后续设备有两种,一种是自卸卡车,另一种是移动式破碎站。单斗挖掘机与自卸卡车是一对多关系,单斗挖掘机与移动式破碎站是一对一关系。在确定了挖掘设备的大致型号后,紧接着应该确定其后续设备的型号,同时确定单斗挖掘机的确切规格。

3. 自卸卡车

(1) 剥离自卸卡车

根据选择的剥离单斗挖掘机的规格,目前可以与 55 m³ 级的单斗挖掘机匹配的大型自卸卡车有 200 t 级、300 t 级、360 t 级,从车铲配合理论以及车铲配合效率分析,与 55 m³ 级单斗挖掘机匹配较好的自卸卡车吨位为 300 t 级和 360 t 级,其中 300 t 级别的自卸卡车在市场的份额也较大,产品较为成熟。

目前生产 300 t 级和 360 t 级矿用卡车的主要厂家有德国利勃海尔、日本小松、合资公司尤克里德-日立中英美合资成立的内蒙古北方重型汽车股份有限公司和美国的卡特彼勒。上述公司生产 300 t 级和 360 t 级卡车的主要技术参数见表 5-19。

表 5-19　　　　　　　　　　　300 t 级和 360 t 级卡车的主要技术参数表

序号	参数名称	单位	特雷克斯 MT5500B(内蒙古北方重型)	利勃海尔 T282B	尤克里德-日立 EH5000	小松 930E-3	卡特彼勒 797B
1	标称载重	t	326	363	315	291	345
2	自重	t	232	229	211	209	278.7
3	最大总重	t	558	592	526	499	623.7
4	发动机最大输出功率	hp	3 500	3 650	2 700	2 700	3 550
5	箱斗容积 2∶1 堆装	m³	218	191	196	211	220
6	最小转弯半径	m	16.2	17.8			16.2
7	总长	m	15.39	14.5	14.42	15.6	14.53
8	宽度	m	9.45	8.7	7.74	8.7	9.76
9	高度	m	7.67	7.4	7.27	7.4	7.58

目前中国露天矿已经采购 300 t 级卡车情况如下:2006 年特雷克斯与神华集团签订的 37 台 326 t MT5500B 电动轮矿用车合同,目前首批卡车到露天矿正在组装,不久将投入到哈尔乌素露天煤矿应用。2006 年中煤能源集团平朔煤炭工业公司通过招标采购了小松公司 72 台 290 t 的 930E-3 卡车。

从 300 t 级和 360 t 级卡车的生产厂家和主要技术指标表可以看出,目前世界范围内,符合中国免税条件的非公路卡车仅有德国利勃海尔生产的 T282B 型载重 363 t 矿用卡车。其他型号的卡车均不符合免税条件。

由于德国利勃海尔生产的 363 t 卡车市场占有率相对较低,据我们掌握的资料,此种型号的卡车 2005 年 6 月统计全世界总共使用 83 台,主要分布在澳大利亚、智利和南非,在中国市场还没有使用。如果此种卡车的采购费用能够达到通常的大型卡车的采购费用(1 万美元/载重吨),使用此类卡车在投资上较可行性研究报告推荐采用的 290 t 卡车节省近 23% 的关税和增值税,因此此型号的卡车具有较大的优势。但是由于平朔公司目前没有此种型号的卡车,其修理和备品、备件的费用相对较大。因此从设备的可靠性、生产的安全性,以及维修的便利性考虑,本初步设计暂不推荐利勃海尔生产的 363 t 卡车,设计仍然推荐 300 t 级的卡车。参考型号为 930E-3。930E-3 卡车的主要技术参数见表 5-20。

表 5-20   930E-3 卡车的主要技术参数表

序号	参数名称	单位	指标
1	标称载重	t	290
2	自重	t	209
3	最大总重	t	499
4	发动机最大输出功率	hp	2 700
5	箱斗容积2∶1堆装	m³	211
6	最小转弯半径	m	14.85
7	总长	m	15.6
8	宽度	m	8.7
9	高度	m	7.4
10	驱动方式		AC(交流)

（2）采煤自卸卡车

根据本矿的原煤产量、选择的采煤液压挖掘机的规格、目前世界卡车制造业的发展现状，以及目前在国内矿山与25 m³级的单斗挖掘机匹配的卡车使用情况，与采煤挖掘机较优匹配的为200 t级自卸卡车。

根据目前使用卡车经济性、维修的方便性，设计推荐在平朔矿区采用使用效果较好的电动轮卡车，参考型号为730E。730E电动轮卡车主要技术参数见表5-21。

表 5-21   730E 电动轮卡车主要技术参数表

序号	技术参数名称	单位	小松730E
1	整体尺寸(长×宽×高)	m	12.83×7.54×6.25
2	装载高度	m	5.61
3	轴距	m	5.89
4	后轮中心距	m	4.68
5	2∶1SAE堆装	m³	111
6	空车质量	t	138.0
7	额定载重	t	186.3
8	最大运行质量	t	324.3
10	载荷分布： 空车 重载	%	前轴,后轴： 47.2,52.8 33.8,66.2
11	最大行走速度	km/h	55.7
12	发动机型号		CumminsK2000E
13	额定功率	kW/hp	1 492/2 000
14	转弯直径	m	24.4

（3）单斗挖掘机和自卸卡车最终型号

经过上述分析,我们已经初步确定了单斗挖掘机和自卸卡车的大致型号,并推荐了参考设备,下面我们从技术方面和车铲配合理论上分析所选单斗挖掘机和自卸卡车的匹配关系,合理地确定它们之间的各项配比,使两者的生产能力均能得到充分发挥,从而最终确定其规格型号。技术上,主要是根据采掘场的空间作业条件评价设计推荐的采运设备是否能发挥其应有的效率。车铲配合理论主要从铲车容积配比关系、铲车台数配比关系和卡车有效载重利用率等方面分析所选设备型号的具体规格,最大限度地发挥设备效率。

① 台阶高度分析。根据所选剥离单斗挖掘机的能力、最大挖掘高度、服务层位的岩层厚度、工作面长度以及年推进度等,单台剥离单斗挖掘机需要服务的岩层厚度为 30～32 m,已经超过了所选挖掘机的最大挖掘高度,因此与移动破碎站配合的单斗挖掘机采用组合台阶,分主台阶和下分台阶。由于岩层需要爆破并且每个单斗挖掘机均配制了大功率的履带推土机,确定主台阶高度为 20 m,下分台阶高度为 10～12 m;与自卸卡车配合的单斗挖掘机的台阶高度最大不超过 20 m。

根据所选采煤单斗挖掘机的能力、煤层厚度、各煤层年采出量及年推进度等,$4^{\#}$ 煤、$9^{\#}$ 煤、$11^{\#}$ 煤以及 $9^{\#}$ 煤与 $11^{\#}$ 煤之间的夹层各配置一台 25～28 m³ 的液压挖掘机,可以满足生产能力的需要,各煤层的液压挖掘机仅服务于本煤层,不需要调动,大大提高了挖掘机的有效工作时间,从而提高了其年能力。

② 工作面数。根据上述台阶高度、剥离挖掘机年能力、服务层位的岩层厚度年剥离量,组合台阶有 2 个,需要 2 台 55 m³ 级单斗挖掘机,组合台阶下有一个比较完整的剥离台阶和一个三角台阶,刚好需要一台 55 m³ 级单斗挖掘机。$4^{\#}$ 煤和 $9^{\#}$ 煤之间的夹层平均厚度为 37.7 m,可以划分两个剥离台阶,每个台阶的最大高度也不超过 20 m,其层位年剥离量为 13～17 Mm³,需要一台 55 m³ 级单斗挖掘机(超过 55 m³ 级单斗挖掘机年能力为 14.0 Mm³ 时,用前装机完成)。因此 55 m³ 级单斗挖掘机台数及其服务的工作面数目是一一对应关系,55 m³ 级单斗挖掘机基本不需要大规模调动,大大提高了挖掘机的有效工作时间,从而提高了其年能力。

本矿有三个主采煤层,配置了两台液压挖掘机和两台 17 m³ 前装机,煤层数目与采煤设备也可以很好地匹配。

③ 卡车数量。根据确定的开采工艺和开采进度计划,$4^{\#}$ 煤层以上三角台阶以及 $4^{\#}$ 煤和 $9^{\#}$ 煤之间的夹层采用自卸卡车运输,正常生产时其年运输量为 28.8 Mm³,根据 300 t 级自卸卡车的年运输能力,计算需要 300 t 级自卸卡车 18 台,这 18 台车分布在两个剥离位置,每个剥离位置配置的自卸卡车数量不超过 6 台(按 65% 的出车率),车流密度较小,安全性高。

煤层全部采用 200 t 级自卸卡车运到设在端帮的它移式破碎站,破碎后用带式输送机运到地面,运煤卡车主要在工作面运行,其运输距离较近。200 t 级运煤自卸卡车年运量为 14.6 Mm³,根据 200 t 级自卸卡车的年运输能力,计算需要 200 t 级自卸卡车 12 台,这 12 台车分布在三个采煤位置,每个位置配置的自卸卡车数量不超过 3 台(按 60% 的出车率),车流密度非常小。

④ 铲车台数配比关系。根据开采进度计划,东露天煤矿 55 m³ 级单斗挖掘机有 2 台,与其配套的 300 t 级自卸卡车有 18 台,剥离铲车比为 1∶9。全内排以后,自卸卡车的平均运输距离为 1.8～2 km,车流密度不大。

东露天煤矿采煤 25 m³ 级液压挖掘机有 2 台和 17 m³ 前装机 2 台,与其配套的 200 t 级自卸卡车12台,采煤铲车比为1:(3~4)。运煤自卸卡车的平均运输距离为1.0 km,因此,虽然采煤铲车比较小,但车流密度适中。

当然,由于大型设备的价格变化较快,具体购买哪种车型,建设单位可根据同级别设备的质量、价格及自己掌握的情况择优选取。

4.移动式破碎站

移动式破碎站的核心部分其实是破碎机,传统的破碎机(旋回式破碎机、颚式破碎机、反击式破碎机、锤式破碎机)需要大规模的地基来抑制其内在的不平衡应力。要移动这些设备需要相当高的费用,而且需要建立一套非常庞大的全移动或它移式破碎站钢结构主机架。这使得许多部件的规模增大,由于尺寸和移设难度的增加,所以要移动这些破碎机就变得非常困难。这些存在的问题使得大型移动式破碎站一直处于设想阶段。但随着 MMD 双齿辊筛分破碎机研制成功,由于其独特的工作原理,使其在各个采矿行业得以迅速的应用。最初,MMD 破碎机被用于井工矿,在井工矿中作业,就要求破碎机尺寸小、处理能力强,且随着采掘工作面向前推进,能很容易地移动。外形尺寸小、处理能力强的特点同样是 MMD 双齿辊筛分破碎机在露天矿上得到广泛应用的原因,尤其是在需要移动式破碎站的露天矿上。配有 MMD 双齿辊筛分破碎机的移动式破碎站的工作能力达到 3 000 t/h 时,其工作质量只有大约 500 t。对于旋回式破碎机,要达到上述相同的工作能力,相应的工作质量约为 1 000 t。

MMD 双齿辊筛分破碎机之所以被称为"筛分破碎机",是因为它不像传统形式的破碎机不管物料粒度大小都进行不加选择的挤压式破碎,使用 MMD 双齿辊筛分破碎机,被破碎物料在三个方向上的尺寸都能很好地控制,从而得到精确粒度的产品。

MMD 筛分破碎机破碎的物料不需要筛分,可以直接进行破碎。螺旋布齿结构就像一个旋转筛分机,粒度较小的物料直接从两破碎轴齿辊间排出,不需再进行破碎,这样可以将能耗降到最低。大于合格粒度的物料进入破碎机时被两轮齿夹住,在拉力和剪切力的作用下,使物料的薄弱易碎部位产生应力集中,从而使物料破碎,这种方式能够使每吨的能耗指数降低。MMD 双齿辊筛分破碎机主要有以下优点:

①设备结构紧凑,体积小。MMD 双齿辊筛分破碎机结构紧凑的优势尤其体现在井工矿的采掘上,因为在井下,空间是非常珍贵的,要进行大型的洞室挖掘是非常昂贵的。在露天矿开采过程中,安装 MMD 双齿辊筛分破碎机占用的空间比相同能力的颚式或旋回式破碎机安装所需的空间小很多。MMD 双齿辊筛分破碎机的这种对空间要求低的特点可以减小台阶的规模,从而降低对环境的影响。

②无需基础。MMD 双齿辊筛分破碎机能够将所有负载及压力集中在机架上形成内力,因此地基或者支撑结构仅承受设备自身的静载荷。这一特点使破碎机的安装非常简单,因此能够建立真正意义上的露天工作面全移动破碎系统,使工作面操作人员将主要的操作成本用在带式输送机上,从而通过带式输送机取代自卸卡车,将物料运输至工作面外。

③处理各种物料的适应性强。MMD 双齿辊筛分破碎机能够破碎硬矿、软矿和一些具有特殊性能的矿石,因此也可用于剥离物的破碎。

MMD 双齿辊筛分破碎机的自清洗功能使得它能够处理含水量高、黏度大的矿石,而对于其他形式的破碎机来说,湿黏物料是导致其出现故障的主要原因。

④ 功能完善,故障排除时间短。当有不可破碎物料进入破碎腔内导致破碎轴停转时,电机反向会带动破碎轴反向旋转,不需要操作人员就可以将异物清除。电机的反转是在 PLC 的控制下自动完成的。

⑤ 模块化结构。MMD 矿山机械公司开发的每个系列的破碎机都是模块化的结构。每个系列由短箱型、标准箱型和长箱型三种不同工作长度以适应不同生产能力的需要。每个齿辊上齿环的数量和每一环上齿的数量可以根据工作载荷的大小来选择。

在澳大利亚 Goonyella/Riverside 露天煤矿,第一台 10 000 t/h 能力的 MMD 移动式破碎站于 2002 年 5 月 3 日完成组装并投入生产,该系统剥离物由挖掘机采装,卸至移动式破碎站上,岩石破碎后经带式输送机运往外排土场,经排土机排弃。采掘设备选用 P&H4100XPB 型斗容 55 m³ 单斗挖掘机,破碎站选用 MMD 矿山机械公司制造能力为 10 000 t/h 移动式破碎战,现因后配套带式输送机、排土机以及移动破碎站本身的原因,实际能力仅达到 6 000~8 000 t/h。MMD 矿山机械公司生产的 10 000 t/h 的移动式破碎站在澳大利亚 Goonyella/Riverside 露天煤矿的成功应用,使得加拿大某油砂矿订购了 3 套能力为 8 000 t/h 的移动式破碎站,一台于 2005 年 11 月组装完毕并投入运行。2006 年华能伊敏煤电公司通过招标采购了 KRUPP 公司一套能力为 3 000 t/h 的移动式破碎站,目前已经正常运行。

目前,世界上能够提供 10 000 t/h 大型移动式破碎站的公司有 MMD、KRUPP、TAKRAF、SANDVIK、STAMLER 等多家采矿设备厂家。而实际制造出大型移动破碎站的仅有 MMD 和 KRUPP 两家公司,据最新资料 TAKRAF 公司目前获得澳大利亚一矿业公司能力为 12 000 t/h 的移动式破碎站的合同。STAMLER 生产了能力为 3 000 m³/h 的移动式破碎站用于 WYODAK 煤矿原煤的破碎。从上述设备生产厂生产的移动式破碎站来看,其基本原理和主要结构基本相同,主要组成部分为受料斗、板式给料机、破碎机、走行结构、排料带式输送机以及电控系统等。而因为各设备厂家的理念不同,就是受料漏斗是否带有支腿存在差别,MMD、STAMLER、TAKRAF 公司从受力更为合理的角度出发,认为增加支腿较好,同时也限制了移动破碎站的灵活性。而以 KRUPP 为代表的厂家认为增加支腿,就失去了移动式破碎站的一些功能。

为了与选择的剥离 55 m³ 级单斗挖掘机配套,移动式破碎站的生产能力要与单斗挖掘机相匹配。剥离 55 m³ 级单斗挖掘机的装载循环时间根据回转角度的不同而不同,其循环时间为 30~40 s,正常状态下,单斗挖掘机的满斗系数为 0.85~0.95,特殊情况下可达到 1.0,甚至超过 1.0。因此剥离 55 m³ 级单斗挖掘机极限最大为 6 600 m³/h,最小为 4 200 m³/h,正常情况下为 5 060 m³/h。为了降低移动破碎站的投资,设计以满足剥离 55 m³ 级单斗挖掘机的 85% 极限生产能力,以及正常生产能力的 110% 作为移动破碎站的额定能力,选用移动破碎站的额定生产能力为 5 600 m³/h。

目前,生产能力为 5 600 m³/h 的移动破碎站共有三种类型。第一种类型的移动破碎站如澳大利亚 Goonyella/Riverside 露天煤矿和我国华能伊敏煤电公司伊敏河露天煤矿使用的移动破碎站。此种移动破碎站带中心回转装置,整个设备可以沿回转中心 360°回转,并且其卸料臂也可以回转。此种破碎站履带纵向布置,即履带方向与物料在破碎站内的流向平行。第一种类型的移动式破碎站一般和转载机配合使用。生产能力为 5 600 m³/h 的第一种类型的移动破碎站的设备质量一般为 2 000 t 左右。第一种类型的移动破碎站外观结构见图 5-24。第二种类型移动破碎站如我国中电投霍煤集团白音华露天煤矿招标采购的移动破碎站。此种移动破碎站取消了中心回转装置,整个设备的回转靠下面的支撑履带实现。其卸料臂也可以回转,回转角度可以达到 ±75°。此种破碎站履带也纵向布置,即履带方向与物料在破碎站内的流向平行。第二种类型的移动破碎站一般也要和转载机配合使用。生产能力为 5 600 m³/h 的第二种类型的移动破碎站其设备质量一般为 1 600~1 800 t。第二种类型的移动破碎站外观结构见图 5-25。第三种类型移动破碎站是一种更新型的移动破碎站。此种移动破碎站没有中心回转装置,整个设备不能回转。其卸料臂可以根据需要做成回转的或不回转的。此种破碎站履带横向布置,即履带方向与物料在破碎站内的流向垂直。第三种类型的移动破碎站一般要和移动胶带机配合使用。生产能力为 5 600 m³/h 的第三种类型的移动破碎站的设备质量一般为 1 000~1 600 t。第三种类型的移动破碎站外观结构见图 5-26。

图 5-24　第一种类型的移动破碎站外观结构示意图

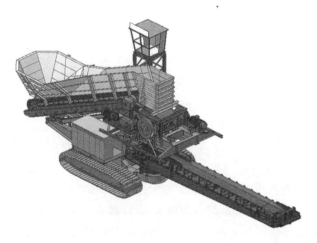

图 5-25　第二种类型的移动破碎站外观结构示意图

当移动破碎站需要在不同台阶上来回调动使用时,一般采用组合台阶,组合台阶数目一般为 2~3 个。因组合台阶数目不同其作业程序也不同。移动破碎站根据移动破碎站与工作面带式输送机距离的远近决定是否使用转载设备。当采用组合台阶时,工作面带式输送机站立水平外的其他台阶必须使用转载设备。

因移动破碎站的类型不同,其后续设备也不尽相同。第一、二种类型的移动破碎站常和

图 5-26　第三种类型的移动破碎站外观结构示意图

转载机(见图 5-27)或爬坡带式输送机(见图 5-28)配合使用,第三种类型的移动破碎站常和工作面移动胶带配合使用。

图 5-27　转载机图

图 5-28　爬坡带式输送机图一

5.3.2　井工开采关键设备

5.3.2.1　综放工作面设备布置方式的确定

综放开采经过 20 多后的试验研究与发展,根据有利于实现工作面高产高效,提高顶煤回收率的要求,目前我国综放开采工作面一般应用低位双输送机放顶煤支架。由于综放工作面较普通综采工作面增加一部后部输送机,使工作面两端输送机机头及转载机的布置更加复杂。目前综放工作面支架前、后部输送机机头布置有以下两种形式:

(1)前、后部输送机机头平行布置,机头、机尾各有 2～3 架过渡支架,布置方式如图 5-29 所示。平行布置方式有以下特点:

① 过渡支架由于其体积大,与基本支架的结构差异较大,放煤机构不完善,因而综放工作面两端各有 2～3 架过渡支架不能放煤或放煤不充分,致使综放工作面的顶煤损失量增加。

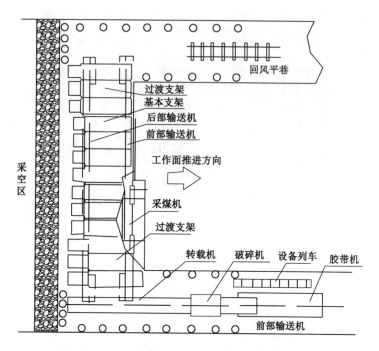

图 5-29　工作面前后部输送机机头平行布置

② 过渡支架结构较复杂,价格比基本支架贵,增加工作面设备投入。

③ 过渡支架放煤效果差,顶煤回收率低,而且采用大型刮板输送机时,机头尺寸大,前后输送机中心距加大不得不使基本支架的长度也加大,因而使基本支架的重量不必要地增加,无形中增加了工作面设备资金的投入。

这种布置方式不会因电机位于平巷而额外增大巷道断面,且端头设备较少,对于煤层较软、倾角较大的工作面利于巷道管理、端头维护及工作面快速推进。年产超 200 万 t 的高产高效综放工作面均采用这种平行布置方式。

(2) 前、后部输送机机头垂直布置,机头、机尾无过渡支架,工作面全长为基本支架,布置方式如图 5-30 所示。垂直布置方式有以下特点:

① 工作面全长皆为放顶煤基本支架,工作面实现了全长放煤,可提高回收率。

② 垂直布置消除了基本支架与过渡支架有长度差而造成采空区的矸石涌入后部运输机,从而影响煤质这种问题,工作面管理也简单易行。但这种布置方式,由于受平巷宽度限制,必须控制工作面设备上窜下滑,要求工作面平巷宽度不小于 4.5 m 且有较高的工作面管理水平。平巷宽度加大给巷道支护增加了额外困难,因此应优先在煤层条件好的工作面采用。另外当工作面采用端头支架时,为满足转载机与刮板输送机机头布置及前移要求,端头支架一般较大且移架困难。目前这种垂直布置方式仅在部分矿井综放工作面应用,且这些矿井均未采用端头支架,如大屯姚桥矿、淄博许厂矿、彬县下沟矿和铜川柴家沟矿等。

由于安家岭井工矿拟建设为大型高产高效现代化矿井,为了实现综放工作面的快速推进,保证工作面实现高产高效,根据国内高产高效矿区综放工作面多采用平行布置的经验,安家岭井工矿 4#、9# 煤层综放工作面前、后部输送机均采用平行布置方式。

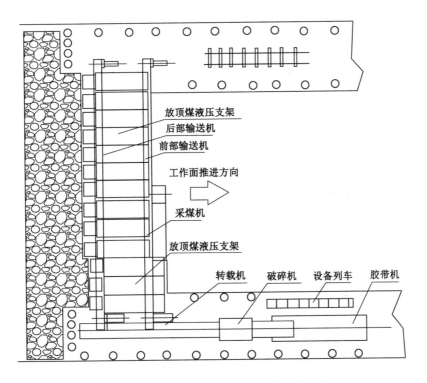

图 5-30　工作面前后部输送机机头垂直布置

5.3.2.2　综放液压支架选型

1. 综放液压支架支护参数确定

放顶煤液压支架除了应满足"撑得住、走得动、封得严"等基本要求外,最主要的考虑环节之一是支架后部应具有较大空间,以便布置后部运输机和保证足够的过煤空间,应设有可靠有效的放煤机构和拉后刮板输送机机构。

针对安家岭矿 9[#] 煤层选用综采放顶煤工艺,放顶煤支架具体选型设计如下:

（1）支架工作阻力确定

以支护强度大于 1 MPa 为前提,采用两种科学的计算方法,确定工作阻力为 10 000 kN。

① 利用充填采空区的垮落岩石厚度来计算支架的支护强度,然后再计算支架的工作阻力:

$$q = n\gamma M/(K_p - 1) \tag{5-2}$$

式中　q——支架支护顶板所需的支护强度,kN/m^2;

　　　γ——下位岩石的容重,kN/m^3,取 $\gamma = 25$ kN/m^3;

　　　M——采高,m,取 $M = 10$ m;

　　　K_p——岩石松散系数,一般为 1.25~1.5,取 $K_p = 1.35$;

　　　n——动载系数按同类综采放顶煤工作面的情况,取 $n = 1.4$。

因此:

$$q = 1.4 \times 25 \times 10/(1.35 - 1) = 1\,000 \ (\text{kN/m}^2)$$

支架的工作阻力为：

$$p = q(L_1 + L_2 + a)B \tag{5-3}$$

式中　P——支架工作阻力，kN；

　　　L_1——支架前梁长度，m；

　　　L_2——支架顶梁长度，m；

　　　a——支架的梁端距，m；

　　　B——支架的宽度，m。

因此：

$$p = 1\,000 \times (1.6 + 3.56 + 0.511) \times 1.5 = 8\,506.5 \ (\text{kN})$$

② 按"放顶煤液压支架"通用公式确定支架工作阻力：

$$p = K(p_1 + p_2) \tag{5-4}$$

其中：

$$p_1 = r_1 B\{(L_1 + L_2 + a)M_2 + [M_2^2 \tan(90° - \varPhi)]/2\}$$
$$p_2 = \{[h(L_1 + L_2 + a)]/2 + [h(h + 2M_2)\tan(90° - \varPhi_1)]/4\}r_2 B$$

式中　p——支架工作阻力，kN；

　　　K——动载系数，按同类综采放顶煤工作面的情况，取 $K = 1.4$；

　　　p_1——支架上顶煤重，kN；

　　　p_2——下位岩石作用于支架上的静载荷，kN；

　　　r_1——煤体容重，kN/m³，取 $r_1 = 14 \ \text{kN/m}^3$；

　　　r_2——下位岩石容重，kN/m³，取 $r_2 = 25 \ \text{kN/m}^3$；

　　　h——下位岩石高度，m，取采放高度，$h = 12.5 \ \text{m}$；

　　　M_2——顶煤高度，m，取 $M_2 = 9 \ \text{m}$；

　　　$\varPhi$——顶煤垮落角，(°)，按同类综采放顶煤工作面的情况，取 $\varPhi = 51°$；

　　　$\varPhi_1$——下位岩层垮落角，(°)，按同类综采放顶煤工作面情况，取 $\varPhi_1 = 45°$。

因此：

$$p_1 = 14 \times 1.5 \times [(1.575 + 3.405 + 0.34) \times 9 + 9^2 \times \tan(90° - 51°)/2] \approx 1\,694 \ (\text{kN})$$
$$p_2 = [12.5 \times (1.575 + 3.405 + 0.34)/2 + 12.5 \times (12.5 + 2 \times 9)\tan(90° - 45°)/4] \times 25 \times 1.5 \approx 4\,821 \ (\text{kN})$$

$$p = K(p_1 + p_2) = 1.4 \times (1\,694 + 4\,821) = 9\,121 \ (\text{kN})$$

综合两种计算支架工作阻力的方法，第一种方法计算得到 $p = 8\,506.5$ kN，第二种方法计算得到 $p = 9\,121$ kN，两种方法所选定的支架工作阻力比较接近，取其较大值并圆整，平朔安家岭矿 9# 煤层综放支架的工作阻力确定为 10 000 kN。

（2）支架结构高度确定

最高高度确定：根据安家岭矿 9# 煤层特点，在保证支架绝对可靠和稳定的前提下，使支架在正常工作高度范围内的受力分布更加合理为依据，再结合目前国内成熟放顶煤最大采高范围，确定其正常采高为 3.2 m 比较科学，所以支架最大高度确定为 3.7 m 比较适宜。

最低高度确定:在满足运输条件的前提下,以保证主体承载油缸立柱的可靠性为主要环节,确定立柱为单伸缩立柱,同时,在保证立柱柱窝连接强度的基础上,再根据立柱的伸缩限度确定支架最低高度为 2.3 m。

确定架型为 ZF10000/23/37 型正四连杆四柱支撑掩护式低位放顶煤支架,其效果图和实物图如图 5-31 和图 5-32 所示。

图 5-31　ZFS10000/23/37 型放顶煤液压支架的效果图

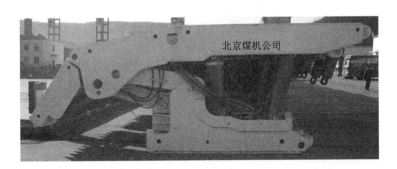

图 5-32　ZFS10000/23/37 型放顶煤液压支架实物图

2. 综放液压支架选型

根据综放开采的数值模拟结果,9# 煤层综放工作面支架工作阻力确定为 10 000 kN,由于割煤高度要求达到 3.2～3.4 m,支架高度选取为 2.0～3.8 m。最后确定支架的型号为 ZFS10000/23/37,其主技术参数见表 5-22。

表 5-22　　　　　　　　　　　　　　基本架技术特征表

序号	技术指标	技术参数
1	支架型号	ZFS10000/23/37
2	支护高度/mm	2 300～3 700
3	支架中心距/mm	1 600
4	初撑力/kN	7 751($p=31.5$ MPa)

续表 5-22

序号	技术指标	技术参数
5	工作阻力/kN	$10\ 000(p=40.8\ \text{MPa})$
6	支护强度$(f=0.2)$/MPa	$0.89\sim0.92$
7	对底板的平均比压$(f=0.2)$/MPa	2.7
8	适应煤层倾角/(°)	$\leqslant20$
9	泵站压力/MPa	31.5
10	操作方式	本架操作
11	自移步距/mm	800
12	支架质量/t	30

5.3.2.3 采煤机选型

1. 采煤机生产能力

根据工作面生产能力要求,确定采煤机的平均落煤能力和割煤速度。高产高效综放工作面采煤机进刀方式主要有两种,即端部斜切进刀双向割煤和端部斜切进刀单向割煤方式。其中端部斜切进刀单向割煤方式所需割煤时间较长,相同单产水平单向割煤对采煤机要求高,按端部斜切进刀单向割煤方式计算。

（1）作业形式

工作制度采用"三八"制作业,早班保证四小时检修时间,其余时间生产,中、夜班全班生产,年工作日 300 d。

采用正规循环作业方式,即割煤、移架、推刮板输送机、拉刮板输送机为全过程,采煤机前滚筒割顶煤,后滚筒割底煤,端头斜切进刀,双向割煤的循环方式,每个生产班按 4 循环组织,检修班(早班)按 2 个循环组织,日进 10 刀,截深为 0.8 m,日进 8 m。

（2）生产能力确定

① 采煤机每班进刀数

$$N=K(60T-t_1)/(nl/v+t_2)$$

式中　T——每班工作时间,h;

　　　t_1——工作面接班检查保养及准备时间,取 30 min;

　　　n——割煤方式系数,单向割煤为 2,双向割煤为 1;

　　　l——工作面长度,m;

　　　v——采煤机实际割煤平均运行速度,m/min;

　　　t_2——每刀的辅助时间,取 20 min。

根据以前综采工作面回采的经验数据,结合采煤机的牵引情况,采煤机割煤速度取 8 m/min。

早班单向割煤:

$$N_1=K(60T-t_1)/(nl/v+t_2)=(60\times4-30)/(600/8+20)\approx2.2(刀)$$

中、夜班单向割煤:

$$N_2 = K(60T - t_1)/(nl/v + t_2) = (60 \times 8 - 30)/(600/8 + 20) \approx 4.7(刀)$$

考虑到设备故障和其他原因的影响,早班按 2 刀进行组织,中、夜班按 4 刀进行组织。即 $N_1 = 2$ 刀, $N_2 = 4$ 刀。

② 每班劳动定额

循环产量:

$$Q_0 = LMSr$$

式中, $M = 11.9$ m, $L = 300.5$ m, $S = 0.8$ m, $r = 1.40$ t/m³,则:

$$Q_0 = 300.5 \times 11.9 \times 0.8 \times 1.40 = 4\,005.064(t)$$

早班班产量: $Q_1 = N_1 Q_0 = 2 \times 4\,005.064 = 8\,010.128(t)$

中、夜班班产量: $Q_2 = N_2 Q_0 = 4 \times 4\,005.064 = 16\,020.256(t)$

日产量: $Q = Q_1 + 2 \times Q_2 = 8\,010.128 + 2 \times 16\,020.256 = 40\,050.64(t)$

③ 全月劳动定额

$$Q_M = N_{全月} Q$$

式中　$N_{全月}$——全月工作日,d。

$$Q_M = 40\,050.64 \times 27 = 1\,081\,367.28(t)$$

④ 推进度

$$月推进度(L_M) = 每月生产天数 \times 日推进度$$

因此:

$$L_M = 27 \times 8 = 216(m)$$

2. 采煤机参数计算

采煤机选型的主要内容是确定采煤机装机功率、性能及结构参数。装机功率是衡量采煤机生产能力及破煤能力的综合性参数。采煤机机身及各部件强度与采煤机功率是一致的,因此装机功率大的采煤截割硬煤能力及落煤能力也大。选择采煤机的装机功率取决于煤层硬度、采高、截深、采煤机割煤速度及采煤机工作机构,目前尚无可靠的计算采煤机装机功率的计算方法,只能采用实测功率特征关系、估算和类比方法。根据确定的采煤机割煤速度和落煤能力要求确定采煤机的装机功率。

方法1:根据实测的采煤机电机功率 $N = f(V_c)$ 或 $N = f(Q_m)$ 来确定。通过电测法得到采煤机割煤速度或落煤能力与采煤机输出功率特征关系,根据满足工作面生产能力要求确定的采煤机最大割煤速度或最大落煤能力,求出对应的采煤机输出功率 N_{max}。这种方法适用于已开采煤层的综采工作面设备能力配套分析和相似开采煤层条件的综采工作面设计。

方法2:比能法。采煤机每采 1.0 t 就要消耗一定电能,而且消耗的电能随煤层的强度系数 f 值或抗切削强度 A 值的增大而增加。因此,根据采煤机生产能力或割煤速度来计算采煤机的装机功率。

$$N = 60BHV_cH_wK = 60 \times 0.8 \times 3.3 \times 5 \times 1.5 \times 0.8 = 950.4(kW)$$

式中　B——采煤机截深,m;

　　　H——工作面采高,m;

　　　V_c——采煤机割煤速度,m/min;

H_w——采煤机的单位能耗，取 $0.8\ kW \cdot h/m^3$；

K——富裕系数，取 1.5。

3. 采煤机选型

根据计算结果，$9^\#$煤层工作面采煤机可以选用久益公司生产的 7LS3A 型电牵引采煤机，该采煤机总体结构为多电机横向布置，牵引方式为机载式交流变频无级调速的强力销轨式无链牵引，电源电压为 3 300 V，以计算机操作、控制，并能中文显示运行状态、故障检测。其主要技术参数如表 5-23 所列。

表 5-23　　　　　　　　　　7LS3A 型电牵引采煤机主要技术参数表

采高范围/m	0～0.320	过煤高度/m	0～0.719
供电电压/V	3 300	总装机功率/kW	1 462
滚筒直径/mm	2 050	滚筒截深/mm	800
生产能力/(t/h)	3 500	牵引速度/(m/min)	0～25
机身尺寸(长×宽×高)/ mm	13 279×16 260×1 398	整机质量/t	62

5.3.2.4　综放工作面刮板输送机选型

1. 综放工作面刮板输送机能力确定

工作面前部刮板输机的运输能力应满足采煤机最大落煤能力的要求。要实现综放工作面高产高效，工作面采煤机割煤和放顶煤工序应最大限度地平行作业，在选择综放工作面参数和设备能力时，应使采煤机平均循环割煤时间 T_c 与放顶煤平行循环时间 T_f 匹配，以减少两个工序的相互影响时间，提高工作面单产水平。

(1) 设备选型的基本原则

前部输送机的输送量 $Q_输$ 与采煤机的落煤能力 $Q_采$ 的关系如下：

$$Q_输 > 1.2\ Q_采$$

后部输送机输送量根据放顶煤量的大小来确定。根据采煤机的割煤速度，确定每小时有 n 架支架放煤，每架支架的宽度为 C，放煤长度为 L，顶煤厚度为 H_1，顶煤回收率为 η，则放顶煤量为：

$$Q_放 = CH_1Ln\eta\gamma$$

由此确定后部输送机运量为：

$$Q_后 \geqslant 1.2Q_放$$

采放比符合《煤矿安全规程》规定，不得大于 1:3，一般为 1:2。

转载机输送量 $Q_转 \geqslant (0.6～0.8)(Q_前 + Q_后)$；破碎机输送量 $Q_破 \geqslant 1.1Q_转$。

(2) 输送机技术参数的确定

根据工作面产能要求和使用长度，按每日运输工作时间计算，考虑 1.2 倍的输送能力富余，确定输送机输送能力，即确定输送量。

工作面年产量为 W (t)；年工作日为 D (d)，一般年工作日按 300 d；日工作时间为 H (h)，按"四六"或"三八"工作制计算。

根据计算出的输送量,一般考虑 40%~60% 开机率选配。再根据工作面采放比确定前、后部输送机运量 $Q_前$、$Q_后$。

借助三维实体设计及有限元分析等手段,对刮板输送机成套设备的关键受力部件进行详细、符合实际工况的设计分析,提高关键部件的可靠性。

中部槽主要分析了端头、轨座、铸造槽帮推移耳等主要受力部位,根据其应力分布规律,调整结构尺寸,改善应力分布,降低和消除应力集中部位的最大应力值。

刮板链主要分析刮板、锻造立环的应力分布情况,并在设计中重点考虑降低和消除应力集中部位的最大应力值,保证刮板和链环的可靠性等。刮板链应力分布如图 5-33 所示。

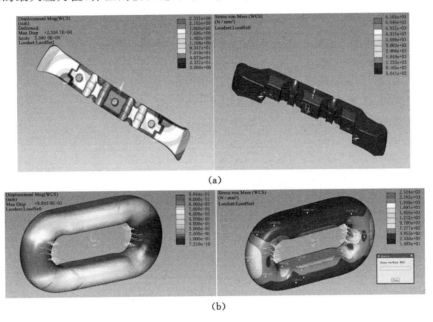

图 5-33　刮板链应力分布
(a) 刮板受力的应力-应变图;(b) 圆环链受力的应力-应变图

根据前几个工作面的配套经验和设备统一性要求,工作面前部输送机选用 SGZ1000/2×1000 型整体铸焊封底式溜槽刮板输送机。参考上述计算结果,并考虑到提高顶煤回收率,解决大块煤压刮板输送机等问题,工作面后部输送机选用 SGZ1200/2×1000 型整体铸焊开底式溜槽刮板输送机。

2. 前部刮板输送机

SGZ1000/2×1000 型整体铸焊封底式溜槽刮板输送机主要技术参数如下:

设计长度:300 m;

装机功率:2×1 000 kW;

电动机电压:3 300 V;

圆环链规格:2×ϕ48 mm×152 mm;

链中心距:280 mm;

垂直向弯曲:±3.5°;

刮板链形式:中双链;

电机布置方式:平行布置;

刮板间距:912 mm;

出厂长度:300 m;

电动机转速:1 486 r/min;

输送能力:2 500 t;

圆环链破断负荷:1 810 kN;

减速器速比:36∶1;

水平向弯曲:±0.7°;

刮板链速:1.537 m/s;

卸载方式:端卸;

紧链方式:液压马达紧链;

中部槽规格(长×内宽×高):1 500 mm×1 000 mm×372 mm。

3. 后部刮板输送机

SGZ1200/2×1000型整体铸焊开底式溜槽刮板输送机主要技术参数如下:

设计长度:300 m;

装机功率:2×1 000 kW;

电动机电压:3 300 W;

圆环链规格:2×ϕ48 mm×152 mm;

链中心距:280 mm;

垂直向弯曲:±3.5°;

刮板链形式:中双链;

电机布置方式:平行布置;

刮板间距:912 mm;

出厂长度:300 m;

电动机转速:1 486 r/min;

输送能力:2 500 t;

圆环链破断负荷:1 810 kN;

减速器速比:36∶1;

水平向弯曲:±0.7°;

刮板链速:1.537 m/s;

卸载方式:端卸;

紧链方式:液压马达紧链;

中部槽规格(长×内宽×高):1 500 mm×1 000 mm×372 mm;

槽间连接形式:4 000 kN哑铃销。

4. 工作面前、后部刮板输送机关键技术

(1)高强度、高可靠性端卸机头的研制

　　端卸机头是长运距、高可靠性刮板输送机的关键部件,它关系到工作面总体配套设备的布置和采煤工艺的正常实施。

　　在设计中吸收了同内外多项先进的技术,采用端面压块式组合架体,使链轮拆装更加方便,机架与过渡槽采用镶嵌式高强度哑铃连接结构,以满足高可靠、长寿命机架设计性能要求。

　　(2) 高可靠性 1 000 kW 传动装置的研制

　　刮板输送机 1 000 kW 传动装置采用德国布朗公司制造的行星减速器,在传动系统的电动机与减速器之间选配了德国 VOITH 公司的阀控调速型液力耦合器,可有效地保护整个传动系统,使减速器、刮板链、链轮组件避免冲击负荷下的非正常损坏。传动装置的研制极大地提高了刮板输送机的运行可靠性。

　　减速器设置强制润滑泵,有利于润滑和油池温度的平衡。高效率外装式冷却器可以保证减速器长时间可靠工作。

　　(3) 高可靠性链轮组件研制

　　链轮组件主要由滚筒、链轮体、链轮轴、轴承和密封件组成。链轮体为高强合金钢制造的七齿链轮,由加工中心加工成形,链轮齿面在专用的火焰淬火机床上进行处理,淬硬层深度可达 10 mm,链轮组件为稀油润滑,进出油口布置于链轮组件两端,通过远程注油装置达到润滑效果。

　　(4) 高可靠性过渡槽的研制

　　刮板输送机过渡槽安装在刮板链运行折转位置,工作状况十分恶劣,常规过渡槽寿命较低,此次开发研制中对过渡槽采用加厚侧板,中板采用进口高强度耐磨中板,形成整体箱式结构,提高了过渡槽的刚度、强度和耐磨性,过煤寿命可达 500 万 t 以上。

　　(5) 整体铸焊封底式中部槽的研制

　　刮板输送机中部槽属于长寿命、高可靠性的新一代中部槽,挡、铲板槽帮采用高强度可焊铸钢整体铸造成型,经调质、喷丸处理,硬度得到了大幅度提高,中板厚度为 40 mm,封底板厚度为 30 mm,均为进口高强度耐磨钢板,大幅度提高了中部槽的寿命,过煤量可达 1 000 万 t 以上。中部槽间采用 4 000 kN 锻造哑铃连接,是目前国内中部连接强度最高的。同时,该中部槽与 $\phi 42$ mm×146 mm 的紧凑型中双刮板链配套使用,属国内首创。后部中部槽与支架采用 $\phi 30$ mm×108 mm 圆环链柔性连接,通过液压千斤顶对后部刮板输送机进行拉移操作。

　　(6) 126 mm 节距整体模锻销轨

　　整体模锻销轨是为了与大功率采煤机配套而开发的超重型销轨,节距为 126 mm,在国内是首次开发应用,制造质量达到国际先进水平。整体模锻销轨啮合强度高,适用于高产高效采煤工作面大功率刮板输送机与大功率采煤机配套使用,解决了因采煤机牵引力大而造成销轨易损坏的难题,该销轨的研制,使我国工作面刮板输送机技术水平又提高到一个新的阶段,有利于增强国产刮板输送机的市场竞争力。

　　(7) 可伸缩机尾的研制

　　机尾采用紧凑型液压张紧、液压闭锁式伸缩机构,操作方便,可以无级调整行程,方便调整链条预紧力,保证链条适度张紧,使链条与链轮处于良好啮合状态,有效提高链轮和链条的使用寿命,并减少输送机的无功损耗。液压马达低速紧链装置的采用解决了传统闸盘紧链中的安全性问题,提高了可操作性。

(8) 首次将监测、监控技术用于工作面输送设备

为了提高工作面输送设备的运行可靠性,首次在国产工作面输送机、平巷转载机、破碎机的减速器内设置了油温传感器和液位传感器,在减速器、电机的冷却系统中设置了压力传感器和流量传感器。减速器的油温、油位可以在安装于减速器近旁的仪表上直观地读出。所有监测物理量都可以通过通信电缆上传,由上位机进行处理或进行必要的控制。

通过对输送机关键部位进行监测、监控可以早期预见故障的发生并及时处理,避免恶性事故的发生,提高设备的安全运行率。

5. 前、后部刮板输送机的结构特点

2×1000 前、后部刮板输送机(见图 5-34)与矿井原 2×700 前、后部刮板输送机相比,只是在原基础上,电机由 700 kW 双速变为 1 000 kW 单速,保护方式由摩擦限矩器改为阀控充液型液力耦合器,链条由 42×146 升级为 48×152,中部槽长度、与采煤机配套的牵引销轨不变,其他结构形式及特征基本相同。其结构特点如下:

图 5-34　刮板输送机实物
(a) 地面组装;(b) 井下运转

(1) 在电机与减速器间安装伏伊特阀控充液型液力耦合器,改变了刮板机的启动特性,实现了无负载软启动,大大改善了输送机传动系统的受力状况,保证了系统的安全运行,同时具有以下技术优势:

① 电机无负载启动;
② 多电机驱动下的顺序启动;
③ 充分利用电机的峰值扭矩;
④ 平稳但非常迅速地建立起扭矩(约 20 s);
⑤ 在输送机卡住的情况下,仍然能使电机保持在峰值扭矩输出;
⑥ 在刮板机卡住时启动系统,并使电机保持工作在峰值扭矩;

⑦ 通过换水多次连续启动而没有温升问题；

⑧ 可正反转驱动输送机；

⑨ 实现多电机自动负载平衡；

⑩ 控制系统简单，易实现机载；

⑪ 爬行速度（慢速）用于设备检查；

⑫ 通过泵直接供液，通过排液泵管排液，排液压力依靠主电机带动的液力循环产生；

⑬ 通过闭路循环系统最大限度地利用水，从而降低了使用成本（启动一个耦合器约 100 L 水，10～15 min 换一次水）。

（2）采用抚顺 1 000 kW/3 300 V 单速电机，与双速电机相比，该电机简单可靠，同时减少了一半的主动力电缆，简化了开关及控制系统。

（3）采用中国帕森斯 48×152 链条，提高了链条的性能，保证了输送机运行的安全可靠性。刮板为整体锻造，结构对称，更好地适应双向运行的需要。

（4）前、后部刮板输送机传动装置配置进口减速器（建议采用国产），平行布置传动装置。

（5）链轮组件为整体安装结构，采用集中稀油润滑，浮动机械密封，可靠性高，更换和维修方便。链轮采用高强度合金钢制造，齿面由加工中心按展成法准确加工，可保证与圆环链的正确啮合。链轮齿面由自动程序控制的火焰淬火机床进行热处理，硬度达到 HRC55，有效硬化层深度大于 10 mm，提高了链轮的使用寿命。进口双列圆锥滚子轴承的设计寿命达到 15 000 h 以上，达到了国际先进水平。

（6）整体铸焊中部槽、开天窗槽中部槽长度为 1.5 m，采用整体铸造组焊封底结构，根据工作面需要布置开天窗槽，具有以下特点：

① 整体铸造挡铲板槽帮，并整体进行处理，具有较好的机械性能。

② 中板采用适宜于输送煤炭的特种高强耐磨材料，整体调质处理，硬度大于 HB400，厚度为 50 mm。

③ 挡板槽帮侧设有便于检查底链的观察孔。

④ 槽间采用哑铃连接，强度为 4 000 kN。

⑤ 中部槽采用整体焊后加工，槽体所有接口尺寸整体一次加工成形（包括中板、底板、端头、哑铃连接位置），保证槽间接口准确，具有定位精度高、中板相对错口小等优点。

（7）配备工况监测系统，可以对减速器的油温、油位、冷却水的流量和压力进行准确的监测并实时显示，数据准确。

（8）液控伸缩机尾采用高压乳化液为动力源，液压锁紧，实现无级调整，可随时对链条系统进行调整，保持链条适度张紧，根据链条节距，伸缩行程设计为 600 mm。

（9）首次应用于 300 m 长放顶煤工作面，同时放顶煤前、后部刮板输送机装机功率首次采用 2×1 000 kW。

（10）前、后部刮板输送机中部槽采用新工艺加工生产，传动采用伏伊特阀控充液型液力耦合器保护，48×152 紧凑链条，在目前来说都是成熟的技术。

5.3.3　露井协同开采关键装备配套

5.3.3.1　采煤机

采煤机选用 MGTY400/930-3.3D 型电牵引采煤机,采高范围为 2～3.5 m,可在有瓦斯、煤尘或其他爆炸性混合气体的煤矿中使用,它与工作面刮板输送机、液压支架及带式输送机等配套使用,在长壁式采煤工作面可实现采、装、运的机械化。该采煤机具有良好的工作性能和高可靠性,为目前能够满足高产高效工作面要求的一种新机型。采煤机由左、右摇臂,左、右滚筒,牵引传动箱,外牵引,泵站,高压控制箱,牵引控制箱,调高油缸,主机架,辅助部件等部件组成。MGTY400/930-3.3D 型电牵引采煤机如图 3-35 所示。

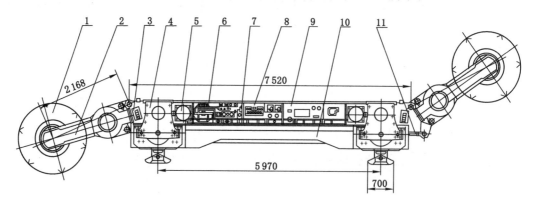

图 5-35　MGTY400/930-3.3D 型电牵引采煤机

1—左滚筒;2—左摇臂;3—左端头站;4—外牵引;5—牵引传动箱;6—泵站;
7—水阀组件;8—高压控制箱;9—牵引控制箱;10—主机架;11—调高油缸

该采煤机总体结构为多电机横向布置,牵引方式为机载式交流变频无级调速销轨式无链牵引,电源电压为 3 300 V,单电缆供电,以计算机操作、控制,能中文显示运行状态,并具有故障检测功能。下面是该机型的主要特点:

(1) 主机架为整体式焊接件,其强度大、刚性好,各部件的安装均可单独进行,部件间没有动力传递和连接,该机上所有切割反力、牵引力、采煤机的限位、导向作用力均由主机架承受。

(2) 摇臂通过悬挂铰接与主机架相连接,无回转轴承及齿轮啮合环节,摇臂传动功率大,输出轴转速低。

(3) 牵引采用销排式无链牵引系统,牵引力大,工作平稳可靠,能适应底板起伏较大的工作面。

(4) 采用镐型齿强力滚筒,减少了截齿消耗,提高了滚筒的使用寿命,并且提高了块煤率。

(5) 采煤机电源电压等级为 3 300 V,单电缆供电,使采煤机拖移电缆方便自如,减少了工作面电缆故障。

(6) 采用机载式交流变频无级调速系统,提高了牵引速度和牵引力。

(7) 控制系统采用了可编程控制器及自回馈制动变频器,可在工作倾角≤25°的情况下工作。

　　（8）监测系统采用了工控计算机,使采煤机具有操作简单、维修方便、自动化程度高、故障率低等优点。

　　（9）液压系统和水路系统的主要元件都集中在集成块上,管路连接点少,维护简单。

5.3.3.2　工作面刮板输送机

　　工作面刮板输送机能力应与采煤机的生产能力相适应,故应选择与采煤机相配套的系列产品。根据工作面生产能力和"三机"配套情况,可弯曲刮板输送机的输送能力不应小于2 500 t/h,装机总功率不应小于1 400 kW,刮板宽度为1 000 mm。上窑区可弯曲刮板输送机,根据上述特征通过招标方式选用全引进设备,露天不采区选用国产 SGZ1000/2×700 型可弯曲刮板输送机,为了保证设备的可靠性,电机、减速器和链子采用进口设备。主要技术特征如下:

　　　　装机功率:2×700 kW;

　　　　输送能力:2 500 t/h;

　　　　设计长度:250(300) m;

　　　　供电电压:3 300 V;

　　　　链速:1.25 m/s。

5.3.3.3　转载机

　　与工作面刮板输送机相配套,露天不采区转载机选用国产 SZZ1200/525 型,为了保证设备的可靠性,电机、减速器和链子采用进口设备。其主要技术特征为:

　　　　功率:525 kW 或 375 kW;

　　　　电压:3 300 V 或 1 140 V;

　　　　输送能力:3 500 t/h;

　　　　出厂长度:50 m;

　　　　刮板链速:1.8 m/s。

5.3.3.4　破碎机

　　工作面选用 PCM400 型锤式破碎机,其主要参数为:

　　　　功率:400 kW;

　　　　破碎能力:3 500 t/h。

5.3.3.5　工作面运输巷带式输送机

　　可伸缩带式输送机选用 SSJ1400/3×400 型,驱动装置和机尾卷带装置采用进口设备。其主要参数为:

　　　　功率:3×400 kW;

　　　　带宽:1 400 mm;

　　　　带速:4.5 m/s;

　　　　输送能力:3 500 t/h;

　　　　长度:2 200 m;

　　　　储带长度:200 m。

5.3.3.6　支护设备

　　9# 煤支架选用北京煤矿机械厂生产的 ZFS8000/23/37 型放顶煤液压支架,该支架主要技术特征如下：

（1）基本支架

架型：四柱支撑掩护式；

支撑高度：2 300～3 700 mm；

支护强度：不小于 1.0 MPa；

支架中心距：1 750 mm；

支架质量：不宜大于 27 t。

（2）端头支架

与基本支架配套，共配 2 组，端头支架 ZFS 型，可放煤端头液压支架。

5.3.3.7 乳化液泵站

支架的快速、安全操作是实现高产高效的前提，而支架的移架速度主要取决于支架液压系统的流量，为此，工作面配备英国 RMI 雷波公司生产的 S300/3×224 型乳化液泵站。

5.3.3.8 其他主要设备

除上述主要设备外，还配备有 S200 型喷雾泵站，5D-2/150 型煤层注水泵、MYZ-150B 型钻机、WJ-24 型阻化剂喷射泵、小水泵、调度绞车等设备。

露井协同开采下井工综放工作面主要设备选型见表 5-24。

表 5-24　　　　　　　露井协同开采下井工综放工作面主要设备选型表

序号	名称	型号	数量
1	采煤机	MGTY400/930-3.3D	1
2	前可弯曲刮板输送机	SGZ1000/2×700	1
3	液压支架	ZFS8000/23/37	160
4	端头支架	与 ZFS8000/23/37 相配套	2
5	单体液压支柱	DZ35-20/110Q	150
6	注液枪	DZ-Q1	2
7	转载机	SZZ1200/400	1
8	破碎机	PCM400	1
9	可伸缩带式输送机	SSJ1400/2×450	1
10	乳化液泵站	S300	1
11	喷雾泵站	S200	1
12	煤层注水泵	5D-2/150	2
13	小水泵	BQK-15/20A	11
14	阻化剂喷射泵	WJ-24	1
15	钻机	MYZ-150B	2
16	调度绞车	JD-11.4	2
17	综掘机	S100	1
18	胶带转载机	QZP-160	1
19	可伸缩带式输送机	SSJ800	2

序号	名称	型号	数量
20	湿式除尘风机	SCF-7	1
21	煤电钻	ZMS-12B	1
22	岩石电钻	EZ2-2.0	1
23	混凝土搅拌机	P$_4$	1
24	混凝土喷射机	HPC-V	1
25	混凝土喷射机械手	FS-1	1
26	混凝土喷射机除尘器	MLC-IB	1
27	局部通机	2BKJ(II)-No6.0/37	1
28	单体锚杆机	MYT-120C	2
29	后可弯曲刮板输送机	SGZ1200/2×700	1

5.4 露井协同开采工艺优化

5.4.1 露天开采工艺

开采工艺系统是露天矿设计的核心任务之一,也是设计的重大技术决策问题。开采工艺是决定露天矿开拓运输方式、开采程序、总体布局以及经济效益等一系列重大问题的基础。露天开采的经济效益很大程度上取决于所采用的开采工艺系统。而开采工艺系统中设备类型的选择与确定又是开采工艺系统中的重要内容之一,而露采设备、开采参数以及露采设备之间的合理匹配又是决定露天矿生产效率和效益的基础;另外,开采设备又必须与其所服务位置的剥采量相匹配。

5.4.1.1 煤矿开采条件分析

开采工艺选择正确与否是露天矿成败的关键,开采工艺的选择不能脱离矿山具体条件,本初步设计就东露天煤矿的具体开采条件分 10 个方面分析如下:

1. 设计规模

东露天煤矿的设计规模为 20.0 Mt/a,年剥采总量达 110 Mm³,东露天煤矿一旦建成,将成为世界上单座剥采总量最大的露天煤矿。因此,开采工艺必须尽量降低单位生产成本,间断工艺中的单斗卡车工艺因其生产成本高应慎重选择。

2. 矿山尺寸

圈定的东露天煤矿开采境界,东西长 1.99~5.95 km,南北宽 4.90~10.63 km,地表面积为 45.90 km²,开采深度为 160~270 m;首采区底部宽度为 1 400 m,地表宽度约为 2 200 m。故东露天煤矿的几何尺寸较大,对运输通道的布置以及开拓运输系统的设置影响不大。

3. 地形地貌

东露天煤矿开采境界内黄土广布,植被稀少,水土流失严重,冲刷剧烈,切割深度大,大部分冲沟呈“V”字形,沟谷两侧黄土近于直立,为典型的黄土丘陵地貌。其开采范围内地势北高南低,中部高,两侧低,地表高差变化较大。在推荐的首采区工作面方向上,地形最大高差达 90 m,使得上部台阶的完整性遭到破坏。因此,上部不完整的台阶选择机动灵活、对地形适应性强且成本较低的外包剥离应是较佳的选择。

4. 煤层产状与地质构造

东露天煤矿开采境界内煤层上覆地层构造较为简单,地层倾角在 2°～7°之间,一般在 5°以下。境界内可采煤层共 7 层,其中 4#、9#、11# 为主要可采煤层,5#、6#、7#、8# 为局部可采煤层。

东露天煤矿位于宁武向斜北端东翼,本区整体上为北东高、南西低的单斜构造,地层基本走向为 NW、SE 向,倾向 S45°W。目前发现断距大于 20 m 的断裂构造为李西沟正断层和北水正断层,均分布在矿田边缘,矿田区内未发现其他断裂构造。

总之,东露天煤矿的煤层产状与地质构造对开采工艺的选择影响不大。但由于其赋存有多层煤,对拉斗铲工艺产生影响,拉斗铲工艺因其要求的工作线长度大、初期拉沟长、基建工程量大、建设工期长、投资高、局部可采煤层每年损失大等原因失去竞争优势,本初步设计不再论述拉斗铲工艺。

5. 矿岩特性

东露天矿田岩石的抗压强度属于中硬岩～硬岩类,岩层抗压强度大于 15 MPa 的硬岩约占总量的 22.2%。新生界松散土层抗压强度小于 6 MPa,属于软岩类,松散层占总剥离物的 20.73%。因此,东露天煤矿因其岩石较硬,不适合切割力较低的轮斗开采工艺。

6. 气候

东露天煤矿所在的朔州地区为典型的大陆性季风气候,夏季凉爽,春季风大,风沙严重,冬季干燥寒冷。本区气温较低,年平均气温为 5.4～13.8 ℃,绝对最低温度为 −32.4 ℃,冻结深度一般为 1.31 m。年平均八级以上大风日数都在 35 d 以上。开采工艺选择应考虑当地的气候特点。

7. 维修条件

露天矿的工艺设备应有比较便利的零件供应和良好的故障维修条件,才能保证设备的完好率和作业率。东露天煤矿所在的平朔矿区现有两座大型现代化露天煤矿——安太堡露天矿和安家岭露天矿,它们剥离均采用单斗挖掘机—卡车间断工艺,采煤采用单斗挖掘机—卡车—地面半固定破碎站—带式输送机半连续工艺。因此,东露天煤矿在工艺选择时应借鉴这两座露天矿的生产经验及其良好的维修条件和零配件的储存条件。在经济效益相差不大的情况下,应优先选择与这两座露天矿相同或相近的开采工艺。

8. 市场

东露天煤矿的市场条件非常好,其产品需求量大,市场份额稳定或有可能增大,东露天煤矿开采工艺选择应能根据市场条件有扩大规模的可能。

9. 资金

一般来说,生产效率高的开采工艺,其生产成本较低,但投资也往往较大。对东露天煤矿来说,其因剥采总量和基建工程量大,投资总额较高,因此,在选择开采工艺时应尽量降低设备的投资,以此来降低投资风险和矿山的吨煤投资。

10. 生态环境

东露天煤矿所在地区属温带干旱草原植被型,区内植被稀少,水土流失大。从环境现状可知,东露天煤矿所在地区自然条件较差,生态环境脆弱,空气和地表水环境质量已受到一定程度的污染。因此,在选择开采工艺时应尽量选择对环境污染小的以电作为主要动力的开采工艺,减少燃油消耗,避免因东露天煤矿的开发建设加重当地的环境污染。

5.4.1.2　开采工艺选择的原则

设备大型化、生产集约化、操作标准化、工艺连续化、开采工艺多样化是当今世界露天矿发展的方向。设计依据东露天煤矿的规模、矿田尺寸、地形、地质、气候、外部环境等特点,并考虑煤层赋存条件,在与平朔煤炭工业公司充分交换意见的基础上,初步设计确定选择开采工艺原则如下:

① 满足年产原煤 20.0 Mt 的要求。

② 与市场经济及本矿区的具体情况相结合,主要耗能设备尽可能考虑以电代油,选择效益好和效率高的开采工艺,确定的开采工艺可靠性高,能充分发挥大型设备的效率。

③ 工艺系统尽可能简单化,设备规格尽量大型化、通用化、系列化,便于管理。

④ 本矿黄土广布,冲沟发育,土层松散,而下部的基岩为中硬岩石,土岩性质差别明显,另外由于开采深度大,开采过程中不同深度的剥离物运距也明显不同。因此,在选择开采工艺时要考虑合理的工艺组合。

⑤ 选择的开采工艺能达到基建时间短、出煤快、见效快的目的。

⑥ 参考国内各大露天矿的经验,对那些已证明是先进的、成功的开采工艺要予以采用。

⑦ 开采工艺布置要符合矿山的发展过程,在空间和时间上要满足设备布置的需要。

5.4.1.3　开采工艺选择

依据上述开采工艺选择原则和东露天矿的具体条件,推荐的半连续综合工艺如下:

剥离工艺:黄土层外包剥离,4#煤层以上岩石采用三套单斗挖掘机—移动式破碎站—带式输送机的半连续工艺系统;4#～9#煤层间岩石采用两套单斗—卡车工艺系统;9#～11#煤层间岩石与11#煤划分为一个台阶,混合爆破后由推土机配合液压挖掘机将9#～11#煤层间岩石倒入采空区。

煤层开采:4#、9#及11#煤层布置三套液压挖掘机—自卸卡车系统,形成液压挖掘机—自卸卡车—它移式破碎站(端帮)—端帮带式输送机—斜井带式输送机—地面带式输送机—选煤场的煤炭生产工艺和运输系统。煤炭运输系统设置两套,一套它移式破碎站布置在南端帮4#煤底板上,另一套它移式破碎站布置在南端帮9#煤底板上。在露天矿端帮至地面布置三条斜井,两个主斜井内设带式输送机,负担4#、9#及11#煤运输任务,通风井布置在两个主斜井中间。

从近年的露采技术发展趋势来看,露天开采设备大型化的速度明显放慢,并趋于稳定状态,目前设备制造和生产厂家将注意力主要集中在改进设备结构、节约能源、提高自动化程度、改善工作环境的舒适性和提高环境保护措施等方面。随着人们环保意识的加强和绿色采矿理念的推行,国际上单位能耗指标较低的大型设备和主要以电作为动力的设备受到青睐。

1. 松散层剥离工艺

（1）东露天矿田地形及松散层的特点

在东露天煤矿开采范围内,地表黄土分布广泛。受大气降水水流切割作用,冲沟纵横交错,沟深壁陡,倾角为40°～80°,呈树枝状分布,沟深一般为20～50 m,地形较复杂。本露天矿黄土层与基岩的接触面起伏较大,表土层厚度变化较大,一般为40～50 m。根据进度计划的安排,正常生产年份表土层剥离量为16.53～39.70 Mm³/a。由于地形复杂,松散层厚度变化较大,因此本层的开采不宜采用大型采运设备,而应该以中、小型采运设备为主。

(2)黄土层剥离工艺

根据东露天煤矿黄土层分布规律,结合安太堡、安家岭露天矿的生产实践,确定黄土层剥离以外包为主,一方面可以降低露天矿的投资,利用社会力量完成剥离工作,另一方面引入竞争机制来降低露天矿的生产成本。

2. 4#煤层以上岩石层的剥离工艺

(1)4#煤层以上岩石层厚度分布规律

在首采区范围内,基岩厚度一般在 80~120 m,是东露天煤矿的主要剥离层位,其年剥离量为 56.90~95.70 Mm^3,占整个露天矿年剥离总量的 52%以上。其剥离工艺的选择合理与否直接关系到东露天煤矿经济效益的好坏。

(2)4#煤层以上岩石层的剥离工艺

4#煤层以上岩石的岩性一般为泥岩、砂岩、砂质泥岩、粉砂岩及碳质泥岩,普氏系数为 4~6,属中硬岩类,不宜直接采掘,需进行预先松动爆破。由于本露天矿开采煤层近水平,具有很好的内排条件,露天矿移交生产后第 5 年就能够实现全部内排,因此,本露天矿正常生产是以全内排为主。全内排后,生产成本主要和剥离物的运输距离有关,而运输距离又和剥离岩层的空间位置相关。因此,在开采工艺比选时,根据运输距离的不同采用自坑底向地表不同剥离层位逐个台阶对参加比选的开采工艺系统的投资、年运营费用进行详细的计算,最后推荐本层采用三套单斗挖掘机—移动式破碎站—带式输送机—排土机半连续开采工艺,剩余的岩石采用单斗—卡车的开采工艺方案。

根据开采工艺选择原则对可行性研究报告提出的两个较优方案(即单斗挖掘机—卡车间断开采工艺方案和单斗挖掘机—移动式破碎站—带式输送机—排土机半连续开采工艺方案)进行优化及详细的技术经济比较,以确定最优的开采方案。

(3)4#煤层以上岩石层剥离工艺的比较

单斗挖掘机—卡车间断开采工艺是一种初期投资少、建设速度快、机动灵活的开采工艺,但其存在运输成本高、环境污染严重等缺点。

自 20 世纪 90 年代以来,随着科学技术的进步和设备制造水平的提高,10 000 t/h 移动式破碎站的成功研制和使用,使单斗挖掘机—移动式破碎站—带式输送机—排土机半连续工艺已成为具有很强竞争力的开采工艺。该工艺采用运输费用低廉的带式输送机取代卡车,因生产成本低,对环境污染小,目前已逐渐得到世界采矿业的公认,且应用越来越广泛。

针对单斗挖掘机—卡车间断开采工艺和单斗挖掘机—移动式破碎站—带式输送机—排土机半连续开采工艺两个方案最新的设备价格、材料价格和燃料(动力)价格等就不同开采位置进行了计算机模拟分析。其模拟结果见表 5-25 和图 5-36。

表 5-25　　　　　两种剥离工艺的计算机模拟计算结果表

序号	4#煤顶板以上开采水平/m	投资/万元			年生产成本/万元			投入回收期/a
		单斗挖掘机—卡车工艺	半连续工艺	投资差	单斗挖掘机—卡车工艺	半连续工艺	成本差	
1	0	47 687.7	55 927.4	8 239.7	13 853.3	12 416.4	1 436.85	5.73
2	20	49 216.7	56 506.0	7 289.3	14 347.5	12 495.2	1 852.31	3.94

序号	4#煤顶板以上开采水平/m	投资/万元			年生产成本/万元			投入回收期/a
		单斗挖掘机—卡车工艺	半连续工艺	投资差	单斗挖掘机—卡车工艺	半连续工艺	成本差	
3	40	51 738.5	57 084.6	5 346.0	15 162.7	12 574.0	2 588.70	2.07
4	60	53 024.9	57 663.2	4 638.3	15 578.5	12 652.7	2 925.75	1.59
5	80	55 437.1	58 241.8	2 804.7	16 358.2	127 31.5	3 626.70	0.77
6	100	57 849.3	58 820.4	971.1	17 137.9	12 810.2	4 327.65	0.22

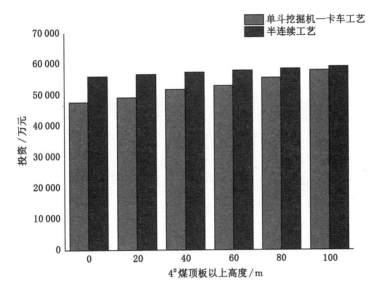

图 5-36　不同剥离水平两种剥离工艺的投资比较图

从表 5-25 及图 5-37 可以看出，由于单斗挖掘机—卡车间断开采工艺可以实行双环内排，在靠近 4#煤层的剥离台阶因内排运输距离较近，年运营费用较低，随着剥离物水平的提高，剥离物内排运输距离逐渐加大，单斗挖掘机—卡车开采工艺的投资和年运营费用急剧增加，而半连续工艺投资及运营费用增加不明显。从上面的比较可知，4#煤顶板上的第一个剥离水平，两种剥离工艺经济效益差别不大，从第二个水平开始，半连续工艺优于单斗挖掘机—卡车开采工艺。从上述分析可得出，在 4#煤层以上第一个剥离台阶采用单斗挖掘机—卡车间断开采工艺与半连续工艺在技术上均可行，效益基本相当，而在 4#煤层以上超过 20 m 采用半连续工艺能够取得较好的经济效益。因此，为了提高露天矿的生产可靠性，将 4#煤以上的一个剥离台阶考虑采用单斗挖掘机—卡车工艺完成。

3. 4#~9#煤层间的岩石层的剥离工艺

(1) 4#~9#煤层间的岩石层厚度分布规律

在首采区内 4#~9#煤层间的岩石层厚度为 20~54 m，平均厚度为 37.7 m，东南部薄西北部厚，按照开采进度计划的安排，该层位的剥离量为 13~17 Mm³/a，占整个露天矿年剥离总量的 15%~18%。

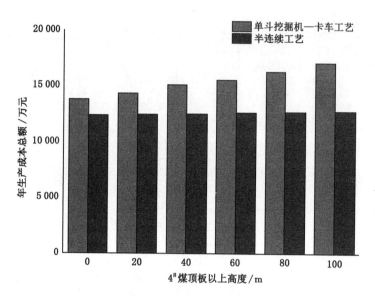

图 5-37　不同剥离水平两种剥离工艺的成本比较图

（2）4#～9#煤层间岩石层的剥离工艺

对 4#～9#煤层间岩石层剥离工艺提出了如下三个方案：

方案一：拉斗铲无运输倒堆开采工艺；

方案二：单斗挖掘机—卡车间断开采工艺；

方案三：单斗挖掘机—移动式破碎站—带式输送机—排土机半连续开采工艺。

对上述三个方案进行了详细的技术经济比较，最后推荐采用单斗挖掘机—卡车开采工艺。本次初步设计根据 4#煤层以上的岩石层剥离工艺的比较结果，在剥离物运输距离较近时，半连续剥离工艺失去了其运输成本低的优势。由于 4#～9#煤层间的岩石层剥离内排运输距离较近，半连续工艺失去了竞争优势，因此方案三首先被排除。同时由于 4#～9#煤层间的岩石层之间赋存 6#、7#、8#三个薄煤层，其年开采量为 70～100 万 t。

如果使用拉斗铲，这些煤无法回收，极大地浪费了煤炭资源。虽然拉斗铲能够部分降低此位置岩石的开采成本，但是对于给露天煤矿整体带来的巨大损失无法弥补。因此，本层位剥离经过技术经济比较后仍然采用单斗挖掘机—卡车开采工艺。

4. 煤层开采工艺

根据本矿煤层赋存特点，考虑与上部的剥离工艺相配套，提出了如下煤层开采工艺方案：

① 单斗液压挖掘机—卡车—它移式破碎站（端帮）—端帮带式输送机—端帮联络巷带式输送机—端帮平巷带式输送机—斜井带式输送机—地面带式输送机—选煤厂原煤槽仓方案；

② 单斗液压挖掘机—移动式破碎站—工作面带式输送机—端帮带式输送机—端帮联络巷带式输送机—端帮平巷带式输送机—斜井带式输送机—地面带式输送机—选煤厂原煤槽仓方案；

③ 单斗液压挖掘机—卡车—半固定破碎站（地面）—地面带式输送机—选煤厂原煤槽

仓半连续工艺方案。

通过对采煤工艺的技术经济比较,同时考虑到东露天煤矿的配煤和选采的需要,推荐采用单斗液压挖掘机—卡车—它移式破碎站(端帮)—端帮带式输送机—端帮联络巷带式输送机—端帮平巷带式输送机—斜井带式输送机—地面带式输送机—选煤厂原煤仓方案,此方案并得到了中国中煤能源集团公司批准。因此初步设计仍然采用此开采工艺方案。

5. 对推荐的开采工艺评述

根据上述分别对表土层、岩层以及煤层各开采物料的开采工艺以及运输方式的优化比选,各开采层的最优开采工艺方案如下:

剥离工艺:表土及松散岩石采用外包方式进行剥离(小型单斗挖掘机—卡车开采工艺),$4^#$煤层顶板以上岩石采用 2 套单斗挖掘机—移动式破碎站—带式输送机—排土机半连续开采工艺;其他岩石的剥离采用单斗挖掘机—卡车间断开采工艺。

采煤工艺:液压挖掘机—卡车—它移式破碎站(端帮)—端帮带式输送机—端帮联络巷带式输送机—端帮平巷带式输送机—主斜井带式输送机—地面带式输送机—选煤厂原煤仓。

推荐的半连续综合开采工艺的优点有:

① 半连续开采工艺是近三四十年兴起的一种适应性强、自动化程度高、技术先进的开采工艺方式。它兼有连续工艺和间断工艺的优势,能有效解决中、硬岩石的开采,实现矿岩的连续运输,有利于扩大生产规模和降低生产成本。

② 以带式输送机代替自卸卡车运输,大幅度降低运输成本和因大量燃油对环境的污染,达到以电代油、保护环境、降低成本的目的。

③ 半连续综合开采工艺中,采用带式输送机运输,减少了单斗挖掘机的等待时间,提高了生产效率。

半连续综合开采工艺的缺点有:

① 由于大量使用带式输送机,带式输送机移设工程量较大,生产管理要求比较严格;

② 受带式输送机的限制,剥离物在装入带式输送机前必须进行破碎,破碎费用必须在带式输送机节约的费用中得到补偿。

设计根据目前的设备价格水平,推荐剥离采用二套半连续工艺系统,若设备订货时半连续工艺系统的价格大幅度提高,而单斗挖掘机—卡车工艺价格变化不大,剥离工艺中也可以用单斗挖掘机—卡车工艺部分甚至全部取代半连续工艺系统,待时机成熟时再把卡车更新为半连续工艺系统。

5.4.1.4 矿建剥离工程以及生产过程中黄土层外包的可靠性分析

1. 我国露天煤矿剥离物外包情况

近几年,随着市场经济的发展,我国出现了一些专门从事土石方施工的企业,这些从事土石方施工的企业在我国水电建设、公路建设以及矿山施工中发挥着越来越大的作用。在我国一些露天煤矿基建或生产中也常常见到其身影,如安太堡、安家岭、霍林河、白音华、哈尔乌素、胜利一号、小龙潭等众多的露天煤矿的基建或生产中都采用了部分剥离物外包的开采模式。实践证明,外包剥离的开采模式是成功的,经济效益明显。

外包剥离的价格根据剥离物料的性质以及运输距离的不同而不同,剥离物料比较松软,基本不需要爆破,且运输距离在 2 km 以内时,外包剥离单价一般在 5～6 元/m³,随运输距离的增加,外包剥离单价升高。

2. 外包剥离的特点

外包剥离与自营剥离相比具有下列特点:

① 外包剥离具有投资省、成本低等特点;

② 外包剥离的设备一般比较小,设备数量多,用人较多;

③ 一般的外包施工队只能承担第四系和第三系松散层剥离,而硬岩剥离较困难。

3. 外包剥离的必要性

目前,我国大部分露天矿在建设期或生产期将部分剥离物进行外包。其主要目的是充分利用社会资源配置,减少自营设备购置费,降低初期建设投资和生产成本,加快建设进度,因此也降低了投资风险。

对于东露天煤矿来说,上部黄土层厚度变化大,并且冲沟发育,适合中小设备开采,对施工单位的技术装备要求不高。从初期效益及设备投资、采用的设备制造周期以及开采工艺的实际考虑,本矿基建期全部剥离物以及正常生产时黄土层外包是非常必要的。

另外,根据设计确定的开采工艺和设备型号,东露天煤矿主要采掘设备和运输设备大部分需要引进,设备的订货周期和制造周期都比较长,在引进设备前也需要其他设备来完成矿建工程量,而自营设备不可能完成全部的矿建工程量,也需要采用社会上的设备来完成矿建剥离量。

4. 基建期外包剥离的可行性分析

本矿矿建剥离量为 113.190 2 Mm³,其中黄土层为 60.707 2 Mm³,岩石为 52.483 0 Mm³;矿建总工期为 30 个月,平均每个月的剥离量为 3.773 Mm³。根据东露天煤矿移交时的采掘场布置,初期黄土剥离台阶可以划分为 5～6 个标段,后期岩石台阶可以划分为 3～4 个标段,每个标段每月完成的剥离量一般不会超过 100 万 m³。根据本矿区安太堡露天煤矿和安家岭露天煤矿近几年外包剥离的经验,只要选择正规的外包施工单位,上述剥离工程量是可以完成的。

5. 生产期黄土层外包剥离的可行性分析

根据开采进度计划安排,生产期外包剥离量每年为 37.60 Mm³,大部分为黄土层,只有很少部分为岩石。外包剥离主要集中在 1 340 m 标高以上,剥离台阶有 5～6 个,每个台阶的工作线长度为 1 800～2 300 m,可以划分为 3～4 个标段,每个标段每月平均完成的工程量为 78～103 万 m³。根据平朔公司安太堡、安家岭露天矿的生产经验,上述剥离工程量是完全可以完成的。

5.4.2 井工开采工艺

5.4.2.1 分层综采工艺

优点:分层综采工艺技术成熟,设备类型齐全、性能完好,操作方便,管理简单,可选出适应各种条件的采煤设备;液压支架及配套的采煤机设备小、轻便,采煤工作面搬家方便。采高一般为 2.0～3.5 m,采煤工作面煤壁增压小,煤壁稳定,生产环节良好;工作面采出率高,可达到 93%～97%。

缺点:巷道掘进较多,掘进工程量大;工作面单产水平低,单产水平提高困难;开采投入高,分层开采人工铺网劳动强度大,费用大;加剧接替紧张的矛盾,需要等到再生顶板稳定后才可采下分层。

5.4.2.2　大采高综采工艺

优点:工作面产量和效率高;巷道掘进较少,减少了巷道的维护工程量,同时生产也相对集中;万吨掘进率高;工作面搬家次数少,节省搬迁费用,增加了生产时间;材料消耗少。

缺点:煤炭损失多,对于煤厚比采高大的煤层,一次不能采完;控顶较困难,煤壁容易偏帮,支架易倾斜、滑倒;采高固定,适应条件单一。

5.4.2.3　放顶煤综采工艺

优点:有利于合理集中生产,实现高产高效,单产水平和效率高,具有显著的经济效益;巷道掘进较少,减少了巷道的维护工程量,同时生产也相对集中;工作面搬家次数少;对地质条件、煤层赋存条件有更大的适应性。

缺点:煤炭损失多,工作面回收率低;煤尘大,放煤时煤和矸石界线难以区别,使得煤炭含矸率提高,影响煤质;自然发火、瓦斯积聚隐患较大,"一通三防"难度大。

比较上述 3 种开采工艺的特点,分层综采工艺综合经济效益差,不利于矿井实现高产高效,初步选择放顶煤综采工艺或大采高综采工艺,7#煤平均厚度为 4.85 m,煤质较硬,放煤比较困难,且放顶煤综采工艺回采率低,因此选择大采高综采工艺。

5.5　露井协同生产的边角煤炭高效回收技术

5.5.1　边角煤炭高效回收原理

我国是世界第一产煤大国,煤炭产量约占世界煤炭总产量的 40%。煤炭在我国一次性能源生产和消费总量中约占 75%。随着矿井煤炭开采强度的不断加大,矿井资源逐步枯竭,进一步提高煤炭资源的回收率已成为矿井高产稳产和可持续生产的重要问题。其中,边角煤的开采回收是煤炭资源回收中的重要内容。由于煤层赋存条件的变化,使得正规开采、切块布置方式之后遗留下的大量边角煤开采及资源回收问题已成为亟待解决的紧要问题。有的边角煤块段处于煤层露头附近,由于煤岩风化,使岩体强度低,破碎程度增加,加之边角煤柱应力集中,因而作业环境较差,巷道维护困难。煤矿的开采实践说明,在同一层位表现为普通坚硬的岩石,在煤柱及露头风化带边缘,往往表现出"大变形、易破碎、难支护"等软岩的特征。

边角煤块段的赋存条件复杂,其主要特征表现为:

① 边角煤块段形状尺寸的不规则性,主要有三角形、梯形、弦弧形、树叶形等;

② 煤层厚度变化的不稳定性,即受断层、冲刷带等地质因素的影响,煤厚变化大;

③ 开采条件的复杂性,即受周边受采空区或断层构造带、开采压力大、顶板破碎等因素的影响,以及水、火、瓦斯等自然灾害威胁。

边角煤的上述赋存特征给巷道的机械化掘进带来了难度,尤其在煤层露头线、风化带和煤层厚度变化不稳定的区域,巷道掘进时往往使巷道出现多转折情况,较难使用综掘技术。因此,为了保证煤矿开采的安全高效,应尽量在煤层开采过程中使用机械化开采,提高煤矿机械化水平。而边角煤块段的特殊赋存状况,往往导致采用现有正规综采工艺装备技术不能发挥设备能力,生产效率低下,急需针对边角煤块段尺寸不规则、煤厚不稳定以及周围采空的特殊性,研究不规则边角煤块段的机械化开采理论与技术。

目前,国内边角煤开采方法和工艺多种多样,主要是根据边角煤的赋存状况和地质条件进行选择确定。国外的边角煤开采多采用连续采煤法。国内在边角煤的开采方面主要采用连采、综采、高档普采、炮采、巷采等,由于边角煤的应力集中等复杂地质条件,炮采效率比较低且不利于安全开采,普采由于效率和安全性能均比连采和综采低,在此对于可采用连采和综采的边角煤块段尽量不采用炮采和普采工艺。为了保证矿井不规则边角煤块段的安全高效开采,针对我国矿井边角煤赋存条件的复杂性,我国开采边角煤的方式应主要采用连采和综采。由于边角煤形状的不规则性,开采不规则边角煤块段布置的综采面也不都是规则的,有很多种形式,如扇形区旋转开采、梯形开采以及短壁综采等。连续采煤法目前采用较多的是源于澳大利亚的旺格维利采煤法和普通房柱式开采,旺格维利采煤法可根据现场实际情况灵活布置巷道,保证安全高效开采,提高煤炭采出率。

不规则煤层块段的形成原因主要有矿界划分、构造影响、开采过程中形成的各种煤柱等。对于可以采用综采的不规则边角煤块段,为了保证尽量提高边角煤块段开采的回采率,减少煤炭资源的浪费,可根据不规则边角煤块段形状尺寸灵活布置综采面生产系统,如平巷沿空布置、梯形开采、转向推进开采等;对于需采用连采的不规则边角煤块段,也可根据其块段的具体情况布置合理的开采系统,其布置方式灵活多样,目前在国内外应用比较广泛的为源于澳大利亚的旺格维利采煤法,对于特定的边角煤块段,可根据实际情况,以旺格维利采煤法为基础,灵活布置不规则边角煤块段的回采系统。

5.5.1.1 工作面变长开采

根据断层发育且走向变化大,相互交错切割造成的不规则煤层块段多的特点,充分利用轻型支架重量轻、拆移方便、安装快捷的特点,在由于断层、采空区等原因分割造成的梯形、三角形等不规则边角煤块段沿采空区、断层走向布置回采工作面巷道,将回采工作面布置成不等长的非常规壁式采煤工作面,即梯形开采系统。在工作面向前推进过程中随时增加或减少支架,实现工作面长度的变化,从而最大限度地减少工作面与采空区、断层之间的三角煤储量丢失,起到降低煤炭资源损失、提高煤炭资源回收率的效果。

工作面渐变式开采工艺中,缩短和加长工作面时工作量大,而且安全风险大。在工作过程中要进行拆架和加架等措施,这样会产生顶板压力变化,容易发生事故。在缩短和延长运输机、穿底链等时都可能产生安全问题。因此在进行此工艺时,必须制定好安全措施,经过多方面的测试来确定可行性,要严格按照安全措施进行开采。

1. 倒梯形开采技术

综采倒梯形开采工艺工作面布置及推进示意图如图 5-38 所示。该采煤工艺需解决的关键技术为随综采面长度减小而需减少支架数量及刮板输送机的长度等。

2. 正梯形开采技术

综采正梯形开采工艺工作面布置及推进示意图如图 5-39 所示。该采煤工艺需解决的关键技术为随综采面长度增加而需增加支架数量及刮板输送机的长度等。

5.5.1.2 工作面变向

对于因断层、长期开采等原因形成的转角煤宜采用壁式变向推进方式进行回收。壁式变向推进是指在壁式采煤过程中,工作面的推进方向根据块段边界形状进行适当的调整,设法实现工作面的变向推进从而减少边角煤的损失、减少开切眼煤柱、减少停采线煤向调采并减少工作面的搬家次数。转角大于 45°时,通常称为旋转式开采或转采;转角小于 45°时,通

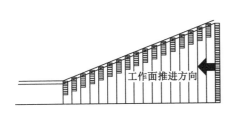

图 5-38　倒梯形开采工艺工作面布置
及推进示意图

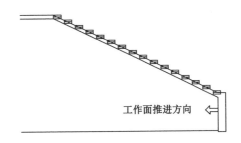

图 5-39　正梯形开采工艺工作面布置
及推进示意图

常称为变向调斜或变工作面。

1. 工作面变向调斜的方法及工艺

工作面变向调斜的方法可分为实中心变向调斜和虚中心变向调斜两种。实中心变向调斜的工艺过程为：采煤机割完调斜前的最后一刀煤时，在旋转中心处停移输送机，另一端则移够一个截深，并将输送机调成一条直线，然后采煤机割煤，每刀煤都是一个小三角形；虚中心变向调斜是将旋转中心端保持一定的前移量，避免工作面在此处长时间推进，顶板、煤壁难以维护。

2. 工作面变向推进采煤法的优点

变向推进采煤法相对于传统长壁采煤法而言，有其自身的优点，主要表现在以下几点：

（1）减少工作面搬家次数，提高生产效率

由于工作面的折向，不但可以增加工作面的推进长度，而且可以避免由工作面的多次搬家所造成的人力、物力的损失，从而大幅度提高生产效率。

（2）提高对边角煤的回收率

当工作面开采方向需要折向时，按照传统的长壁采煤方法，就必须要进行工作面搬家，这样就不可避免地留下一定宽度的三角煤柱，从而造成煤炭资源的丢失和浪费。

（3）减少巷道工程掘进量

工作面的折向布置，不仅可以提高生产效率，同时可以减少一些无效进尺和不必要的巷道掘进量，还可以减少由搬家而造成布置新工作面的开切眼工程掘进工作量。

因此，对于需要有工作面转折的情况，应尽量采用工作面变向推进的方式来进行开采。

5.5.1.3　连续采煤机采煤方法

对于煤层赋存地质条件比较复杂，不适合布置综采工艺的不规则边角煤块段，为了保证能安全高效的开采，目前采用较多的是源自澳大利亚的连续采煤工艺的旺格维利采煤法。旺格维利采煤法按工作面巷道布置主要分为单翼开采法和双翼开采法两种。单翼开采法和双翼开采法的工作面巷道布置示意图分别见图 5-40 和图 5-41。

对于采用旺格维利采煤工艺的不规则边角煤块段可以根据现场的实际情况，适当改变巷道的布置方式，最终以最佳的开采工艺安全高效地回采矿井不规则边角煤块段。

利用旺格维利采煤法开采不规则边角煤采用连续采煤机配套履带式行走液压支架、刮板输送机运输，履带式行走液压支架与连续采煤机的布置方式见图 5-42。

旺格维利采煤法的优点主要有：

① 产量高，效率高。旺格维利采煤法与一般房柱式采煤法相比，准备巷道和回采巷道的工程量减少，采出煤量增加，充分发挥设备性能。

图 5-40 旺格维利单翼开采法工作面巷道布置示意图

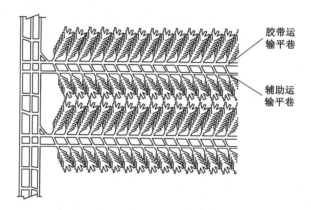

图 5-41 旺格维利双翼开采法工作面巷道布置示意图

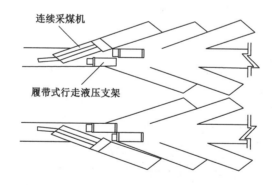

图 5-42 履带式行走液压支架与连续采煤机的布置方式示意图

② 机动灵活,适应性强。可普遍使用在不宜布置大规模综采面的局部井田或边角地带,也可在地质构造较多的矿井中使用,随时进行跳采,可提高矿井的资源采出率。

③ 管理较为简单。由于连续采煤机可以实现自行掘进准备巷道和回采,达到了高度的采掘合一,不需要专门的准备队伍,因此,队伍管理和采掘接续管理都相对简单。

④ 采出率高。采用传统的短壁工作面,采出率一般只能达到40%～50%。而采用旺格维利采煤法,即使使用支撑煤柱管理顶板,工作面采出率也可达到65%～70%,若配以行走支架、工作面后退式回采,则工作面采出率可达90%以上。

⑤ 安全程度高。由于回收煤柱始终在有支护的顶板下作业,只要严格顶板管理和设备运输管理,就能避免人身事故的发生。

缺点主要有:

① 在回采过程中洒落浮煤较多,不利于采空区煤层自燃的防治。

② 由于残存小煤柱分布的不确定性,带来了煤柱稳定性的不确定性,有时顶板不易完全垮落,难以判断顶板的稳定时间和垮落步距。

③ 开采过程中必须留设的煤柱和采空区残留煤柱较多,加之采掘设备受采高限制和安全管理上的难度,直接影响了煤炭采出率的进一步提高。

④ 回采时通风不良。如不设回风平巷,则在掘进和回采中均需采用局部通风机压入式通风;如设置专门的回风平巷,则在掘进时需局部通风机压入式通风,在回采中可实现全负压通风,但存在向采空区回风、漏风的弊端。

对于不能采用综采且不能适用旺格维利采煤法的不规则边角煤块段,可根据实际情况对连续采煤法的工艺系统进行调整,以实现安全高效采出矿井不规则边角煤块段的目的。

5.5.2　短壁综采工艺

5.5.2.1　工艺特点

短壁综采采煤法不同于房柱式采煤法,其基本特征接近于长壁式开采,只是工作面较短,其核心技术是短壁采煤机。该机具有机身短、单滚筒、摇臂布置在机身中部、可带机推溜进刀、不用斜切进刀等特点。

工作面采用机尾进刀工艺,即:采煤机从轨道巷向运输巷割顶刀,采煤机滚筒在前;跟机拉移液压支架;采煤机爬上输送机机头,割完顶煤后,采煤机摇臂落下并换向,采煤机滚筒仍然在前;采煤机爬下输送机机头,割底煤;采煤机从运输巷向轨道巷割底刀;跟机推输送机;采煤机爬上输送机机尾,割完底煤,采煤机先换向后举起摇臂,把滚筒放在轨道巷断面之内,推输送机机尾进刀,完成一个循环割煤工艺。

采用尾部直接进刀方式,当采煤机滚筒全部进入尾巷时,通过带机移刮板输送机实现滚筒切入煤壁,达到进刀目的(见图 5-43)。

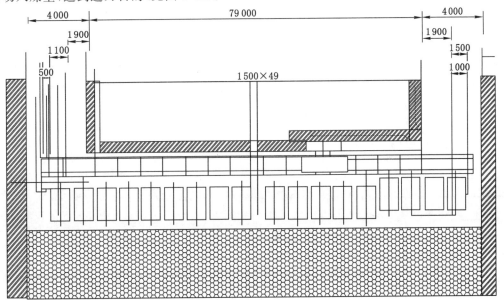

图 5-43　进刀方式示意图

采煤机采用单向割煤，往返一次进一刀，以截齿旋转破煤，螺旋叶片旋转装煤。

采煤机割顶煤时，滞后采煤机滚筒 4～6 m 移架，保证工作面机道顶板的及时支护。

采煤机割底煤时，滞后采煤机滚筒 10～15 m 开始移刮板输送机，刮板输送机弯曲段不得小于 15 m，移过的刮板输送机要成一条直线。

5.5.2.2 短壁综采优点

(1) 适应性、灵活性强。短壁综采工作面长度一般为 20～80 m，故可因地质条件灵活布置工作面，可在地质构造带的中间布置短壁综采工作面，避开地质构造对开采的影响；另外，多层开采时更有利于上、下煤柱的对齐。

(2) 安全程度高。短壁综采工作面同长壁综采工作面一样，使用自移液压支架支撑顶板，维护开采空间，较炮采、高档普采对顶板的管理更有利，且工作面长度较短，矿压显现不强烈，回采空间安全程度高。

(3) 进刀工艺简单，生产能力较高。短壁综采工作面采用端部直接进刀方式，进刀工艺简单。在工作面长度小于 60 m 的情况下，与长壁双滚筒采煤机相比，可缩短头尾进刀作业时间，从而增加纯生产时间，生产能力平均达 1 200 t/d，比同煤集团的双滚筒采煤机工作面和炮采、高档普采工作面都要高。

(4) 煤炭资源回收率高。现边角煤回收一般采用炮采刀柱采煤法，回收率为 50% 左右，而短壁综采的回收率可达到 90%。

(5) 投资少、搬家费用低。短壁综采开采整套设备的投资约为 960 万元，比长壁综采和房柱式开采的设备投资都少，投资比为 1∶2.34∶3.85；且工作面搬家准备速度快，一般为 10～15 d，用工少，而长壁综采工作面搬家时间一般为 30 d 左右，经济效益显著。

5.5.2.3 短壁综采在开采中存在的问题

(1) 短壁综采的万吨掘进率较高，为 70.9 m/万 t，而长壁综采为 39 m/万 t。短壁综采日消耗巷道约 15 m，煤巷掘进速度较难满足其接替的要求。

(2) 两平巷的断面大，上、下平巷断面尺寸(宽×高)必须大于 4.0 m×3.0 m 才能保证采煤机在上、下端头运行割煤。

(3) 采煤机装煤效果不佳，机道留浮煤厚度为 200～300 mm。机头一般留浮煤 0.5 t，机尾一般留浮煤 1.4 t(2.0 t)，给推移刮板输送机及其机头、机尾增加阻力，容易损坏液压支架的推移千斤顶。特别是在机头、机尾需由人工清理浮煤，加大了工人的劳动强度。

(4) 由于机身短、重量轻，机身的稳定性差，在遇到简单构造时易损坏摇臂。

5.5.3 连采短壁开采工艺

连续采煤机机械化开采技术在我国经过几十年的发展，形成了具有我国特色的连续采煤机开采工艺。针对乌兰木伦煤矿的煤层地质特征和开采条件要求，从巷道布置、开采参数、煤柱留设、顶板管理以及通风方式等方面分析研究，对开采工艺进行优化，提出连续采煤机块段式开采工艺，实现工作面的安全高效生产。

5.5.3.1 连续采煤机块段式开采工艺的提出

目前，我国主要采用连续采煤机开采工艺，主要有房柱式和行走支架护顶旺格维利式。传统的房采工艺支护设备不配套，留设煤柱较多，回收率低，通风方式较复杂。为了解决简单的单翼房柱式采煤方法中支护设备不配套等造成的顶板管理困难以及回收率低等问题，提出了旺格维利短壁式采煤工艺(见图 5-44)。回采时使用履带式行走液压支架对采硐口交叉点进行支护。履带式行走液压支架的使用,解决了双翼开采存在的煤柱留设较多的问题,采硐间煤皮由 0.9 m 宽改为 0.3 m 宽,使回采率提高到了 60％以上,加快了回采速度,保证了工作面的安全生产。

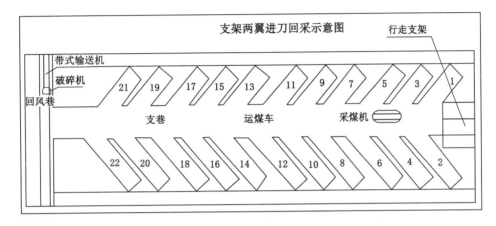

图 5-44　两台线性支架支护的旺格维利开采工艺

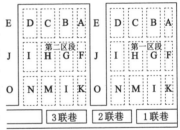

图 5-45　连续采煤机块段式
开采工作面布置图

该方式虽然取得了较好的开采效果,实现了采煤工序的机械化,但存在顶板管理较为困难,留设煤柱较多,顶板悬顶面积达一定程度后,容易形成大面积悬顶冒落形成飓风对人员和设备都造成威胁,且资源回收率也较低。结合乌兰木伦煤矿边角煤工作面地质条件、岩石物理力学特性以及安全要求等,要求在提高资源回收率的同时,保证顶板管理和通风方式安全,因此,针对现有连续采煤机短壁开采工艺技术存在的问题,对巷道布置、顶板管理和通风方式进行了优化创新,提出了连续采煤机块段式开采方法。如图 5-45 所示。

该开采方法通过布置五条支巷和三条联巷将整个块段分为三个开采条带,每一条带自上而下顺序回采,煤柱回采过程中,由里向外后退式采用四台履带行走支架支护顶板,该工艺能够实现整个工作面采、掘、装、运、支等工序机械化。一方面控制顶板,实现直接顶随采随冒,随着回采面积的增大,基本顶逐步冒落,有效控制和消除顶板大面积冒落形成飓风对人员和设备造成的威胁等问题,回收率提高;另一方面设计合理的挡风帘等通风设施,形成较稳定的全风压通风系统。

5.5.3.2　配套设备方式分析

目前,连续采煤机机械化开采技术主要有连续运输式(连续采煤机连续运输系统)和间断运输式(连续采煤机梭车给料破碎机)两种配套方式,针对不同设备适应不同矿井的煤层赋存条件、地质条件,分析连续采煤设备与采场条件最佳结合点,因此,选择合适的设备配套形式将是该开采方案能否顺利实施的关键。

连续运输方式是利用连续运输系统实现煤炭的受料、破碎、转载和运输,将煤炭运至带式输送机上。该方式运输能力大(年均产量能达到80～120万t),能够最大限度地发挥连续采煤机的优势,保证连续采煤机的掘进和回采效率,且对工作面的角度变化适应性强,工作面产量也较高。但连续运输系统单元数量较多,体积较大,操作时需要配置5个司机,人工成本较大,且对司机操作水平要求较高,各司机之间必须紧密配合,协同操作,以保证连续运输系统的正常运行。同时因为采用连续运输系统需提前铺设带式输送机及连续运输系统所使用的带式输送机刚性架,带式输送机机头固定段和过渡段以及连续运输系统所使用的带式输送机刚性架约160 m,这个长度区间(位于主运输巷道)不能使用该方式开采。另外由于连续运输系统的结构在巷道的位置关系(平行布置),该系统对巷道断面要求大,给巷道围岩支护与控制带来困难,加大支护成本。该方式适合较规则的大块段开采。

间断运输方式(采用梭车和给料破碎机)代替了连续运输系统,该配套方式运行灵活、方便,容易操作,对巷道断面适应性强,可增大支巷与主、辅运输巷的开口夹角,减小了三角区域的空顶面积,非常有利于顶板管理和片帮控制,同时仅一名司机操作,支护和人工成本都较低。该开采方式适合于小区域的边角块段煤层回收。

因该矿61205工作面边角块段区域较小,也较不规则,同时矿方对该连续采煤工作面的产量要求也不高,因此,综合分析建议采用间断运输式的连续采煤机块段式开采工艺方式。

5.5.3.3 开采工艺

工作面主、辅运输巷采用前进式双巷掘进方式进行掘进,即连续采煤机掘进与锚杆钻车支护交替循环作业的方式进行双巷掘进,掘进过程中每隔一定距离掘进联络巷实现主、辅运输巷间的连通。支巷掘进方式同样采用连续采煤机掘进与锚杆钻车支护交替循环作业的方式进行多巷掘进。在回采每一块段内的小煤柱时,选用履带行走式液压支架,分别为1、2、3、4号支架,分两组布置支撑顶板,一组布置在支巷内支撑顶板,另一组布置在相邻两条支巷间的联巷内支撑顶板。第一块煤柱回采完后,按照先1后2原则将1、2号支架交替移动布置到回收下一个煤柱的支巷内;3、4号支架在回采时,只在联巷内移动两次,便随工作面回撤布置到下一联巷中。煤柱回采工艺示意图如图5-46所示。

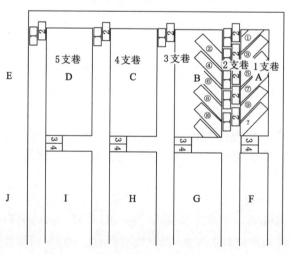

图5-46 煤柱回采工艺示意图

连续采煤机采用双翼斜切进刀后退式采煤法对煤柱进行回收。回采每个块段内小煤柱时,按左右各一刀、先左后右的后退式回采顺序进行回采。单刀回采长度不大于 11 m,采硐与支巷呈 45°夹角,采硐宽 3.3 m、高 3.8 m,每刀之间留设 0.5 m 煤柱,顶板状况不好时,单刀回采长度可为 6 m。在第 5 支巷将支巷顶头的煤柱回采完毕后,将 1、2 号支架后退移动到第一支巷内 1 联巷处,沿一支巷向里移动到即将回采的两块小煤柱间进行支护。每次移架依此顺序循环进行,行走支架移动方式示意图如图 5-47 所示。

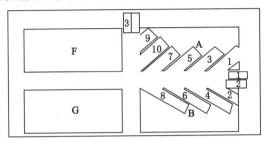

图 5-47　行走支架移动方式示意图

本章参考文献

[1] 安天柱,孟二存.四台煤矿薄煤层自动化工作面设备配套技术研究[J].煤矿开采,2012, 17(6):43-45.

[2] 曹磊,刘宝月.复杂条件下厚煤层边角煤开采的研究与实践[J].煤矿现代化,2012(4): 24-26.

[3] 曾庆良,方春慧,刘志海,等.综放工作面设备配套选型专家系统[J].煤矿机械,2009,30 (1):120-122.

[4] 曾庆良,赵永华,刘志海,等.基于层次分析法的综放设备配套方案综合评价[J].煤炭科学技术,2009,37(8):84-86,90.

[5] 常建新,刘永杰.矿井建设中的进度控制探讨[J].煤炭工程,2011,43(增刊 2):63-65.

[6] 陈建民,杨仁树,赵金煜.基于模糊综合评价的矿井建设项目评标方法研究[J].北京工业职业技术学院学报,2010,9(2):1-4.

[7] 陈楠,郁钟铭.综采工作面设备配套选型专家系统[J].煤炭科学技术,1999,27(7):8-11.

[8] 陈旭忠.加强安全高效矿井建设 提升煤炭核心竞争力[J].中国煤炭,2014,40(7): 131-134.

[9] 陈宇,刘国柱.400 m 以上高产高效综采工作面成套设备配套选型与研究[J].煤矿机械, 2008,29(4):31-34.

[10] 董守义.充填开采设备综合配套分析与实践[J].煤炭科学技术,2012,40(2):98-101.

[11] 樊明,丁言露,刘飞,等.采区边角煤开采方案研究[J].煤炭技术,2011,30(8):85-87.

[12] 范相如,柏建斌,刘伟.综放工作面过老巷地测保障技术[J].煤矿现代化,2009(增刊 1): 1-2.

[13] 冯俊杰,张宁波,杨培举,等.新强煤矿急倾斜综采工作面设备配套与应用[J].现代矿业,2012,27(4):121-123,130.

[14] 高清福,刘新华.神东公司综采工作面设备配套管理系统研究[J].煤矿开采,2012,17(6):98-100.

[15] 高绪龙.大倾角薄煤层综采设备配套技术[J].内蒙古煤炭经济,2010(1):79-80.

[16] 高学续.煤矿应用精细化采煤技术的潜在节能分析[J].山西焦煤科技,2009,33(7):1-3,6.

[17] 葛泗文.矿井煤柱和边角煤回收技术探讨[J].科技与企业,2011(13):153.

[18] 关峰.特殊地段边角煤回收工艺研究[J].河北煤炭,2012(4):34,36.

[19] 郭宏兵.大采高综采加长工作面设备配套及管理分析[J].科学技术与工程,2012,12(5):1123-1126.

[20] 郭松,高旭,刘辉.普采工作面转向布置回收边角煤实践[J].山东煤炭科技,2011(5):17-18.

[21] 郝宇军.赵庄矿大采高设备配套应用和适应性分析[J].煤矿机械,2008,29(10):62-64.

[22] 何福胜.边角煤开采在镇城底矿的应用初探[J].科技情报开发与经济,2011,21(13):206-208,213.

[23] 何国家,阮国强,杨壮.赵楼煤矿高温热害防治研究与实践[J].煤炭学报,2011,36(1):101-104.

[24] 胡成军,温延祥,王利欣.当前市场形势下的矿井建设方案优化[J].煤矿开采,2014,19(2):36-37,120.

[25] 胡美红.薄煤层综采"三机"设备配套技术研究[J].煤矿机械,2009,30(10):172-173.

[26] 胡廷东.平朔井工二矿特厚煤层综放工作面国产设备选型与配套研究[J].煤炭工程,2012,44(1):14-16.

[27] 江丽丽.矿井建设过程中造价影响因素分析[J].煤炭技术,2014,33(1):152-154.

[28] 金玉华,宋文官,李鑫,等.缓倾斜不等长综采工作面旋转回采工艺及技术管理[J].煤矿安全,2011,42(2):48-51.

[29] 李佃平,窦林名,牟宗龙,等.边角煤回收的冲击矿压分析及防治[J].煤矿安全,2011,42(11):140-143.

[30] 李佃平,窦林名,牟宗龙,等.孤岛型边角煤柱工作面反弧形覆岩结构诱冲机理及其控制[J].煤炭学报,2012,37(5):719-724.

[31] 李东明,刘龙,崔文朋.水采在极复杂条件下提高回采率的研究与实践[J].中国矿业,2012,21(12):82-84.

[32] 李贯胜.试论综采面边角煤回收新工艺[J].中小企业管理与科技(下旬刊),2009(1):215.

[33] 李建民,孙继凯,章之燕.开滦矿区薄煤层开采设备选型配套分析[J].煤矿机电,2011(1):50-53.

[34] 李建民,章之燕.安全高效工作面设备配套与供电方式分析[J].煤矿机电,2008(1):7-11.

[35] 李俊华,任福志,李新岗.矿井建设管理中的有关问题分析[J].建井技术,2010,31(1):32-34.

[36] 李世旭,鞠鹏,陈迪,等.基于设备配套的刮板输送机设计策略研究[J].煤炭工程,2012,

44(1):123-124.

[37] 李巍.6.5 m 大采高综采工作面设备配套工艺研究[J].中国新技术新产品,2011 (19):125.

[38] 李新站.城梁矿井建设的关键问题研究[J].煤炭工程,2014,46(5):146-148.

[39] 李玉民.神华宁煤集团的现代化高产高效矿井建设[J].中国煤炭,2014,40(4):131-134.

[40] 李振安,刘宝月,于德磊,等.边角煤开采技术的研究与应用[J].煤矿现代化,2009(4): 23-24.

[41] 梁秋娟.基于工期费用优化的矿井建设策略研究[J].煤炭技术,2014,33(1):149-152.

[42] 林光侨.7 m 一次采全高综采工作面设备配套浅析[J].煤矿开采,2010,15(2):29-31.

[43] 刘宝巨.隧道施工中的机械设备配套技术[J].科技创新导报,2010,7(4):69.

[44] 刘传宝,刘其瑄,陈书平.白庄煤矿 11 采区下山煤柱回收技术研究[J].科技与企业, 2012(2):107.

[45] 刘锦荣.大同矿区薄煤层综采设备配套与开采实践[J].煤炭科学技术,2011,39(11): 40-43.

[46] 刘千晟.综采工作面设备配套设计[J].河北煤炭,2008(4):53-54.

[47] 刘世堂,刘敬琳,曹火松.边角煤回收技术在王晁煤矿的应用[J].山东煤炭科技,2009 (1):7,9.

[48] 刘小丽.大采高自动化综放工作面设备配套技术[J].煤,2008,17(6):12-14.

[49] 刘泽宇,周遴,刘混举,等.综采设备配套选型专家系统研究[J].机械工程与自动化, 2011(5):77-79.

[50] 鲁伟,康天合,高鲁,等.边角煤开采问题探讨[J].山西煤炭,2009,29(3):28-30.

[51] 吕宏,孟国胜,刘旭东,等.厚煤层综放开采设备选型及配套探讨研究[J].山西焦煤科 技,2012,36(1):28-32.

[52] 马利伟,欧承建,康亚明.华北石炭二叠型煤田下组煤回采率提高途径研究[J].国土资 源科技管理,2011,28(4):67-72.

[53] 毛利忠.短壁连续化开采技术浅析[J].中国矿业,2012,21(4):64-67.

[54] 孟二存.塔山煤矿综放工作面设备配套及巷道尺寸确定[J].煤矿开采,2008,13(3): 67-68.

[55] 慕杨,李景涛.安全高效矿井建设实践浅析[J].山东煤炭科技,2011(6):218,220.

[56] 宁宇.创新煤炭安全高效开发技术 支撑特大型矿井建设[J].煤矿开采,2011,16(3):1- 3,83.

[57] 牛永宏.马泰壕矿井建设成本控制分析[J].煤炭工程,2011,43(增刊 2):105-108.

[58] 祁和刚,冯冠学.提升煤矿技术标准 推进安全高效现代化矿井建设[J].中国工程科学, 2011,13(11):9-14.

[59] 石教武,李国印,韩冬雪,等.21031 炮放工作面边角煤回采实践[J].煤,2009,18(11): 66,71.

[60] 史洪林.东荣三矿综采设备配套选型研究[J].煤炭科技,2009(1):14-16.

[61] 宋明明,段宇航.高瓦斯矿井建设项目管理新思路探析[J].山西建筑,2014,40(15): 285-286.

[62] 宋永刚,黄东风,刘成宏,等.综采工作面的设备配套浅析[J].采矿技术,2011,11(6):89-91.

[63] 苏海,李乃梁.王庄矿边角煤回收技术与实践[J].现代矿业,2012,27(1):76-78.

[64] 唐永志,荣传新.淮南矿区复杂地层大型矿井建设关键技术[J].煤炭科学技术,2010,38(4):40-44.

[65] 王琳.急倾斜厚煤层综放设备配套技术研究[J].矿山机械,2009,37(1):15-17.

[66] 王庆川,李计祥.采空区灭火在槐安煤业的实践[J].煤,2011,20(5):74-75.

[67] 王书民.边角煤开采技术方案研究[J].煤,2011,20(3):9-10.

[68] 王献伟,李松,崔剑虹.白庄煤矿残留煤柱回采技术研究与应用[J].江西煤炭科技,2011(4):36-37.

[69] 王晓平.精细化开采方法在镇城底矿的探讨与实践[J].煤炭科学技术,2011,39(增刊1):9-11.

[70] 王寅.兴隆庄煤矿大采高综放工作面设备配套与工艺技术[J].中国煤炭,2010,36(3):59-61,64.

[71] 王于波.边角煤柱回收利用研究[J].科技与企业,2012(21):157.

[72] 王兆亮,张永波,张志祥.紫金煤业有限公司1号矿井建设项目水资源论证研究[J].科技情报开发与经济,2011,21(36):146-148.

[73] 王志军.浅议矿井建设工程项目管理[J].煤,2011,20(1):65-66,76.

[74] 魏永启,金思德,王九红.边角煤工作面回采工艺研究与应用[J].山东煤炭科技,2012(4):105-106.

[75] 吴向前.深部矿井高效综放开采工作面设备配套技术研究[J].煤矿现代化,2008(4):88-90.

[76] 吴新华,段红民.浅议矿井建设工程项目管理[J].煤炭经济研究,2010,30(6):53-56.

[77] 夏长春,张鹏冲,王彬,等.连续采煤法在边角煤回收中的应用[J].煤矿安全,2012,43(10):139-142.

[78] 许振英.煤炭资源回收之P型采煤技术浅析[J].中国科技信息,2011(5):29,38.

[79] 闫玉岗.综采旋转扇形开采技术在边角煤回收中的应用[J].山西焦煤科技,2011,35(11):7-8.

[80] 杨江华.采用联合布置实现边角煤连续回采[J].河北煤炭,2011(2):44-45,67.

[81] 杨磊,李凤山,陈家琴,等.生态文明矿井建设模式的实践[J].煤炭工程,2011,43(11):137-139.

[82] 杨磊,李凤山,陈家琴,等.生态文明矿井建设模式的探索[J].中国矿业,2011,20(6):66-69.

[83] 杨立云,杨仁树,马佳辉,等.大型深部矿井建设模型试验系统研制[J].岩石力学与工程学报,2014,33(7):1424-1431.

[84] 杨仁树,赵玲,王海林,等.鲁能菏泽煤电公司矿井建设项目管理模式研究[J].建井技术,2010,31(3):24-26,23.

[85] 于立宏,李英杰.复杂条件下边角煤回收技术研究与实践[J].煤,2009,18(4):35-37,47.

[86] 袁海军.边角煤回收巷道布置及回采工艺分析[J].山西科技,2011,26(5):87-88.

[87] 翟桂武.世界一流矿井建设的研究与实践[J].煤炭科学技术,2014,42(1):125-128.

[88] 翟新献,陈东海,郭红兵,等.硬顶软煤薄煤层滚筒采煤机设备配套研究[J].煤矿机电,2009(3):7-10.

[89] 翟逸群,申贵堂,刘宪申.邢台矿边角煤工作面防灭火综合治理技术[J].煤炭科学技术,2005,33(2):29-30.

[90] 张传和.普采工作面的边角煤回收[J].煤,2009,18(7):25-26.

[91] 张建.综放工作面大角度分步旋转调采技术研究[J].河北煤炭,2012(2):9-10.

[92] 张能虎,李智勇,吴其,等.矿井边角煤块段经济可采性评价[J].中国煤炭,2011,37(4):39-41,48.

[93] 张宁,富强,刘文岗,等.鄂尔多斯地区大采高综采设备配套选型与实践[J].中国矿业,2008,17(9):57-60,85.

[94] 张帅.潞安集团煤炭资源整合与现代化矿井建设的基本方略与实践[J].中国煤炭,2011,37(8):30-33.

[95] 赵连友,刘阳军,马军.太平煤矿充填支架综采工作面设备配套与工艺[J].煤矿开采,2008,13(4):43-46.

[96] 郑献军,郑林杰,王久宏.跃进煤矿综放工作面设备配套及应用[J].中州煤炭,2010(3):45-47.

[97] 钟廷盛.浅谈综采工作面设备配套选型[J].山西煤炭,2011,31(8):56-57.

[98] 仲崇坤,顾士辉.复杂地质条件下厚煤层边角煤的开采回收[J].煤,2011,20(9):26-27.

[99] 朱建军.普采工作面带采回收边角煤[J].煤炭企业管理,2005(9):49.

第6章 露井协同矿区安全生产技术

6.1 露井协同的露天边坡稳定性控制

6.1.1 露井协同开采下边坡地表移动变形监测技术

对边坡的位移进行监测,可以发现滑坡预兆,理论上位移增长率随时间的增长趋于无限大时,即为滑坡发生的时间。对于坡体下面的地下水的活动进行观察,用测震仪观测爆破震动的影响,以获得边坡的动态信息。

采动滑坡监测是滑坡稳定性预报的关键因素,预报以边坡岩体变形的动态监测资料为基础。长期以来,采动山区的地面监测仅限于常规的地表移动观测,观测数据不能全面地反映采动山体变形的基本特征。而传统的数据处理方法没有考虑采动山体整体性滑移情况,这给监测数据分析和变形规律研究带来困难。因此,对于可能因地下开采诱发滑坡的边坡,不仅要建立常规的地表移动观测站,还应根据采动引起滑坡的特征,设计和建立综合性滑坡监测系统。

露天与地下同时开采是露天与地下联合开采的一种方式。对于露天与地下联合开采的问题,西方矿业发达国家尚未关注这个问题。苏联进行过系统的研究,主要是用传统力学的方法研究开采的影响。苏联解体之后,矿业受到重创,研究工作进展缓慢。先期采用露天开采的矿山,在大范围的岩层与煤层中引起应力重新分布,出现岩土体变形、位移、沉降,甚至滑坡,威胁矿山的安全生产。在这样的条件下,在其邻近矿段进行地下开采,将在露天开挖引起的次生应力场上产生并叠加新的次生应力场,其变形、位移、沉降、破坏的范围更大,机制也更复杂。不仅如此,在地下开采进行的同时,露天开采仍在进行,两个动态变化的应力场叠加,将形成非常复杂的动态应力场和岩土体的动态变形、位移、沉降与破坏,目前尚无对这种复杂情况研究的先例,必须进行深入的研究,掌握其变化规律,才有可能保证安全生产。

6.1.1.1 机器人边坡地表位移监测方法

地表位移机器人监测系统采用 GPS 和 GeoMoS 测量机器人自动监测系统,能够实现连续的无人值守式自动监测。通过运用 GPRS 无线传输技术、Internet 接入方式将矿区监测点的位置和位移信息实时、连续地传输到数据中心,准确、可靠地获取监测点的位置和位移信息,为技术人员提供进一步的分析支持。系统软件的核心是 GPS、测量机器人和传感器集成监测软件系统,可应用在高精度监测项目中,多年的经验表明使用该软件进行毫米级精度的沉降数据解算是完全可靠的。机器人监测原理如图 6-1 所示。

(1)井工二矿井口上部边坡地表位移监测。2010 年 3 月,平朔公司井工二矿副井出水位置喷浆体脱落,出水严重,副井井筒有坍塌的潜在危险,为保障安全生产,公司在井工二矿井工上部边坡区域建立了机器人地表位移监测系统,开展 24 h 连续监测工作。共在该区域

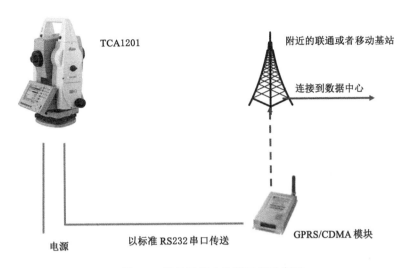

图 6-1　测量机器人监测工作示意图

布设 GPS 监测基准点 3 个、棱镜监测点 63 个,2010 年 3 月 31 日系统调试结束,2011 年该区域正常开展监测工作,经监测数据分析,该区域地表位移较小,比较稳定。

（2）井东煤矿副井工业广场周边高陡边坡上部区域地表位移监测。根据 2010 年井东煤矿工业广场稳定性分析结果,在井东煤矿副井广场边坡上部区域建立机器人监测系统。共在该区域共布设棱镜监测点 96 个,自 2010 年 7 月 10 日安装调试结束后目前运行正常,2010 年雨季时,监测数据分析变形较大,经现场勘查发现裂缝,为保障边坡下部建筑物及矿区生产安全,在该区域开展了边坡治理工作,建造了排水设施。

6.1.1.2　应力监测系统

边坡智能应力监测系统采用"穿刺摄动"技术,推导摄动力和滑动力之间的函数关系,从而反映超前滑动力的变化。远程监控系统数据采取无线传输方式,完全的点对点传输,每套监测设备之间相互独立,互不干涉,没有任何连接线缆,各监测点可分散布置。系统能够实时、智能、准确地对滑动面或断层面上的滑动力进行测量、无线传输、自动处理,监测原理如图 6-2 所示。

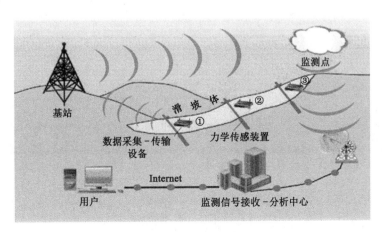

图 6-2　监测原理图图

井东煤矿位于平朔安太堡露天矿西北矿坑内,多年的露天开采,形成了井东煤矿工业广场周边高陡边坡。边坡常年受风吹、日晒、雨水冲刷等自然应力的作用,表层岩体风化严重、结构松散、强度显著降低,为确保井东煤矿的生产安全,平朔公司采用了新型滑坡应力远程监测预警系统对边坡底部进行监测(见图 6-3)。系统投入使用一年半以来,总体上应力监测曲线(图 6-4 和图 6-5)一直处于平稳状态,曲线波动较小,表明井东煤矿工业广场西、北帮边坡下部坡体内力处于稳定状态。

图 6-3 井东煤矿工业广场应力监测点布置图

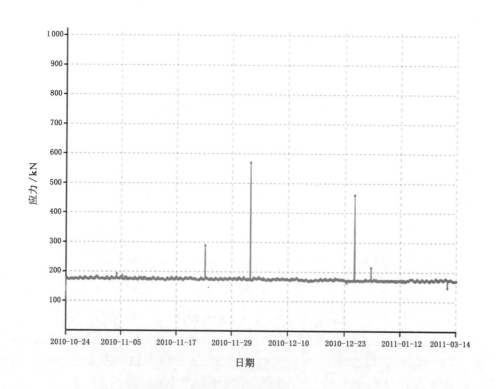

图 6-4 I-2 点监测曲线图

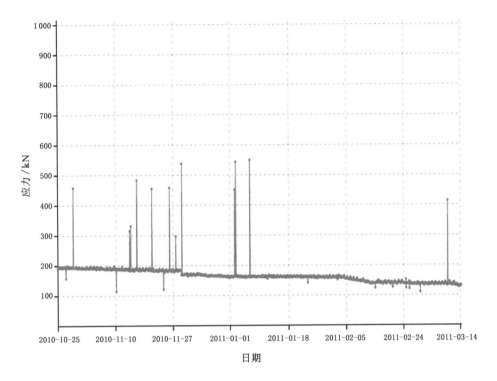

图 6-5　Ⅷ-2 点监测曲线

6.1.1.3　IBIS-M 雷达监测系统

意大利 IBIS-M 雷达监测系统将步进频率连续波技术（SF-CW）、合成孔径雷达技术（SAR）、干涉测量技术以及永久散射体技术相结合，能够应用于边坡微小位移变化的监测。测量位移精度达 0.1 mm，监测距离最远可达 4 km；可实现全天 24 h 连续观测，全自动采集，无人值守采集，无须接近观测目标。IBIS-M 雷达监测系统带有预警装置，当变形速度超过设定的阈值，系统会以短信、邮件、电话等方式自动向管理人员报警，图 6-6 和图 6-7 分别为 IBIS-M 架设图和监测水平剖面图。

图 6-6　IBIS-M 架设图

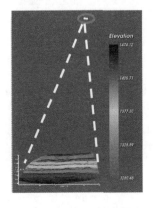

图 6-7　监测水平剖面图

2011 年，平朔公司引进了意大利 IBIS—M 雷达监测系统，并将其安置于安家岭观礼

台,对安家岭北帮长约 1 400 m、高约 230 m 的区域进行全天候实时监测。该设备于 9 月
5 日安装调试完毕,目前运行正常,数据已经实时传送至监控中心。自雷达系统试运行以
来,安家岭北帮发生了两次小型片帮,通过对历史数据分析,上述发生片帮的区域变形明
显,图 6-8 为点 9、10、11 的累计变形曲线。

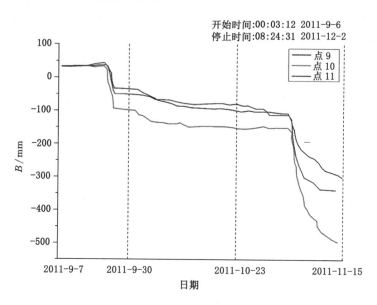

图 6-8   点 9、10、11 的累计变形曲线

6.1.1.4 SSR-X 雷达监测系统

2011 年平朔公司引进澳大利亚 GroundProbe 公司 SSR-X(SlopeStabilityRadar)雷达监
测系统,该系统利用真实孔径雷达技术,沿整个岩壁表面进行连续的、次毫米精度测量,且无
需与岩壁发生任何接触。此外,该系统不受雨水、灰尘或烟雾的影响,监测精度可达
±0.1 mm,全天 24 h 监测,监测范围为 30~2 800 m。SSR-X 系统具有预警功能,当位移值
超过设定的阈值,系统会自动弹出报警窗口向管理人员报警。

SSR-X 雷达监测系统现安置于东露天南帮,对东帮和北帮进行监测,监测数据可以实
时传送至煤质地测部监测中心,并能在监测中心对设备进行远程控制,目前系统运行正常。
采用雷达监测系统监测以来,东露天矿共发生的三次片帮,时间为 2011 年 9 月 8 日、2011
年 11 月 5 日和 11 月 14 日。发生片帮时测量室对片帮区域进行了 24 h 数据跟踪分析,并
按照公司领导要求每 1~2 h 向公司总调度室及东露天调度室发送监测数据,累计共发送监
测报告 500 多期。如图 6-9 和图 6-10 所示。

6.1.1.5 GPS 自动化监测系统

GPS 自动化变形监测系统集 GPS 卫星定位、网络通信传输、数据处理与管理、分析计算
等技术于一体。整个系统包括数据采集、数据通信、数据分析和处理,能实现整个系统自动、
实时、连续的数据采集、传输、分析、显示、报警,本系统主要包括三个部分:

(1) 数据采集:需要在重点区域建立监测墩,安置 GPS 接收机进行数据采集。

(2) 数据传送:通过无线通信方式进行监测站和监控中心之间的数据传输。

(3) 远程监控和数据处理:煤质地测部监控中心负责接收监测数据并进行数据处理,获

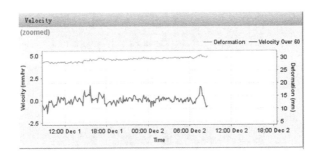

图 6-9　像元变形速度及累计变形曲线

图 6-10　雷达预警图

取形变信息,分析变形的性质、大小,为相关部门决策提供参考。

　　为保障矿区安全生产以及人员和财产的安全,2011 年平朔公司加快推进排土场的自动化监测工作,考虑排土场分布范围大且排弃工程已经完毕,便于建立永久性观测墩,适合 GPS 自动化监测,平朔公司计划在安太堡露天矿南排、西排,安家岭露天矿东排、西排优选存在较大安全隐患的不稳定区域采用 GPS 设备、按照点、线的布设方式建立第一期监测系统,预计埋设 GPS 观测墩 50 个,利用 GPS 定期进行自动化监测,并实时将监测数据传送至煤质地测部监控中心,利用分析软件进行自动分析预警。

6.1.1.6　建立煤质地测部监测数据中心

　　为集中管理 6 套实时监测系统,更好地发挥预警预报作用,为公司及时、准确地提供数据信息,2011 年平朔公司煤质地测部在培训楼二楼会议室建立监测数据中心(见图 6-11),将现有的机器人地表位移监测系统、雷达边坡监测系统、应力监测系统、GPS 自动化监测系统通过无线或有线通信方式全部传输至监测数据中心,实现统一管理。目前监测数据中心已经建成并投入使用,将来根据新增项目进展情况,陆续对系统进行完善建设。

图 6-11　监测数据中心

6.1.2　露井协同开采下边坡稳定性影响因素

6.1.2.1　采煤与顶板管理方法

开采沉陷引起覆岩和地表移动破坏程度的高低与开采面积及煤炭的回采率呈某种正比函数关系，开采面积愈大，回采率愈高，覆岩和地表的移动破坏愈严重。开采面积和回采率与采煤及顶板管理方法有关。长壁式开采的工作面较大，遗留煤柱少，工作面的回采率可达80％以上，因而开采沉陷引起的覆岩与地表移动破坏程度高，对边坡稳定性的影响也大，因而采动滑坡发生的频率就高。反之，房柱式、条带式、充填式及其他部分开采方法的工作面较小，工作面的回采率较低，或对采空区进行了充填，因而覆岩和地表移动破坏程度较低，对边坡稳定性的影响也较小，故采动滑坡发生的可能性较小。

6.1.2.2　开采煤层赋存条件

煤层倾角、开采深度、厚度以及深厚比的大小不仅影响覆岩及地表开采沉陷范围的大小与变形的分布，而且影响覆岩与地表移动变形量的大小及移动破坏程度，因而对边坡的稳定性有直接影响。在近水平或缓倾斜煤层开采条件下，煤层倾角的影响不大，因而采煤与顶板管理方法相同时，影响移动破坏程度的主要开采因素是开采的深厚比。覆岩与地表移动破坏范围与开采深厚比有某种正比函数关系，而覆岩与地表移动破坏程度则与开采深厚比有某种反比函数关系，即开采深厚比愈大，覆岩移动破坏范围愈大，但移动破坏的程度较低。

6.1.2.3　工作面与边坡的相对位置

由于覆岩和地表的开采沉陷是由采空区向上传递的，因而边坡受开采影响的范围以及影响性质与采空区的对应平面位置有密切关系。当其他条件相同时，边坡的应力分布和滑动破坏性质主要取决于工作面的布置，以水平煤层开采为例，如图 6-12（a）所示，山区覆岩和地表的开采沉陷范围可分别用上山移动角 $\delta_上$ 和下山移动角 $\delta_下$ 大致划定，因而采动滑坡或崩塌诱发区应大致在上述移动角圈定的范围内，而滑动和崩塌发生后的影响范围则有可能超出上述范围。

图 6-12（a）和图 6-12（b）是采空区位于边坡的一侧，边坡一侧受到开采影响，则分别称为上、下半坡采动。图 6-12（c）是采空区正好位于边坡的下方，边坡全部受到开采影响，称为全坡采动。如果全坡被采动后才发生滑坡，则称为全坡采动滑坡；如果上半坡被采动发生滑坡则称为推动式采动滑坡；如果下半坡被采动发生滑坡则称为牵引式采动滑坡。实际上，全坡采动滑坡因工作面推进方向的不同也有"推动"与"牵引"之别；当工作面由上坡向下坡方

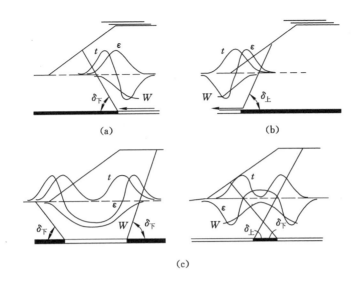

图 6-12　采空区对应于边坡不同平面位置引起的采动滑坡

向顺坡推进时,移动由上向下发展,边坡主要受推力作用;反之当工作面由下坡向上坡方向逆坡推进时,移动由下向上发展,边坡主要受牵引作用。

　　现场调查分析表明,推动式采动滑坡实际发生的频率比牵引式采动滑坡高得多。这种情况可以从以下两方面加以解释:根据山区地表移动观测资料分析,下坡方向的移动角 $\delta_下$ 小于上坡方向的移动角 $\delta_上$,即上坡方向开采对下坡方向开采的影响较大;而下坡方向开采对上坡方向开采的影响范围较小。从覆岩和地表移动过程分析可知:当边坡上半部先被采动,或工作面由上坡向下坡方向推进时,坡顶部位首先受拉应力作用形成较宽的张性裂缝,使边坡的稳定性降低,同时为地表水的向下渗透提供了通道,使边坡岩土层含水量增大,抗滑力降低,而且随工作面的逐渐推进和采空区面积的逐渐加大,边坡上部主动滑体和水的渗透范围愈来愈大,其所形成的滑动力可能大于下部被动滑体的阻力而发生滑坡或崩塌;反之,如果是边坡下半部先被采动或工作面由下坡向上坡方向推进,由于下半边坡和坡脚部位受采动附加应力作用很难形成较宽大的张性裂缝,同时下坡方向首先采动有利于整个边坡岩土含水层的疏干,使上部边坡岩土体的摩擦力相对增强,所以牵引式开采引起滑坡的可能性相对小一些。

6.1.2.4　工作面推进方向

　　工作面从不同方向推进通过边坡下方可能有以下五种情况:

　　(1)工作面推进方向与边坡倾斜方向平行,工作面从上坡向下坡推进,称为顺坡开采。

　　(2)工作面推进方向与边坡倾斜方向平行,工作面从下坡向上坡推进,称为逆坡开采或迎坡开采。

　　(3)工作面推进方向与边坡倾斜方向正交,工作面从边坡侧面垂直方向推进,称为侧向正交开采。

　　(4)工作面推进方向与边坡倾斜方向斜交,工作面从边坡的上侧向下侧推进,称为斜向顺坡开采。

（5）工作面推进方向与边坡倾斜方向斜交，工作面从边坡的下侧向上侧推进，称为斜向逆坡开采。

由于工作面推进方向不同，边坡受采动影响部位的顺序不同，因而对边坡的稳定性影响有差异。前面已经对顺坡开采引起的推动式滑坡以及逆坡开采引起的牵引式滑坡作了分析。由此推论，斜向顺坡开采影响应大于斜向逆坡开采。至于侧向正交开采与顺、逆坡开采有多少差别现在还不是很清楚，但总的来说似乎差别较小，即工作面推进方向的影响一般比工作面与边坡相对平面位置的影响略小。

6.1.3　露井协同开采下边坡破坏形式

采空区斜坡地表岩体运动受坡面和采空区周边的临空面控制，并受坡面力学环境的作用以及覆岩移动的影响，使地表岩体出现塌落、倾倒、弯曲下沉和滑动等运动机制，导致地表发生下沉、崩塌、开裂以及滑坡等连续性和非连续性的地表变形破坏。根据运动机制，可将采动边坡变形破坏分为塌落、倾倒、弯曲下沉和滑动等形式。

6.1.3.1　塌落

形成塌落的机制可分两种模式：

（1）整体性塌落［图 6-13(a)］。它的发生是由于采空区上方岩体中存在有近于竖直的软弱结构面，当结构面的摩擦强度不足以抗衡塌体的重力时，它就发生突然地整体性塌落而成柱塞式塌落机制。整体性塌落也称切冒型塌落。

（2）累进性塌落［图 6-13(b)］。它发生的原因是采空区上方岩体中节理密集而且随机地分布，或者覆岩软弱、易软化。当煤层被开采后，采空区上方岩体逐渐崩落，直达地表而形成累进性塌落机制。累进性塌落也称拱冒型塌落。

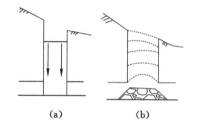

图 6-13　塌落破坏
(a) 整体性；(b) 累进性

6.1.3.2　倾倒

在矿山斜坡地表变形破坏中，倾倒是经常发生的一种岩体变形现象。它是由于倾倒体的重力作用或在岩柱上部出现弯曲力矩作用，岩柱长期在力矩作用下发生悬臂式的弯曲，并出现倾倒。图 6-14(a)为一层状碎裂结构岩体的倾倒试验的原型，图 6-14(b)为倾倒体。由图可看出，柱内横节理靠弧凸出方向为张开。当沿倾倒方向的岩柱系统的曲率半径越来越小时，岩柱之间的接触面脱开，应力得不到传递，这种倾倒形式称为牵引式；相反，则称为推压式。在矿山坑上盘地层经常发生牵引式倾倒（见图 6-15）。

6.1.3.3　弯曲下沉

在顺层倾斜结构的岩坡中开采煤层，将会发生岩层弯向采空区的现象，岩层从弯曲到折断破坏是服从岩层弯曲的三铰拱力学机制的。当弯曲的挠度大于岩层的厚度时，岩层弯曲成三铰拱的力学平衡条件受到破坏，岩层开始冒落。而在其上方的岩层处于进一步弯曲和离层状态（图 6-16），近坡面的岩层若处于离层带或弯曲带之内，则坡面将发生下沉，下沉曲线是光滑的凹形，这是连续性的下沉曲线特征。

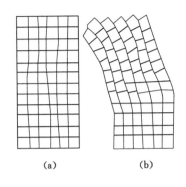

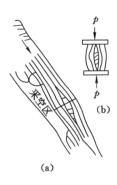

图 6-14　倾倒破坏　　　　图 6-15　矿坑上盘地层倾倒　　图 6-16　弯曲下沉

（a）倾斜试验原型；（b）倾斜体

6.1.3.4　滑动

采空区地表岩体常出现两种比较普遍的滑动现象,一为岩体沿坡面下滑,二为岩体向深部采空区下滑。

岩体在斜坡上原是稳定的,但当地下开采后,由于斜坡应力条件的改变,采空区覆岩的移动,使斜坡上潜在的滑面带上的岩体松动,抗滑力降低,岩体出现不稳定,向斜坡临空面滑移。此外,由于斜坡的下沉或塌陷坑的出现,使斜坡的陡度加大,改变了原来斜坡岩体的边界条件,促使滑坡发生。

岩体沿坡面下滑的力学机制与一般斜坡的塑性区贯通破坏机制类似。在坡下的矿层开采前,斜坡已在潜在滑带内存在孤立的塑性区。在矿层被开采的过程中,覆岩的移动不断使潜在滑带岩体松动,岩体强度降低和应力集中,导致滑带内的塑性区范围增大和最后的贯通,从而使岩体失稳而下滑。可见,塑性区的扩大和连贯是受覆岩移动控制。岩体向采空区下滑山坡下采空区的存在,造成了坡面之下的临空面,按照最小阻力原理,岩体向采空区运动是必然的,理论上的解释已被证实。当山坡内存在通向采空区的节理、断层或层面等软弱结构面,则岩体优先沿这些软弱结构面滑向采空区。一般的山坡岩体向采空区滑移的模式如图 6-17 所示。

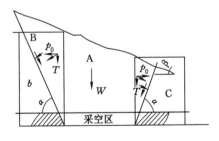

图 6-17　采空区上方岩体滑移模式

该模式的岩体运动机制是:首先,A 块因采空区给予下部临空面,会竖直下落于采空区中。B、C 两块相继受到影响,A 块的两侧竖直面为 B、C 块的边界面,因而 B、C 块可以沿移动角 α 的滑面向采空区滑移。B 块的滑移面与坡同向,C 块的滑移面则与坡向相反,矿区斜坡出现这种同向和反向裂缝是普遍的。对于连续介质岩体,其破裂面也经常出现上述滑移面,但受控于滑移角,一般按朗金理论来处理,取 $\alpha=45°+\phi/2$,ϕ 为岩体的内摩擦角。

基于此理,从图 6-17 中可见,A 块的运动主导着地表岩体的运动和变形,因而 A 块称为地表岩体运动的关键块。在力学机制上,由于采空区位于山坡的坡面之下,上覆岩层厚度不一,对采空区两边的压力是不相等的,形成偏压。A 块两侧摩擦力不足以支持块的重量时,则 A 块下落。A 块是否下落的判别式为:

$$K = \frac{(p + p_0)}{W} \tan \phi_1 \tag{6-1}$$

式中 W——A 块的重力;

ϕ_1——A 块两侧竖直面的内摩擦角;

p, p_0——分别为 B、C 块对 A 块两侧竖直面的法向作用力,它们是不相等的。

p 和 p_0 可按下式求得:

$$p = \frac{1}{2} \gamma h^2 \lambda \tag{6-2}$$

$$p_0 = \frac{1}{2} \gamma h_0^2 \lambda_0 \tag{6-3}$$

其中:

$$\lambda = \frac{1}{\tan \alpha - \tan \beta} \cdot \frac{\tan \alpha - \tan \phi_2}{1 + \tan \alpha (\tan \phi_2 - \tan \phi_1) + \tan \phi_2 \tan \phi_1} \tag{6-4}$$

$$\lambda_0 = \frac{1}{\tan \alpha_0 - \tan \beta} \cdot \frac{\tan \alpha_0 - \tan \phi_2}{1 + \tan \alpha_0 (\tan \phi_2 - \tan \phi_1) + \tan \phi_2 \tan \phi_1} \tag{6-5}$$

式中 ϕ_2——B 块和 C 块滑面的摩擦角。

由式(6-1)可知,当 $K > 1$ 时,A 块下落,B 块和 C 块则相继沿滑面滑向采空区内。

根据安家岭北帮与安家岭二号井工矿的开采关系,确定安家岭北帮属于上坡式开采影响,北帮破坏主要属于逆坡式开采引起的牵引式滑坡破坏,从而导致北帮主要出现塌落、倾倒和下沉滑动破坏。

6.1.4　露井协同开采下边坡稳定性控制技术

地下煤层开采经常导致采空区上方地表的下沉和开裂。安家岭北帮受到安家岭二号井工矿 4# 煤和 9# 煤的复合开采,导致其北帮地表下沉和开裂。安家岭北帮边坡的稳定性一方面受到井工开采采空区塌陷下沉的影响,另一方面也受到露天矿坑临空面的影响,导致该受到采动影响的边坡稳定更加复杂。因此本章主要研究如何通过合理协调井工与露天开采保证该采动边坡稳定的具体治理对策。

露井联采的最大特点在于能够充分发挥露天和井工开采的各自优势,因此如何有效地发挥各自的优势,将相互影响降到最低程度,是露井联采研究的主要课题。由此可见,露天和井工两个开采方法之间如何协同开采是课题研究的关键。采动边坡的治理集中体现了露天与井工开采方式之间的协调关系。

采动边坡的控制理论主要集中在两个方面:一是采动边坡的治理上;二是井工开采中,地下煤层的开采与露天开采的时空关系。工程上,人们常把边坡的治理控制方法归结为"削顶、加固、压脚",是指削减边坡上部的负荷,在边坡的中下部采用合适的手段进行加固,在边坡的下部排放岩土压住坡脚,它们是当前综合治理边坡避免滑塌最有效的措施与方法。在治理边坡中,上述三种方法可能单独或联合使用。对于露井联采的采动边坡来说,削顶和加固均不太适合,而一般来说,压脚是露天边坡采用的常用方法。在这里,我们把治理边坡三大技术措施之一的"压脚"往上发展,即不但压脚,还逐渐压腰、压胸,用剥离或井下掘进产出的废石与表土,全面压住高陡的最终边坡,使之形成稳定的缓坡,而不再威胁露天生产的安全。

6.2　露井协同的大巷围岩稳定性控制

6.2.1　露井协同开采下大巷变形机理

6.2.1.1　工作面开采过程中巷道变形破坏特征

随着 B401、B903 工作面开采,4# 煤三条大巷相继发生变形破坏,其中巷道变形破坏主要发生在 2007 年 8 月至 2007 年 10 月期间,三条大巷的破坏形式主要有以下几种:

(1)辅助运输大巷。辅助运输大巷由于最先受到采动影响,其破坏最先发生,如图 6-18 所示,破坏主要表现为两帮先破坏,而且靠近回采侧帮破坏更严重。

图 6-18　辅助运输大巷破坏形式

(2)运输大巷。运输大巷破坏以顶板下沉为主,并导致顶板破坏严重。运输大巷破坏形式如图 6-19 所示。

(3)回风大巷。回风大巷由于距离露天边坡位置最近,主要受露天边坡影响。在辅助运输大巷受采动影响时,其对回风大巷的影响不明显,仅在后期 B401 工作面采到停采线,岩层移动充分后,回风大巷在两帮底部(煤层底板岩层分界面)出现错动破坏。回风大巷交叉点部位(含巷道)变形破坏严重。回风大巷破坏形式如图 6-20 所示。

(4)联络巷道。联络巷道包括 4# 煤的连接三条大巷的一、二、三联巷,其巷道破坏主要在煤层两帮和顶板部位,其破坏形式主要是出现与联络巷道方向一致的破坏裂缝,有些地方发生沿煤层夹层部位的错动破坏。联络巷破坏形式如图 6-21 所示。

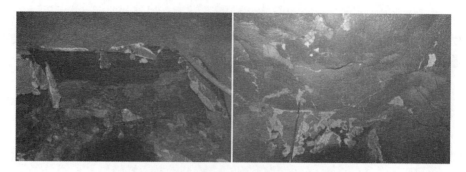

图 6-19 运输大巷破坏形式

图 6-20 回风大巷破坏形式

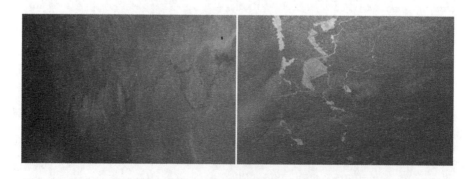

图 6-21 联络巷破坏形式

6.2.1.2 巷道变形破坏机理分析

1. 影响巷道变形的主要因素

（1）停采线位置。对比分析 B401、B903 工作面和 B402、B904 工作面开采的情况表明，井工开采工作面停采线位置是巷道围岩稳定的关键。

（2）复合开采影响。无论是对开采 B401、B903 工作面，还是开采 B402、B904 工作面的分析比较，抑或是相似和数值模拟分析，均表明 4# 煤和 9# 煤开采对大巷围岩稳定的影响程度具有明显区别。如 B402 工作面开采时，三条大巷基本趋于稳定，而在 B904 工作面开采且停采线位置距离大巷 110 m 的情况下，对大巷围岩稳定的影响比 B402 工作面开采影响更明显，这表明 9# 煤开采导致的复合采动影响显著，因此应注意 9# 煤开采对大巷围岩稳定的影响。

（3）边坡是否填土影响。露天边坡是否及时填土对巷道围岩稳定的影响也十分明显，边坡填土不仅影响边坡本身的稳定,同时也使回采对巷道的影响范围明显减小。

（4）巷道围岩的工程地质特性。煤岩的完整程度对巷道围岩的变形影响十分明显,应针对不同围岩特性采取相应的支护措施。

2. 巷道变形的宏观特征

（1）变形顺序关系。通过 B401、B402、B903、B904 等工作面开采观测,4# 煤三条大巷变形顺序存在时间差异,先是靠近工作面侧的辅助运输大巷变形破坏,紧接着是主要运输大巷和回风大巷,其中辅助运输大巷变形最严重。

（2）宏观变形特征。钻孔资料、联巷围岩变形、相似模拟和数值模拟分析均表明:巷道围岩的水平位移明显。其水平位移一般发生在煤层夹层或煤层顶底板的煤岩交界面上,局部位移达到 10 cm 以上。

三条大巷、联巷、巷道交叉点变形均存在差异。靠近工作面侧的辅助运输大巷一般在靠近回采的巷道左侧帮先破坏,然后巷道右帮和顶板破坏。主要运输大巷变形基本与辅助运输大巷变形规律一致,而回风大巷出现明显的水平错动,在煤层底板界面出现较大范围的水平移动。联巷的变形主要是沿巷道侧帮出现水平错动裂缝,严重的地段顶板出现垂直联巷走向的断裂。巷道交叉点由于围岩破碎,出现片帮,局部出现冒顶。上述情况在 B401 和 B903 工作面开采过程中较为明显。

另外,一般动压巷道破坏是越靠近工作面的平巷变形越明显,巷道变形以垂直变形为主,变形巷道的走向与工作面推进方向无明显关系。而露井联采巷道变形一般以水平变形为主,其变形巷道主要为平行于工作面的巷道,而垂直于工作面的巷道如平巷变形不明显或不严重。

3. 巷道变形的力学机制

（1）超前支承压力显现特点。回采产生的超前支承压力与一般巷道的超前支承压力存在明显差异。露井联采支承压力受到基本顶关键岩层超前断裂的影响,较一般支承压力影响范围明显增加,4# 煤超前支承压力影响范围一般在 80 m 以上,9# 煤开采支承压力影响范围在 110 m 以上。

（2）巷道围岩变形力学机理。

① 应力场环境复杂。一般动压巷道应力场是以垂直应力为主的单一应力场,而露井联采巷道围岩的应力场环境复杂。一方面由于露天边坡在受到工作面基本顶岩梁断裂回转过程中产生了水平推力,另一方面岩梁回转过程中也产生了动压,即上述应力场叠加而产生的复杂应力场。

② 巷道周围变形力学机制不同。一般动压巷道为未经扰动的原始地质体介质,当支承压力超过其允许强度时产生失稳破坏,其介质多为弹性或弹塑性区域。而露井联采巷道围岩由于前期的岩层水平错动,巷道围岩变形主要是以剪切滑移破坏为主的离层和错动变形。

6.2.2　露井协同井工巷道稳定性分析

6.2.2.1　计算模型

模型倾斜长 1 500 m、走向长 1 300 m、高 300 m,从水平标高 +1 104 m 一直模拟到地表 +1 404 m。模型包括 B400、B401、B402、B903、B904 和 B905 六个工作面,以及 4# 煤主要运输大巷、辅助运输大巷和回风大巷,工作面与大巷呈斜交布置。通过现场实测、实践经验结合二维数值模拟计算结果拟定了各工作面停采线的位置,具体情况见表 6-1。本部分将对采用拟定停采线情况下 4# 煤三条主巷的稳定性进行分析评价,以期得到合理的计算结果,为现场提供可以借鉴的理论依据。

表 6-1 工作面停采线位置对照表

工作面	最短停采线/m	最长停采线/m	平巷与大巷夹角/(°)	工作面宽度/m
B400	49.0	131.0	69.4	240.5
B401	49.0	131.0	69.4	240.5
B402	80.0	162.0	69.4	240.5
B903	72.8	154.8	69.4	240.5
B904	103.0	185.0	69.4	240.5
B905	103.0	185.0	69.4	300.0

4# 煤辅助运输大巷和主要运输大巷沿 4# 煤掘进,断面为矩形,辅助运输大巷断面为 5 m×3.6 m(宽×高),主要运输大巷断面为 4.4 m×3.6 m(宽×高)。回风大巷到 B402 辅助运输巷道为止,断面为 5 m×3.6 m(宽×高),从 B402 辅助运输巷道起,断面为 4.2 m× 3.0 m(宽×高)。

图 6-22 显示了井工-露天联采边坡的最初煤层分布状态。图 6-23 给出了边坡的最终开挖形态,图 6-24 给出了不同位置的剖面图。

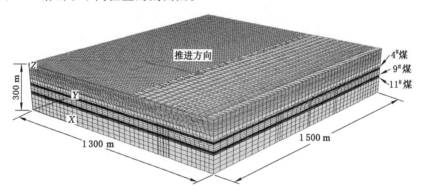

图 6-22 井工-露天联采边坡的最初煤层分布状态

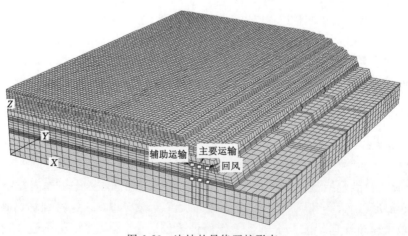

图 6-23 边坡的最终开挖形态

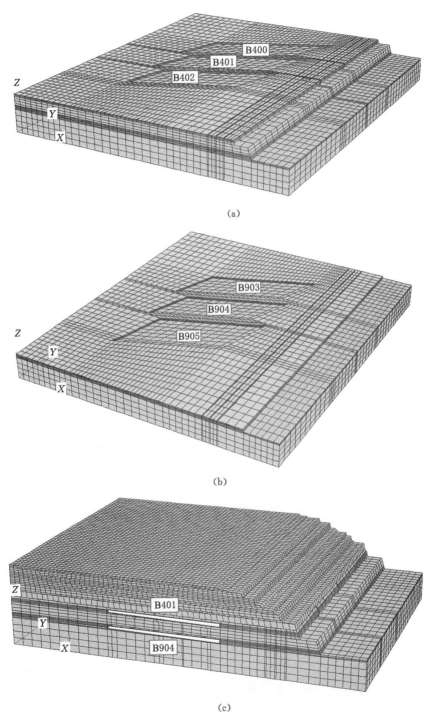

(a)

(b)

(c)

图 6-24　不同位置剖面图
(a) $Z=+1\ 270$ m；(b) $Z=+1\ 220$ m；(c) $Y=780$ m

力学试验表明,当载荷达到屈服极限后,岩体在塑性流动过程中,随着变形的增加,保持
一定的残余强度。因此,本计算中的岩体采用理想弹塑性本构模型——莫尔-库仑(Mohr-

Coulomb)屈服准则描述：

$$f_s = \sigma_1 - \sigma_3 \frac{1 + \sin\varphi}{1 - \sin\varphi} - 2c\sqrt{\frac{1 + \sin\varphi}{1 - \sin\varphi}} \tag{6-6}$$

式中 σ_1, σ_3——分别是最大和最小主应力；

   c——黏聚力；

   φ——内摩擦角。

当 $f_s > 0$ 时，材料将发生剪切破坏。在通常应力状态下，岩体的抗拉强度很低，因此可根据抗拉强度准则（$\sigma_3 \geqslant \sigma_T$）判断岩体是否产生拉破坏。

煤体力学试验表明，当煤体达到屈服强度以后，煤体的承载能力急速下降，下降到一定的数值后保持基本稳定，因此数值计算中的煤体采用应变软化模型进行模拟计算。

根据现场地质调查和相关研究提供的岩石力学试验结果，模拟计算采用的煤、岩体力学参数见表 6-2。

表 6-2   岩体力学参数

层号	岩性	分层厚度 /m	密度 /(kg/m³)	弹性模量 E/MPa	泊松比 μ	黏聚力 c/MPa	内摩擦角 /(°)	抗拉强度 σ_T/MPa
1	黄土	42	1 960	15	0.42	0.125	18	0.012 5
2	风化砂岩	14	2 300	2 000	0.36	2.5	38	0.25
3	砂岩	39.7	2 380	4 200	0.32	3	39	0.3
4	粗砂岩	13.8	2 350	4 000	0.34	2.8	38	0.28
5	中粗砂岩	13	2 400	4 100	0.33	2.9	39	0.29
6	细砂岩	0.9	2 400	4 500	0.33	3.2	40	0.32
7	黏土矿	3	2 355	2 015	0.23	0.5	40	0.05
8	4#煤	11.6	1 440	1 000	0.38	1.62	36	0.295
9	砂质泥岩	8.33	2 360	2 050	0.24	0.5	39	0.05
9	细砂岩	5.47	2 400	4 500	0.33	3.2	40	0.32
10	中砂岩	4.54	2 380	4 300	0.32	3.1	40	0.31
11	细砂岩	3.77	2 400	4 500	0.33	3.2	40	0.32
12	粗砂岩	2.07	2 350	4 000	0.34	2.8	38	0.28
13	粉砂岩	6.96	2 600	4 800	0.32	5	38	0.5
14	煤线	0.65	1 440	1 000	0.38	1.62	36	0.295
15	灰泥岩	2.86	2 300	2 000	0.25	0.4	38	0.04
16	砂质泥岩	4.16	2 360	2 050	0.24	0.5	39	0.05
17	9#煤	13	1 330	1 200	0.36	1.62	39	0.295
18	泥岩	3.97	2 300	2 000	0.25	0.4	38	0.04
19	11#煤	3.25	1 400	1 300	0.35	1.62	36	0.295
20	中细砂岩	2.64	2 380	4 400	0.32	3.1	40	0.32
21	细砂岩	6.35	2 400	4 500	0.33	3.2	40	0.32
22	中粗砂岩	2.76	2 400	4 100	0.33	2.9	39	0.29

模拟计算过程如下：

（1）根据原始地貌形成初始应力场；

（2）开挖边坡；

（3）开挖 4$^\#$ 煤主巷；

（4）依次开采 B400、B401、B903、B402、B904、B905 工作面，均从距离 4$^\#$ 煤辅助运输大巷 650 m 的位置进行开采。

6.2.2.2　采场整体稳定性分析

1. 应力场分析

图 6-25～图 6-42 给出了各个工作面开采过程中围岩的最大主应力分布图，以及开采工作面与 4$^\#$ 煤辅助运输大巷之间最大距离以及最小距离剖面的最大主应力分布图。

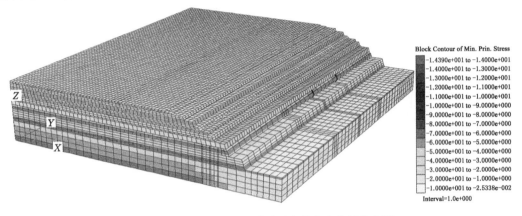

图 6-25　B400 工作面开采后围岩最大应力场分布图

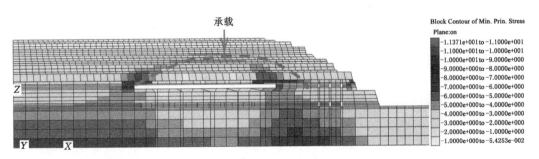

图 6-26　B400 工作面开采后 B400 工作面停采线最大距离（$d = 131$ m）剖面最大主应力场分布图

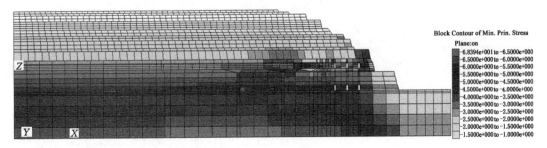

图 6-27　B400 工作面开采后 B400 工作面停采线最小距离（$d = 49$ m）剖面最大主应力场分布图

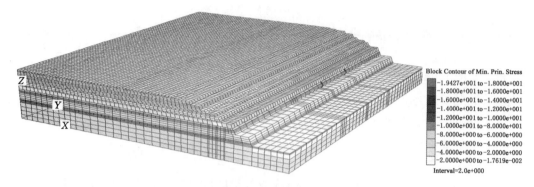

图 6-28 B401 工作面开采后围岩最大应力场分布图

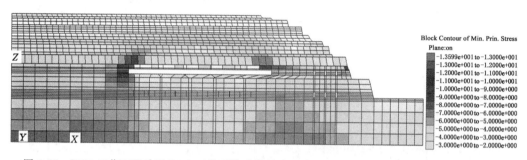

图 6-29 B401 工作面开采后 B401 工作面停采线最大距离($d=131$ m)剖面最大主应力场分布图

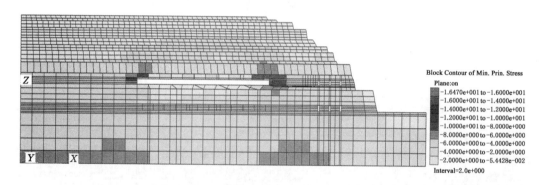

图 6-30 B401 工作面开采后 B401 工作面停采线最小距离($d=49$ m)剖面最大主应力场分布图

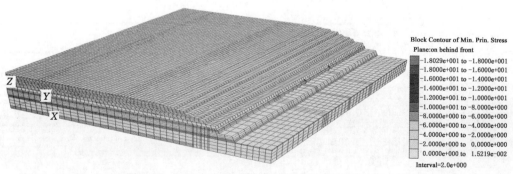

图 6-31 B903 工作面开采后围岩最大应力场分布图

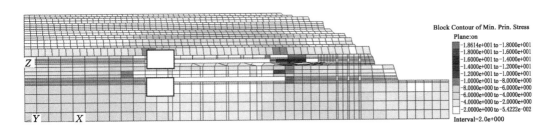

图 6-32　B903 工作面开采后 B903 工作面停采线最大距离($d=154.8$ m)剖面最大主应力场分布图

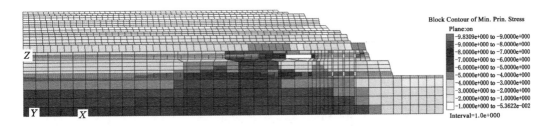

图 6-33　B903 工作面开采后 B903 工作面停采线最小距离($d=72.8$ m)剖面最大主应力场分布图

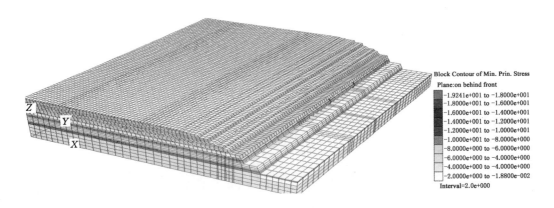

图 6-34　B402 工作面开采后围岩最大应力场分布图

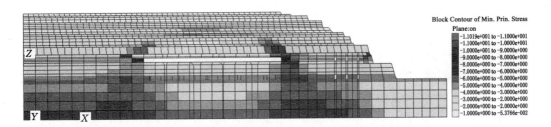

图 6-35　B402 工作面开采后 B402 工作面停采线最大距离($d=162$ m)剖面最大主应力场分布图

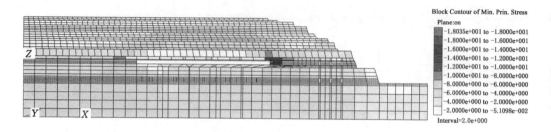

图 6-36 B402 采后 B402 停采线最小距离($d=80$ m)剖面最大主应力场分布图

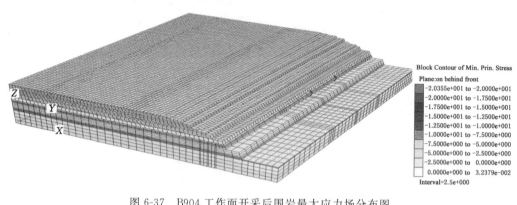

图 6-37 B904 工作面开采后围岩最大应力场分布图

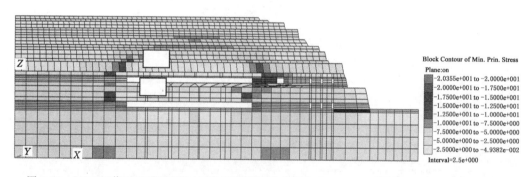

图 6-38 B904 工作面开采后 B904 工作面停采线最大距离($d=185$ m)剖面最大主应力场分布图

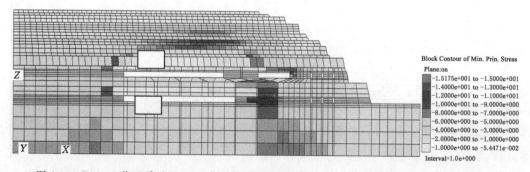

图 6-39 B904 工作面采后 B904 工作面停采线小距离($d=103$ m)剖面最大主应力场分布图

图 6-40　B905 工作面开采后围岩最大应力场分布图

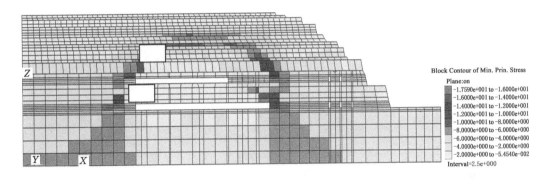

图 6-41　B905 工作面开采后 B905 工作面停采线最大距离($d = 185$ m)剖面最大主应力场分布图

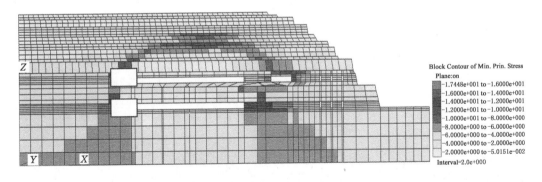

图 6-42　B905 工作面采后 B905 工作面停采线最小距离($d = 103$ m)剖面最大主应力场分布图

从图 6-25～图 6-42 中可以看出,围岩最大主应力的分布基本服从由上到下逐渐增加的变化趋势,地表以及边坡坡体表面处于低应力区,边坡有局部脱落的现象发生。

受到工作面开采扰动的影响,工作面围岩形成应力降低区,承载能力下降,围岩的稳定性也随之下降。随着工作面大范围开采的进行,围岩应力降低区的范围逐渐增加,围岩的稳定性逐渐减弱。随着时间的推移,工作面上部岩层形成新的承载结构,这对于稳定围岩起到了积极的作用。

受到开采扰动的影响,各工作面开采过程中均在工作面两端出现了应力集中现象。

2. 破坏场分析

图 6-43~图 6-60 给出了各个工作面开采过程中围岩的破坏场分布图,以及开采工作面与 4# 煤辅助运输大巷最大距离以及最小距离剖面的破坏场分布图。

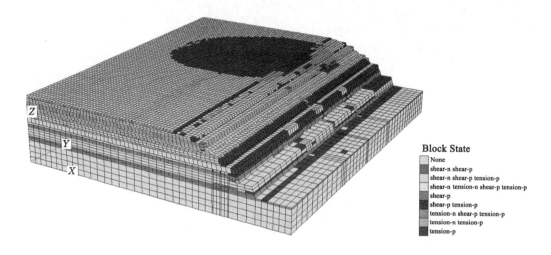

图 6-43　B400 工作面开采后围岩破坏场分布图

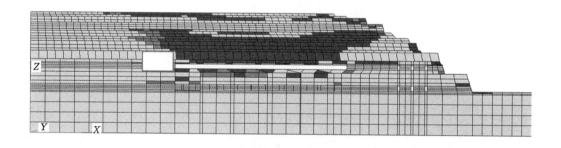

图 6-44　B400 工作面开采后 B400 工作面停采线最大距离($d=131$ m)剖面最破坏场分布图

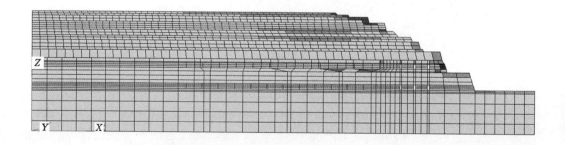

图 6-45　B400 工作面开采后 B400 工作面停采线最小距离($d=49$ m)剖面破坏场分布图

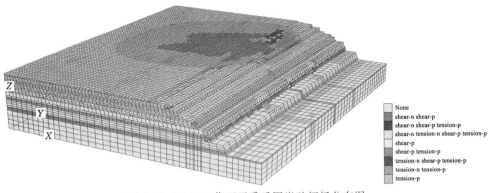

图 6-46　B401 工作面开采后围岩破坏场分布图

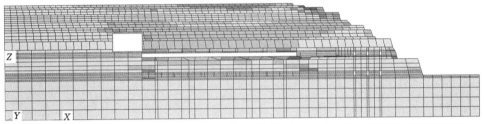

图 6-47　B401 工作面开采后 B401 工作面停采线最小距离($d=49$ m)剖面破坏场分布图

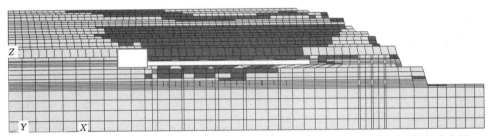

图 6-48　B401 工作面开采后 B401 工作面停采线最大距离($d=131$ m)剖面破坏场分布图

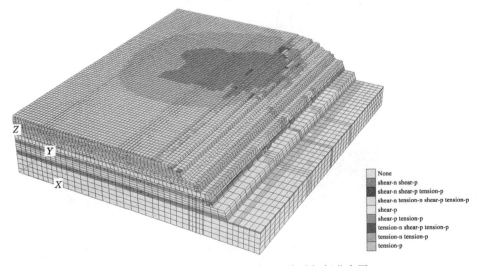

图 6-49　B903 工作面开采后围岩破坏场分布图

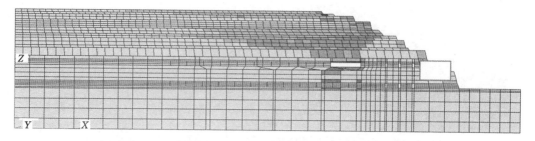

图 6-50 B903 工作面开采后 B903 工作面停采线最小距离($d=72.8$ m)剖面破坏场分布图

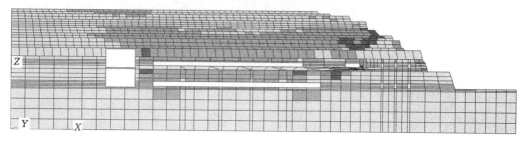

图 6-51 B903 工作面开采后 B903 工作面停采线最大距离($d=154.8$ m)剖面破坏场分布图

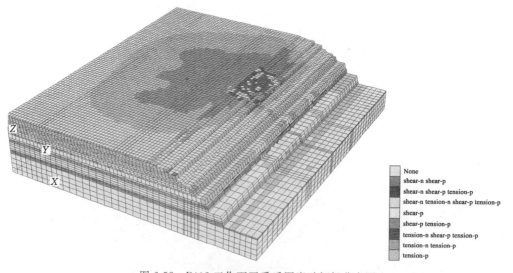

图 6-52 B402 工作面开采后围岩破坏场分布图

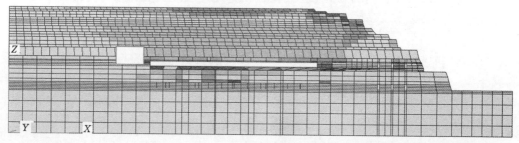

图 6-53 B402 工作面开采后 B402 工作面停采线最小距离($d=80$ m)剖面破坏场分布图

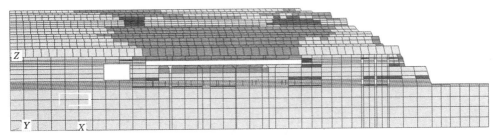

图 6-54　B402 工作面开采后 B402 工作面停采线最大距离($d=162$ m)剖面破坏场分布图

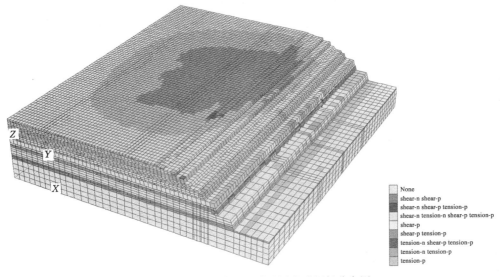

图 6-55　B904 工作面开采后围岩破坏场分布图

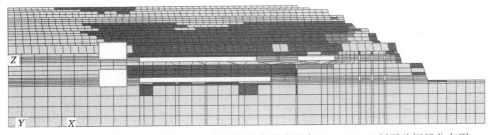

图 6-56　B904 工作面开采后 B904 工作面停采线最小距离($d=103$ m)剖面破坏场分布图

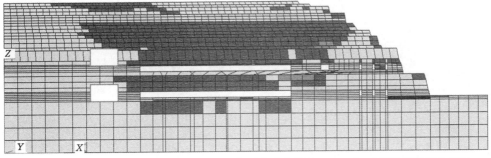

图 6-57　B904 工作面开采后 B904 工作面停采线最大距离($d=185$ m)剖面破坏场分布图

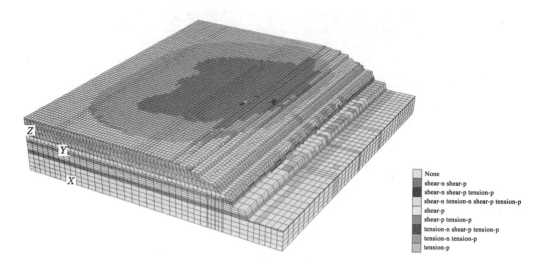

图 6-58　B905 工作面开采后围岩破坏场分布图

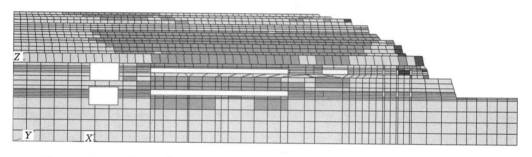

图 6-59　B905 工作面开采后 B905 工作面停采线最小距离($d=103$ m)剖面破坏场分布图

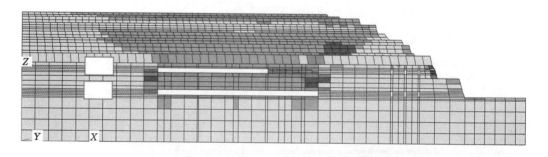

图 6-60　B905 工作面开采后 B905 工作面停采线最大距离($d=185$ m)剖面破坏场分布图

从图 6-43～图 6-60 中可以看出,受到开采扰动的影响,边坡坡体表面局部发生了破坏,破坏性质为拉剪复合破坏,随着多个工作面开采的进行,边坡坡体表面的破坏范围有所增加,但不影响边坡的整体稳定性。

边坡标高 +1 358.8 m 以上平台处于地表的破坏范围内,稳定性较差,当多个工作面开采进行时,边坡处于地表破坏范围内的平台标高没有发生变化。

工作面的开采引起围岩破坏,随着工作面开采条数的增加,围岩的破坏范围逐渐扩张,稳定性减弱。

　　工作面的开采导致地表出现沉陷,4#煤中工作面开采条数的增加直接导致地表沉陷范围的扩大,9#煤工作面的开采对地表塌陷范围的影响较小。

　　3. 位移场分析

　　图 6-61～图 6-84 给出了各个工作面开采过程中围岩的垂直位移场分布图,以及开采工作面与 4#煤辅助运输大巷最大距离以及最小距离剖面的垂直位移场分布图,表 6-3 对地表的最大沉降量进行了统计。

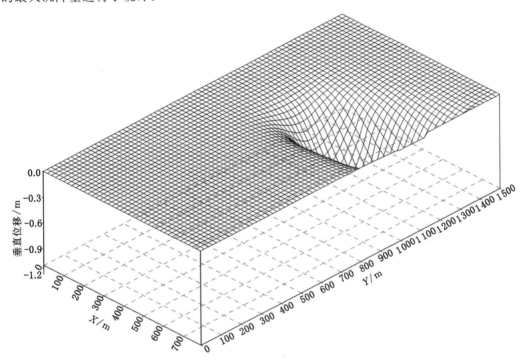

图 6-61　B400 工作面开采后地表沉降等值线图

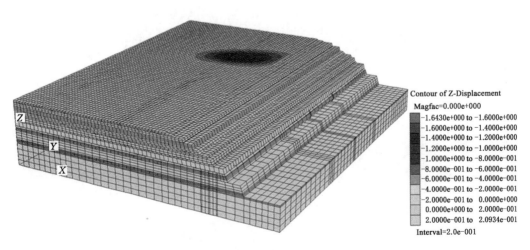

图 6-62　B400 工作面开采后围岩垂直位移场分布图

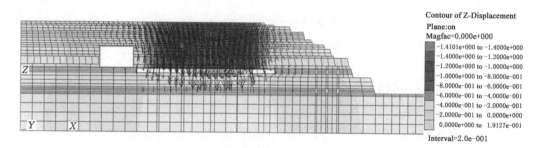

图 6-63　B400 工作面开采后 B400 工作面停采线最大距离($d=131$ m)剖面垂直位移场分布图

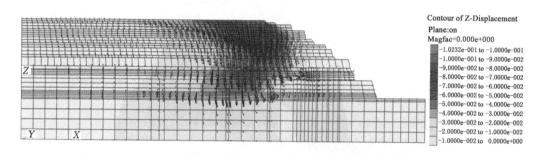

图 6-64　B400 工作面开采后 B400 工作面停采线最小距离($d=49$ m)剖面垂直位移分布图

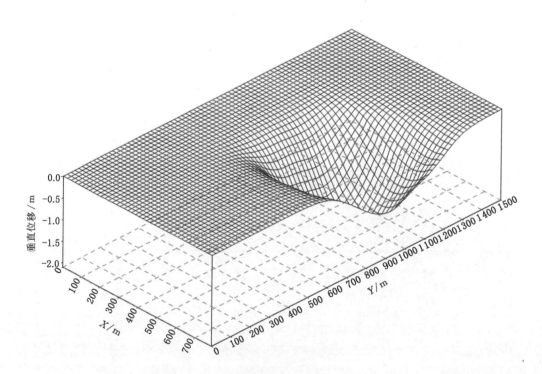

图 6-65　B401 工作面开采后地表沉降等值线图

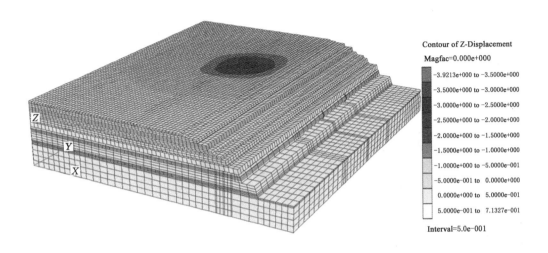

图 6-66　B401 工作面开采后围岩垂直位移场分布图

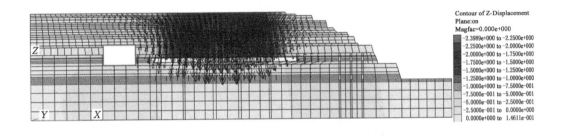

图 6-67　B401 工作面开采后 B401 工作面停采线最大距离($d=131$ m)剖面垂直位移场分布图

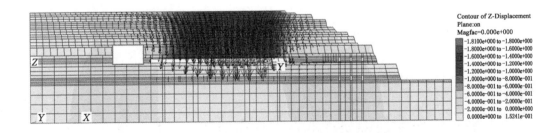

图 6-68　B401 工作面开采后 B401 工作面停采线最小距离($d=49$ m)剖面垂直位移场分布图

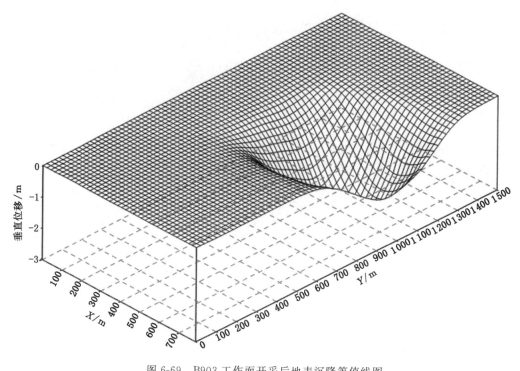

图 6-69   B903 工作面开采后地表沉降等值线图

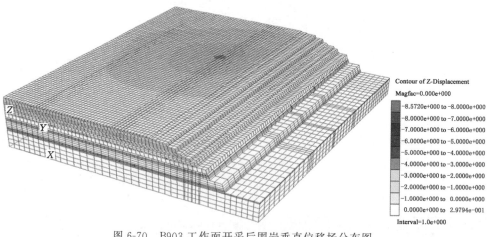

图 6-70   B903 工作面开采后围岩垂直位移场分布图

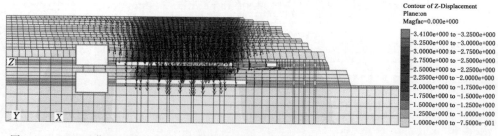

图 6-71   B903 工作面开采后 B903 工作面停采线最大距离(d=154.8 m)剖面垂直位移场分布图

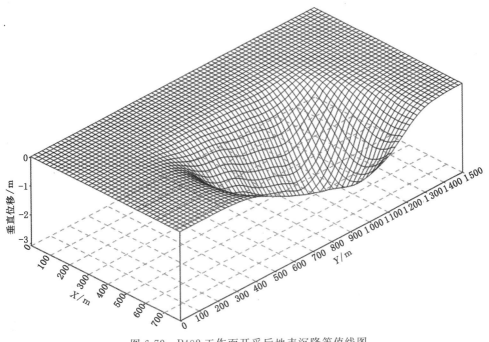

图 6-72　B402 工作面开采后地表沉降等值线图

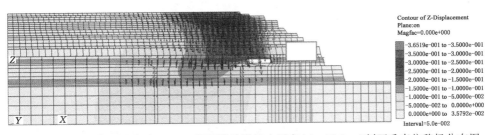

图 6-73　B903 工作面开采后 B903 工作面停采线最小距离($d=72.8$ m)剖面垂直位移场分布图

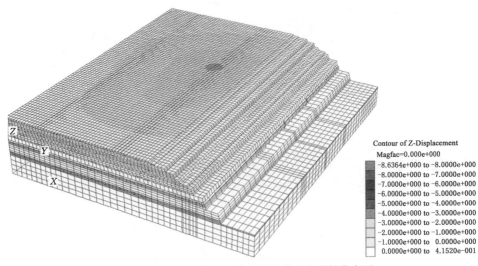

图 6-74　B402 工作面开采后围岩垂直位移场分布图

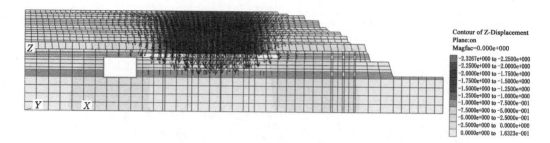

图 6-75 B402 工作面开采后 B402 工作面停采线最大距离($d=162$ m)剖面垂直位移场分布图

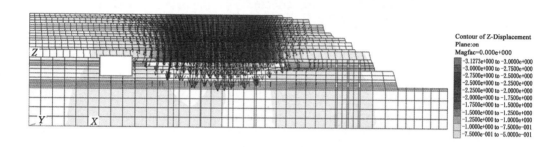

图 6-76 B402 工作面开采后 B402 工作面停采线最小距离($d=80$ m)剖面垂直位移场分布图

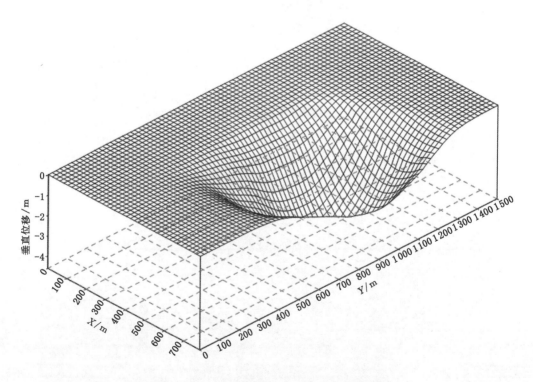

图 6-77 B904 工作面开采后地表沉降等值线图

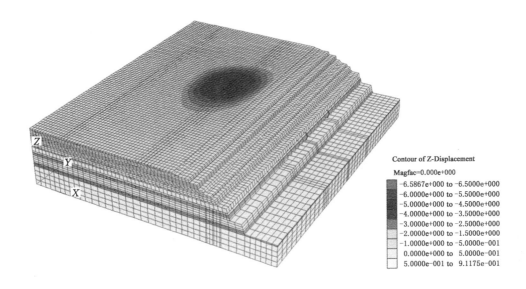

图 6-78　B904 工作面开采后围岩垂直位移场分布图

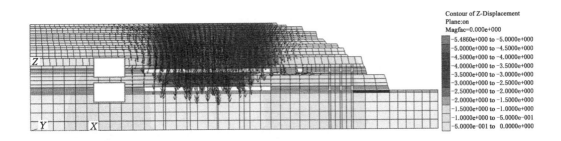

图 6-79　B904 工作面开采后 B904 工作面停采线最大距离($d = 185$ m)剖面垂直位移场分布图

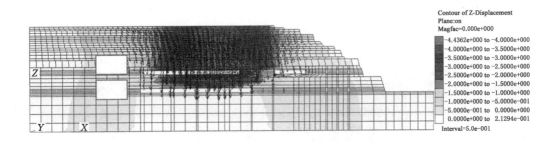

图 6-80　B904 工作面开采后 B904 工作面停采线最小距离($d = 103$ m)剖面垂直位移场分布图

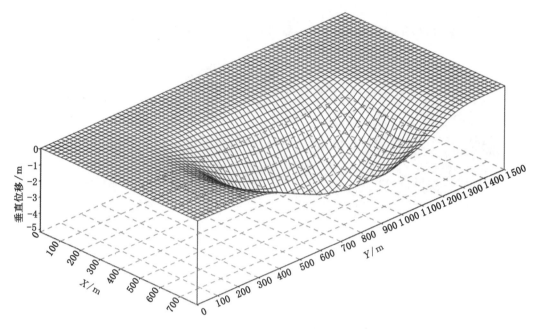

图 6-81 B905 工作面开采后地表沉降等值线图

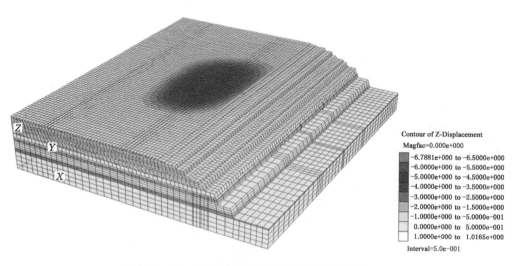

图 6-82 B905 工作面开采后围岩垂直位移场分布图

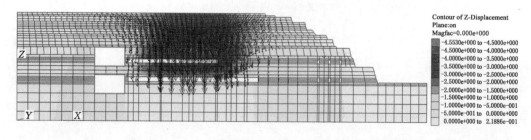

图 6-83 B905 工作面开采后 B905 工作面停采线最大距离($d=185$ m)剖面垂直位移场分布图

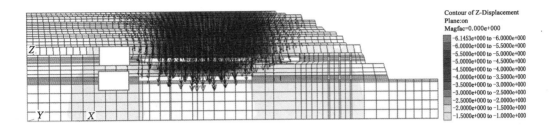

图 6-84　B905 工作面开采后 B905 工作面停采线最小距离($d=103$ m)剖面垂直位移场分布图

从图 6-61~图 6-84 中可以看,围岩位移矢量方向指向工作面向下,工作面停采线位置的位移方向以水平指向 4# 煤主巷的方向为主。

从表 6-3 的统计结果看出,随着工作面的推进,引起地表的沉降量逐渐增加,地表沉降量不仅与工作面的开采范围有关,还与工作面的开采深度有关。

表 6-3　　　　　　　　　　　　地表最大沉降统计表

工作面开采顺序	沉降峰值/m	沉降量占总沉降量的百分比/%
B400	1.10	21.24
B401	2.11	19.50
B903	3.04	17.95
B402	3.10	1.16
B904	4.61	29.15
B905	5.18	11.00

6.2.2.3　4# 煤三条主巷稳定性分析

1. 煤柱最大主应力场分析

保护煤柱的稳定性在一定程度上决定了巷道的稳定性,因此对煤柱稳定性的分析至关重要。

图 6-85~图 6-90 给出了 4# 煤工作面中工作面停采线与 4# 煤辅助运输大巷之间煤柱的最大主应力分布图,煤柱的稳定性在一定程度上可以通过煤柱的承载力来判定。

表 6-4 给出了 4# 煤工作面停采线与 4# 煤辅助运输大巷之间煤柱最大主应力峰值以及出现位置统计表。从统计结果可以看出,工作面受到开采扰动的影响,在停采线一侧形成应力集中,即煤柱受力对保护 4# 煤大巷起到了积极的作用。当 B400 工作面开采结束后,在 B400 工作面中部靠近长边一侧的煤柱出现了应力峰值,说明煤柱起到了很好的支撑作用。当 B401 工作面开采后,煤柱出现应力峰值的位置转移到 B401 工作面靠近长边一侧对应的煤柱内,且煤柱的承载力增加。当位于 B400 工作面下方的 B903 工作面开采结束后,煤柱内应力峰值出现的位置没有变化,应力峰值继续增加,说明煤柱的承载能力良好。当 B402 工作面开采后,煤柱的承载力达到峰值,当 B904、B905 工作面开采后,煤柱的承载力逐渐下降,说明煤柱的稳定性有减弱的趋势。

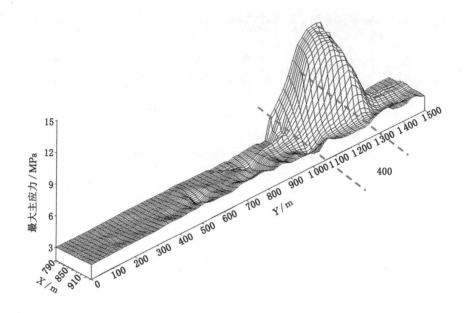

图 6-85　B400 工作面开采后 4# 煤工作面与 4# 煤辅助运输大巷之间煤柱最大主应力等值线图

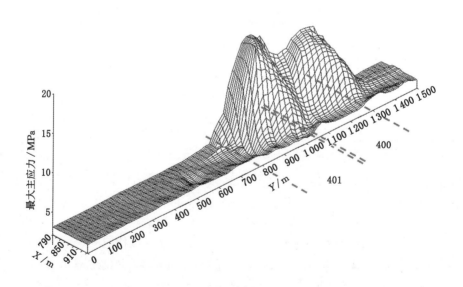

图 6-86　B401 工作面开采后 4# 煤工作面与 4# 煤辅助运输大巷之间煤柱最大主应力等值线图

由此可见,B401 工作面靠近长边 81.7 m 处的煤柱起到了主要支撑作用,此处煤柱为失稳的临界位置,对应的 4# 煤主巷稳定性较差。

B904、B905 工作面开采导致煤柱承载力下降,由于下降幅度较小,对煤柱稳定性的影响较小,不影响巷道的整体稳定。

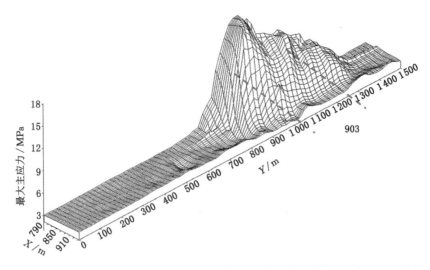

图 6-87　B903 工作面开采后 4#煤工作面与 4#煤辅助运输大巷之间煤柱最大主应力等值线图

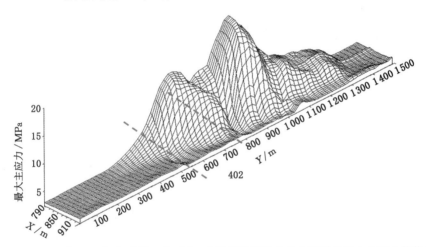

图 6-88　B402 工作面开采后 4#煤工作面与 4#煤辅助运输大巷之间煤柱最大主应力等值线图

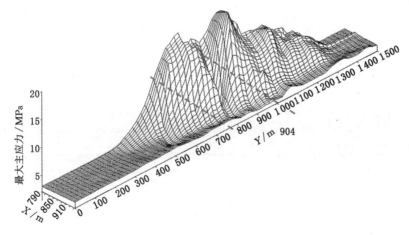

图 6-89　B904 工作面开采后 4#煤工作面与 4#煤辅助运输大巷之间煤柱最大主应力等值线图

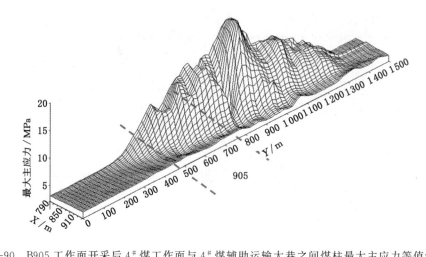

图 6-90 B905 工作面开采后 4$^\#$煤工作面与 4$^\#$煤辅助运输大巷之间煤柱最大主应力等值线图

表 6-4 4$^\#$煤工作面与 4$^\#$煤辅助运输大巷之间煤柱最大主应力峰值统计表

工作面开采顺序	主应力峰值/MPa	应力集中系数	峰值出现坐标	峰值对应位置
B400	11.68	3.89	$Y=1\ 150$ m	B400 工作面靠近长边 86 m 处
B401	15.08	5.03	$Y=880$ m	B401 工作面靠近长边 81.7 m 处
B903	16.11	5.37	$Y=880$ m	B401 工作面靠近长边 81.7 m 处
B402	19.78	6.59	$Y=880$ m	B401 工作面靠近长边 81.7 m 处
B904	19.62	6.54	$Y=880$ m	B401 工作面靠近长边 81.7 m 处
B905	19.13	6.38	$Y=880$ m	B401 工作面靠近长边 81.7 m 处

2. 三条主巷破坏场分析

图 6-91～图 6-114 给出了 4$^\#$煤三条大巷剖面的破坏场分布图,表 6-5 对相关数据进行了统计,相关数据表明三条大巷受到开采扰动的影响,顶板以及底板均有不同程度的破坏。其中三条主巷顶板破坏范围贯穿了整条大巷,由于回风大巷距离工作面停采线最远,受到的影响最小,顶板的破坏范围要小于辅助运输以及主要运输大巷的破坏范围。三条大巷底板稳定性整体良好,只在 B401 工作面以及 B402 工作面短边一侧发生了局部的拉剪复合破坏。三条大巷两帮破坏范围较小,破坏区域主要出现在主要运输大巷和回风大巷之间的煤柱内,在 B402 工作面短边一侧对应的煤柱全部进入了塑性区,此处巷道的稳定性较弱。

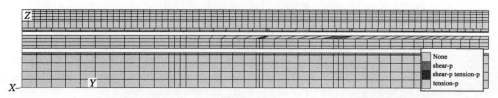

图 6-91 B400 工作面开采后 4$^\#$煤辅助运输大巷剖面破坏场分布图

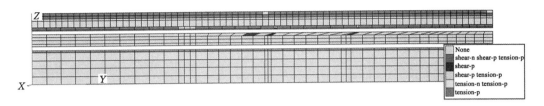

图 6-92　B400 工作面开采后 4# 煤主要运输大巷剖面破坏场分布图

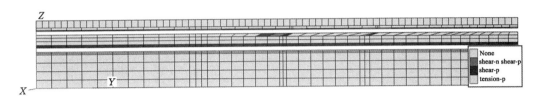

图 6-93　B400 工作面开采后 4# 煤回风大巷剖面破坏场分布图

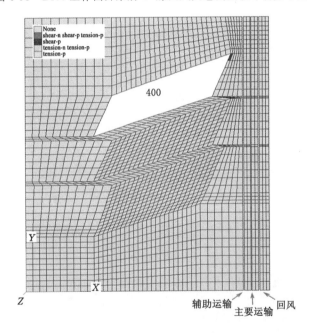

图 6-94　B400 工作面开采后 4# 煤剖面破坏场分布图

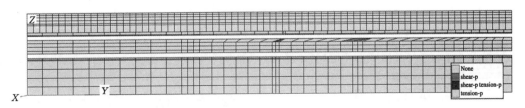

图 6-95　B401 工作面开采后 4# 煤辅助运输大巷剖面破坏场分布图

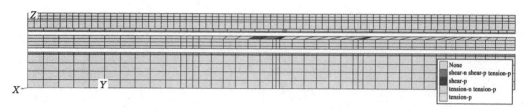

图 6-96 B401 工作面开采后 4$^\#$煤主要运输大巷剖面破坏场分布图

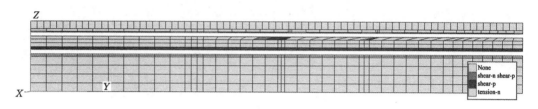

图 6-97 B401 工作面开采后 4$^\#$煤回风大巷剖面破坏场分布图

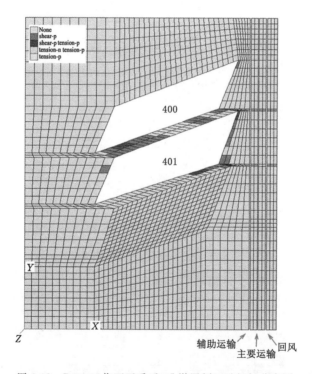

图 6-98 B401 工作面开采后 4$^\#$煤层剖面破坏场分布图

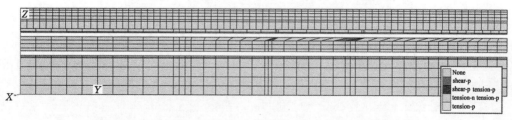

图 6-99 B903 工作面开采后 4$^\#$煤辅助运输大巷剖面破坏场分布图

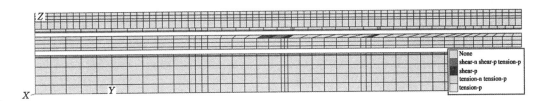

图 6-100　B903 工作面开采后 4# 煤主要运输大巷剖面破坏场分布图

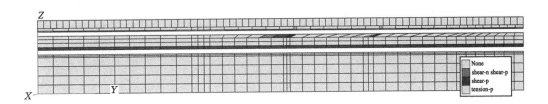

图 6-101　B903 工作面开采后 4# 煤回风大巷剖面破坏场分布图

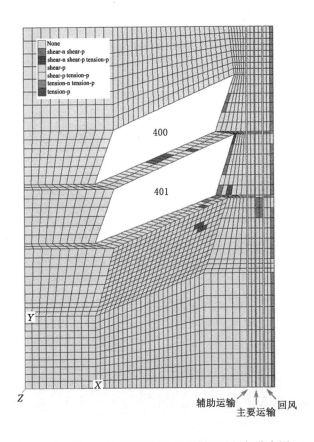

图 6-102　B903 工作面开采后 4# 煤剖面破坏场分布图

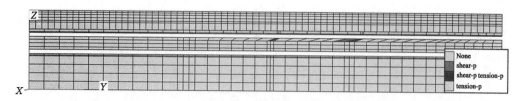

图 6-103　B402 工作面开采后 4# 煤辅助运输大巷剖面破坏场分布图

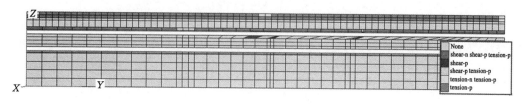

图 6-104　B402 工作面开采后 4# 煤主要运输大巷剖面破坏场分布图

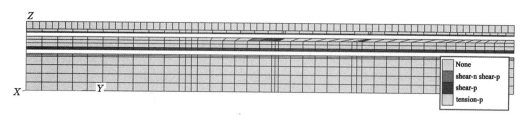

图 6-105　B402 工作面开采后 4# 煤回风大巷剖面破坏场分布图

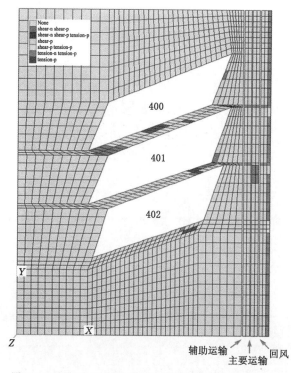

图 6-106　B402 工作面开采后 4# 煤剖面破坏场分布图

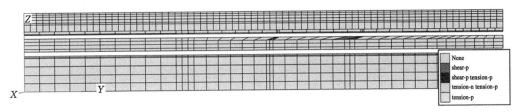

图 6-107 B904 工作面开采后 4# 煤辅助运输大巷剖面破坏场分布图

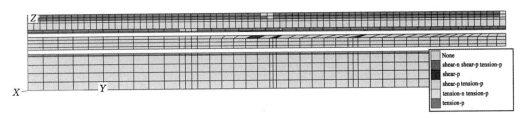

图 6-108 B904 工作面开采后 4# 煤主要运输大巷剖面破坏场分布图

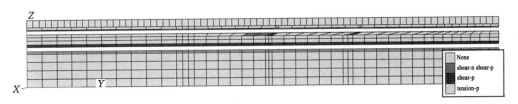

图 6-109 B904 工作面开采后 4# 煤回风大巷剖面破坏场分布图

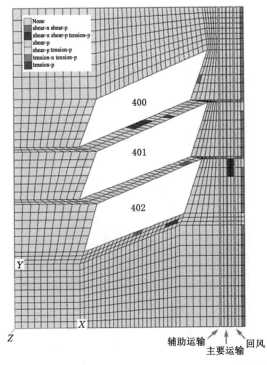

图 6-110 B904 工作面开采后 4# 煤剖面破坏场分布图

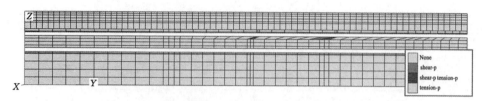

图 6-111 B905 工作面开采后 4# 煤辅助运输大巷剖面破坏场分布图

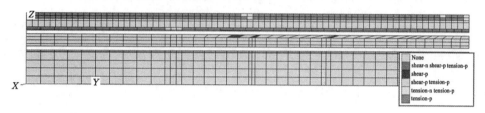

图 6-112 B905 工作面开采后 4# 煤主要运输大巷剖面破坏场分布图

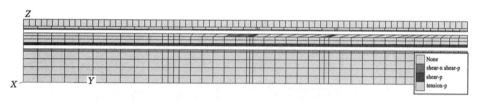

图 6-113 B905 工作面开采后 4# 煤回风大巷剖面破坏场分布图

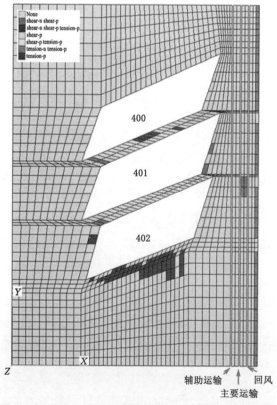

图 6-114 B905 工作面开采后 4# 煤剖面破坏场分布图

表 6-5　　　　　　　　　　　　　　4# 煤三条大巷破坏范围统计表

巷道	工作面	顶板/m	出现位置	底板/m	出现位置	左帮/m	出现位置	右帮/m	出现位置
辅助运输	B400	10	全部	8.5	B401工作面以及B402工作面短边一侧	0		0	
	B401	0		8.5		0		0	
	B903	10		8.5		0		0	
	B402	10		8.5		0		0	
	B904	10		8.5		0		0	
	B905	10		8.5		0		0	
主要运输	400	10	全部	8.5	B401工作面以及B402工作面短边一侧	0		30	B402工作面短边一侧
	B401	10		8.5		0		30	
	B903	10		8.5		0		30	
	B402	10		8.5		0		30	
	B904	10		8.5		0		30	
	B905	10		8.5		0			
回风	400	3	全部	8.5	B401工作面以及B402工作面短边一侧	30	B402工作面短边一侧	0	
	B401	3		8.5		30		0	
	B903	3		8.5		30		0	
	B402	3		8.5		30		0	
	B904	3		8.5		30		0	
	B905	3		8.5		30		0	

3. 三条主巷位移场分析

通过位移矢量可知,巷道以 X 方向的水平变形为主,因此对巷道稳定性起主导作用的 X 方向水平位移量进行了绘图统计,图 6-115～图 6-126 给出了三条主巷的位移曲线图,随着工作面开采数量的增加,巷道产生的位移量(见表 6-6)逐渐增加。其中辅助运输大巷与停采线距离最近,受到开采扰动的影响最大,产生的位移量最大,主要运输大巷产生的位移量次之,回风大巷产生的位移量最小。受到多个工作面开采扰动的影响,巷道变形主要发生在 B400 工作面中部到 B401 工作面长边一侧对应的位置。此范围内巷道产生的变形相对较大,巷道的稳定性相对较弱。由于三条主巷产生的位移量较小,巷道整体稳定性良好。

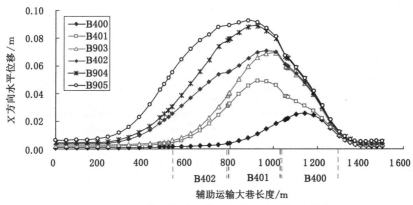

图 6-115　4# 煤内辅助运输大巷顶板水平位移曲线

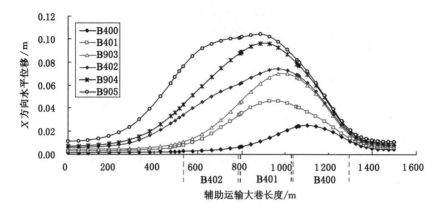

图 6-116 4#煤内辅助运输大巷底板水平位移曲线

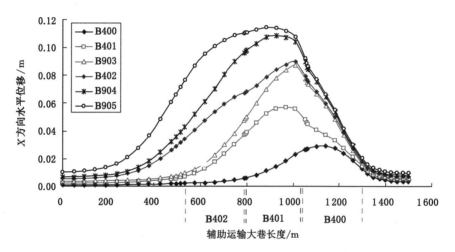

图 6-117 4#煤内辅助运输大巷左帮水平位移曲线

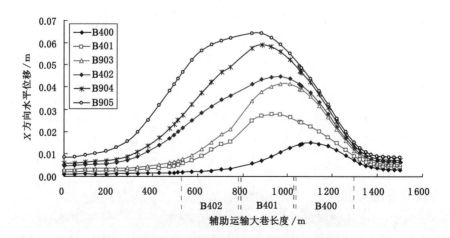

图 6-118 4#煤内辅助运输大巷右帮水平位移曲线

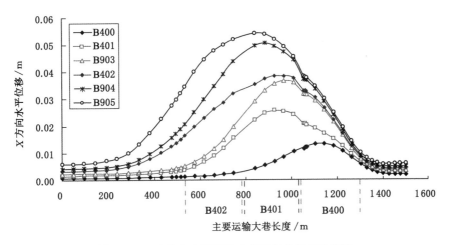

图 6-119　4#煤内主要运输大巷顶板水平位移曲线

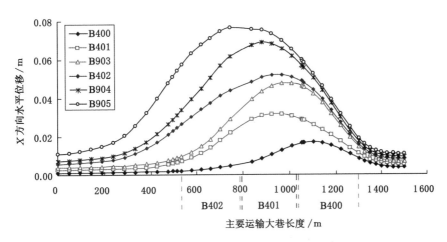

图 6-120　4#煤内主要运输大巷底板水平位移曲线

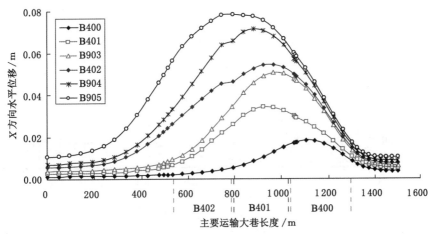

图 6-121　4#煤内主要运输大巷左帮水平位移曲线

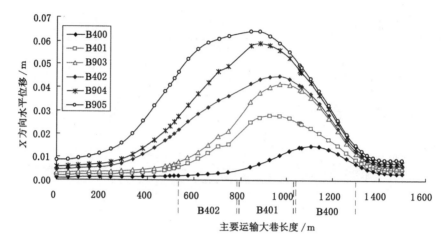

图 6-122　4#煤内主要运输大巷右帮水平位移曲线

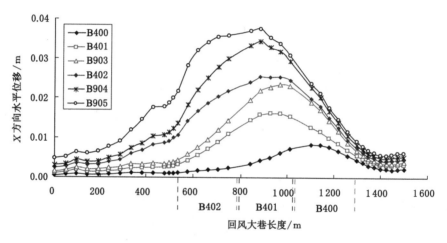

图 6-123　4#煤内回风大巷顶板水平位移曲线

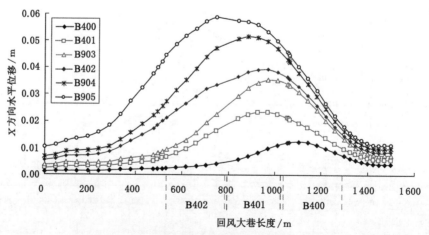

图 6-124　4#煤内回风大巷底板水平位移曲线

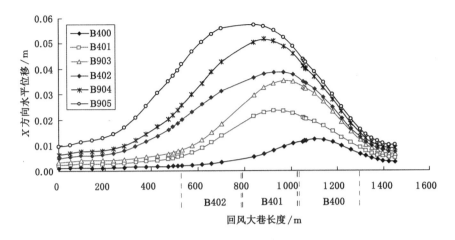

图 6-125　4#煤内回风大巷左帮水平位移曲线

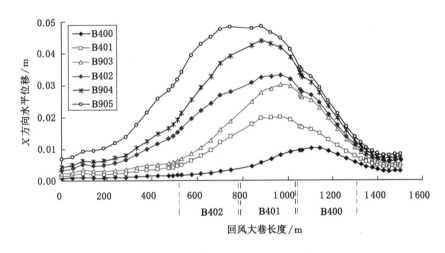

图 6-126　4#煤内回风大巷右帮水平位移曲线

表 6-6　　　　　　　　　　四煤层内四煤三条大巷位移统计表

巷道	工作面	顶板/cm	出现位置	底板/cm	出现位置	左帮/cm	出现位置	右帮/cm	出现位置
辅助运输	B400	2.57	从 B400 工作面中部对应位置转移到 B401 工作面中部对应位置	2.51	从 B400 工作面靠长边一侧对应位置转移到 B401 工作面中部对应位置	2.92	从 B400 工作面中部对应位置转移到 B401 工作面中部对应位置	2.39	从 B400 工作面中部对应位置转移到 B401 工作面中部对应位置
	B401	4.90		4.65		5.71		4.49	
	B903	6.87		6.95		8.71		6.56	
	B402	7.05		7.40		8.97		6.91	
	B904	8.84		9.62		10.90		8.90	
	B905	9.23		10.40		11.50		9.53	

巷道	工作面	顶板/cm	出现位置	底板/cm	出现位置	左帮/cm	出现位置	右帮/cm	出现位置
主要运输	B400	1.33	从B400工作面中部对应位置转移到B401工作面中部对应位置	1.72	从B400工作面靠长边一侧对应位置转移到B401工作面长边一侧对应位置	1.81	从B400工作面靠边边一侧对应位置转移到B401工作面长边一侧对应位置	1.49	从B400工作面靠长边一侧对应位置转移到B401工作面中部对应位置
	B401	2.56		3.17		3.41		2.79	
	B903	3.65		4.78		5.04		4.14	
	B402	3.84		5.20		5.42		4.47	
	B904	5.06		6.90		7.13		5.91	
	B905	5.41		7.67		7.82		6.42	
回风	B400	0.82	从B400工作面中部对应位置转移到B401工作面中部对应位置	1.22	从B400工作面靠长边一侧对应位置转移到B401工作面长边一侧对应位置	1.23	从B400工作面靠边边一侧对应位置转移到B401工作面长边一侧对应位置	1.02	从B400工作面靠长边一侧对应位置转移到B401工作面长边一侧对应位置
	B401	1.61		2.32		2.35		1.99	
	B903	2.35		3.54		3.52		3.01	
	B402	2.55		3.92		3.86		3.31	
	B904	3.44		5.17		5.14		4.39	
	B905	3.75		5.88		5.67		4.85	

6.2.2.4 九煤层中三条主巷稳定性分析

1. 煤柱最大主应力场分析

图 6-127～图 6-132 出了 9# 煤工作面停采线与 9# 煤辅助运输大巷之间煤柱的最大主应力分布图,煤柱的稳定性在一定程度上可以通过煤柱的承载力来判定。

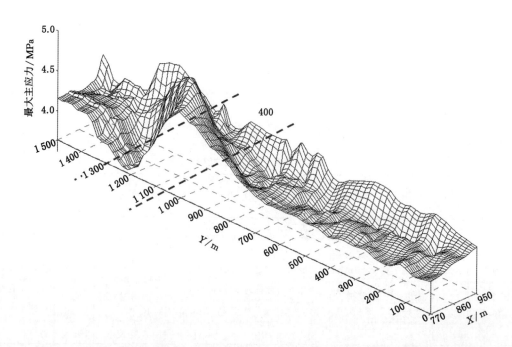

图 6-127 B400 工作面开采后 9# 煤工作面与辅助运输大巷之间煤柱最大主应力等值线图

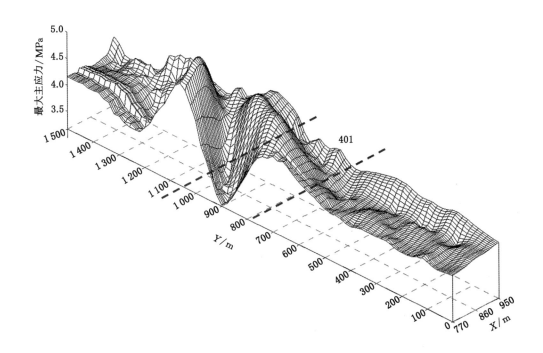

图 6-128　B401 工作面开采后 9# 煤工作面与辅助运输大巷之间煤柱最大主应力等值线图

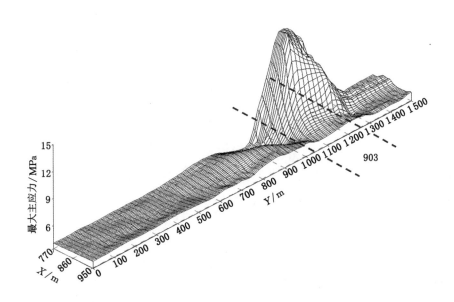

图 6-129　B903 工作面开采后 9# 煤工作面与辅助运输大巷之间煤柱最大主应力等值线图

　　表 6-7 给出了 9# 煤工作面停采线与 9# 煤辅助运输大巷之间煤柱最大主应力峰值以及出现位置统计表,从统计结果可以看出,在工作面的开采过程中,最大主应力峰值始终出现在 B903 工作面靠近长边 15 m 处。随着工作面开采范围的增加以及开采深度的变化,最大

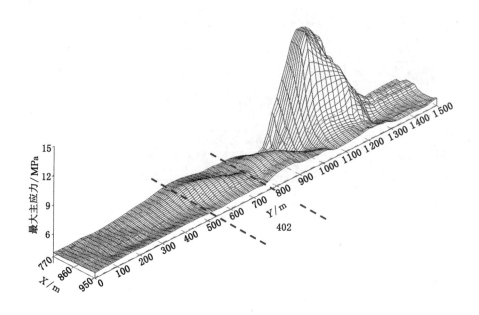

图 6-130 B402 工作面开采后 9# 煤工作面与辅助运输大巷之间煤柱最大主应力等值线图

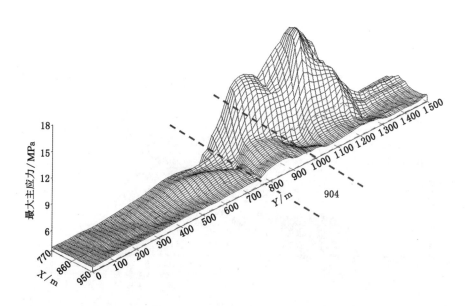

图 6-131 B904 工作面开采后 9# 煤工作面与辅助运输大巷之间煤柱最大主应力等值线图

主应力峰值出现的位置没有发生变化。

由此可见,B903 工作面靠近长边 15 m 处的煤柱起到了主要支撑作用,此处煤柱为失稳的临界位置,对应的 9# 煤主巷稳定性相对较差。

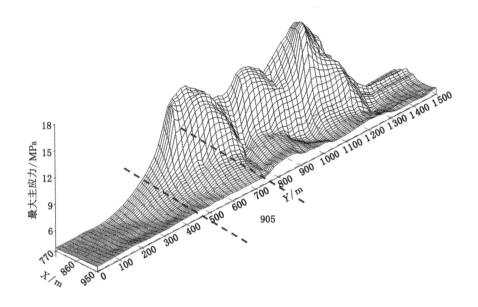

图 6-132　B905 工作面开采后 9# 煤工作面与辅助运输大巷之间煤柱最大主应力等值线图

在工作面的开采过程中,煤柱的承载力逐渐增加,说明煤柱的承载能力良好,对保护巷道的稳定性起到了积极作用,巷道整体稳定性良好。

表 6-7　9# 煤工作面停采线与辅助运输大巷之间煤柱最大主应力峰值统计表

工作面开采顺序	主应力峰值/MPa	应力集中系数	峰值出现坐标	对应位置
B400	4.96	1.225	Y=1 050 m	B903 工作面靠近长边 15 m 处
B401	5.44	1.343	Y=1 050 m	B903 工作面靠近长边 15 m 处
B903	14.69	3.627	Y=1 050 m	B903 工作面靠近长边 15 m 处
B402	14.70	3.630	Y=1 050 m	B903 工作面靠近长边 15 m 处
B904	15.73	3.884	Y=1 050 m	B903 工作面靠近长边 15 m 处
B905	15.75	3.889	Y=1 050 m	B903 工作面靠近长边 15 m 处

2. 三条主巷破坏场分析

图 6-133～图 6-138 给出了 9# 煤内三条大巷剖面的破坏场分布图,表 6-8 对相关数据进行了统计,相关数据表明三条大巷受到开采扰动的影响,只有回风大巷顶板发生了 3 m 的破坏,其他巷道稳定性良好。由于回风大巷距离工作面停采线最远,受到的影响最小,因此判断巷道顶板的破坏主要受到边坡破坏的影响而产生。

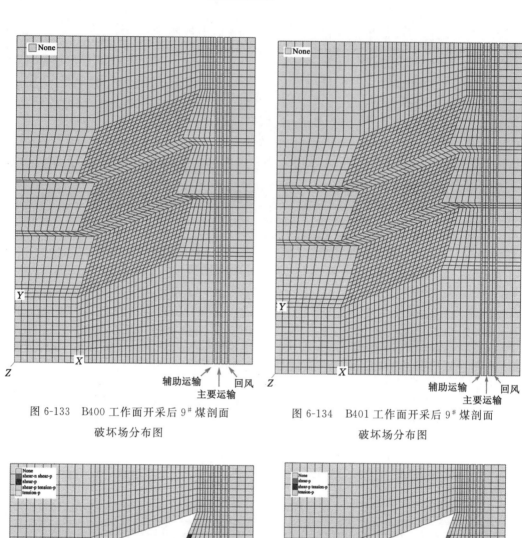

图 6-133　B400 工作面开采后 9# 煤剖面
破坏场分布图

图 6-134　B401 工作面开采后 9# 煤剖面
破坏场分布图

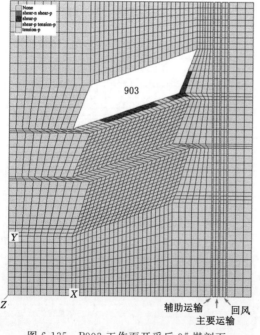

图 6-135　B903 工作面开采后 9# 煤剖面
破坏场分布图

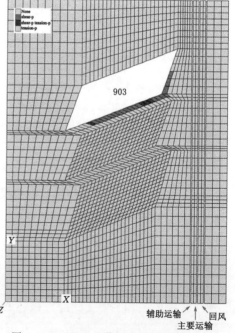

图 6-136　B402 工作面开采后 9# 煤剖面
破坏场分布图

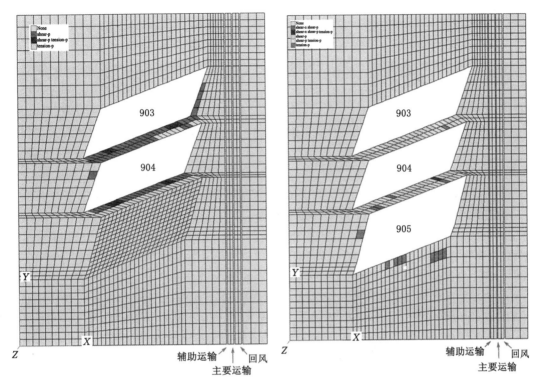

图 6-137　B904 工作面开采后 9# 煤剖面
破坏场分布图

图 6-138　B905 工作面开采后 9# 煤剖面
破坏场分布图

表 6-8　　　　　　　　　　　　9# 煤开采后三条大巷破坏范围统计表

巷道	工作面	顶板/m	出现位置	底板/m	出现位置	左帮/m	出现位置	右帮/m	出现位置
辅助运输	B400	0		0		0		0	
	B401	0		0		0		0	
	B903	0		0		0		0	
	B402	0		0		0		0	
	B904	0		0		0		0	
	B905	0		0		0		0	
主要运输	B400	0		0		0		0	
	B401	0		0		0		0	
	B903	0		0		0		0	
	B402	0		0		0		0	
	B904	0		0		0		0	
	B905	0		0		0		0	

巷道	工作面	顶板/m	出现位置	底板/m	出现位置	左帮/m	出现位置	右帮/m	出现位置
回风	B400	3	全部	0		0		3	
	B401	3		0		0		0	
	B903	3		0		0		0	
	B402	3		0		0		0	
	B904	3		0		0		0	
	B905	3		0		0		0	

3. 三条主巷位移场分析

通过位移矢量可知,巷道以 X 方向的水平变形为主,因此对巷道的 X 方向水平位移量进行了绘图统计。图 6-139～图 6-150 给出了三条主巷的位移曲线图,随着工作面开采条数的增加,巷道产生的位移量(见表 6-9)逐渐增加。其中辅助运输大巷与停采线距离最近,受到开采扰动的影响最大,产生的位移量最大,主要运输大巷产生的位移量次之,回风大巷产生的位移量最小。受到多个工作面开采扰动的影响,巷道变形主要发生在 B903 工作面中部到 B904 工作面长边一侧对应的位置。此范围内巷道产生的变形相对较大,巷道的稳定性相对较弱。由于三条主巷产生的位移量较小,巷道整体稳定性良好。

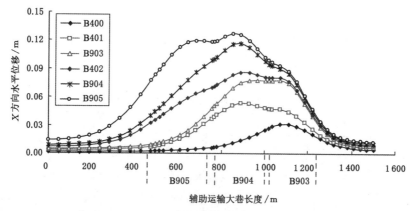

图 6-139　9#煤内辅助运输大巷顶板水平位移曲线

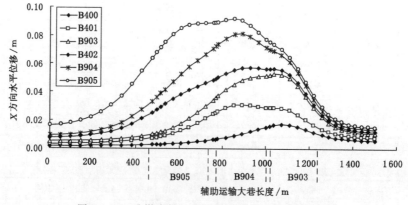

图 6-140　9#煤内辅助运输大巷底板水平位移曲线

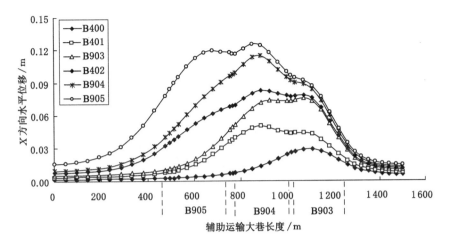

图 6-141　9# 煤内辅助运输大巷左帮水平位移曲线

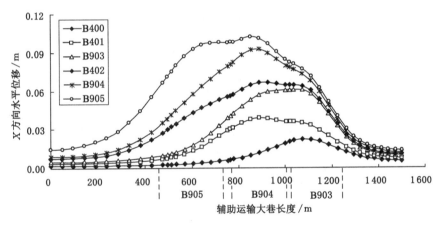

图 6-142　9# 煤内辅助运输大巷右帮水平位移曲线

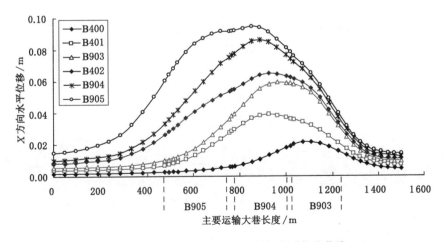

图 6-143　9# 煤内主要运输大巷顶板水平位移曲线

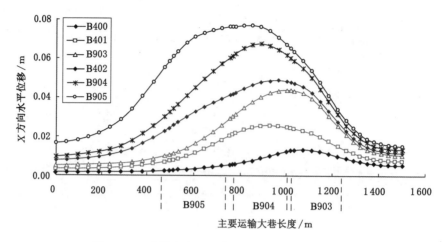

图 6-144 9# 煤内主要运输大巷底板水平位移曲线

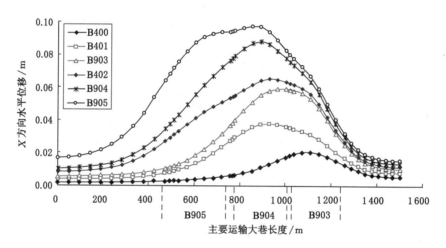

图 6-145 9# 煤内主要运输大巷左帮水平位移曲线

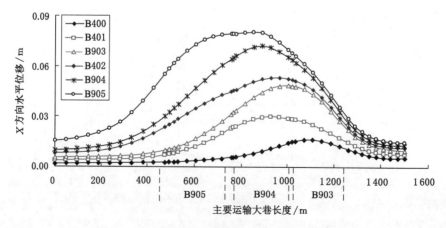

图 6-146 9# 煤内主要运输大巷右帮水平位移曲线

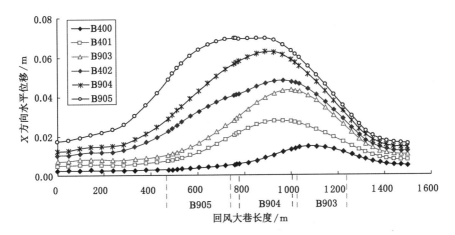

图 6-147　9#煤内回风大巷顶板水平位移曲线

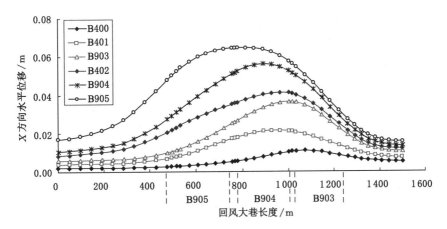

图 6-148　9#煤内回风大巷底板水平位移曲线

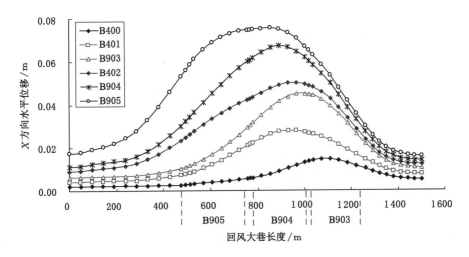

图 6-149　9#煤内回风大巷左帮水平位移曲线

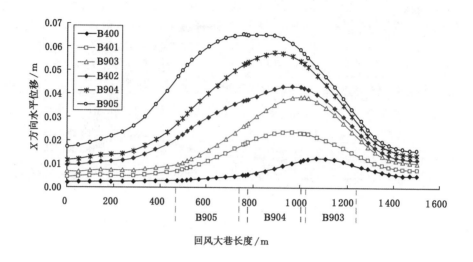

图 6-150 9#煤内回风大巷右帮水平位移曲线

表 6-9 九煤层内三条大巷位移统计表

巷道	工作面	顶板 /cm	出现位置	底板 /cm	出现位置	左帮 /cm	出现位置	右帮 /cm	出现位置
辅助运输	B400	3.10	从 B903 工作面中部对应位置转移到 B904 工作面中部对应位置	1.73	从 B903 工作面靠长边一侧对应位置转移到 B904 工作面中部对应位置	2.90	从 B903 工作面中部对应位置转移到 B904 工作面中部对应位置	2.22	从 B903 工作面中部对应位置转移到 B904 工作面中部对应位置
	B401	5.35		3.72		4.98		3.89	
	B903	7.82		5.27		7.54		6.08	
	B402	8.60		5.72		8.28		6.63	
	B904	11.7		8.13		11.4		9.22	
	B905	12.7		9.20		12.5		10.2	
主要运输	B400	2.13	从 B903 工作面中部对应位置转移到 B904 工作面中部对应位置	1.34	从 B903 工作面靠长边一侧对应位置转移到 B904 工作面中部对应位置	2.04	从 B903 工作面靠长边一侧对应位置转移到 B904 工作面中部对应位置	1.62	从 B903 工作面靠长边一侧对应位置转移到 B904 工作面中部对应位置
	B401	3.89		2.58		2.79		3.02	
	B903	5.91		4.39		5.91		4.84	
	B402	6.47		4.89		6.52		5.33	
	B904	8.61		6.76		8.82		7.23	
	B905	9.44		7.71		9.76		8.08	
回风	B400	1.45	从 B903 工作面中部对应位置转移到 B904 工作面中部对应位置	1.08	从 B903 工作面靠长边一侧对应位置转移到 B904 工作面中部对应位置	1.44	从 B903 工作面靠长边一侧对应位置转移到 B904 工作面中部对应位置	1.21	B903 工作面靠长边一侧对应位置转移到 B904 工作面长边一侧对应位置
	B401	2.75		2.12		2.80		2.36	
	B903	4.30		3.65		4.50		3.86	
	B402	4.78		4.11		5.01		4.32	
	B904	6.25		5.60		6.72		5.74	
	B905	6.95		6.45		7.56		6.49	

6.2.3　露井协同井工巷道稳定性控制技术

根据露井协同开采中影响井工巷道变形的主要因素,可得到相应的控制措施:

（1）优化设计停采线位置。通过研究表明,井工开采工作面停采线位置是巷道围岩稳定的关键。通过优化设计停采线,保证巷道围岩稳定。

（2）复合开采时加强支护。复合开采时,原先已稳定的巷道受二次采动影响,会再次发生变形,因此需加强支护。

（3）边坡填土。

（4）针对不同巷道围岩的工程地质特性,采取相应的支护措施。

6.3　露井协同井工围岩动压灾害控制

6.3.1　露井协同开采下井工围岩动压灾害来源

随着露井协同开采,露天开采对井工矿造成一定影响。露天矿岩石爆破时井工矿巷道内有明显震动感。爆破产生的地震波在岩石介质中传播会引起岩石介质产生颠簸和摇晃,这种现象称为爆破地震效应。爆破地震效应会引起岩体不同程度的损伤甚至破坏,当爆破震动达到一定程度时,会造成井下巷道的局部破坏,如片帮、冒顶、开裂、坍塌、底鼓、冒水等,严重时可能引起地质灾害和整体坍塌,从而使整个矿山的地压和围岩稳定受到影响。在安家岭煤矿,露天开采和地下开采在同时进行,露天的爆破无论是规模还是强度都要远远大于地下,当二者距离越近时,矛盾就变得越突出。若不采取一定的控制爆破措施,必然会对井下安全生产造成威胁,因此研究露天爆破对井下开采的影响,对保证井下巷道围岩的稳定有相当重要的作用。为科学地反映露天爆破对井工开采的影响,并控制爆破有害效应,须进行爆破对井工矿影响的安全评估。

6.3.2　露天爆破对井工巷道稳定性影响

6.3.2.1　巷道稳定性计算模型

露天矿开采爆破,通常采用预裂＋光爆方式分层开挖。每层爆破深度为 15 m,海拔高度为 1 330～1 285 m。在长江科学院的实时监测中,测点均布置在第九联巷至第十联巷之间的巷道地表。因此本次计算模型范围取第九联巷至第十联巷的岩石模型,为方便计算,假设主巷道在同一平行的高程面 1 215 m 处。岩石弹性模量为 45 GPa,泊松比为 0.23,岩体密度为 2 700 kg/m³。

建立的模型如图 6-151 所示。模型高 230 m(海拔 1 330～1 100 m),宽 400 m,涵盖整个爆破区域。共划分节点 103 518 个,单元 95 930 个。X 向为水平向,Y 向为竖直向,Z 向为水平切向(下同)。

6.3.2.2　计算工况

在本研究中,根据爆破部位选定的计算工况见表 6-10。

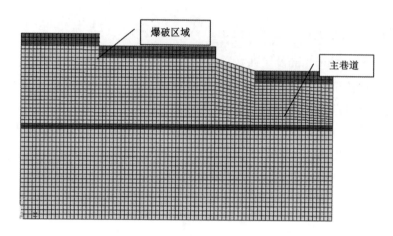

图 6-151　主巷道围岩计算模型

表 6-10　　　　　　　　　　　　　　　　计算工况一览表

计算工况	部位	孔径/ mm	单位炸药消耗量/(kg/m³)	孔距/m	备　注
1	1315,东经 10550,北纬 72400	250	0.38	8	散装硝铵炸药,最大单响药量 450 kg
2	1330,东经 10600,北纬 72500	250	0.47	8	散装硝铵炸药,最大单响药量 450 kg
3	1315,东经 12800,北纬 72200	250	0.38	8	散装硝铵炸药,最大单响药量 353 kg
4	1345 北,东经 12800,北纬 72400	250	0.43	8	散装硝铵炸药,最大单响药量 373 kg
5	1285 北,东经 10400,北纬 72400	250	0.47	8	散装硝铵炸药,最大单响药量 458 kg
6	1300,东经 10600,北纬 72200	250	0.47	8	散装硝铵炸药,最大单响药量 500 kg
7	1330 北,东经 10800,北纬 72400	250	0.49	8	散装硝铵炸药,最大单响药量 488 kg
8	1330,东经 10700;北纬 72400	250	0.47	8	散装硝铵炸药,最大单响药量 450 kg
9	1315 北,东经 10500;北纬 72400	250	0.38	8	散装硝铵炸药,最大单响药量 450 kg
10	1300,东经 10550;北纬 72400		0.38	8	散装硝铵炸药,最大单响药量 450 kg

6.3.2.3　自振特性及阻尼

（1）自振特性。在进行爆破震动稳定性分析时,必须考虑爆破震动频率、围岩的动力特性及爆破地震波的传播与分布规律。通过计算自振特性,可以了解爆破震动对巷道围岩动力响应的放大程度,掌握爆破震动频率对边坡稳定性的影响规律。

采用 ANSYS 动力学分析中的模态分析功能,选取第九联巷至第十联巷的主巷道岩石模型进行了动力有限元计算,得到了巷道围岩的有关自振特性。

经过计算,可得到该模型的各阶自振频率。其前 10 阶自振频率如表 6-11 所列。

表 6-11　　　　　　　　左岸 4# 山梁海拔 1 170 m 以上边坡的各阶自振频率

振型序号	1	2	3	4	5	6	7	8	9	10
自振频率/Hz	4.07	6.02	7.71	8.21	11.12	12.27	12.78	14.18	14.73	15.29

（2）阻尼的确定。选取合适的阻尼系数是得到正确计算结果的必要前提。在有限元软件的动力分析程序中，单元的阻尼矩阵采用 Rayleigh 阻尼，即 $C=\alpha M+\beta K$。式中的系数 α 及 β 可由体系的相邻两阶振型按下式计算得到：

$$\begin{cases} \alpha = \dfrac{2(\lambda_i\omega_j - \lambda_j\omega_i)}{(\omega_i+\omega_j)(\omega_j-\omega_i)}\omega_i\omega_j \\ \beta = \dfrac{2(\lambda_i\omega_j - \lambda_j\omega_i)}{(\omega_i+\omega_j)(\omega_j-\omega_i)} \end{cases} \tag{6-7}$$

计算中自振频率 ω_i、ω_j 通过模态分析得到，阻尼比 λ_i、λ_j 取为常数。对连续介质体的弹性震动，其振型阻尼比的值在 $0.02\sim0.25$ 范围内变化。

6.3.2.4　爆破荷载确定

在整个爆破模拟计算中，爆破荷载的处理采取两种方法：其一是采用等效处理的方法，假定荷载的上升时间及正压作用时间，爆破荷载峰值（炮孔内初始平均压力）利用爆炸气体的状态方程计算得到，此种处理方法主要用在爆源中远区的爆破震动模拟；另一种方法是利用 LS-DYNA 软件的自带功能，利用 JWL 状态方程，逐步计算爆破荷载的作用历程，此处理方法的最大优点是可以模拟爆轰波沿装药长度方向的传播，主要用在爆源近区的爆破震动模拟。

本模型中，爆源距离被监测的主巷道较远，达百米以上，因此爆破荷载采用等效处理的方法。

炮孔初始平均压力的确定

在稳定爆轰条件下，炸药的平均爆轰压力为：

$$p_e = \frac{\rho_e D^2}{2(\gamma+1)} \tag{6-8}$$

式中　p_e——炸药爆轰平均初始压力；

　　　ρ_e——炸药密度；

　　　D——炸药爆轰速度；

　　　γ——炸药的等熵指数。

假设爆生气体为多方气体，则其状态方程为：

$$p = A\rho^{v_0} \tag{6-9}$$

式中　p——某一状态下的爆生气体压力；

　　　ρ_e——某一状态下爆生气体的密度；

　　　A——常数；

　　　v_0——爆生气体的等熵指数，当 $p\geqslant p_k$ 时，取 $v_0=\gamma=3.0$，当 $p<p_k$ 时，取 $v_0=\gamma=1.3$，p_k 为炸药的临界压力。

对耦合装药条件，有：

$$p_0 = p_e \tag{6-10}$$

式中　p_0——炮孔内的初始平均爆炸压力。

对不耦合装药条件，若装药时的不耦合系数 b/a 值较小（a 为装药直径），则爆生气体的膨胀只经过 $p>p_k$ 一个状态，此时由式（6-10）得炮孔初始平均压力 p_0 为：

$$p_0 = \frac{\rho_e D^2}{2(\gamma+1)}\left(\frac{a}{b}\right)^{2\gamma} \tag{6-11}$$

若装药的不耦合系数值较大,此时爆生气体的膨胀需经历 $p \geqslant p_k$ 及 $p < p_k$ 两个阶段。为了简便分析,通常计算中将等熵指数视作分段常数处理,当 $p \geqslant p_k$ 时,取 $\gamma = 3.0$;当 $p < p_k$ 时,取 $v = 4/3$,则可得:

$$p_0 = \left[\frac{\rho_e D^2}{2(\gamma+1)}\right]^{\frac{v}{\gamma}} p_k^{\frac{\gamma-v}{\gamma}}\left(\frac{a}{b}\right)^{2v} \tag{6-12}$$

计算过程,炸药的参数取为:密度为 1 000 kg/m³,爆轰速度为 3 600 m/s。

6.3.2.5 爆破荷载的等效施加方法

由于本工程爆破中采用的炮孔直径为 250 mm,而计算范围取到几百米;如果计算模型包含炮孔,然后将爆破荷载施加在炮孔壁上,则在运用 ANSYS/LS_DYNA 进行数值模拟时,炮孔周围的网格将十分密集,造成因总体单元数太庞大而导致计算无法进行。

为此,我们拟采用等效方法,即将爆破荷载经近似等效后作用在同排齐响炮孔中心连线与炮孔轴线所确定的面上,而在建模时不需再考虑微小的炮孔形状对模型的影响。根据圣维南原理可知:这种处理办法只会影响炮孔附近岩体的引力场,而在离开炮孔一定距离外,其影响应很小。

如图 6-152 所示,可以得到作用在整个面上的等效荷载 p_1:

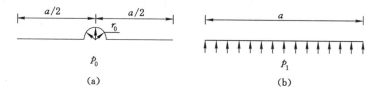

图 6-152 炮孔壁上爆破荷载等效到整个炮孔连心线上的示意图

$$p_1 = (2r_0/a)p_0 \tag{6-13}$$

式中 p_0——炮孔的平均压力。

根据前述等效应力计算处理办法,计算得到的等效应力见表 6-12。

表 6-12 各种工况下计算参数

计算工况	部位	爆破方式	孔径/mm	单耗/(kg/m³)	孔距/m	等效压力/MPa
1	1315,东经 10550,北纬 72400	预裂+光爆	250	0.38	8	33.78
2	1330,东经 10600,北纬 72500	预裂+光爆	250	0.47	8	79.05
3	1285 北,东经 10400,北纬 72400	预裂+光爆	250	0.47	8	79.05
4	1300,东经 10600,北纬 72200	预裂+光爆	250	0.47	8	79.05
5	1330,东经 10700,北纬 72400	预裂+光爆	250	0.47	8	79.05
6	1315 北,东经 10500,北纬 72400	预裂+光爆	250	0.38	8	33.78
7	1300,东经 10550,北纬 72400	预裂+光爆	250	0.38	8	33.78

假设爆炸荷载形式均为三角形荷载,升压时间为 $100\ \mu s$,总的作用时间为 $600\ \mu s$。主爆孔爆破荷载示意图如图 6-153 所示。

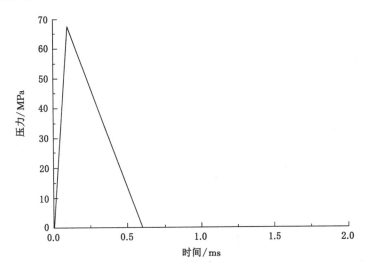

图 6-153　主爆孔爆破荷载示意图

数值计算中的阻尼系数 α 及 β 根据实测资料试算得到。

主爆计算模型中若存在预裂缝,则预裂缝上部宽度为 5 mm,下部闭合,预裂缝深度与预裂爆破孔深度一致。对预裂缝之间的接触,采用 LS_DYNA 中的 *CONTACT_2D_AU-TOMATIC_SINGLE_SURFACE 模块模拟接触之间的作用。

6. 工况响应分析

工况一爆破于 2010 年 8 月 10 日(爆破地点:1330,东经 10600,北纬 72500)进行,主要爆破参数如表 6-13 所列。

表 6-13　　　　　　　　　　　　8 月 10 日爆破参数表

参数	预裂孔	主爆孔
孔距/m	1.5	8
排距/m	/	8
孔深/m	15	15
孔径/mm	250	250
炸药类型	起爆弹	散装硝铵炸药
线装药密度/(g/m)	/	/
单耗/(kg/m³)	/	0.47
单孔药量/kg	2.7	450
孔数/个	11	400
堵塞长度/m	/	6.0
最大单响药量/kg	29.7	450

注:详细爆破设计参考 2010 年 8 月 10 日《安家岭露天煤矿爆破设计实施方案》。

主要爆破部位计算模型见图 6-151，工况-爆破加载部位及巷道考察的节点、单元位置示意图见图 6-154。

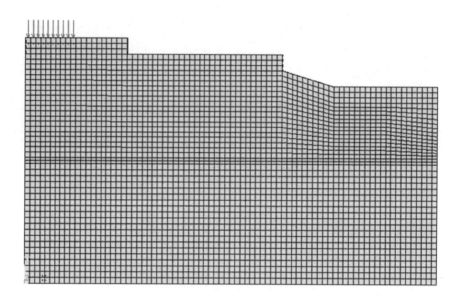

图 6-154　工况-爆破加载部位及巷道考察的节点、单元位置示意图

根据实际监测中的布点位置，取相关节点的速度时程曲线及相应单元应力时程曲线，研究围岩的质点震动速度、单元应力分布，以确定爆破震动对其的影响。

各计算结果曲线图见图 6-155～图 6-157。

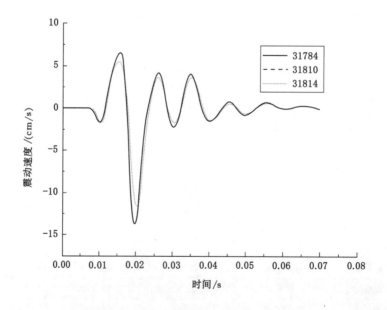

图 6-155　节点 X 向质点震动速度时程曲线

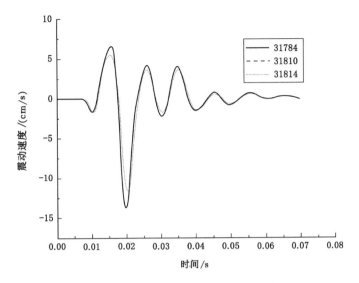

图 6-156　节点 Y 向质点震动速度时程曲线

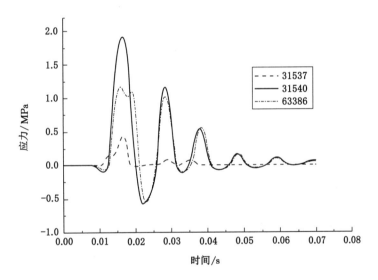

图 6-157　单元第一主应力时程曲线

单元峰值应力与节点峰值震速比较见表 6-14。

表 6-14　　　　　　　　　　　　单元峰值应力与节点峰值震速比较

项目	最大值	对应时刻的单元(节点)的应力(震速)	时刻/ms
第一主应力/MPa	1.90	—	16.59
X 向应力 X/MPa	1.69	$v_X=3.85$ cm/s，$v_Y=0.59$ cm/s	16.772
Y 向应力 Y/MPa	0.63	$v_X=4.71$ cm/s，$v_Y=0.12$ cm/s	15.985
水平震速 v_X/(cm/s)	1.37	$X=0.293$ MPa，$Y=0.06$ MPa	19.799
竖直向震速 v_Y/(cm/s)	8.72	$X=0.157$ MPa，$Y=0.033$ MPa	18.285

相关节点的速度时程曲线及相应单元应力时程曲线,研究围岩的质点震动速度、单元应力分布,以确定爆破震动对其的影响。根据计算结果主要有以下结论:

① 计算震动波形与实测波形有很好的一致性,表明三维动力有限元数值模拟的结果是可信的。

② 用动力学时程分析法计算爆破荷载作用下的动位移、加速度、动应力,能够较真实地反映出围岩的动力响应的时间过程。随着比例距离的增大,巷道围岩地表的质点峰值振动速度和峰值动拉应力逐渐衰减。

③ 动力分析结果表明:爆破震动对围岩动力稳定性的影响随着爆源距离的增大而逐渐减弱,巷道围岩体动拉应力较小,在安全允许范围之内,且影响范围小,因此对整体的稳定性不会产生不利影响。

6.3.3 露井协同井工围岩动压灾害控制技术

根据露天矿梯段爆破的特点及井下巷道的布置情况,主要进行以下五方面的工作。

1. 爆破质点震动速度监测

在离爆破区最近的巷道内布置适量测点,离爆破区水平距离由大到小进行布置。通过监测数据的获得对爆破施工进行反馈分析。在每条巷道内布置2~8个测点,测试相应方向的衰减规律。通过对巷道内的建筑物进行综合分析,选择有代表性的建筑物作为控制对象,选择的原则如下:重要建筑物;地质条件较差的断面;距离爆区较近的区域。我国的《爆破安全规程》(GB 6722—2003)中规定以质点震动速度作为控制标准,规定了某些建筑物不同频段的不同安全允许标准。因此在安家岭露天爆破震动监测中,将以质点震动速度和频率为主。

2. 巷道稳定性分析

在对巷道的动力稳定性影响计算和分析中,利用反演的爆破震动荷载并参考开挖过程中巷道的实测爆破震动时程曲线,运用大型商用动力有限元计算软件 ANSYS/LS-DYNA,对典型工况进行二维和三维动力有限元动力响应计算,从而确定爆破震动荷载作用下巷道的实际最大动力响应及分布;在此基础上,提出巷道的爆破震动控制标准并对巷道进行安全评价,为选择合理的施工方法、爆破参数及工程竣工验收提供依据。

3. 锚杆应力测试

通过在巷道围岩中埋设锚杆应力计,监测爆破前后应力变化情况,同时与质点震动速度监测结果进行对比,综合分析爆破对围岩的影响情况。

4. 松动圈范围测试

采用声波检测的方法确定松动圈范围。在主要运输巷道距爆破区较近部位布置6个声波孔。原则上声波孔与爆破震动测点布置在同一桩号,每次爆破后测试岩体声波速度,通过对比爆破前后波速的变化来判断松动圈范围。

5. 巡视检查

每次爆破时对测点均进行巡视检查,并做好相应记录。检查时除依靠目视、耳听、手摸外,还应携带一些简单工具,如钢尺、地质锤、放大镜、照相机等。

6.4　露井协同生产的小煤矿采空煤炭回收技术

对于小煤矿采空区而言,机械化程度低,所形成的地下采空区面积小,开采比较凌乱,主要以掘进巷道为主,有的采用仓房式开采,开采范围小,没有完整的规划和设计,采空区有的没有完全冒落。有的煤层虽然开采深度较浅,只在几十米范围内,但地表显现不明显,很难从地表上反映出来。小煤矿破坏区主要特征如下:

(1) 小煤矿矿井组织生产一般属于粗放型,其生产技术人员的技术素质难以保证,因此,矿井地质资料精确程度较低或者没有相应的掘进、勘查资料,大部分没有进行过详细地质勘察。

(2) 开采情况比较复杂。矿井生产规模较小,机械化程度低,一般为人工半人工开采,地下采空区面积相对较小,以巷道掘进开采和仓房式开采为主,开采深度较浅。

(3) 小煤矿矿井生产时,为了降低成本往往是根据现场经验,对掘进巷道和仓房式采场顶底板大多不支撑或用临时支护,预留煤柱很窄或者没有,顶板、围岩冒落,冒顶严重,地表出现不同深度、宽度的裂缝,而且很不规则。

(4) 根据前期资料收集,小煤矿矿井基本无设计资料或开采记录资料,确切时间不详,开采位置和范围不易查寻。在大型矿井中,小煤矿分布十分不规范,没有形成正规采区,因此,受小煤矿破坏区影响的煤层区域要完全避开小煤矿采空区来布置正规工作面比较困难。

(5) 由于小煤矿掘进、采煤工作面开采不充分,地表变形和正规采煤工作面相比比较平缓,由于煤层较厚,有的采空区冒落不充分,沿采空方向分布有裂隙,有的有塌陷坑或塌陷槽。

(6) 部分地下采空区已基本趋于稳定,上覆岩层的应力也趋于相对平衡,在没有外力扰动时,不会进一步变形。

(7) 厚煤层小煤矿矿井进行回采时没有正规的设计规划和测量,其掘进、采煤工作面底板高度没有严格按煤层底板或顶板进行,因此,小煤矿采空区及小煤矿巷道底板高度相对煤层底板不是固定值,在小煤矿采空区探测时必须了解这一点,在探测方向上要考虑充分。

(8) 有的地下采空区含有大量的地下水、裂隙水等。并含有大量的有毒有害气体,位置和范围不易查询,是安全方面存在的最大隐患。

在包含小煤矿采空区的煤层中布置工作面进行回采,首先需要分析小煤矿采空区对采煤工作面回采的影响。不管小煤矿采空区底板处于工作面顶板上方还是工作面顶板以下,都必须先分析清楚工作面回采通过小煤矿采空区影响范围时工作面顶板和煤壁的稳定性,以及回采的安全性。

工作面回采通过小煤矿采空区时,小煤矿采空区内部空间与工作面空间贯通,其主要危害有两种:其一,工作面支架暴露在小煤矿采空区内部空间下,没有顶板煤层覆盖的支架首先不能保证工作面内操作人员的安全,其次,支架在较大范围内(20~60 m)没有支护阻力,支架难以推进,支架难以推进则以支架为行走依托的前后运输机也寸步难行。其二,小煤矿采空区内有冒落煤矸石的情况下,由于冒落煤矸石属于松散体,没有整体稳定性只有相对较小的相互摩擦力,当工作面揭露松散煤矸石时,大体积的松散煤矸石会直接涌入工作面回采空间,即使采用超前预注浆加固措施,由于冒落矸石高度不一,也会有边缘区域和支架无顶板区域,即第一类揭露小煤矿采空区状况,从而造成安全事故。

当小煤矿采空区处于工作面顶板以上范围时,根据探测情况,小煤矿采空区顶板处于工作面顶板以上 1.8～2 m 高度,2 m 厚度的顶煤经过小煤矿采空区破坏其强度已经大大降低,在 20～60 m 大范围空间内难以保证采煤工作面顶板的稳定性。以上分析只考虑工作面顶板和冒落煤矸石对工作面正常推进和安全回采的影响,而当工作面推进至小煤矿采空区时,尚有因超前压力影响小煤矿采空区再次冒落的安全隐患。

通过以上初步分析可以得出,对于特厚煤层工作面内包含的小煤矿采空区如果不处理,很难保证工作面通过小煤矿采空区影响范围时的正常推进和回采安全,因此对工作面内小煤矿采空区的处理是必须进行的。

6.4.1 小煤矿破坏区域综合探测技术

煤矿采空区是引起地质灾害的主要原因之一。我国煤炭开采规模居世界第一,由于历史原因在许多大的煤炭资源内存在许多采空区,这其中有小煤矿,即小煤矿回采后遗留的采空区,也有其他因素造成的煤矿采空区,它不仅会造成大面积地表沉陷,地面建(构)筑物、交通设施、生活基础设施、土地严重破坏,水资源漏失,水土流失加剧,生态环境恶化等,而且还会危害矿区人民的正常生活和各类生产活动,严重影响了区域内经济可持续发展和社会稳定。据调查,全国有一半以上的煤矿采空区没有经过处理,有的小煤矿不规范开采形成的采空区,其位置和范围很难确定,存在一定隐患。

在废弃的小煤矿采空区中往往会存在积水、有毒有害气体等对工作面安全生产造成重大影响。如果小煤矿破坏影响区域不探测清楚,在正常工作面掘进、回采过程中很难保证不受到其安全威胁。因此,对于煤层中存在小煤矿采空区安全威胁的矿井必须将其探测清楚,为工作面布置掘进和回采服务。

目前,未知采空区老窑水所采用的探测手段与方法主要有地质调查、钻探方法和物探方法 3 种。其中,我国老窑的形成原因较为复杂,地质调查一般难以有效查明老窑水情况;钻探方法在没有较明确目标靶区的情况下,效率低、成本高,不能有效查明老窑水情况。近年来,物探方法在采空区老窑水探测中的应用越来越广泛,特别是瞬变电磁技术,因其对低阻体反应敏感,二次场观测分辨率高,具有工作效率高、施工方式灵活、施工条件要求低的特点,越来越受到人们的重视。

但是物探手段是间接手段,其天然具有的体积效应、解释结论存在多解性等问题始终困扰着探测工作的开展,因此采用单一物探方法很难达到理想的探测效果。通过采用将地面瞬变电磁方法和井下瞬变电磁探测技术相结合的方式,充分发挥其各自在老窑水探测中的优势,能够对老窑水进行有效的探测,指导矿井的钻探探放水工作,排除老窑水的安全隐患。实践表明,综合应用地面和井下瞬变电磁技术,能够对老窑水进行有效的探测,取得较好的探测效果。

6.4.1.1 地面及巷道探测小煤矿破坏区

瞬变电磁法(TEM)是利用不接地回线或电极向地下发送一次脉冲电磁场,在一次脉冲电磁场间歇期间,用线圈或接地电极观测由该脉冲电磁场感应的地下涡流产生的二次电磁场的空间和时间分布,从而解决有关地质问题的时间域电磁法。它是根据地质结构或地质体本身的物性差异,研究由强大的脉冲电流作为场源,激励探测目的物感生的二次场随时间的变化,来间接判断构造地质、水文地质现象的一种方法。由于这些变化的二次场是脉冲源所感生的涡流场在地下扩散过程中地电介质的电磁散射场,因此包含了丰富的地电信息,通过对这些信息的提取和解释,从而达到探测地下电性介质的目的。

将瞬变电磁法应用于煤矿老窑水探测,其地球物理基础主要是基于煤系各主要地层的电性差异,即电阻率存在不同,而含水层及采空区积水的电阻率较其他地层相对较低。

煤系地层大多形成于还原环境,煤层大多含黄铁矿,而煤层开采后处于氧化环境,黄铁矿与矿井水和空气接触后,经过一系列的氧化、水解等反应,生成硫酸和氢氧化铁,使水呈现酸性,即产生了酸性老窑水。老窑水的酸性和矿化度一般会随时间的延续而加强,使得老窑水的电阻率下降。

矿井水的电阻率值相对较低,与其他地层岩石电阻率存在较大差异,而一般来说,老窑水的电阻率值较矿井水电阻率值更低,这就为使用瞬变电磁法探测老窑水提供了较好的物性前提。同时,瞬变电磁法还具有低阻敏感的特点,更有利于老窑水的探测。

采用瞬变电磁法(TEM)探测小煤矿破坏区地面及巷道,探测装置为 2 m×2 m 多匝重叠回线装置,发射线框和接收线框为匝数不等且完全分离的两个独立线框,以便与煤层顶板含水异常体产生最佳耦合响应。

目前,将瞬变电磁法应用于煤矿水文探测时,按空间主要分为两类:地面瞬变电磁法和井下瞬变电磁法。

1. 地面瞬变电磁法探测

地面瞬变电磁法作为传统的勘探手段,属于大地半空间效应的范畴,单就目前应用较为广泛的不接地回线装置来说,根据探测任务及探测深度的不同,常选择重叠回线装置、中心回线装置、大定源回线装置等。该方法一般可用于在地面较大区域内探查采空区老窑水的位置和范围,其优点是探测深度大,垂向分辨率高,可大面积施工。但其对较小的富水体分辨能力欠佳,横向分辨率不高,且施工工期较长,需提前计划。

2. 井下瞬变电磁法探测

井下瞬变电磁法是一种近年来发展较为迅猛的技术方法,它采用的是多匝小回线装置形式,适用于在矿井巷道空间探查巷道周围一定范围内的含水体或含水构造。根据探测任务的不同,一般可分为巷道超前探测、工作面顶底板探测、巷道侧帮探测等。其优点是可深入井下巷道中探测,距离目标体较近,分辨率高;不受施工条件限制,施工效率高;具有体积效应小、方向性较好、低阻敏感等特点。但该方法同时又具有探测距离有限,易受井下人文干扰,盲区相对较大,全空间多解性增加等不足。

根据上述两种方法的特点,为了充分发挥各自的优势和回避缺点,针对采空区老窑水的探测,可首先利用地面瞬变电磁法在地表进行较大面积区域的探测,圈定较大范围的老窑水分布;然后在井下巷道掘进过程中运用矿井瞬变电磁法进一步确定老窑水的范围及位置,并排查地面方法可能遗漏的较小富水体,指导钻探工作对老窑水进行验证疏放,解除采空区老窑水的安全隐患。

3. 地面和井下瞬变电磁法探测结果分析与评价

根据地面和井下瞬变电磁法探测结果得出,地面物探结果与实际揭露小煤矿采空区分布范围出入较大,只覆盖部分小煤矿采空区,而且有的地方存在小煤矿采空区却没有显示出来,因此,地面探测结果只能作为初步确定范围的参考,为其他探测提供探测方向和探测范围。

根据井下瞬变电磁法探测结果可知,小煤矿采空区存在积水的区域探测比较准确,如后来揭露 B909 小煤矿采空区 A 区存在积水的情况,在巷道超前探测中探测出来,但是,对于采空区无水状况则很难探测准确。综合以上探测结果可以得出,地面和井下瞬变电磁法探测都有其局限性,在小煤矿采空区探测方面可以用以上方法初步确定小煤矿破坏区影响范围,很难准确判定小煤矿采空区分布状况。

地面和井下瞬变电磁法探测对存在积水的小煤矿破坏区域探测比较准确,可以确定富水性小煤矿采空区范围及富水性,为巷道掘进及工作面回采提供防治水依据,以便制订有效措施,防止水害发生,实现安全生产。

6.4.1.2 掘进巷道钻孔超前探测

在工作面巷道时,根据地面物探和小煤矿采掘平面图等资料收集,预知工作面巷道前方可能穿越小煤矿采空区,采空区内可能存在积水,为确保安全掘进,必须坚持"有掘必探、先探后掘"的防治水原则。防止巷道掘进过程中与前方煤矿采空区贯通,造成恶性突水事故,保障巷道顺利掘进,确保安全生产。

(1)钻孔设计必须考虑施工处煤层倾角,钻孔角度要与煤层倾角对应准确。为保证掘进施工的安全,必须采取长短钻孔相结合的方式进行超前探测,以防止长钻孔出现误差。

(2)钻探前必须执行安全检查,确认工作地点顶板、煤壁、支护、瓦斯等无安全隐患后方可开工。钻孔施工过程中必须有一名经验丰富的跟班干部在现场,以确保安全施工。

(3)钻孔施工前必须严格、准确掌握本巷各钻孔深度和掘进进度,确保本次开孔位置和掘进工作面迎头在安全距离内(长探预留钻孔深度不得小于 20 m;短探不得小于 10 m),否则严禁施工。

(4)施工时要加强判层,及时做好与地质、水文地质(如地层结构、裂隙、涌水、掉块及岩石破碎情况)有关现象的描述和记录工作。

(5)工作面或其他地点发现有挂红、挂汗、空气变冷、出现雾气、水叫、顶板淋水加大、顶板来压、底板鼓起、产生裂隙、出现渗水、水色发浑、有臭味等异状时,必须停止作业,采取措施,立即报告矿调度室及相关部门;发出警报,撤出所有受水威胁地点的人员。

(6)瓦斯异常涌出预兆:工作面瓦斯忽高忽低,温度骤降、煤壁发凉;遇地质构造或围岩松散区,瓦斯异常涌出;煤层发出"咝咝"的声响;顶板来压;人感到发昏。必须停止作业,撤出人员。

(7)钻孔与采空区钻通后,若无水,迅速用圆锥木楔封孔。若有水,必须立即停钻,但却不可拔出钻杆。迅速向矿调度室及相关部门报告,并迅速撤出所有人员。

(8)每次探孔结束后,及时填写钻孔标志牌,标注钻孔相关参数和施工日期,以便进入工作面的所有管理人员随时掌握剩余探孔的深度。

6.4.1.3 小煤矿采空区详细探测

当工作面主、辅运输巷道全部贯通形成工作面通风系统后开始进行小煤矿采空区详细探测施工。详细探测步骤为:通风、探测小煤矿巷道稳定性、探测小煤矿采空区内部空间。详细探测内容主要包括小煤矿采空区巷道准确位置,小煤矿采空区空间相对位置,小煤矿采空区内部空间大小以及小煤矿采空区内部水、瓦斯、堆积物状况。小煤矿采空区探测前先准备好局扇通风机和风袋,由通风人员和探测人员一起,通风一段探测一段。小煤矿采空区详细探测人员由矿井安全、地测、通风及相关技术人员组成,按由外到内逐步进行的原则,先探测小煤矿采空区巷道顶板、煤帮的稳定性及小煤矿巷道内瓦斯、煤尘状况。如果发现小煤矿巷道顶板、煤帮不够稳定则必须先停止探测待组织人员将通风区域巷道维修完毕确保探测人员安全后再进行深入探测。

小煤矿采空区巷道位置初步探测清楚,然后组织人员对小煤矿采空区巷道进行安全稳定性维护。在保证探测人员安全的前提下,组织地测部测量技术人员从工作面主要运输巷开始,对小煤矿采空区巷道进行准确测量,对小煤矿采空区空间初步定位并绘制小煤矿采空区工程平面图,为小煤矿采空区灌浆充填处理设计与施工以及工作面回采提供依据。

小煤矿采空区详细探测所采用的仪器主要有经纬仪、红外线距离探测仪以及钢卷尺等测量仪器,测量内容包括小煤矿巷道方位角、长度、高程。小煤矿采空区巷道测量清楚后开始测量小煤矿采空区内部空间,因为采空区内部空间属于无支护空间人员禁止进入,而且有的内部空间由于冒落煤矸石比较高不能探测清楚全部内部空间,因此,主要采用红外线测距仪进行内部空间大小的探测和估计,测量数据不是十分精确,这也是设计采空区灌浆量时,预算数据与实际有一定出入的原因。

根据详细探测的小煤矿采空区内部空间数据和预计剖面图,计算了小煤矿采空区内部空间及煤堆大小。根据经验,由于煤堆阻挡造成观察不到煤堆后部空间,因此,在采空区内部空间详细探测方面还需要增加新的探测方法和仪器,才能确保采空区内部空间探测准确。

综合以上探测步骤和方法得出,采用地面物探和井下巷道超前探测技术对井下局部小煤矿破坏情况进行分析和判断,并辅以巷探、钻探等探测手法,可比较准确圈定各小煤矿破坏位置、影响范围等。小煤矿采空区内详测由于受到现有探测技术及探测人员安全等方面因素影响,尚不能保证100%探测准确数据,但以现有探测结果能够满足处理小煤矿破坏区域所需的设计依据,为小煤矿破坏区的安全复采提供可靠的地质资料保障。

6.4.2　小煤矿破坏区复采方案

在厚煤层开采矿井中出现小煤矿破坏影响区域,针对小煤矿破坏影响区域首先可以采取工作面布置时避开其影响区域的方法。避开小煤矿影响区域的方法有完全避开方法和部分避开方法两种选择:

(1) 完全避开方法:将小煤矿破坏区域视作完全采空区,工作面回采和巷道掘进全部布置在该影响区域外。此方法和矿井正常区域工作面回采一样,相对安全可靠。但此方法不仅损失了小煤矿破坏区域可回收资源,而且因避开小煤矿影响区域还要损失部分优良资源。

(2) 部分避开方法:工作面回采和巷道掘进时根据探测结果选择影响程度低、条件较好的范围圈内回采煤炭资源。部分避开小煤矿影响区域回采,选择小煤矿破坏区影响程度低、条件较好的范围,采用采煤工作面掘进巷道穿越小煤矿采空区或小煤矿区巷道布置工作面,工作面内包含的小煤矿采空区采用跳面或者刀把式回采设计,尽可能地回收小煤矿破坏区域周围优良资源。此方法仅损失部分优良资源,但同时会在跳面、刀把式回采过程中产生其他对安全生产的影响因素。

多年来,我国采矿学者及工程技术人员致力于寻找一条煤矿开采与环境保护协调发展之道。充填采煤技术是将矸石、风积沙、粉煤灰、建筑垃圾、膏体等充填材料随着采煤工作面的推进充填至工作面后方采空区的采煤技术。应用充填采煤技术控制岩层移动和地表沉陷,可提高建筑物下、铁路下、水体下等"三下"压煤资源回收率,做到矸石不升井,消化地面矸石山,节约大量土地,减轻地层沉降,保护水资源,减少煤矿瓦斯和矿井水积聚,有效抑制煤层及顶底板动力现象,实现矿区生态和安全生产环境由被动治理向主动防治的重大转变,是煤炭生产方式的重大变革。

进入21世纪以来,在传统充填采煤技术的基础上,煤矿企业通过改进充填设备、引入金属矿山充填采矿技术等陆续研发了抛矸充填、原生矸石综采架后充填、膏体充填和高水材料充填采煤技术,显著提高了充填采煤效率,使充填采煤技术迈入了新的发展阶段。随着充填开采控制覆岩移动实践与理论的发展,为小煤矿采空区复采提供新的思路。

6.4.3 小煤矿采空区充填处理机理及参数优化

6.4.3.1 小煤矿采空区处理的基本思路

小煤矿采空区的处理思路主要针对工作面顶板和煤壁的稳定性,以及小煤矿采空区再次冒落对工作面顶板、煤壁冲击的破坏而采取的有效措施。对小煤矿采空区充填处理的出发点主要有两种:一种是充填碎煤然后注浆加固;另一种是全部或部分灌浆充填。

1. 充填碎煤

小煤矿采空区探测清楚后,通过小皮带、刮板输送机、抛矸机等设备向小煤矿采空区内部充填碎煤。其优点是:工作面回采时揭露小煤矿采空区后,工作面截割采空区充填物主要为煤炭,基本不影响工作面煤质。由于采用矿井掘进出来的碎煤作为主要充填物,这样充填处理方式也节约充填成本。

其缺点是:

(1)受到采空区内部空间及设备的影响,充填高度有限,难以保证工作面回采过程中顶板的稳定性,及抗采空区冒落的冲击。

(2)注浆加固过程中由于受到空间限制,难以保证从小煤矿旧巷道内完全注浆加固充分,必须增加从采煤工作面超前注浆加固处理过程,从而影响工作面生产。另外,此种充填方法上部空间较多,注浆加固时,注浆液体更多地向上部空间移动,下部煤矸石加固效果难以保证。

(3)注浆加固采用玛丽散等有机材料,防火性能差,担心在采煤机截割过程中发火,对工作面安全管理不利。

(4)所采用设备多、系统相对复杂,人员在不够安全环境工作环节多,对安全管理不利。

(5)碎煤经过注浆加固与采用液体充填处理相比,其整体力学性能及稳定性相对较差。

(6)由于有的采空区内部空间冒落煤矸石较高,遮挡住一部分采空区内部空间,因此,采用此种充填方法很难保证采空区内部按设计要求进行充填。而且,对注浆加固材料的流向不能控制,造成很大的材料浪费。

2. 灌浆充填

灌浆充填即通过钻孔向小煤矿采空区内灌注水泥类无机充填材料、胶结松散煤矸石并充填采空区内部空间。

其优点是:

(1)所采用的充填材料、设备都是国内外成熟产品,充填技术和工艺简单,操作可靠。

(2)采用液体充填后的小煤矿采空区其力学性能和整体稳定性都很好,能够保证工作面正常推进过小煤矿破坏影响区域时工作面顶板和煤壁的稳定。

（3）采用液体充填材料时充填高度容易控制，且由于液体流动性好，只要没有墙体阻挡，所有低洼地点都能充填到，采空区内看不到的地方依然能够进行充填。

（4）由于采用无机材料，其产品性能稳定，不会出现发火现象。

其缺点是：

（1）若全部充填满小煤矿采空区，所用材料量会比较大，虽然单价相对较低，但整体成本相对较高。

（2）由于多数小煤矿采空区底板处于工作面顶板以下高度，工作面揭露小煤矿采空区时采煤机会截割充填材料，工作面煤流中混入较多的非煤物质，影响工作面煤质。而且，考虑到矿井洗选系统，所选的充填材料不能影响煤炭的洗选。

（3）所用材料从矿井地面运输，而且数量比较大，对矿井辅助运输系统有一定影响。

综合以上分析，结合矿井实际条件，从工作面过小煤矿采空区范围的安全性和生产的高产高效角度出发，最终选择采用液体充填材料充填处理小煤矿采空区，处理后的小煤矿采空区影响范围在工作面回采时能够保证工作面正常推进。

6.4.3.2　冒落矸石的特性分析

灌浆充填时，浆液在被注介质的孔隙中运动，因此，对浆液与被注介质之间的相关性进行深入的分析直接关系到灌浆材料的合理选择，影响到灌浆设计中灌浆压力、灌浆量等灌浆参数的设定。鉴于此，在灌浆充填处理小窑破坏区内冒落煤矸石之前必须对被注介质的相关性质进行研究分析。

小煤矿破坏区内冒落的破碎煤矸石是由固体骨架和相互连通的孔隙、裂缝或各种类型的毛细管组成，其内部含有形状不一、大小各异、弯弯曲曲的通道，流体可以在这些通道中运动。水泥类浆液在冒落煤矸石中的灌浆机理与冒落煤矸石的几何形状、空间分布、孔隙特性有着密切的关系，只有在深刻揭示冒落煤矸石结构特征的基础上，才能对水泥类浆液的流动灌浆机理有更深刻的认识。

冒落煤矸石是多相物质共存的一种组合体。在多相物质中一定有固体相，称为固体骨架，固体骨架分布于冒落煤矸石占据的整个空间内。没有固体骨架的那部分空间称作空隙或孔隙，灌浆时，它是由液体或由固-液两相共同占有。冒落煤矸石与固体骨架有关的性质。

（1）孔隙性。冒落煤矸石具有孔隙的宏观性质称为孔隙性。冒落煤矸石所有孔隙体积与总体积之比称为孔隙率，即：

$$n = \frac{v_r}{v} \tag{6-14}$$

式中　v_r——孔隙体积，m^3；

　　　v——冒落煤矸石的体积，m^3；

　　　n——孔隙率，无量纲。

孔隙率取决于冒落煤矸石的结构，组成冒落煤矸石的颗粒按不同的结构排列会得到不同的孔隙率。

（2）比表面积。比表面积是单位体积冒落煤矸石所有颗粒的总表面积，简称比面。比面受孔隙率、组成冒落煤矸石的颗粒排列方式、颗粒粒径及形状等因素的影响，细粒物质的比面要比粗粒物质的比面大得多;非球形颗粒的比面要比球形颗粒的比面大得多;颗粒排列得越松散,孔隙度就越大,比面也越大。

(3)弯曲度。由于冒落煤矸石孔隙结构的复杂性,流体在其中的运动路程要远远大于冒落煤矸石两端的直线距离。因此,在运动学上引入弯曲度这样一个几何标量,定义为某一流体从流入口到流出口之间的直线距离与真实流程之比的平方。

(4)渗透性。渗透性是冒落煤矸石传导流体的性能,是流体在冒落煤矸石流动特性的表征。冒落煤矸石的渗透性取决于冒落煤矸石的性质(颗粒的成分、大小、分布、比面、弯曲度等),与所通过的流体性质无关。一般采用渗透系数描述冒落煤矸石的渗透性:

$$K = \frac{k\rho g}{u} \tag{6-15}$$

式中:K 为渗透系数;k 为冒落煤矸石的渗透率,仅与骨架性质有关。确定渗透率的公式各种各样,一类是经验公式,另一类是理论推导公式,但是同样需要试验验证。

(5)压缩性。压缩性是冒落煤矸石的体积随着外界荷载的增加而减小的性质。冒落煤矸石主要承受着介质内部流体施加的内力,在正常情况下外力保持不变。

(6)非均质性和各相异性。大部分冒落煤矸石是天然的多孔材料,在宏观上都是非均质的。非均质的冒落煤矸石,其孔隙结构参数(如孔隙度、渗透率、孔隙分布等)也是非均质的。各向异性是指冒落煤矸石的某些性质在不同的方位上不具有相同的数值。各向异性的冒落煤矸石,其渗透率、孔隙度等参数的大小依赖于方向。正是由于大部分冒落煤矸石的非均质性和各向异性,使流体在其中的流动问题变得十分复杂。

6.4.3.3 冒落煤矸石的孔隙结构描述

在冒落煤矸石中,多数孔隙是相互连通的,这些连通的孔隙称为有效孔隙,那些互不连通或虽连通但流体很难通过的孔隙则称为死端孔隙。对于使用水泥类浆液对冒落煤矸石进行灌浆而言,只有相互连通的孔隙才有意义,因此,在这里引入有效孔隙率的概念。有效孔隙率 n 已定义为冒落煤矸石相互连通(除死端孔隙外)的孔隙体积与碎石体总体积之比。绝大多数碎石体是由大小不同的颗粒混合而成的,它们或者是松散的,或者是压密在一起的。作为一种定性的探讨,可以先设想组成冒落煤矸石的颗粒都为球体。对于由大大小小的球状颗粒堆积起来的冒落煤矸石而言,其孔隙率主要由球体颗粒的排列方式和粒径的分布有关。Graton 和 Fraser 分析了等大圆球按排列时颗粒堆积体孔隙率:颗粒立方体排列是孔隙率最小的排列[见图 6-158(a)],孔隙率为 47.7%,颗粒菱形排列是最紧密的排列[见图 6-158(b)],孔隙率是 26%。

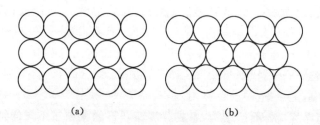

(a)   (b)

图 6-158 等大圆球的排列布置

(a)颗粒立方体排列图;(b)颗粒菱形排列图

颗粒直径相同的情况下,颗粒直径大小不是影响孔隙率的因素,而与矸石的块度分布有关,不同级差块度分布的冒落矸石自然堆积后孔隙会变小。因此当其他参数相同时,分选性差的颗粒堆积体的孔隙率明显小于分选性好的颗粒堆积体的孔隙率。冒落矸石所在的埋藏深度对其孔隙率影响比较大,一般来说,埋藏越深,垂直应力越大,孔隙就越少,据研究资料,深度 2 000 m 处的砂岩与地表的砂岩相比,孔隙率能降低大约 10%。

6.4.3.4　小煤矿充填区域工作面矿压显现数值模拟

1. 模型建立

模拟计算采用 FLAC3D 软件,本计算中的岩体采用理想弹塑性本构模型——莫尔-库仑屈服准则,其描述如式(6-6)所列。

模拟计算中工作面小煤矿采空区采用充填材料充填满,工作面内包含两个小煤矿采空区,小煤矿采空区尺寸为宽 20 m,长 20 m,高 15 m,小煤矿巷道宽和高都是 2 m。工作面煤层平均厚度为 13 m,采高为 3.5 m。小煤矿采空区与工作面相对位置关系如图 6-159 所示。工作面在距离小煤矿采空区 80 m 时开始推进,直至推过小煤矿采空区共推进 100 m,监测推进过程中小煤矿采空区范围顶板变形及围岩应力变化情况。

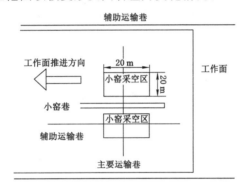

图 6-159　小煤矿采空区与工作面相对位置关系图

2. 模拟计算结果及分析(图 6-160 和图 6-161)

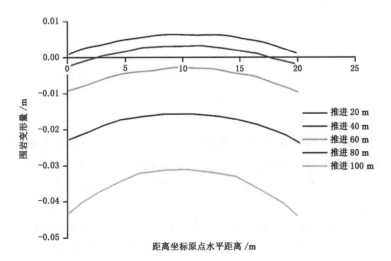

图 6-160　工作面推进过程中小煤矿采空区围岩变形曲线

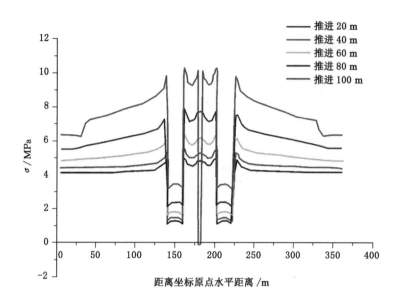

图 6-161　工作面推进过程中小煤矿采空区周围应力变化曲线

根据以上模拟计算结果得出：

（1）随工作面推进，小煤矿巷道顶板发生离层变形，工作面推过小煤矿原有巷道时，其顶板最大变形量达到 40 mm，小煤矿原有巷道在工作面超前压力影响下尚能够保持稳定，与工作面揭露小煤矿原有巷道时顶板变形但保持稳定的实际情况一致。说明模拟计算结果和实际比较接近具有参考价值，同时也说明井工二矿 9# 煤小煤矿充填区域原有巷道在回采过程中比较稳定。

（2）小煤矿采空区充填体内部为应力降低区，而小煤矿采空区周围实体煤中则出现应力集中区，这也是工作面在揭露小煤矿采空区时，在小煤矿采空区充填范围内煤壁比较稳定，而周围实体煤范围内片帮相对较多的原因。

6.4.4　小煤矿破坏区掘进技术

6.4.4.1　小煤矿破坏区巷道掘进条件

对于受小煤矿破坏区影响的工作面，在回采巷道布置时应根据矿井前期探测结果设计，巷道掘进时应尽量避免巷道直接穿越小煤矿破坏区，不穿越小煤矿破坏区的巷道掘进既安全掘进速度又快，在探测不清或者避免不开的情况下，以现有技术掘进巷道穿越小煤矿破坏区也是可行的方案。

根据小煤矿破坏区实际揭露情况，小煤矿回采没有准确沿煤层底板施工巷道，有的巷道距离小煤矿破坏区煤层底板的高度达到 2～6 m。这样正常综放工作面掘进巷道与小煤矿破坏区相对位置关系存在两种情况：一是小煤矿破坏区底板距离煤层底板较高，巷道从小煤矿破坏区底下穿过，巷道顶板距离小煤矿破坏区底板有一定距离；二是小煤矿破坏区底板距离煤层底板不高，掘进巷道直接穿过小煤矿破坏区。第一种情况下，综放工作面巷道掘进穿越小煤矿破坏区时，掘进巷道主要在采空区下支护，掘进工作面可以正常施工；而针对第二种情况，掘进巷道穿越小煤矿破坏区就复杂得多，需要采用多种技术确保掘进巷道安全穿越以及成巷后能够满足工作面回采的要求。

采空区掘进穿越施工可以选择先充填处理后掘进的施工工艺,先充填处理后掘进的施工工艺总体上比较安全,而且先充填已经把采空区探测清楚,再掘进会避免一些不可预测的情况发生,其缺点是影响掘进施工时间,在工作面通风系统没有形成之前,在处理其他问题时在施工空间、通风等条件上有些困难。在采空区内掘进穿越施工分两种情况:第一种是采空区内有大量冒落煤矸石;第二种是采空区内有少量煤矸石或者没有煤矸石。下面就这两种情况分别论述掘进穿越小煤矿破坏区的施工工艺。

6.4.4.2　小煤矿破坏区巷道架棚支护设计依据

巷道掘进时周围岩体的应力重新分布,形成了新的应力状态:巷道壁内的应力强度比未挠动岩体的应力大得多。巷道附近应力的集中,引起巷道周围形成非弹性变形区。在非弹性变形区内出现了不同的变形过程:弹性变形过程、弹塑性变形过程及岩石破碎过程。根据对巷道周围测点位移的矿井观测结果的分析表明,在该区内使巷道边界位移的岩石变形主要是以岩石破碎过程为特征。如果巷道架设的是让压支架,则施于支架上的压力主要来自该区的破碎岩石及从岩体剥落下来的岩石。在此情况下,支架的最小阻力应能保证支架的反作用力等于巷道顶板破碎后位移至巷道的岩石重量。因此,为了确定支架的最小阻力,必须确定非弹性区的大小。根据现场观测结果,学者提出了在岩体内掘进及支护的巷道顶板与破碎岩石区大小之间的经验关系,经变换后该关系可用下式表示:

$$b = 9.52 \sqrt[3]{au^2} \tag{6-16}$$

式中　b——巷道顶板破碎岩石区的大小,m;

　　　a——巷道掘进宽度,m;

　　　u——巷道顶板岩石位移,m。

在支架后面有空隙,或支架实施让压(顶梁下降)时,位于支架上方的破碎岩石亦发生移动。由于岩块位移速度不同,岩块之间出现反作用于位移的摩擦力。摩擦力大小取决于岩石摩擦系数及岩石相互压挤的横推力。横推力的值取决于巷道顶板破碎岩石区的高度。把关于具有一定体积的破碎(松散)材料对巷道支架的压力的янсен理论的基本原理应用于延伸的巷道条件下,得到了测定 1 m 距离的顶板破碎岩石对直顶梁支架施加的负载的公式:

$$p = \frac{5\gamma a^2 \left(\dfrac{b}{b+u}\right)}{f\xi} (1 - e^{\frac{2fb}{a}}) \tag{6-17}$$

式中　γ——直接顶的密度,t/m^3;

　　　ϕ——顶板岩石的内摩擦角,(°);

　　　f——$f = \tan \phi$;

　　　ξ——$\xi = \tan^2 \dfrac{90° - \varphi}{2}$。

松软的层状泥质页岩及粉砂岩的内摩擦角为 20°~25°,松软砂岩及硬质粉砂岩的内摩擦角为 25°~30°。由于设计巷道顶板由松散的页岩和煤矸石构成,因此近似计算时取内摩擦角为 25°,$\gamma = 2$ t/m^3。

将井工二矿现场相关参数代入式(6-17)得 $p = 6\ 648.7$ kN,而矿用 11$^{\#}$ 工字钢支护强度达到 49 000 kN,因此,在采空区内破碎煤矸石下采用 11$^{\#}$ 工字钢架棚支护能够满足巷道支护强度要求。在采空区下巷道掘进穿越设计拟采用矿用 11# 工字钢架棚进行巷道支护,并对工字钢架棚采用多种加固技术进行整体加固以保持架棚整体稳定性和支护强度,从而满足工作面回采巷道的要求。

6.4.4.3 小煤矿破坏区有冒落煤矸石的掘进穿越

1. 支护设计及工艺

(1)巷道用途。工作面主要运输巷或辅助运输巷可用于工作面运输、行人,以及进回风。

(2)巷道服务年限。服务年限为 5 a。

(3)巷道煤岩层条件。9# 煤层属低瓦斯煤层,煤的自然发火期最短为 3 个月,地温及地压均属正常。9# 煤层直接底以泥质岩为主,灰色~灰黑色,含植物叶片或根部化石,分选磨圆较好,性较脆,夹有黄铁矿薄膜或颗粒,有时底部相变有砂质岩,有时含砾,以灰色为主。

巷道穿越小煤矿破坏区时,巷道下部有 1.5~2 m 的实体煤。巷道穿越的小煤矿破坏区长度为 20~60 m,采空区范围内冒落煤矸石厚度为 0~15 m,冒落煤矸石成分以松散碎煤为主,中间夹杂 9# 煤顶板岩块。冒落煤矸石自身无支护能力和稳定性,在掘进前采用超前注浆加固后具备一定稳定性,注浆材料为玛丽散。采空区内积水在掘进前被排空,采空区内无水。

(4)支护设计思路。巷道掘进前先超前注浆,保持冒落煤矸石具备一定稳定性。巷道掘进采用综掘机割底煤、扫顶煤,采用撞楔法维护临时顶板稳定,结合液压单体作为临时支护,然后采用 11# 工字钢架棚支护,并用 2 寸钢管和锁腿锚杆保持架棚整体的稳定性。

(5)巷道断面及支护形式布置。

① 巷道断面为矩形,净断面尺寸为:宽×高=5.0 m×3.5 m。

② 支护主要采用 11# 工字钢架棚支护,架棚排距为 0.8 m,架棚采用 2 寸钢管和锁腿锚杆加固,架棚后采用 20 mm×200 mm×1 000 mm 木板背帮。

(6)临时支护。临时支护采用 2~4 根液压单体托方木进行临时支护。每排 3 根单体,间距为 1.5 m。临时支护设计示意图如图 6-162 所示。

(7)空顶距、空帮距。由于顶板比较破碎,必须严格执行短掘短支、一掘一支制度,最大空顶距为 1.4 m。

2. 主要施工工艺

(1)施工方法。特厚煤层放顶煤工作面巷道掘进是沿煤层底板掘进,根据井工二矿实际情况,掘进工作面是沿 10# 煤底板掘进,采用综掘设备进行割煤、装煤施工,巷道掘进时采用太原煤科院 EBZ-220TY 型综掘机沿 10# 煤层底板截割并自行装煤的施工方法。

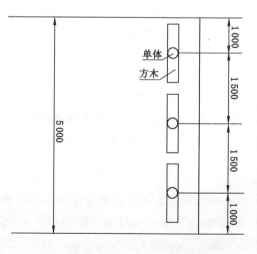

图 6-162 掘进工作面临时支护设计示意图

（2）超前注浆。超前钻孔施工是从已经支护的巷道中向冒落的煤矸石中打眼。钻孔直径 42 mm，综合马丽散材料的特性和注浆扩散半径，设计每次注浆孔深度 3 m，注浆加固一次至少可以掘进 1.5 m。注浆钻孔布置，在巷道周围布置注浆钻孔 5 个，顶板 3 个，两帮各 2 个，钻孔与巷道顶板、煤帮的夹角为 30°。钻孔布置参数，如图 6-163 所示。注浆材料采用马丽散，马丽散具有高度黏合力和很好的机械性能，可与岩层产生高度黏合，浓稠状液态马丽散材料固结性能好，和煤岩体结合后能够接受比较大的弹性变形，黏结体兼具煤岩体和马丽散的特性，很大程度上改善了顶板的整体力学性能。注浆材料选择马丽散的优点是凝固速度快，形成的固结体强度高，对掘进影响时间少。马丽散树脂与催化剂的配比，其体积比是 1∶1，质量比是 1∶1.17。注浆压力根据注浆情况为 5～8 MPa。施工设备采用 ZBQS-8.4/12.5 小型气动注浆泵，同时要求能提供 0.4～0.7 MPa 的气源。注浆量根据注浆压力确定，施工时严格控制注浆压力，当出现大面积漏浆时，即可换孔注浆或停止注浆。

（3）截割煤。采用综掘机进行割底煤、扫顶煤，当巷道顶板稳定性较差时，综掘机只截割底煤而不扫顶煤。当工作面顶板稳定性特别差时，不允许综掘机全断面截割，综掘机可以采用导硐截割办法，即综掘机只截割 1/2 断面或者 1/3 断面，先进行液压单体加方木临时支护，然后再截割其余部分。综掘机操作人员必须保持在有可靠支护的顶板下作业。

（4）运输。通过掘进机小皮带转载到 SSJ-800 带式输送机，再由 SSJ-800 带式输送机转载到 SGW-40T 刮板输送机运至溜煤眼，最后经主要运输大巷煤流系统将煤运出。巷道开窝点和拐弯处均使用防爆挖车将煤铲装到刮板输送机或胶带上出煤。成巷长度足够稳装运输设备时即稳装运输设备。

（5）撞楔法维护顶板。经过玛丽散注浆加固以后，掘进工作面顶板具有一定的自稳性，但是不能杜绝局部冒漏现象，因此，掘进迎头如果出现顶板空顶距离不能满足巷道支护空间要求时，必须采用撞楔法超前支护顶板，撞楔材料采用直径不小于 100 mm、长度为 1.8 m 的半圆木制作，将半圆木前头削尖，撞楔间距为 200～300 mm，或者采用 2 寸钢管，长度为 1.8 m 的金属撞楔。撞楔从工作面迎头第一架棚上部穿过，插入前方顶板松散煤矸石中用于支护顶板、阻挡松散矸石冒漏。

（6）架棚支护。穿越小煤矿破坏区的巷道以工字钢架棚方式支护，架棚采用 11# 工字钢加工制作棚梁、棚腿。棚梁长 4.7 m，棚腿长 3.6 m。棚距为 0.8 m；扎角为 300 mm；柱窝为 100～200 mm。棚梁水平布设，整棚呈正梯形布置，棚梁要水平，严禁调斜、扭转和另肩。架棚架设完毕后在顶板和两帮增加背板，背板采用厚 20 mm、宽 200 mm、长 1 000 mm 的木板制作。背板后部空间用道木填实，填充道木时布设成井字形，打紧、背牢。道木与木背板相配合进行腰帮接顶，帮顶要接实，木垛要方方正正。

（7）整体加固。为了增加架棚的稳定性，防止架棚失稳，架棚周围采用 7 根 2 寸钢管，并用 U 型卡将钢管与架棚加固形成整体，保持架棚的整体稳定性。棚与棚之间用 2 寸钢管连锁 7 道，且棚棚连锁，两帮棚腿距棚梁牙口下 1 000 mm、2 000 mm 处各一道，棚梁距离牙口 1 000 mm 各一道、中间一道。

根据现场实际情况，为增加架棚抗冲击性，采用锁腿锚杆二次加固架棚，锁腿锚杆采用两根帮锚杆和一个 U 型卡将架棚腿锚固在巷道煤帮上，每架棚用四处锁腿锚杆，每帮用两处，最下面一处距离底板 400 mm，第二处距离底板 1 400 mm。

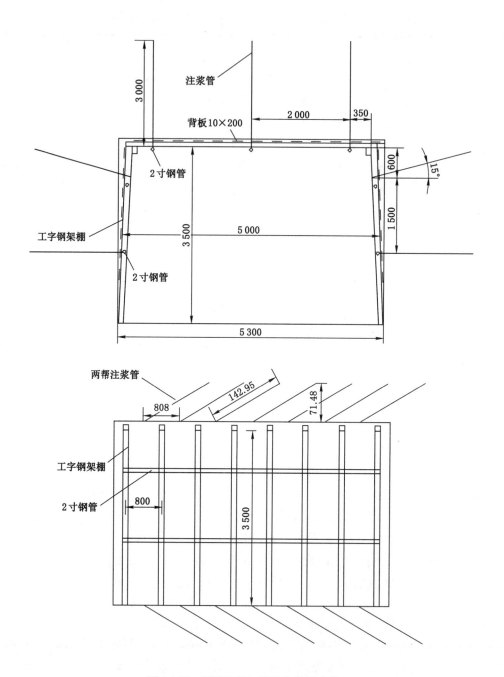

图 6-163　超前注浆加固钻孔设计参数

　　(8) 喷浆。小煤矿破坏区范围的架棚内侧需采用喷浆加固、封闭的方法加固架棚并封闭巷道空间,喷浆既加固了架棚形成整体稳定性,又防止了在以后的小煤矿破坏区注浆处理时出现大面积漏浆的情况。

6.4.4.4　小煤矿破坏区无煤矸石的掘进穿越

　　根据小煤矿破坏区实际揭露情况,部分小煤矿破坏区内并无煤矸石冒落情况。当掘进巷道遇到小煤矿破坏区无矸石煤堆时,需采用架棚及棚外注浆方式通过小煤矿破坏区。

1. 巷道煤岩层条件

巷道穿越无煤矸石小煤矿破坏区时,巷道下部有 1.5～2 m 的实体煤。巷道穿越的小煤矿破坏区长度为 20～60 m,巷道顶部为空洞无支护区域。采空区内积水在掘进前被排空,采空区内无水。

2. 支护设计思路

巷道掘进割煤后,在 2 寸钢管及方木的临时支护下架设工字钢架棚,然后在工字钢棚上及外帮铺设充填袋,进行架棚外注浆充填,形成稳定抗冲击支护体。架棚支护后用 2 寸钢管和锁腿锚杆保持架棚整体稳定性。

3. 巷道断面及支护形式布置

(1) 巷道断面为矩形,净断面尺寸:宽×高＝5.0 m×3.5 m。

(2) 支护主要采用 11# 工字钢架棚支护,架棚排距为 0.8 m,架棚采用 2 寸钢管和锁腿锚杆加固。小煤矿破坏区巷道支护参数设计如图 6-164 所示。

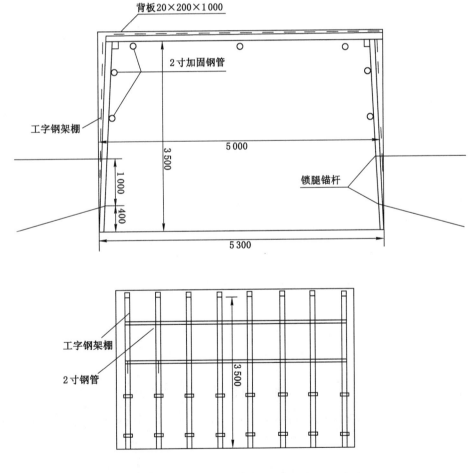

图 6-164　小煤矿破坏区巷道支护参数设计图

4. 截割煤

采用综掘进机进行割底煤、扫顶煤,当巷道顶板稳定性较差时,综掘机只截割底煤而不扫顶煤。当工作面顶板稳定性特别差时,不允许综掘机全断面截割,综掘机可以采用导硐截割办法,即综掘机只截割 1/2 断面或者 1/3 断面,先进行液压单体加方木临时支护,然后再截割其余部分。综掘机操作人员必须保持在有可靠支护的顶板下作业。

5. 运输

通过掘进机小胶带转载到 SSJ-800 带式输送机,再由 SSJ-800 带式输送机转载到 SGW-40T 刮板输送机运至溜煤眼,最后经主要运输大巷煤流系统将煤运出。巷道开窝点和拐弯处均使用防爆挖车将煤铲装到刮板输送机或胶带上出煤。成巷长度足够稳装运输设备时即稳装运输设备。

6. 架棚

棚的参数与遇到矸石煤堆情况一致,架棚前先将顶部加固的 2 寸钢管伸入采空区内,加固钢管上横向铺部分背板以防止采空区掉落的小块煤矸石伤人,然后开始架棚并固定。

7. 注浆充填

架棚外侧采用充填袋充填加固,以缓冲采空区冒落矸石的冲击维护架棚整体稳定性。充填袋的尺寸为长 12 m、宽 1.6 m、厚 1 m,中部设计 3 个孔(2 个充填孔,1 个出气孔),每掘进两个架棚注浆充填一次。充填袋与架棚相对位置关系如图 6-165 所示。

6.4.4.5　小煤矿破坏区下巷道支护方式

根据井工二矿现场揭露情况,当小煤矿破坏区处于掘进巷道顶部时,距离掘进巷道顶板高度为 2～3 m,这种情况下顶板还可以采用锚杆支护,但是不能用锚索支护,因此,必须采用架棚方式对巷道顶板进行加强支护。采取"锚杆+钢带+架棚"联合支护的方式,顶板、两帮支护参数如下:

1. 顶板锚杆支护

锚杆形式和规格:杆体为 22# 左旋无纵筋螺纹钢筋,杆体屈服强度不低于 335 MPa。锚杆长 2.4 m,杆尾螺纹为 M24,螺纹长度为 150 mm。采用高强螺母 M24×3。

锚杆配件:采用拱形高强托盘配合调心球垫、尼龙垫圈使用,托盘采用拱形高强度托盘,托盘规格为 150 mm×150 mm×10 mm,承载能力不低于杆体极限拉断力。

锚固方式:采用树脂加长锚固,锚固时采用两支低黏度树脂药卷,一支规格为 K2335,另一支规格为 Z2360,钻孔直径为 30 mm。

护顶构件:采用 W 钢带,钢带规格为厚 4 mm、宽 280 mm、长 4 950 mm。

网片规格:顶板选用钢筋网护顶,采用 ϕ4 mm 钢筋点焊而成,网孔规格为 80 mm×80 mm,钢筋网规格为 2 800 mm×1 200 mm。

锚杆布置:锚杆排距为 1 000 mm,每排 6 根锚杆,间距为 900 mm。

锚杆角度:均垂直于巷道顶板。

锚杆预紧力:锚杆预紧力矩不低于 400 N·m。

2. 巷帮支护

锚杆形式和规格:杆体为 20# 左旋无纵筋螺纹钢筋,杆体屈服强度不低于 335 MPa。锚杆长度为 1.7 m,杆尾螺纹为 M22,螺纹长度为 150 mm。采用高强螺母 M22×2.5。

锚杆配件:采用拱形托板配合调心球垫和尼龙垫圈,托盘规格为 150 mm×150 mm×

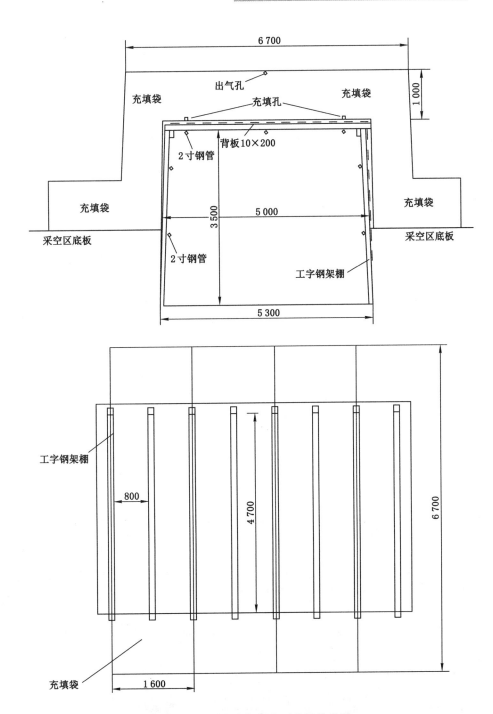

图 6-165 充填袋与架棚相对位置关系图

10 mm,承载能力不低于杆体极限拉断力。

锚固方式:采用树脂加长锚固,锚固时采用两支低黏度树脂药卷,一支规格为 K2335,另一支规格为 Z2360,钻孔直径为 30 mm。

网片规格:采用金属菱形网护帮,网孔规格为 80 mm×80 mm,网片尺寸为 3 300 mm×

1 200 mm。

护表构件：帮部破碎时，采用 W 钢带护帮，护板厚 4 mm、宽 280 mm、长 2 500 mm；帮完整时采用钢筋托梁护帮，托梁选用 ϕ14 mm 的钢筋焊接而成，托梁宽度为 210 mm，长度为 2 450 mm，孔间距为 1 200 mm。

锚杆布置：锚杆间距为 1200 mm，排距为 1 000 mm，每帮 3 根锚杆。

锚杆角度：除最上部锚杆与水平线成 10°夹角外，其他帮锚杆垂直巷帮布置。

锚杆预紧力：锚杆预紧力矩为 300 N·m。

3. 架工字钢棚

锚杆施工后，紧跟掘进迎头架设工字钢棚。由于巷道宽度较大，特在工字钢棚的棚腿与顶梁间设置"顶梁支撑杆"，以提高工字钢棚的整体支撑强度和稳定性能。"顶梁支撑杆"与钢棚的棚腿、顶梁采用焊接或者螺栓连接的方式。工字钢棚的棚距为 1 000 mm，布置在两排锚杆之间。相邻架棚之间采用 2 寸钢管加固，用 U 型卡将钢管与架棚连接并与相邻架棚形成整体，确保架棚的整体稳定性。小煤矿破坏区下巷道支护参数设计如图 6-166 所示。

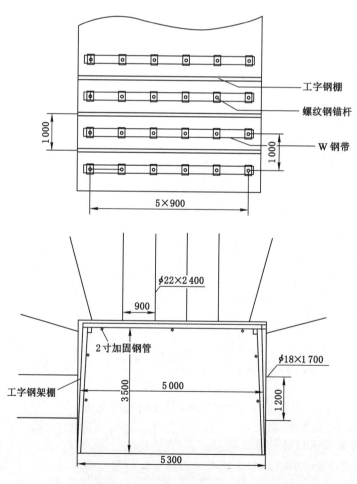

图 6-166　小煤矿破坏区下巷道支护参数设计图

6.4.5 小煤矿破坏区工作面复采工艺

6.4.5.1 采煤工作面小煤矿充填区定位与预报

工作面内包含的小煤矿采空区全部充填处理后,工作面可以正常推进。在工作面接近小煤矿采空区前,必须做好小煤矿采空区在工作面内的位置与工作面支架之间相对位置关系的定位和预报,以便工作面回采时能够确定揭露小煤矿采空区充填区域的时间和相对位置,提前观测充填区域内的异常变化并采取相应措施。

采空区定位与预报是根据前期小煤矿采空区探测获得的工作面内准确的小煤矿采空区位置,按实际工作面支架数量和间距在图上布置工作面支架,并给支架编号。根据工作面主要运输巷和辅助运输巷实际推进位置每天在采掘工程平面图上填图,确定工作面正常回采推进时支架与小煤矿采空区充填区域相对位置,能够准确预报工作面揭露充填区域时间和所影响支架范围,指导生产单位工作面的生产和将要采取的预防措施。

6.4.5.2 小煤矿充填区回采工艺与顶板管理

工作面内小煤矿采空区全部充填后,工作面正常推进,不需要增补巷道,不需要更改系统,工作面原有支架、采煤机、前后运输机不需要做任何针对充填区域的改动。工作面推进至揭露小煤矿采空区充填区域时,工作面回采主要工艺布置如下。

1. 割煤

根据小煤矿采空区充填区域矿压显现规律和实际揭露小煤矿充填区域工作面顶板、煤壁现状,小煤矿充填区域非常稳定,充填材料强度比实体煤稍低,因此,在截割小煤矿充填区域时,按工作面正常情况组织采煤机割煤。

2. 放煤

工作面推进至小煤矿采空区过程中,根据试验研究的矿压显现规律,为维护工作面顶板和煤帮的稳定,在揭露小煤矿采空区前后充填区域周围 20 m 范围内工作面支架不放顶煤,其他范围正常放煤,见矽关门。

3. 采高

为降低原煤中混入非煤物质的含量以及维护工作面顶板、煤壁的稳定,在工作面开始揭露小煤矿充填区域时工作面采高需要适当降低,根据支架性能,以支架能推进的最小支护高度保持工作面过小煤矿采空区段的采高,小煤矿采空区两边保持 10 m 的过渡段,工作面其他范围支架与正常回采一致。以 B909 工作面为例,工作面正常采高为 3.8 m,在小煤矿充填区域工作面采高降至 3.5 m。

4. 支架初撑力

工作面回采至充填区域时需要根据充填材料试验数据和实际钻孔取芯确定充填体强度:瑞米充填材料单轴抗压强度为 1.93～3.95 MPa,平均抗压强度为 3.29 MPa;发泡水泥单轴抗压强度为 5.59～7.43 MPa,平均抗压强度为 6.16 MPa。B909 工作面采用 ZFY12000/23/40D 型两柱式液压支架,其支架对顶板支护强度为 1.25～1.27 MPa(乳化液压力为 31.5～47.7 MPa),小于充填材料的单轴抗压强度,因此小煤矿采空区充填材料形成的再生顶板能够维护工作面顶板的稳定。

5. 超前移架及时支护

采煤机割煤后先移支架,后移输送机,移架后及时打出护帮装置,缩短充填区域顶板、煤壁无支护时间,防止顶板冒漏和煤壁片帮。

6. 带压擦顶移架

移架时让支柱仍保持一定的工作阻力,使顶梁贴着顶板擦顶前移,一定程度上可以减轻移架时顶板岩层的活动,减少由于移架而造成的顶板破坏。

7. 局部注浆加固

根据试验和现场实际揭露充填区域顶板、煤壁状况,经过注浆充填和二次注浆加固后的采空区充填体应该成为胶结良好的再生围岩,但是如果发现局部出现意料之外的情况,特别是原采空区煤矸堆积体胶结效果不理想,必须采用超前注玛丽散等胶结材料加固煤壁。根据实际揭露情况这种状态没有出现,但是作为小煤矿采空区充填复采安全措施,在工作面揭露小煤矿采空区充填区域前,工作面必须预备一定数量的有机加固材料防止意外情况出现。

6.4.5.3 小煤矿充填区回采期间的安全技术措施

处理后的小煤矿采空区回采是本项目施工安全管理的关键,主要防止工作面支架端面冒漏和煤壁片帮。根据已有的成功经验,小煤矿采空区充填后的再生顶板强度和整体性能够满足工作面顶板维护的需要,没有生片帮、支架端面冒漏的情况,因此在回采的同时辅以一定的安全技术措施,足以保证通过处理后小煤矿采空区的工作面能够安全、高效回采。

由于处理小煤矿采空区后,工作面以正常回采状态通过小煤矿采空区影响范围,因此不会对工作面生产造成大的影响。主要影响为:工作面采煤机推进到充填的小煤矿采空区范围时需要放缓割煤速度,在影响范围内工作面不放顶煤,损失一部分煤炭资源。在工作面推进过小煤矿采空区充填区域期间为保证生产管理人员的安全,以及工作面生产的顺利进行,需要采取以下安全技术措施。

(1) 进小煤矿老巷前,要求工作面在过小煤矿采空区前及期间加强检修,保证工作面在此期间不会发生因机电事故而影响生产,即在保证安全生产前提下,快速推过小煤矿采空区影响范围。

(2) 主要和辅助运输巷按相关要求备足单体、钢梁、道木、半圆木、玛丽散等支护材料。

(3) 在过小煤矿巷道及采空区期间,采高控制在 3.4±0.1 m,支架立柱初撑力符合要求。

(4) 煤机通过小煤矿充填断面区域时,要放慢速度,速度控制在 3.0 m/min 左右。

(5) 工作面推进到小煤矿时,老巷及采空区控制放煤,防止支护材料进入煤流。

(6) 采煤机进入小煤矿区域割煤时,采煤机司机与支架工应密切配合。采煤机过后,支架工必须及时移架,少降快移,及时支护新暴露的顶板架。

(7) 在顶板裂隙发育区段,应及时拉超前架护顶,并及时伸出前梁,升紧护帮板,拉架一定要采用带压移架,防止因煤层破碎诱发冒顶事故。如顶板十分破碎,必要时用半圆木和金属网进行护顶,当煤壁漏顶超前距较大时,可用废旧的钻杆打撞楔或注入玛丽散、罗克休来控制顶板。

(8) 如发现顶板有冒漏的迹象,采煤机要尽快移向工作面尾部,以利于处理冒漏顶时,便于刮板输送机运输。

（9）超前支护严格执行先支后回及敲帮问顶制度，严禁空顶作业。

（10）小煤矿地段若顶板破碎、冒落，可按冒顶措施处理；处理冒顶事故时，要有专人观察顶板状况，清理出一条畅通无阻的道路，以便及时撤退，采取从一侧向另一侧维护顶板，不可多头同时进行。

（11）对不通风的老巷，要首先送风排出积聚瓦斯。任何人员不得进入老巷及采空区内。

（12）过小煤矿巷道及采空区期间加强跟班干部管理，工区跟班人员及小班兼职安监员要深入现场，开工前必须进行安全确认，确认无危险后，人员方可进入工作面。

（13）发生异常时及时与技术部、地测部门联系，对工作面煤壁正方向或平巷内进行超前钻探，具体钻孔位置、长度和角度由技术部、地测部门现场决定。

（14）进入小煤矿采空区后，两巷端头架操作由各班班长现场监管，严格履行操作程序，严格按照推移步距进行拉架。

（15）回采期间要加强对工作面涌水量的观测，如发现涌水量突然增大，立即汇报队组值班室和矿调度室。

6.4.6　复采工作面矿压观测及围岩移动规律研究

6.4.6.1　小煤矿充填区域矿压观测设计

1. 矿压观测目的与主要内容

（1）矿压观测的主要目的

通过矿压观测和研究，将把握采煤工作面小煤矿采空区矿压显现规律，小煤矿巷道围岩运移规律以及充填体稳定性等内容，为小煤矿工作面安全回采研究提供第一手资料，合理指导采煤工作面在推过小煤矿采空区时采取相应的支护措施。根据项目的要求，需完成以下矿压观测内容：

① 小煤矿充填体内随工作面推进其内部应力变化规律；

② 小煤矿巷道的矿压显现规律和巷道围岩位移、离层规律；

③ 充填体随工作面推进其稳定性变化；

④ 充填体力学性能。

（2）矿压观测的主要内容

根据上述目的要求，在小煤矿充填体和小煤矿巷道分别布置测站。即在 A、B 小煤矿充填区布置充填体稳定性观测点，在小煤矿靠外面的巷道内布置两个测点，分别测量巷道的矿压显现规律和巷道围岩位移、离层规律。

2. 测点布置及观测方法

（1）巷道表面位移观测

采用十字布点法安设表面位移监测断面（图 6-167，与断面形状无关）。两监测断面沿巷

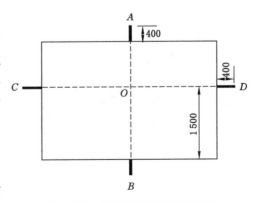

图 6-167　巷道表面位移测点布置

道轴向间隔为 0.7～1.0 m。观测方法为:在 C、D 之间拉紧测绳,A、B 之间拉紧钢卷尺测读 AB 值;在 A、B 之间拉紧测绳,C、D 之间拉紧钢卷尺测读 CD 值;测量精度要求达到1 mm,并估计出 0.5 mm;记录监测断面至掘进工作面的距离。

测点布置与安装:在顶板中部垂直方向和两帮水平方向钻直径为 29 mm、深度为 380 mm 的孔,然后将直径为 29 mm、长度为 400 mm 的木桩打入孔中。顶板安设弯形测钉,底板和两帮木桩端部安设平头测钉。或者测钉顶板采用 12$^{\#}$ 钢筋加工而成,长度为 350 mm,前部加工成直径为 30 mm 圆弧钩,两帮和底板采用直径为 20 mm、长度为 200 mm 螺丝作为测钉,并用水泥药卷固定在巷道煤壁和顶、底板中。测点在A1、A2 测站处各布置一个。

观测频度:每天至少观测一次。

(2) 顶板离层观测

采用顶板离层指示仪测试顶板岩层锚固范围内外位移值。顶板离层指示仪由孔内固定装置、测量钢丝绳及孔口显示装置组成。

安装方法:在巷道顶板钻出 7 m 深 ϕ32 mm 的钻孔;将带有长钢丝绳的孔内固定装置用安装杆推至所要求的深度;抽回安装杆后再将带有短钢丝绳的孔内固定装置用安装杆推至所要求的位置(分别为 7 m、2 m);将孔口显示装置固定在孔口(在显示装置与钻孔间要留有钢丝绳运动的间隙);将钢丝绳拉紧后,用螺丝将其分别与孔口显示装置中的圆管相连接,且使其显示读数超过零刻度线。

测读方法:孔口测读装置上所显示的颜色,反映出顶板离层的范围及所处的状态,显示的数值表示顶板的离层量。

测点布置:顶板离层指示仪和多点位移计布置在 A1、A2、A3、A4 各测站中间,每个测点各布置一个。采用顶板离层指示仪测试顶板岩层锚固范围内外位移值。观测频度和表面位移相同。

(3) 钻孔窥视观测

钻出深 7 m,直径为 37 mm 的钻孔,然后分别采用钻孔窥视仪进行内部窥视并保留柱状图,以观测采空区充填后随时间推进充填体与煤体间的稳定性,以及充填体随工作面推进其内部的稳定性。

钻孔布置位置及要求:在小煤矿采空区 A 和采空区 B 充填体外侧 B1、B2 观测点分别向充填体内斜上方钻出直径为 37 mm 的钻孔,钻孔与水平夹角大于 70°,从采空区 B 外侧向采空区内钻横向钻孔,钻孔角度为 20°～30°,在观测点 A1、A2 处巷道顶板向上钻垂直顶板钻孔,以上测点分别钻两个钻孔,以防止在观测过程中钻孔塌孔。

观测频率:只要保持钻孔不塌孔,每两天采集一次。

(4) 充填体力学性能观测

取芯要求:采用取样钻头对采空区 C 和 D 进行钻孔取样,获取每个充填体岩芯长度不小于 100 mm,每个采空区至少取 3 个岩芯,取出的充填体试样送实验室检验其相关力学性能。

3. 辅助工程

为保证观测人员的安全,需要对从 B909 主要运输巷与小煤矿巷道交叉口至小煤矿采空区 B 出口和小煤矿采空区 A 出口范围进行加强支护,加强支护方式采用液压单体支柱点柱支护,液压单体支柱沿小煤矿采空区巷道两帮进行加强支护,单体支柱间距为 1 m。

6.4.6.2　矿压观测结果及分析

根据矿压观测设计,项目组分别在 B909 主要运输巷和小煤矿采空区二联巷内布置机械式顶板离层指示仪、表面位移计和电子式顶板离层指示仪。在 A、B 充填区域外侧布置钻孔窥视观测点。在 C、D 充填区域布置充填体取芯点。观测结果如图 6-168～图 6-177 所示。

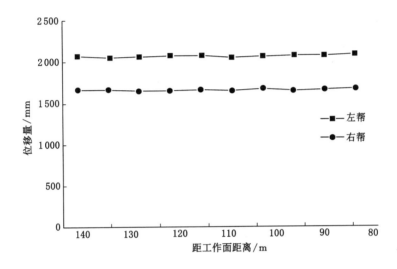

图 6-168　A1 点小煤矿巷道表面位移变化图

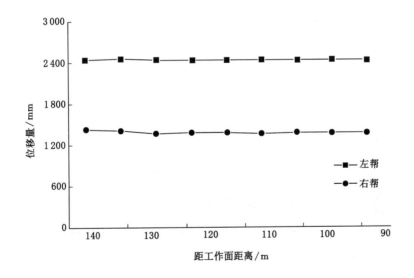

图 6-169　A2 点小煤矿巷道表面位移变化图

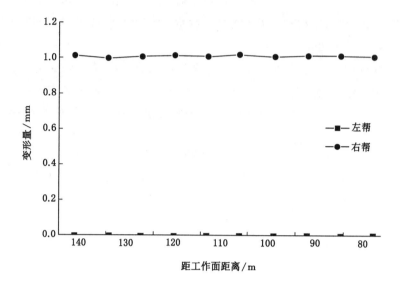

图 6-170　A1 点小煤矿巷道顶板离层变化图

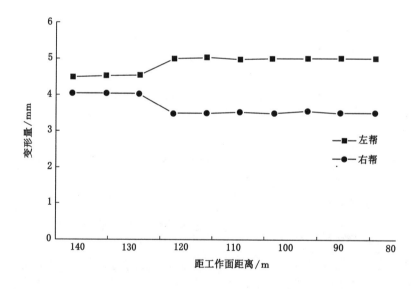

图 6-171　A2 点小煤矿巷道顶板离层变化图

根据以上观测结果得出如下结论：

（1）井工二矿 9# 煤小煤矿充填区域原有巷道非常稳定,综合机械式和电子式观测仪器结果,小煤矿巷道表面位移和顶板离层都没有多少变化,其中,电子式顶板离层指示仪由于敏感度高,数据发生波动比较大,但是数据都比较小,变化没有超过 2 mm。在现场实际回采中,工作面内揭露的未处理的小煤矿采空区巷道只有顶板发生少许变形,巷道两帮依然保持稳定。

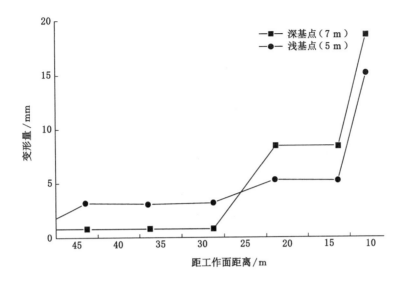

图 6-172　A3 点主要运输巷顶板离层变化图

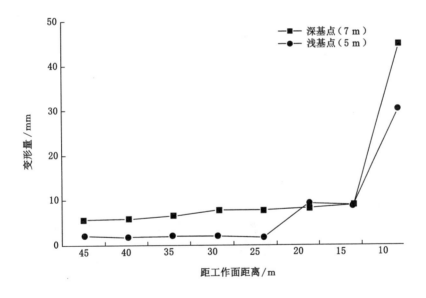

图 6-173　A4 点主要运输巷顶板离层变化图

（2）B909 工作面主要运输巷距离小煤矿充填区域最小距离为 40 m，在工作面推进过小煤矿充填区域时，主要运输巷内观测点观测数据和现场实际观测巷道顶板、煤帮都没有发生异常变化，根据正常巷道观测点 A4 点和小煤矿采空区附近巷道观测点 A3 点比较，在与工作面距离相同的情况下，A4 点的变化值比 A3 点的还高。这说明小煤矿充填区域主要运输巷和正常工作面巷道相比是稳定的，或者说在距离小煤矿充填区域 40 m 以上位置上，小煤矿充填区域对工作面主要巷道没有产生影响。

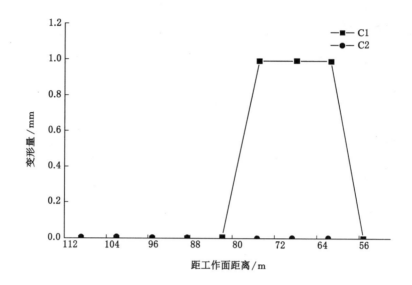

图 6-174　C 点小煤矿巷道顶板离层变化图

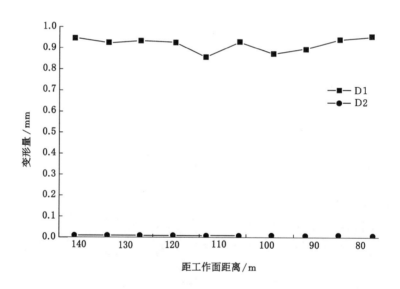

图 6-175　D 点小煤矿巷道顶板离层变化图

（3）根据钻孔窥视仪观测小煤矿采空区周围实体煤和实体煤与充填材料交界处，都没有发现大的裂隙。这首先说明冒落以后小煤矿采空区周围实体煤是稳定的，在没有充填处理前如果没有附加应力等因素的影响，会在较长时间内保持稳定。而充填处理后由于在一定范围内充填体和实体煤形成三维应力状态，所以充填处理后的小煤矿采空区更加稳定，根据工作面回采现场观测，即使在工作面超前压力影响下依然保持稳定。其次说明注浆充填材料与小煤矿采空区周围实体煤胶结良好，与实体煤形成了整体结构，保持小煤矿充填区域的稳定。充填材料与实体煤胶结界面现场实拍照片如图 6-178 所示。

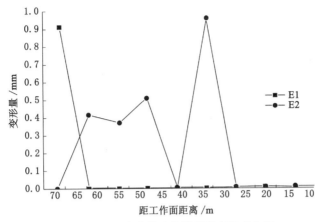

图 6-176　E 点小煤矿巷道顶板离层变化图

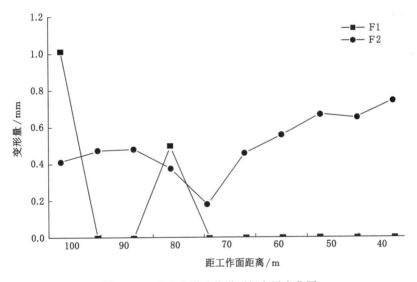

图 6-177　F 点小煤矿巷道顶板离层变化图

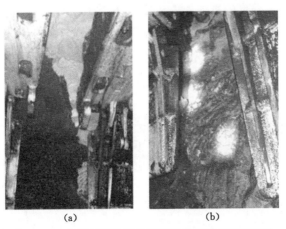

图 6-178　充填材料与实体煤胶结界面现场实拍照片

(a) 瑞米密闭 1 号；(b) 发泡水泥

本章参考文献

[1] 白向东.复采综放工作面下覆开拓大巷安全控制技术[J].中国煤炭,2013,39(11):72-75.

[2] 包海玲,孟益平,巫绪涛,等.深部倾斜巷道变形机理的数值模拟[J].合肥工业大学学报(自然科学版),2012,35(5):673-677.

[3] 毕业武,蒲文龙.深部高应力巷道大变形机理与控制对策[J].辽宁工程技术大学学报(自然科学版),2014,33(10):1321-1325.

[4] 陈晓祥,杜贝举,王雷超,等.综放面动压回采巷道帮部大变形控制机理及应用[J].岩土工程学报,2016,38(3):460-467.

[5] 陈晓祥,付东辉,王雷超.变宽沿空窄煤柱巷道围岩变形机理及控制技术研究[J].河南理工大学学报(自然科学版),2015,34(6):764-769.

[6] 邓保平,王宏伟,姜耀东,等.煤层破坏区工作面复采数值分析[J].煤炭工程,2013,45(7):72-75.

[7] 杜少华,余伟健,冯涛,等.高应力节理软岩巷道变形特征及其变形机理[J].矿业工程研究,2015,30(3):19-25.

[8] 樊怀仁,巨天乙,谷栓成,等.软岩巷道底膨变形机理及防治[J].河北煤炭,1995(2):25-28.

[9] 范宗福,马文林,陈宗湘.高原软岩巷道变形机理及支护实践[J].煤炭技术,2014,33(12):84-86.

[10] 方新秋,赵俊杰,洪木银.深井破碎围岩巷道变形机理及控制研究[J].采矿与安全工程学报,2012,29(1):1-7.

[11] 冯利民,黄玉东,张得现,等.高应力软岩巷道围岩变形机理及支护技术研究[J].煤炭工程,2014,46(9):86-88.

[12] 冯清.软岩巷道变形机理及测试技术研究[J].中国矿业,2010,19(8):76-79.

[13] 高平.回风顺槽巷道变形的机理分析及其治理[J].山西煤炭,2012,32(11):68-69.

[14] 公为梅,蔡辉,刘进晓.星村矿千米深井穿层岩巷变形机理及其支护技术研究[J].煤矿开采,2013,18(2):52-54,70.

[15] 龚真鹏.提高小窑破坏区综放工作面煤炭回收率的研究与实践[J].煤炭工程,2013,45(8):60-62.

[16] 顾士亮.软岩动压巷道围岩稳定性原理及控制技术研究[J].能源技术与管理,2004,29(4):15-17,38.

[17] 郭新红.小煤窑破坏区浅埋藏煤层的复采技术研究[J].能源与节能,2014(2):145-147.

[18] 郭修杰,赵仁乐,杨永杰.低强度泥化软岩巷道变形机理及支护技术[J].中国煤炭,2014,40(9):45-48.

[19] 郭占峰.小窑破坏区复采工作面应力分布特征模拟分析[J].山东工业技术,2016(17):75-76.

[20] 郭志飚,李二强,张跃林,等.南山煤矿构造应力区软岩巷道变形破坏机理研究[J].采矿与安全工程学报,2015,32(2):267-272.

[21] 郭志飚,王炯,张跃林,等.清水矿深部软岩巷道破坏机理及恒阻大变形控制对策[J].采矿与安全工程学报,2014,31(6):945-949.

[22] 韩航波,崔英哲,陈少杰.建新煤矿巷道变形机理及控制研究[J].中州煤炭,2014(2):4-6,23.

[23] 胡文广.高水平应力软岩巷道围岩变形机理研究[J].煤炭与化工,2014,37(6):66-68.

[24] 黄庆享,刘玉卫.高地应力软岩巷道变形机理与对策[J].陕西煤炭,2009,28(2):1-3,6.

[25] 黄万朋,王龙蛟,张阳阳,等.深部巷道非对称变形与围岩强度及空间结构关系[J].煤矿安全,2014,45(10):39-42.

[26] 姬书强.半煤岩巷道围岩变形机理及控制技术研究[J].煤,2013,22(6):18-20.

[27] 贾文明.深矿井回采巷道围岩变形机理与支护设计[J].煤炭技术,2016,35(7):65-68.

[28] 姜守俊.采矿巷道围岩变形机理的初步研究[J].矿业快报,2008,24(11):12-14.

[29] 颉尚武,王帆.复采工作面支架回撤期间正压通风防灭火技术[J].煤矿安全,2014,45(4):138-140.

[30] 金淦,王连国,李兆霖,等.深部半煤岩回采巷道变形破坏机理及支护对策研究[J].采矿与安全工程学报,2015,32(6):963-967.

[31] 经来旺,朱天义,董继华,等.深层松软煤层巷道帮部围岩变形机理与支护技术[J].煤矿安全,2015,46(11):219-222.

[32] 李刚.复采综掘面临时支护系统的应用与研究[J].煤矿机械,2015,36(3):195-198.

[33] 李国富.高应力软岩巷道变形破坏机理与控制技术研究[J].矿山压力与顶板管理,2003,20(2):50-52,118.

[34] 李瑞华.李粮店煤矿巷道围岩变形机理及支护研究[J].江西建材,2014(21):222.

[35] 李廷春,吕学安,刘培海,等.大埋深跨采巷道变形机理分析[J].山东科技大学学报(自然科学版),2014,33(6):40-45.

[36] 李中伟,张剑,王挺,等.深部松软煤层动压巷道变形机理与支护技术研究[J].煤炭科学技术,2015,43(11):16-21.

[37] 李中伟,张宁,白建民.深部平行大断层巷道变形机理及支护技术研究[J].煤矿开采,2015,20(6):56-59.

[38] 梁时楷.高应力软岩巷道支护压力及变形破坏机理的研究[J].江西煤炭科技,2009(3):142-144.

[39] 刘安国,张义德,孙志猛,等.小煤矿严重破坏区"综放复采"收尾及回撤顶板控制技术[J].中州煤炭,2016(1):78-80,84.

[40] 刘东星,祁乐,李磊.软岩巷道底鼓变形机理与治理技术研究[J].煤炭技术,2015,34(9):106-108.

[41] 刘会彬,何万盈,姜波.蒋家河煤矿综放工作面巷道变形机理分析[J].煤炭技术,2016,35(1):54-57.

[42] 刘建庄,张国安,刘树弟,等.泥质软岩巷道变形机理与控制对策[J].煤矿安全,2013,44 (7):202-204.

[43] 马富君.工程软岩巷道变形机理分析和支护修复方案设计[J].煤炭与化工,2015,38 (9):79-81.

[44] 马江军.软岩巷道变形机理分析及控制[J].山东煤炭科技,2003(6):43-45.

[45] 马龙涛.巷道变形机理分析与支护参数优化研究[J].煤炭科学技术,2016,44(增刊1): 55-57.

[46] 孟鑫,肖福坤,段立群.深部巷道围岩耦合变形机理研究[J].煤炭技术,2009,28(2): 163-165.

[47] 钱增江,戚春前,朱斌.超千米埋深巷道淋水水源及变形机理分析[J].煤矿开采,2012, 17(3):66-69.

[48] 韶明阳.软岩巷道变形机理及支护技术[J].山东煤炭科技,2016(2):56-59.

[49] 宋俊生,丁国利,张小强,等.破碎软岩巷道变形机理及锚注控制技术研究[J].山西煤 炭,2014,34(8):13-16.

[50] 孙柏成.不稳定采空区域巷道变形机理和支护的对策及应用[J].价值工程,2016,35 (7):150-151.

[51] 孙小康,王连国,朱俊波.煤层破坏区残采底板巷道布置与支护[J].煤炭工程,2014,46 (4):10-13.

[52] 孙晓明,王冬,徐慧臣,等.北皂煤矿海域软岩巷道变形特征及机理分析[J].煤炭科技, 2014(3):26-31.

[53] 孙玉亮,冯朝朝,周健,等.山体下特厚软岩巷道变形机理及其控制技术[J].辽宁工程技 术大学学报(自然科学版),2014,33(6):773-777.

[54] 汤桦.深井软岩巷道大变形机理及控制技术[J].煤矿安全,2013,44(6):66-69.

[55] 陶永峰.回采巷道变形机理及其控制技术探究[J].能源与节能,2015(2):161-162.

[56] 王红伟,伍永平.倾斜煤层软岩巷道非对称变形机理分析[J].陕西煤炭,2013,32(5): 1-4.

[57] 王宏伟,姜耀东,邓保平,等.工作面动压影响下老窑破坏区煤柱应力状态研究[J].岩石 力学与工程学报,2014,33(10):2056-2063.

[58] 王晶军.巴鲁巴铜矿中央运输巷道变形机理及支护优化研究[J].矿冶,2015,24(2): 24-27.

[59] 王静.水化作用对软岩巷道变形影响的数值模拟[J].煤矿安全,2010,41(7):74-76,80.

[60] 王俊光,梁冰,鲁秀生,等.油页岩矿松软破碎围岩巷道变形机理及控制技术[J].煤炭学 报,2010,35(4):546-550.

[61] 王鹏.保德煤矿回采巷道顶板变形机理研究[J].煤炭工程,2016,48(增刊1):82-85.

[62] 王卫军,侯朝炯.急倾斜煤层放顶煤顶煤破碎与放煤巷道变形机理分析[J].岩土工程学 报,2001,23(5):623-626.

[63] 王昕,翁明月.特厚煤层小煤矿采空区探测与充填复采技术[J].煤炭科学技术,2012,40

(10):41-44,48.

[64] 王新杰,卜万奎,徐慧.大倾角煤层巷道变形机理与支护控制研究[J].煤矿机械,2015, 36(6):83-86.

[65] 王元峰,刘磊.浅埋软岩巷道变形机理数值模拟分析[J].信息系统工程,2012(9): 144-147.

[66] 魏垂胜,刘二层,白克新.车集煤矿 28 采区巷道变形机理分析及其支护[J].现代矿业, 2012,27(9):137-138,140.

[67] 文志杰,朱永鹏,刘崇凌.中厚煤层回采巷道变形机理及其力学模型建立[J].解放军理 工大学学报(自然科学版),2009,10(6):615-617.

[68] 吴锐,徐金海,王中亮,等.小煤矿破坏区关键承载层的构建机理与应用[J].金属矿山, 2014(8):148-152.

[69] 伍永平,王超,李慕平,等.煤矿软岩巷道顶底板剪切变形破坏机理[J].西安科技大学学 报,2007,27(4):539-543.

[70] 武建军.小窑破坏区复采工作面回采巷道支护技术与实践[J].科技与创新,2016(18): 118-120.

[71] 息金波,杨光.小煤矿采空区遗煤复采技术研究[J].煤炭工程,2015,47(9):11-14.

[72] 薛小强,陈臻林.软岩巷道变形破坏机理及其支护对策[J].煤炭技术,2014,33(11): 118-120.

[73] 杨本生,高斌,贾永丰,等.亨健矿回采巷道围岩变形机理及耦合支护技术研究[J].煤炭 工程,2015,47(5):33-35,38.

[74] 杨晓杰,娄浩朋,崔楠,等.软岩巷道大变形机理及支护研究[J].煤炭科学技术,2015,43 (9):1-6.

[75] 杨永刚,张海燕,甘犬财.深井高地压沿空巷道围岩变形机理与支护技术研究[J].煤炭 工程,2012,44(6):76-79.

[76] 杨占国,顾进恒.零内错回采巷道围岩变形机理及控制研究[J].煤炭技术,2014,33 (10):134-136.

[77] 姚成松,于相坤,刘敏.软岩回采巷道变形机理分析研究[J].山东煤炭科技,2014(9): 12-13.

[78] 于洋,神文龙,高杰.极近距离煤层下位巷道变形机理及控制[J].采矿与安全工程学报, 2016,33(1):49-55.

[79] 翟新献,李化敏,卢喜庸,等.深部巷道围岩变形机理及对策[J].煤矿设计,1995(2): 7-10.

[80] 张安临.厚煤层群底板跨采巷道围岩变形机理分析[J].能源技术与管理,2008,33(2): 19-21.

[81] 张德栋.大雁二矿高应力软岩巷道底臌变形机理与支护的研究与实践[J].煤炭工程, 2008,40(10):62-64.

[82] 张冬.小窑旧巷柱式采空区复采可行性数值分析[J].矿业研究与开发,2014,34(6):

23-25,52.

[83] 张广超,何富连.千米深井巷道围岩变形破坏机理与支护技术[J].煤矿开采,2015,20(2):35-38,62.

[84] 张辉,雒义超,袁静.回风石门软岩巷道变形破坏机理研究[J].山东煤炭科技,2014(7):30-31,34.

[85] 张建华,翟锦,吕兆海.富水软岩巷道变形机理分析及控制技术研究[J].煤炭工程,2014,46(1):53-55.

[86] 张庆伟.高应力软岩巷道的变形破坏机理[J].焦作大学学报,2008,22(2):94-95.

[87] 赵彬,王新民,谢盛青,等.软岩巷道变形机理及支护技术探讨[J].化工矿物与加工,2008,37(9):17-21.

[88] 赵海军,马凤山,丁德民,等.采动影响下巷道变形机理与破坏模式[J].煤炭学报,2009,34(5):599-604.

[89] 赵明洲.深埋松软回采巷道变形机理及支护设计研究[J].煤矿现代化,2015(2):83-84.

[90] 赵善坤.重复采动下顶板含水巷道顶底板变形机理及控制[J].煤矿开采,2016,21(3):63-67.

[91] 赵通,弓培林,王开,等.残煤复采区域破碎软岩巷道变形机理及控制[J].矿业研究与开发,2014,34(6):17-20,60.

[92] 赵耀宙.煤柱宽度对复采工作面矿压显现的影响[J].煤炭技术,2015,34(11):21-24.

[93] 钟阳,邵力.多次动压影响巷道底鼓变形机理及控制技术[J].内蒙古煤炭经济,2014(11):121-122.

[94] 种波凯.深部软岩巷道变形机理分析及整体加固技术[J].中州煤炭,2014(12):31-32,80.

[95] 周钢,祁和钢.深部回采巷道变形机理研究[J].矿山压力与顶板管理,1999(2):16-18.

[96] 周金义,于守东,卢春风.特厚软煤层沿空巷道变形破坏机理及支护技术研究[J].中国科技信息,2010(10):82-84.

[97] 周向志.软岩巷道变形机理分析及主要对策[J].煤矿开采,2001,6(3):41-42,8.

[98] 朱俊波.房柱式采空区下底板巷道的合理布置及支护实践[J].煤矿安全,2014,45(11):122-124,128.

第7章　特大型露井协同矿区生态重构模式与技术

7.1　露井开采环境协同模式

7.1.1　露井协同开采对生态环境的影响

平朔矿区露井协同开采主要以回收露天端帮压煤为主,在露井协同模式下,露天与井工之间的相互扰动对露天边帮的破坏程度、范围,以及露天边坡下井工大巷的稳定性都有很大的影响,容易引发以下一些环境问题。

7.1.1.1　土地的破坏

露井协同开采对土地资源的破坏主要表现在露天采场的直接挖损、外排土场及工业广场压占土地和井工开采造成的地表塌陷等。挖损是对原地表形态、浅部地层、生物种群的直接摧毁,致使原土地不复存在,压占是挖损过程中产生的废弃岩土堆置于外排土场上造成原地貌功能的丧失,挖损和压占等工程活动直接破坏了表层的植被,导致这一区域原先处于相对稳定的系统受到干扰,使区域内的土地利用、植被覆盖、地貌、保水力等生态因子发生巨大的变化,占用使原有的土地利用类型变为容纳厂房、选煤场、运煤铁路、排土道路、供电线路以及排水管道等工矿用地。而地表塌陷导致耕地破坏,影响耕种;损毁建筑物,造成公路、铁路、桥梁、房屋等设施失去使用价值;破坏城镇地下市政、工程设施,损坏或切断地下管线;造成矿井报废和生命财产损失;造成山体开裂,引起崩塌等。这些因开采造成挖损、塌陷和被占用的土地,不但使自然的地形地貌遭到了破坏,而且复垦种植难度很大。

7.1.1.2　煤矸石等固体废弃物的影响

随着煤炭被大量开采,大量的煤矸石也随之产生。这些固体废弃物不但侵占了大量的农田,而且由于矸石山表层的风化和自燃,亦会污染大气环境和水环境,严重的还会引发泥石流等地质灾害。

7.1.1.3　大气污染

煤矿生产过程中会产生的大量的有毒、有害气体(如 CH_4、CO、氮氧化合物等),以及煤尘、烟尘等,不但会对矿工的健康造成损害,而且这些物质被排放到大气环境中后,还会加剧温室效应,从而对附近居民的生活环境造成严重的危害。

7.1.1.4　水环境的破坏和污染

井下开采使地下水均衡系统遭到破坏,导致部分区域地下水、地表水渗漏,造成泉水干涸、河水断流及大面积疏干漏斗引起地下水位下降和地表缺水等区域水文环境的破坏。同时煤矿地下开采过程中产生的生产、生活污水,绝大多数没有经过处理而直接排放进土壤,将对土壤及地表植被产生一定影响。生产、生活污水渗入地下或地表河流,也会造成地表水和地下水的污染。这两方面的破坏和污染都有可能严重影响矿区农牧民的生产和生活,易引发一系列经济和社会问题。

7.1.1.5 噪声污染

随着机械化程度的不断提高,大量的设备被应用于煤炭生产的各个环节,开采过程中使用的机械设备越来越多,其噪声污染越来越严重。不但污染了作业环境,而且严重影响了矿工及其附近居民的身心健康。煤矿企业的噪声污染虽没有水污染、大气污染的范围广,但其危害性确实不容忽视。

7.1.1.6 地质环境的破坏

随着露天边帮下井工开采的不断推进,由此产生的采动作用将逐渐作用于露天边帮之上,可能引起露天边帮的变形破坏,甚至产生明显的运动,引起地应力失去平衡,严重的将引发地质灾害,如地面塌陷、沉降、崩塌、滑坡、矿山地震等地质灾害。

7.1.2 露井开采环境协同模式的基本思想

为解决露井协同开采过程中带来的环境问题,提出平朔矿区露井协同模式下的环境协同理念,即在露井联采过程中协同解决开采环境危害,减少环境破坏。通过分析研究露井协同模式下生态环境破坏的诱因,结合露井协同特点建立黄土塬矿区露天剥离—造地—复垦与井工开采塌陷区复垦一体化的矿区生态重构模式。创立从生产开始到结束,即从"开发规划—再造土地—土地复垦和生态重建"全过程与生态环境协同发展的土地综合利用方式。在此基础上,研究生态脆弱露井协同区破坏土地生态环境再造技术、复垦耕地生物培肥与产能快速提高技术、复垦土地生物多样性重组模式与格局优化技术等,创建平朔矿区露井协同的生态重构模式与技术体系,实现矿区土地复垦、生态重建与资源高效利用三位一体的发展目标。

7.1.2.1 安太堡矿南端帮与井工二矿的环境协同

利用安太堡露天矿的剥离物填补井工二矿开采塌陷裂隙,减少废弃,实现资源循环利用。对沉陷、地裂缝区充填裂缝后针对不同立地条件进行植被恢复,选择适宜当地环境的植物,通过合理配置,以及高质量的整地措施和栽植技术,建设比原地貌更新、更好的植物群落,重塑生物多样性。露井协同井工塌陷区土地复垦如图 7-1 所示。

图 7-1　露井协同井工塌陷区土地复垦

7.1.2.2 安太堡矿与井工一矿的环境协同

安太堡矿与井工一矿的环境协同主要体现在结合生态系统重建总体布局,优化矿区复垦土地资源配置结构,在生态恢复基础上发展生态产业。具体实施方法为将安太堡矿剥离物填充井工一矿裂隙,并针对土地挖损采用露天剥离—造地—复垦一体化工艺,将生态恢复与产业布局结合,构建露井协同下的矿区生态产业开发新技术,建成平朔生态示范区。平朔生态示范区实拍如图 7-2 所示。

图 7-2　平朔生态示范区实拍图

7.1.2.3　安太堡矿与井工四矿的环境协同

　　安太堡矿与井工四矿的环境协同体现在采用露天剥离—造地—复垦一体化工艺及露天剥离物充填井工裂隙技术,实现了资源的循环利用,减少了土地挖损和环境破坏;同时实现了从生产开始到结束,即从"开发规划—再造土地—土地复垦和生态重建"全过程与生态环境协同发展的土地综合利用方式。在土地复垦、恢复生态多样性的同时,建设森林公园,让旅游者从中了解生态学知识,感悟人工在重新塑造自然方面的神奇并从中获取乐趣。通过安太堡矿与井工四矿的环境协同,形成国家级矿区土地复垦与生态重建示范基地,如图 7-3 所示。

图 7-3　国家级矿区土地复垦与生态重建示范基地

7.2　井工塌陷区的土地复垦与生态重建技术

7.2.1　井工塌陷区的生态恢复设计规划

7.2.1.1　井工塌陷区的生态恢复设计规划总目标

　　采煤塌陷会导致土壤中的营养物质在外应力(重力、风力等)的作用下向下迁移,有机质和养分在塌陷地中从上坡到塌陷中心逐渐升高。同时,塌陷盆地土壤中许多营养元素会随着裂缝、地表径流流入采空区或洼地,造成许多地方土壤养分的短缺,从而严重影响植被的生长。因此,井工塌陷区的生态恢复总体目标是通过恢复或改善受塌陷区土壤养分状况,实现土地的使用功能,使其成为能满足区域可持续发展要求的生态系统。

7.2.1.2　井工塌陷区的生态恢复设计规划原则

矿区生态系统是一个复杂的社会-经济-自然复合生态系统。因此,进行矿区生态修复规划,既要研究三个生态要素,又要遵循复合系统的自然规律,即在生态补偿的基础上,实行"宜农则农、宜林则林、宜渔则渔、宜建则建"的多层次、多元化开发的基本规划,同时遵循因地制宜和资源有效配置,人工和自然生态系统协调,近期规划与远景规划结合,生态、社会和经济效益共赢,以及整体调节和局部控制同步的原则。具体说就是要坚持因地制宜、可持续和综合效益的原则。

坚持因地制宜原则:根据塌陷地的破坏特征及所在地区的自然、社会、经济条件,按照土地适宜性评价的结果,合理安排各类用地,使复垦土地发挥最大效益。

坚持可持续原则:以可持续发展为基础,立足于土地资源的持续利用和生态环境的改善,变废弃为可利用,达到永续利用。

坚持综合效益原则:土地复垦追求的目标是融社会、经济和生态效益为一体的综合效益最优,谋求社会、经济、生态效益的统一。

7.2.1.3　井工塌陷区的生态恢复模式

井工塌陷区的生态恢复模式主要依据塌陷地破坏特征、生态恢复技术水平和区域可持续发展需求三方面进行确定,其中采煤塌陷地的破坏特征及生态恢复技术水平决定了塌陷地生态恢复的可能性和可能模式,是确定土地生态恢复模式的基础,区域可持续发展需求在生态恢复技术可能性的基础上,确定采煤塌陷地土地最合适的单一或综合土地利用类型。采煤塌陷地土地生态恢复模式确定其一般步骤是:首先,在认识采煤塌陷地破坏特征的基础上,确定基于采煤塌陷地破坏特征的生态恢复模式;其次,根据目前的生态恢复技术水平,确定塌陷地生态恢复技术模式;最后,从区域可持续发展需求出发,确定基于生态恢复目标的土地利用类型生态恢复模式。井工塌陷区生态恢复模式确定的一般步骤如图 7-4 所示。

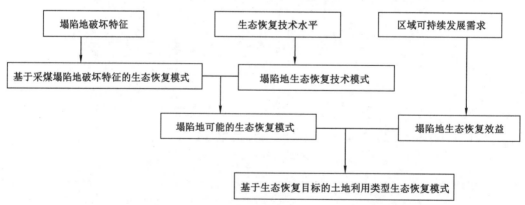

图 7-4　井工塌陷区生态恢复模式确定的一般步骤

根据塌陷地生态恢复模式的内容,把塌陷地生态恢复模式分为两大类型:单一型和综合型。单一型是指分别以塌陷地破坏特征、生态恢复技术和生态恢复土地用途为内容的生态恢复模式。单一型有三大类:基于塌陷地特征的生态恢复模式、塌陷地生态恢复技术模式和塌陷地生态恢复土地用途模式。根据采煤塌陷地的稳定性特征、生态恢复所用的工程技术及生态恢复土地用途,进一步将生态恢复模式分为六种类型。综合型是指综合上述三个方面的生态恢复模式,是基于单一型六种类型的基础上,结合实际情况,综合而成的六种类型。
井工塌陷地生态恢复模式分类体系如图 7-5 所示。

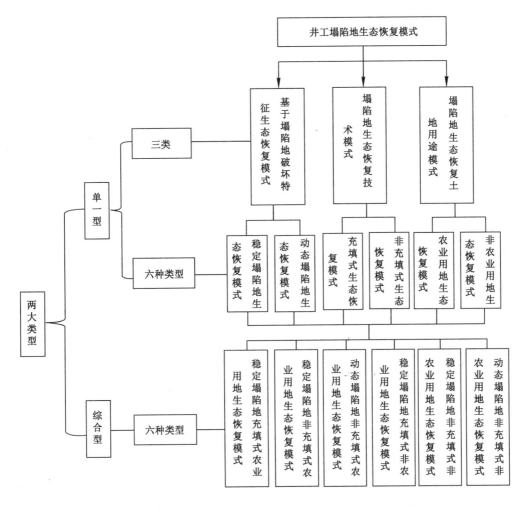

图 7-5　井工塌陷地生态恢复模式分类体系

7.2.1.4　平朔矿区井工塌陷区生态恢复设计方案

平朔矿区井工塌陷区的生态恢复设计主要根据其复垦土地用途以及塌陷地的稳定性特
征,分三种类型进行生态恢复设计。

1. 井工塌陷区耕地生态恢复设计

本地区农田栽培植被受温热条件的限制,均为一年一熟制农业。可种植谷子、大豆、燕
麦、马铃薯等高产作物,应推广高地种植技术,如燕麦间作马铃薯,马铃薯间作豆类,以发挥
能源多级利用。

2. 井工塌陷区林地生态恢复设计

塌陷区林地大部分为重度破坏的地区,重度沉陷区严重损害了地面土壤、水体、植被等
土地环境基本因素,影响了林木(小叶杨林)的正常生长。重度沉陷区裂缝深、宽度大、裂缝
间隔小,对土地的原有条件破坏较大,大大增加了充填裂缝的土方工程量。重度沉陷区每公

顷充填裂缝的土方量是中度沉陷区的 4 倍,是轻度沉陷区的 19 倍。特别是严重沉陷区,坡度较大时需进行梯田整治,梯田整治难度大,必须采取机械治理工艺。

机械治理后根据矿区所处的地理位置及气候、立地条件等因素,主要考虑种植适应能力强、有固氮能力、根系发达、有较高生长速度、播种种植较容易、成活率高的树种进行补植。

3. 井工塌陷区草地生态恢复设计

对沉陷、地裂缝区草地充填裂缝后,紧接着恢复植被。针对该地区的不同土地条件,选择适宜当地环境的草种,通过合理配置,以及高质量的整地措施和栽植技术,建设比原地貌更新更好的植物群落。为改良沉陷区草地,对草地进行人工补播,选用草籽为紫花苜蓿。对补播地段进行松土,清除有毒有害杂草,待雨季补播草籽。补播地段应禁止放牧;禁牧期间可以刈割利用,刈割最佳期为初花期,留茬高度为 5～7 cm。

7.2.2 井工塌陷区的土地复垦工程技术

7.2.2.1 工程技术措施

1. 塌陷裂缝带填充措施

井工煤矿塌陷区裂缝的填充是井工煤矿土地复垦治理措施的关键,根据 1994 年 4 月山西土地复垦领导审议通过的《山西省工矿企业土地损毁状况调查技术规程》(实行)提出的采煤塌陷土地程度分级标准,确定地表裂缝参考标准,如表 7-1 所列。

表 7-1   采煤沉陷区地表裂缝参考标准

等级	地表裂缝		下沉 /mm	耕作条件	减产情况
	宽度 d/mm	间距 d/m			
轻度	<100	>50	不明显	整治后可正常工作	<10%,不明显
中度	100～300	30～50	<500	整治后尚可耕作	10%～30%,稍有影响
重度	>300	<30	>500	整治难度大,不能正常工作	>30%,明显减产

塌陷裂缝带主要通过填充的方法进行处理,填充方式包括直接填充和开膛式填充两种。宽度小于 0.3 m 的中小裂缝可在平整土地过程中采用直接填充法进行填充,将土直接填于裂缝里并夯实。在低于开采工作面标高 0.3 m,甚至比 0.3 m 更多的塌陷地和裂缝应进行裂缝覆盖,这类裂缝破坏程度较严重,裂缝穿透土层,需采用开膛式填充,用矸石去填堵裂缝的孔洞,再用表层熟土进行覆盖、平整,以减小雨水侵蚀,减轻水土流失。

以安太堡矿井工二矿为例,由于露井协同开采区下的井工开采分两个时段进行,分别为 B401～B409 工作面和 B901～B909 工作面。地表也会出现多次重复塌陷,各次塌陷的时间间隔随矿井开拓规划而长短不一。这种非稳定塌陷地在每次塌陷活跃期(1～2 a)结束之后,再安排阶段性治理。阶段性治理措施以采用露天剥离物充填塌陷裂缝为主要措施。当矿区开采完毕后,采取机械治理的方式对矿区土地进行大规模的土地平整。因此,在井工二矿复垦过程中,当 B401～B409 工作面开采完毕后先进行裂缝填充,B901～B909 工作面开采完毕后再次进行裂缝填充。待沉陷稳定后再采用大规模稳定塌陷地机械治理工艺进行土地统一治理。对矿区内沉陷程度较轻,沉陷后地形坡度≤7°的耕地,仅对地表进行土地平整;对矿区内沉陷程度较严重,沉陷后地形坡度>7°的耕地,沿等高线修筑梯田。

裂缝带充填过程中,就近选取露天排土场中存放的露天剥离物作为土源,用机械或人工挖方取土,用机动车或人力车装运至充填地点附近堆放。再由堆放点用机动车或手推车取土对沉陷裂缝进行填充,在充填部位覆盖耕层土壤。对于还未稳定的沉陷区域,应略比周围田面高出 5～10 cm,待其稳定沉实后可与周围田面基本齐平;在充填裂缝距地表 1 m 左右时,每隔 0.3 m 左右分层应用木杠或夯石分层捣实,直至与地面平齐。由于黄土区土壤风化较强烈,上下层土壤的养分含量差异较小。因此,在裂缝充填时可直接覆盖,但尽量将原耕层土壤充填在表面,充填的黄土应略比周围田面高出 5～10 cm,使其沉实后与其他田面齐平。根据井工二矿采煤及土地破坏的特点,为防止裂缝长时间滞留,排土场裂缝及时充填,原地貌自然裂缝区根据沉陷预测的三个阶段分别进行充填。第一阶段为 B401～B409 采动工作面采掘以后;第二阶段为 B401～B409、B900～B909 采掘工作面采掘以后;第三阶段为 B401～B409、B900～B915 工作面采掘以后。

2. 采煤沉陷区平整措施

根据我国矿山土地复垦技术规范和当地地貌类型,耕地覆土后场地平整,水浇地时,坡度一般不超过 3°,旱地地面坡度一般不超过 5°。因此,小于 5°沉陷区旱地的复垦工程措施主要为表土剥离、土地平整、充填裂缝和表土回覆;大于或等于 5°的沉陷区旱地的复垦工程措施主要为表土剥离、土地平整、充填裂缝、表土回覆和田坎砌筑工程。针对矿区具体情况,平整土地工程主要是指采用机械作业和人工挖方取土结合的方式进行填挖平衡,消除因开采塌陷造成的地表附加坡度,使各地块的地面坡度保持在规定的标准内。土地平整往往以地形图为工作图,通过地形测量,补测沉陷区内一些重要的地面高程,并通过内插法对等高线进行加密,根据地形图的比例尺、土方量计算精度要求来计算土方量。对地面高差不大的田块,可结合耕作,有计划地移高垫低,逐年达到平整。对于需要深挖高填的地块,采用推土机、铲运机、平地机等利用机械作业的方法进行平整。施工工艺采用分段取土、抽槽取土、过渡推土等方法,选用哪种工艺方法根据具体采用的机械类型和实际地形而定。在平整后再进行耕翻以解决机械碾压造成的土壤板结问题。受开采的影响,矿区地形破碎,方案实施过程中一般采取分区灌溉的方法,根据具体地形采用高水高排、低水低排的方式统一布局排灌系统。

不同破坏土地平整方法各不相同,井工二矿土地平整的施工拟采用全铲法。全铲法是一种主要依靠机械进行土地平整的方法,在具体操作时,把设计地面线以上的土一次挖去,起高垫低。这种方法适于机械平整,工效高。

土地平整主要是消除开采沉陷产生的附加坡度。根据矿区内原地形高程与沉陷深度进行叠加,得出沉陷后高程图,从而得出沉陷后土地坡度分布图。根据项目区土地沉陷的特点,附加倾角 $\triangle a$ 取 4。根据公式 $p=333.3 \tan \triangle a$ 计算土地平整土方量。种植土地平整土方量见表 7-2。

表 7-2　　　　　　　　　　　　　土地平整土方量表

	面积/亩	$\triangle a$	$\tan \triangle a$	每亩平整土方量/m³	总计/m³
露井协同开采区	5 649	4	0.066 9	22.3	125 973

注:1 亩≈666.7 m²。

3. 梯田式整地

由于矿区位于丘陵区,并且地面沉陷形成高低不平的地貌。地面坡度较大时,可沿地形等高线修正成梯田,并略向内倾以拦水保墒,土地利用时可布设成农林相间,耕作时采用等高耕作,以利于水土保护。梯田设计以原地貌为基础,并考虑工程量经济合理。

(1)梯田施工

按照梯田施工设计图,应用测量放线方法在现场放出每个地块的开挖零线、开挖边线、填方边线和坝顶高程。对于坡陡田面窄的梯田采用中间推土法。其主要工序包括堆积耕层土于设计的两田埂中间、切垫底层土及覆盖表土三个步骤。中间推土法示意图见图7-6。对于坡缓田面宽的梯田可采用条带法。其施工顺序为间隔条带剥离堆放表土,再进行底土平整(图7-7中1、3、5条带),待底土平整完后将2、4条带堆存的表土覆盖于1、3、5条带上,依同样的方法可修筑2、4、6条带。条带法施工示意图见图7-7。用铲车、推土机和运输车辆相配合进行施工。用铲车、推土机和运输车辆相配合进行施工。

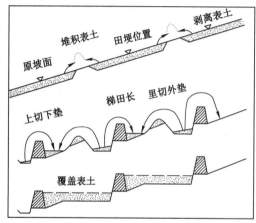

图7-6　中间推土法示意图　　　　　图7-7　条带法施工示意图

按设计要求修筑梯田地坎。筑坝时的土壤以手捏成土团自由落地碎开为修筑梯田的最佳的土壤湿度。通过修筑梯田,力求使距棱坝外侧40~60 cm内的土壤干密度达到1.4 t/m³以上。因梯田外侧填方部位一般会有一定沉陷,同时也考虑到梯田的盖水保肥要求,应将推平的梯田面修整为外高里低的内倾式逆坡,坡度为1°~3°;并于棱坎顶部筑一拦水埂,其顶宽为25 cm左右,埂高为20 cm左右。应用机械推平后的梯田挖、填部位土体的松紧不一,故整地之后应进行深翻,以达到保墒的要求。深翻深度为0.5 m左右。

(2)修筑梯田土方量计算(表7-3)

表7-3　　　　　　　　　　　　　　　　修筑梯田工程量计算表

沉陷后坡度/(°)	面积/m²	H/m	亩均土方量/m³	总土方量/m³
>7~10	628.11	2	166.6	104 643.64
>10~12	137.88	2.3	191.59	26 416.14
>12~15	30.66	2.5	208.25	6 384.62
总计	796.65			137 444.40

设 B 为梯田田面净宽，H 为梯田田坎高度，L 为单位面积梯田长度，则梯田单位面积土方量可根据公式 $V=1/8\ BHL$ 进行计算。根据矿区地形的起伏变化和当地种植作物的实际情况，用 E 表示原地面坡角，当 $7°<E\leqslant10°$ 时，$H=2.0$ m；当 $10°<E\leqslant12°$ 时，$H=2.3$ m；当 $12°<E\leqslant15°$ 时，$H=2.5$ m。

7.2.2.2　生物化学措施

土壤中微生物通过分解土壤中的原有物质而增加土壤中有机质含量，从而提高土壤质量的措施，叫作生物化学措施。生物化学措施包括使用根系发达的豆科植物，以及在土壤中人为添加微生物。

根据矿区土壤状况，煤矿开采加重土壤结构破坏和土壤有机质的流失。对适宜性评价中宜耕的区域进行土壤改良，以恢复和提高土壤质量，增加土壤养分和有机质含量，改良土壤性状，改善作物耕作条件。土壤改良方法可选取土壤培肥的方式涵养土壤。

（1）人工施肥。研究区多为栗褐土，土壤中普遍缺少有机质，因此需要在进行土地复垦时，在土壤中添加含有较多有机物和无机物成分的物质，从而改良土壤形状，提高土地肥力。人工培肥的方法较易操作，市场上相应的肥料也较多。

（2）绿肥法。绿肥是由当作肥料的绿色植物沤制而成，其具有养分充足的特性，是一种增辟肥源的途径，在改善土壤质量、增强土地产量方面独具意义。研究区旱地区域表层土壤有机质含量较低，研究采取客土覆盖的方法来达到复垦需要。绿肥的主要植物有豆科植物和非豆科植物，绿肥作物有机质丰富，并且还有多种用途。例如，绿肥可作蓄养牲畜的饲料，发展畜牧业，而畜粪又可肥田，互相促进，同时，还可用于发酵沼气。

（3）耕作方式的不同也会影响土壤质量的改良。不同科属的植物播种方式不同，轮作、间作也会改变土壤结构，有力地增强了土壤性质的改善。

7.2.2.3　监测措施

为保护矿区及周围地区的地质环境，减轻和避免煤矿开采对环境的破坏，做到早分析、早预防、早治理，实现经济效益与环境效益、社会效益的可持续发展，需对矿山区及其周围的地质环境进行监测。

1. 监测对象、内容

根据矿山的实际情况，本矿山环境监测的监测对象及具体监测内容为：

（1）采空区地面塌陷监测：塌陷区面积、长度、深度、走向、破坏程度；

（2）地裂缝监测：地裂缝宽度、长度、深度、走向、破坏程度；

（3）固体废弃物监测：废弃物的年排放量、利用量、主要隐患、占地面积；

（4）废水排放监测：废水排放量、废水有害物质、处理方式、废水流向；

（5）地下水监测：地下水水质、水量；

（6）地表水监测：地表水水质、水位；

2. 监测方法

（1）采空塌陷监测

针对矿区产生地面、道路、沉降的监测方法为：监测仪器为 DS05 型水准仪，监测方法采用闭合环和导线网等形式，测量精度达到三级。在每一个监测点埋设基石或基柱作为固定测点，可建立相对独立的测量系统。记录监测点与固定点的高差，用经纬仪测量电线塔（杆）的倾斜度，判断变形趋势及规模。

（2）地裂缝监测

对矿区采空塌陷影响范围内的土地、道路裂缝可以用钢尺测量其宽度、长度，将每次测量的数值对照，可确定其水平变形趋势及速度。

（3）固体废物监测

固体废物监测主要是对临时矸石堆积场地面积、体积和重量进行测量，结合矿山生产记录统计其年产出量、利用量，并对煤矸石有害成分进行检测。

（4）地下水、地表水监测

水质监测样品的采集、保存与分析测试，采用《水质采样技术规程》（SL 187—1996）、《水和废水监测分析方法（第三版）》以及相关水质分析方法标准规定的方法。观测水位，并采取水样，对水样进行水质分析，测试项目包括 pH 值、总硬度、氨氮、硝酸盐氮、亚硝酸盐氮、挥发性酚、氟化物、硫酸盐、汞、福、铅、砷、铜、铬、锌。

7.2.3　井工塌陷区的生态重建技术

7.2.3.1　植物措施

1. 塌陷区园地、林地植物措施

生态恢复措施包括两种方案：一是对根系未受损的林区，立马保护树木，适时进行管理，包括浇水、施肥等措施，使其正常生长；二是对已枯死的树木进行人工补种。根据矿区所处的位置及气候、立地条件等因素，补植适应能力强、根系发达、有较高生长速度、种植较容易、成活率高的树种。园地、林地复垦在进行土地平整之后，开展水土保持林建设、水源涵养林建设等措施，提高整个林区的郁闭度。

2. 沉陷区草地植物措施

沉陷区草地的植物复垦主要内容是补栽受损地块。沉陷区选择抗逆性较强、固氮能力好、水土保持能力较强的首楷与草木挥作为先锋植物，补充研究区草地面积，并结合相应的管护和监测措施，改善研究区草地的植被覆盖状况。

3. 植物品种筛选

采矿破坏土地后，原植被也遭到破坏，应当筛选适当的先锋植物对复垦土地进行改良，同时要筛选适宜的适生植物作为土地复垦的物种。先锋植物是能在新复垦土地恶劣环境中生长的植物，抗性强，能抗寒、旱、风、贫瘠、盐碱，生长快，能固定大气中的氮元素，播种栽植较容易，成活率较高。引入先锋植物，可以改善矿区植物的生存环境，为适生植物和其他林木的生长提供必要的前提条件。筛选先锋植物的依据是：

（1）具有优良的水土保持作用的植物种属能减少地表径流、涵养水源，阻挡水土流失和改良土壤。

（2）具有较强的适应脆弱环境和抗逆境的能力，对于干旱、风害、冻害、瘠薄、盐碱等不良立地条件有较强的忍耐性和适宜性。

（3）生活能力强，有固氮能力，能形成稳定的植被群落。

（4）根系发达，能形成网状根固持土壤；地上部分生长迅速，枝叶茂盛，能尽快和尽可能时间长地覆盖地面，有效阻止风蚀；能较快形成松软的枯枝落叶层，提高土壤的保水保肥能力。

实际中需要根据矿区植被恢复和重建场所最突出的问题，把某些条件作为选择先锋植物的主要条件。在选择适生植物时,一般选择矿区天然生长的乡土植物。这些乡土植物比较容易适应复垦土地的生长环境,并能保持正常的生长发育,维持生态环境的稳定。

7.2.3.2　管护措施

为了保证矿区内植树的成活率和郁闭度,对矿区的林地采取管护措施。林地管护的内容包括定期观察林木的生长情况,根据林木的生长情况,定期施肥、灌水、喷洒农药,确保林木正常生长。加强护林管理,减少人为侵害,煤矿应安排专人专款进行林地抚育管理。

草地管护的内容主要包括松土补种,中耕培土以及病虫害防治等。草地出苗后雨季可适当施肥,为防止杂草侵入,苗期要进行除草,以便苗粗苗壮,安全过冬,对缺苗地块进行补播。补播的牧草要求质量与周围正常生长的牧草一致,保持绿化的整齐性。

1. 灌水除草

造林后,及时灌水 2~3 次,一般为一周浇灌一次,成活后半月浇灌一次。浇水后一两天必须检查有无裂缝、塌陷现象,一旦发现应及时培土踏实。要及时进行除草松土工作,每年穴内除草 2~3 次,防止杂草丛生。

2. 平茬复壮

平茬的开始年限和间隔年限依时间和林种而不同。一般在树木休眠期都可进行,但以早春土壤未解冻前最好。平茬方式有"片砍""花砍""带砍"等,砍时尽量降低茬口,并保持平滑不裂。其枝干风干时一般为鲜重的 50%~60%,平茬一般发枝条很多。对苗木冠形和规格也要严格要求,灌木高度应在 1 m 左右,有主干或分枝 3~6 个,根际有分枝,冠形丰满。

3. 防病虫害及施肥

防护后期林地郁闭程度较高时,喷药以防病虫害。为了改善复垦区的立地条件,需要施用农家肥、无机肥和绿肥来提高土壤肥力。改良土壤的理化性质,保证植被的正常生长。

7.3　露天矿坑区的土地复垦与生态重建技术

7.3.1　露天矿坑区的生态恢复设计规划

7.3.1.1　露天矿坑区生态系统重建目标

矿区生态重建方案是在遵循矿区环境评价和土地利用总体规划的原则、标准的基础上,融采矿规则与设计、矿区水土保持规划、土地复垦规划等为一体的综合整治方案,大大减少各子系统分散的重复投资,并能充分发挥各部门、各学科联合的群体效应,在统一目标、统一规划下攻克矿区极端生境下生态重建中的关键的、共性的技术难题,尽快实现矿区生态重建的目标。

矿区生态环境问题是各种因素相互作用的结果,矿区生态重建应以实现矿区生态全面恢复为最终目标,而单一的治理是不能达到这一目标的。尤其是在露井联采的区域更要从对过去矿区生态重建的单项生态因子的修复转向系统的综合修复与重建。这就要求与矿区生态重建有关的各种方案有良好的相容、衔接关系。具体来说,露天矿区生态重建的总体目标是在遵循矿区环境评价和土地利用总体规划的原则、标准的基础上,通过采矿规划与设计、矿区水土保持规划、土地复垦规划等为一体的综合整治方案,恢复和重塑露天矿区的地貌,恢复土壤肥力和植被,实现土地的使用功能,使其成为能满足区域可持续发展要求的生态系统。

7.3.1.2 露天矿坑区生态恢复设计

以安太堡井工一矿为例,协同开采的实施区域为井工一矿与安太堡西排土场。此区域地处低山丘陵地带,具有典型的黄土高原地貌。全区黄土分布广泛,植被覆盖少,加上区内曾受水、风强烈的侵蚀切割作用,导致地面沟壑纵横,水土流失严重,形成梁、垣等黄土高原地形景观。沟谷多呈树枝状分布,形态为"V"形或"U"形,切割深度为30~50 m。矿区内地形多样,包括高地、陡坡、缓坡、平台、沟壑、河谷等,地势起伏变化较大,生态环境系统十分脆弱,具有对环境改变敏感、对自身稳定维持的可塑性小等特点。露天开采时破坏土地面积为露天矿采场本身面积的2~11倍。由于露天开采而带来的生态环境恶化及地表植被破坏等社会问题也日益突显,严重制约着矿区的发展建设。为了正在开采矿区和今后将要开采矿区的可持续发展,尤其是能够较准确地估计和把握平朔矿区生态重建与经济发展的后果,正确地人工诱导生态最终演替方向,必须做好科学、合理的规划与设计。规划中重点考虑以下几个关系的有机结合:采排工艺与复垦工艺的结合;水土保持布局与提高水分利用效率的结合;复垦土地农林牧适宜性标准与提高土地利用水平的结合;近期复垦与中长期发展的结合;生态重建与土地复垦的结合。

1.排土场土地复垦与生态重建设计

(1)排土场景观设计目标

排土场是露天矿区最大的废弃地,也是矿区土地资源综合利用开发的主要对象。因此,在岩土运输、排弃过程中,安太堡矿区制订了以下目标:应首先将废弃地尽可能地复垦成为可利用地。在可利用地的利用过程中,前期以林业用地和牧业用地为主,中后期在自然条件及土地类型允许的前提下,根据市场需求,进行用地结构调整。为保证重建生态系统的景观稳定,调整后的用地结构,平台林牧用地不能小于30%。复垦地不发生二次污染,水土流失轻微,土地质量好于原土地,平台尽量按农业用地的标准进行复垦,以便进行土地结构调整。在保证"耕地总量动态平衡"的前提下,最大可能地增加林牧用地面积,基本消除荒草地和其他未利用地。重建后的生态要明显优于原脆弱生态。复垦规划中的工艺要经济合理,矿山能够承受复垦费用,并在复垦工程完成过程中,首先取得一定的生态效益和社会效益,保障矿山生产的安全,同时要充分考虑经济效益的获得,使三大效益尽快协调、统一。

(2)排土场最终利用方向设计与生态优化

利用方向1:平台100%永久性林业用地,主要分布在离矿区公路、铁路、工业广场、建筑用地及输煤干线100~200 m内的平台。主要功能:生态型,矿山生产的安全、防风固沙、防粉尘污染及矿区景观美化等。

利用方向2:边坡100%永久性林牧用地,主要分布在边坡。主要功能:生态型,排土场稳定性及水土保持。

利用方向3:前期"100%林牧用地"→中后期"30%林牧用地+70%农用地",主要分布在外排土场第1~2台阶以上的平台及内排土场最终平台。主要功能:农林复合的生态经济型。根据设计,矿区土地利用结构最明显的改善是原地貌30%的未利用地消失,其次是耕地面积、林牧用地面积明显增加,景观结构改善、生物多样性增加、土地生产力提高。

2.优质苗木的生产与开发

矿区排土场立地条件差,土地复垦面积大,需要大量的优质苗木,矿区的园林绿化更需要高质量的优质苗木。因此,靠大量外地调苗不是长久之计。利用矿区大量复垦地培育具有抗旱、抗寒、抗虫害等特点的苗木,建立矿区苗圃基地,以满足排土场复垦与景观重建的需求,可降低风险和投资,提高成活率。

3. 优质牧草的生产与开发

矿区采用"种草—改土"的生态发展为思路,兼顾经济效益。牧草产业化生产,不仅可以培肥土壤,还可以增加矿区职工和矿区所在地农民收入,扩大劳动就业机会,带动矿区及周边地区经济发展。

4. 矿区中药材的生产与开发

矿区气候干旱、无霜期短,适合耐旱、耐寒冷、耐瘠薄喜阳光的中药材生长,另外,从生产无公害的优质药材考虑,矿区复垦土地有农田土壤不可替代的天然优势。考虑矿区土壤、气候特点,选择适宜种植的中药材种类有甘草、黄芪、麻黄、知母、板蓝根、党参、芍药、赤芍、柴胡、桔梗、连翘、银柴胡、丹参等。其中,甘草有极强的耐旱、耐寒、耐盐碱能力,是荒漠地区防风固沙的生态防护植物,其地上部茎叶还是家畜的优质饲草;黄芪的收获部分是根,地上部茎叶也是家畜的良好饲草,地下部入药;知母抗旱能力强,地下茎繁殖能力极强,也是良好的生态防护植物;板蓝根是春种秋收植物,以根入药,叶也可作饲草;金银花以花蕾入药,是极佳的生态建设植物,根系发达,细根很多,生根力强,耐旱、耐涝、耐瘠薄、耐寒冷。利用矿区复垦土地培育中药材不仅起到了生态恢复的作用,还创造了巨大的经济效益。

5. 绿色农产品的生产与开发

矿区在无污染、生态条件良好、比较平坦的排土场,经过 5~8 a 的土壤改良后,进行绿色农产品生产与开发,种植无污染、安全、富营养类蔬菜、水果、荞麦、莜麦、马铃薯等,不仅有效地利用了大量的新垦土地,还产生了较好的效益,对实现"耕地总量动态平衡"具有一定的意义。随着可利用地面积的逐渐扩大,生产规模也随之扩大,对促进当地农产品出口创汇具有重要的意义。

6. "工业旅游＋生态旅游"复合型旅游基地设计

(1) 工业旅游资源开发设计

露天采场:观测大型露天矿采煤工艺过程以及大型露天采煤的宏大场景,领悟大型露天采场现代、高速的生产场景蕴含的人类现实生产力发展水平。

大型排土场:该地貌相对高差为 100~150 m,平台与边坡相间,是适应人类需要、遵循自然经济规律形成的大型梯化地貌,也是重要的人工地质景观资源。这一人工景观与自然浑然相似,是矿区土地资源重新构造的基础。若将露天采场与排土场放在一幅画卷内,更会使人唱叹古有"愚公移山"传说,今有"智叟搬岭"神奇。

选煤场区:该区由破碎站、装车点、选煤主厂房和储煤仓组成,其现代化煤炭破碎工艺、全重介选煤工艺、贮藏原理以及装运工艺及具有世界先进水平的集控设备是重要的工业旅游资源。

机电装修场区:该区配备有国际最先进的大型采剥、运输和排土设备,这些大型机具由巨大的部件组成,如直径为 3.3 m 的轮胎,能装 3 个火车皮重量的自卸翻斗等,会扩展人们对采煤大型机具的认识和了解大型机械的发展和作用。

矿区废水循环利用:矿区选煤用水实现了全闭路循环,生活区污水全部经过处理后再排放,水质达到国家标准。这一措施既保护了环境,又使水资源得以循环利用,节约了资源,体现了矿区在生产过程中注重清洁生产和资源保护。

（2）生态旅游资源开发设计

矿区原生境：矿区位于农牧过渡地带的黄土缓坡丘陵地区，缓坡丘陵地貌是在矿区可见到的这一地区独特的地貌景观。另外在这一生境下生长的"小老树"——小叶杨，虽然杆形不好，但在多年的防风固沙、维护雁北地区生态方面起到重要的作用。

矿区重建生境：观测排土场地表黄土铺覆工艺，体会铺覆有利于快速形成植物生长的黄土对生境的改善作用；观测排土场植被重建工艺，体会乡土植物在生态重建中的作用和优势，乔、灌、草在同一生态系统重建和演替过程中的不同作用等；观测生态系统经过人为的建设和精心设计，恢复成大片观赏性和实用性兼顾的牧场、林地和农田的景观，使人们体会排土场复垦过程中蕴含的丰富生态学原理和知识。

7.3.2　露天矿坑区的土地复垦工程技术

平朔露天煤矿地处黄土高原脆弱生态区，由于采矿剧烈扰动，原地形地貌、地层结构、生物种群已不复存在。对于如此退化的生态系统，要想恢复重建一个结构合理、稳定健康的人工生态系统，须在遵循自然规律的基础上，采取人工措施，按照技术上适当、经济上可行、社会能接受的原则，使受害系统重新恢复，并有益于矿区清洁生产和社会可持续发展。按照平朔矿区土地复垦技术工艺流程，可将其分为5部分，即矿区生态系统受损分析、生态重建障碍因子分析、生态重建规划与设计、土地重塑工艺和土壤重构工艺。

7.3.2.1　矿区生态系统受损分析

平朔矿区特有的采排工艺、赋存的地理条件，使得矿区生态系统演变过程和受损特征既不同于原地貌自然灾害诱发的生态退化，也不同于因人类经济社会活动导致的井工采煤塌陷地的退化和中、小型露天煤矿产生的生态退化。

平朔露天矿区属极度退化生态系统，按照其受损过程和重建目标可将其划分为3个阶段4种类型（图7-8）。

从图7-8中可以看出，第1阶段由原脆弱生态演变为极度退化生态，即矿区生态系统破损阶段；第2阶段由极度退化生态演变为生态重建雏形，即矿区生态系统雏形建立阶段；第3阶段由重建生态雏形演变为重建生态相对稳定型，即矿区生态系统动态平衡阶段。第1阶段为结构、功能完全丧失过程；第2阶段为结构与功能骨架恢复、调整过程，其主要目的是重塑地貌、再造土体、改善生境；第3阶段为结构合理、功能高效的持续过程。

通过分析矿区生态受损过程，确定挖损、压占、占用和污染为主要诱发因子。生态受损特征表现为原生境在100 a左右时间尺度下，以每年约 2×10^8 m³ 的岩土搬运速度，累计消失面积约180 km³，而所形成的生境与原生境相比，虽沟壑消失使地貌趋于简单，但重新组合堆置的固相岩土结构松散、地层层序紊乱，地表物质更趋复杂，而其平台地表因严重压实，密度为 1.6～1.9 g/cm³，比原生境的土壤密度大 0.2～0.5 g/cm³；表土稳渗率为 0.16～0.28 mm/min，比原生境小 0.12～0.84 mm/min；根系穿透阻力为 30～60 kg/cm³，比原生境大 23.88～57.87 kg/cm³；径流系数高达 68.8%，是原生境的 2.9～6.1 倍。土壤性质更趋恶化，加之区域性气候干旱，天然植被和受损生态系统难以恢复，新的侵蚀地貌会加速形成。

7.3.2.2　生态重建障碍因子分析

平朔矿区采煤废弃地生态重建属极端生态条件下的退化生态系统恢复和重建，重建的

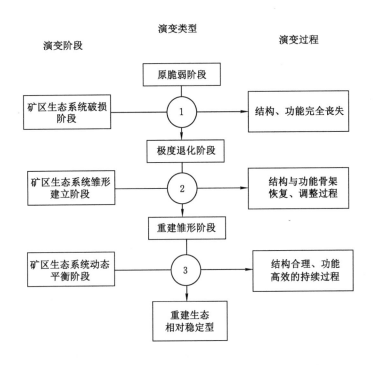

图 7-8 平朔矿区生态系统演变的阶段、类型和过程

策略是要重点解决影响复垦与生态重建的主要障碍因子。按照诱发因子可分为自然因素和工程因素。自然因素包括水分、光照、大风、温度、大气,依照对生态重建影响的大小排序,水分>低温>大风>光照>大气。其中水分是主要限制因子,具有双重影响作用,春天降水少,干旱,影响植被种植;7、8、9月雨季,暴雨易造成水土流失,进而引发地质灾害。工程因素主要包括土地非均匀沉降,排土场基底不稳定,地表物质组成复杂,平台表面容重过大,边坡面蚀、沟蚀等。由于采掘工艺及超大设备所致,上述影响因子是不可避免的,降低风险的办法是工艺设计科学合理,并通过一些关键技术减少危害。由此可以看出,控制水土流失提高水分利用效率、表土快速熟化提高生产力水平是首选治理策略。

7.3.2.3 生态重建规划与设计

由于现代化大型露天煤矿具有开采速度快、挖掘幅度深、占地面积大、影响范围广、开采时间长、地貌构造特殊等特点,其退化的类型、过程、阶段和程度,与其他矿区废弃地相比迥然不同,故恢复与重建的理论、方法与技术也迥然不同。为了正在开采矿区和今后将要开采矿区的持续发展,尤其是能够较准确地估计和把握平朔矿区生态重建与经济发展的后果,正确地人工诱导生态最终演替方向,规划中重点考虑以下几个关系的有机结合:采排工艺与复垦工艺的结合;水土保持布局与提高水分利用效率的结合;复垦土地农林牧适宜性标准与提高土地利用水平的结合;近期复垦与中长期发展的结合;生态重建与土地复垦的结合。

7.3.2.4 土地重塑工艺

土地重塑工艺是指从工程复垦角度进行合理的地貌重塑和土体再造,尽可能消除影响植被恢复的生存限制因子。重点解决排土场基底不稳、非均匀沉降、水土流失严重、水分利用效率低、岩土污染、重塑地形坡度等问题。露井协同开采区未复垦的排土场在煤炭开采以后,地表也会出现多次重复塌陷,因此,在对露井协同开采区的排土场进行土地整治工作时还要考虑塌陷、裂缝区的治理。

在土地重塑过程中,主要采取"剥—采—运—排—造—复"一体化流程,就是将覆盖在矿体上部及其周围的浮土和岩石自上而下层层剥去,从敞露的矿体上直接采煤,同时把剥离的土石源源不断运到外排土场或内排土场,最后针对排弃到位的排土场进行地形改造和植被重建,使其恢复到可供利用的状态这一整个过程。

平朔露天矿区排土场土地重塑工艺的关键技术主要包括:排土场基底构筑工艺、排土场主体构筑工艺、排土场平台构筑工艺、排土场边坡构筑工艺等。面对时空变化巨大的松散堆积地貌,其水保措施应是暂时性水保措施、过渡性水保措施与永久性水保措施的结合;排水渠系是永久性硬化骨干排水渠系和临时性非硬化排水渠系的结合,且前期主要是利用易修复的非刚性材料修筑土渠、石砾沟、宽浅干砌渠路面等,排泄地面径流。在此基础上提出了"黄土母质直接铺覆工艺""堆状地面排土工艺""造地造土约束条件"等关键技术和原则,有效地解决了排土场初期水土流失、自然沉降和环境地质灾害发生等问题。

1. 排土场基底构筑工艺

露井联采矿区下的井工开采分不同时段开采,第一个工作面开采完毕并且已进行裂缝填充后,第二个工作面开采完毕后需再次进行裂缝填充。其裂缝填充同采煤沉陷地。进行完裂缝填充工作之后,再进行基底构筑工作。

在排土场岩土排放初期是基底的构筑,好的基底构筑有利于排土场的整体稳定。黄土区露天煤矿基底构筑工艺主要采取了以下几种技术:松软基地清除技术,通过清除排土场重要区段的松软土层增强基底岩土承载力;光滑基底爆破处理技术,通过爆破技术增加光滑基地的粗糙度,提高排土场抗滑能力;基底设桩抗滑技术,通过设置基柱、临时挡墙及抗滑桩控制倾斜基底岩土滑动。

2. 排土场主体构筑工艺

由于大型现代化露天矿排弃速度远远大于土、岩自然沉降速度,排弃过程中的稳定性也必须十分注重。除按初步设计的排弃方法,即"扇形推进,多点同时排弃"外,结合排弃工艺,尽可能采取岩、土混排,以保证其主体的相对均匀,减轻不均匀沉降的危害。科学控制排弃次序,将可能含不良成分的岩土废物排弃在底部,而品质适宜、易风化的土层和岩层尽可能安排在上部,原表土或富含养分的土层则安排在排土场表层。在排弃过程中逐层堆垫,逐层压实,逐步拓展,确保其稳定。选煤厂选出高含水量的矸石和煤泥进行分散排弃。对局部出现的有害岩层和物质采取"包埋""压埋"措施。

黄土区露天煤矿主体构筑工艺主要控制以下几点:多点同步排弃,扇形推进,延长排土场排弃物在各个区域的沉降压缩过程及时间;控制岩土排弃顺序,科学控制排弃次序,将可能含不良成分的岩土废物排弃在底部,而品质适宜、易风化的土层和岩层尽可能安排在上部,原表土或富含养分的土层则安排在排土场表层;在满足地表厚层覆土厚度>80 cm 的前提下,尽量采取岩土混排工艺,逐层堆垫、逐层压实,以减轻后期的非均匀沉降。注意由于不均匀沉降所引起的陷穴、裂缝、盲沟等。

3. 排土层平台构筑工艺

排土场平台构筑,实际上就是人工进行土体再造形成复垦种植层的过程。黄土区露天煤矿平台构筑工艺主要采用"采—运—排"一体化复垦模式,合理安排岩土排弃次序,可采用"堆状地面"等排土工艺。排土场平台覆盖土层前应整平并适当压实。依具体情况,平整的方式分为大面积成片平整和阶梯平整;当用机械整平后,应对覆土层进行翻耕。根据排土场坡度、岩土类型、表层风化程度等,确定土壤重构方案。土源丰富地区,应进行表土或客土覆盖;土源不足地区,可将采矿排弃的较细的碎屑物或选用当地易风化的第四纪坡积物进行覆盖。复垦为耕地的,可通过施有机肥、化肥及生物培肥等措施来提高土壤肥力状况。

安太堡矿生产建设的剥离岩土总量中,土大约占 40%,完全可以通过排弃工艺的调配解决覆盖的黄土,不需要另辟土场,减少了土地压占和对周围环境影响。根据经验,排土场平台构筑不采用二次倒土,直接覆盖生黄土,采用堆状地面法。每一土堆覆盖面积为 50 m²,高度为 1.5~2.5 m,体积为 100 m³ 左右。表层 0~30 cm 密度为 0.94~1.03 g/cm³,中部 30~80 cm 密度为 1.1~1.16 g/cm³,下部 80~250 cm 密度为 1.27~1.35 g/cm³。若采用常规覆土的办法,则覆土密度达 1.4~1.8 g/cm³,易产流汇流,造成严重的水土流失。堆状地面法有助于自动填补裂缝,控制汇流,强化入渗。对划作林业用地的"堆状地面"平台可永久保留;划作农业用地的则待其基本稳定,机械整平后通过施有机肥、化肥及生物培肥等措施来提高土壤肥力状况。

4. 排土场边坡构筑工艺

通常边坡是水土流失最严重的地方,边坡土壤侵蚀模数是平台的 7.2 倍,因此应该对边坡实施最严格且有效的防护措施。为了防治水土流失,更好地保持边坡稳定性,安太堡露天矿排土场采用多级台阶的形式,台阶高度为 15 m,边坡坡度控制在 35°以内。按常规的排土场设计规范要求,排土场斜坡也应覆土 50~150 cm,但研究表明,覆土后易产生坡面泥石流,导致恢复的植被全部毁坏。在实际操作过程中主要采用以下措施进行防范:坡肩修筑截水埝,阻止平台径流下泄;坡脚堆放大块石稳定坡脚,拦截泥沙,保护排水渠;尽量采用土石混排,表层排弃易风化的泥岩或泥质砂岩。针对土多石少的坡面直接栽种植被;针对土少石多、覆薄土的坡面,采用沿坡逐坑下移法回填栽植;针对局部碎砾坡,覆土困难,采用客土栽植方式。安太堡露天矿排土场边坡采用"上、中、下"防护措施体系(见图 7-9),能够有效降低边坡土壤侵蚀模数和径流模数(见表 7-4)。通过采取边坡"上、中、下"防护措施体系,边坡径流模数由 47 100 m³/(km²·a)降到了 17 400 m³/(km²·a),土壤侵蚀模数也有明显下降,由原来的 27 645 t/(km²·a)降到了现在的 6 375 t/(km²·a),因此边坡防护措施体系水土保持效果明显。

表 7-4　　　　　　　　边坡防护指标分析表

防护方案	径流模数/[m³/(km²·a)]	土壤侵蚀模数/[t/(km²·a)]
无措施边坡	47 100	27 645
实施防护措施边坡	17 400	6 375

边坡"上":边坡上级平台边缘修筑挡水墙,拦截上级平台径流,从而防止边坡水土

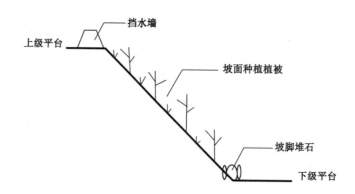

图 7-9　边坡防护台施示意图

流失,避免地质灾害的发生。

边坡"中":为减少水土流失不在边坡上覆厚黄土,采用土石混堆或覆薄土后立即种植的方法。由于边坡岩质表面种植植被有一定困难,因此种植前先在边坡上挖坑,让岩石进行自然风化,然后再种植植被,植被的根系也可以进一步加速岩石的风化。白中科研究表明,岩质边坡种植牧草 4 年与未种植牧草的相比,风化层厚度增加 5～10 cm。由此可见岩质边坡种植植被可以有效加快风化速度,提高边坡种植条件。

边坡"下":在边坡下级平台,即坡脚处堆放大石块,拦挡坡面泥沙,防止泥沙进入下级平台排水渠。

7.3.2.5　土壤重构工艺

土壤重构是指在土地重塑的基础上,再造一层人工的土体,并通过各种农艺措施,使土壤的理化性质不断改善、肥力不断提高。由于平朔矿区扰动后的地表大多覆盖的是黄土母质,在很大程度上承袭了母质的特性,其通气透水性、蓄水保水性、保肥供肥性经常发生矛盾。因此,必须通过土壤重构才能为植物提供良好的立地条件,也为恢复植被、提高土地生产力打下良好的基础。

土壤重构重点对复垦土壤的母质类型、剖面构造、物理性状、化学性状、元素组成、生物性状进行深入研究。为此,全面、系统地分析了复垦土来源的地质背景、物理性质、化学性质和生物性状,涉及 40 种元素,15 000 余个数据。结果表明,地层结构中除黄土以外的任何母质和岩石排在地表都不利于植物生长,高岭土和红黏土对植物生长尤为不利;平台表面土壤容重过大,水分不易渗透,而易产生地表径流,加重水土流失;土壤瘠薄,虽无明显的重金属超标,但植物生长需要的必需养分严重不足,有机质含量极低,土质沙散,pH 值在 8.0 以上。这些指标说明平朔矿区复垦地土壤先天不足,不良的物理化学和水热条件不利于土壤矿物元素的释放、迁移富集和向有效态的转化。

针对复垦土壤的理化性质、元素组成、生物性状,提出解决问题的主要技术措施:改善排弃工艺,避免有害物质排在地表,有害物质的压埋、包埋应纳入排弃工艺;要求排弃作业终止前应保证地表有 0.5～1 m 的黄土覆盖,减少地表过度碾压,降低地表容重;采用堆状地面排土工艺、生物措施及各种水保措施,有拦蓄天然降水、减少水土流失;采用固氮植物作为先锋植物或与其他植物合理配置,改善土壤养分状况。

7.3.3　露天矿坑区的生态重建技术

按照平朔矿区土地生态重建工艺流程,其主要技术为植被重建工艺。

平朔露天矿区生态重建的核心是植被重建。重建的目的是要控制水土流失,快速熟化土壤,稳定土层结构,尽快形成可自我调节的健康生态系统。最终目标是构建结构合理、功能高效的农林复合生态系统。因原地貌是干草原植被类型,属黄土高原重点治理的脆弱生态区,故重建系统应优于原地貌生态系统,能适应当地恶劣的自然条件,改变极度退化的立地条件。

技术方案主要是应用植被演替理论,在人为诱导支持和调控作用下重建生态系统,可以缩短演替的进程,或跨过较低的植被类型直接形成较高级别或较为稳定的植被群落。此外还运用生物多样性原则、生态位与生物互补原则、物能循环与转化原则、物种相互作用原则、食物链网原则等。重建技术方案经历了纯草、纯灌、纯乔模式,随机配比的草、灌、乔组合和优化配置的草、灌、乔组合模式。经过时间的检验,单一品种种植模式易出现病虫害和种群退化问题;随机组合的草、灌、乔结构,大多数由于相互竞争养分与水分或拮抗作用,也出现整体退化现象。只有设计合理,搭配科学的草、灌、乔复合结构,才能形成稳定的植被群落结构,完成植被群落正常演替。

7.3.3.1　植物种的选择

安太堡矿的内排弃渣为土、石混合物,土、岩比例是直接影响植物的栽植、施工条件、前期和后期生长的主要因素,若石渣所占比例太大,不仅整地困难,而且需要客土才能栽植。根据现场调查及对露天矿内历年排弃情况的分析:弃渣斜坡大体可分为岩土混排土多石少坡、岩土混排土少石多坡或碎砾坡、土坡;平台一般为土石混排,土的比例大约占到 40%。

研究区属温带半干旱大陆性季风气候区,气候条件恶劣、土壤贫瘠。结合矿区所处环境特点和土壤状况,排土场植物种的选择原则包括耐性强、耗水小、水保效益好、中等生长速度等。通过 25 a 的植被重建研究与试验工作,安太堡露天矿排土场共复垦引种 87 个品种,其中选出先锋植物 18 个品种,包括:草本 6 个品种,灌木 4 个品种,乔木 6 个品种,药材 2 个品种。分别对排土场复垦草本植物、灌木植物、乔木植物、药材进行了生长状况调查,具体见表 7-5。

表 7-5　　　　　　　　　　安太堡露天矿复垦先锋植物特性表

	植物名称	科名	特性	用处	生长状况
草木	沙打旺	豆科	抗寒、抗旱、抗风沙、耐瘠薄,侧根发达	可作为绿肥	优
	紫花苜蓿	豆科	适宜半干旱气候、碱性土壤,侧根发达	可作为绿肥	良
	黄花草木樨	蝶形花科	抗碱性、抗旱性	可作为牧草、绿肥	优
	红豆草	豆科	耐干旱,适应性强,根系强大	可作为绿肥	良
	白花草木樨	豆科	抗旱耐寒、耐盐碱、耐瘠薄,适应能力极强	可作为优质饲料	优
	无芒雀麦	禾本科	喜光,耐干旱、瘠薄,适应性强,根系发达	可作为牧草	优
	柠条锦鸡儿	豆科	喜光、耐旱、耐寒、耐瘠薄、深根	防风固沙,保持水土,花、种子可入药	良

植物名称		科名	特性	用处	生长状况
灌木	枸杞	茄科	喜光、耐旱、耐盐碱、深根	保持水土,有药用价值	中
	沙棘	胡颓子科	耐旱、耐瘠薄,根系发达	沙棘果可以制成饮料,果汁可以治风湿	优
	沙枣	胡颓子科	喜光、耐旱、耐瘠薄、耐盐碱,根幅广	防风固沙,可酿酒、酿醋,制成果酱等	优
乔木	油松	松科	喜光、耐旱、耐寒、耐瘠薄、深根	有杀菌作用	中
	小黑杨	杨柳科	抗寒、抗旱、耐瘠薄、耐盐碱,适应性强	可作为绿化造林树种	良
	新疆杨	杨柳科	对毒气抗性强,深根,抗风力强	可作为行道树	优
	刺槐	豆科	喜光,适应性强,根系发达	能吸收二氧化硫,花可提取香料	良
	合作杨	杨柳科	耐瘠薄、耐干旱、较耐寒,适应性强	可作为"四旁"绿化树种	良
	旱柳	杨柳科	喜光、耐寒、耐瘠薄、耐旱,适应性强,深根	防风固沙	良
药材	板蓝根	十字花科	耐寒、喜温暖、深根	清热解毒	良
	黄芪	豆科	抗旱、耐寒、深根	补气固表,利水退肿	良

经适应性评价确定刺槐、油松、沙枣、沙柳、沙棘、沙打旺、白花草木樨、紫花苜蓿等作为该区生态重建的先锋树种和适生种植品种。

7.3.3.2 植被配置

在土壤肥力恢复后,根据内排的立地条件,树种选择时应注意把见效快、适应性强的先锋树种与生长慢、作用稳定的树种结合起来,既要达到提早郁闭的效果,又能保证长期稳定发挥水土保持作用。

植被配置原则:因地制宜、适地适树、乔灌草立体配置,要注意林、灌、草之间的关系,同时还应该考虑到保护矿区整体生态系统生物多样性的稳定性。安太堡露天矿排土场对不同部位(平台、边坡以及排土场周围地区)实施不同的植被配置模式,详见图7-10。

平台植被配置模式:排土场平台最终复垦目标是高生产力的优质耕地,复垦工作应该分阶段进行。由于排土场平台表土为黄土覆盖,有机质、营养元素较为缺乏,因此需要通过栽培绿肥(如豆科牧草)后改良土壤。白中科研究表明,种植豆科牧草后土壤有机质从原来的3.2 g/kg升高至6.8 g/kg,营养元素含量大幅度提高,土壤得到了明显改良。因此排土场平台的复垦首先是通过种植绿肥,提高土壤肥力;然后在绿肥退化后,改种灌草进一步加强土壤改善水平;最后当土壤各项指标达到优质耕地水平时进行耕种。平台植被配置主要以种植乔灌混交林为主,对平台中土壤条件好的地段种植过渡性灌草混交带,为其后期向农业用地发展做准备。平台上还可以种植经济作物,包括苹果树、杏树等一些果树,以及像枸杞、板蓝根、甘草等一些中药材。平台分为最终平台与中间平台,绿化配置如下:① 中间平台:阳坡为新疆杨+沙棘混交林及刺槐+柠条混交林;阴坡为油松+沙棘混交林和樟子松+沙棘混交林;② 最终平台:油松+沙棘混交林与樟子松+沙棘混交林;对平台中土壤条件好的地

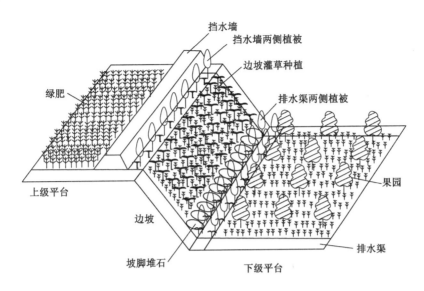

图 7-10　安太堡露天矿排土场植被配置模式示意图

段种植过渡性灌草混交带(柠条+沙打旺、紫穗槐+紫花苜蓿)。为后期的向农业用地发展做准备。

边坡植被配置模式:根据白中科研究表明,边坡种植牧草发生滑坡的概率远大于种植乔灌木发生滑坡的概率,甚至比未覆盖植被的边坡发生滑坡的概率都大。主要原因是牧草的根扎得较浅,没有固定住边坡,反而形成了一个滑动面,因此很容易造成地质灾害的发生。魏忠义研究也表明乔-灌-草种植模式是减少边坡径流的最优植被配置模式,径流模数仅为 3.0 m³/(km²·a)。因此,排土场边坡植被为永久性植被,配置模式应为灌-草立体种植结构,种植乔、灌木还可以起到防风固沙的作用。先锋植被配置模式主要有:沙棘(柠条)+豆科(禾本科)牧草、沙棘+柠条+苜蓿等边坡上级平台挡水墙以及下级平台排水渠两侧应种植乔木,如刺槐、杨树等。根据平朔煤矿外排土场斜坡治理经验,斜坡上部以灌草为主、斜坡下部以乔灌混交为主,这样有利于坡面的稳定。在此基础上综合考虑排土场植被的水土保持功能和绿化美化功能,选取配置模式。根据内排的坡面土壤特性选择:下部为油松+沙棘、侧柏+柠条、刺槐+柠条混交林,上部为沙棘+批碱草或柠条+沙打旺灌草混合植被。在坡面绿化时,岩土混排土多石少坡和土坡,可直接进行绿化种植,岩土混排少石多坡或碎砾坡采用客土种植的办法进行绿化。排土场斜坡植被布置方式见图 7-11 和图 7-12。

排土场周围:排土场周边应建立防护林,可以起到美化环境、防风固沙的作用,较为成熟的人工植被配置模式,如刺槐+油松+柠条混交林、刺槐+油松混交林、刺槐+沙棘混交林等。

这些植被配置模式的共同特点是易形成较为稳定的植被群落和结构趋于合理的生态系统。草、灌、乔的组合不求各植物种都能长期共存,只求阶段性共生,起到促进物质循环和养分的传递、熟化土壤的作用,逐步过渡到相对稳定的森林草原生态系统。豆科牧草在完成其使命后自行退化消失,为乔、灌木的生长提供必需的养分。伴随着野生植物的侵入,逐步形成与自然相适应、种间和谐共存、群落结构稳定的人工生态系统。此外,选择对立地条件影响较大的土壤污染、地面坡度、地表物质、覆土厚度、土体容重、坡向 6 个因子进行排列组合,

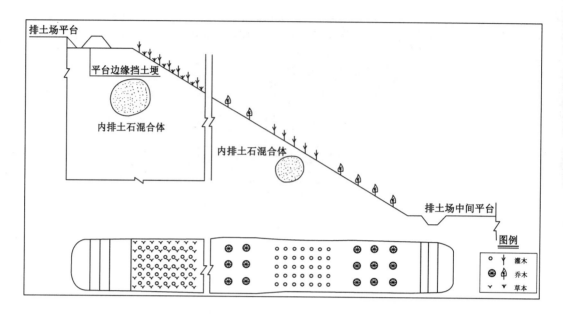

图 7-11　场斜坡植被绿化(阳坡)示意图

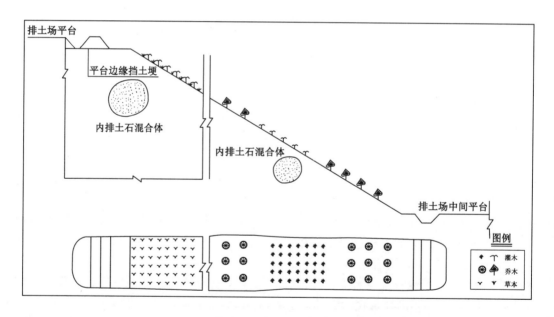

图 7-12　场斜坡植被绿化(阴坡)示意图

形成 100 余个立地类型,从中筛选出 17 个有利于生态重建的立地类型,针对不同的立地条件,配以适宜的草、灌、乔优化组合,大大地提高了复垦和生态重建的成功率,有效地解决了植被重建的难题。在已复垦的 2 000 hm² 土地上,大多数样地植被覆盖率大于 80%,少数样地植被覆盖率大于 90%,野生植物和动物大量侵入,已初步形成结构合理、功能较健康的人工生态系统。

平朔露天矿区生态重建技术体系如表 7-6 所列。

表 7-6　　　　　　　　　　平朔矿区土地复垦与生态重建技术体系

重建类型	重建对象	技术体系	技术类型
非生物因素	土壤	土地重建技术体系	排土场基底构筑工艺;排土主体构筑工艺;排土场平台构筑工艺;黄土母质直接铺覆工艺;堆状地面排土工艺;排土场边坡构筑工艺;排土场排水渠构筑工艺
		土壤重构技术体系	土壤快速培肥技术;固氮植物引入改良技术;绿肥与有机肥施用技术;活性污泥改良技术;水分利用调控技术
		水土流失控制与保持技术	暂时性、过渡性、永久性水保措施结合技术;复合农林技术;网状整地技术;边坡防崩防滑技术
		土壤污染控制技术体系	有害物质包埋、压埋技术;煤矸石自然防治技术;移土、客土种植技术;废弃物资源化利用技术
生物因素	物种	植物品种引入和筛选技术体系	先锋植物引入技术;土壤种子库引入技术;林草植被再生技术
		群落结构优化配置与组建技术体系	人工与自然侵入演替技术;病虫害防治技术;封山育林技术
生态系统	结构与功能	生态评价与规划技术体系	土地资源评价与规划技术;环境评价与规划技术;景观生态评价与规划技术;3S辅助技术;专家系统技术

7.3.3.3　排土场的景观重建

1.景观设计分区

根据矿区功能分成11个景观区:① 综合楼景观区;② 蓄水池景观区;③ 洗煤场景观区;④ 植物园景观区;⑤ 工业广场景观区;⑥ 人造地貌景观区;⑦ 苗木示范景观区;⑧ 剥离采矿景观区;⑨ 输煤干道景观区;⑩ 生态重建景观区;⑪ 生活服务景观区。

2.景观设计指导思想

① 四个结合:点、线、面结合;平面、立体结合;乔、灌、花、草结合;自然植物群落与人工植物群落结合。② 三个效益:生态效益主要体现在净化空气,净化水质,降低噪声,调节小气候,保持水土,监测环境污染等方面。社会效益主要体现在美化厂容,增进健康,避灾防火,有利于工矿企业的精神文明建设,提高工矿企业的声誉和知名度,增强企业的凝聚力等方面。经济效益主要是直接创造物质财富,间接产生经济效益。③ 三个统一:绿化、净化、美化的和谐统一。以绿为主,绿美结合,三季有花,四季常青。

3.景观设计基本原则

① 符合行车视线和行车清空要求:安全视距、交叉口的视距、停车视距、视距三角形、清空要求。② 最大限度地发挥其主要功能:以绿为主,绿美结合,绿中造景。植物以乔木为主,乔木、灌木、地被植物相结合,地面覆盖好,防护效果佳,景观层次丰富,遮阴、滞尘、降噪。③ 根据矿区道路性质、自然条件等因素进行设计:根据土壤水肥条件、土层厚度、光照条件、污染情况选择适生植物,选地适树或选树适地,改树适地或改地适树,与矿政公用设施的相互位置统一设计、合理安排,使其各得其所,减少矛盾,保证安全生产和各种管线畅通。④ 满足厂容及环境艺术方面的要求:根据季相变化确定主要观景区,考虑观形、赏色、闻味、听音的艺术效果,考虑群体的景观效果,重视植物的景观层次及远近观赏效果。⑤ 选择合

理种植密度,合理搭配树种:长远效果与近期效果,常绿树与落叶树、乔木与灌木、观花树与观叶树的搭配比例,对原有树木要尽量利用,尽量不破坏绿化区中已有植物,尤其是古树名木。

4. 景观设计植物配置技法与结果

采用孤植、对植、列植、绿篱、绿墙及色带、丛植、树群、林带、林植相结合的方式。如对植可用于厂门、建筑物、广场入口处等,也可结合蔽荫休息,在空间构图中作配置使用。列植在矿区园林绿地中见效快,可使环境变得整齐、明快,容易与道路、生产场地取得协调。林带在矿区园林绿地中可以屏遮杂乱景物,分隔绿地空间,可防风、滞尘、降噪,以及作为绿色背景等。

5. 安太堡矿的景观重建设计

2011年开始对安太堡南排、西排及西排扩大区进行景观改造工程。调整种植模式与种植树种,调整树种配置。利用五年时间对现有复垦区单一的落叶树变为针阔混交,增加常绿树种尤其是油松的栽植量,同时提高苗木成活率,复垦区常绿树种植面积到2015年达到复垦区种植总面积的50%以上。

(1) 西排、西排扩大区及南排景观重建工程

安太堡现有复垦区内单一的刺槐、沙棘种植区,植物物种配置模式选择油松+沙棘、油松+刺槐、油松+柠条、樟子松+沙棘、樟子松+刺槐、樟子松+柠条。安太堡南排景观重建区面积为180.5 hm²,西排景观重建区面积为280.16 hm²,西排扩大区景观重建区面积为333.8 hm²。油松、樟子松采用穴形整地的方法,整地为圆形坑穴,坑穴规格为直径60 cm、深60 cm;沙棘、柠条采用穴形整地的方法,坑穴规格为直径40 cm、深40 cm,整地时要比栽植时间提前一年;刺槐采用穴形整地的方法,整地为圆形坑穴,坑穴规格为直径60 cm、深60 cm。油松、樟子松选择地径为4~5 cm的苗木,沙棘、柠条选择高度为30 cm左右裸根苗,刺槐选择地径为4~5 cm的苗木。油松、沙棘采用行间混交栽植,长方形配置。根据立地条件和树种的生物学特性,确定油松株间距为2 m、行距为4 m,沙棘株间距为1.0 m、行距为4 m,乔灌行间距为2 m。这样,造林密度为油松1 250株/hm²、2 500穴/hm²。单一刺槐复垦区内,对刺槐进行间伐后,油松+刺槐采用正方形配置,间距为2 m、行距为4 m,隔行栽植。

(2) 内排景观重建工程

内排土场现有复垦区进行土地整理后,改造为生态农业示范基地,面积为222.44 hm²。主要功能区之间物质循环和生物物质能源流程见图7-13,具体建设内容包括种植基地、饲料加工系统、产品加工系统、养殖主体工程(羊舍、猪舍)、粪便无害化处理系统以及其他辅助设施(供热、水、电)。

目前排土场有大量的苜蓿资源结合设计的思路,在种植计划上以玉米为主要作物,同时发展马铃薯、中药材和部分蔬菜品种。此次种植需结合养殖规模和品种对应匹配种植,主要有苜蓿、饲料玉米、饲料甜菜、高丹草、东方山羊豆、黑麦草、沙打旺等,重点用于饲料营养搭配,提高养殖水平。

初步设计生态产业链有:

① 玉米+苜蓿→养羊→商品→市场;

② 玉米+苜蓿→养奶牛→市场;

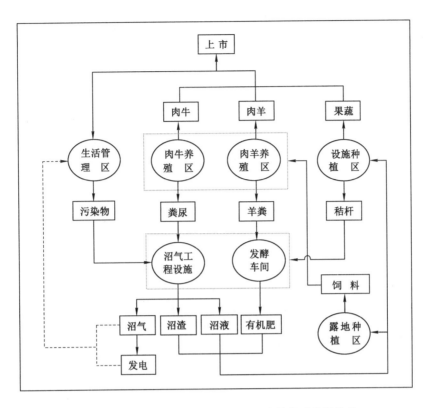

图 7-13　主要功能区之间物质循环和生物物质能源流程

③ 玉米＋苜蓿→养肉牛→市场；

④ 玉米＋饲料甜菜→养猪→市场；

⑤ 发展林间散养鸡，控制虫害发生；

⑥ 沙棘、树枝→粉碎＋牛粪或棉籽皮→培育食用菌（香菇、平菇等）。

7.4　矿区生态环境监测技术平台与评价系统

7.4.1　复垦矿区生态环境监测技术平台的建设技术

7.4.1.1　监测指标体系的构建

复垦矿区生态环境监测指标体系包括环境质量监测、土壤质量监测和生物多样性调查三个方面。

1. 环境质量监测

（1）监测点的布设

大气：根据基地的地形地貌和气候特点，在区内布置大气监测点 1 个，位于西排扩大区 +1 490 m 平台。

水：对矿区内矿井废水、坑底积水、地下水进行监测，采样点 5 个。样品 1、2、3 为灌溉用水，4、5 为养殖用水。

（2）采样方法

水质采样方法。水质采取瞬时样，并在取样前用采样点的水冲洗容器 3 次以上，然后装入水样瓶，水样采集数量由监测项目而定，并适当增加 2～3 倍的数量，总大肠菌群和细菌总数采样时的容器经消毒后按上述步骤进行。

大气采样方法。大气采样连续 2 d，每天 4 次，晨起、午前、午后和黄昏各 1 次，每次 1 h。

（3）分析项目与方法

样品的分析项目与方法按照《绿色食品产地环境质量现状评价导则》规定进行，具体详见表 7-7。

表 7-7　　　　　　　　　　　分析项目和方法

类型	项目	分析方法	项目	分析方法
气	SO₂	盐酸副玫瑰苯胺光度法	氟化物	离子选择电极法
	NOₓ	盐酸萘乙二胺光度法	TSP（总悬浮颗粒物）	重量法
水	pH 值	玻璃电极法	氰化物	异烟酸-吡唑啉酮比色法
	总 Hg(汞)	冷原子吸收法	氟化物	离子选择电极法
	总 Cd(镉)	无火焰-原子吸收法	粪（总）大肠菌群	多管发酵法
	总 As(砷)	二乙基二硫代氨基甲酸银法	细菌总数	营养琼脂平皿培养法
	总 Pb(铅)	无火焰-原子吸收法	Cr⁶⁺	二苯碳酰二肼比色法

2. 土壤质量监测

土壤的监测应包括地表形态、土壤环境质量和土壤理化性状内容。

（1）地表形态监测指标

井工地下煤炭资源开采以后，采空区周围岩体原始应力平衡的状态受到破坏，因而会引起围岩向采空区移动，使顶板和上覆岩层产生冒落、离层裂缝和移动，以及地表的沉陷和裂缝。随着采空区面积的扩大，岩层移动的范围也相应增大，当采空区面积扩大到一定范围时，岩层移动发展至地表，使地表产生移动和变形，从而使地表起伏不平。与挖损地貌不同的是地表物质组成不变，只是地面下沉呈坑状、凹型盆地，同时在四周出现裂隙，如塌陷漏斗、塌陷盆地等。露天矿区煤矿采排过程中形成平台-边坡的大型人工堆积体，平台的坡面或者是排土场的坡面应设置合理的边坡角，不合理的边坡角会极易引起滑坡、泥石流等灾害。同时复垦形成的人造地形特征影响着矿区的开采、复垦和土地利用，地面坡度影响着土壤侵蚀、灌溉和机耕条件、农田基本建设、交通运输以及建筑工程投资等。因此，依据当地的自然条件、水资源以及确定的复垦用途等条件，合理确定复垦农用地的地面坡度和平整度。

《土地复垦质量控制标准》要求，排土场最终坡度应与土地利用方式相适应，应为 26°～28°，机械作业区坡度小于 20°，对生态利用的坡度小于岩土的自然安息角（36°）。矸石山整地需要保障边坡的稳定，一般斜坡的坡度小于岩土自然安息角（36°）。复垦旱地田面坡度不宜超过 25°。复垦为水浇地、水田时，地面坡度不宜超过 15°，复垦园地地面坡度应不超过 20°，复垦有林地地面坡度原则上没有硬性规定，但应考虑到坡度对水土流失造成的影响，复垦草地地面坡度应不超过 20°。因此，地表形变、地面坡度和平整程度作为复垦土地地表形态监测指标。

（2）土壤环境质量监测指标

土壤环境质量是土壤质量的组成部分。土壤环境质量依赖于土壤在自然成土过程中所形成的固有环境条件、与环境质量有关的元素或化合物的组成与含量，以及在利用和管理过程中的动态变化，同时应考虑其作为次生污染源对整体环境质量的影响。很显然，我们必须保持土壤在一种健康或清洁的状态，这样才能使其适用于农业生产，安全而有效地使用废弃物和工农业副产品作为土壤改良剂，同时在土壤由于人为活动而受到污染时，必须进行适当的修复，以减少其自身以及对大气、水和植物等的不良影响。

土壤复垦过程中，成土母质一般采用各类岩石、煤矸石、粉煤灰、矿渣和低品位的矿石等废弃物，这些母质中含有的有害元素经降雨淋溶后，可溶解元素随雨水淋溶迁移进入土壤并向周边扩散，可能会对土壤、地面水及地下水产生一定的影响。然而，煤中除 C（碳）、H（氢）、O（氧）、N（氮）、S（硫）、Si（硅）、Al（铝）、Fe（铁）、Ca（钙）、K（钾）、Na（钠）、Mg（镁）等元素为常量元素外，煤中有 20 多种有害微量元素，如 Ag（银）、As（砷）、Ba（钡）、Be（铍）、Cd（镉）、Co（钴）、Cl（氯）、Cu（铜）、Cr（铬）、F（氟）、Hg（汞）、Mn（锰）、Mo（钼）、Ni（镍）、Pb（铅）、Se（硒）、Sb（锑）、Th（钍）、Tl（铊）、U（铀）、V（钒）和 Zn（锌）。其中 Be（铍）、Cd（镉）、Hg（汞）、Pb（铅）和 Tl（铊）为有毒元素；As（砷）、Be（铍）、Cd（镉）、Cr（铬）、Ni（镍）和 Pb（铅）为致癌元素，它们在储存堆放、运输、燃烧及加工利用过程中，可通过各种形式进入大气、土壤和水域等环境中从而造成污染。

结合我国煤种微量元素含量、《土壤环境质量标准》（GB 15618—1995）、《土地复垦质量控制标准》（TD/T 1036—2013）以及国际上关于土壤环境质量要求，煤矿区复垦土壤环境污染研究中常监测的有毒有害的元素应包括 Cd（镉）、Hg（汞）、As（砷）、Cu（铜）、Pb（铅）、Cr（铬）、Ni（镍）、Zn（锌）和 Be（铍）、Sb（锑）、Tl（铊）、V（钒）、S（硫）、F（氟）。

（3）土壤理化性状监测指标

土壤性状反映着土壤质量的高低，包括土壤肥力的高低和土壤的健康状况。对于自然土壤质量的评价，目前已经建成了评价最小数据集。由于复垦土壤的特殊性，复垦土壤质量监测应侧重于物理和化学性质，同时结合目前常用的监测指标，选取土壤类型、有效土层厚度、土壤质地、土壤 pH 值、土壤砾石含量、土壤容重、有机质含量、全氮、全磷、全钾等作为矿区复垦土壤的常规监测指标。而土壤类型与其成土过程和成土因素之间存在密切联系，不同的土壤类型受地方性地形、地貌、母质、水文等因素的影响不同，并且土壤类型一般呈现地带规律性。

3. 生物多样性调查

生物多样性调查包括植被调查、野生动物资源调查、昆虫资源调查和复垦土地的土壤动物调查四个部分。

植被调查依据煤矿复垦区工程图，采用地理定位系统，参照地理信息系统对复垦区划分调查区域，在调查区内设置样地、样带，样地的面积为 2 000 m²（长 50 m，宽 40 m），样带的长宽依实际情况而定，长与环境梯度平行。调查内容包括：经纬度、海拔、坡度、坡向、坡位、地表砾石、腐殖质层厚度、土层厚度、枯枝落叶层厚度、枯倒立木数、活地被层（苔藓、地衣和菌类）盖度或个体数和复垦时间、类型、原始栽种的株、行距；样方内所有胸径不小于 3 m 的活立木名称、胸围、树高、冠幅、枝下高、基径和层盖度、生物量等；灌木和幼树的物种名、高度（最高高度、最低高度和平均高度）、株（丛）数、盖度、群聚度、生活力、生物量；草本和灌木幼苗的名称、高度、盖度、高度、群聚度和生活力。

随着复垦植物群落的建立,群落中的动物也随之发生变化。在矿区植物演替的早期,群落中的动物大多是开阔田野中的种类,如凤头百灵、金翅雀、麻雀。但随着灌木和乔木的长大和群落垂直结构的复杂变化及生境条件的变化,一年生的草本植物演替阶段最常见的那些动物便消失,新出现的动物则适于生活在草类和灌木混生的生境内,于是出现了栖息于灌木丛中的鸟类和野兔。当群落的分层更为复杂时,灌丛动物和林缘动物数量开始减少,并逐渐被生活在树冠层的鼠类、鸟类和昆虫所取代。可见,每一个演替阶段都有自己所特有的动物种,随着演替阶段的结束,它们所特有的动物种也随之消失。

昆虫资源调查以路线调查、标准地调查以及灯诱三种方式进行。优势种是根据调查结果来确定的。优势种是指那些在一定环境条件下,适宜生存而种群庞大的种类。因为它们的种群数量大,调查中采集的个体数量相对就多。我们把单种个体单次网捕采集量在101只以上,或单日次灯诱量在101只以上,或调查样地虫株率在40%以上的种类定为优势种。

土壤动物调查选择自然地理条件相同,而复垦时间与复垦模式各不相同,可以反映矿区土壤动物的横向与纵向演变规律的地方作为样地。在各样地随机确定5个采样点,在各样点利用自制的大型土壤动物采集器(20 cm×20 cm×5 cm)取表层土壤,采用手捡法就地分离大型土壤动物,保存在装有75%酒精的试管中,带回室内鉴定。土壤动物的鉴定参照《中国土壤动物检索图鉴》,鉴定到科,某些种类鉴定到目或纲,幼虫与成虫分别计算个体数。土壤动物群落结构可采用以下指标进行分析。

(1)香农-威纳(Shannon-Wiener)多样性指数

$$\overline{H} = -\sum^{S} P_i \ln P_i$$

式中　S——群落中的类群数;

　　　P_i——属于种 i 的个体数 n_i 在全部个体 N 中的比例,即 $P_i = n_i/N$。

(2)Pielou 均匀性指数公式

$$E = \overline{H}/\ln S$$

式中　$\overline{H}$——Shannon-Wiener 多样性指数;

　　　S——群落中的类群数。

(3)辛普森(Simpson)优势度指数公式

$$c = \sum (n_i/N)^2$$

式中　n_i——类群 i 的个体数;

　　　N——所有群落的总个体数目。

c 越大,表示多样性和均匀性越差。

(4)多群落间比较的多样性指数公式

$$DIC = \frac{g}{G} \sum_{i=1}^{n} \left[1 - \frac{x_{i\max} - x_i}{x_{i\max} + x_i} \right] \frac{C_i}{C}$$

式中　x_i——要测量的群落中第 i 类群的个体数;

　　　$x_{i\max}$——各群落中第 i 类群的最大个体数;

　　　g——群落中的类群数;

　　　G——各群落包含的总类群数;

C_i/C——在 C 个群落中第 i 个类群出现的概率。

（5）密度-类群指数公式

$$DG = \frac{g}{G} \sum_{i=1}^{g} \frac{x_i C_i}{x_{i\max} C}$$

式中　G——参考比较的所有群落中的类群数；

　　　g——要测量的某个群落的类群数；

　　　x_i——要测量的群落第 i 个类群的数量；

　　　$x_{i\max}$——x_i 在各个群落中的最大值；

　　　C_i/C——第 i 个类群在各群落中出现的概率。

（6）Jaccard 相似性指数公式

$$q = \frac{c}{a+b-c}$$

式中　a,b——A、B 群落类群数；

　　　c——A、B 两群落共有的类群数。

其中，q 值为 1.0～0.75 表示两群落极相似，0.75～0.5 表示中等相似，0.5～0.25 表示中等不相似，0.25～0 表示极不相似。

7.4.1.2　指标监测周期的确定

1. 监测时点的重要性

剥离物在复垦后的头几年，其化学特性经常呈现明显的变化。鉴定土壤的时间变异，即土壤特性随时间而产生的变化是相当重要的，因为它影响着植被能否成功，影响着土地的长期生产力，以及与法定复垦标准的符合程度。对于那些预计会随着时间而变化的表土系统，可能需要在复垦后的若干年内反复测定土壤特性，以确定土壤特性随时间而产生的潜在变化。例如，土壤物料的酸化、可溶性盐的淋溶、有机物的聚积、钠质向表土的向上迁移等均属剥离物的几种时间变异。

在蒙大拿和宾夕法尼亚州及萨斯喀彻温省（加拿大）所进行的研究都发现：在 10～50 a 的时间范围内，剥离物均发生了显著变化。在复垦后最初 10～50 a 内，最可能发生变化的特性包括土壤 pH 值、盐渍度和钠质含量、表层有机质含量和土壤结构。在复垦后数十年内可能不发生变化的特性有土壤质地、碳酸钙含量和黏土矿物成分。

冯露等通过文献研究，揭示出复垦土地的土壤质量和环境状况恢复的速度，呈现出 Logistic 曲线增长的特征，恢复过程分为起步期、成长期、成熟期和顶峰期四个阶段，并根据这一规律确定了复垦项目评价的时间节点。复垦跟踪监测实际上就是在这些关键的时间节点监测反馈出复垦土壤的质量和生态恢复过程。

土地复垦评价的时间界定对完善我国矿区复垦项目评价体系、实施补充耕地数量质量折算和土地复垦验收工作具有重要意义。土地复垦完成以后其土地生产能力并不能在短期内发挥出来，而是经过较长时间的耕作、管护逐渐稳定。选择监测的时点必须要关注复垦后恢复土壤质量及恢复生态平衡的过程，需要说明的是并不是必须等到土壤质量彻底恢复后才能进行土地复垦评价，因为有研究表明，和土地生产力相关的土壤理化属性及土壤生物在土地复垦后几十年甚至上百年的演化过程方能彻底的恢复，并且土壤状况一直处于一种动态变化的过程，那么等到复垦土地生产力彻底恢复后再进行复垦评价无疑是没有任何意义的。实施土地复垦跟踪监测评价的一个重要目标就是其反馈的功能,总结复垦项目的经验教训,为决策提供依据,因此,研究土地复垦跟踪监测评价的时点既需要关注复垦后土壤质量、生态平衡恢复过程,也需要关注复垦项目后评价的反馈效果。只有选择适宜的数据获取时点,其采集的数据才能更加客观、真实,从而客观评价复垦的效果。

2. 监测周期的确定依据

确定监测周期时,对于哪些土壤性质易变,哪些土壤性质稳定,土壤学研究成果已经为我们提供了许多科学依据。

不同的土壤性质其变化的时间尺度是不相同的,土壤性质随时间的可变性可用土壤特性响应时间来表示,记为 CRT,定义为某一土壤性质或状况达到准平衡态所需要的时间。CRT 的单位一般用年来表示。Varallyay,Scharpenseel 和 Targulian 列出了众多的矿物学的、物理学的、水分物理学的、化学的和生物学的土壤性质的 CRT 值(表 7-8)。

表 7-8 　　　　　　　　　　　　　土壤主要特性 CRT 值范围

CRT/a	土壤参数	土壤特性
$>1\sim10$	容重、总孔隙度、水分含量、入渗速率、土壤空气组成、速效养分含量	土壤通透性
$<10\sim100$	总水量、田间持水量、导水率、PH 养分形态、土壤溶液组成	微生物区系
$<100\sim101$	交换性离子、提取液离子组成	土壤结构、盐渍化程度
$<101\sim102$	比表面积、黏土矿物组合、有机质含量、阳离子交换量	土壤结构、耕性与缓冲性
$<102\sim103$	原始矿物组成、各矿物的化学组成	土壤层深度
>103	质地、土粒密度	土体构型

无疑,土壤性质的 CRT 值为我们衡量土壤性质的稳定性提供了一种定量尺度。根据 CRT 值的大小,可知某一土壤性质在多大的时间尺度里变化。一般认为,CRT$>$10 a 的土壤性质具有一定的稳定性,所以,农用地分等指标应选 CRT$>$10 a 的土壤性质。而 CRT$<$10 a 的土壤性质被认为是相对易变的。

采用土壤特性响应时间方法所选取的相对稳定的土壤指标包括土壤质地、不同质地的土层排列组合成的土体构型、土壤层深度、土壤有机质含量、阳离子交换量、原生矿物组成、各矿物的化学组成、土粒密度等。

土壤中监测指标的敏感性(在土壤中的年变化率)不同,监测周期不同。根据对土地质量变化的敏感程度,可将指标划分为三类:

(1) 敏感性指标:主要是土壤肥力指标,包括土壤酸碱度、有效态氮、有效态磷、有效态钾、有机碳及其他有益元素和健康元素有效态;敏感性监测项目,一般不超过 1~3 a 测定一次。

(2) 中度敏感性指标:包括砷、镉、汞、铬、铅、铊等害重金属元素,六六(六)DDT 等有机氯农药,硒、碘、氟等健康元素的全量;中度敏感性监测项目,一般每 3~5 a 测定一次。

(3) 非敏感性指标:包括土壤质地、黏土矿物、全量(铝、铁、钙、镁、钾、钠、锂、铜、镍、钴、铬、锌、铅)、容重等;非敏感性监测项目,仅在最初建立本底数据库时测一次,而后根据需要在一定的间隔时期内再测定。

灌溉水、大气和指标的监测周期与土壤中监测指标的敏感性指标相同。农业生产背景和投入产出指标更多地受社会经济因素和人类行为的影响,因此也作为敏感性监测指标对待,设定的监测周期为每年监测一次。

3. 复垦土壤恢复时间

捷克科学院土壤生物研究所 JanFrouz 等研究了矿区复垦土壤生物群及表土层的改善年序变化,该文以德国的 Cottbus 矿区(酸性沙土)和捷克的 Sokolov 矿区(碱性黏土)2 个露天开采矿区为例,研究复垦后土壤的改善情况。德国的 Cottbus 矿区分别于 1964 年、1978 年、1982 年、1996 年分别种植北欧赤松和奥地利黑松;而捷克的 Sokolov 矿区于 1935 年、1965 年、1974 年、1978 年、1989 年种植欧洲桤木;土样采集于 1997 年。该文所展示的土壤改善变化趋势图显示 pH、有机碳含量、纤维素分解率等化学指标随着年份增长得到明显改善,复垦后不足 20 a 已接近 1935、1965 年复垦区的土壤性质,而细菌直接数、物种数目、菌类单位等不足 15 a 时间则基本达到 1935 年、1965 年复垦区的土壤性质并趋于稳定。说明露天开采矿区经土壤重构绿化后,土壤恢复会经历漫长的过程,但是在复垦后 15~20 a 的时间里,土壤性质能够基本恢复。

张乃明等则研究了山西孝义矿区在不同复垦年限(1~5 a)作物为玉米的土壤养分变化情况,并同复垦区外土壤做了对照研究,结果表明随种植年限的增长,有机质、全氮经 5 a 种植后,达到对照土壤的 70% 和 73%;pH 变化规律不明显,变化幅度小;土壤容重随复垦年限增加逐年降低并接近对照土壤,即经过 5 年耕种,复垦土地的部分肥力指标已基本接近山西省中等肥力水平的耕地土壤。陈龙乾、邓喀中等以徐州矿区为例,研究了泥浆泵复垦土壤的理化特性时空演变规律。于 1999 年按泥浆泵复垦后第 1、3、5、7、9、11、13 a 的时间标准,选取不同时期代表性的泥浆泵复垦土壤作为研究对象,每处处理样点不少于 10 个,并与正常农田进行了对照。结果表明不同层次的容重、团粒结构随时间的推移逐步接近正常农田,至复垦后 13 a 则基本接近正常农田;而表层土壤的有机质、全氮、速效磷、速效钾随时间推移逐年增加,复垦后 13 a 基本接近正常农田水平,盐分、pH 则逐渐降低,并趋于稳定。

白中科等通过对安太堡露天煤矿采矿前后土壤质量演变过程的分析,发现人工培肥土壤,提高土地的抗侵蚀能力,进而提高土壤质量,整个过程都有人的参与和调控,但是该过程进行得很缓慢。复垦 8 a 后的土壤质量还远不能恢复到未扰动土壤质量水平,尤其是土壤物理质量水平还很差,且演变方向在演变初期很不稳定。如果发生不可抗拒的自然灾害(如火灾、旱灾、虫灾等)或人为调控不合理,则有可能发生逆向演变,所以在整个土地复垦与生态修复过程中都需要进行人为的调控;通过对内蒙古伊敏矿区排土场复垦土壤质量养分及土壤间接指标入手,对不同复垦年限之间这些含量的变化和与原地貌土壤中含量的差异进行了对比和研究,并且在总结这些含量变化规律的基础上,确定了土壤综合质量的变化趋势。复垦土壤质量随复垦年限的增加而增加。复垦时间在 2~14 a 土壤质量综合值呈渐近线变化趋势,复垦初期增长速度较快,随着复垦时间的增长,土壤质量的恢复速度逐渐缓慢,接近原地貌。并得出研究区复垦土壤质量随复垦时间变化的演替模型。

美国环境保护署下属的有害废物工程研究实验室对田纳西州的采矿复垦后生态恢复及环境变化作了评价。田纳西州林区由于采矿的影响和 20 世纪 70 年代早期不成功的复垦后环境恶化,3/4 的矿区生态处于不稳定状态。1975 年通过再植灌木、恢复植被等措施,1975—1980 年间,在各区域进行植被调查、鸟类调查、哺乳动物种群调查、水质调查、微生物及鱼类取样调查,监测结果表明 5 a 后形成了稳定的混合林,鸟类数量增加,并与林地覆被和种类呈正相关,水质 pH 增加,水中铁、硫酸浓度降低,微生物增加,鱼类重新聚集。该案例说明,在采矿破坏不太严重的情况下,采取正确的措施,5 a 后复垦区的生物多样性和生态系统都能得到明显的改善,生态系统动态平衡基本恢复。相关成果还包括美国怀俄明大学的 L. Daniel 等研究的复垦后以微生物特征的生态系统恢复过程;美国福罗里达大学的 T. Mark 则在一个大尺度的矿区研究了矿区景观恢复状况,结果表明先锋物种、有机物先迅速增长,然后下降,而顶级极峰种、土壤养分呈 S 形增长趋势。

4. 跟踪监测最佳周期

文献研究表明不同的复垦方式,土壤质量及生态状况恢复进入成熟期大约需要 4～15 a,甚至更长的时间,这是一个很长的时间跨度,因此有必要对不同的复垦方式进行分类,确定其土地复垦评价的时点。按照土地复垦的方式,可分为疏排法复垦、基塘式复垦、梯田式复垦、充填式复垦、矸石山绿化复垦和露天开采复垦。土地复垦方式对应的评价时点不同。采用疏排法复垦对土壤及环境状况的扰动较弱,恢复时间相对较短,一般评价时点为复垦实施后 4～6 a;基塘式复垦技术对土壤及环境状况的扰动适中,一般来说恢复时间比疏排法要长,评价时点一般为复垦实施后 5～7 a;梯田式复垦对土壤及环境状况扰动适中,评价时点一般为复垦实施后 5～7 a。充填式复垦对土壤及环境状况扰动较大,恢复时间相对较长,评价时点一般为复垦实施后 6～10 a(需分析其充填厚度及充填物质的污染性);矸石山复垦一般需要采取客土覆盖的方法,对土壤及环境的扰动很大,恢复时间很长,一般后评价时点为复垦实施后 10～15 a;露天开采直接剥离表土覆层岩,对土壤、水文和环境状况的破坏性巨大,即使采用相应的复垦方法,其土壤及环境的恢复过程也是漫长的,一般后评价时点为复垦实施后 10～15 a。

7.4.1.3 矿区生态资源数据库建设

矿区土地复垦与生态重建以破坏或退化的土地及相应的资源环境问题为研究对象,所需处理的数据信息涉及采矿、地质、地理、土地、环境、景观、生态、农林、生物、土壤及社会经济等诸多领域,具有信息量大、信息属性及拓扑关系复杂、信息时空变化大等特点,涉及大量的结构化和非结构化问题。因此,对数据科学合理的组织管理,解决数据冗余,确保数据安全正确和独立,实现数据资源共享,不仅是数据管理本身的要求,也成为矿区土地复垦与生态重建工程及其科学研究的迫切需要。

遵循软件工程规定的设计方法和步骤,采用面向对象的开发、分析技术建设矿区生态资源数据库。数据库内容包括原地貌数据、土地利用数据、土地复垦数据、植被类型数据、土壤测试数据和气象水文数据,具有数据管理、数据查询和图像显示等功能,能够将土地复垦与生态重建成果系统、及时地反应在系统里,实现生态数据的安全储存与及时共享。

7.4.2 复垦矿区环境质量和生态系统现状评价体系

结合矿区人工生态系统现状,选择矿区生态环境质量、生态承载力、生态健康和生态风险、生态环境敏感性作为矿区环境质量和重建生态系统现状评价指标。

7.4.2.1　生态环境质量与资源利用调查评价

1. 研究方法

通过对露天矿生态环境质量及重建资源利用的制约性因素或主导性因子的辨识,同时结合当地生态环境存在的问题,从中选取最能代表矿区生态环境质量及重建资源利用本质特性的具体指标,利用层次分析法建立如下指标体系(表 7-9)。该指标体系共分 3 层:目标层(A),以露天矿区生态环境质量与资源利用作为工作的目标;要素层(B),把影响露天矿区生态环境质量的因素归为 3 个主要方面;指标层(C),根据评价准则进一步细分为若干具体评价指标。这样,矿区生态环境质量及资源利用综合评价的指标体系可以用一个由目标层、准则层、指标层组成的递阶层次结构体系表示。

表 7-9　　　　　　　　　生态环境质量与资源利用综合评价指标体系

目标层 A	要素层 B	指标层 C
生态环境质量与资源利用	污染控制与废物利用 B_1	洗煤水循环利用率 C_1
		生产污水处理率 C_2
		煤矸石综合利用率 C_3
	退化土地复垦质量 B_2	地质灾害与景观稳定 C_4
		土地复垦率 C_5
		植被覆盖率 C_6
		土壤侵蚀模数 C_7
		耕地潜在恢复率 C_8
		土地相对生产力 C_9
	重建生态资源保护与利用 B_3	复垦土地资源保护 C_{10}
		复垦土地资源开发 C_{11}
		复垦土地新农村景观再造 C_{12}

对露天矿生态环境与资源再利用进行系统分析,将确定的露天矿生态环境质量与资源再利用评价指标作为评价因素集,即 $U=\{U_1,U_2,U_3,\cdots,U_n\}$,$U_i$ 为参与评价的第 i 个评价因子。又设生态环境质量与资源利用评价的标准集合为:$V=\{V_1,V_2,V_3,\cdots,V_m\}$,其中:$V_1,V_2,V_3,\cdots,V_m$ 为相应的评价标准集合。

在 U、V 给定之后,生态环境质量、资源利用因子与评价标准间的模糊关系可用模糊矩阵 R 表示为:

$$R = \begin{bmatrix} r_{11} & r_{12} & \cdots & r_{1m} \\ r_{12} & r_{22} & \cdots & r_{2m} \\ \cdots & \cdots & \cdots & \cdots \\ r_{n1} & r_{n2} & \cdots & r_{nm} \end{bmatrix} = (r_{ij})_{m \times n} \tag{7-1}$$

式中　r_{ij}——第 i 种因子对第 j 级标准的隶属度。

U_i 在所有因素中所起作用的大小可用权重 W_i 度量,W_i 用层次分析法确定。

$$W = (W_1, W_2, \cdots, W_n), \text{并且} \sum_{i=1}^{n} W_i = 1$$

根据模糊数学原理,有如下模糊变换:

$$A = W \circ R = (a_1 \quad a_2 \quad \cdots \quad a_m) \tag{7-2}$$

式(7-2)为模糊综合评价模型,"$\circ$"为模糊矩阵合成算子。

然后根据最大隶属原则,选择评判结果 A 中最大的 a_j 所对应的评价级别作为评价的结果。

2. 评价标准

根据《水土保持综合治理 规划通则》(BG/T 15772—2008)的有关规定和《生态环境保护质量评价标准》,结合露天矿区生态重建的近期目标、中期目标和远期目标以及实际情况,将露天矿区生态环境质量与资源利用分为五级(见表 7-10),各评价指标标准分级见表 7-11。

表 7-10 生态环境质量与资源利用综合判别

等级	表征状态	指标特征
1	理想状态	对矿区受损生态系统进行了根本性的恢复重建,生态系统结构与功能完整,有较强的再生能力,生态问题不显著,生态灾难极少。废物控制及再生资源利用达到最优化。
2	良好状态	对矿区受损生态系统进行了基本性的恢复重建,生态系统结构与功能尚完整,生态问题不显著,灾害不大。废物控制及再生资源利用达到较好状态。
3	一般状态	对矿区受损生态系统仅进行了一定程度的恢复重建,生态系统结构与功能不健全,受干扰后易恶化,生态问题显现,生态灾害时有发生。废物控制及再生资源利用处于一般状态。
4	较差状态	矿区受损生态系统仅局部改善,生态系统结构与功能安全格局尚未建立,受外界干扰后会发生再度退化,生态问题较大,生态灾害较多。废物控制及再生资源利用处于较差状态。
5	恶劣状态	矿区生态系统破坏后基本上没有采取应有的措施,生态系统结构与功能紊乱,生态环境问题很大并经常演变成生态灾害。基本未考虑废物控制及再生资源的开发与利用。

表 7-11 矿区生态承载力分级评价标准

评价级	<21	21~40	41~60	61~80	>80
一级评价	不稳定	弱稳定	中等稳定	较稳定	很稳定
二级评价	弱承载	低承载	中等承载	较高承载	高承载
三级评价	弱压	低压	中压	较高压	强压

3. 评价计算

基础数据来源和确立方法主要有以下 2 种:一是直接查询,获得直接的绝对值。数据主要来源于统计年鉴、前人研究结果和矿区统计资料等。由此法所得数据的指标有选煤水循环利用率、生活污水处理率、煤矸石综合利用率、植被覆盖率、土地复垦率、土壤侵蚀模数、耕地潜在恢复率、土地相对生产力、复垦土地资源保护率等。二是分级评分,对难以用数学模型定量化或收集的数据不足但又对生态环境质量评价非常重要的指标,通过与相关部门工作人员座谈或相关材料进行分级评分,将指标得分值作为评价基础信息。

采用层次分析法(AHP)确定每个指标的权重。通过层次总排序计算出每一个评价指标相对于最高层露天矿生态环境质量与资源利用的权重值。

评价结果的计算采用分层模糊评价方法进行计算,矿区生态环境质量分层评价共分两层,第一层是指标层相对亚目标层的综合评价,及通过各项指标的权重矩阵和隶属度矩阵计算评价矩阵 $\boldsymbol{B}$。

$$\boldsymbol{B} = \begin{bmatrix} B_1 \\ B_2 \\ B_3 \end{bmatrix} = \begin{bmatrix} b_1 \circ R_1 \\ b_2 \circ R_2 \\ b_3 \circ R_3 \end{bmatrix} \tag{7-3}$$

然后进行评价矩阵 $\boldsymbol{B}$ 部对总目标进行综合评价,得出评价结果:

$$\boldsymbol{A} = \boldsymbol{W} \circ \boldsymbol{R} = \boldsymbol{W} \circ \boldsymbol{B} = (A_1 \quad A_2 \quad A_3 \quad A_4 \quad A_5) \tag{7-4}$$

运算时,两数相乘取其小,两数相加取其大。

7.4.2.2　生态承载力评价

生态承载力是指一定条件下生态系统为人类活动和生物生存所能持续提供的最大生态服务能力,特别是资源与环境的最大供容能力。或者是指在不削弱某一地区生产能力的情形下,该区域所能持续支持某一种群的最大生物数量。

1. 矿区生态承载力评价的目的

生态承载力评价可以作为衡量矿区生态系统可持续发展的重要标志,定量地揭示矿区生态系统发展中存在的问题,其最终目的是为矿区的生态系统修复和土地资源再利用服务,评价结果对于矿区复合生态系统演化过程中的人为诱导、矿区资源环境管理、矿区生态环境整治以及可持续发展都具有现实意义。

2. 研究方法

根据矿区的特点、选用评价方法的需要,以及所获数据的情况,通过专家咨询和生态承载力综合评价的方法,建立了矿区生态承载力评价指标体系(见图 7-14)。

针对露天矿开发后破坏生态环境及采煤废弃地的重建新生态,结合高吉喜提出的生态承载力评价方法,通过构建比较完整的评价指标体系,并利用 AHP 法求得各指标权重值,对矿区生态承载力状况进行分析评价,包括静态评价和动态评价,评价标准见表 7-12。

3. 评价计算

基础数据来源和确立方法主要有两种:一是直接查询获得。数据主要来源于统计年鉴、前人研究结果、矿区统计资料、当地环保部门的环境监测数据等。二是分级评分获得。对难以用数学模型定量化或收集的数据不足但又对生态承载力评价非常重要的指标,通过与相关部门工作人员座谈或对相关资料进行分级评分,将指标得分值作为评价基础信息。

对有确切数据的指标,分值的确定可根据已有标准进行确定,对没有标准的,可以理想值或目标期望值作为参照标准,标准值记为 100 分,其他根据与标准值的比值计算确定,计算公式如下:

$$C_i = F_i / F_0 \times 100$$

式中　C_i——i 因子的分值;

　　　F_i——实际测量值或出现值;

　　　F_0——标准值、目标值或理想值。

对没有确切数据的指标,根据相关资料进行评分,或由专家系统直接进行分级评分。露天矿区生态环境质量与资源利用评估指标分级见表 7-12。

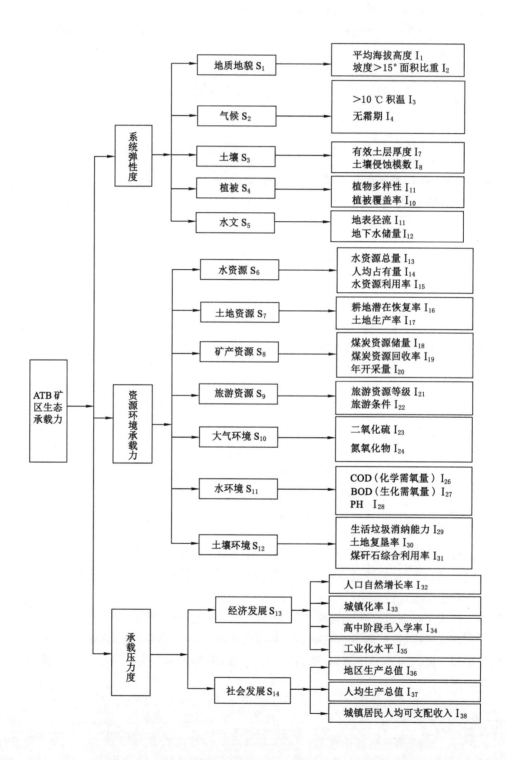

图 7-14 矿区生态承载力评价指标体系

表 7-12 露天矿区生态环境质量与资源利用评估指标分级

要素层	指标	类型分级				
		一级	二级	三级	四级	五级
污染控制与废物利用(B1)	洗煤水循环利用率(C1)/%	100	85	75	60	50
	生产污水处理率(C2)/%	95	75	60	50	40
	煤矸石综合利用率(C3)/%	85	80	75	60	50
退化土地复垦质量(B2)	地质灾害与景观稳定(C4)	不易发生或基本没有(100)	规模小，不易造成重大伤害(80)	规模小，易发生，不易造成伤害(60)	规模大，易发生，易造成较重伤害(40)	规模大，易发生，易造成重大伤害(20)
	土地复垦率(C5)/%	90	70	60	50	40
	植被覆盖率(C6)/%	80	60	40	25	15
	土壤侵蚀模数(C7)/(t/(km²·a))	1 000	2 500	5 000	8 000	15 000
重建生态资源保护与利用(B3)	耕地潜在恢复率(C8)/%	复垦土地可变为耕地的面积为采矿前的120%以上	复垦土地可变为耕地的面积为采矿前的100%	复垦土地可变为耕地的面积为采矿前的75%	复垦土地可变为耕地的面积为采矿前的50%	复垦土地可变为耕地的面积为采矿前的30%
	土地相对生产力(C9)/%	复垦土地的生产力为采矿前的150%以上	复垦土地的生产力为采矿前的100%	复垦土地的生产力为采矿前的75%	复垦土地的生产力为采矿前的50%	复垦土地的生产力为采矿前的25%
	复垦土地资源保护率(C10)/%	100%的复垦土地得到了有效保护	70%~100%的复垦土地得到了有效保护	50%~70%的复垦土地得到了有效保护	40%的复垦土地得到了有效保护	30%以下的复垦土地得到了有效保护
	复垦土地资源开发(C11)	已作为国家级大型野外教学、科研复合型试验示范基地，以及生态旅游与工业旅游基地(100)	已作为省级大型野外教学、科研复合型试验示范基地，以及生态旅游与工业旅游基地(80)	已作为一般性生态旅游与工业旅游参观场所(60)	有工业旅游与生态旅游等潜在资源开发设计，但无实施(40)	没有工业旅游与生态旅游等潜在资源开发规划与设计(20)
	复垦土地新农村景观再造(C12)	复垦土地无任何限制因子、景观格安全稳定，已进行了新农村景观再造(100)	复垦土地有一些限制因子、景观局比较稳定、计划进行新农村景观再造(80)	复垦土地限制因子较多，景观安全格局尚未形成，目前无法实施新农村景观再造(60)	有复垦土地新农村景观再造规划设计，但实施无实施(40)	复垦土地没有新农村景观再造规划设计(20)

7.4.2.3 生态风险评价

生态风险评价是评估由于一种或多种外界因素导致可能发生或正在发生的不利生态影响的过程。进行生态风险评价的目的是帮助环境管理部门了解和预测外界生态影响因素和生态后果之间的关系,有利于环境决策的制定。生态风险评价被认为能够用来预测未来的生态不利影响或评估因过去某种因素导致生态变化的可能性。

1. 研究方法

研究方法基于风险度量的基本公式为:

$$R = PD$$

式中　R——灾难或事故的风险;

　　　P——灾难或事故发生的概率;

　　　D——灾难或事故可能造成的损失。

因此,对于一个特定的灾害或事故 x,它的风险可以表示为:

$$R(x) = P(x)D(x)$$

对于一组灾害或事故,风险可以表示为:

$$R = \sum P(x)D(x)$$

在有些情况下,灾害或事故可能被认为是连续的作用,它的概率和影响都随 x 而变化,则这种风险是一种积分形式,可以表示为:

$$R = \int P(x)D(x)\mathrm{d}x$$

式中,x 为一定类型的灾害或事故,$P(x)$ 为灾害或事故发生的概率,$D(x)$ 为灾害或事故造成的损失。

2. 风险受体与风险源分析

(1) 风险受体分析

受体也即风险承受者,指生态系统中已受到或可能受到某种污染物或其他胁迫因子有害影响的组成部分。

(2) 风险源分析

风险源分析是指可能对生态系统或其组分产生不利作用的干扰进行识别、分析和度量,具体包括地质灾害、土壤退化、煤矸石自燃和植被退化等。

3. 暴露和危害分析

借助生态指数这一指标来反映不同生境类型的生态意义和地位,以脆弱度指数来体现不同生境的易损性。所选主要生态指数包括物种原生性指数、生物多样性指数、干扰强度和自然度。

4. 生态风险综合评价

生态风险综合评价是综合前面两个阶段的信息,对环境中风险的性质和强度以及风险评价过程中不确定问题进行分析和描述。要结合受体分析、风险源分析与暴露和危害分析的结果,综合评价矿区内生态风险值的大小,从而为生态风险管理提供理论依据。矿区生态风险评价的一个重要特征就是受体和风险源在区域的空间异质性。露天煤矿区的排土场、复垦区、采掘场、矸石场等不同的景观斑块再生物多样性,以及生态系统的结构和功能等方面的作用是有差别的,每一斑块与周围斑块在外貌或性质上不同,而斑块内部具有一定的均质性和相同的耐受程度,因此就受体而言可以认为每个斑块内具有同质性和风险源的异质性。

7.4.2.4 生态系统健康评价

生态系统健康是指一个生态系统所具有的稳定性和可持续性,即在时间上具有维持其组织结构、自我调节和对胁迫的恢复能力。它可以通过活力、组织结构和恢复力等 3 个特征进行定义。生态系统健康评价的最佳途径是微观与宏观相结合的综合性研究。

进行矿区生态系统健康评价不是为矿区生态系统诊断疾病,而是在一个生态学框架下结合人类健康观点对矿区生态系统特征进行描述——定义人类所期望的生态系统状态,定义一个(最小/最大)期望的生态系统特征,确定矿区生态系统破坏的最低和最高阈值,在明确的可持续发展框架下进行保护工作。并在文化、道德、政策、法律、法规的约束下,实施有效的矿区生态系统管理。

1. 研究方法

首先,在继承前人工作的基础上采用现场调查、室内分析与统计分析相结合的方法,对不同复垦时间排土场的群落特征、土壤侵蚀、土壤质量演变过程进行分析研究。然后,结合生态系统健康理论提出适应露天煤矿生态系统健康评价的指标体系,进而对各指标提出比较合理的权重体系。最后,利用层次分析法建立矿区生态系统健康评价模型,进而对不同复垦时期人工重建生态系统的健康状况进行评价。

矿区地带性植被类型属于干草原,由于开发历史悠久,耕垦指数高,天然次生林已毁坏殆尽,很少能见到大片草原群落,植被覆盖率较低,目前总体上呈农业耕作景观。因此,在原地貌的样地选择上选取撂荒地作为典型样地。

依据煤矿复垦区工程图,应用地理定位系统,参照地理信息系统,据复垦时间和复垦模式的不同,对复垦区划分调查区域,在调查区内设置样方,样方的长宽依实际情况而定,样方的长与环境梯度平行。每个样方内设 $10\ m \times 10\ m$ 的乔木样方 3 个,每个乔木样方内取 $4\ m \times 4\ m$ 的灌木样方 2 个,再在每个灌木样方内设 $1\ m \times 1\ m$ 的草木样方 2 个。同时在每个样地取 $0 \sim 20\ cm$ 的土壤样品,测定其理化与生物性状。对样方进行长期定点、定位调查观测、采样。具体研究方法见表 7-13。

表 7-13 研究设计方案

监测项目	测定方法
动物多样性	现场调查
覆盖度植被种类、植物多样性	样方调查
侵蚀模数、径流模数	统计分析、人工降雨模拟
容重	环刀法
质地	比重计法
有效土层厚度	测量
土体结构	挖剖面法
有机质	重铬酸钾容量法-外加热法
全氮	半微量开氏法

续表 7-13

监测项目	测定方法
速效磷	钼锑抗比色法
速效钾	醋酸氨浸提-火焰光度法
真菌	马丁氏培养基平板表面涂布法
细菌	牛肉膏蛋白胨培养基平板表面涂布法
放线菌	改良高氏 1 号合成培养基平板涂布法

2. 露天矿人工重建生态系统健康评价指标建立

根据矿区生态系统健康评价指标体系的设置依据和构建原则,通过对露天矿生态系统的制约因素或主导因子的辨识,得知排土场的健康与否对整个矿区的生态系统健康状况起到决定性作用。因此从排土场的群落特征、水保效益、土壤物理性状、土壤化学性状、土壤生物学性状五个方面揭示其变化特征。同时结合当地生态系统存在的问题以及影响生态环境的各个要素,不断调整与完善指标体系。依据层次分析法的基本原理,可划分为目标层、要素层和指标层三个层次(表 7-14)。

表 7-14　　　　　露天矿人工重建生态系统健康评价指标体系

目标层 A	要素层 B	指标层 C
生态系统健康	群落特征 B_1	植被覆盖率 C_1/%
		植物多样性(种数)C_2
		动物多样性 C_3
	水土保持效益 B_2	土壤侵蚀模数 C_4/[t/(m^2·a)]
	土壤物理性状 B_3	密度 C_5/(g/cm^3)
		质地 C_6
		有效土层厚度 C_7/cm
		土体结构 C_8
	土壤化学性状 B_4	有机质 C_9/(g/kg)
		全氮含量 C_{10}/(g/kg)
		速效磷 C_{11}/(mg/kg)
		速效钾 C_{12}/(mg/kg)
	土壤生物学性状 B_5	微生物类群数量(×10^4)C_{13}

3. 评价因子权重的确定

按照本评价指标体系中各指标层次结构关系,根据以上步骤,运用德尔菲法征求专家的意见进行判断比较,构成判断矩阵经专家反馈意见收回后,计算出各指标权重。

4. 评价标准

目前在各类有关生态学方面的评价,特别是在生态系统健康评价中,并没有一个统一的关于评价指标标准分级的方法。为此,在参考了国内外相关研究的有关标准以及露天矿区的自然地理与生态条件,提出了一个适合露天矿区的指标标准和追求目标。引用崔保山、杨志峰对湿地生态系统健康评价指标等级确定的方法,评价指标标准分为很健康、健康、亚健康、一般病态、疾病 5 级,见表 7-15。

表 7-15　　　　　　露天矿区人工重建生态系统健康评价指标分级

准则层	指标层	类型分级				
		很健康	健康	亚健康	一般病态	疾病
群落特征	植被覆盖率/%	80	60	40	25	15
	植物多样性(种数)	210	168	126	84	42
	动物多样性	丰富类,人们在适当季节来访时,每次可以看到数量很多(100)	普遍类,人们在适当季节来访时,每次可以看到数量中等(80)	非普遍类,人们在适当季节来访时,每次可以看到数量较少(40)	稀有类,人们在适当季节来访时,偶尔可以看到一些(20)	无动物生存(0)
水土保持效益	土壤侵蚀模数/[t/(m²·a)]	1 000	2 500	5 000	8 000	15 000
土壤物理性质	密度/(g/cm³)	1.25	1.35	1.45	1.60	1.70
	质地	中壤土(100)	黏土(80)	轻壤土(40)	砂壤土(20)	石质土(0)
	有效土层厚度/cm	90(100)	60(80)	50(60)	30(40)	10(20)
	土体结构	有 O-A-B-C 层的理想结构(100)	有 A-B-C 层的成熟土,土壤发生层风化明显(80)	有较好的成土母质 C 层,表层 A 层为原表土(40)	有较好的成土母质 C 层(20)	无层次结构(0)
土壤化学性质	有机质/(g/kg)	12	10	8	6	4
	全氮含量/(g/kg)	0.55	0.50	0.45	0.40	0.35
	速效磷/(mg/kg)	12	10	8	5	3
	速效钾/(mg/kg)	200	150	100	70	50

7.4.2.5　生态环境敏感性评价

生态环境敏感性是指生态系统对区域中各种自然和人类活动干扰的敏感程度,它反映的是区域生态系统在遇到干扰时,发生生态环境问题的难易程度和可能性的大小,也就是在同样的干扰强度或外力作用下,各类生态系统出现区域生态环境问题的可能性的大小。生态失调状况一般可通过生态系统的组成、结构方面,由于人类不合理的活动或自然干扰,造成生态系统的组成上发生变化,正常的生态功能发挥受到影响。或由于开荒、采伐、建设、采矿等使生态系统某一结构缺失,生态系统不完整,生态功能丧失。而其发生的根源则是各种生态过程维持着一种相对稳定的耦合关系,保证着生态系统的相对平衡,而当外界干扰超过一定限度时,这种耦合关系将被打破,某些生态过程会趁机膨胀,导致严重的生态环境问题。

结合矿区的生态环境特征,主要分析土壤侵蚀、煤矸石自燃、森林火灾等对生态环境敏感性的影响。

生态环境问题的形成和发展往往是多个因子综合作用的结果。生态环境问题的出现或发生概率常常取决于影响生态环境问题形成的各个因子的强度、分布状况和多个因子的组合。根据上述主要生态环境敏感性评价,对影响因子进行定性的分析,将上述各单项进行综合,既体现其区域分异规律,又综合了多生态因子的特征,可以得出此地区生态环境敏感性分布特点。

7.4.3 平朔矿区环境质量和生态系统现状评价结果

7.4.3.1 平朔矿区生态环境质量与资源利用调查评价结果

针对平朔露天矿生态环境的影响因素及其资源现状,把影响其生态环境质量的因素污染控制与废物利用、退化土地复垦质量、重建生态资源利用与保护作为要素层,根据评价准则进一步细分为 12 个评价指标:选煤水循环利用率、生产污水处理率、煤矸石综合利用率、地质灾害与景观稳定、土地复垦率、植被覆盖率、土壤侵蚀模数、耕地潜在恢复率、土地相对生产力、复垦土地资源保护率、复垦土地资源开发、复垦土地新农村景观再造。这样,矿区生态环境质量及资源利用综合评价的指标体系可以用一个由目标层、要素层、指标层组成的递阶层次结构体系表示。采用层次分析法确定各指标的权重值,分析各指标权重值可见:在系统层中对平朔安太堡露天矿区生态环境质量起到主导作用的因素是退化土地的复垦质量,其次是污染控制与废物利用。

通过建立模糊综合评判数学模型,对平朔安太堡露天矿区 1995 年以前、2000 年、2005 年、未来状况的生态环境与资源利用状况进行评价,结果表明:矿区生态环境与资源利用由 1995 年前的 5 级水平变为 2000 年的 4 级,又转为 2005 年的 2 级水平,未来的理想状况会向一级水平发展。也就是说,目前矿区生态环境质量与资源利用水平已由 5 级上升为 2 级。

7.4.3.2 平朔矿区生态承载力评价结果

针对平朔安太堡露天矿开发后破坏生态环境及采煤废弃地的重建新生态,本研究从生态系统弹性力、资源环境承载力及生态系统压力三个方面提出了对其进行量化的研究方法;并利用层次分析法求得各指标权重值,对矿区生态承载力状况进行静态和动态分析评价。在研究矿区实际资料和对其进行分析整理后,把矿区生态承载力评价指标体系分为三级,其中一级包含系统弹性度、资源环境承载力、承载压力度 3 类,二级包含地质地貌、气候等 14 类,三级又细分为 38 小类,评价年限跨度为 20 a,1985—2005 年。针对评价体系的每一个因子,每一个指数都用合理的分值计算方法得出科学的结果,以研究数据为前提,并结合矿区实际情况,最终得出平朔安太堡露天矿生态承载力评价研究的结果。

研究结果表明:① 平朔安太堡矿区目前的生态系统弹性力为 46.836,属于中等稳定;资源环境承载力为 53.361,中等承载;随着矿区人口和经济的发展,生态系统压力度为 1.344,承载超负荷。② 从动态变化趋势来看,矿区生态系统弹性力波动比较强烈,稳定性差,具有明显的脆弱特性;其发展总趋势:生态弹性力值 1987 年最大,然后开始下降,1995 年其发展趋势开始由下降转变为上升。矿区的资源环境承载力的发展趋势与生态系统弹性力稍有不同,从 1987 年开始迅速下降,到 1997 年前后才开始缓慢上升,向着良好的趋势发展。矿区生态系统压力度的发展趋势为:1985—1997 年间迅速上升,1997—2001 年上升趋势变缓,2003 年后稍有下降。

7.4.3.3　平朔矿区生态风险评价结果

以平朔露天煤矿这一脆弱生态系统为对象,遵循生态风险评价的一般理论框架和方法体系,根据其特殊的生态环境特点,从矿区的风险源中筛选出 4 种主要的风险源:地质灾害、土壤退化、植被退化和煤矸石自燃。同时将露天煤矿分为 3 种不同的景观斑块:排土场(西排土场、南排土场、东排土场、西排扩大区、内排土场)、采掘场、工业场地,并且运用多种指数分析生态风险。针对 4 种主要风险源进行分析,包括确定风险概率、划分空间分布,对风险受体的作用强度分析等;在进行暴露和危害分析中,主要采用生态指数这一指标来反映不同生境类型的生态意义和地位,以脆弱度指数来体现不同生境的易损性,从而计算出各受体生态系统的生态损失度指数。由于各主要风险物质对风险受体的作用强度是不同的,对形成区域性生态风险的作用大小也有差异,因此,采用层次分析法对主要生态风险源进行权重分析。然后进行风险表征,即综合前面两个阶段的信息,对环境中风险的性质和强度以及风险评价过程中不确定性问题进行分析与描述,划分出三级生态风险区——安太堡南排土场部分区域、西排土场部分区域、内排土场北部区域、安家岭西排土场和采掘场为高风险区,安太堡南寺沟排土场、选煤车间、安家岭内排土场、东排土场、采矿区的黄土剥离区域和工业广场为中风险区,安太堡西排土场的剩余部分、内排土场南部区域和南排土场的剩余部分为低风险区。同时绘出了平朔露天煤矿生态风险分级分布图(图 7-15～图 7-18),定量地描述了研究区域内各风险分区的生态风险差异。把风险值进行分级,不同的斑块对应不同的风险级别,形成矿区生态风险综合评价图,为矿区生态环境管理提供了数量化的决策依据和理论支持。平朔露天煤矿区域生态风险综合评价图见图 7-19。

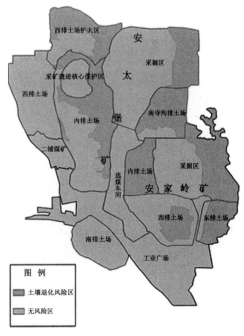

图 7-15　平朔露天煤矿地质灾害风险分布图　　　图 7-16　平朔露天煤矿土壤退化风险分布图

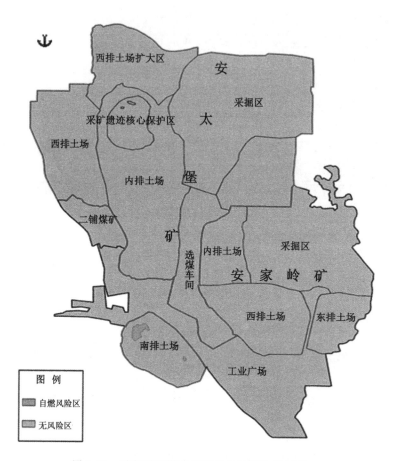

图 7-17 平朔露天煤矿煤矸石自燃风险分布图

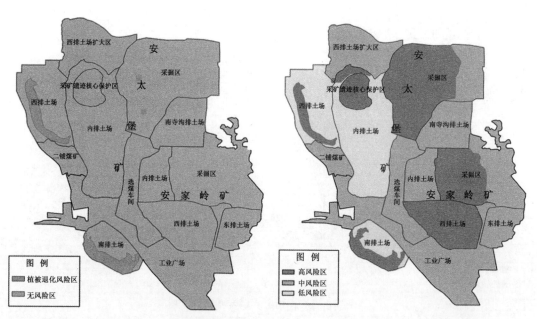

图 7-18 平朔露天煤矿植被退化分布图　　　　图 7-19 平朔露天煤矿区域生态风险综合评价图

7.4.3.4 平朔矿区生态系统健康评价结果

对平朔安太堡露天矿开采后生态退化、生态修复这一动态过程进行监测和分析,针对露天矿人工重建生态系统的影响因素,选取平朔矿区中的 50 余个样方,分别对动植物种类数量、5 种土壤的物理性质、4 种土壤的化学性质、4 种土壤微生物在矿区原地貌、未复垦地、复垦的初期、中期和后期的状况进行了调查研究,实测了近 200 个数据,进而选取有关群落特征、土壤侵蚀、土壤物理性质、土壤化学性质、土壤生物学性质方面的 13 个指标组成露天矿人工重建生态系统健康评价的指标体系,利用层次分析和模糊数学等方法对人工重建后生态系统健康状况进行综合评价。

在对生态系统的群落特征、土壤侵蚀、土壤质量三方面的研究发现:随着复垦时间的增长,在复垦中期,整个生态系统状况已好于原地貌状况。在同一复垦时期,不同复垦模式的复垦效果也不尽相同。草-灌-乔搭配是最好的配置模式。选取确定各指标权重值,分析各指标权重可知:在要素层中对人工重建生态系统健康起到主导作用的因素是水土保持效益,其次是群落特征。在指标层中对人工重建生态系统健康影响排在前四位的是土壤侵蚀模数、植物多样性、土壤微生物类群数和植被覆盖度。通过建立模糊综合评价模型,对安太堡露天矿区原地貌、未复垦地、复垦前期、中期、后期的排土场进行生态系统健康评价。五个不同阶段的生态系统健康状况变化为:一般病态→疾病→一般病态→亚健康→很健康。

人工重建生态系统评价研究揭示了复垦过程中生态系统健康的变化趋势,提示在进行露天矿的生态恢复、重建过程中,要注意复垦的不同阶段,土壤物理性质、化学性质和生物性质的改良变化情况,为矿区生态恢复和重建提供更加科学、健康的方法和途径,使平朔矿区生态系统向着更安全、健康的方向发展。

7.4.3.5 平朔矿区生态环境敏感性评价结果

结合平朔矿区的生态环境特征,主要对土壤侵蚀、煤矸石自燃、森林火灾等对生态环境敏感性的影响进行分析。平朔矿区生态环境敏感性综合评价地区分布如表 7-16 所列。

表 7-16 生态环境敏感性综合评价地区分布表

等级	等级类别	分布地区	分区因素
I	极敏感区	安太堡二铺排土场南部、安太堡二铺排土场中部、安太堡二铺排土场北部与内排土场交界处	此地区位于工业规划区内,表层多为裸土,植被稀少
		安太堡矿坑	此地区为保留原貌的露天矿坑
		此区域包括位于安太堡南排土场南部的退化区、安太堡西扩排土场以及安家岭西排土场的露井联采矿区	此地区由于滑坡、自燃与塌陷等原因造成植被稀少,生态敏感性极高
II	高度敏感	安家岭东排土场、安家岭西排土场以及安家岭内排土场,包括安家岭东排土场、西排土场的最终平台和较为稳定的部分边坡平台,内排土场的全部	复垦时间较短,目前植被覆盖度较低
		安太堡西排土场扩大区东南部分	复垦时间较短,没有形成大规模的植被覆盖
		安太堡内排土场北部的局部	表层为裸土,植被覆盖较差
		安家岭东排土场、西排土场未稳定的部分边坡及边坡平台,以及安太堡内排土场、西排土场未稳定的部分边坡和边坡平台	复垦时间短,主要为裸土和稀疏树林,植被覆盖率低,生态结构不稳定,不宜进行再利用
		安家岭矿坑以及安太堡矿坑	土壤被剥离,边采矿边复垦

等级	等级类别	分布地区	分区因素
Ⅲ	中度敏感	安太堡南寺沟排土场	自然沉降已基本稳定,并有适量的种子库以及侵入植被,生态系统较好
		安太堡西排土场扩大区北部	生态系统较好,适宜种植各种作物
		安太堡内排土场北部的西南部	此区植被类型丰富,植被条件良好
		安家岭矿坑东部以及安太堡矿坑东部	此地区由于进行黄土剥离,地表无植被覆盖,是待开采区
Ⅳ	轻度敏感	安太堡西排土场扩大区南部中间部分	植被良好,土层较厚,适宜种植牧草
		安太堡西排土场扩大区西南部分	黄土覆盖较厚,生态良好
		安太堡露天矿坑的东北部	未进行采矿,仍然维持区域植被现状
Ⅴ	一般地区	安太堡西排土场南部平台	复垦时间长,土层较厚,植被主要以乔木为主
		安太堡西排土场中部	复垦时间较早,为整个平朔矿区生态恢复较好的区域,且与自然原地貌距离较近
		安太堡西排土场北部	复垦时间长,植被密度高
		安太堡内排土场南部	复垦时间长,植被覆盖度高,生态恢复良好
		安太堡南排土场北部,包括部分最终平台以及东北部分的边坡和边坡平台	复垦早,复垦时间长,逐渐形成了林-草-灌多层次、多类型的植物结构布局,基本覆盖了排土场原有的裸露地表,其生态环境得到了较好的恢复

7.5 矿区重建生态功能区划与生态产业链的构建

7.5.1 矿区复垦土地优化利用时序设计与重建生态功能的区划

7.5.1.1 矿区重建生态功能区划目标

生态功能区划是在一定的自然区域范围内,以生产系统类型为基础,以生态特征、空间结构、生产力、稳定性和人为活动对系统的生态关系及其整体功能的影响度为指标,进行的自然生态系统类型划分和空间定位。其目标是以生态功能区划为基础,指导区域生态系统管理,增强各功能分区生态系统的生态调节服务功能,为区域产业布局和资源利用的生态规划提供科学依据,促进社会经济和生态环境保护的协调发展。

平朔矿区重建生态功能区划除具备上述特征外,还有其自身的特点,具体表现在:

1. 建立在地貌和生态环境重塑的基础上

人们在矿区内对煤炭资源的露天开采不仅造成土地地表的大面积破坏,而且彻底摧毁了当地的生态系统。由于当地本身处于生态脆弱区,在极端破坏的条件下不可能仅凭借其自身的修复功能使生态系统得到恢复,必须通过人工干预,利用工程措施、生物技术等进行生态重建。而本项目正是在这种彻底破坏后又完全重塑生态系统的基础上进行功能分区,这就决定了矿区生态功能区划从一开始就要考虑其生态系统的人造性以及由此带来的不稳定性。

2. 以保证矿区现有生态功能不降低为首要目标

由于平朔矿区本身位于生态脆弱的黄土高原区,并且经过长时间的、彻底的采矿破坏,虽然部分地区得到了复垦,但是人工再造生态系统处于成长期,仍然较为脆弱,并且有退化的可能。因此,保证矿区现有已复垦区域生态系统不受损害、生态功能不降低,是矿区重建生态功能区划必须坚持的红线。

3. 与矿区的产业经济链条有机融合

矿区重建生态功能区划,除了生态效益之外,还应当考虑经济效益和社会效益。因此,在重建划分生态功能区应当成为或部分成为矿区产业经济链条的一部分或相关部分,实现生态、经济、社会效益的良性循环和促进。

综上所述,矿区重建生态功能区划的目标就是在保证矿区已复垦区域现有生态系统不退化、生态功能不降低的前提下,依照合理的指标分类,科学划分不同层次和类别的生态功能区,使其能够充分融入矿区的产业经济链条中,实现矿区的生态、经济和社会效益相互促进,解决矿区发展过程中遇到的一系列社会问题,从而为建设和谐矿区服务。

7.5.1.2　矿区重建生态功能区划原则

1. 区域共轭性原则

区域所划分的对象必须是具有独特性,空间上完整的自然区域,即任何一个生态功能区必须是完整的个体,不存在彼此分离的部分。在一定的区域范围内,生态系统在空间上存在共生关系,因此生态功能区划应通过生态功能分区的景观异质性差异,来反映它们之间的毗连与耦合关系,强调生态功能分区在空间上的同源性和相互联系。目前安太堡矿区已复垦区域主要有排土场、内排土场等人工重塑地貌,彼此相互独立;由于复垦时间的不同,即使相同类型的复垦区域的植被覆盖、生态恢复程度等也不尽相同,具有形成不同功能区的基础。

2. 发生相对一致性原则

区域生态系统的功能是由其系统内部的生物、环境等构成要素的结构所决定的,因此要求在进行功能分区时,应根据区域内部地形地貌特征相对一致性标准,结合区域生态系统结构、过程和景观格局的关系重建生态功能区划,它是生态功能区划的基本依据。

3. 生态环境的相似性和差异性原则

相似性主要体现在一定范围内的区域间环境要素的相似以及区域环境分区间的差异,这是自然环境的客观反映。生态环境整治与资源利用相一致的原则。生态环境建设区划的目的在于正确地阐明生态环境建设影响因子的地域分异规律,为发挥区域的自然条件优势、合理利用自然资源、改善生态环境、维护生态平衡提供科学依据。因此生态环境建设分区必须贯彻资源利用与生态环境建设、治理相一致的原则。

4. 可调整性原则

生态功能区是不断变化的,生态区划具有时效性。尤其在矿区已复垦区域中,由于是人工完全重塑地貌,其生态系统本身并不稳定,既可以在人工干预下向更好的方向发展,也有退化的可能,因此矿区重建生态功能区划必须结合项目区实际情况随时调整,这有利于指导区划内容随着时间变化而作调整,促进区域环境的良性发展。

5. 不同生态功能区相互联系原则

尽管不同生态功能区在空间位置上相互独立,但是它们应当与矿区完整的产业经济链条联系起来,同时其功能之间也应互相联系,共同实现矿区内的清洁生产和循环经济。

7.5.1.3 生态功能分区等级与划分依据

矿区土地生态系统的功能分区既不同于自然生态系统的分区,也不同于工业园区的功能分区。矿区生态系统是集自然生态系统、破坏生态系统与恢复生态系统为一体,涉及农业用地、工业用地的复合生态系统。故其功能分区也不同于一般的功能分区。

1. 分区等级

生态功能分区的等级划分主要根据矿区土地利用现状与生态系统多样性与完整性等指标的相似性与变异性进行,分区采取分析与综合相结合的方法。生态功能分区共分为二级,六个大区,22 个小区。

首先根据开采复垦现状与土地生态系统的主要功能与目标划分为农业综合利用区、工业生态园区、恢复生态保护区、旅游观光区、生态重建区与待开采区一级六大区。然后根据具体的生态保护目标方法、生态服务功能及其实现途径对各区进行划分。

2. 分区依据

(1) 一级功能区划分主要依据

一级功能区划分的主要依据是矿区土地的开采与复垦进度以及土地利用类型,据此分为农业综合利用区、工业生态园区、恢复生态保护区、旅游观光区、生态重建区与待开采区。各区的主要利用方向与土地利用功能分述如下:

农业综合利用区:以生态农业系统为主,土地利用类型主要为耕地、林地、草地等农业用地,通过种植业、养殖业、畜牧业的综合协调发展,实现系统内部的物质、能量循环发展,从而发挥最大的经济、社会与生态效益。

工业生态园区:以工业建设用地为主,充分利用已有矿业资源以及矿业生产中的煤矸石、粉煤灰等固体废弃物,延长工业产品的产业链条,一方面较少排放废弃物及占地,另一方面提高产品附加值。同时,在工业区内部及周边进行生态建设,既起到防风固沙、防止污染的作用,又起到美化景观的作用,使工业园区与周边的农业生态园区融为一体。

恢复生态保护区:位于生态园区与工业区的交接处,临近公路、铁路等,是矿区面对外界的窗口,且由于目前生态系统较脆弱,对环境变化较敏感,抗风险性较低。所以此区域的主要目标为生态保护。

旅游观光区:复垦时间较长,生态系统多样性较丰富,且具有一定的稳定性。结合工业旅游与生态旅游,充分发挥该区的旅游服务功能,在发挥矿区生态、经济、社会综合效益的基础上,提升企业知名度,为全国露天煤矿的开采、复垦与土地再利用树立典型。

生态重建区:主要为破坏初期及复垦退化土地,以土地复垦与生态重建为当前主要目标。

待开采区:为已征土地,目标为充分发挥其开采前的现有价值,不再对其进行大规模投资。

(2) 二级功能区划分主要依据

二级区划是在一级区划的基础上,对各土地利用单元进行生态服务功能分析,以实现最大经济、社会与生态效益的生态服务功能为目标进行分区。其分区的过程也是对土地利用方向与园区进行整体规划的过程。分区主要依据包括植被覆盖度、植被种类、土壤质量(土壤质地与土壤肥力)等。各区的命名力求直观反映其生态服务功能与土地利用类型。

平朔矿区生态重建功能区划简表如表 7-17 所列。

7.5.2　矿区生态产业链与生态农业系统的构建

如果说平朔发展的初期是以剥离外排为主、地貌重构、生态重建、解决水土流失、保障矿区生态安全为主要目标,那么随着矿区煤炭资源采掘的拓展,逐步进入以内排为主的农田复垦和生态重建并重的新阶段。依托土地资源,构建生态农业发展模式,实现农业产业化已成为矿区资源利用多元化有效实现方式,建设种植业—畜牧业—农产品加工业三大产业链,奠定可持续发展接续产业基础,应成为今后平朔矿区农业复垦的主要方向和生态产业构建的核心内容。

7.5.2.1　平朔矿区生态产业规划的总体思路

以发展循环经济作为矿区生态农业产业构建和经营的主线,依托矿区丰富的土地资源,规划建设有别于当地传统农业的现代生态农业,促进生物和农业资源的循环利用,实现绿色产业化和生态环境保护。在规划中遵循协调发展、突出重点、统筹兼顾、分步实施、坚持前瞻性与可操作性有机统一、因地制宜与科学布局,以及机制创新与管理创新等原则。总体思路及项目主要功能区之间物质循环和生物物质能源流程见图 7-20。

(1) 由原来以外排生态恢复为主向以内排和井工农地恢复为主的农业用地重建和农业利用方向转变;

(2) 根据自然生态条件的禀赋,由传统的种植农业向畜牧业为主的集约化、规模化、机械化生产的现代农业转变;

(3) 建设由大田种植业、设施农业、养殖业和加工业组成的循环经济产业化链条;

(4) 基本满足本矿职工现代生活对畜牧和蔬菜的需求,进而向社会提供产品。

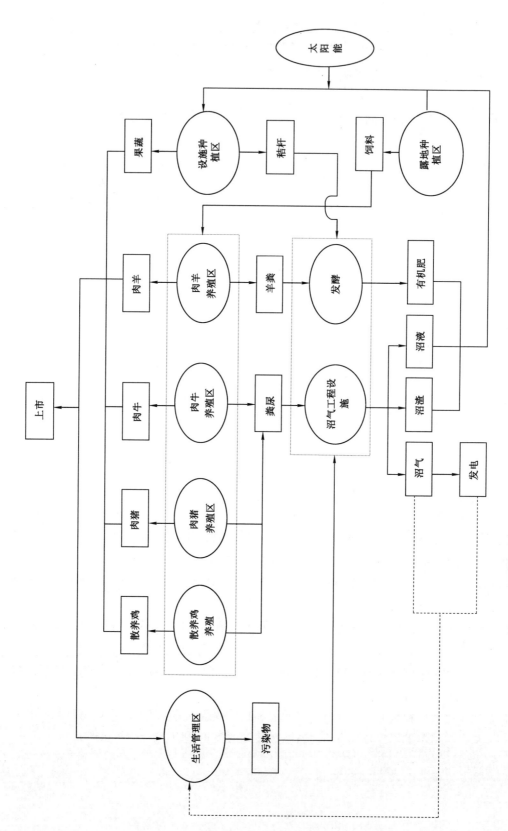

图7-20 总体思路及项目主要功能区之间物质循环和生物物质能源流程图

表 7-17　　　　　　　　　　平朔矿区生态重建功能区划简表

生态功能分区		所在区域与面积	生态环境敏感性	主要生态系统服务功能
农业综合利用区	耕地恢复整理区	位于安家岭东排土场,占地面积为 70.5 hm²;安家岭西排土场,占地面积为 82.29 hm²;安家岭内排土场,占地面积为 144.97 hm²	高度敏感	过渡性林草用地＋最终耕地,包括农产品和畜牧产品生产
	耕地快速恢复区	位于安太堡西排土场扩大区北部,占地面积为 126.63 hm²;安太堡南寺沟排土场,占地面积为 204.62 hm²	中度敏感	农产品生产,推进耕地快速复垦技术并通过耕地恢复区的生态、经济、社会效益提高当地失地农民耕地复垦土地的积极性,为复垦土地有效流转奠定基础
	家禽饲养区	位于安太堡西排土场扩大区东南部,占地面积为 2.33 hm²	高度敏感	家禽饲养产品,包括家禽肉蛋类
	优质牧草种植示范区	位于安太堡西排土场扩大区南部中间,占地面积为 40.19 hm²	轻度敏感	有利于土壤熟化,并为家禽养殖提供优质饲料
	中草药示范园区	位于安太堡西排土场扩大区西南部,占地面积为 45.10 hm²	轻度敏感	生产优质中草药
	食用菌原料供应区	位于安太堡西排土场北部,占地面积为 51.46 hm²	一般地区	食用菌培养
	生态农业综合示范区	位于安太堡内排土场北部,占地面积为 134.67 hm²	高度敏感	进行农业综合利用
工业生态园区	矸石电厂	位于安太堡二铺排土场南部,占地面积为 26.82 hm²	极敏感	发电厂发电和供热燃料,并可为矿区其他工业等提供能源
	粉煤灰厂	位于安太堡二铺排土场中部,占地面积为 4.19 hm²。	极敏感	制作建筑材料、用作土建材料、用于道路基层材料及回填土等,具体包括粉煤灰水泥、砖、大型墙体材料、地面砖、屋面保温材料、防水粉等
	石材加工厂	安太堡二铺排土场北部与内排土场交界处,占地面积为 2.45 hm²	极敏感	进行石材加工
	工业场地景观重建区	位于安家岭工业广场的区域作为工业场地景观重建区,占地面积为 500.72 hm²	极敏感	促进平朔矿区经济发展、能量循环、环境保护
恢复生态保护区	永久性植被保护区	位于安家岭东排土场,占地面积为 52.35 hm²;西排土场,占地面积为 182.49 hm²;安太堡内排土场,占地面积为 88.49 hm²;西排土场,占地面积为 170.74 hm²	高度敏感	保护矿区生态系统,防止水土流失和地质灾害的发生

续表 7-17

生态功能分区		所在区域与面积	生态环境敏感性	主要生态系统服务功能
旅游观光区	采矿遗迹保护核心区	位于安太堡内排土场北部,占地面积为 120.98 hm²	极敏感	帮助人们了解矿区发展历史,学习人文历史和技术变革进程
	有机果品采摘及生态散养观光区	位于安太堡内排土场南部,占地面积为 105.76 hm²	一般地区	生产有机果品和绿色食物产品,建立蔬菜大棚,为旅游者提供有机果品采摘
	生态复垦景观游憩区	位于安太堡南排土场北部,占地面积为 96.06 hm²	一般地区	采矿破坏原地貌展示,重建生境资源,并建立养蜂厂,提供蜂产品
	植物园	位于安太堡西排土场南部平台,占地面积为 12.36 hm²。	一般地区	增加区域生物多样性,促进区域经济发展,改善区域小环境
	野生动物观赏园	位于安太堡西排土场中部,靠近植物园,占地面积为 14.77 hm²	一般地区	野生动物和恢复生态系统景观的展示、观赏,集野生动物保护救护、繁育生产、科学研究、科普教育和休闲娱乐为一体
生态重建区	地质灾害防治与二次复垦区	位于安太堡南排土场南部的退化区、安太堡西扩排土场以及安家岭西排土场的露井联采矿区,占地面积为 77.64 hm²	极敏感	水土保持,植被恢复,防止地质灾害的发生
	内排地重塑示范区	位于安家岭矿坑,占地面积为 253.99 hm²,以及安太堡矿坑,占地面积为 466.46 hm²	高度敏感	矿坑回排,覆表土,地表植物恢复,地表土壤熟化,完成平朔露天煤矿基地地貌重塑
待开采区	黄土剥离筛选区	位于安家岭矿坑东部,占地面积为 233.04 hm²,以及安太堡矿坑东部,占地面积为 150.24 hm²	中度敏感	对土壤进行分层剥离,等待进一步开采
	自然生物资源利用区	位于安太堡露天矿坑的东北部	轻度敏感	仍然维持区域植被现状,区域内的耕地等由当地农民继续耕种直至开采

7.5.2.2 平朔矿区生态农业的规划定位

生态农业是按照生态学原理和经济学原理,运用现代科学技术成果和现代管理手段,以及传统农业的有效经验建立起来的,能获得较高的经济效益、生态效益和社会效益的现代化农业。它要求把发展粮食与多种经济作物生产,发展大田种植与林、牧、副、渔业,发展大农业与第二、三产业结合起来,利用传统农业精华和现代科技成果,通过人工设计生态工程,协调发展与环境之间、资源利用与保护之间的矛盾,形成生态上与经济上的良性循环及经济、生态、社会三大效益的统一。而矿区的生态农业规划也有其特定的定位与方式,具体内容介绍如下。

1. 规划定位

矿区现代化生态农业的方向是由资源禀赋和同代社会生活的需求所决定的。以现代工艺为依托,现代化技术手段为支撑,充分发挥矿区资源优势达到生态、经济和社会的和谐统一,高产、高效、绿色可持续,是矿区现代生态农业发展的主要目标。农业产业化是现代农业发展的主要趋势和有效形式,以旱作种植农业为基础,集约化畜牧业为主体,现代加工业为龙头的产业化体系是发展循环经济,达到高效生态农业目标的主要手段。

2. 生态产业链设计

从矿区生态环境和土地资源现状分析评价看,矿区生态产业布局应以新复垦农业耕地为重点。其理由:① 种植高产饲料或兼饲玉米,其每亩年生物量为乔木的 10 倍以上、灌木的 20 倍,由于其 C4 作物高光合效率,碳同化能力远优于生态林地,其收获的生物资源可以支撑生态产业发展的基础需求。② 矿区生态林地虽然面积不小,但多处于非稳定期,易受外界干扰,不宜大面积扰动。③ 部分非顶级群落树种虽可以考虑综合利用,逐步更新替代,但由于其利用途径和技术还有待研究改进,不能马上进入大规模产业化。为此,合理规划布局矿区新垦土地利用方式,科学制定产业种植结构,就成为生态链构建的关键。

在种植结构上应以玉米和饲草为主,同时发展马铃薯、中药材和部分蔬菜品种,饲草的种植需结合养殖规模和品种对应匹配种植,主要有苜蓿、饲料玉米、饲料甜菜、高丹草、东方山羊豆、黑麦草、沙打旺等,重点用于饲料营养搭配,提高养殖水平。

依托矿区生物资源可以设计出多种生态产业发展模式:

① 玉米＋苜蓿→养羊→商品→市场;

② 玉米＋苜蓿→养奶牛→市场;

③ 玉米＋苜蓿→养肉牛→市场;

④ 玉米＋饲料甜菜→养猪→市场;

⑤ 建议矿区发展林间散养鸡,控制虫害发生;

⑥ 沙棘→粉碎＋牛粪或棉籽皮→培育食用菌(香菇、双孢菇、平菇、白灵菇等)。

从生态产业链的开发看,这些模式在平朔矿区都可以实施,但从资源的利用效率、经济效益和产业的示范作用分析,这些模式是有差异的。有些模式可以作为重点生态产业开发,产生经济效益;有些模式主要是作为示范,显示多种生态产业经营的可行性。从目前研究的情况看,养殖项目应以肉用羔羊养殖资源利用效率最高,如果强调效益优先、兼顾其他的原则,可将其列为矿区养殖业发展的重点。鸡、牛、猪的养殖可以作为辅助养殖发展项目,依据资源的后续支撑能力,陆续配套实施。

以下列举三种生态产业链:

(1) 养羊生态产业发展模式(图 7-21);

(2) 灌木及林下枝资源开发利用模式(图 7-22);

(3) 养牛生态产业发展模式(图 7-23)。

7.5.2.3　生态产业规划方案

平朔矿区的生态产业规划分近期发展规划与中期发展规划,其内容如下。

1. 近期发展规划(2015 年前)

在 2015 年前规划建设的主要设施为:2000 只基础母羊的肉羊养殖场;现代智能温室16 000 m²;景观设施改造 100 余亩(1 亩≈666.7 m²);年产 24 万只蛋鸡养殖场;年产 24 万只青年鸡养殖场;年产 10 万 t 的综合饲料加工厂;800 座节能温室;1 000 亩黄芪种植示范基地;养殖所需要的主要饲料种植生产基地及配套的大型农业生产机械;所有生态产业配套的水暖管道、输电线路、道路等设施。

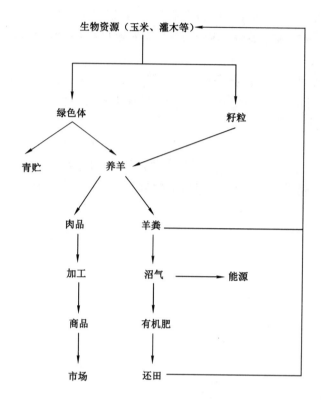

图 7-21　养羊生态产业发展模式

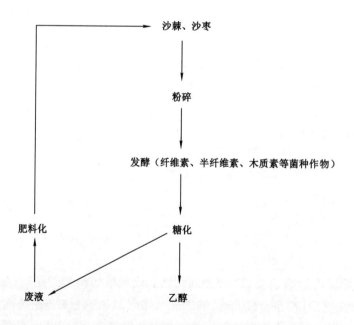

图 7-22　灌木及林下枝资源开发利用模式

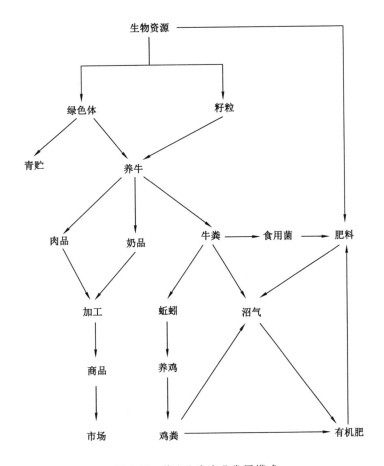

图 7-23　养牛生态产业发展模式

2. 中期发展规划（2015—2020 年）

随着矿区开采计划的推进，每年将有大量的土地资源需要规划利用，在实施好近期生态农业产业发展规划的同时，也需要提早布局中长期的土地利用和产业开发，使矿区生态绿色产业能够有序推进，健康发展。按照矿区现在的生产规模和采掘计划，每年将有 120～150 hm² 的土地用于复垦，也就是说到 2020 年，矿区 5 年间将累计提供 9 000～11 250 亩的土地，考虑到不可预测的因素影响取下限 9 000 亩作为规划单元。其中 1/3 用于生态用地，1/5 规划防护林网和田间道路等附属设施，实际可利用土地在 5 000 亩左右。按照生态产业布局的最佳距离，设施之间应相距 8～10 km，即每一个产业设施养殖点应覆盖方圆 10 km 的范围，因此，2015—2020 年作为一个规划单元正好可以规划一个生态产业集群。

7.5.3　构建矿区现代生态农业系统的具体实施技术

平朔矿区现代生态农业规划实施技术包括农耕技术体系、现代养殖技术体系以及生态防护技术体系。

7.5.3.1　平朔矿区农耕技术体系

矿区农业复垦主要是通过农牧耦合构建集约化、规模化、商品化的畜牧业，是现代农业发展的基本方向。为牧而农、为养而种，奠定畜牧业基础，建立畜牧农耕制是农业复垦的重要任务。种植高产饲料作物,是提高土地产出值,降低饲养成本的基本保证。青饲玉米及其他营养体饲料作物是农业种植的主体。畜牧农耕制首先是要满足畜牧业对饲草的需求,饲料作物的种植比重要占到农作物种植的80%以上,当地主要的粮食作物(玉米、马铃薯)和其他作物种植比重应控制在10%～20%。引进新的饲料作物品种,像种粮一样种草,鲜草的产量达到8 000～10 000 kg,比现在粮食作物转型的饲料,鲜草产量提高30%～50%。研究表明,整株玉米青贮其营养物质至少可多收50%,即1 hm² 的饲料玉米的饲养价值相当于2 hm² 的普通玉米。根据平朔露天煤矿地区的自然条件和轮作要求,配置的作物主要包括青饲玉米、高丹草、小黑麦、黑麦、湖南稷子、串叶松香草、苜蓿等。

主要轮作方式是:

(1) 苜蓿4～5 a－玉米(马铃薯、甜菜)－青饲玉米3 a;

(2) 小黑麦(黑麦)＋湖南稷子(青饲燕麦)－玉米(马铃薯)青饲玉米3 a;

(3) 灌溉地多年生串叶松香草15～20 a。

相应的耕作方式是保护性耕作体系,保护性耕作具有省水、省肥、省工、节劳、节能、减排等特点,在新的农业发展阶段具有重要功能。保护性耕作是将土壤免耕、松耕、覆盖、旋耕等技术科学组装,高产栽培及其配套技术的综合技术体系。不仅对提高土壤肥力、保蓄水份非常有利,通过大量的测定发现保护性耕作技术可以减少温室气体排放的5%～20%,是现在公认的先进耕作技术。保护性耕作的基本方法是:为防止土壤跑墒,免除春耕和秋耕,在苜蓿和小黑麦之后进行夏季翻耕;每3～4 a深松土一次;秋收后留茬越冬;作物播种以前旋耕施肥,免耕播种。

保护性耕作的配套农机具包括大、中型拖拉机、平地机、免耕播种机、深松机、秸秆还田机、马铃薯收获机、玉米联合收割机等。

目前世界各国多以土壤有机质与主要营养元素的含量来评价土壤肥力,较少涉及土壤的立地条件和土壤的物理性质。在北方半干旱地区其高产田的有机质含量应保持在15 g/kg,只有这样的最低水准,才能满足农作物高产和稳产的要求,土壤氮素状况与土壤有机质状况相似,土壤全氮含量＞1 g/kg,土壤有效磷含量＞10 mg/kg,土壤有效钾含量＞100 mg/kg。在培肥土壤的基础上,通过测土配方施肥保证作物养分的需求,是作物可持续增产的重要措施。

7.5.3.2　平朔矿区现代养殖技术体系

1. 肥肉羔产业

肉羊生产模式为三元经济杂交,当地的地方羊品种资源与引进的小尾寒羊杂交,再与国外的肉羊品种杜泊羊杂交。三元杂交后代的效益比纯种羊提高38%,超过两品种二元杂交的效益(25%)。地方羊与小尾寒羊杂交后的杂种母羊的产羔率可达到200%,一年两胎或两年三胎,年生产杂交羔羊肉用羔羊3～4 只,4～6 月龄出栏,或质量达到30～40 kg。羔羊肉生产较传统的成羊肉生产周期缩短1/2～2/3,相应的土地载畜量提高1～2 倍,发展羔羊的关键是要引进和繁殖小尾寒羊和杜泊羊种羊,建成工厂化的羔羊肉生产体系,应用先进的管理技术提高饲养水平。建设存栏3 000 头的中心示范羊场,以后根据复垦土地的规模,每5 000 亩耕地建设一个相应的肉羊分场。

2. 关于奶牛和肉牛的发展

目前我国人均牛奶的年消费量是30 kg,世界人均年消费量是100 kg,发达国家人均年消费量是 300 kg,印度人均年消费量是 80 kg 以上。我国的奶牛业才开始起步,朔州矿区近期的人均牛奶消费量希望达到我国的平均水平。朔州矿区计划主要发展西门塔尔乳肉兼用品种,年产奶量达 3 500 kg;引进优良的西门塔尔种牛,应用性控冷冻精液配种,建立高产基础牛群;2～3 a 内建设一个 50～100 头奶牛示范场。

3. 关于饲草与精料用量的估算

每亩饲料作物的载畜量为 3 只标准羊,标准羊单位体重为 50 kg,饲草需求量为体重的 3%～3.5%,年需草量为干草 540 kg,折合鲜草 2 160 kg;按青贮饲料占 60%,青贮量为 1 296 kg,折合青贮 2.5 m³(每立方米青贮量为 500 kg),干草占 40%,每只羊的干草量是 220 kg;多汁饲料日量 1.5 kg,年需量 550 kg;每只羊精料日量是 0.3 kg,年需求量是 100 kg。1 000 只肉羊规模年需饲料作物种植面积 330 亩、青贮饲料 2 500 m³、干草 220 000 kg、精料 100 000 kg。

牛的饲料预估:以体重 500 kg、年产量 5 000 kg 计算,日需青贮饲料 30 kg,年需青贮饲料 10 000 kg,日需苜蓿干草 3 kg,年需苜蓿干草 1 000 kg,年需混合精料 1 500 kg。即 1 头母牛年需 2 亩青贮玉米、1 亩苜蓿、3 亩兼饲玉米。因此,100 头母牛年需 200 亩青贮玉米、100 亩的苜蓿、300 亩兼饲玉米,需贮藏约 2 000 m³ 青贮饲料。猪饲料则按料肉比 3.5:1 核算。

4. 关于饲料场的建设

饲料厂的设计已有描述,这里只对按照年出栏 3 000 只规模的肉羊生产做一些技术说明。

(1) 需要建设 2 000 亩的青贮饲料和干草饲料基地-主要饲草包括青贮玉米 1 000 亩、兼饲玉米 500 亩、小黑麦 250 亩、苜蓿地 200 亩、饲料甜菜 50 亩。亩种植成本为 500 元,种植投资为 10 万元。

(2) 建设糊化淀粉非蛋白氮补充饲料氮素技术。蛋白质饲料短缺是制约畜牧业发展的主要因素,非蛋白氮在饲料中的应用,对发展肉羊生产,降低生产成本,提高饲养效率具有重要意义。在非蛋白氮饲料应用中,糊化淀粉非蛋白氮技术较成功。其含氮量为 46%,1 kg 该非蛋白氮相当于 2.87 kg 粗蛋白,一千克含氮量 46% 的非蛋白氮等于 6.8 kg 含粗蛋白质 42.2% 的豆粕。

(3) 玉米秸秆饲料加工。玉米秸秆的利用,目前最大的现实困难是体积庞大,通过压块机将秸秆压制成高密度饼块,压缩可达 1:15～1:5,能大大节省运输与贮藏空间。同时配合草粉的揉碎加工,制作颗粒饲料或秸秆生物饲料,不但可为牛羊利用也可以用来喂猪。据试验可知,秸秆生物饲料占猪日粮的 30%,每头可以节约成本 40 元左右;在牛的全价饲料中添加 60% 的秸秆生物饲料,按 2 kg 饲喂,5 kg 出栏,每出栏 1 头牛比对照组节约成本 700 元。

7.5.3.3　平朔矿区生态防护技术体系(防护林)

根据山西生态林业区划分,本区为山西北部防风固沙区,平缓坡丘陵防风水保护林亚区。农田防护林带的建立主要受下列因素的影响。

1. 风速与农田防风林的设计

试验结果表明,在山西北部半干旱风沙区土壤不同径级沙粒的机械组成比例来看,径级大于 0.1 mm 的沙粒占到 92.4%,高度 1 m 范围内,径级为 0.1～0.25 mm 沙粒的起沙风速为 3.2 m/s,风速不小于 5.2 m/s 的风称为害风。因此,风速为 3.2～5.2 m/s 的害风是该地区防止土壤风蚀需要防卫的主要风害,防风林的设计应把该风力范围的风害作为主要防护对象。也就是说要使林带背风面基本不存在土壤风蚀,背风面 1.0 m 高度的风速不能超过 3.2 m/s 的起沙风速,必须把 5.2 m/s 降低到 3.2 m/s 以下,降低幅度至少应为 38.5%。这是林带设计必须考虑的技术参数。

2. 林带疏透度与农田防护林的设计

林带疏透度是指垂直于风向林带断面空隙面积占林带断面面积的百分比,是衡量林带结构的一个重要指标。疏透度数值介于 0~1 之间,数值越大说明林带树木越稀,阻风效果越差;数值越小则树木越密,防风效果越好。试验表明,林带疏透度较小时,有效防风距离随林带疏透度的增大而增加,当疏透度达到 0.3 时,林带的防风距离最大,可达到树高的 13.8 倍,以后随着疏透度的增加,有效防风距离逐渐缩小,而疏透度接近 0.6 时有效防风距离为 0,也就是说疏透度为 0.6、旷野风速为 5.2 m/s 时,经过林带的风速降幅达不到 38.5%,林带背风面任何地方距离地面 1.0 m 高的风速均超过 3.2 m/s,存在土壤风蚀。由此可知,疏透度为 0.3 的林带是防风效益最佳林带,在实际工作中把疏透度在 0.25~0.3 范围内的林带均视为理想的疏透结构林带。

3. 害风频率与林带设计

害风出现的多少称为害风频率,害风频率决定土壤风蚀大小,初步统计,朔州一带全年 75%~80% 的风害集中在 11 月至翌年 5 月,尤其 3~5 月最重,占全年风害总数的 36%,为风沙危害的主要季节。然而,此时落叶乔木疏透度最大,防风效果最差,常绿针叶树种防风效果较好。

4. 林带高度与林带设计

林带的高度是指组成林带树木的高度,以最高树木的高度计。林带的高度与林带的防风距离直接相关,林带设计合理时,林带防风高度与林带成正比关系。不同树种组成的林带由于林带高度不同,林带空间结构及疏透度不同,有效防风距离绝对数值不一样;在林带疏透度相同时,林带防风距离随林带高度的增加而增加。新疆杨 7 年生时树高是 13.1 m,年平均生长量为 1.87 m,9 年生树高为 15.5 m,占到总生长量的 94.5%,年平均生长量为 1.72 m,12 年生树高的生长量水准增加但增加幅度很小,因此,树高 16.0 m 作为新疆杨第一乔木树种的林带高度。合作杨与新疆杨相比,生长速度与高度相对较小,因此,把 14.0 m 作为合作杨为第一乔木树种时林带的高度。从油松和樟子松两个针叶树种的生长过程来看,生长规律相对一致,20~25 年生时,生长量达到最大,25 年生时树高分别达到 5.7 m 和 8.2 m,占总生长量的 91.9%~95.3%,25 年以后树的生长量很小,因此,6.0 m 和 8.0 m 分别为油松、樟子松作为第一乔木树种里的林带高度。根据最佳结构林带的疏透度为 0.25~0.3 的有效防风距离为林带高度的 14 倍,计算下列树种为主林带设计树种时主林带的间距值:新疆杨为 16×14=224 m,合作杨为 14×14=196 m,油松为 6×14=84 m,樟子松为 8×14=112 m。

5. 关于农田防护林的结构

山西北部全年有 75%~80% 的风害集中在 11 月至翌年 5 月,其中 3~5 月危害最严重,这个季节正值农作物播种出苗时期,农田裸露土壤表面地被物最少,从树林的物候期来看,正处于萌芽展叶阶段,所有阔叶树带结构的疏透度均在 0.6 以上,林带的有效防风距离几乎为零,也就是说每年 3~5 月是害风危害最严重的时期,但恰是树林防风能力最小的时期,二者在时间上一致,为了保证林带有效的防护作用,防护林的设计应以 3～5 月的树态为标准,但由于阔叶树这个时期均处于萌芽阶段,单纯的阔叶树林带已起不到防治风沙的作用,因此,防护林带的设计必须是由新疆杨、合作杨、油松、樟子松以及灌木组成的复合护田林带,才能起到很好的防治风沙的效果。林带间树种的配置应充分考虑生态学特性和树种间的适应性;以疏透度 0.25～0.35 的结构林带为模式;针阔叶树种混交配置,可弥补单纯阔叶树林带防风能力差的弊病,乔木及灌木的搭配可弥补单纯乔木树种林带空间不同层次上防风能力差的缺陷。

由此确定朔州矿区复垦农田的林带配置模式包括:

① 新疆杨、樟子松、柠条配置模式为:每种树 2 行,株行距分别为 2 m×2 m、2 m×3 m、1 m×2 m,品字行立木配置,主林带间距为 224 m,疏透度预测值为 0.34;

② 合作杨、樟子松、沙棘(紫穗槐)配置模式为:每种树 2 行,株行距分别为 2 m×2.5 m、2 m×3 m、1 m×1 m,品字行立木配置,主林带间距为 196 m,疏透度预测值为 0.31;

③ 油松、沙棘配置模式为:每种树 2 行,株行距分别为 2 m×2 m、1 m×1 m,品字行立木配置,主林带间距 84 m,疏透度预测值为 0.29。

不同地区主林带走向与害风风力率总值最大的走向一致,朔州地区最大害风风力率为北北东—南南西(害风风力率总值为 67.0%),设计林带里最佳主林带走向应为北北东—南南西;副林带与主林带尽量垂直,或偏角不超过 45°,副林带间距的确定可根据防护效率大小的要求,选择等于或者大于主林带间距。主林带间距和副林带间距相等,防风效率为100%,即防护林网为正方形,副林带间距增加时防风效率有所降低,防风效率降低至 70%时,副林带间距可增大到 1 400 m,即为了适应机械化耕作的要求,副林带间距可以增大到主林带间距的 4～5 倍。

本章参考文献

[1] 白中科,李晋川.特大型露、井联采矿区复垦土地资源综合利用设计与实施[C]//首届北京生态建设国际论坛文集.北京,2005.

[2] 白中科,郧文聚.矿区土地复垦与复垦土地的再利用:以平朔矿区为例[J].资源与产业,2008,10(5):32-37.

[3] 蔡佳亮,殷贺,黄艺.生态功能区划理论研究进展[J].生态学报,2010,30(11):3018-3027.

[4] 陈龙乾,邓喀中,唐宏,等.矿区泥浆泵复垦土壤物理特性的时空演化规律[J].土壤学报,2001,38(2):277-283.

[5] 陈思.露井复域分布区土地利用格局演变及差异化管理对策[D].北京:中国地质大学(北京),2014.

[6] 崔艳.生态脆弱矿区土地利用调控机制与对策[D].北京:中国地质大学(北京),2009.

[7] 邓晓梅.古冶区典型采煤塌陷地复垦设计研究[D].泰安:山东农业大学,2012.

[8] 顾康康.生态承载力的概念及其研究方法[J].生态环境学报,2012,21(2):389-396.

[9] 郭建一.矿山土地复垦技术与评价研究[D].沈阳:东北大学,2009.

[10] 韩彩娟.南票矿区采煤沉陷区土地复垦与生态重建模式研究[D].阜新:辽宁工程技术大学,2008.

[11] 韩静,白中科,李晋川.露井联采区西排土场平台沉陷状况分析[J].山西农业大学学报（自然科学版）,2011,31(5):460-463.

[12] 贺斌.矿区复垦土壤相关生态服务功能价值评估:以平朔安太堡露天矿为例[D].太谷:山西农业大学,2005.

[13] 贺振伟.矿区复垦土地可持续利用与产业转型机制研究:以平朔矿区为例[D].北京:中国地质大学(北京),2012.

[14] 靳海霞.黄土丘陵区采煤沉陷损毁耕地复垦费用研究及实证[D].北京:中国地质大学(北京),2013.

[15] 景明.黄土区超大型露天煤矿地貌重塑演变、水土响应与优化研究[D].北京:中国地质大学(北京),2014.

[16] 赖亚飞.吴起县退耕还林工程效益评价及其绿色 GDP 核算[D].北京:北京林业大学,2007.

[17] 李晋川,白中科,柴书杰,等.平朔露天煤矿土地复垦与生态重建技术研究[J].科技导报,2009,27(17):30-34.

[18] 李思扬.安太堡露天矿土地利用变化和土地复垦技术分析[D].北京:北京林业大学,2012.

[19] 李伟.神府矿区开采损害分析及生态重建模式研究[D].西安:西安科技大学,2008.

[20] 李晓伟.典型平原区采煤塌陷地土地复垦中生态工程重建技术研究:以新郑赵家寨煤矿为例[D].郑州:河南农业大学,2009.

[21] 李新举,胡振琪,李晶,等.采煤塌陷地复垦土壤质量研究进展[J].农业工程学报,2007,23(6):276-280.

[22] 李月林,查良松.采煤塌陷地复垦模式的理论探讨[J].能源环境保护,2008,22(6):1-4.

[23] 刘春雷.干旱区草原露天煤矿排土场土壤重构技术研究[D].北京:中国地质大学(北京),2011.

[24] 刘宪权.安太堡矿露井联采边帮参数与工作线长度优化[D].北京:北京科技大学,2008.

[25] 任高峰.露井联合开采作用边坡损害机理及控制研究[D].武汉:武汉理工大学,2010.

[26] 孙琦,白中科,曹银贵,等.特大型露天煤矿土地损毁生态风险评价[J].农业工程学报,2015,31(17):278-288.

[27] 孙燕,周杨明,张秋文,等.生态系统健康:理论/概念与评价方法[J].地球科学进展,2011,26(8):887-896.

[28] 王巧妮,陈新生,张智光.采煤塌陷地复垦研究综述[J].中国国土资源经济,2009,22(6):23-24,47.

[29] 王巧妮.采煤塌陷地复垦模式综合效益评价与对策研究:以徐州九里区为例[D].南京:南京林业大学,2008.

[30] 王维芳.迎春林业局森林资源及生物多样性经济价值的动态分析[D].哈尔滨:东北林业大学,2006.

[31] 王芸.安太堡露天煤矿不同复垦模式对土壤有机碳库的影响[D].北京:中国地质大学(北京),2014.

[32] 卫博.煤矿土地复垦方案评审编制要求与关键内容研究[D].北京:中国地质大学(北

京),2008.

[33] 魏茜.基于多目标的大型露天矿排土空间优化研究:以平朔安太堡矿区为例[D].北京:中国地质大学(北京),2013.

[34] 吴敬东.长沙市枫香人工林生态系统服务功能及价值评估研究[D].长沙:中南林业科技大学,2012.

[35] 夏冬.采矿迹地生态重建技术研究[D].唐山:河北理工大学,2010.

[36] 薛建春.基于生态足迹模型的矿区复合生态系统分析及动态预测[D].北京:中国地质大学(北京),2010.

[37] 薛玉芬.露天矿区排土场复垦适宜性评价研究:以平朔安家岭矿为例[D].北京:中国地质大学(北京),2013.

[38] 杨翠霞.露天开采矿区废弃地近自然地形重塑研究[D].北京:北京林业大学,2014.

[39] 杨睿璇.黄土区露天煤矿排土场复垦土壤理化性质空间变异性研究[D].北京:中国地质大学(北京),2014.

[40] 杨长奇.山西省采煤塌陷区土地复垦模式及生态重建研究[D].太谷:山西农业大学,2013.

[41] 杨志峰,隋欣.基于生态系统健康的生态承载力评价[J].环境科学学报,2005,25(5):586-594.

[42] 余勤飞.煤矿工业场地土壤污染评价及再利用研究:以平朔煤矿为例[D].北京:中国地质大学(北京),2014.

[43] 原野,赵中秋,白中科,等.露天煤矿复垦生态系统碳库研究进展[J].生态环境学报,2016,25(5):903-910.

[44] 张耿杰.矿区复垦土地质量监测与评价研究:以平朔露天煤矿区为例[D].北京:中国地质大学(北京),2013.

[45] 张耿杰.平朔矿区生态服务功能价值评估研究[D].北京:中国地质大学(北京),2009.

[46] 张慧.典型平原区采煤塌陷地复垦方案研究:以徐州贾汪区大吴镇潘安村为例[D].南京:南京师范大学,2007.

[47] 张晋.煤矿区土地复垦研究[D].兰州:甘肃农业大学,2009.

[48] 张磊.煤矿区土地复垦分类及山地煤矿土地复垦实例分析[D].焦作:河南理工大学,2011.

[49] 张前进.黄土区大型露天矿景观动态演变及格局分析:以平朔矿区为例[D].太谷:山西农业大学,2003.

[50] 张文岚.平朔矿区采矿废弃地生态恢复评价研究[D].济南:山东师范大学,2011.

[51] 张召,白中科,贺振伟,等.基于 RS 与 GIS 的平朔露天矿区土地利用类型与碳汇量的动态变化[J].农业工程学报,2012,28(3):230-236.

[52] 张召.安太堡露天煤矿矿业用地改革实现途径研究[D].北京:中国地质大学(北京),2013.

[53] 张志.平庄西露天矿露井协调开采控制技术研究[D].阜新:辽宁工程技术大学,2010.

[54] 周伟,白中科.平朔煤矿露井联采区生态环境演化分析[J].山西农业大学学报(自然科学版),2009,29(6):494-500.

[55] 周伟.平朔露天矿区陆面演变及优化控制研究[D].北京:中国地质大学(北京),2007.

[56] 邹彦岐.矿区土地复垦效益评价研究:以平朔矿区为例[D].北京:中国地质大学(北京),2009.

第8章　工程实践

8.1　平朔矿区露井建设协同实施与效果

平朔矿区井田主要可采煤层为 $4^\#$、$9^\#$、$11^\#$ 煤层,煤层赋存稳定,地质条件简单,可采煤层总厚度为 34.5 m,总面积为 176.3 km²,"近水平、浅埋深、厚度大"是该矿区井田煤层赋存主要的基本特征,不仅适合于露天大规模开采,也适合于井工平硐或斜井盘区式开采,具备为露井建设协同的先决条件。

以安太堡矿-井工二矿、安太堡矿-井工四矿、安家岭矿-井工二矿建设协同为例,详细介绍露井协同开采多煤层的矿区快速建设方案。

(1) 安太堡矿-井工二矿(露井协同矿区快速高效建设技术)

平朔矿区露井建设协同的典型案例为安太堡矿与井工二矿之间的建设协同,安太堡矿首先开始建设,始建于 1987 年,在安太堡矿建设揭露 $4^\#$ 煤,并在矿井西南侧形成井工二矿建设条件时,利用安太堡矿的平盘建设井工二矿的工业广场,直接沿安家岭矿的北端帮掘进井工二矿的运输大巷、辅助运输大巷和回风大巷,并在大巷侧沿安太堡矿南端帮布置采煤工作面,快速形成完整的生产系统,实现井工二矿快速建设投产,实现了"露采先行、无井开拓、露井协同开采、井工收尾"的矿区整体建设规划。

(2) 安太堡矿-井工四矿(露井协同矿区快速高效建设技术)

井工四矿开拓利用了安太堡矿 $4^\#$ 煤顶板端帮,在安太堡矿形成后,井工四矿在安太堡矿暴露的 $4^\#$ 煤顶板,沿着安太堡矿西端帮由北向南掘进斜井,直至进入 $9^\#$ 煤层,然后沿安太堡矿西端帮布置 $9^\#$ 煤层大巷,并在大巷西侧布置采煤工作面,形成完整的生产系统,实现井工四矿快速建设与生产。

(3) 安家岭矿-井工一矿(基于提高煤质的多组煤联合开发建设技术)

提高煤质的多组煤联合开发建设技术主要通过井工矿井进行多组煤越层开采,结合露天矿与井工矿的煤质特征,实现区内煤炭资源合理配洗,有利于在增加产量的同时提高煤炭煤质,最大化地增加矿井经济效益。井工一矿开采的 $4^\#$ 煤可以与安家岭矿生产的 $9^\#$、$11^\#$ 煤进行合理调配。

8.1.1　露井建设协同实施区域概况

8.1.1.1　安太堡矿

安太堡矿位于山西省朔州市境内,行政区划隶属朔州市平鲁区管辖。工业广场距朔州市城区 20 km,距平朔生活区 18 km。矿区北到大同 123 km,南至太原 226 km,距北京 500 km,交通便利,矿区通过 21 km 铁路专用线与北同蒲铁路上的大新站接轨,商品煤主要经北同蒲线和大秦线运往秦皇岛港口,铁路全程 773 km。平朔一级公路从矿区门前经过,纵贯全省的大运公路从矿区附近通过,高速公路可直达北京、太原。

安太堡矿井田位于宁武煤田北部的平朔矿区内的西北部,区域之东为东露天煤矿,南为井工二矿和安家岭矿,井田面积为 36.19 km²。安太堡矿位置关系如图 8-1 所示。

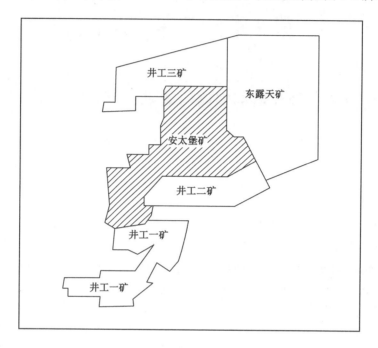

图 8-1　安太堡矿位置关系图

安太堡矿地貌为典型的黄土高原地貌,黄土广布、沟壑纵横、水土流失严重。地表标高为 1 180～1 511 m,一般在 1 250～1 350 m,多以冲沟、陡坎形成黄土梁峁地形,相对高差在 100～300 m。安太堡矿原始地貌分布如图 8-2 所示。

图 8-2　安太堡矿原始地貌分布

安太堡矿分别开采 4#煤、9#煤和 11#煤三层具有经济价值的煤层,煤层赋存于石炭系太原组,煤质为气煤,全井田资源储量约 95 093 万 t,可采储量约 62 956 万 t。其中,4#煤位于太原组顶部,顶板多为粗粒砂岩、砂质泥岩,有时为泥岩、碳质泥岩、粉细砂岩,底板多为砂质泥岩、泥岩、碳质泥岩及细粒砂岩,该煤层大部分区域受风氧化严重,基本处于无煤区,只有南部局部分布,氧化面积占开采面积的 1/4;9#煤顶板为泥岩、砂质泥岩,底板为泥岩及粉、细砂岩,为全区大部分基本可采的稳定煤层;11#煤顶板多为泥灰岩,次为碳质泥岩及粉砂岩,底板为细砂岩及砂质泥岩,为稳定煤层,但是北端帮大面积为风氧化带,使 11#煤储量损失严重。因此,9#煤是安太堡矿稳定产量的主要可采煤层,矿井的建设生产也以该煤层为中心。

安太堡矿建设于 1985 年,先后经过了 1985—1988 年开始在一坑(首采区)建矿拉沟并投产,1988—1991 年在一坑范围正常推进;1991—1994 年自一坑向二坑采区转向过渡;1994—1999 年在二坑范围正常推进;1999—2002 年由二坑向三坑转向开采期,2003—2010年矿坑在三坑进行采矿,现已进入后备区。矿坑开采总平面布置如图 8-3 所示。

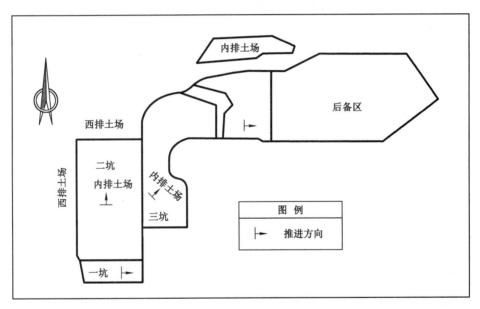

图 8-3 矿坑开采总平面布置图

8.1.1.2 井工二矿

井工二矿位于安太堡矿与安家岭矿之间,开采两个露天煤矿之间的端帮压煤,井田范围为类似梯形的多边形,东西长 2.65 km,南北宽 0.62~1.89 km,井田面积为 4.26 km²。矿井地质储量为 129.70 Mt,工业储量为 91.94 Mt,可采储量为 91.94 Mt,主采煤层为 4#、9#和11#煤,矿井设计能力为年产 150 万 t,服务年限达 47 a,其中,4#煤约 11 a,9#煤约 26 a,11#煤约 10 a。井工二矿原始地貌分布如图 8-4 所示。

2003 年 4 月,井工矿工程中矿建工程、土建工程陆续开工建设,由于井工二矿和井工一矿作为一个建设项目同步进行,在 2005 年 1 月 1 日进入联合试运转阶段。

8.1.1.3 井工四矿

井工四矿位于平朔矿区安太堡矿西北部,行政区隶属于朔州市平鲁区管辖,主要由安太

图 8-4　井工二矿原始地貌分布图

堡边帮区和朔州市平鲁区井东煤矿合并而成,即一部分开采安太堡矿西北端帮压煤,一部分开采原井东煤矿残采资源。边帮区位于整个井田的东南部,南北宽约 1.3 km,东西长约 1.7 km,面积约 2.3 km²,边帮区地质资源量为 3 464 万 t,设计可采储量为 2 028.04 万 t;井东区位于整个井田的西北部,该区呈多边形,南北长约 2.0 km,东西宽约 1.7 km,面积约 3.216 km²,井东区地质资源量为 11 548 万 t,井东区设计可采储量为 7 005.21 万 t。

　　井工四矿井田内山丘连绵,沟壑纵横,植被稀少,基本为第四系黄土覆盖,地形大致为中部低、两边高,最高处位于井田的东北部,海拔标高为 +1 490.0 m,最低处位于井田南缘现有露天矿已开采未回填的坑底,海拔标高为 +1 232.0 m,最大高差为 258.0 m。井田含煤地层及煤层赋存特征与安太堡矿一致,主要可采煤层为 4#、9# 和 11# 煤层,4# 煤风氧化严重,全区大部分煤炭储量位于 9#、11# 煤层。整个井田的开采技术条件和水文地质情况简单,不受奥灰水影响。

　　井田南部为安太堡矿露采未回填矿坑,原始地表已不复存在,地势由矿坑底部向四周自下而上呈台阶状分布,其矿坑外为安太堡露天矿现排土场。矿坑底部南北宽约 130 m,东西长约 270 m,面积约 35 100 m²。矿坑北部自下向上 30 m 一个台阶,台阶宽度约 40 m。

8.1.2　露井建设协同实施方案

8.1.2.1　露井协同开拓的矿区快速建设

1. 建设协同实例一:安太堡矿-井工二矿

随着安太堡矿规划区域地表剥离物的外排,形成露天平盘,直至 4# 煤层底板平盘形成,在安太堡开采区域 4# 煤层底板所在平台上布置井工工业场地,考虑到露天矿内排的要求,4# 煤层采用平硐开拓,沿 4# 煤层煤壁布置主要运输平硐、辅助运输平硐、回风平硐,硐长110 m,断面净宽 5 m。9# 煤层低于 4# 煤层 50 m 左右,采用暗斜井开拓,主、副暗斜井进口与 4# 煤平硐集中布置,回风斜井与 4# 煤层平硐联合布置。露井协同开采下,井下不设井底车场及硐室,工作面运输巷胶带直接与大巷胶带搭接。

（1）露井协同的工业广场建设

为了提高井工二矿建井速度,将井工二矿工业广场布置在安太堡矿矿坑内,具体位置在安太堡矿矿坑东南部 4 号煤层平盘上,井口沿 4 号煤煤壁（即安家岭矿北端帮）布置,井工二矿工业广场与安太堡矿位置关系如图 8-5 所示。井工二矿工业广场内景实拍如

图 8-6 所示。

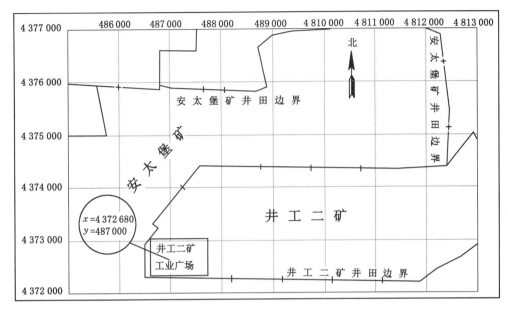

图 8-5　井工二矿工业广场位置图

图 8-6　井工二矿工业广场位置实拍

　　井工二矿工业广场于 2003 年 6 月动工建设,工业广场内布置有 4#煤主平硐、4#煤副平硐、4#煤回风平硐、9#煤主斜井、9#煤副斜井、驱动机房、通风机房等主要设施。

　　(2) 井田开拓方式及系统

　　基于安太堡矿内排要求,露天开采后 9#煤层不留沟,因此,井工二矿对 4#煤层采用平硐开拓方式,9#煤层采用斜井开拓方式,11#煤层直接斜井延伸,由于井工二矿工业广场布置在安太堡矿 4#煤层底板平盘上,因此,4#煤层可直接沿端帮进行开拓,平硐硐口标高为+1 300 m,平硐长为 440 m,断面净宽约为 5 000 mm,9#煤层低于 4#煤层 50 m 左右,9#煤层的主、副斜井与 $4^\#$ 煤层平硐集中布置,回风斜井与 $4^\#$ 煤层平硐联合布置。考虑三层煤联合开发,在 $9^\#$ 煤设置主水平, $4^\#$ 煤和 $11^\#$ 煤分别设置辅助水平,井工二矿开拓方案如图 8-7 所示,平硐布置位置如图 8-8 所示。

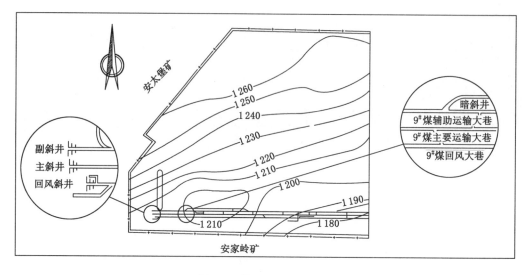

图 8-7　井工二矿开拓方案

图 8-8　平硐布置位置图

（3）井底车场及硐室建设

井工二矿利用安太堡矿端帮布置的三条平硐进行开拓,由于主运输采用带式输送机运煤,辅助运输采用无轨胶轮车自地面直达工作面运输,其系统简单,环节少,井底无须设置井底车场及硐室,工作面运输巷胶带与大巷胶带直接搭接。

（4）井下巷道布置

根据井工二矿井田范围,设计采区采用单翼布置方式,在采区的南边界(即安家岭矿端帮)沿煤层布置三条大巷,即回风大巷、运输大巷和辅助运输大巷。工作面南北布置,采用条带式回采。工作面采用双巷布置,即上一个工作面的第二条运输巷为下一个工作面的回风巷。井工二矿井田开拓方式如图8-9所示。

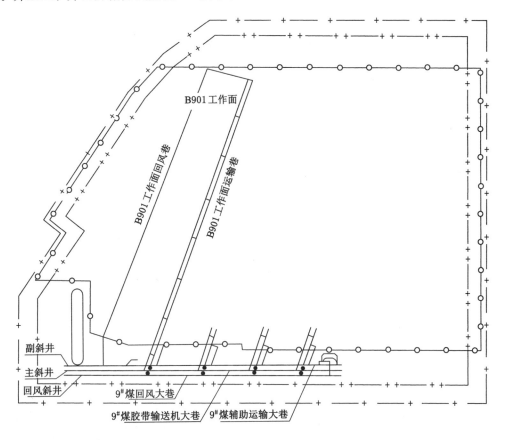

图 8-9 井工二矿井田开拓方式

2. 建设协同实例二:安太堡矿—井工四矿

4#、9#和11#煤层为井工四矿井田内的三层主要可采煤层,井田的边帮区位于安太堡矿西北部,即为安太堡矿北侧深部区,随着安太堡矿岩土剥离,利用安太堡矿形成的平盘进行井工四矿开拓。

(1)露井协同的工业广场建设

根据整个井田地面的特点及煤层的赋存条件,结合安太堡矿选煤厂的位置,为了尽可能减少井巷工程量、缩短建井工期,将井工四矿工业广场布置在安太堡矿南部已开采的矿坑内,4#煤层揭露的平盘上。在工业广场布置三条斜井,其中副斜井、回风斜井井口布置在矿坑4#煤层平盘上,井口标高为+1 250 m;主斜井井口布置在矿坑坑底的上一个台阶,即4#煤层上方的岩石平盘上,主斜井井口标高为+1 274.3 m。井工四矿工业广场布置如图8-10所示。

(2)井田开拓方式及系统

图 8-10　井工四矿工业广场布置

根据安太堡矿与井工四矿的位置关系,井工四矿采用斜井开拓方式,沿安太堡南端帮共布置主斜井、副斜井和回风斜井三条斜井,将矿井运输系统和辅助运输系统集中布置,即在安太堡南端帮布置一副斜井担负全矿井辅助运输任务;在安太堡南端帮布置一条主斜井担负煤炭提升任务,煤炭通过主斜井提升至地面堆煤场,运往安太堡矿选煤厂进行分选;同样在安太堡南端帮布置一条回风斜井,担负矿井的通风任务。主斜井倾角为 16°,斜长为300 m,净宽达 5 m,净断面积为 17.32 m²;副斜井倾角为 5.5°,斜长为 465 m,净宽达 5.5 m,净断面为 20.68 m²;回风斜井倾角为 20°,斜长为 141 m,净宽达 5 m,净断面为 17.32 m²。由于井工四矿 4# 煤层风氧化严重,故将井工四矿主水平设在 9# 煤层,运输大巷和辅助运输大巷沿 9# 煤底板布置,回风大巷沿 9# 煤顶板布置,在下部 11# 煤设置辅助水平,11# 煤的开拓采用延伸斜井到 11# 煤层的方式。

（3）井底车场及硐室建设

井工四矿采用斜井开拓方式,主运输采用带式输送机运煤,辅助运输中的材料、设备、人员等采用无轨胶轮车自地面直达工作面运输系统,故不设井底车场。井下主要硐室包括中央变电所、中央水泵房、水仓和消防材料库等工程。

（4）井下巷道布置

主要运输大巷、辅助运输大巷和回风大巷风别沿边帮区南部（即安太堡西南端帮）东西走向布置,三条大巷倾角为 0°～3°,其中主要运输大巷和辅助运输大巷布置在 9# 煤层中,沿底布置;回风大巷布置在 9# 煤层中,沿顶布置。辅助运输大巷与副斜井贯通,回风大巷与回风斜井贯通,主要运输大巷与主斜井立体交叉后通过煤仓相连。

8.1.2.2　基于提高煤质的多组煤联合开发建设

1. 多组煤结构及煤质特征

太原组为平朔区主要含煤地层,其中主要可采煤层为 4#、9#、11# 煤层,厚度大,层位稳定,分布面积广,倾角小。4# 煤层全矿区发育,为本区主要稳定可采煤层,煤厚为 8～10 m,结构复杂,夹石 3～5 层,多为高岭岩、碳质泥岩;9# 煤层为矿区下组煤主要可采煤层,厚度大,结构复杂,煤中夹有 0.1～0.5 m 之薄层碳质泥岩及 2～6 m 高岭岩,煤层厚度为 10～15 m;11# 煤层位于太原组底部,煤层稳定,发育普遍,全区厚度为 3～4 m,结构较为简单。

$4^{\#}$ 煤平均埋深为 270.31 m，$9^{\#}$ 煤埋藏深度为 300 m 左右，两煤层间距为 20.48～52.98 m，平均层间距为 38.36 m。$4^{\#}$、$9^{\#}$ 和 $11^{\#}$ 煤层赋存特征如图 8-11 所示。

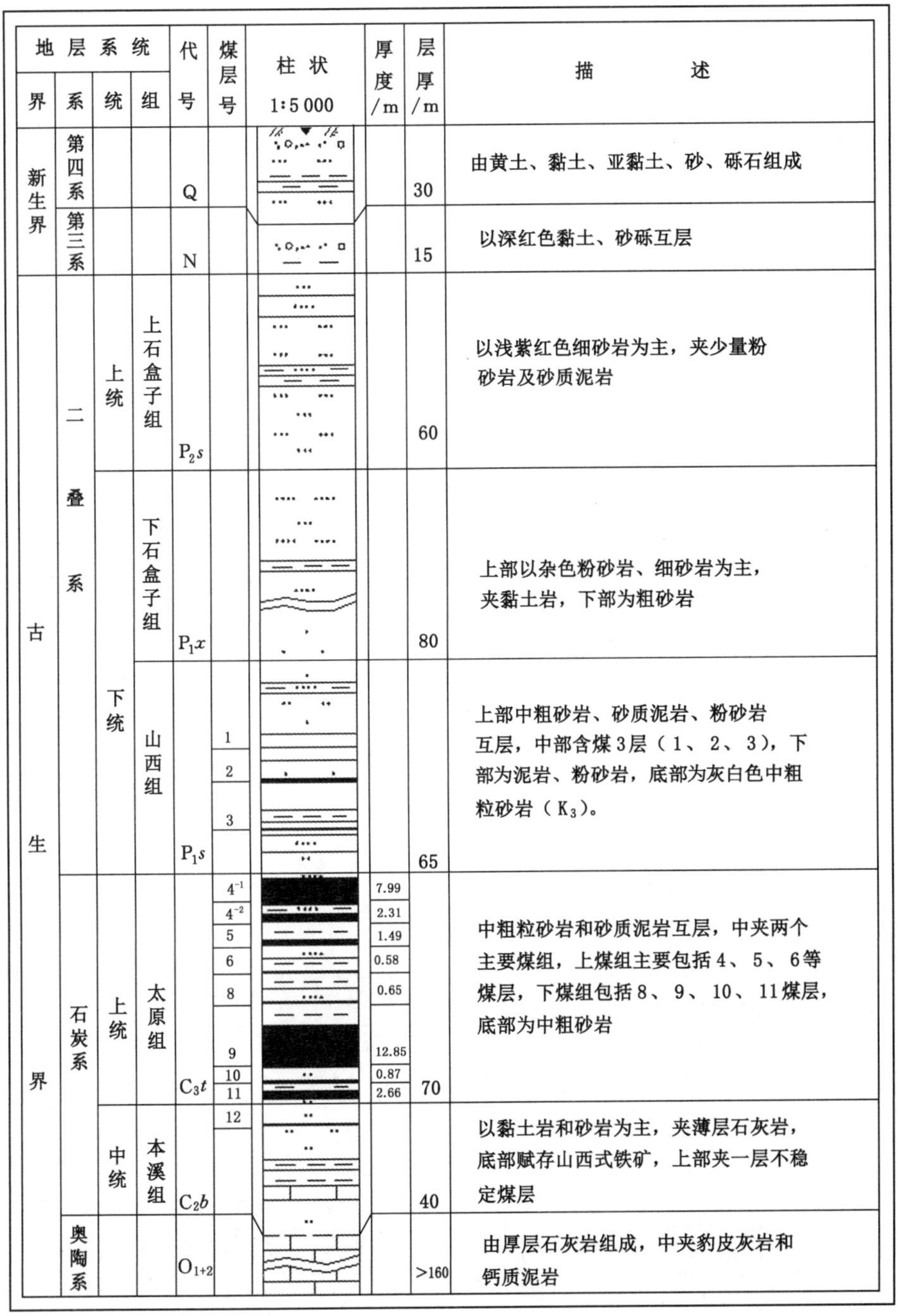

地层系统				代号	煤层号	柱状 1:5 000	厚度 /m	层厚 /m	描 述
界	系	统	组						
新生界	第四系			Q				30	由黄土、黏土、亚黏土、砂、砾石组成
	第三系			N				15	以深红色黏土、砂砾互层
古生界	二叠系	上统	上石盒子组	P_2s				60	以浅紫红色细砂岩为主，夹少量粉砂岩及砂质泥岩
			下石盒子组	P_1x				80	上部以杂色粉砂岩、细砂岩为主，夹黏土岩，下部为粗砂岩
		下统	山西组	P_1s	1			65	上部中粗砂岩、砂质泥岩、粉砂岩互层，中部含煤 3 层（1、2、3），下部为泥岩、粉砂岩，底部为灰白色中粗粒砂岩（K_3）。
					2				
					3				
	石炭系	上统	太原组	C_3t	4^{-1}		7.99	70	中粗粒砂岩和砂质泥岩互层，中夹两个主要煤组，上煤组主要包括 4、5、6 等煤层，下煤组包括 8、9、10、11 煤层，底部为中粗砂岩
					4^{-2}		2.31		
					5		1.49		
					6		0.58		
					8		0.65		
					9		12.85		
					10		0.87		
					11		2.66		
		中统	本溪组	C_2b	12			40	以黏土岩和砂岩为主，夹薄层石灰岩，底部赋存山西式铁矿，上部夹一层不稳定煤层
	奥陶系			O_{1+2}				>160	由厚层石灰岩组成，中夹豹皮灰岩和钙质泥岩

图 8-11 综合柱状图

由 $4^{\#}$、$9^{\#}$ 和 $11^{\#}$ 煤层的煤质特征可知：在含硫特性方面，$4^{\#}$ 煤层属于低硫煤，$9^{\#}$ 和 $11^{\#}$ 煤层属于中高硫煤；在灰分特性方面，$4^{\#}$ 和 $9^{\#}$ 煤层为中高灰分煤，$11^{\#}$ 煤层属于高灰分煤。

为了保证平朔特大型矿区的整体生产能力,安太堡矿和安家岭矿同时露天开采 4#、9# 和 11# 煤层,主要以 9# 和 11# 煤开采为主,虽然露天矿产量大,但这两个煤层产生大量的高硫煤,在总产煤量中的占比较大,高硫煤将对矿区煤炭销售产生十分严重的威胁,拉低煤炭售价,井工矿可根据煤炭市场需求在相对较长的一段时期内专生产特低硫 4# 煤,与露天矿生产的高硫煤掺配,改变煤质结构,提高煤质,实现经济效益最大化。因此,采用露井协同生产建设的模式,联合开发 4#、9# 和 11# 煤层,优化改善单组煤煤质劣势现状,达到平朔特大型矿区多组煤联合开发、科学配煤的目的。

2. 基于提高煤质的多组煤联合开发建设方案

中煤平朔公司生产的煤炭主要以出口和内销为主,出口煤要求灰分≤14%,硫分≤1%,内销煤主要是供国内大型电厂,其中优质电煤要求灰分一般不大于24%,硫分控制在1%左右,而普通电煤灰分要求在34%以内。由于单一露天矿开采不能满足煤质要求,为了优化煤质结构,采用露井协同方式联合开发多组煤层,实现平朔特大型矿区的合理配煤,其中,安家岭矿-井工一矿为平朔特大型矿区露井协同联合开发多组煤层的典型示范工程,下面就以安家岭矿—井工一矿为例展开分析平朔基于提高煤质的多组煤联合开发建设方案。

安家岭矿原煤生产规模为 10.0 Mt/a,井工一矿原煤生产规模为 5.0 Mt/a,露井协同后总生产能力达到 15.0 Mt/a。安家岭矿主采 9# 煤层,其首采区也位于 9# 煤层,安家岭矿采出的煤炭作为矿区的内销混煤使用,要求内销混煤硫分不大于 2%,而 9# 煤层硫分超过 2.5%,将采用井工一矿开采的 4# 煤进行配采,使整个安家岭矿煤炭产品质量稳定,实现矿井可持续发展的战略目标。

由于 9# 和 11# 煤硫分较高,而安家岭矿生产的煤炭主要来自 9# 和 11# 煤层,因此,利用安家岭矿的少部分 9# 和 11# 高硫煤与安家岭矿生产的 4# 煤层低硫煤配,其余数量较多的安家岭矿 9#、11# 高硫煤进入贮煤场与井工一矿的 4# 煤相配,用于洗选内销优质动力煤。安家岭矿与井工一矿配煤方案如图 8-12 所示。

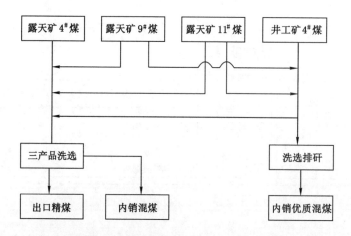

图 8-12 安家岭矿-井工一矿配煤方案

安家岭矿和井工一矿具体配煤流程:利用井工一矿生产的全部 4# 煤与安家岭矿生产的 9#、11# 煤进行配煤,基本配煤流程分为三个阶段:第一阶段,井工一矿生产的原煤在安家岭矿矿坑进行初配,形成低硫煤和高硫煤;第二阶段,采用汽运方式将井工一矿初配产生的煤炭运输至安家岭矿贮煤场,按一定比例(井工一矿 4# 煤和安家岭矿 9#、11# 煤的配比关系为 2.33∶1)配成能洗选出口煤(即精煤灰分≤14%,硫分≤1%)的原料煤进入贮煤场,实现贮煤场煤堆配硫;第三阶段,原料煤经带式输送机统一运输至安家岭矿选煤厂进行入选,并最终进入成品煤仓内,形成出口精煤和优质内销煤。

8.1.3 露井建设协同实施效果

平朔矿区露井建设协同方面的经济效益主要体现在井工矿井开拓工程量的减少与建设周期的缩短。平朔矿区安太堡矿-井工二矿、安太堡矿-井工四矿、安家岭矿-井工一矿都是建设协同的成功范例,本节以井工二矿为例分析平朔矿区露井建设协同的经济与社会效益。

8.1.3.1 矿井建设周期

在平朔矿区露井协同建设模式中,露天矿建设在先,揭露 4# 煤层形成露天开采平盘之后,利用露天开采形成的平盘在露天矿端帮进行井工矿建设,减少了井筒、井底车场及工业广场的建设,大大节省了井工矿的建设周期与开拓工程量。若井工矿单独建设,需要从地面开始开掘主副斜井、井底车场、大巷、回采平巷等方面的建设内容。以单独建矿的井工三矿为例,其总建设周期为 25 个月,如表 8-1 所列,这在同类井工矿建设中还是效率非常高的实例。

露井协同开采不用开掘井筒部分,利用露天开采形成的平盘在端帮煤柱内直接掘进大巷,同时作为首采面的两条平巷,不用准备井底车场和大巷。以安太堡矿南帮下露井协同建设为例,在露井协同条件下井工二矿建设周期仅为 4 个月,比单独建设的井工三矿缩短了 21 个月。安太堡露井协同模式下井工二矿建设周期见表 8-2。

8.1.3.2 矿井开拓系统投资

平朔矿区露天开采矿井包括安太堡矿、安家岭矿和东露天矿,露井建设协同井工矿井包括井工一矿、井工二矿和井工四矿。以采用协同建设的井工二矿为例,对矿井建设投资进行分析。安太堡矿原计划全部采用露天开采,年产量 15 Mt,后改为露井协同开采,其中露天开采部分年产量 10 Mt,井工开采部分年产量 5 Mt。矿井建设投资包括矿建工程、土建工程和设备及安装工程等几个方面。

相对于单一井工矿井,露井协同的井工矿建设省略了井筒和井底车场巷道及硐室等主要工程,井工二矿在建设过程中共计节约投资 25 018 万元,见表 8-3。

8.1.3.3 露井建设协同生产系统精简与集约化

以安太堡矿和井工四矿为例,在采用单一开采模式的情况下两矿各自需要建设选煤厂,而在采用露井协同模式时,只需共用一个选煤厂,可节省投资 13 560 万元;由于安太堡矿和井工四矿共用运输系统,井工矿开采出来的煤炭可通过安太堡露天运输系统运到选煤厂,省去了提升环节,节省提升费用 3 323 万元;协同模式下部分矿井水通过露天矿排出,节省排水费用 2 159 万元,具体见表 8-4。露井协同生产模式下,井工四矿生产系统精简与集约化节省费用 19 042 万元。

表 8-1　井工三矿单独建设的周期

建设工程	第一年						第二年				第三年				
	2	4	6	8	10	12	3	6	9	12	2	4	6	8	10
施工准备期															
主斜井															
副平硐															
井底车场															
调度室和避难硐室等															
主变电所和水泵房															
爆破材料发放硐室															
材料车和联络巷															
4#煤井底煤仓															
4#煤辅助运输大巷															
4#煤胶带大巷															
4#煤回风大巷															
采区变电所、联络巷															
辅运平巷															
胶带平巷															
工作面开切眼															
掘进工作面															
联络巷															
联合试运转试生产															

表 8-2　安太堡露井协同模式下井工二矿建设周期

建设工程 ＼ 建设工期	第一年					
	2	4	6	8	10	12
施工准备期	▬					
平硐（兼工作面平巷）	▬▬▬					
变电所等硐室	▬▬					
下工作面掘进面		▬				
矿井试生产			▬			
矿井正式生产						

表 8-3 　　　　露井协同模式井工矿建设与单一井工建设投资比较（以井工二矿为例）

费用名称	环　节	工程量		单价 /万元	节省小计 /万元	节省总计 /万元
		单一井工	露井协同			
矿建工程	井筒/m	1 193	0	5.2	6 204	11 288
	井底车场及硐室/m	1 220	123	0.85	932	
	运输道及风道/m	6 700	4 820	0.82	1 542	
	采区/m	5 040	2 865	1.2	2 610	
土建工程	提升系统/m³	1 761	0	0.12	211	3 310
	通风系统/m³	260	135	2.7	338	
	室外给排水及供热/m	2 500	1 123	0.68	936	
	辅助厂房及仓库	1	0	520	520	
	行政设施/m²	6 090	3 252	0.46	1 305	
设备购置 及安装工程	主要运输道及回风道/万元	8 116	4 520		3 596	10 420
	提升系统/万元	8 540	3 800		4 740	
	排水系统/万元	138	105		33	
	通风系统/万元	620	510		110	
	压风系统/万元	77	56		21	
	地面生产系统/万元	2 781	1 800		981	
	供电系统/万元	4 067	3 250		817	
	地面运输/万元	240	200		40	
	室外给排水及供热/万元	528	480		48	
	辅助厂房及仓库/万元	454	420		34	
合　计						25 018

表 8-4 　　　　露井协同模式下井工四矿生产系统精简与集约化节省费用

选煤厂节省费用					
费用名称	单一开采模式		露井协同选煤厂 /万元	节省小计 /万元	节省总计 /万元
	安太堡矿 选煤厂/万元	井工四矿选 煤厂/万元			
土建工程费	35 260	9 856	42 665	2 451	13 560
设备购置费	63 264	15 354	70 856	7 762	
安装工程费	15 321	5 492	17 466	3 347	

井工四矿提升系统节省费用				
煤量/万 t	单一井工模式 提升高度/km	露井协同模式 提升高度/km	基价/元	节省费用/万元
9 030	0.16	0	2.3	3 323

井工四矿排水系统节省费用				
单一井工模式 涌水量/(m³/h)	露井协同模式 涌水量/(m³/h)	时间/a	基价/元	节省费用/万元
135	84	53.7	0.9	2 159

井工二矿与井工一矿生产系统精简与集约化节省费用见表 8-5 和表 8-6,其中井工二矿为 3 541 万元,井工一矿为 15 875 万元,加上井工四矿节省费用共计 38 458 万元。

表 8-5　　　　　露井协同模式下井工二矿生产系统精简与集约化节省投资

提升系统节省费用				
煤量/万 t	单一井工模式 提升高度/km	露井协同模式 提升高度/km	基价/元	节省费用/万元
9 194	0.14	0	2.3	2 960

排水系统节省费用				
单一井工模式 涌水量/(m³/h)	露井协同模式 涌水量/(m³/h)	时间/a	基价/元	节省费用/万元
142	75	11	0.9	581

表 8-6　　　　　露井协同模式下井工一矿生产系统精简与集约化节省投资

提升系统节省费用				
煤量/万 t	单一井工模式 提升高度/km	露井协同模式 提升高度/km	基价/元	节省费用/万元
31 257	0.18	0	2.3	12 940

排水系统节省费用				
单一井工模式 涌水量/(m³/h)	露井协同模式 涌水量/(m³/h)	时间/a	基价/元	节省费用/万元
155	82	51	0.9	2 935

8.1.3.4　总体经济与社会效益

1. 露井建设协同的经济效益

除井工二矿外,安太堡矿与井工四矿、安家岭矿与井工一矿存在建设协同关系,井工四矿在建设过程中共计节约投资 20 362 万元,井工一矿在建设过程中节约投资 19 870 万元,具体如表 8-7 和表 8-8 所示,加上井工二矿节约投资 25 018 万元和生产系统精简 38 458 万元,共计节约投资 103 708 万元,见表 8-9。

表 8-7　　　露井协同模式井工矿建设与单一井工建设投资比较(以井工四矿为例)　　　万元

费用名称	费用投入		节省小计
	单一井工	露井协同	
矿建工程	14 320	5 428	8 892
土建工程	5 400	2 200	3 200
设备购置及安装工程	24 500	16 230	8 270
合　　计			20 362

表 8-8　　　　露井协同模式井工矿建设与单一井工建设投资比较(以井工一矿为例)　　　万元

费用名称	费用投入		节省小计
	单一井工	露井协同	
矿建工程	13 000	3 200	9 800
土建工程	5 120	2 550	2 570
设备购置及安装工程	24 500	17 000	7 500
合　　计			19 870

表 8-9　　　　　　露井协同模式井工矿建设与单一井工建设节省投资汇总　　　　万元

露井协同井工矿	矿建工程节省	土建工程节省	设备节省	建设节省总计	系统精简节省	节省总计
井工一矿	9 800	2 570	7 500	19 870	15 875	35 745
井工二矿	11 288	3 310	10 420	25 018	3 541	28 559
井工四矿	8 892	3 200	8 270	20 362	19 042	39 404
小　　计	29 980	9 080	26 190	65 250	38 458	103 708

2. 露井建设协同的社会效益

露井建设协同取得了十分显著的社会效益,具体表现为:

(1)露天矿端帮压煤、矿间保护煤柱划分为井工矿开采,显著提高了煤炭资源回采率;

(2)露天矿平盘作为井工矿的井底车场与工业广场、井工矿地表作为露天矿排土场,减少了露天矿排土场占地、井工矿工业广场占地等问题,有效缓解了工农矛盾;

(3)井工矿节省了井筒建设、工业广场建设、井底车场建设等投资费用,大大减少了矿井前期投资,实现矿井提前出煤。

8.2　平朔矿区露井生产协同实施与效果

平朔矿区露井生产协同模式,创新性地提出了与煤炭开采、煤炭运输加工、特殊地段煤炭资源回收等相关的露井协同生产模式,主要体现在以下几个方面:

(1)实现矿区运输系统的协同,即统一规划露井协同开采的矿区生产系统,露天矿井和井工矿井采出的煤炭通过同一运输系统直接进入选煤厂,提高了煤炭资源的运输效率,降低了煤炭资源运输成本,同时,利用井工开采塌陷区作为露天外排土场,实现就近排土,大大缩短了露天剥离物的外排距离,部分露天和井工运输系统共用,管理人员少,事故少,效率高,容易实现集中控制和自动控制,具有连续运输的优越性,能够充分发挥机械化设备的生产能力,确保矿井稳产高产。

(2)采用露井协同方式实现露天端帮压煤的合理回收,即利用井工长壁综采或综放技术回收露天端帮压煤,显著提高了露天矿煤炭资源采出率;采用井工短壁开采技术高效回收了大巷煤柱、排土场、露天矿矿界等边角煤炭资源,进一步提高了矿区煤炭采出率。

平朔矿区露井生产协同的典型实例包括安太堡矿-井工二矿生产协同、安家岭-井工二矿生产协同,安太堡矿-井工二矿生产协同体现在共用煤炭地面运输系统及选煤厂和露天剥离物排放在井工塌陷区两个方面,安家岭-井工二矿生产协同体现在端帮压煤回收和边角煤高效回收两个方面。

8.2.1 安太堡矿-井工二矿生产协同

8.2.1.1 实施区域概况

根据以上章节分析,安太堡矿从一坑(即井工二矿西侧)拉沟,由南往北推进形成二坑,然后转向东继续推进形成三坑,最后进入后备区,形成了南、北、西端帮,即井工二矿北侧、井工三矿南侧和井工四矿东侧,安太堡矿推进方向基本沿着井工二矿端帮由南向北转向东。

平朔矿区已建设三座生产能力为 2 000 万 t/a 的特大型露天矿,四座年生产能力千万吨级的现代化井工矿,同时配套建设了六座年入选能力超亿吨的选煤厂,以及四条总运输能力 1 亿 t 的铁路专用线。其中,安家岭矿和井工一矿选煤厂均建设在安家岭矿工业广场内的同一位置,安太堡矿和井工二矿选煤厂均建设在安太堡矿工业广场内的同一位置,井工三矿选煤厂单独建设在该矿工业广场内,井工四矿与安太堡矿共用一个选煤厂。

平朔矿区由于露井协同生产,各个矿井之间的煤炭运输系统相互共用,大大提高了煤炭运输效率,降低了煤炭运输成本,减少了单一露天开采煤炭运输系统相关工程量,同时,露井协同生产可以共用矿区铁路运输系统,实现煤炭外运的高度集中化,其他供电、供水等生产系统也互相利用,而露井煤炭运输系统协同是体现最明显的方面。

随着安太堡矿向扩展区推进,安太堡矿工作帮生产的煤炭将离安太堡矿洗煤厂越来越远,安太堡矿开采前期煤炭采用卡车直接运输至选煤厂,其运输距离较短,但安太堡矿推进至远离选煤厂时,采用卡车运输至选煤厂的方式不能满足生产需要,一方面运输距离长,运费较高,另一方面不能保证连续化高效运输,因此,利用井工二矿的运煤系统实现安太堡矿和井工二矿"合二为一"原煤运输,井工二矿的井下运输系统和地面运输系统均可利用,从而在无须增加投入的情况下保证了安太堡煤矿原煤运输的高效连续化。

8.2.1.2 实施方案

安太堡矿煤炭运输系统与井工二矿煤炭运输系统协同包括井下运输部分和地面运输部分,随着安太堡矿开采远离选煤厂,采用原有的卡车运输方式已不能满足安太堡矿生产要求,利用井工二矿协同生产的优势,将安太堡矿煤炭运输系统调整为:单斗—卡车—端帮可移式破碎机—端帮带式输送机—溜井—巷道内带式输送机—地面带式输送机—选煤厂原煤仓。"单斗—卡车—端帮可移式破碎机—端帮带式输送机"为安太堡矿原有的煤炭地面运输模式,通过新开掘少量的、沿井工二矿北帮的巷道或溜井,将安太堡矿煤炭运输系统和井工二矿井下煤炭运输系统连接,即安太堡矿生产的煤炭从井工二矿巷道运输至井工二矿工业广场,然后借助井工二矿地面运输系统将煤炭运至安太堡矿选煤厂。安太堡矿原煤运输系统示意图如图 8-13 所示。

根据开采煤层不同,原煤运输系统分为 4# 煤(兼顾 4# 煤风化煤)运输系统,和 9#、11# 煤运输系统,其工艺包括煤的一次破碎、二次破碎、带式输送机运输系统等方面。

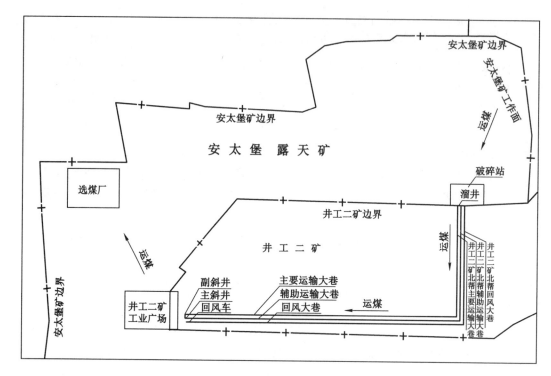

图 8-13　安太堡矿原煤运输系统示意图

1. 4#煤运输系统

4#煤由自卸卡车自安太堡矿工作面经平盘运输道路运至 4 煤端帮破碎站破碎,破碎后经端帮带式输送机或直接卸入溜井,由溜井下给煤机转至井工二矿端帮大巷内带式输送机、井工二矿主平硐带式输送机、地面带式输送机运至二次破碎站,再经 M301 或 M101、M201带式输送机运至安太堡矿选煤厂。

2. 4#煤风、氧化煤运输系统

4#煤风、氧化煤亦由 4#煤运输系统与 4#煤分时段运输,分别由自卸卡车自工作面经坑内运输道路运至 4#煤端帮破碎站破碎,破碎后经端帮平巷内带式输送机、溜井、井工二矿端帮大巷内带式输送机、井工二矿主平硐皮带输送机、井工二矿地面皮带输送机运至二次破碎站,再经给煤机、带式输送机接入 M301 或 M101、M201 带式输送机运至安太堡矿选煤厂。

3. 9#、11#煤运输系统

9#、11#煤分别由自卸卡车自工作面经坑内运输道路运至 9#煤端帮破碎站破碎,破碎后经端帮平巷内带式输送机、溜井、井工二矿端帮大巷内带式输送机、井工二矿主斜井带式输送机、井工二矿地面带式输送机运至二次破碎站,再经给煤机、带式输送机接入 M101、M201 带式输送机运至选煤厂。

8.2.2　安家岭矿-井工二矿生产协同

8.2.2.1　露井生产协同的端帮压煤安全回收实施区域及条件

平朔矿区煤田赋存适用于露天开采,且露天开采具有资源利用充分、回采率高、贫化率低等优点,适于用大型机械施工,建矿快,产量高,劳动生产率高,成本低,劳动条件好,生产安全,因此在平朔矿区以露天开采矿井为主。但是,由于露天开采边坡控制等问题,必将形成露天矿矿界端帮煤柱资源,大量的煤炭资源将被遗弃。露天开采遗留下大量的端帮煤柱、排土场压煤和矿间煤柱。据统计,我国大型露天矿中,80%的露天矿端帮压煤量都在 1 亿 t 以上。平朔矿区端帮及排土场下压煤量已达数亿吨,大量的压煤无法采出,不仅造成了煤炭自燃、边坡稳定等安全隐患,还大大降低了煤炭资源采出率。为了尽可能地保证煤炭资源采出率,采用井工开采可以实现露天和井工开采方式优势互补,将不适合露天开采的露天矿界端帮煤柱资源应用井工开采方式回收,回收率可进一步提高。

平朔矿区围绕安太堡矿、安家岭矿和东露天矿开采,已形成大量的端帮压煤资源,包括安太堡矿北端帮、安太堡矿西端帮、安太堡矿南端帮、安家岭矿北端帮和安家岭矿西端帮,这些端帮压煤分别利用井工一矿、井工二矿、井工三矿和井工四矿进行回采,其中,井工二矿开采安太堡矿南端帮和安家岭矿北端帮的煤炭资源,也是平朔矿区井工回收端帮压煤最为突出的典型。

井工二矿位于安太堡矿与安家岭矿之间,井田东西长 7.5 km,南北宽 2.1~4.50 km,井田面积为 16.9 km²,地质储量达 644.70 Mt,可采储量达 451.29 Mt,规划生产规模为 5.0 Mt/a,该矿主要开采安太堡矿与安家岭矿之间的 4#煤、9#煤与 11#煤,其地表为两个露天矿的外排土场。

8.2.2.2　露井生产协同的端帮压煤安全回收方案

1. 安家岭矿-井工二矿露井协同生产的端帮压煤回收系统布置

由于井工二矿井田范围较小,采区设计采用单翼布置方式,在采区的南边界(即安家岭矿北端帮)沿煤层布置三条大巷,即回风大巷、胶带运输大巷和辅助运输大巷,工作面南北双巷布置。

主水平布置在 9#煤层中,4#煤通过煤仓及暗斜井与 9#煤主水平进行联络,采用 4#、9#煤层集中联合开拓,分煤层布置巷道的开拓系统。11#煤层的开拓在 9#煤层三组大巷的北边附近布置一条 11#煤层辅助运输大巷,以服务于 11#煤的回采。11#煤层辅助运输包括一采区和二采区两部分。一采区布置一条 2 142 m 的煤巷服务于一采区辅助运输;二采区直接利用 9#煤辅助运输大巷服务于二采区辅助运输。11#煤层的主要运输均在各工作面停采线位置处向上抬平巷,跨过 9#煤主要运输大巷,通过溜煤眼到 9#煤主要运输大巷中的胶带机,利用 9#煤主要运输大巷实现煤炭运输。11#煤层的回风利用原 9#煤的回风大巷,经风井排至地面。

工作面巷道采用双巷式布置,即每个工作面一条主要运输巷、一条辅助运输巷。辅助运输巷兼作进风巷,主要运输巷兼作回风巷,下一个面的主要运输巷、辅助运输巷、切眼均在工作面回采时间内完成掘进。

2. 安家岭矿-井工二矿露井协同生产的端帮压煤回采方法

矿井主采 4#煤与 9#煤,开采方法均为倾向长壁综采放顶煤开采,割煤高度为 3.2 m,顶板管理为全部垮落法,井工二矿主要采掘机械设备见表 8-10。

表 8-10　　　　　　　　　　井工二矿主要采掘机械设备表

序号	名称	型号	数量
1	采煤机	MGTY400/930-3.3D	1
2	前可弯曲刮板输送机	SGZ1000/2×700	1
3	液压支架	ZFS8000/23/37	160
4	端头支架	与 ZFS8000/23/37 相配套	2
5	单体液压支柱	DZ35-20/110Q	150
6	注液枪	DZ-Q1	2
7	转载机	SZZ1200/400	1
8	破碎机	PCM400	1
9	可伸缩带式输送机	SSJ1400/2×450	1
10	乳化液泵站	S300	1
11	喷雾泵站	S200	1
12	煤层注水泵	5D-2/150	2
13	小水泵	BQK-15/20A	11
14	阻化剂喷射泵	WJ-24	1
15	钻机	MYZ-150B	2
16	调度绞车	JD-11.4	2
17	综掘机	S100	1
18	胶带转载机	QZP-160	1
19	可伸缩带式输送机	SSJ800	2
20	湿式除尘风机	SCF-7	1
21	煤电钻	ZMS-12B	1
22	岩石电钻	EZ2-2.0	1
23	混凝土搅拌机	P4	1
24	混凝土喷射机	HPC-V	1
25	混凝土喷射机械手	FS-1	1
26	混凝土喷射机除尘器	MLC-IB	1
27	局部通风机	2BKJ(II)-No6.0/37	1
28	单体锚杆机	MYT-120C	2
29	后可弯曲刮板输送机	SGZ1200/2×700	1

3. 露井生产协同的边角煤炭高效回收实施区域及其条件

（1）边角煤炭高效回收实施区域分布

近年来，煤矿矿区推行大规模机械化、集约化生产方式，加大了矿井开采强度，提高了矿井生产水平。但是，正规生产的工作面布置方式遗留下大量边角煤，在煤炭资源需求日益增大且煤炭资源可采储量衰减的今天，为了提高煤炭的采出率，残煤资源的复采已成必然。露天开采边坡控制等问题，必将形成边角块段煤炭资源而被遗弃，为了尽可能地保证煤炭资源采出率，利用井工开采的优势，可以实现露天和井工开采方式优势互补，将不适合露天开采的边角块段煤炭资源应用井工开采方式回收，进一步提高回收率。

自 1995 年神东公司引进全套短壁机械化开采技术与装备并在该矿区成功应用，实现该矿区边角煤的安全高效开采以来,以连续采煤机为龙头的短壁机械化开采技术逐渐在全国范围内推广应用。近些年来,随着成套连续开采装备的国产化,连续采煤机短壁机械化开采技术发展为综合机械化开采技术的有效补充,广泛应用于边角煤、不规则块段和"三下"压煤的开采。

井工二矿是平朔矿区年产 10 Mt 的现代化特大型矿井,经过多年高强度开采,留下了大量的边角煤块段。这些边角煤块段除占有大量矿井资源外,还与下部煤层有压层关系。为解决压层关系,尽量回收煤炭资源,避免浪费,采用了以连续采煤机为中心的短壁机械化开采技术进行该矿井边角煤块段的回采。

(2) 开采条件

井工二矿 24206 边角煤采煤工作面为短壁机械化开采技术回采的一个典型工作面,该工作面位于 24206 综放工作面停采线与 4# 煤层开拓大巷之间,工作面形状为一不规则多边形,工作面长度为 467 m,工作面最大处宽度为 146 m,最小处宽度为 65 m,回采面积为 51 427 m²。工作面东临 24207 综放工作面采空区,西部为 4# 煤风氧化带。开采煤层产状平缓,裂隙较发育,煤层厚度为 3.11~5.27 m,平均厚度为 4.47 m,煤层倾角为 1.5°~6.5°,平均倾角为 2.2°。煤层发育稳定,硬度系数 $f=2\sim3$。

4. 露井生产协同的边角煤炭高效回收方案

(1) 边角煤炭高效回收系统布置

24206 边角煤工作面利用原 24206 综放工作面的主要运输巷和辅助运输巷作为该边角煤开采工作面的主要运输巷和辅助运输巷。为了避开工作面的风氧化带和利用工作面已有巷道,工作面共布置 14 条支巷,14 条联巷,其中 3 支巷和 10 条联巷为 24206 综放工作面原有巷道。主要运输巷和辅助运输巷之间煤柱宽度为 20 m,在两巷道之间掘进联络巷。平巷、联络巷、支巷均为矩形断面,各巷道开口方向均与主要运输巷、辅助运输巷呈 60°夹角。支巷内双翼布置采硐进行回采,采硐与支巷延伸方向呈 35°夹角,采硐尺寸为:11 m×3.3 m×4.5 m。相邻 2 个采硐间留设 0.5~1 m 煤皮。短壁开采工作面及巷道布置如图 8-14 所示。

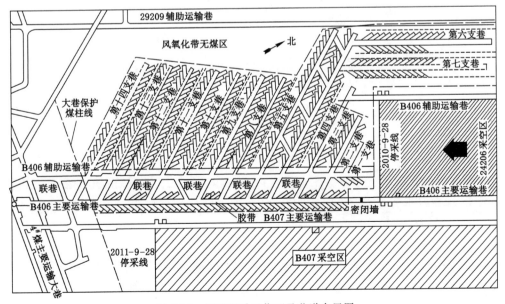

图 8-14 短壁开采工作面及巷道布置图

（2）边角煤炭高效回收工艺设计

① 掘进工艺。连续采煤机掘进过程中司机在激光指向仪的导向下，进行切槽和采垛两个过程来完成割煤工序，如图 8-15 所示。

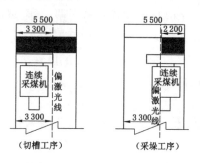

图 8-15　切槽与采垛示意图

连续采煤机截割时，按以下 6 个步骤进行割煤：a. 将采煤机截割头调整至巷道顶板，即升刀；b. 将截割头降低 200 mm 左右向前切入煤体 1 m，即进刀；c. 调整截割头向下截割煤体，直至巷道底板，即割煤；d. 割完底煤，使巷道底板平整，并装完余煤，即拉底；e. 将煤机截割头调整在巷道顶板，即提刀；f. 截割上一刀预留的 200 mm 左右煤皮。

② 回采工艺。两台行走支架配合连续采煤机采用双翼斜切进刀后退式采煤法进行煤炭开采。区段内支巷回采顺序为：由里向外后退式回采，即由第 1 支巷向第 10 支巷后退式回采。支巷内回采顺序为：由支巷迎头向支巷开口位置后退式回采。连续采煤机进刀顺序为先左后右。24206 工作面回采工艺布置如图 8-16 所示。

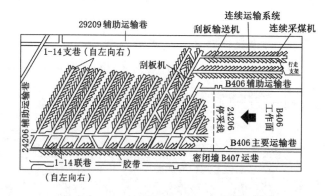

图 8-16　24206 工作面回采工艺布置图

具体步骤如下：

a. 履带行走式液压支架布置在支巷迎头，1# 架布置在 1# 采硐前 500 mm 处，2# 架布置在与 1# 采硐口平齐处，连续采煤机使用遥控操作斜切 35° 进刀，回采 1# 采硐，进刀深度 11 m，如图 8-17（a）所示。

b. 回采完左帮第 1 个采硐后，将连续采煤机退出，然后将 1# 行走支架使用遥控操作前行至距离 2# 采硐口 500 mm，支护住刚暴露的三角区顶板。待 1# 行走支架支撑稳定后，使用遥控移动 2# 行走支架至 2# 采硐前 500 mm 处，支撑好顶板，如图 8-17（b）所示。

c. 连续采煤机在支巷右帮距离 2# 行走支架 500 mm 处掘进第 2 个采硐，如图 8-17（c）所示。

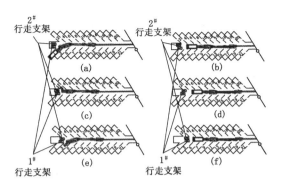

图 8-17　采硐进刀回采工艺与行走支架移动顺序

　　d. 回采完右帮第 2 个采硐后退出连续采煤机，将 2#支架使用遥控操作前行至与 3#采硐口平齐，支撑好顶板，使用遥控操作将 1#支架前行至 3#采硐前 500 mm 处，如图 7-17(d)所示。

　　e. 在 1#支架前 500 mm 处，连续采煤机在巷道左帮斜切 35°进刀，回采 3#采硐，进刀深度 11 m，如图 8-17(e)所示。

　　f. 回采完成左帮 3#采硐后退出连续采煤机，将 1#支架使用遥控操作前行至与 4#采硐口平齐，支护住刚采出的采硐口顶板，移动 2#支架至 4#采硐前 500 mm 处，如图 8-17(f)所示。

　　如此类推，直至支巷内所有采硐回采完毕。每条支巷回采到距 24206 辅助运输巷 6 m 处时停止回采，留作保护煤柱。回采完每条支巷后，将支巷口及时密闭。

　　(3) 边角煤炭高效回收装备配套

　　24206 边角煤工作面回收采用的主要设备见表 8-11。

表 8-11　　　　　　　　　　　　　　　工作面设备配套

序号	设备名称	规格型号	数量
1	连续采煤机	EML340	1
2	履带行走式液压支架	XZ7000/25.5/50	2
3	连续运输系统	LY2000/980-10	1
4	防爆柴油铲运车	WJ-4FB	1
5	5t 防爆无轨胶轮车	WC5E(B)	2
6	带式输送机	DSJ100/100/2×75	1
7	80t 刮板输送机	SGZ620/80	2
8	风动锚杆机	MQT-130	3
9	局部通风机	FBD6.3/2×18.5	2

8.2.3　露井生产协同实施效果

8.2.3.1　露井生产协同的吨煤成本

　　露井协同开采相对于单一井工开采或露天开采矿井，其运煤、通风等系统路线大幅缩短，与之相关的材料费、外包剥离费、土地使用费、修理维护费等经营费用也显著减少。采用露井协同生产模式的安家岭矿、安太堡矿、井工二矿、井工四矿及采用单一井工生产模式的井工三矿原煤生产成本情况见表 8-12。

表 8-12　原煤生产成本

| 矿名 | 年份 | 成本构成 | | | | | | | | | | 总成本/(万元) | 原煤产量/万t | 单位成本/(元/t) | 3年平均单位成本/(元/t) | 平均单位成本/(元/t) |
		材料费	人工费	电费	折旧费	维简费	安全生产基金	可持续发展基金	外包剥离费	土地使用费	其他					
安家岭矿	2012年	86 415.31	20 096.08	4 767.64	33 282.56	17 462.46	29 104.11	—	12 741.11	457.97	126 557.26	134 494.68	2 910.42	113.69	116.16	141.66
	2013年	91 939.77	21 206.85	4 132.32	36 686.28	17 209.04	28 681.73	45 858.77	29 425.26	611.24	76 439.02	352 190.34	2 868.16	122.79		
	2014年	61 925.55	20 963.22	3 026.27	35 169.43	15 895.77	26 492.96	32 394.73	1 725.87	623.67	31 254.47	229 471.92	2 049.29	112		
安太堡矿	2012年	106 198.84	37 538.91	6 821.28	42 525.81	17 554.01	29 256.69	—	48 486.44	2 069.11	132 872.01	423 323.06	2 925.67	144.69	165.72	
	2013年	139 628.94	38 094.74	7 662.6	51 749.38	16 589.65	27 649.41	44 239.06	50 320.9	2 078.53	117 136.12	495 149.33	2 764.65	179.08		
	2014年	119 155	33 008.51	6 499.02	51 808.86	12 712.59	21 187.64	25 289.18	49 448.8	2 090.96	46 462.86	367 363.43	2 118.77	173.39		
井工三矿（单一）	2012年	17 474.37	10 292.68	3 882.47	29 468.74	3 886.84	9 717.09	—	3 079.09	25.79	42 554.68	120 381.74	647.82	185.83	207.94	207.94
	2013年	12 256.51	12 831.81	4 374.41	28 549.94	4 465.75	11 164.38	11 908.67	4 591.78	52.7	29 732.63	119 928.56	744.28	161.13		
	2014年	5 965.45	13 081.29	3 713.51	26 125.8	1 672.89	4 182.23	3 525.53	4 504.13	64.62	13 961.03	77 196.53	278.83	276.86		
井工二矿	2012年	16 343.14	15 773.03	4 153.23	25 476.66	7 085.69	17 714.22	—	3 535.82	—	61 193.78	151 675.60	1 180.94	128.44	143.07	
	2013年	12 775.84	11 756.29	3 327.95	22 902.82	4 811.13	12 027.83	12 829.69	6 317.64	0.52	35 278.76	122 028.5	801.86	152.18		
	2014年	3 535.93	12 288.79	2 461.78	19 417.53	3 232.29	8 080.72	6 678.83	2 275.03	13.04	22 059.15	80 043.07	538.72	148.58		
井工四矿	2012年	3 274.94	5 999.00	3 870.96	21 164.79	8 683.87	21 709.67	—	3 144.63	—	66 646.82	134 494.68	1 447.32	92.93	89.59	116.33
	2013年	8 755.64	7 667.37	4 168.58	23 070.88	10 018.98	25 047.46	26 717.29	3 468.57	—	47 581.02	156 495.76	1 669.84	93.72		
	2014年	5 261.8	8 186.49	3 755.27	16 806.9	7 424.55	18 561.38	16 028.38	1 990.1	—	23 613.56	101 628.44	1 237.41	82.13		

由表 8-12 可知,单一井工与露井协同原煤生产成本主要有材料费、人工费、电费、折旧费、维简费、安全生产基金、外包剥离费、土地使用费等部分组成,采用单一井工开采方式的井工三矿吨煤成本平均为 207.94 元,而采用露井协同模式的安家岭矿和安太堡矿吨煤成本平均为 141.66 元,井工二矿和井工四矿吨煤成本平均为 116.33 元,较单一井工开采方式分别降低 66.28 元/t、91.61 元/t,降幅分别为 31.9%、44.1%。

8.2.3.2　越层多煤种开采配煤提高煤质

以露井协同开采的安家岭矿与井工一矿为例,安家岭矿规模为 10.0 Mt/a,井工一矿生产规模为 5.0 Mt/a,总能力达到 15.0 Mt/a。根据现有安家岭选煤厂的洗选工艺,三个系统洗选出口煤,产品有出口煤、混煤。二个系统洗选国内电煤,以排矸为主,主要选出一种符合电厂用的优质动力煤,总加工能力可达 20.0 Mt/a。露天坑下在一破前通过汽车进行粗配,即全部 4# 和部分 9#、11# 煤,按一定比例配成能洗选出口煤(即精煤灰分≤14%,硫分≤1%)的原料煤,进入贮煤场。由于 9#、11# 煤硫分高,只能一部分与 4# 煤配,剩余的 9#、11# 高硫煤进入贮煤场与井工一矿的 4# 煤相配,洗选内销优质动力煤。

灰分每降低 1%,煤价提高 2.0 元/t;硫分降低 0.1%,煤价提高 8.0 元/t。采用单一露天开采方式时,原煤灰分为 30.5%,硫分为 1.3%。露井协同开采煤质配选后,优质内销混煤灰分降低了 9.5%,硫分降低了 0.15%,煤价提高了 31 元/t。露井协同配选后产品数量及主要指标见表 8-13。

表 8-13　　　　　　　　露井协同配选后产品数量及主要指标

灰分/%	硫分/%	灰分降低/%	硫分降低/%	煤价提高/(元/t)
21	1.15	9.5	0.15	31

8.2.3.3　边角煤开采提高回收率

露井协同开采模式下利用井工开采的优势,实现露天和井工开采方式优势互补,将不适合露天开采的边角块段煤炭资源应用井工开采方式回收,进一步提高回收率。

井工矿采用连续采煤机短壁机械化开采技术对边角煤块段进行回采,大大提高矿井资源回采率,增加了矿井经济效益和社会效益。根据以上章节可知,平朔矿区井工一矿、井工二矿、井工三矿、井工四矿和潘家窑矿边角煤资源储量分别为 100.99 Mt、30.65 Mt、116.64 Mt、28.61 Mt 和 22.5 Mt,共计 299.39 Mt。

8.2.3.4　总体经济社会效益

1. 露井生产协同的经济效益

露井生产协同的经济效益体现在吨煤生产成本降低、越层多煤中开采配煤煤质提高和边角煤开采回收率提高等方面。

(1) 生产成本降低及效益

露井协同降低了井工矿井的生产运行成本,井工二矿和井工四矿相对单一开采的井工三矿生产成本在 2012—2014 三年内平均降低分别达 66.28 元/t,91.61 元/t,降幅分别为 31.9%、44.1%,取得的经济效益分别为 144 057.8 万元和 487 980.7 万元,合计 632 038.5 万元,具体见表 8-14。

表 8-14　　　　　　　　　　　露井协同生产成本降低及效益

露井协同井工矿	2012 年			2013 年			2014 年		
	产量/万 t	节省/(元/t)	产值/万元	产量/万 t	节省/(元/t)	产值/万元	产量/万 t	节省/(元/t)	产值/万元
井工二矿	1 180.94	57.39	67 774.15	801.86	8.95	7 176.65	538.72	128.28	69 107
井工四矿	1 447.32	92.9	134 456	1 669.84	67.41	112 563.9	1 237.41	194.73	240 960.8
合计	2 628.26	—	202 230.17	2 471.7	—	119 740.55	1 776.13	—	310 067.8

（2）越层多煤中开采配煤煤质提高产生效益

各选煤厂露井协同配选后增加收益情况如表 8-15 所列。由表 8-15 可知，露井协同模式下，通过配煤安家岭矿、安太堡矿、井工一矿、井工二矿 2013—2014 年累计增加收益 324 880 万元。

表 8-15　　　　　　　　　各选煤厂露井协同配选后增加收益情况

选煤厂	年份	商品煤产量/Mt	增加收益/万元
安家岭矿选煤厂	2013 年	19.4	60 140
	2014 年	12.8	39 680
安太堡矿选煤厂	2013 年	24.1	74 710
	2014 年	13.8	42 780
井工一矿选煤厂	2013 年	11.6	35 960
	2014 年	8.5	26 350
井工二矿选煤厂	2013 年	9.1	28 210
	2014 年	5.5	17 050
合计	—	104.8	324 880

（3）边角煤开采回收率提高产生效益

平朔矿区 2012—2014 年采用连续采煤机短壁机械化开采技术回收的边角煤资源采出量及获得效益如表 8-16 所列。

表 8-16　　　　　　　2012—2014 年井工矿边角煤资源采出量及获得效益

矿名	年份	边角煤采出量/万 t	利润/(元/t)	经济效益/万元
井工一矿	2012 年	215	105	22 575
	2013 年	203	85	17 255
	2014 年	190	70	13 300
井工二矿	2012 年	270	105	28 350
	2013 年	285	85	24 225
	2014 年	260	70	18 200

矿名	年份	边角煤采出量/万 t	利润/(元/t)	经济效益/万元
井工三矿	2012 年	200	105	21 000
	2013 年	185	85	15 725
	2014 年	193	70	13 510
井工四矿	2012 年	65	105	6 825
	2013 年	60	85	5 100
	2014 年	58	70	4 060
潘家窑矿	2012 年	55	105	5 775
	2013 年	67	85	5 695
	2014 年	60	70	4 200
合计	—	2 366	—	205 795

可见露井协同开采模式下利用井工开采的优势采用连续采煤机短壁机械化开采技术对边角煤块段进行回采,井工一矿、井工二矿、井工三矿、井工四矿和潘家窑矿 2012—2014 年共采出边角煤炭资源 2 366 万 t,共获得经济效益 205 795 万元。

2. 露井生产协同的社会效益

① 露井协同实现了矿区生产的高度集约化,降低了工人的劳动强度,提高了矿区科学管理化水平。

② 露井生产协同有效降低了矿井生产运行成本,提高了工人的工资待遇,改善了工人的生活水平,进一步提高了工人工作的积极性。

③ 通过进一步回收边角煤炭,有效提高矿井煤炭资源采出率,从而延长矿井服务年限,缓解就业压力。

8.3　平朔矿区露井安全协同实施与效果

8.3.1　露井安全协同实施区域概况

在实施露井协同开采时,露天矿边坡稳定性及井工矿巷道围岩稳定性将会相互影响,而保证露天矿边坡和井工矿巷道围岩稳定是实现安全高效露井协同开采模式的前提,因此要统一规划露天矿与井工矿的开采参数,确保露井协同开采条件下露天矿边坡及井工矿巷道围岩的稳定。此外,利用露天开采剥离小煤窑破坏区,解决井工开采存在的突水与发火隐患,露井协同开采解放永久煤柱,解决遗留煤炭自燃问题。同时,利用露天剥离物覆盖井工矿开采产生的塌陷区与贯通裂隙,不仅可以充填裂隙,封堵地表水通往采场的通道,确保井工开采安全,而且利用露天剥离物将临近井工塌陷区填平可以减少地表积水,同时就近外排露天矿剥离物,大大降低剥离物运输距离,减小占地面积。平朔矿区露井安全协同内容及典型实施区域如图 8-18 所示。

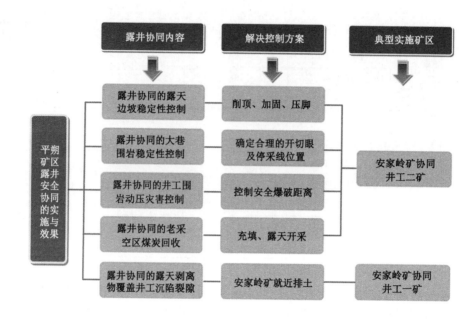

图 8-18　平朔矿区露井安全协同内容及典型实施区域

8.3.2　露井安全协同实施方案

8.3.2.1　露井协同的露天边坡稳定性控制

露井协同开采条件下,井工矿煤层开采,经常导致采空区上方地表下沉和开裂。安家岭矿北帮受到井工二矿 $4^\#$ 煤和 $9^\#$ 煤的复合开采影响,导致其北帮地表下沉和开裂。安家岭矿北帮边坡的稳定性一方面受到井工开采采空区塌陷下沉的影响,另一方面也受到露天矿坑临空面的影响,导致该受到采动影响的边坡的稳定性更加复杂。因此,需要合理协调井工与露天开采,并提出具体的治理措施保证采动边坡的稳定。

1. 实施区域及其条件

井工二矿位于安家岭矿北帮,露井协同开采条件下井工开采对其北帮边坡的稳定性产生影响,导致地表发生下沉、崩塌、开裂以及滑坡等连续性和非连续性的地表变形破坏。安家岭矿在井工二矿 B401 采区地下开采的影响下产生了不同程度的破坏,主要的破坏形式是边坡地表出现裂缝及局部边坡垮塌和孤石崩落。裂缝和边坡局部垮塌的情况见图 8-19~图 8-22。

随着工作面的推进,裂缝的宽度进一步变宽。裂缝产生的主要原因是边坡顶部及边坡表层岩土体受井工开采影响产生的水平拉伸变形,裂缝的宽度、深度、长度及密度不仅与边坡的岩土性质、地形及地质条件有关,而且也与开采条件和边坡相对于工作面的位置有关。这种张性裂缝不同程度地破坏了边坡地表与下部岩体的力学联系,同时为地表水的渗入提供了通道,是造成边坡破坏的主要原因之一。

2. 露井协同的露天边坡稳定性控制方案

（1）优化露井时空关系

安家岭露天煤矿与井工二号开采作业属于同一时空范畴的两种不同开采方式,二者相

图 8-19　安家岭矿北帮滑坡图

图 8-20　坡道沉降压实后情况

图 8-21　坡顶出现裂缝图

图 8-22　1375 平台采动边坡破坏特征图

互影响,其采动效应叠加,是个复杂的系统。对于露天矿边坡安全而言,最有利的方式是露天开采超前井工开采,在实现内排情况下进行井工开采,而目前的情况是井工开采超前露天开采,而当井工开采达到设计停采线时,内排无法及时跟进,在这种情况下,降低井工开采强度,动态调整停采线等时空参数是非常必要的。

(2)优化露天矿开采计划

在露天矿向东推进的过程中,调整采矿计划,变平行推进为 U 形开采,同时加快内排跟进速度,保证露天矿边坡安全。同时开采过程中边坡背向采空区移动,而回填土阻止了边坡位移的趋势。因此,回填不仅可以避免边坡平台出现大的张拉裂隙,而且增加了边坡的抗滑力,避免了采动影响下滑坡产生的可能性。压脚回填增大了巷道上部基本顶的荷载。因此,岩体内水平方向的滑移摩擦力也相应增大,抑制了巷道的水平位移,对于巷道的稳定起到了至关重要的作用。

(3)监测监控条件下的控制开采技术

安家岭露天矿有较为先进的监测监控系统,在露天矿与井工矿开采联合过程中和井工开采至设计停采线后,当安家岭露天矿内排尚未跟进前,边坡监测工作是保障安全生产的关键。因此,应充分发挥监测系统,特别是雷达监测系统的监控作用。

（4）日常防治措施

① 加强露天矿边坡日常巡逻,及时查清边坡沉降变形情况,当坡体出现裂缝时,应及时记录并上报;若边坡出现较为明显的岩层错位现象,应停止井工矿开采工作,等边坡治理后方可继续开采工作。

② 做好边坡疏干排水工程,尤其是高台阶黄土边坡。首先,加强黄土边坡的疏干工程,可避免大气降水、地表水入渗到边坡体内,从而提高黄土边坡及弱层强度;其次,可防止因大量降雨而导致井工矿渗水事故发生。

③ 加强边坡维护。当黄土地表发生沉陷与裂缝时要及时回填压实,避免大气降水及地表水通过裂缝大量进入边坡体中;同时必须保证黄土边坡坡面平整。

④ 强化安全意识,对边坡要建立日常的巡查监测制度,特别是雨季或坡面上出现沉陷裂缝时更要加强巡查监测,一旦发现异常情况（如边坡有明显失稳先兆）及时预警避让,或采取防治工程措施。

⑤ 建立露天-井工协同开采机制。露天矿与井工矿协同开采是解决目前露井协同开采矿区安全生产的根本,在井工开采超前露天开采情况下,调整露天开采计划,加快内排跟进压脚和调整井工矿开采进度是解决边坡安全问题的关键。

8.3.2.2 露井协同的大巷围岩稳定性控制

1. 实施区域及其条件

由于井工矿处在两大露天矿之间布置,那么井工矿就不可避免地要在露天边坡下布置大巷,用于运煤、辅助运输、通风,以满足矿井的安全生产需要。

井工矿 4# 煤和 9# 煤的三条主要大巷均布置在其南侧的安家岭露天矿北帮边坡下。由此可见,露井联采模式下的开采相互影响问题,在井工开采中表现得特别明显。其边坡下的三条大巷必然受到复合开采的影响。

安家岭井二矿在露天矿北帮边坡下 4# 煤层布置三条采区大巷（辅助运输、主要运输、回风）,随着 B401、B402、B903 等工作面逐步后退回采,上述工作面产生的支承压力影响范围将逐步波及大巷围岩,导致大巷处在复杂的回采应力场,大巷矿压显现加剧,具体表现在 2007 年 9 月底到 11 月初的一个多月中,三条大巷多处出现了严重的变形塌方、顶板离层、局部煤层出现水平错动,交叉点出现较大范围的冒顶。由于 4# 煤三条大巷为井工二矿人员、原料、原煤运输以及回风的主要通道,对全矿生产接续及产量稳定起到关键作用,其重要性不言而喻。

B401 工作面为安家岭井工二井 4# 煤正式开采的第一个工作面,如图 8-23 所示。

B401 工作面与其他工作面的空间层位关系如图 8-24 所示。其中 B903 工作面位于 B401 工作面西侧 B400 工作面正下方,B904 工作面位于 B401 工作面正下方,B905 工作面位于 B402 工作面正下方。

2. 露井协同的大巷围岩稳定性控制方案

井工矿工作面停采线位置的确定是露井协同开采中大巷围岩稳定性控制十分重要的技术问题之一。如果停采线位置距露天矿端帮的距离过大,会影响工作面的推进长度;

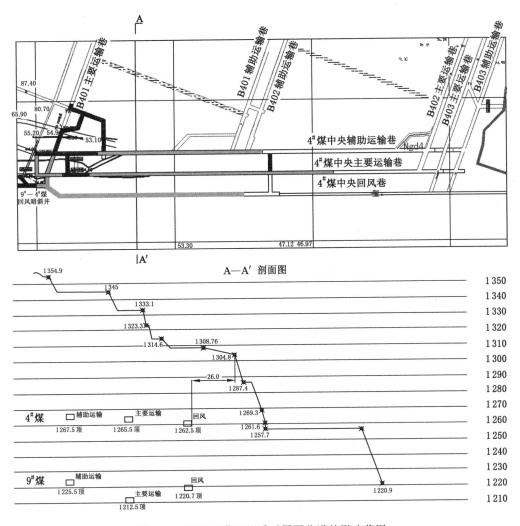

图 8-23 B401 工作面开采对周围巷道的影响范围

如果两者之间的距离过小,对露天矿而言容易造成边帮滑坡和坡道沉降,导致人车伤亡事故。

(1) 井工二矿 B402 工作面停采线位置确定

采用 FLAC3D 数值模拟的方法确定 B402 工作面合理的停采线位置,所建数值模型如图 8-25 所示。

数值模拟结果表明:随着 B402 工作面的推进,各主巷的破坏范围逐渐增加。当 B402 工作面推进距离辅助运输巷 200 m 时,辅助运输巷顶板右侧开始发生零星的拉破坏,巷道稳定性开始受到影响;当 B402 工作面推进距离辅助运输大巷 150 m 时,巷道底板、下帮上端开始发生拉剪复合破坏,巷道稳定性快速减弱;当 B402 工作面推进到距离辅助运输巷 44 m 时,三条主巷稳定性急剧下降、彻底失稳,据此确定 B402 停采线位置与辅助运输巷的距离不小于 150 m,考虑适当的安全系数,最终确定 B402 工作面停采线位置距辅助运输巷的距离为 170 m。

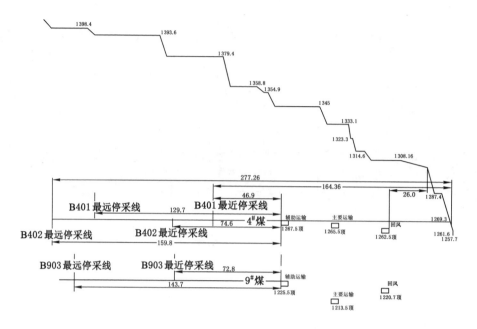

图 8-24　B401 工作面与其他工作面的层位关系图

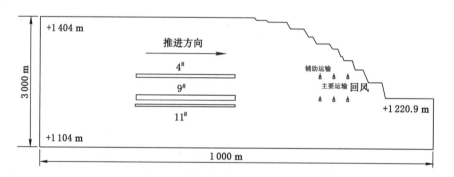

图 8-25　B402 工作面计算模型

（2）井工二矿 B904 工作面停采线位置确定

采用 FLAC3D 数值模拟的方法确定 B904 工作面合理的停采线位置，所建数值模型如图 8-26 所示。

先开采 B401 工作面，然后开采 B904 工作面，从与辅助运输大巷距离 500 m 的位置开始推进。

数值模拟结果表明：当 B904 工作面推进距离 4# 煤辅助运输大巷 300 m 时，4# 煤辅助运输大巷上帮破坏范围与煤柱破坏场相沟通，辅助运输大巷的稳定性开始变差，但由于下帮煤柱的支撑，不至于整体失稳；当 B904 工作面推进距离 4# 煤辅助运输大巷 200 m 时，4# 煤辅助运输大巷下帮与胶带运输大巷之间的煤柱大部分破坏，辅助运输大巷的稳定性较差；当 B904 工作面推进距离 4# 煤辅助运输大巷 170 m 时，4# 煤辅助运输大巷下帮与胶带运输大巷之间的煤柱全部破坏，4# 煤辅助运输大巷彻底失稳，需要进行二次加固才能确保巷道使

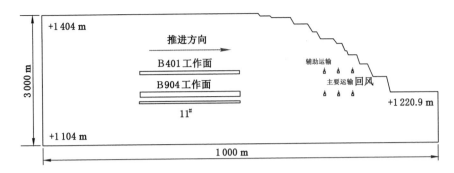

图 8-26 数值计算模型

用;当 B904 工作面推进距离 4# 煤辅助运输大巷 130 m 时,4# 煤胶带运输大巷下帮与回风大巷之间的煤柱全部破坏,胶带运输大巷失稳,边坡下部 +1 257.7 m 平台的破坏范围与 4# 煤层内的回风大巷下帮及底板有所沟通,回风大巷稳定性较差;当 B904 工作面推进距离 4# 煤辅助运输大巷 90 m 时,在 4# 煤层回风大巷下帮到边坡 +1 257.7 m 平台之间形成了完整的滑移面,回风大巷失稳,边坡下部滑坡会造成整体失稳。通过数值模拟对巷道稳定性分析可知,B904 工作面停采线位置距离辅助运输大巷不能低于 200 m。

(3) 井工二矿大巷支护方案

4# 煤辅助运输大巷和主要运输大巷沿 4# 煤掘进,断面为矩形,辅助运输巷宽×高为 5 m×3.6 m,主要运输巷宽×高为 4.4 m×3.6 m。两者顶板采用 ϕ20 mm×2 400 mm 左旋螺纹钢锚杆,间排距为 900 mm×800 mm;帮支护采用 ϕ18 mm×1 700 mm 的圆钢锚杆,间排距为 1 200 mm×1 000 mm;最上一根锚杆距顶板 300 mm,全部挂网。锚索采用 ϕ15.24 mm 钢绞线三花布置,间排距为 1 800 mm×1 600 mm,锚索长度为 7 300 mm、10 000 mm、13 000 mm,视顶板变化调整,保证锚索在坚硬顶板岩石里 1 500 mm 以上;顶板经纬网为 ϕ4 mm 钢筋焊接:长×宽=3 000 mm×1 400 mm,网格为 80 mm×80 mm,相邻网片要相互搭接 100 mm,每 300 mm 用 12 铁丝扎牢。回风巷同上。

3. 露井协同的大巷围岩稳定性控制效果

(1) 大巷矿压观测内容

矿压观测结果将合理指导采煤工作面停采线位置的合理确定,同时对受采动影响的 4# 煤三条大巷的加固支护方式和参数进行优化。根据上述要求,需完成以下矿压观测及研究内容:

① B402 主要运输巷、辅助运输巷深部围岩位移及顶板离层的井下实测;

② B402 主要运输巷、辅助运输巷的收敛变形井下实测;

③ B402 主要运输巷、辅助运输巷锚杆、锚索工作载荷的井下实测;

④ 4# 煤三条大巷深部围岩位移及顶板离层的井下实测;

⑤ 4# 煤三条大巷的收敛变形井下实测;

⑥ 4# 煤三条大巷的锚杆、锚索工作载荷的井下实测。

(2) 大巷矿压观测结果分析

① 大巷围岩离层及位移监测。大巷矿压观测测站布置如表 8-17 所列。图 8-27～图 8-31 为其中 5 个测站从不同位置和角度观测的露井协同条件下不同巷道围岩的变形情况。

表 8-17   测站布置

测站号	具体位置	测量内容
1#	B402 辅助运输巷道与辅助运输大巷交叉点处	离层、深部位移
2#	B402 辅助运输巷道停采线附近	离层、深部位移
3#	三联巷附近的辅助运输大巷内	离层、深部位移
4#	B402 主要运输巷道停采线附近	离层、深部位移
5#	辅助运输大巷与主要运输大巷之间的三联巷	离层、深部位移
6#	B402 主要运输巷道与辅助运输大巷的联络巷	离层、深部位移
7#	主要运输大巷与回风大巷之间的三联巷	离层、深部位移
8#	辅助运输大巷与主要运输大巷之间的四联巷	离层、深部位移
9#	三联巷附近的主要运输大巷	离层、深部位移
10#	三联巷附近的回风大巷	离层、深部位移

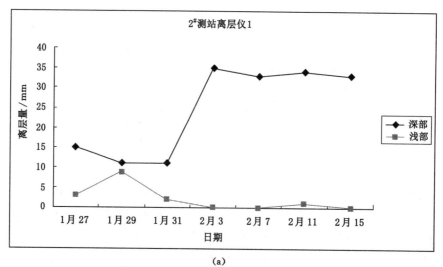

(a)

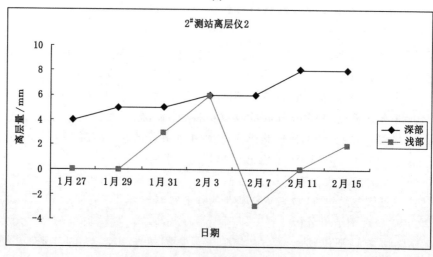

(b)

图 8-27   2# 测站数据分析

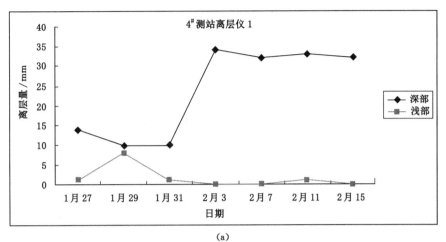

（a）

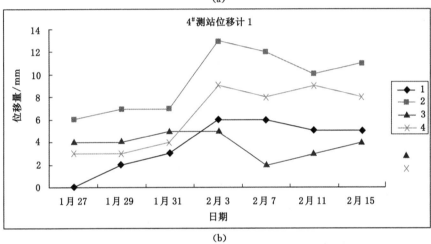

（b）

图 8-28 4[#] 测站数据分析

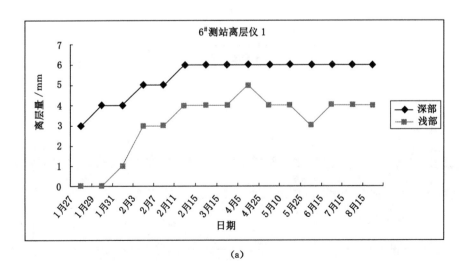

（a）

图 8-29 6[#] 测站数据分析

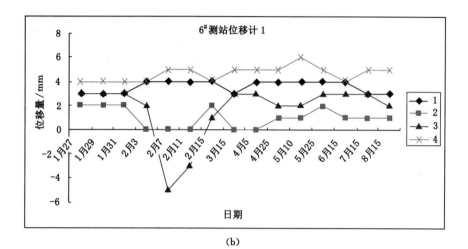

(b)

图 8-29（续）

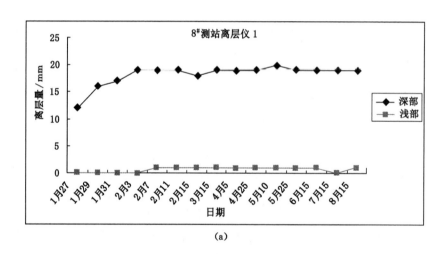

(a)

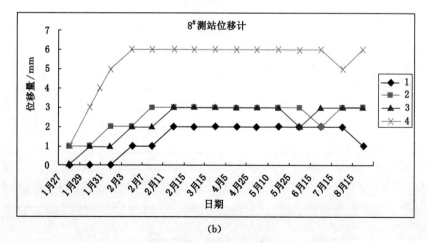

(b)

图 8-30　8# 测站数据分析

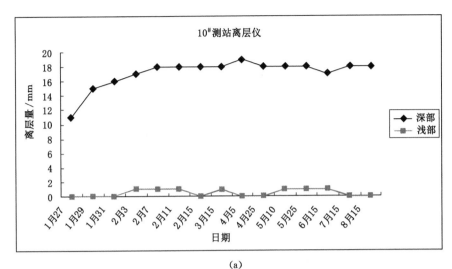

(a)

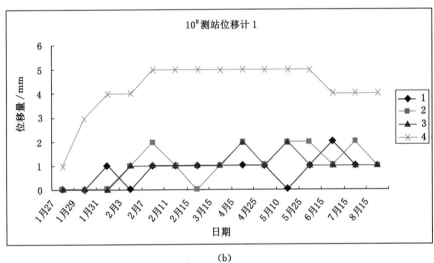

(b)

图 8-31 10$^{\#}$测站数据分析

5 个测站从不同位置和角度观测了露井协同条件下不同巷道围岩的变形情况,可以得出:所确定工作面停采线位置及巷道支护方案下巷道总体变形量均不超过 350 mm,大部分在 200 mm 左右,能够有效控制不同巷道围岩变形,保证了三条大巷的整体稳定,为后续 B403、B404 等工作面的回采创造安全环境。

8.3.2.3 露天爆破对井工巷道围岩稳定性影响与控制

1. 实施区域及其条件

井工二矿处于安太堡矿和安家岭矿中间,存在井工开采与露天开采在时空上相重合的问题。随着露井协同开采的实施,露天开采对井工矿巷道围岩稳定性造成一定影响。安家岭矿爆破采用孔外非电毫秒雷管微差起爆,单孔单响;雷管采用澳瑞凯公司的 EXEL 高精度非电雷管单孔起爆,最大单响药量为 149~500 kg。梯段爆破的孔径一般为 165 mm 或 250 mm,孔距为 7.0~8.0 m,排距为 6.0~8.0 m。井工二矿与安家岭矿相对位置如图 8-32 所示。

在安家岭矿,露天开采和地下开采同时进行,露天的爆破无论是规模还是强度都要远远大于地下,二者距离越近,矛盾就变得越突出。若不采取一定的控制爆破措施,必然会对井下安全生产造成威胁。

2. 露天爆破对井工巷道围岩稳定性影响与控制技术

(1) 露井协同爆破震动衰减规律

为掌握安家岭矿爆破震动沿洞轴向以及垂直于三条井工巷道轴线的质点衰减规律,选用爆破微型测试系统(MiniMatePlus系统)进行监测。

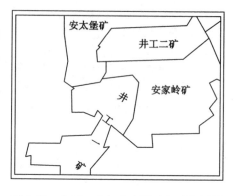

图 8-32　井工二矿与安家岭矿相对位置图

① 沿井巷纵轴向震动衰减规律测试。以 10 月 26 日的监测为例,根据《爆破安全规程》(GB 6722—2014)要求,在离爆区最近的回风巷道内布置 6 个测点,离爆区水平距离 100 m、150 m、200 m、250 m、300 m、350 m。通过监测数据的获得对爆破施工进行反馈分析。具体布置图如图 8-33 所示。

② 垂直井巷纵轴向震动衰减规律测试。以 10 月 4 日的监测为例,在回风巷距第十联巷 50 m、150 m 处共布置了 2 个地表测点。在主要运输巷距第十联巷 50 m、150 m 处共布置了 2 个地表测点。在辅助运输巷距第十联巷 50 m、150 m 处共布置了 2 个地表测点。每个测点均测试洞轴向、竖直向和垂直洞壁向的质点震动速度,测点布置如图 8-34 所示。

分析监测数据可得,各测点震动峰值将随着测点至爆源距离的增加而衰减,这符合爆破震动的一般传播规律。同一测点其不同观测方向的质点震动速度峰值一般也是不一样的,但在同一个数量级上。一般来说,若观测方向与地震波传播的波阵面法线方向越趋于一致,则测值越大。因而,即使爆源不变,不同观测方向相对于地震波传播方向间的夹角也会有所不同,故震动大小也会有差异。反之,对某个测点的同一观测方向,若爆源位置或爆破方向发生改变,则震动大小一般也会随之而变。从边界条件来看,岩体在指向临空面方向约束较小,因而竖直方向震速普遍较大。

(2) 爆破影响范围及安全距离核算

现行《爆破安全规程》(GB 6722—2014)中规定,爆破质点震动速度采用式(8-1)进行预报,即与 $Q\alpha/3$ 成正比,与 $R\alpha$ 成反比,可以用下式来表示:

$$v = K(Q^{1/3}/R)^{\alpha} \tag{8-1}$$

$$R = (K/v)^{1/\alpha}Q^{1/3} \tag{8-2}$$

式中　　R——爆破震动安全允许距离,m;

Q——炸药量,齐发爆破为总药量,延时爆破为最大段药量,kg;

v——保护对象所在地质点震动安全允许震速,cm/s;

K,α——与爆破点至计算保护对象间的地形、地质条件有关的系数和衰减指数,可按国家标准 GB 6722 中推荐值选取,或通过现场试验确定。

《爆破安全规程》(GB 6722—2014)中,对式(8-1)、式(8-2)中系数 K,α 值推荐按表 8-18 选取。

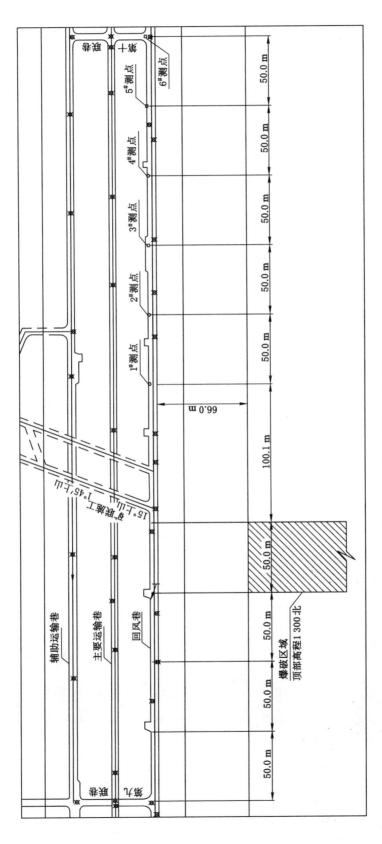

图 8-33 10月 26 日测点布置示意图

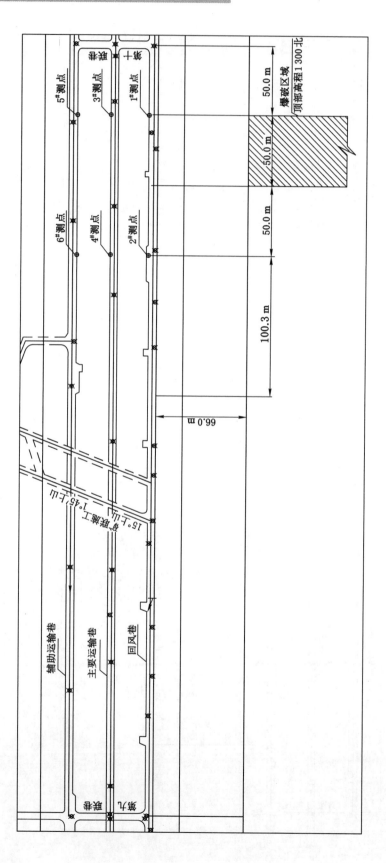

图 8-34 10 月 4 日测点布置示意图

表 8-18   爆区不同岩性的 K、α 值

岩性	K	α
坚硬岩石	50~150	1.3~1.5
中硬岩石	150~250	1.5~1.8
软岩石	250~350	1.8~2.0

梯段爆破某处的爆破震速峰值大小,虽受到岩性、地质构造特征、爆破条件及边界条件等诸多因素的影响,但震动传播总的规律主要还是取决于该点至爆源的距离及爆破最大单段药量的大小。一般说来,测点与爆源的高差相对于其水平距离差较小,可以采用式(8-2)的经验公式进行一元回归计算。但露天矿爆区与井下巷道的高差在 20~127 m 之间,显然不能够忽视高差,采用式(8-2)的距离 R 应包括高差 H 和水平距离 R_1,即 $R=\sqrt{H^2+R_1^2}$。

从实测峰值震速成果表可以看出,爆破近区的竖直向震速一般比其他两个方向要大,在爆破近区应考虑以竖直向作为震速控制的方向,均以竖直方向进行回归分析。

通过回归分析,得到如下爆破震动传播规律:
$$v=71.7(Q^{1/3}/R)^{1.31} \tag{8-3}$$
式中,$\rho=Q^{1/3}=0.003\sim0.070$;$Q=149.0\sim500.0$ kg;$R=110.0\sim2\,433.6$ m。

回归公式中的 α 值均为正,表明震速 v 随着距离 R 的增大而衰减,α 值越大,表明衰减越快。

爆破的最大单段药量为 500.0 kg,计算中取 $Q=500.0$ kg。采用竖直向作为震速控制的方向,则可根据式(8-3)点绘出其 v-R 关系曲线图,见图 8-35。

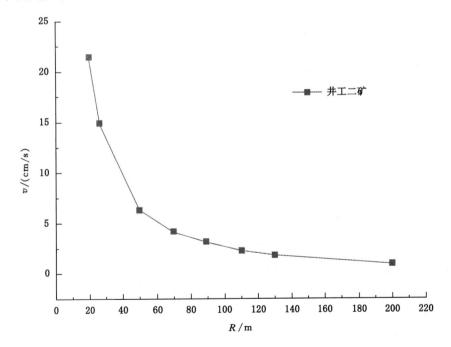

图 8-35   爆破震动速度(v)~距离(R)曲线

从图 8-35 可以看出，v-R 曲线为非线性曲线，当 R 较小时，v 值相应于 R 的变化很快，但当 R 较大时，v 值随 R 的变化明显变慢，v 值自身也明显较小。可见，单段药量 Q 对 v 的影响在爆破近区明显，在中远区则明显减弱。

对于安家岭矿，若取单段药量 Q 为工程中实际采用的最大单响药量 500 kg，考虑到巷道的安全性，故对于矿山巷道安全允许震速均取下限值 15.0 cm/s，采用式(8-3)计算得到的爆破震动安全距离为 26.2 m。

由于所监测的部位是巷道的底板，实际上巷道顶板距离爆区高差更小，最危险部位应该是顶板；另一方面，由于现场施工条件限制，所监测的测点中，距离 R 在 110.0～2 433.6 m 之间，所有监测点的质点震动速度均远小于 15.0 cm/s，因此在应用公式进行距离以外的推算时，存在一定的误差。所以安全距离应该适当放大，以策安全。按照目前安家岭矿的爆破方式，安全距离定为 50 m 为宜。

3. 露天爆破对井工巷道围岩稳定性影响控制效果

(1) 锚杆应力测试

在井工二矿主要运输巷位于第九、第十联巷的边墙上布置锚杆孔，分别为 M1、M2、M3。锚杆孔孔深为 2.8 m，孔径为 32 mm，布置在声波孔对面，共打 3 孔。3 支锚杆应力计的测试所得温度-应力变化曲线如图 8-36～图 8-38 所示。

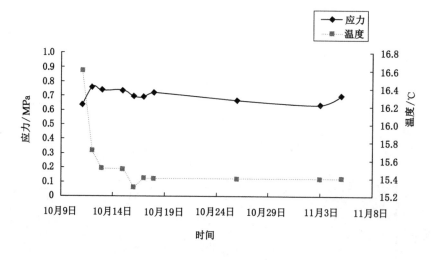

图 8-36　M1 温度-应力变化曲线

通过对布置在第九联巷与第十联巷之间的锚杆应力计的安全监测，有如下结论：

① 所测部位在 10 月及 11 月的锚杆应力计平均应力都很小，均在 0.7 MPa 以内。这清楚地表明巷道锚杆目前没有承受大的拉力。

② 所测时间段内，锚杆应力值变化也很小，可见在此期间，爆破对锚杆应力影响很小，巷道围岩比较稳定。

(2) 巷道围岩松动圈测试

① 声波测试孔布置。声波孔的布置原则根据《浅层地震勘察技术规范》(DZ/T 0170—

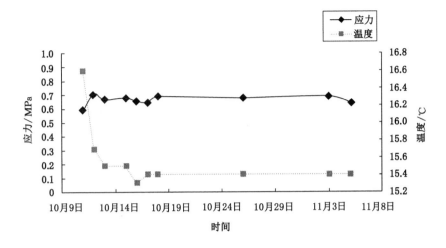

图 8-37　M2 温度-应力变化曲线

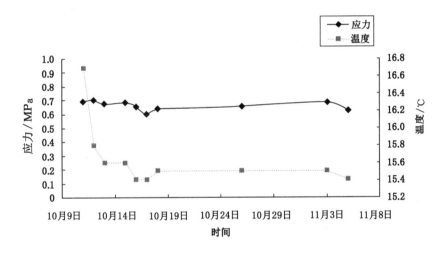

图 8-38　M3 温度-应力变化曲线

1997)的规定,结合本现场实际情况与工作条件,共布置 6 个声波孔,每孔孔深为 5 m,测试仪器主机采用 RS-ST01C 一体化数字超声仪。

②声波测试方法。测试时,首先往孔中灌满水(对于因钻孔与节理裂隙相通而不能灌满水的钻孔,测试时保证有流动水)进行耦合,测试时采用单孔一发双收,采样间隔选定为 20 cm。测试完毕后,对声波孔进行保护(包括堵塞孔口、做标记、通知施工人员等),以备下一次测试时使用。每隔一星期左右进行测试,通过波速变化的对比判断围岩受爆破影响的程度。

所测试 6 孔孔深-波速曲线如图 8-39～8-44 所示。

从 s1～s6 声波测试数据来看,虽然各孔松动圈差异较大,但是爆破只对松动圈 0.4～0.6 m 范围内岩石波速造成了影响,并未造成松动圈的加深,表明爆破对巷道围岩影响有限。

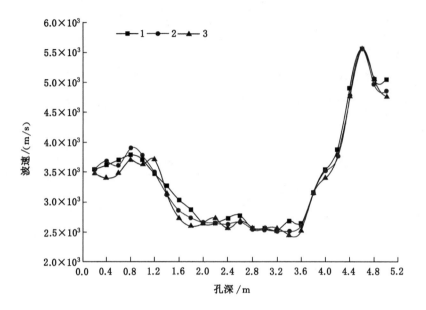

图 8-39 s1孔深-波速曲线

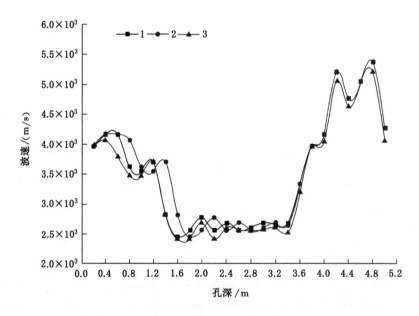

图 8-40 s2孔深-波速曲线

（3）宏观调查

在井工二矿回风巷，主要运输巷、辅助运输巷均进行了宏观调查。每一次测试爆破前，在距爆区最近的测点附近，用水将适量石膏搅拌均匀，然后涂在巷道地面上，爆破后观察到石膏均未开裂，并且与巷道地面结合牢固，表明爆破未对石膏模型产生破坏性影响，爆破前后均进行了巡视，未发现有碎石崩落的情况。

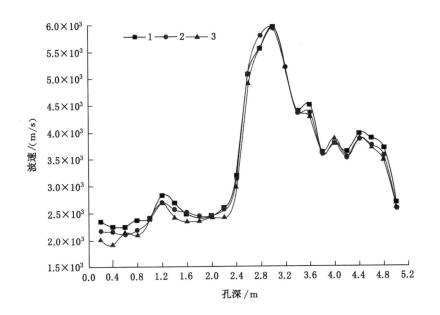

图 8-41　s3 孔深-波速曲线

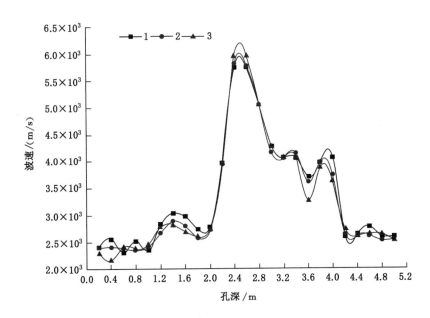

图 8-42　s4 孔深-波速曲线

通过锚杆应力、巷道围岩松动圈监测及宏观调查发现，采用目前设计的爆破方案及巷道支护方案不会对巷道产生破坏影响，巷道围岩在爆破前后没有出现异常情况，表明露井协同模式下目前安家岭矿所设计的爆破方案及井工二矿所设计的支护方案是安全可行的。

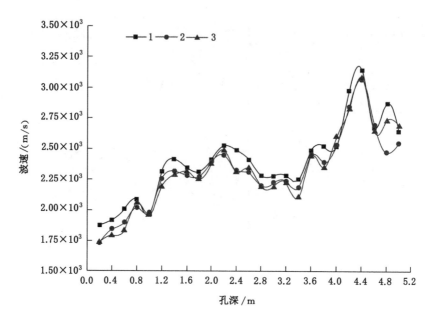

图 8-43 s5 孔深-波速曲线

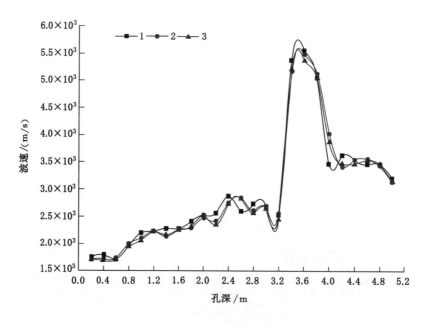

图 8-44 s6 孔深-波速曲线

8.3.2.4 露井协同的老采空区煤炭回收

1. 充填回收方案实施区域及其条件

井工二矿由于受到早期小煤矿开采的影响,导致其第二采区煤层破坏严重,据现场实际揭露及物探、巷探勘察研究,井工二矿井田面积共 13.77 km²,其中井田西部的一采区(B905工作面以西)已在 2009 年采完,中部的二采区(为 B906 工作面以东至 FB11 大断层)面积为

6.23 km²。二采区 4# 煤原设计可采储量为 1 017 万 t,9# 煤原设计可采储为 4 320 万 t,共计 5 337 万 t。根据采区范围内小煤矿采掘工程平面图,确定二采区范围内小煤矿共有四座,分别是楼子沟旧井 1# 井、楼子沟旧井 2# 井、楼子沟新矿、楼子沟新井 2# 井,于 2002 年 7 月或 8 月炸毁关井。二采区范围内楼子沟旧井 1# 井与 2# 井井田面积之和约为 1.11 km²,楼子沟新矿与楼子沟新井 2# 井井田面积之和约为 4.13 km²,合计 5.24 km²,占二采区面积的 84.1%。二采区范围内由于受小窑影响 4# 煤损失可采储量为 839 万 t,9# 煤损失可采储量为 3 680 万 t,合计损失可采储量为 4 519 万 t,大大缩短了二采区的服务年限。井工二矿二采区范围内由于受小窑影响,煤炭储量损失情况如表 8-19 所列。

表 8-19 二采区(受小窑影响区)煤炭储量损失情况

	原设计可采长度 / m	原设计可采储量 /万 t	现预计可采长度 / m	损失可采储量 /万 t	现预计可采储量 /万 t
9# 煤合计		4 320	1 520	3 680	640
B909	1 590	706	770	346	360
B910	1 590	706	750	426	280
B911	1 570	697	—	697	—
B912	1 570	697	—	697	—
B913	1 700	755	—	755	—
B914	1 710	759	—	759	—
4# 煤合计		1 017	1 200	839	178
B406	1 060	263	700	180	83
B407	1 180	292	500	197	95
B408	1 490	462	—	462	—
4#、9# 煤合计		5 337		4 519	818

井工二矿二采区范围内小煤矿早期开采机械化程度低,所形成的地下采空区面积小,开采比较凌乱,主要以掘进巷道为主,有的采用仓房式开采,开采范围小,没有完整的规划和设计,采空区有的没有完全冒落,有的煤层虽然开采深度较浅(只在几十米范围内),但地表显现不明显,很难从地表上反映出来。小煤矿破坏区主要特征如下:

(1)小煤矿矿井地质资料精确程度较低或者没有相应的掘进、勘查资料,大部分没有进行过详细的地质勘察。

(2)开采情况比较复杂。矿井生产规模较小,机械化程度低,以巷道掘进开采和仓房式开采为主,开采深度较浅,地下采空区面积相对较小。

(3)为降低生产成本,对掘进巷道和仓房式采场顶底板大多不支撑或用临时支护,预留煤柱很窄或者没有,顶板和围岩垮落严重,地表出现不同深度、宽度的裂缝,而且很不规则。

(4)矿井基本无设计资料或开采记录资料,确切时间不详,开采位置和范围不易确定。

在大型矿井中,小煤矿分布十分不规范,没有形成正规采区,因此,受小煤矿破坏区影响的煤层区域要完全避开小煤矿采空区来布置正规工作面比较困难。

(5)由于小煤矿开采不充分,地表变形与正规采煤工作面相比比较平缓,由于煤层较厚,有的采空区冒落不充分,沿采空方向分布有裂隙,有的有塌陷坑或塌陷槽。

(6)部分地下采空区已基本趋于稳定,上覆岩层的应力也趋于相对平衡,在没有外力扰动时,不会进一步变形。

(7)厚煤层小煤矿矿井进行回采时没有正规的设计规划和测量,其掘进、采煤工作面底板高度没有严格按煤层底板或顶板进行,因此,小煤矿采空区及小煤矿巷道底板高度相对煤层底板不是固定值,在小煤矿采空区探测时必须了解这一点,在探测方向上要考虑充分。

(8)有的地下采空区含有大量的地下水、裂隙水等,并含有大量的有毒有害气体,位置和范围不易查询,是安全方面存在的最大隐患。

根据收集的小煤矿资料和矿井前期做的地面物探效果图,小煤矿采空区的存在严重影响了矿井的生产接续及矿井的服务年限。在二采区 9# 煤层 B911、B912、B913、B914 工作面无法布置,B909、B910 工作面有效可采走向长度将被缩短。初步预计由于小煤矿区影响 4# 煤和 9# 煤的可采储量将被大大减少,服务年限将被缩短。

井工二矿 B909 工作面是典型的小窑破坏影响区域工作面,该工作面内包含大小 7 个小窑采空区(A～G)及相应的报废巷道,影响面积为 63 300 m²,影响回采产量 200 余万吨。露井协同充填回收方案及实施效果以井工二矿 B909 工作面为例,B909 工作面小窑采空区与工作面运输巷相对位置如图 8-45 所示。

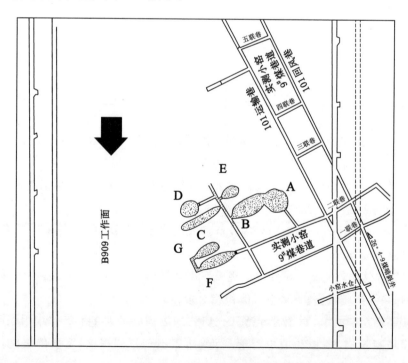

图 8-45 B909 工作面小窑采空区与工作面运输巷相对位置图

经计算 A～G 号小窑采空区的体积见表 8-20。

表 8-20　　　　　　　　　　小窑采空区体积计算表

采空区编号	采空区体积/m³	煤堆体积/m³	实际体积/m³	备注
A	5 750	1 346	4 404	
B	3 920	1 296	2 624	
C	2 688	1 538	1 150	冒顶前体积
D	2 057	0	2 057	
E	2 400	0	2 400	
F	1 416	0	1 416	
G	950	0	950	
FG 间贯通	290	0	290	
AB 间贯通	240	0	240	
合计	19 711	4 180	15 531	

2. 露井协同的老采空区煤炭充填回收方案

若露井协同的老采空区煤炭采用搬家跳面开采方案,根据井工二矿相关预算需要相关费用 550 万元,外切眼掘进费用 120 万元,并且增加工作面拆除、安装工程量和相关工序,影响工期大约 45 d;若采用刀把式工作面开采方案,需要改造工作面系统,长短工作面存在对接技术难题,工作面搬家倒面影响工期约 30 d,同时增加搬家费、平巷道路硬化处理费等共计 1 008 万元;而采用充填复采方案,工作面可以正常推进,工作面原有支架、采煤机、前后运输机不需要做任何针对充填区域的改动,回采工序简单。通过与搬家跳面开采方案、刀把式工作面开采方案对比分析,最终选择充填全部复采方案。该方案的主要优点为:

① 充填后不要搬家倒面,工作面可以连续推进;

② 与方案一相比可以多采出的煤量:$68.7 - 2\ 547 \times 13 \times 1.4 \times 0.85 \times 1.2 \times 10^{-4} = 64$ 万 t;按纯利润 210 元/t 计算,可获利润 1.344 亿元人民币;

③ 回采工序简单,无系统改造及工作面生产等影响;

④ 对平朔矿区后期推广价值大,成功后推广的后期效益巨大。

主要缺点为需要充填 1.7 万 m³ 的小煤矿区,按充填材料成本 1 018 元/m³ 初步计算,大约需要材料费 1 731 万元,以及相应的充填工程费 255 万元,共计 1 986 万元。

3. 露井协同的老采空区煤炭充填回收实施效果

如果不采取注浆充填处理采空区工作面需要跳面回采,将损失煤炭资源 64 万 t,而且还增加补掘巷道、回撤安装等费用的投入,同时因工作面回撤、安装,更改系统增加许多不安全环节,影响工作面正常生产 45 d,对矿井的正常生产影响比较大。B909 工作面受小窑区影响,采用充填复采方案回收 360 万 t,能够取得的经济效益如表 8-21 所列。

可见采用充填全部复采方案,B909 工作面收益高达 73 569 万元,创造了非常可观的经济效益。同时,通过 B909 工作面内小煤矿采空区注浆充填处理,为类似条件下因小煤矿破坏而损失的煤炭资源回采提供有力的技术支持。

表 8-21 充填回收方案经济效益初步分析

采出煤量/万 t	360
采出煤纯利润/万元	75 600
回撤安装费/万元	0
影响生产天数/d	0
补掘巷道工程费用/万元	46
补溜煤仓/万元	0
充填材料/万元	1 730
充填施工费用/万元	255
支出小计/万元	2 031
收入小计/万元	73 569

4. 露天剥离回收方案实施区域及其条件

安家岭井工二矿由于受到早期小煤矿开采的影响,导致其三采区煤层破坏严重。目前井工二矿资源储量存在严重问题,其服务年限与原设计存在较大差距。井工二矿井田面积共 13.77 km²,其中东部的三采区(面积为 2.86 km²)为新扩采区,三采区 4# 煤可采储量约为 1 105.1 万 t,9# 煤可采储量约为 2 890.6 万 t。根据项目调研阶段收集到的小煤矿采掘工程平

面图,三采区范围内小煤矿有四座,分别是楼子沟旧井 1# 井、楼子沟旧井 2# 井、楼子沟新矿、楼子沟新井 2# 井,于 2002 年 7 月或 8 月炸毁关井。在三采区范围内,楼子沟旧井 1# 井与 2# 井,其井田面积之和约为0.19 km²,楼子沟新矿井田面积之和约为 0.30 km²,合计面积为0.49 km²,占三采区面积的 17.1%。在三采区范围内还有新 930E 车间,压 9# 煤0.44 km²,占三采区面积的 15.4%,合计32.5%。井工二矿三采区受小窑破坏极其严重,若采用与二采区相同的充填复采方案,将投入大量的充填材料费、水灾火灾治理费等,对收益造成极大影响。安家岭矿与井工二矿三采区位置关系如图 8-46 所示。

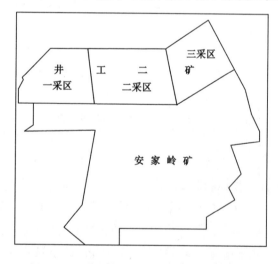

图 8-46 安家岭矿与井工二矿三采区位置关系

5. 露井协同的老采空区煤炭露天剥离回收方案

(1) 露天剥离回收方案

井工二矿三采区位于安家岭矿东北部,为取得最大经济效益,划归安家岭矿采用露天剥离方案复采小煤窑破坏区,解决井工开采存在的突水与发火隐患,同时开采解放永久煤柱,解决了遗留煤炭自燃问题。

4# 煤以上基岩厚度一般为80~120 m,采用挖掘设备为 55 m³ 级的大型单斗挖掘机,其

最大挖掘高度为 15 m,工作面运输采用带式输送机。$4^\#$ 煤以上基岩一般为砂岩、泥岩、石灰岩,硬度较大,需要穿孔爆破。

$4^\# \sim 9^\#$ 煤层间的岩石层厚度为 $20 \sim 54$ m,平均厚度为 37.7 m,东南部薄西北部厚。$4^\# \sim 9^\#$ 煤层间的岩石层采用 55 m³ 级的大型单斗挖掘机采装,300 t 级运输卡车运输。

$9^\# \sim 11^\#$ 煤层层间的岩石层厚度为 $2.95 \sim 11.77$ m,平均厚度为 6.19 m,不再单独分层,与 $11^\#$ 煤合并为一个台阶,其最大高度为 15 m。

井工二矿三采区主采煤层分别为 $4^\#$、$9^\#$、$11^\#$ 煤。$4^\#$ 煤全区分布,煤层厚度为 $4.44 \sim 20.58$ m,平均厚度为 14.46 m;$9^\#$ 煤层厚度为 $6.02 \sim 19.72$ m,平均厚度为 14.31 m;$11^\#$ 煤层厚度 $0.71 \sim 9.39$ m,平均厚度为 5.29 m。

为保证煤炭的资源回收率和煤炭质量,主采煤层 $4^\#$、$9^\#$ 煤单独划分台阶。由于选择的液压挖掘机最大挖掘高度为 15 m,其 $4^\#$、$9^\#$ 煤层绝大部分煤层厚度小于液压挖掘机最大挖掘高度,对于部分大于液压挖掘机高度的煤层,采用分层开采。$4^\#$ 煤最大台阶高度为 20.58 m,$9^\#$ 煤最大台阶高度为 21.1 m,当煤层厚度小于 15 m 时其采煤台阶高度为煤层厚度,当煤层厚度大于 15 m 时,划分 2 个台阶进行开采,最大采煤台阶高度为 15 m,以保证采煤液压挖掘机的作业安全。

(2)露天剥离回收工艺

根据推荐的开采工艺,黄土层外包剥离一般采用小型挖掘机或前装机挖掘,用自卸卡车运输,采用端工作面装车,台阶水平分层。其常见的作业方式如图 8-47、图 8-48 所示。

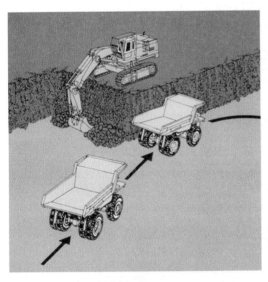

图 8-47 外包剥离作业方式一

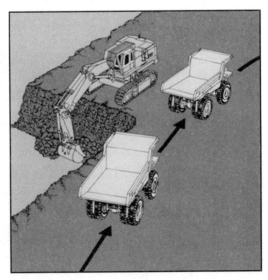

图 8-48 外包剥离作业方式二

剥离工艺:黄土层采用外包剥离方式,$4^\#$ 煤层以上岩石采用三套单斗挖掘机—移动式破碎站—带式输送机的半连续工艺系统;$4^\# \sim 9^\#$ 煤层间岩石采用两套单斗—卡车工艺系统;$9^\# \sim 11^\#$ 煤层间岩石与 $11^\#$ 煤划分为一个台阶,混合爆破后由推土机配合液压挖掘机将 $9^\# \sim 11^\#$ 煤层间岩石倒入采空区。

煤层开采:$4^\#$、$9^\#$ 及 $11^\#$ 煤层布置三套液压挖掘机—自卸卡车系统。形成液压挖掘机—自卸卡车—它移式破碎站(端帮)—端帮带式输送机—斜井带式输送机—地面带式输送机—选煤场的煤炭生产工艺和运输系统。

6. 露井协同的老采空区煤炭露天剥离回收实施效果

若采用充填回收方案,三采区共有需要充填的小煤矿区 2.4 万 m^3,按充填材料成本1 018元/m^3 初步计算,大约需要材料费 2 443 万元,以及相应的充填工程费 355 万元,共计2 798 万元;火灾水灾等安全治理费用约 2 200 万元;若采用露天剥离复采方案,将三采区划归安家岭矿开采,仅充填材料成本及安全治理费用即可节省 4 998 万元,经济效益显著。

8.3.2.5 露井协同的露天剥离物覆盖井工沉陷裂隙

1. 实施区域及其条件

井工一矿位于安家岭矿西南部,分为太西区与上窑区两部分。由于井工开采,太西区地表裂隙及塌陷区影响范围为 8 111 亩,上窑区地表裂隙及塌陷区影响范围为 705 亩,共计8 816 亩。安家岭矿与井工一矿位置关系如图 8-49 所示,井工一矿塌陷区范围如图 8-50 所示。

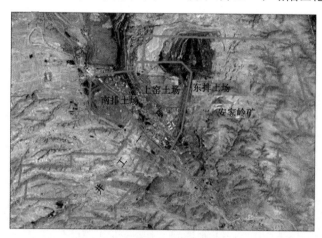

图 8-49 安家岭矿与井工一矿位置

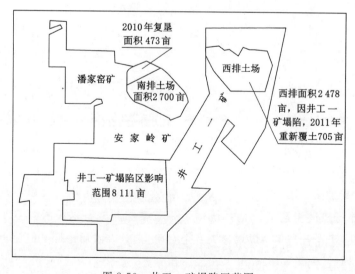

图 8-50 井工一矿塌陷区范围

2. 露天剥离物覆盖井工沉陷裂隙的实施方案

（1）充填方案

若采用单一井工开采需要在矿区外运输黄土或其他充填材充填覆盖井工沉陷裂隙，而在露井协同模式下，安家岭矿露天开采剥离物在运输至南排土场与西排土场的同时，可根据需要直接运输至井工一矿塌陷裂隙区进行充填覆盖。露天剥离物覆盖井工沉陷裂隙治理如图 8-51 所示。

图 8-51　露天剥离物覆盖井工沉陷裂隙治理示意图

（2）充填工艺

宽度小于 0.3 m 的中小裂缝可在平整土地过程中采用直接填充法进行填充，将土直接填于裂缝里并夯实。作业过程：在垂直于裂缝走向的自然地势上坡方向，取地表腐殖土厚 30 cm 向后堆放→就近取土填缝，逐步后退→预先堆放的腐殖土，均匀回填。

在低于开采工作面标高 0.3 m，甚至比 0.3 m 更多的塌陷地和裂缝应进行裂缝覆盖，这类裂缝破坏程度较严重、裂缝穿透土层，需采用开膛式填充，用矸石去填堵裂缝的孔洞，再用表层熟土进行覆盖、平整，以减少雨水侵蚀，减轻水土流失。

平整土地工程主要用于消除因开采塌陷造成的地表附加坡度。采用机械或人工挖方取土，按照不同的耕作条件，进行填挖平衡，使各地块的地面坡度保持在规定的标准内。

3. 露天剥离物覆盖井工沉陷裂隙的实施效果

单一井工开采模式下治理井工沉陷裂隙区成本为 2 500 元/亩，采用露井协同模式时，安家岭矿露天剥离物直接运输至井工一矿地表沉陷区，比运输至南排土场缩短 3 km 距离，同时避免了从矿区外远距离运输充填材料，大大降低了运输及材料成本。距初步计算，露井协同模式下利用露天剥离物覆盖井工沉陷裂隙比单一井工开采模式下节省了 1 800 元/亩，据此井工一矿地表裂隙及塌陷区治理可节约费用 1 587 万元。

8.3.3　露井安全协同实施效果

8.3.3.1　露井安全协同经济效益

在平朔矿区露井协同开采模式中，露天矿和井工矿开采方式优势互补，将自然发火、涌水量大、小煤窑严重破坏区等不适合井工开采的区域采用露天剥离方式进行煤炭资源的回收，同时将露天剥离物充填覆盖于井工塌陷裂隙区，大大降低了剥离物外排距离及井工开采裂隙区治理、充填材料成本。表 8-22 为平朔矿区露井安全协同经济效益。

表 8-22 露井安全协同经济效益(以安家岭矿与井工二矿协同为例)

矿名	项目		小窑区水害治理/万元	瓦斯治理/万元	小窑自然发火治理/万元	小窑区充填复采/万元	井工矿沉陷裂隙治理/万元	其他/万元	合计/万元	吨煤成本降低/元	平均吨煤成本降低/元
井工二矿	安全投资节省费用	2012年	500	295	245	949	1 680	329	3 998	3.4	3.7
		2013年	300	106	150	860	1 530	250	3 196	3.9	
		2014年	260	69	105	580	910	156	2 080	3.8	
井工一矿	安全投资节省费用	2012年	685	325	325	858	1 890	500	4 583	3.0	2.9
		2013年	564	286	275	678	1 770	450	4 023	3.0	
		2014年	570	245	158	598	1 680	460	3 711	2.8	
井工四矿	安全投资节省费用	2012年	750	350	360	520	1 890	520	4 390	3.0	2.5
		2013年	620	280	285	420	1 770	450	3 825	2.3	
		2014年	530	160	175	310	1 060	380	2 615	2.1	
平均			—	4 779	2 116	2 078	5 773	14 180	3 495	32 421	—	3.03

由表 8-22 可知,2012—2014 年间,在小窑区水害治理、瓦斯治理、小窑自然发火治理、小窑区充填复采、井工矿沉陷裂隙治理等方面的安全生产投入节省费用:井工二矿为 9 274 万元、井工一矿为 12 317 万元、井工四矿为 10 830 万元,共计 32 421 万元;分摊到吨煤安全成本降低为:井工二矿为 3.7 元/t、井工一矿为 2.9 元/t、井工四矿为 2.5 元/t,平均为 3.03 元/t。

8.3.3.2 露井安全协同社会效益

(1)平朔矿区露井安全协同模式与技术确保了露天矿边坡的稳定性与井工矿巷道围岩的稳定性,保证了矿区安全高效生产;

(2)自然发火、涌水量大、小煤窑严重破坏区域等不适合井工开采的区域划分为露天矿开采,有效地提高了煤炭资源的回采率,并有效防治井工矿火灾、突水、瓦斯、顶板等事故的发生,降低了百万吨死亡率;

(3)利用露天矿剥离物充填井工矿裂隙,有效防止了井下煤炭自燃、矿井突水等事故的发生,并节省了井工矿地表裂隙治理与环境修复过程中大量资金的投入。

8.4 平朔矿区露井环境协同实施与效果

8.4.1 露井环境协同实施区域概况

平朔矿区露井协同开采主要以回收露天端帮压煤为主,在露井协同模式下,露天与井工之间的相互扰动,对露天边帮的破坏程度、范围,以及露天边坡下井工大巷的稳定性都具有很大的影响,容易引发地表塌陷、边坡滑塌等环境问题。

为解决露井协同开采过程中带来的环境问题,提出平朔矿区露井协同模式下的环境协同理念,主要体现在以下几个区域。

1. 安太堡矿南端帮与井工二矿的环境协同

利用安太堡露天矿的剥离物填补井工二矿开采塌陷裂隙,减少废弃,实现资源循环利用。对沉陷、地裂缝区充填裂缝后,针对不同立地条件进行植被恢复,选择适宜当地植物,通过合理配置,高质量的整地措施和栽植技术,建设比原地貌更新、更好的植物群落,重塑生物多样性。露井协同井工塌陷区土地复垦如图 8-52 所示。

图 8-52　露井协同井工塌陷区土地复垦

2. 安太堡矿与井工一矿的环境协同

安太堡矿与井工一矿的环境协同主要体现在结合生态系统重建总体布局,优化矿区复垦土地资源配置结构,在生态恢复基础上发展生态产业。具体实施方法为:将安太堡矿剥离物填充井工一矿裂隙,并针对土地挖损采用露天剥离—造地—复垦一体化工艺,将生态恢复与产业布局结合,构建露井协同下的矿区生态产业开发新技术,建成平朔生态示范区。平朔生态示范区实拍如图 8-53 所示。

图 8-53　平朔生态示范区实拍图

3. 安太堡矿与井工四矿的环境协同

安太堡矿与井工四矿的环境协同不仅体现在采用露天剥离—造地—复垦一体化工艺及露天剥离物充填井工裂隙技术,实现了资源的循环利用、减少了土地挖损和环境破坏;同时实现了从生产开始到结束,即"开发规划—再造土地—土地复垦和生态重建"的全过程与生态环境协同发展的土地综合利用方式。在土地复垦、恢复生态多样性的同时建设森林公园，让旅游者从中了解生态学知识，感悟人工在重新塑造自然方面的神奇并从中获取乐趣。通过安太堡矿与井工四矿的环境协同，形成国家级矿区土地复垦与生态重建示范基地，如图8-54所示。

图 8-54　国家级矿区土地复垦与生态重建示范基地

8.4.2　露井环境协同实施方案

8.4.2.1　露天剥离物充填井工裂隙及塌陷区复垦

1. 实施区域及其条件

露天剥离物充填井工裂隙及塌陷区复垦以安太堡矿-井工二矿为案例进行阐述。协同开采的实施区域位于井工二矿与安太堡矿南端帮。井工二矿是平朔公司实施露井协同开采建设的第二个井工矿。井田位于安太堡矿和安家岭矿之间，矿区属典型的温带半干旱大陆性季风气候区，冬春干旱少雨、寒冷、多风，夏秋降水集中、温凉少风。矿区年平均气温为 4.8～7.8 ℃，矿区年平均风速为 2.5～4.2 m/s，最大风速为 20 m/s，阵风最大为 24 m/s，年平均 8 级以上大风日数在 35 d 以上，最多可达 47 d。原地貌中植被覆盖少，风蚀强烈，地面沟壑纵横，水土流失严重。长期的矿产资源开发使得本区域塌陷、裂缝严重，加速了水土流失，使得生态环境更为脆弱。

2. 露天剥离物充填井工裂隙方案

露井协同开采区下的井工开采分两个时段进行，分别为 B401～B409 工作面和 B901～B909 工作面。地表也会出现多次重复塌陷，各次塌陷的时间间隔随矿井开拓规划而长短不一。这种非稳定塌陷地在每次塌陷活跃期(约 1～2 a)结束之后，再安排阶段性治理。阶段性治理措施，以充填塌陷裂缝为主。矿区开采完毕后，采取机械治理的方式对矿区土地进行大规模的土地平整。因此，在井工二矿复垦过程中，当 B401～B409 工作面开采完毕后先进行裂缝填充，B901～B909 工作面开采完毕后再次进行裂缝填充。待沉陷稳定后再采用大规模稳定塌陷地机械治理工艺进行土地统一治理。对矿区内沉陷程度较轻，沉陷后地形坡度≤7°的耕地，仅对地表进行土地平整；矿区内沉陷程度较严重，沉陷后地形坡度＞7°的耕地，沿等高线修筑梯田。

(1) 裂缝带充填

① 施工工艺及要求。

a. 就近选取露天排土场中存放的露天剥离物作为土源，用机械或人工挖方取土，用机动车或人力车装运至充填地点附近堆放。

b. 由堆放点用机动车或手推车取土对沉陷裂缝进行填充,在充填部位覆盖耕层土壤。对于还未稳定的沉陷区域,应略比周围田面高出 5～10 cm,待其稳定沉实后可与周围田面基本齐平;在充填裂缝距地表 1 m 左右时,每隔 0.3 m 左右分层应用木杠或夯石分层捣实,直至与地面平齐。

c. 由于黄土区土壤风化较强烈,上下层土壤的养分含量差异较小。因此,在裂缝充填时可直接覆盖,但尽量将原耕层土壤充填在表面,充填的黄土应略比周围田面高出 5～10 cm,使其沉实后与其他田面齐平。

② 充填沉陷裂缝土方量测算。充填沉陷裂缝土方量根据矿区已有裂缝区的充填经验进行测算,不同破坏程度每亩沉陷裂缝充填所需土方量如表 8-23 所列。

表 8-23　　　　　　　　　　每亩沉陷地裂缝充填土方量计算

破坏程度	裂缝宽度 A/m	裂缝间距 C/m	裂缝条数 n	裂缝深度 W/m	裂缝长度 U/m	充填裂缝每亩土方量 V/m³
轻度	0.15	45	1.5	2.5	35.0	28.6
中度	0.3	30	2.5	5.5	55.0	45.8
重度	0.45	25	3.0	6.2	85.0	72.4

根据井工二矿采煤及土地破坏的特点,为防止裂缝长时间滞留,排土场裂缝应及时充填,原地貌自然裂缝区根据沉陷预测的三个阶段分别进行充填。第一阶段为 B401～B409 采动工作面采掘以后;第二阶段为 B401～B409、B900～B909 采掘工作面采掘以后;第三阶段为 B401～B409、B900～B915 工作面采掘以后。其工程量的测算也分三个阶段进行测算,根据沉陷预测统计不同塌陷裂缝程度的面积,利用表 8-23 的亩均土方量计算各开采阶段充填裂缝的土方量,如表 8-24 所列。

表 8-24　　　　　　　　　　各开采阶段充填裂缝土方量

阶段	采动工作面	对应土方量/m³			合计
		轻度	中度	重度	
阶段一	B401～B409	71 095.98	59 560.22	40 108.26	170 764.46
阶段二	B401～B409、B900～B909	136 403.04	120 841.86	106 038.67	363 283.57
阶段三	B401～B409、B900～B915	172 548.73	173 648.25	130 040.68	476 237.66

（2）沉陷区平整

不同破坏土地其平整方法各不相同,井工二矿土地平整的施工拟采用全铲法。全铲法是一种主要依靠机械进行土地平整的方法,在具体操作时,把设计地面线以上的土一次挖去,起高垫低。这种方法适于机械平整,工效高。

土地平整主要是消除开采沉陷产生的附加坡度。种植土地平整土方量见表 7-2。

（3）梯田式整地

由于矿区位于丘陵区,并且地面沉陷形成高低不平的地貌。地面坡度较大时,可沿地形等高线修正成梯田,并略向内倾以拦水保墒,土地利用时可布设成农林相间,耕作时采用等高耕作,以利于水土保护。梯田设计以原地貌为基础,并考虑工程量经济合理。

① 梯田施工。按照梯田施工设计图,应用测量放线方法在现场放出每个地块的开挖零线、开挖边线、填方边线和坝顶高程。对于坡陡田面窄的梯田采用中间推土法。中间推土法施工示意图见图7-6。对于坡缓田面宽的梯田可采用条带法。条带法施工示意图见图7-7。

按设计要求修筑梯田地坎,具体施工要求见7.2.2.1节。

② 修筑梯田工程量计算见表7-3。

3. 露井协同开采下井工塌陷区复垦方案

(1) 塌陷区耕地生态恢复设计

本地区农田栽培植被,由于受温热条件的限制,均为一年一熟制农业。可种植谷子、大豆、燕麦、马铃薯等高产作物,应推广高地种植技术,如燕麦间作马铃薯,马铃薯间作豆类,以发挥能源多级利用。

(2) 塌陷区林地生态恢复设计

塌陷区林地大部分为重度破坏的地区,重度沉陷区严重损害了地面土壤、水体、植被等土地环境基本因素,影响了林木(小叶杨林)的正常生长。重度沉陷区裂缝深、宽度大、裂缝间隔小,对土地的原有条件破坏较大,大大增加了充填裂缝的土方工程量。重度沉陷区每公顷充填裂缝的土方量是中度沉陷区的4倍,是轻度沉陷区的19倍。特别是严重沉陷区,坡度较大时需进行梯田整治,梯田整治难度大,必须采用机械治理工艺。

机械治理后根据矿区所处的地理位置及气候、立地条件等因素,主要考虑种植适应能力强、有固氮能力、根系发达、有较高生长速度、播种种植较容易、成活率高的树种进行补植。

(3) 塌陷区草地生态恢复设计

对沉陷、地裂缝区草地充填裂缝后,紧接着恢复植被。针对该地区的不同土地条件,选择适宜当地的草种,通过合理配置,以及高质量的整地措施和栽植技术,建设比原地貌更新、更好的植物群落。为改良沉陷区草地,对草地进行人工补播,选用草籽为紫花苜蓿。对补播地段进行松土,清除有毒有害杂草,待雨季补播草籽。补播地段应禁止放牧;禁牧期间可以刈割利用,刈割最佳期为初花期,留茬高度为5~7 cm。

8.4.2.2 露井协同开采下的露天矿土地复垦与生态重建

1. 实施区域及其条件

本节以安太堡矿-井工一矿为例阐述露井协同开采下的露天矿土地复垦与生态重建。协同开采的实施区域为井工一矿与安太堡西排土场。此区域地处低山丘陵地带,具有典型的黄土高原地貌。全区黄土分布广泛,植被覆盖少,加上区内曾受水、风强烈的侵蚀切割作用,导致地面沟壑纵横,水土流失严重,形成梁、垣等黄土高原地形景观。沟谷多呈树枝状分布,形态为"V"字形或"U"字形,切割深度为30~50 m。矿区内地形多样,包括高地、陡坡、缓坡、平台、沟壑、河谷等,地势起伏变化较大,生态环境系统十分脆弱,具有对环境改变敏感、对自身稳定维持的可塑性小等特点。露天开采时破坏土地面积为露天矿采场本身面积的2~11倍。由于露天开采而带来的生态环境恶化及地表植被破坏等社会问题也日益突显,严重制约着矿区的发展建设。

2. 露井协同开采下的露天矿土地重塑工艺

露井协同开采区未复垦的排土场在煤炭开采以后,地表也会出现多次重复塌陷,因此,在对露井协同开采区的排土场进行土地整治还要考虑塌陷、裂缝区的治理。

（1）裂缝带充填

由于露井联采矿区下的井工开采分两个时段进行开采，分别为 B4101～B4104 工作面和 B9000～B9004 工作面。而 4# 煤层已经开采完毕并且已进行裂缝填充，当 B9000～B9004 工作面开采完毕后需再次进行裂缝填充。其裂缝充填同采煤沉陷地。

（2）排土场土地整治的工艺

排土场土地整治从排土工艺到恢复到可利用的状态可分为四个步骤，即排土场基底构筑、排土场主体构筑、排土场平台构筑和排土场斜坡构筑。

① 排土场基底构筑。从目前采掘场的采掘到排弃的情况来看，内排土场基底不存在松软土层，但采掘后余留的局部光滑隔水基底，应与采掘爆破结合，作爆破处理，增加其粗糙度，稳定内排土场。

② 排土场主体构筑。由于大型现代化露天矿排弃速度远远大于土、岩自然沉降速度，排弃过程中的稳定性也必须十分注重。除按初步设计的排弃方法，即"扇形推进，多点同时排弃"外，结合排弃工艺，尽可能采取岩、土混排，以保证其主体的相对均匀，减轻不均匀沉降的危害。科学控制排弃次序，将可能含不良成分的岩土废物排弃在底部，而品质适宜、易风化性的土层和岩层尽可能安排在上部，原表土或富含养分的土层则安排在排土场表层。为防止自燃，将煤矸石填埋于排土场 20 m 以下。在排弃过程中逐层推垫，逐层压实，逐步拓展，确保其稳定要求。选煤厂选出高含水量的矸石和煤泥进行分散排弃。对局部出现的有害岩层和物质采取"包埋""压埋"措施。

③ 排土场平台构筑。根据排土场坡度、岩土类型、表层风化程度等确定土壤重构方案。土源丰富地区，应进行表土或客土覆盖；土源不足地区，可将采矿排弃的较细的碎屑物或选用当地易风化的第四纪坡积物进行覆盖。安太堡矿生产建设的剥离岩土总量中，土约占 40%，完全可以通过排弃工艺的调配，解决覆盖的黄土，不需要另辟土场，减少了土地压占和对周围环境的影响。根据经验，排土场平台构筑不采用二次倒土，直接覆盖生黄土，采用堆状地面法。每一土堆覆盖面积为 50 m²，高度为 1.5～2.5 m，体积为 100 m³。表层 0～30 cm 密度为 0.94～1.03 g/cm³，中部 30～80 cm 密度为 1.1～1.16 g/cm³，下部 80～250 cm 密度为 1.27～1.35 g/cm³。若采用常规覆土的办法，则覆土密度为 1.4～1.8 g/cm³，易产流汇流，造成严重的水土流失。堆状地面法有助于自动填补裂缝，控制汇流，强化入渗。对划作林业用地的"堆状地面"平台可永久保留；划作农业用地的则待其基本稳定，机械整平后通过施有机肥、化肥及生物培肥等措施来提高土壤肥力状况。

④ 排土场斜坡构筑。通常边坡是水土流失最严重的地方，边坡土壤侵蚀模数是平台的 7.2 倍，因此应该对边坡实施最严格的且有效的防护措施。为了防治水土流失，更好地保持边坡稳定性，采用多级台阶的形式，台阶高度为 15 m，边坡坡度控制在 35°以内。按常规的排土场设计规范要求，排土场斜坡也应覆土 50～150 cm，但研究表明，覆土后易产生坡面泥石流，导致恢复的植被全部毁坏。在实际操作过程中主要采用以下措施进行防范：坡肩修筑截水埂，阻止平台径流下泄；坡脚堆放大块石，稳定坡脚，拦截泥沙，保护排水渠；尽量采用土石混排，表层排弃易风化的泥岩或泥质砂岩。针对土多石少的坡面，直接栽种植被；针对土少石多、覆薄土的坡面，采用沿坡逐坑下移法回填栽植；针对局部碎砾坡，覆土困难，采用客土栽植方式。通过采取以上措施，西排土场有效降低了边坡土壤侵蚀模数和径流模数（见

表 8-25)。通过采取边坡"上、中、下"防护措施体系,边坡径流模数由 47 100 m³/(km² · a)降到了 17 400 m³/(km² · a),土壤侵蚀模数也有明显的下降,由原来的 27 645 t/(km² · a),降到现在的 6 375 t/(km² · a),因此边坡防护措施体系水土保持效果明显。

表 8-25   边坡防护指标分析表

防护方案	径流模数/[m³/(km² · a)]	土壤侵蚀模数/[t/(km² · a)]
无措施边坡	47 100	27 645
实施防护措施边坡	17 400	6 375

（3）土地整治基本流程

平台土地整理首先是用大型推土机推平,同时修筑地埂、道路。若垦为耕地,还需二次平整和裂缝处理。二次平整土地,利用平土机平土。地埂每公顷按 300 m 计;裂缝处理,每公顷按 160 m 计。处理方法是人工挖深 1 m、宽 0.5 m,回填覆土。边坡土地整理是在坡面上平均覆土 0.2 m,再种植适宜的林、草。

排土场排土机排土线建设均在汽车排土场基础上形成,所用的复垦工程设备属矿山采运设备的组成部分。按照"采掘—运输—排弃—复垦"一条龙统一考虑,大量的复垦工程均由矿山运输卡车和推土机完成。

（4）排土场土地整治成果

排土场在现状条件下,依据排土年限、堆置高程,采用分块整平的办法进行整治,并且在各块之间设置简易道路,以便管理与维护。须治理的排土场分为 A～G 共 7 块(见图 8-55),面积为 784.96 hm²,其中有平台面积为 701.91 hm²,道路面积为 3.04 hm²,斜坡面积为 78.5 hm²。

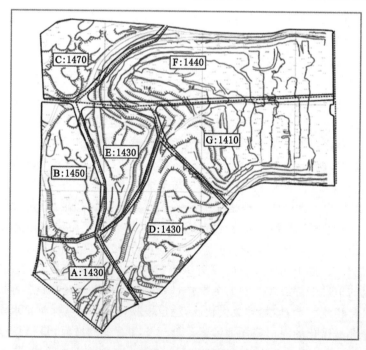

图 8-55　内排土场整地分区示意图

排土场经过工程整治后,其土地利用方向虽为复垦,但刚经整治的平台土质瘠薄,不适宜耕种,需采取种植灌草进行土壤熟化。根据实际情况,考虑最终平台中土壤覆盖厚度大于40 cm 的地块采用先熟化再复耕的办法治理,因本工程最终平台的土壤条件较好,全部种植过渡性灌草混交带,一般经过 5 a 后可完成土地的熟化。土壤熟化后即可开展复垦工作,先用机械将土地深耕后,将土地分格打畦,以长 100 m、宽 50 m 左右的标准分成长方形块,块之间筑土埂,以便拦挡雨水。在平台上采取必要的工程措施如排水渠系等,通过工程、植物等措施相互结合的办法达到综合治理的目的。

3. 露井协同开采下的露天矿生态重建方案

(1) 排土场平台生态恢复设计

安太堡矿的内排弃渣为土、石混合物,土、岩比例是直接影响植物的栽植、施工条件、前期和后期生长的主要因素,若石渣所占比例太大,不仅整地困难,而且需要客土才能栽植。根据现场调查及对露天矿内排历年排弃情况的分析,弃渣斜坡大体可分为岩土混排土多石少坡、岩土混排土少石多坡或碎砾坡、土坡;平台一般为土石混排,土的比例大约占到 40%。

根据矿区土壤状况,对适宜性评价中宜耕的区域进行土壤改良,以恢复和提高土壤质量,增加土壤养分和有机质含量,改良土壤性状,改善作物耕作条件。矿区多为栗褐土,土壤中普遍缺少有机质,因此需要在进行土地复垦时,在土壤中添加含有一定量有机物和无机物成分的物质。可采用人工施肥和绿肥法在土壤中添加有机肥、无机肥,或是栽种豆科植物,从而改良土壤形态,提高土地肥力。

土壤肥力恢复后,根据内排的立地条件,树种选择时应要注意把见效快、适应性强的先锋树种与生长慢、作用稳定的树种结合起来,既要达到提早郁闭的效果,又能保证长期稳定发挥水土保持作用,在措施的配置上,要注意林、灌、草之间的关系,宜林则林,宜草则草,按适地适树适草的原则进行选择。由于工程治理面积大,为便于设计,树种的选择采用模式化办法选取。安太堡露天矿排土场植被配置模式见图 8-56。

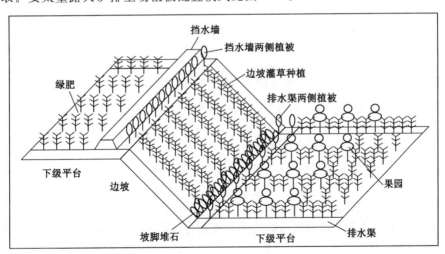

图 8-56　安太堡露天矿排土场植被配置模式示意图

平台绿化主要以种植乔灌混交林为主,对平台中土壤条件好的地段种植过渡性灌草混交带,为其后期向农业用地发展做准备。斜坡绿化种植永久性植被,其上部以灌草为主、下部以乔灌混交为主。经核算共绿化面积为 780.43 hm²,其中平台面积为 701.93 hm²,斜坡面积为 78.5 hm²。

平台分为最终平台与中间平台,绿化配置如下:① 中间平台:阳坡为新疆杨+沙棘混交林及刺槐+柠条混交林;阴坡为油松+沙棘和樟子松+沙棘混交林;② 最终平台:油松+沙棘混交林与樟子松+沙棘混交林;对平台中土壤条件好的地段种植过渡性灌草混交带:柠条+沙打旺、紫穗槐+紫花苜蓿,为后期向农业用地发展做准备。

斜坡植被均为永久性植被,根据平朔煤矿外排土场斜坡治理经验,斜坡上部以灌草为主、斜坡下部以乔灌混交为主,这样有利于坡面的稳定。在此基础上综合考虑排土场植被的水土保持功能和绿化美化功能,选取配置模式。根据内排的坡面土壤特性选择:下部为油松+沙棘、侧柏+柠条、刺槐+柠条混交林,上部为沙棘+批碱草或柠条+沙打旺灌草混合植被。在坡面绿化时,岩土混排土多石少坡和土坡,可直接进行绿化种植,岩土混排土少石多坡或碎砾坡采用客土种植的办法进行绿化。排土场斜坡植被绿化示意图见图 8-57 和图 8-58。

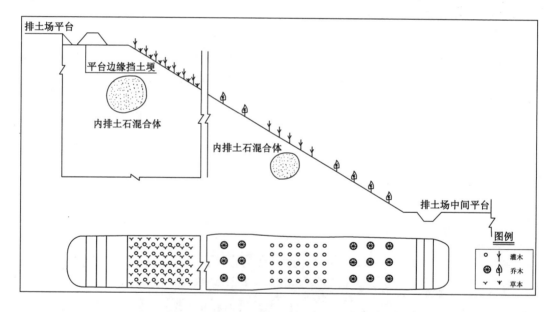

图 8-57　排土场斜坡植被绿化(阳坡)示意图

排土场周围:在排土场周边建立防护林,可以起到美化环境、防风固沙的作用。矿区通过实践总结出较为成熟的人工植被配置模式为如刺槐+油松+柠条混交林、刺槐+油松混交林、刺槐+沙棘混交林等。

(2) 排土场景观重建工程

目前,矿区生态建设植被恢复虽然已见成效,但只是停留在生态恢复上,离生态开发利用还有较大差距。目前矿区主要复垦树种为落叶树,往年复垦树种沙棘、沙枣种植面积占总复垦面积的 2/3,乔木和常绿树种较少,乔木刺槐占 90% 以上,由于密植难以成材。

2011 年开始对安太堡南排、西排及西排扩大区进行景观改造,调整种植模式与树种配置。利用五年时间将现有复垦区单一的落叶树变为针阔混交,增加常绿树种尤其是油松的栽植量,同时提高苗木成活率,复垦区常绿树种植面积到 2015 年达到复垦区种植总面积的

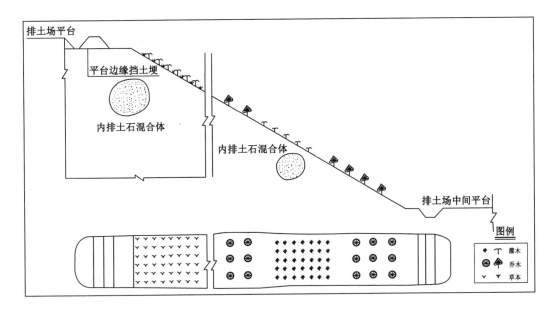

图 8-58　排土场斜坡植被绿化(阴坡)示意图

50%以上。

①南排、西排及西排扩大区景观重建工程

a. 景观重建的区域与面积。安太堡现有复垦区内单一的刺槐、沙棘种植区,植物物种配置模式选择油松＋沙棘、油松＋刺槐、油松＋柠条、樟子松＋沙棘、樟子松＋刺槐、樟子松＋柠条。安太堡南排景观重建区面积为 180.5 hm²,西排景观重建区面积为 280.16 hm²,西排扩大区景观重建区面积为 333.8 hm²。

b. 整地方法。油松、樟子松采用穴形整地的方法,整地为圆形坑穴,坑穴规格为直径60 cm、深 60 cm;沙棘、柠条采用穴形整地方式,坑穴规格为直径 40 cm、深 40 cm,整地时要比栽植时间提前一年;刺槐采用穴形整地的方法,整地为圆形坑穴,坑穴规格为直径 60 cm、深 60 cm。

c. 苗木规格。油松、樟子松选择地径 4~5 cm 的苗木,沙棘、柠条选择高度 30 cm 左右裸根苗,刺槐选择地径 4~5 cm 的苗木。

d. 种植密度和配置。油松、沙棘采用行间混交栽植,长方形配置,即行距大于株距的配置方法。

根据立地条件和树种的生物学特性,确定油松株间距为 2 m、行距为 4 m,沙棘株间距为1.0 m、行距为 4 m,乔灌行间距为 2 m。这样,造林密度为油松 1 250 株/hm²,2 500 穴/hm²。

樟子松＋沙棘、樟子松＋柠条、油松＋柠条的种植方式与油松＋沙棘的种植密度、配置相同。

单一刺槐复垦区,对刺槐进行间伐后,油松＋刺槐采用正方形配置,间距为 2 m,行距为4 m,隔行栽植。这样,油松造林密度为 1 250 株/hm²。

樟子松＋刺槐的种植方式与油松＋刺槐的种植密度、配置相同。

e. 单位面积种苗量的确定。根据造林密度,油松、樟子松各外加 10%的补植率,沙棘按每穴 3 株计算,单位面积种苗量为:油松、樟子松均为 1 375 株,沙棘、柠条均为 8 250 株。景观重建种植模式工程量见表 8-26。

表 8-26   **景观重建种植模式工程量表**

种植方式	树种	株距/m	行距/m	整地规格(直径×深)/m	苗木规格	需苗种量/(株/hm²)
乔灌混交	油松	2	4	穴状坑 D0.6×H0.6	地径 4～5 cm	1 375
	沙棘/柠条	1	4	穴状坑 0.4×0.4	高度 30 cm	8 250
乔灌混交	樟子松	2	4	穴状坑 0.6×0.6	地径 4～5 cm	1 375
	沙棘/柠条	1	4	穴状坑 0.4×0.4	高度 30 cm	8 250
乔木混交	油松	2	4	穴状坑 0.6×0.6	地径 4～5 cm	1 375
	樟子松	2	4	穴状坑 0.6×0.6	地径 4～5 cm	1 375

② 内排景观重建工程

内排土场现有复垦区进行土地整理后,改造为生态农业示范基地,面积为 222.44 hm²。主要思路及主要功能区之间物质循环和生物物质能源流程见图 8-59。

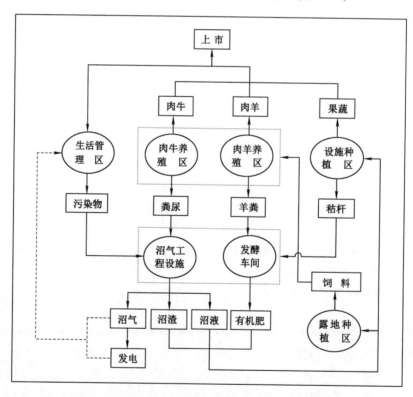

图 8-59 主要功能区之间物质循环和生物物质能源流程

a. 种植功能区。由现状可知,目前排土场有大量的苜蓿资源结合设计的思路,在种植计划上以玉米为主要作物,同时发展马铃薯、中药材和部分蔬菜品种。此次种植需结合养殖规模和品种对应匹配种植,主要有苜蓿、饲料玉米、饲料甜菜、高丹草、东方山羊豆、黑麦草、沙打旺等,重点用于饲料营养搭配,提高养殖水平。

b. 养殖功能区。初步设计生态产业链有:

· 玉米＋苜蓿→养羊→商品→市场;

· 玉米＋苜蓿→养奶牛→市场;

· 玉米＋苜蓿→养肉牛→市场;

· 玉米＋饲料甜菜→养猪→市场;

· 发展林间散养鸡、控制虫害发生;

· 沙棘、树枝→粉碎＋牛粪或棉籽皮→培育食用菌(香菇、平菇等)。

c. 养殖粪便无害化处理区。项目选择能源生态型生产工艺,采用卧式寒流厌氧消化器时消化器内发酵物料浓度控制在12%左右,消化器内配置1台机械搅拌装置、1套循环装置使池内物料充分搅拌,实现长期定时的搅拌,运行平稳,滞留期长,使物料充分进行发酵,确保畜禽粪便的无害化处理,产气率高、运行管理方便。

厌氧消化器产生的沼气经过除尘、脱硫等净化设施后直接用于该区域的炊事用气,剩余部分转化为电能。

项目产生的沼液一部分回用,用于调节粪便的干物质浓度;其余部分沼渣、沼液贮存于贮液池,施用于周边果园、菜园和农田,不排向自然水体。

d. 建设内容。主要建设内容包括种植基地、饲料加工系统、产品加工系统、养殖主体工程(羊舍、猪舍)、粪便无害化处理系统以及其他辅助设施(供热、水、电)。

4. 露井协同开采下的土地复垦与生态重建实施效果

(1) 露井协同开采下的土地复垦效果

安太堡矿始终坚持企业经济与环境保护同步规划、同步实施、同步发展,已累计投入资金26亿多元进行生态环境治理,增强了企业的可持续发展能力。到2009年底,安太堡矿已分别在二铺排土场、南排土场、西排土场、西排扩大区和内排土场复垦土地18 000亩。其中主要包括安太堡南排土场复垦面积2 550亩,西排土场复垦面积3 915亩,西排土场扩大区复垦面积3 664亩,内排土场复垦面积6 750亩。安太堡排土场复垦早期状况如图8-60所示。

图8-60 安太堡排土场复垦早期状况图

1992年，安太堡南排土场开始复垦，面积为169.79 hm²，是安太堡矿复垦较早的区域之一，该排土场覆土100 cm，目前已经形成榆树、刺槐、杏树、国槐、沙棘等为主的林-草-灌多层次、多类型的植物结构布局，基本覆盖了排土场原有的裸露地表，其生态环境得到有效的恢复，已经成为国土资源部第一批野外观测基地和复垦示范基地。

1994年开始复垦安太堡西排土场南部平台，面积为261.08 hm²；1995年开始复垦中部平台；1997年开始复垦北部平台。平台覆土80 cm，目前地表植被类型为沙棘、紫花苜蓿、沙打旺、红豆草、新疆杨、合作杨、榆树等草、灌、林。经过10余年的土地复垦，区域内已发现鸟类7目13科17种、小型兽类2目4科8种，标志着该区生态系统得到有效改善。

1997年安太堡内排土场开始复垦，面积为449.90 hm²，平台覆土100 cm，边坡覆土50～100 cm。主要植被类型为沙棘、沙枣、柠条、榆树、紫穗槐等。根据平朔矿区生态重建总体规划，该区域将以复垦为生态农业为主。

2001年安太堡西排土场扩大区开始复垦东南部和西南部，面积为244.25 hm²，平台覆黄土100 cm；2003年开始复垦南部，平台覆土150 cm。该区域复垦时间较短，植被类型主要为沙棘、沙枣、紫花苜蓿等草、灌类，大型乔木较少。根据平朔矿区生态重建总体规划，该区域将逐步向耕地、牧草地、中草药种植、家禽饲养等方面发展，构建多层次的现代立体农业。

矿区可绿化面积7 362亩，已绿化面积7 067.2亩，绿化率达到95%以上，矿区到界排土场全部完成复垦，采用乔、灌、草相结合的模式恢复生态，排土场植被覆盖率达到90%以上。

复垦后土地质量和土地利用结构得到明显改善：① 复垦后土壤侵蚀模数为3 478 t/(km²·a)，比原地貌降低了194%。② 建立完善的排洪渠系，坡面基本无切沟侵蚀。③ 通过采取复垦措施改善了排土场平台密度，表层由1.8 g/cm³降为1.4 g/cm³左右，表面疏松后比表层压实的平台减少径流56%。④ 草灌乔覆盖度达80%～90%，减少径流66%，减少侵蚀77%。⑤ 复垦种植后降风速38%，明显减少了风蚀。⑥ 防风林带的建立和草、灌、乔对土壤的熟化，为排土场平台建立农田带来可能，现已开发农田和苗圃地550 hm²，达到了当地耕地水平。⑦ 合理的"采、运、排、复垦"一条龙作业法，改善地貌特征，填埋了沟壑，利于形成农田，控制了排土场的水土流失。⑧ 复垦引种种植87个品种，其中乔木27种，灌木8种，草22种，药材30余种，农作物12种。彻底改善了矿区的环境形象，矿区现有各类植物213种，昆虫600余种，动物30余种，矿区生物多样性日益凸显，由于植物繁茂，招引来多种动物，如蛙类、蛇类、野兔、野鸡、石鸡、刺猬、鼠类、狗獾、狍子、狐狸等来此定居，使荒凉寂静的生态变成有生气的绿色生态园区(图8-61)。

(2) 露井协同开采下的生态重建与生态产业布局实施效果

在做好生态环境治理工作的同时，安太堡矿积极探索复垦土地的循环利用，近年来先后开展了牛、羊、鸡、猪养殖，土豆日光温室种植、食用菌栽培、中药材种植等试验，已投入上亿元发展现代农业，目前矿区以复垦土地为核心的生态产业链已初具规模，积极探索"以工哺农"、资源型企业转型发展、建设绿色矿山，促进企业可持续发展的新型道路。

在生态恢复的基础上，不断拓展和深化生态建设内容、层次，促进绿色生态产业的发展，对复垦土地综合开发利用、促进失地农民就业等方面进行了规划设计，打造一条以土地绿化复垦为主线的农-林-牧-药-旅游生态产业链。近年来先后在安太堡矿区排土场开展了牛、

图 8-61　安太堡复垦现状

羊、鸡、猪养殖,大棚蔬菜种植、食用菌栽培、中药材种植等试验,首期生态产业示范工程投资近 2 000 万元已于 2008 年建成投入使用,建成日光节能温室 32 座、年出栏 4 000 余只肉羔羊的羊场一座,存栏肉牛 200 余头的养殖场一座,1.2 万只蛋鸡养殖场一座,形成年生产蔬菜 200 余万斤,蛋 40 余万斤,牛羊肉 30 余万斤的生产能力,所生产绿色食品全部用于职工福利。2011 年平朔矿区拟投入 1.3 亿元建设日光节能温室 500 座,首期 130 座暖棚已建成。已建成 16 000 m² 智能温室和储水量 80 000 m³ 的水体建筑和 1 000 亩黄芪种植试验基地,使平朔矿区形成以土地为核心的循环产业链。2011 年投入 4 000 万元的安太堡矿南排土场、西排土场等区域景观改造工程现已完工,重点突出原始复垦植被面貌,同时通过不断完善项目内容,开展工业旅游和生态旅游项目。平朔矿区的工业旅游可看到采煤过程是一个获得能源同时又破坏环境的过程;从矿区的生态旅游还可看到矿区的土地复垦和生态重建的过程,使旅游者得知采矿业不仅是对地球的破坏,还是对地球的建设的过程,说明现代化的工业不仅可取得当前的利益,还可取得长期的利益。工业旅游可供游客除休憩外,还可使游客得到科学知识。为了使游客有对采矿的系统了解,需按采矿的全过程将景区分为爆破剥离景观区、排土场景观区、综合楼景观区、机电装修车间、展览室、运煤干道景观区、洗煤场景观区、小花园和蓄水池景观区、生活服务景观区。生态旅游主要介绍平朔矿区对环境治理、绿化建设、生态重建方面的成果,具体将景区分为小花园和蓄水池景观区、生态农业试验区(苗木示范景观区)、生态恢复重建景观区、排土场生态建设区、排土场度假村和矿山植物园景观区。

8.4.3 露井环境协同实施效果

8.4.3.1 减少土地复垦成本

平朔矿区露井协同模式下的环境协同理念,主要体现在安太堡矿与井工一矿、井工二矿以及井工三矿协同。以安太堡矿和井工二矿为例,在露井协同模式下进行土地复垦,采用露天剥离物填补井工裂缝,不仅节省了裂缝填充的费用,还因取材方便而提高了复垦效率,同时有效降低了吨煤生产成本。2014 年(表 8-27)若采用单一井工开采,其复垦生产成本主要包括土地平整费用、裂缝填充费用、植被恢复费用、配套设施费用等,大约需要投资 835.4 万元用于复垦,折合每吨煤用于复垦的成本大约要 1.55 元。在露井协同模式下,复垦生产成本仍以土地平整费用、裂缝填充费用、植被恢复费用、配套设施费用为主,但与单一井工矿的复垦相比大大节省了裂缝填充的费用,复垦投资大约为 612.8 万元,折合每吨煤用于复垦的成本大约是 1.14 元,吨煤成本节省 0.41 元。

表 8-27　　　　　　2014 年不同开采模式下复垦成本比较表(以井工二矿为例)

项目名称	投资金额/万元					吨煤成本/元
	土地平整费用	裂缝填充费用	植被恢复费用	配套系统费用	总投资	
单一井工开采	144.1	394.2	220.6	76.5	835.4	1.55
露井协同开采	140.13	182.48	216.64	73.75	612.8	1.14

与 2014 年类似,2013 年(表 8-28)、2012 年(表 8-29)在露井协同的模式下的复垦投资远小于单一井工矿投资,同时有效降低了吨煤生产成本。

表 8-28　　　　　　2013 年不同开采模式下复垦成本比较表(以井工二矿为例)

项目名称	投资金额/万元					吨煤成本/元
	土地平整费用	裂缝填充费用	植被恢复费用	配套系统费用	总投资	
单一井工开采	104.3	313.9	159.6	54.2	632	0.79
露井协同开采	106.8	138.3	153	45.2	443.3	0.55

表 8-29　　　　　　2012 年不同开采模式下复垦成本比较表(以井工二矿为例)

项目名称	投资金额/万元					吨煤成本/元
	土地平整费用	裂缝填充费用	植被恢复费用	配套系统费用	总投资	
单一井工开采	104.1	320.76	163.37	48.67	636.9	0.54
露井协同开采	96.72	155.66	142.81	40.56	435.75	0.37

相对于单一井工矿塌陷复垦,露井协同模式下的井工矿复垦主要节省了裂缝填充的费用,2014 年井工二矿在复垦过程中共节约成本 222.6 万元,井工一矿在复垦过程中共节约成本 248.35 万元,井工四矿在复垦过程中共节约成本 155.1 万元,三个露井协同煤

矿共节约复垦成本 626.05 万元,平均降低吨煤成本约 0.20 元。具体见表 8-30～表 8-33。

表 8-30　　单一井工复垦与露井协同模式井工矿复垦投资比较(以井工二矿为例)

费用名称	费用投入		节省小计/万元
	单一井工/万元	露井协同/万元	
土地平整	144.1	140.13	3.97
裂缝填充	394.2	182.48	211.72
植被恢复	220.6	216.64	3.96
配套系统	76.5	73.75	2.75
合计	835.4	612.8	222.6

表 8-31　　单一井工复垦与露井协同模式井工矿复垦投资比较(以井工一矿为例)

费用名称	费用投入		节省小计/万元
	单一井工/万元	露井协同/万元	
土地平整	154.4	150.86	3.54
裂缝填充	432.04	224.13	207.91
植被恢复	249.03	217.9	31.13
配套系统	84.63	78.86	5.77
合计	920.1	671.75	248.35

表 8-32　　单一井工复垦与露井协同模式井工矿复垦投资比较(以井工四矿为例)

费用名称	费用投入		节省小计/万元
	单一井工/万元	露井协同/万元	
土地平整	80.9	75.12	5.78
裂缝填充	226.24	104.16	122.08
植被恢复	121.28	101.07	20.21
配套系统	42.18	35.15	7.03
合计	470.6	315.5	155.1

表 8-33　　　　2014 年露井协同模式井工矿复垦节省投资汇总

露井协同井工矿	土地平整/万元	裂缝填充/万元	植被恢复/万元	配套系统/万元	复垦投资节省总计/万元
井工一矿	3.97	211.72	3.96	2.75	222.6
井工二矿	3.54	207.91	31.13	5.77	248.35
井工四矿	5.78	122.08	20.21	7.03	155.1
合计	13.29	541.71	55.3	15.55	626.05

8.4.3.2 生态产业

"十二五"期间,平朔要加快生态建设步伐,逐步增加绿化复垦投入,不断拓展和深化生态建设内容、层次,促进绿色生态产业的发展,对复垦土地综合开发利用、促进失地农民就业等方面进行了规划设计,打造一条以土地绿化复垦为主线的农-林-牧-药-旅游生态产业链。按照减量化、再利用、资源化的生态循环原则,实施农牧业物质能量有机循环利用,科学规划,合理布局,形成种-养-加工为一体的生态农业格局,实现资源的最大化和废弃物的循环利用,成为可持续发展的绿色产业。

1. 种植示范基地

种植业是生态农业的基础产业,除粮食作物、经济作物以外,饲用作物如饲用玉米、苜蓿草等豆科、禾本科作物是保障畜牧养殖饲料来源的重要支撑。因此种植示范基地的建设重点围绕已有一定基础和经验的蔬菜节能温室和饲料作物开展。

按照矿区农业生态产业(首期示范)工程的成功经验,采用种养结合的生态农业发展模式,在安太堡排土场复垦的耕地上选择试点,建设有机蔬菜节能温室300座。在露天矿内外排土场复垦的耕地上选择试点,建设3 000亩高产饲用玉米种植基地和2 000亩牧草种植基地,作为饲料加工来源。同时配套建设年产五万吨饲料加工厂,饲料加工主要是利用作物秸秆、牧草和玉米,工业化生产全价饲料,保证羊、牛、猪和鸡的饲料供应。

2. 生态养殖示范基地

平朔矿区属于半干旱地区,适合种植以收获营养体为主的饲料作物,同时矿区近年来通过土地复垦恢复了大量可用土地资源,非常适合发展养殖业。因此生态农业示范工程将畜禽养殖业作为生态农业建设的一个重要组成部分,主要包括年产5万只的肉羔羊养殖示范项目、年出产5万头生猪养殖项目、700万只肉鸡养殖基地,并配套有相应的加工基地。

3. 生物有机肥加工厂

在畜禽养殖示范基地周边选择空地建设一座年产5万t生物有机肥料加工厂,配套建设机械化生产设备。收集养殖示范基地产生的畜禽粪便,运用现代生物肥料的技术,在传统有机肥的基础上,添加能够提高土壤中有益微生物数量,促进物质能量循环的生物菌剂,制成生物有机肥。加工后的生物有机肥,一方面可以用到生态种植示范基地,提高作物产量的同时也保证了食品的安全,另一方面可用到排土场复垦后的耕地,全面改良土壤,提高耕地质量。

4. 生态旅游业

矿区是经过人类严重扰动的区域,无法提供传统以天然自然环境为主导的生态旅游资源(如自然保护区、森林公园等),但由于矿区在采矿后充分运用生态学思想和原理进行土地复垦和生态重建活动,使原有(采矿前的)脆弱的生态系统得到重建,使破碎的地貌得到重整,因而其提供的生态旅游资源主要是人类运用生态学思想和原理产生的杰作及人类运用生态学知识的过程,从中让旅游者了解生态学知识,感悟人工在重新塑造自然方面的神奇并从中获取乐趣。

经过近几年的建设,矿区生态产业布局已初见成效(图8-62),其中在安太堡露天煤矿内排土场重点建设的平朔安太堡矿区生态示范园占地面积1万余亩。投资约2亿元,已建成日光温室300座、1.6万 m² 智能温室、羊场一座,形成年出栏肉羔羊4 000 余只、生猪近5 000只、肉鸡50万只,年产蔬菜600余万斤(1斤=0.5 kg)、年培养蝴蝶兰30余万株的能力;生态大道、人工湖景区、生态会馆等旅游设施,"改革开放纪念馆"等博物馆设施已完成地基处理和框架基础搭建。2012—2014年,矿区生态产业初步发展稳步提高,三年来共产生直接经济效益866万元(表8-34)。

图 8-62　矿区生态产业建设现状

表 8-34　　　　　　　　　平朔矿区 **2012—2014** 年生态产业产值

项目	2012年产值/万元	2013年产值/万元	2014年产值/万元
生态农业种植示范基地(生产蔬菜、花卉、中草药等)	46	52	65
生态养殖示范基地	—	130	450
生物有机肥加工厂	—	53	70
合计	46	235	585

8.4.3.3　生态效益

露井协同开采模式下的土地复垦与生态重建工程实施后的生态效益主要表现在:矿山生态系统的明显改善,矿区绿化覆盖率提高,环境空气、地表水体及矿区景观得以改善,水土保持作用增强,人居环境得到提高等方面。

对平朔矿区生态修复的生态效益评价重点关注与平朔矿区生态修复任务密切相关的大气环境、固体废物、水源涵养、水土保持、土壤环境和生物多样性等六个方面展开,主要选用了成果参照法、替代工程法、影子价格法、市场价值法、恢复费用法等方法对矿区生态修复产生的生态环境效益进行定量化计算与分析。

从表8-35可以看出,平朔矿区通过生态修复产生的生态环境价值随着年份的增加呈现逐渐递增的趋势,生态修复的效益日趋明显。

表 8-35 　　　　　　　　　　　平朔矿区生态修复的生态效益 　　　　　　　　　　　万元

项目		1996 年	2001 年	2005 年	2008 年	2010 年	2012 年	2014 年
净化空气价值		3 031.05	3 342.51	3 925.66	4 759.40	5 394.54	6 275.40	7 467.726
煤矸石综合利用价值		5 000.00	5 000.00	5 000.00	7 455.00	9 950.00	14 250.00	19 665
水源涵养价值	复垦林地土壤蓄水量价值	40.25	46.70	52.13	59.70	67.94	75.00	84.75
	复垦草地水源涵养功能价值	32.29	32.83	41.82	46.84	53.84	62.18	71.51
	复垦农田水源涵养功能价值	43.48	67.71	105.44	155.93	283.60	524.75	944.55
	小计	116.02	147.24	199.39	262.47	405.38	661.93	1 100.81
水土保持功能价值	减少泥沙淤积的价值	2 870.44	3 165.43	3 719.27	8 295.84	8 627.67	9 955.01	11 547.81
	减少养分流失的价值	422.57	466.00	547.53	1 221.28	1 270.13	1 465.53	1 700.01
	减少土地废弃的价值	4.02	4.43	5.20	9.04	11.60	13.93	16.72
	小计	3 297.03	3 635.86	4 272.00	9 526.16	9 909.4	11 434.47	13 264.54
保持土壤肥力效益的价值		1 660.85	1 831.53	2 151.98	4 800.00	4 992.00	5 760.00	6 681.6
维持生物多样性效益的价值		837.03	953.05	1 084.08	1 599.36	1 417.19	1 559.62	1 715.58
合计		13 941.98	14 910.19	16 633.11	28 402.39	32 068.51	39 941.42	49 895.256

8.4.3.4　总体经济与社会效益

综上所述,矿区通过土地复垦实现生态重建,在此基础上进行产业布局,初步形成了以土地绿化复垦为主线的农-林-牧-药-旅游生态产业链。产生的经济与社会效益主要体现在:

(1)通过露井协同模式下的生态复垦,节省了矿区用于复垦的投资,有效降低了吨煤生产成本。与单一井工开采相比,2014年露井协同模式下井工一矿、井工二矿、井工四矿共节省复垦投资626.05万元,平均降低吨煤成本约0.20元。

(2)2012—2014年矿区生态产业稳步,年产值逐年提高,三年来共产生直接经济效益866万元。

(3)通过生态复垦与建设,矿山生态系统明显改善,矿区绿化覆盖率提高,环境空气、地表水体及矿区景观得以改善,水土保持作用增强。通过生态修复产生的生态环境价值逐年增加,生态修复的效益日趋明显。

(4)通过矿区生态产业建设直接获得经济效益的同时,为失地农民提供了更多的就业岗位。发展生态产业,实施工业反哺农业的创新发展模式,对改变矿区产业形象、承担负责任的社会义务、构建和谐矿区具有极其重要的意义。

（5）彻底改变了矿区环境状况,实现资源循环利用,提升企业形象。研制的土地复垦与生态重建理论、方法和技术等,已应用于国土资源部、环境保护部、国家林业局、水利部等部委有关矿区土地复垦与生态建设的指导性规章制度中,在国际层面已树立起了黄土塬生态脆弱区土地复垦与生态重建的典范。

8.5 平朔矿区露井协同的总体效益评价

8.5.1 经济效益

平朔矿区是我国典型的特大型露天开采矿区,安太堡、安家岭和东露天矿是三大核心露天矿井,露井协同建设和生产模式的创立,改变了传统单一露天开采模式,实现了露天矿井和井工矿井的优势互补,尤其采用井工矿井开采模式优化了整个矿区的生产布局,取得了十分显著的经济效益,主要体现在精简集约了矿区生产系统,缩短建井周期,提高煤炭资源采出率,改善煤炭质量,显著降低矿井建设成本和生产成本等方面。

1. 矿井建设周期缩短

采用单一露天开采方式,矿井建设周期达 32 个月;采用单一井工开采方式,矿井建设周期达 25 个月;采用露井协同建设方式时,在露天矿井岩土剥离到煤层时,即可利用露天矿端帮进行建设,矿井采用平硐开拓方式,矿井建设投产工期仅需 4 个月,相比单一露天开采方式缩短了 28 个月,相比于单一井工开采方式缩短了 21 个月。

2. 矿井建设投资节省效益

相对于单一井工矿井,露井协同的井工矿建设省略了井筒和井底车场巷道及硐室等部分,井工二矿在建设过程中节约投资 25 018 万元,井工四矿在建设过程中节约投资 20 362 万元,井工一矿在建设过程中节约投资 19 870 万元,共计节约投资 65 250 万元。另外,矿区生产系统精简集约化后直接节省建设成本为 38 458 万元。

3. 矿井生产成本降低

单一井工与露井协同原煤生产成本主要有材料费、人工费、电费、折旧费、维简费、安全生产基金、外包剥离费、土地使用费等几部分组成,采用单一井工开采方式的井工三矿吨煤成本平均为 207.94 元,而采用露井协同模式的安家岭矿和安太堡矿吨煤成本平均为 141.66 元,井工二矿和井工四矿吨煤成本平均为 116.33 元,较单一井工开采方式分别降低 66.28 元、91.61 元,降幅分别为 31.9%、44.1%,经济效益显著。

4. 越层多煤种开采配煤产生效益

灰分每降低 1%,煤价提高 2.0 元/t;硫分每降低 0.1%,煤价提高 8.0 元/t。采用单一露天开采方式时,原煤灰分为 30.5%,硫分为 1.3%。露井协同开采煤质配选后,优质内销混煤灰分降低了 9.5%,硫分降低了 0.15%,煤价提高了 31 元/t。露井协同模式下,通过配煤安家岭矿、安太堡矿、井工一矿、井工二矿 2013—2014 年累计增加收益 324 880 万元。

5. 提高边角煤开采回收率产生效益

露井协同开采模式下利用井工开采的优势采用连续采煤机短壁机械化开采技术对边角煤块段进行回采，井工一矿、井工二矿、井工三矿、井工四矿和潘家窑矿共采出边角煤炭资源431.5万t，按吨煤纯利润150元计算，共可创造经济效益64 725万元。

6. 露井安全协同的经济效益

井工二矿由于采用露井协同开采模式，相比单一井工矿（潘家窑矿），2012—2014三年间，瓦斯治理、小窑区自然发火治理等安全生产投入及井工塌陷区裂隙治理投入共节省9 274万元，2012年吨煤成本降低3.4元，2013年吨煤成本降低3.9元，2014年吨煤成本降低3.8元，三年吨煤成本平均降低3.7元。

7. 露井环境协同的经济效益

土地复垦：在露井协同模式下，复垦生产成本仍以土地平整费用、裂缝填充费用、植被恢复费用、配套设施费用为主，但与单一井工矿的复垦相比大大节省了裂缝填充的费用。2014年露井协同模式下井工一矿、井工二矿、井工四矿共节省复垦投资626.05万元，平均降低吨煤成本约0.20元。

生态产业：2012—2014年矿区生态产业稳步，年产值逐年提高，三年来共产生直接经济效益866万元。

8.5.2　社会效益

社会效益主要体现在如下4个方面：

（1）开创了"露井联采"模式，井工方式开采露天不采区以及露天排土场压煤，将实现露天与井工协调发展与安全高效开采，提高矿井资源回收率。

（2）进一步提高了我国对厚煤层开采的整体装备水平和工作面单产能力，为提高矿井综合生产能力、高度集约化生产奠定了基础。

（3）露井协同开采模式的成功实施将为我国陕、甘、宁、晋地区类似条件下煤层实现安全高效开采提供理论依据和示范作用。

（4）平朔矿区煤炭资源储量丰富，特大型露井协同开采矿井的建立，在给当地人民提供就业机会的基础上，资源回收率和矿井生产效率的提高一定程度上增加了地方财政收入及工人劳动收入，为当地居民安居乐业提供保障，因此具有客观的社会效益。

8.5.3　生态环境效益

生态环境效益主要体现在如下3个方面：

（1）通过生态复垦与建设，矿山生态系统的明显改善，矿区绿化覆盖率提高，环境空气、地表水体及矿区景观得以改善，水土保持作用增强。通过生态修复产生的生态环境价值逐年增加，生态修复的效益日趋明显。

（2）通过矿区生态产业建设直接获得经济效益的同时，为失地农民提供了更多的就业岗位。发展生态产业，实施工业反哺农业的创新发展模式，对改变矿区产业形象、承担负责任的社会义务、构建和谐矿区具有极其重要的意义。

　　(3) 彻底改变了矿区环境状况,实现资源循环利用,提升企业形象。研制的土地复垦与生态重建理论、方法和技术等,已应用于国土资源部、环境保护部、国家林业局、水利部等部委有关矿区土地复垦与生态建设的指导性规章制度中,在国际层面已树立起了黄土塬生态脆弱区土地复垦与生态重建的典范。

本章参考文献

[1] 毕如田,白中科,师华定.平朔露天矿区生态环境空间信息系统的设计[J].地理信息世界,2005,12(5):31-36.

[2] 边勇,李建民.大型露井联采矿井设备国产化工作浅析[J].露天采矿技术,2016,31(4):18-20,25.

[3] 卞明明,李嘉健,郭秀萍.平朔矿区清水供水系统信息化改造设计方案探讨[J].露天采矿技术,2016,31(6):59-62.

[4] 蔡忠超,李伟,李慧智.露井联采不同边坡保护煤柱宽度的影响分析[J].露天采矿技术,2012,27(4):12-14.

[5] 陈庆丰,陈忠辉,李辉,等.平朔矿区综放开采顶煤放出规律试验研究[J].煤炭工程,2014,46(1):90-93.

[6] 费鹏程,宋子岭,王东,等.基于 Ansys 露井联采条件下采空区覆岩合理厚度的确定[J].现代矿业,2012,27(1):8-10,17.

[7] 冯两丽,郭青霞,白中科,等.平朔矿区观光农业生态经济系统重建模式[J].山西农业大学学报,2007,6(增刊 2):119-121,124.

[8] 冯少杰,权建源,伏永贵,等.露井联采下边坡体变形机制的研究[J].科学技术与工程,2016,16(25):224-228.

[9] 高建军,张忠温.平朔矿区近距离煤层采空区下巷道支护技术研究[J].煤炭科学技术,2014,42(5):1-4,8.

[10] 郭青霞,白中科,吕春娟,等.平朔矿区生态经济重建的意义及其内容[J].资源开发与市场,2005,21(4):309-311.

[11] 何仕.山西宁武煤田平朔矿区煤层赋存规律[J].山西煤炭管理干部学院学报,2006,19(3):123-124.

[12] 贺振伟,赵峰,尹建平,等.农业物联网技术在平朔矿区的应用研究[J].露天采矿技术,2016,31(1):71-74.

[13] 侯诚达.半连续工艺在平朔矿区应用前景展望[J].露天采煤技术,1998,13(3):14-16.

[14] 黄显华.平朔矿区 9# 煤程序升温氧化过程中指标气体变化规律研究[J].中国煤炭,2010,36(2):95-96,100.

[15] 解廷堃,崔宏伟.露井联采条件下井工矿对露天矿边坡影响的范围[J].露天采矿技术,2013,28(11):8-10.

[16] 李昊,张秦玥,李正.平朔矿区煤质对原煤开采经济性影响研究[J].煤炭经济研究,

2014,34(7):55-58.

[17] 李明安.平朔矿区和安太堡露天煤矿[J].中国煤炭,1996(10):30-32.

[18] 李强,卞明.平朔矿区污水综合治理利用体系的研究与实践[J].露天采矿技术,2013,28(12):81-83.

[19] 李文明.露井联采合理边坡保护煤柱宽度确定[J].露天采矿技术,2014,29(10):20-24.

[20] 刘先新.平朔矿区某矿瓦斯地质规律研究[J].山东煤炭科技,2016(3):91-92.

[21] 刘孝阳,周伟,白中科,等.平朔矿区露天煤矿排土场复垦类型及微地形对土壤养分的影响[J].水土保持研究,2016,23(3):6-12.

[22] 吕春娟,白中科,秦俊梅,等.黄土区大型排土场岩土侵蚀特征研究:以平朔矿区排土场为例[J].水土保持研究,2006,13(4):233-236.

[23] 秦俊梅,白中科,李俊杰,等.矿区复垦土壤环境质量剖面变化特征研究:以平朔露天矿区为例[J].山西农业大学学报(自然科学版),2006,26(1):101-105.

[24] 秦勇,王文峰,宋党育,等.山西平朔矿区上石炭统太原组11号煤层沉积地球化学特征及成煤微环境[J].古地理学报,2005,7(2):249-260.

[25] 宋立平,李玉莲,雷凯,等.MSTP网络在平朔矿区的应用[J].露天采矿技术,2014,29(7):50-52.

[26] 宋子岭,祁文辉,范军富,等.基于FLAC3D的露井联采下采空区顶板安全厚度研究[J].世界科技研究与发展,2016,38(3):532-535.

[27] 苏建军,苏志伟,苗成文.平朔矿区地方小窑开采工艺及采空区分布规律[J].科技与创新,2014(9):26,30.

[28] 孙玉红,王胜,聂立武.露井联采耦合作用下输煤巷道稳定性评价及控制技术[J].煤矿安全,2014,45(2):41-43.

[29] 田金泽,郑亮,李志军,等.平朔矿区两硬特厚煤层综放工作面快速回撤工艺[J].煤炭科学技术,2006,34(12):50-52.

[30] 王纪山,李克民.平朔矿区总体发展新模式探讨[J].中国煤炭,2006,32(10):14-16,4.

[31] 王景萍,白中科,郭青霞,等.平朔矿区工业旅游及生态旅游资源开发[J].露天采矿技术,2006,21(3):47-49.

[32] 薛建春.基于EMD的平朔矿区生态足迹变化及动力学预测分析[J].水土保持研究,2013,20(6):267-270.

[33] 晏学功,沈明.平朔矿区煤炭资源综合利用的思考[J].陕西煤炭,2007,26(2):40-41.

[34] 杨洪海,尚文凯.露井联采作用下边坡变形破坏机理浅析[J].露天采矿技术,2006,21(3):8-10.

[35] 佚名.国内投资大事[J].中国投资,2012(2):118-119.

[36] 殷海善,白中科.大型煤炭企业征地安置研究:以平朔矿区2008年征地搬迁为例[J].资源与产业,2015,17(6):44-50.

[37] 张前进,白中科,郝晋珉,等.黄土区大型露天煤矿排土场景观格局分析:以平朔矿区为例[J].山西农业大学学报(自然科学版),2006,26(4):317-320,404.

[38] 张银洲,陆伦,董万江.平朔矿区主要环境岩土工程问题及对策[J].露天采矿技术,
     2010,25(6):76-78.

[39] 张永成,王长友.平朔矿区高产高效矿井设计经验浅析[J].煤炭工程,2006,38(8):5-7.

[40] 张忠温,吴吉南,杨宏民.平朔安家岭高产高效露井联采通风系统及其优化[J].煤矿安
     全,2006,37(9):18-20.

[41] 赵雪,许闯,王胜.露井联采耦合作用下黄土高台阶边坡稳定性研究[J].煤矿安全,
     2013,44(7):57-59.

[42] 赵宇.哈尔乌素露天煤矿复合煤层开采技术[J].露天采矿技术,2014,29(2):30-33,36.

[43] 周杰,李绍臣,马丕梁.基于 RFPA 的露井联采下边坡破坏机理分析[J].煤矿开采,
     2012,17(2):106-108,92.